高职高专模具设计与制造专业规划教材

# 模具 CAD/CAM(第 2 版)

赵 梅 编著

清华大学出版社
北 京

## 内 容 简 介

模具 CAD/CAM 是一门属于多学科交叉、不断注入新内容的应用科学技术，为适应我国工业现代化工程中对高素质技能人才需求的不断扩大编写并再版了本书。本书融汇了编写组成员从事模具教学、科研、生产一线设计等工作 20 多年的经验，包括创新点、行之有效的技巧、实用资料等，并以企业实际生产为导向，重点围绕模具设计、制造的实际工作流程展开，从各种 CAD/CAM 软件基础应用着手，通过学习 AutoCAD、UG、华塑 CAE 等多种模具设计、制造及分析软件，使读者轻松掌握从入门到进阶的知识与技能。

本书旨在培养冷冲压模具设计、注塑模具设计、模具 CAD/CAM 应用这 3 个核心能力并补充所需的基本观念和背景知识，提高自学能力，进而能够举一反三。本书还配套有模型源文件及电子课件，也可通过课程网站获取设计案例题库、操作视频、动画仿真等学习资料，取得最佳学习效果。

本书既可作为高职高专的模具设计与制造、数控技术、计算机辅助设计与制造等专业的学习用书，也可作为相关工程技术人员、成人教育及培训的自学或参考用书。



**图书在版编目(CIP)数据**

模具 CAD/CAM/赵梅编著. —2 版. —北京：清华大学出版社，2019(2023.2 重印)
(高职高专模具设计与制造专业规划教材)

ISBN 978-7-302-52100-6

Ⅰ. ①模… Ⅱ. ①赵… Ⅲ. ①模具—计算机辅助设计—高等职业教育—教材 ②模具—计算机辅助制造—高等职业教育—教材 Ⅳ. ①TG76-39

中国版本图书馆 CIP 数据核字(2019)第 011265 号

**责任编辑：** 陈冬梅　桑任松
**装帧设计：** 王红强
**责任校对：** 周剑云
**责任印制：** 曹婉颖
**出版发行：** 清华大学出版社
　　网　址：http://www.tup.com.cn, http://www.wqbook.com
　　地　址：北京清华大学学研大厦 A 座　　邮　编：100084
　　社 总 机：010-83470000　　邮　购：010-62786544
　　投稿与读者服务：010-62776969, c-service@tup.tsinghua.edu.cn
　　质量反馈：010-62772015, zhiliang@tup.tsinghua.edu.cn
　　课件下载：http://www.tup.com.cn, 010-62791865
**印 装 者：** 北京建宏印刷有限公司
**经　销：** 全国新华书店
**开　本：** 185mm×260mm　　**印　张：** 23.75　　**字　数：** 574 千字
**版　次：** 2011 年 9 月第 1 版　2019 年 7 月第 2 版　　**印　次：** 2023 年 2 月第 2 次印刷
**印　数：** 1201～1500
**定　价：** 68.00 元

产品编号：078077-02

# 第2版前言

2019 年本书再版，修正了第 1 版的错误和不足之处，采用更新版本的 CAD/CAM/CAE 软件，对 Pro/E 二次开发、逆向工程、快速成型等内容予以删除，增加了模具 CAE 软件的基础知识和应用实例。

本书选用企业真实项目，基于模具岗位职业标准和工作过程，遵循职业能力培养的基本规律，采用项目案例导向形式深入浅出地组织内容，易于学习和掌握。全书共分为 7 章，涉及 CAD/CAM 基础知识、冲压模具设计、注塑模具设计、AutoCAD、UG、华塑 CAE 等多种 CAD/CAM/CAE 软件的综合运用及模具设计相关知识。以 AutoCAD 为平台，完成轭铁冲孔落料复合模二维、三维装配图及全部零件图设计；以 UG NX CAD 为平台，完成绕线鼓轮的三维实体建模及茶匙曲线、曲面、实体建模；以 UG NX Mold Wizard 为平台，完成茶匙等模具初始设置、分型及添加模架、浇注、顶出、冷却系统，生成模具图纸等设计；以 UG NX 加工模块为平台，完成茶匙模具型腔的加工编程；以华塑 CAE 为平台，完成眉笔夹具的充模分析和冷却分析。在完成项目实例的训练过程中适时补充所需的模具设计及软件操作的基本观念和背景知识，提高自学能力，进而能够举一反三。

希望读者通过对本书的系统学习，从各种 CAD/CAM 软件基础应用着手，能够具备冷冲压模具设计、注塑模具设计、模具 CAD/CAM/CAE 应用这 3 个核心能力。通过多种 CAD/CAM/CAE 软件、多个项目案例的基础学习及全过程训练，以模具设计师职业资格要求为标准，创造与企业真实设计一致的模具设计环境，培养现代模具设计的职业能力。

本书第 1、2、4、6、7 章及附录由烟台工程职业技术学院赵梅编写，第 3 章由烟台工程职业技术学院孙岩志、潍坊教育学院张丽萍共同编写，第 5 章由烟台工程职业技术学院孔建、夏鲁朋共同编写，烟台工程职业技术学院董延辉、矫莉、史振东、董垒、张琳、孙晓燕也参加了本书的编写工作。

本书通过借鉴参考文献中的成果和数据资料以及部分企业的标准和资料丰富了内容，在此一并表示衷心感谢！

由于作者水平有限，书中难免存在错误、缺点和不当之处，恳请读者和同行专家批评指正。

编　者

# 第 1 版前言

模具是现代制造业不可缺少的工艺装备，发达国家的模具总产值早已超过了工作母机(机床)的总产值。用模具 CAD 技术和模具 CAM 技术的紧密结合来替代传统的模具设计与制造技术，既可大大缩短模具的生产周期、提高模具的设计制造质量，又可降低模具生产成本、减轻劳动者的工作强度，进而提高模具制造企业的竞争力。

模具 CAD/CAM 技术应用是模具设计与制造、数控技术等专业一门重要的综合课程，是在学生完成多种 CAD/CAM 软件的基础学习后，接受的 CAD/CAM 全过程训练，进而建立起一套基本技能—专业技能—工程实践的能力体系。本课程应用模具企业实际项目，设计针对高职高专学生在模具设计与制造方面的专业技能的严密训练。由于现代学生获得感性认识的机会不多，缺乏生产实践体验，基础知识掌握不够牢固，越来越多其他专业的学生选修本课程等原因，本书在编写中注意把握以下几点。

(1) 基础性。在论述冲压模具、注塑模具的设计时，注重讲清基本原理、变形过程、基本工艺知识和工艺特点，理论知识以够用为度，一般不做系统推导，直接引用结论性论述。选材比较考究，文字力求浅显易懂，内容详略有别、循序渐进，介绍典型模具结构和工艺示意图等尽量配立体图。书后列出的参考文献为深入探寻者提供了指引。

(2) 实践性。为尽量贴近实际，培养学生的基本技能，书中的工艺计算、结构设计等配有来自生产一线的实例，提供了符合实际生产规范的工艺规程格式。每章都配有若干思考题和实训题，附录中还选列了学习阶段所需的部分设计资料，提供了查找模具标准件的线索。

(3) 体系性。模具 CAD/CAM 技术是一门属于多学科交叉的应用科学技术学科，考虑课程门类不宜过多，又要尽量组成比较完整的知识体系，本书涉及 CAD/CAM 基础知识、冲压模具设计、注塑模具设计、AutoCAD、UG、Pro/E 等多种 CAD/CAM 软件的综合运用。受教学课时限制时，部分内容可以由学生自学。

(4) 先进性。模具 CAD/CAM 技术正在不断注入新内容，本书努力吸收成熟的先进技术，特别是初学者应了解的模具 CAD 应用软件开发技术、模具 CAD/CAM 新技术等。本书对 Pro/E 二次开发、逆向工程、快速成型等内容做了专门介绍。

希望通过对本书的系统学习，从各种 CAD/CAM 软件基础应用着手，使学生具备冷冲压模具设计、注塑模具设计、模具 CAD/CAM 应用这 3 个核心能力。

本书第 1、2、4、6 章(不含 6.2.15、6.3.6 节)及第 7 章由烟台工程职业技术学院赵梅编写，第 3 章由潍坊教育学院张丽萍编写，第 5 章由烟台工程职业技术学院孔建、夏鲁朋共同编写，6.2.15 节、6.3.6 节、第 8 章及附录由烟台工程职业技术学院刘天禄、苏丹娅共同编写。山东大学赵晓峰、烟台工程职业技术学院张洪伟、孙岩志、马述埲也参加了本书的编写工作。全书由赵梅统稿、定稿，由山东大学廖希亮教授主审。

模具 CAD/CAM 方面的教科书版本非常多，本书尽量吸纳各版本的优点。通过借鉴参考文献中的成果和数据资料以及部分企业的标准和资料，丰富了本书的内容。在此一并表示衷心感谢。

由于模具 CAD/CAM 技术涉及计算机、机械设计与制造，以及材料成型工程等多个学科，而这些相关学科仍然在快速发展之中，加上编者水平有限，书中错误、缺点和不当之处在所难免，欢迎广大师生和读者批评指正。

编　者

# 目 录

# 第1章 模具CAD/CAM基础

**学习要点**

- 熟悉模具CAD/CAE/CAM的基本概念。
- 了解模具CAD/CAE/CAM系统的组成及国内外主流的CAD/CAM软件。
- 了解模具CAD/CAE/CAM技术的发展历程和在模具行业中的应用。
- 了解模具CAD/CAE/CAM技术在模具设计与制造中的发展趋势。

**技能目标**

- 能够阐述模具CAD/CAE/CAM的基本概念。
- 能够阐述模具CAD/CAE/CAM系统的组成及国内外主流的CAD/CAM软件。
- 能够阐述模具CAD/CAE/CAM技术的发展历程和在模具行业中的应用及发展趋势。

## 1.1 模具CAD/CAM的基本概念

模具是指利用其本身特定形状去成型具有一定形状和尺寸的制品的工具。模具生产技术水平的高低已成为衡量一个国家产品制造水平高低的重要标志，因为模具在很大程度上决定着产品的质量、效益和新产品的开发能力。模具行业是国家工业发展的重要基础行业，各种先进技术应首先应用于模具行业，CAD/CAM作为一项重要的技术手段，正越来越广泛地在模具行业得以应用。

源于航空工业和汽车工业的计算机辅助设计与制造(Computer Aided Design and Manufacturing，CAD/CAM)，是指利用计算机软、硬件系统来生成和运用各种数字信息和图像信息，辅助人们对产品或工程进行总体设计和自动加工的一项综合性技术。随着计算机技术的发展，CAD/CAM的技术内涵也是动态的，历经二维绘图、线框模型、自由曲面模型、实体造型、特征造型等重要发展阶段，其间还伴随着参数化、变量化、尺寸驱动等技术的融入，正向着虚拟制造、与网络的更深入结合、智能化等方向发展。

模具CAD/CAM现阶段应该指广义的计算机技术在模具设计与制造中的应用，一般包括计算机辅助设计(Computer Aided Design，CAD)、计算机辅助工程分析(Computer Aided Engineering，CAE，是以现代计算力学为基础，以计算机仿真为手段的工程分析技术，对未来模具的工作状态和运行行为进行模拟，从而及早发现设计缺陷，是实现模具优化的主要支持模块)、计算机辅助制造(Computer Aided Manufacturing，CAM)、计算机辅助工艺过程设计(Computer Aided Process Planning，CAPP，是指根据产品设计阶段给出的信息，人机交互地或自动地完成产品加工方法的选择和工艺过程的设计)、产品数据管理系统(Product Data Management，PDM，是以软件、计算机网络、数据库、分布式计算等技术为基础，以产品为核心，实现对产品相关的数据、过程、资源一体化集成管理的技术)等内容。

## 1.2 模具 CAD/CAM 系统的组成

### 1.2.1 概述

模具 CAD/CAM 系统的工作流程如图 1.1 所示。一个完善的 CAD/CAM 系统应具有以下功能：快速数字计算及图形处理功能、几何建模功能、处理数控加工信息功能、大量数据和知识存储及快速检索与操作功能、人机交互通信功能、输入和输出信息及图形功能、工程分析功能等。为实现这些功能，模具 CAD/CAM 系统的运行环境由硬件、软件和人三大部分构成，如图 1.2 所示。

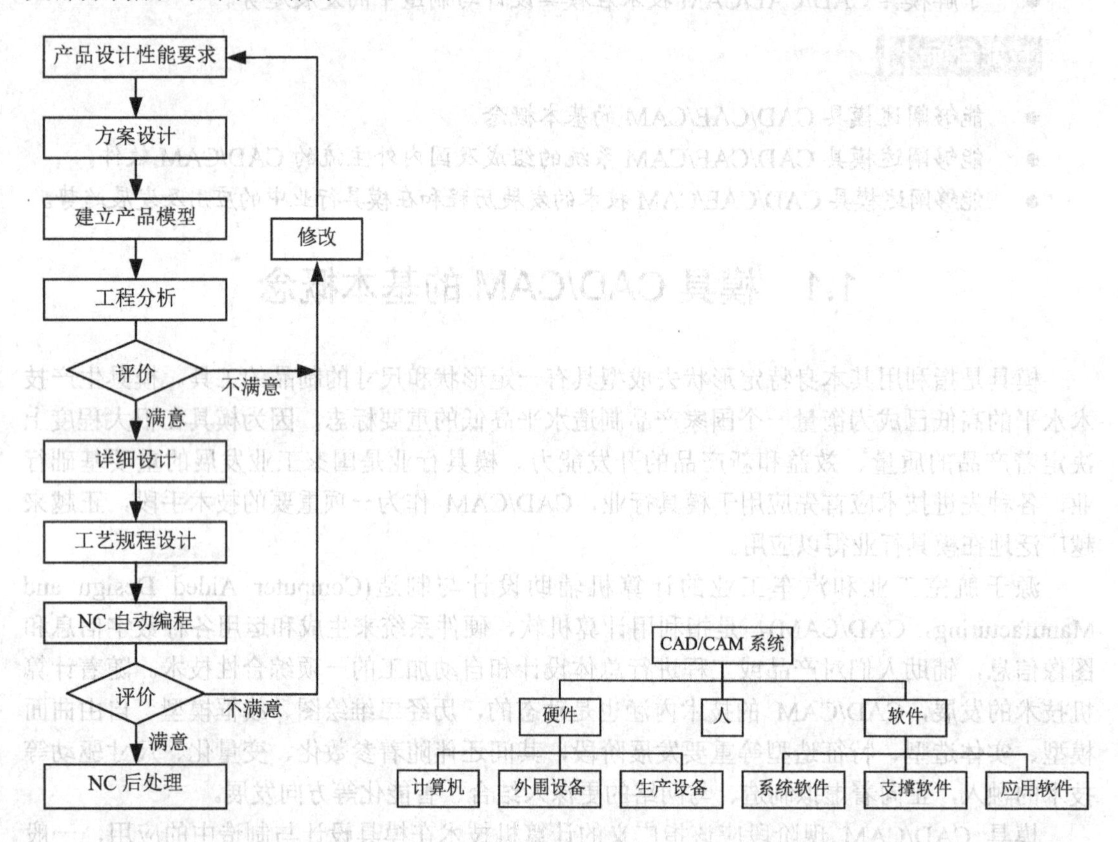


图 1.1 模具 CAD/CAM 系统工作流程

图 1.2 CAD/CAM 系统组成

硬件主要包括计算机及其外围设备等具有有形物质的设备，从广义上讲，硬件还包括用于数控加工的机械设备和机床等。硬件是 CAD/CAM 系统运行的基础，硬件的每一次技术突破都会带来 CAD/CAM 技术革命性的变化。软件是 CAD/CAM 系统的核心，包括系统软件、各种支撑软件和应用软件等。硬件提供了 CAD/CAM 系统潜在的能力，而系统功能的实现是由系统中的软件运行来完成的。随着 CAD/CAM 系统功能的不断完善和提高，软件成本在整个系统中所占的比例越来越大，目前一些高端软件的价格已经远远高于系统硬件的价格。

任何功能强大的计算机硬件和软件均只是辅助设计工具，而如何充分发挥系统的功能，则主要取决于用户的素质，CAD/CAM 系统的运行离不开人的创造性思维活动，人在系统中起着关键的作用。目前 CAD/CAM 系统基本都采用人机交互的工作方式，这种方式要求人与计算机密切合作，发挥各自所长：计算机在信息的存储与检索、分析与计算、图形与文字处理等方面具有特有的功能；人则在创造性思维、综合分析、经验判断等方面占主导地位。

## 1.2.2　模具 CAD/CAM 系统的硬件

模具 CAD/CAM 系统的硬件主要由计算机主机、外存储器、输入设备、输出设备、网络设备和自动化生产装备等组成，如图 1.3 所示。由专门的输入及输出设备来处理图形的交互输入与输出问题，这是 CAD/CAM 系统与一般计算机系统的明显区别。

### 1. 计算机主机

计算机主机是模具 CAD/CAM 系统的中枢，执行运算和逻辑分析功能，并控制和指挥系统的所有活动。

根据 CAD/CAM 系统的运行环境，按所用计算机的类型、规模和性能等级，可归纳为主机系统(Mainframe Based System)、小型成套系统(Turnkey System)、分布式工程工作站系统(Distributed Workstation System)和微型机(PC)系统等 4 种配置形式。自 20 世纪 80 年代以来，该系统以工程工作站加网络构成的分布式系统为主；目前，随着 CPU 性能的飞速提高，PC 有逐渐成为主流的趋势。

主机是 CAD/CAM 系统的硬件核心，主要由中央处理器(CPU)及内存储器(也称内存)组成，如图 1.4 所示。CPU 包括控制器和运算器，控制器按照从内存中取出的指令指挥和协调整个计算机的工作，运算器负责执行程序指令所要求的数值计算和逻辑运算。CPU 的性能决定着计算机的数据处理能力、运算精度和速度。内存储器是 CPU 可以直接访问的存储单元，用来存放常驻的控制程序、用户指令、数据及运算结果。衡量主机性能的指标主要有两项，即 CPU 性能和内存容量。

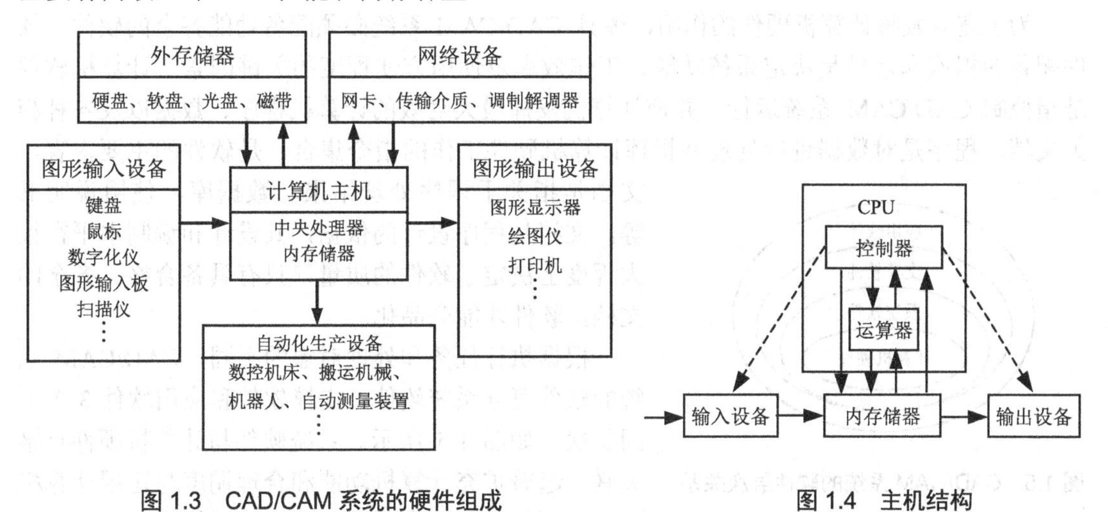


图 1.3　CAD/CAM 系统的硬件组成　　　图 1.4　主机结构

### 2. 外存储器

外存储器简称外存，用来存放暂时不用或等待调用的程序、数据等信息。当使用这些信息时，由操作系统根据命令调入内存。外存储器的特点是容量大，经常达到数百兆字节(MB)、数百亿字节(GB)或更多，但存取速度慢。常见的有磁带、磁盘(软盘、硬盘)和光盘等。随着存储技术的发展，移动硬盘、U 盘等移动存储设备成为外存储器的重要组成部分。

**3．输入设备**

输入设备是指通过人机交互作用将各种外部数据转换成计算机能识别的电子脉冲信号的装置，主要分为键盘输入类(如键盘)、指点输入类(如鼠标)、图形输入类(如数字化仪)、图像输入类(如扫描仪、数码相机)和语音输入类等。

**4．输出设备**

将计算机处理后的数据转换成用户所需的形式，实现这一功能的装置称为输出设备。输出设备能将计算机运行的中间或最终结果、过程，通过文字、图形、影像、语音等形式表现出来，实现与外界的直接交流与沟通。常用的输出设备包括显示输出(如图形显示器)、打印输出(如打印机)、绘图输出(如自动绘图仪)、影像输出及语音输出等。

**5．网络互联设备**

网络互联设备包括网络适配器(也称网卡)、中继器、集线器、网桥、路由器、网关及调制解调器等装置，通过传输介质连接到网络上以实现资源共享。网络的连接方式即拓扑结构，可分为星形、总线型、环形、树形以及星形和环形的组合等形式。先进的CAD/CAM 系统都是以网络的形式出现的。

**6．测量设备**

测量设备包括万能量具、样板、三坐标测量仪和激光扫描仪等。

## 1.2.3 模具 CAD/CAM 系统的软件

为了充分发挥计算机硬件的作用，模具 CAD/CAM 系统必须配备功能齐全的软件，软件配置的档次和水平是决定系统功能、工作效率及使用方便程度的关键因素。计算机软件是指控制 CAD/CAM 系统运行，并使计算机发挥最大功效的计算机程序、数据以及各种相关文档。程序是对数据进行处理并指挥计算机硬件工作的指令集合，是软件的主要内容。文档是指关于程序处理结果、数据库、使用说明书等，文档是程序设计的依据，其设计和编制水平在很大程度上决定了软件的质量，只有具备合格、齐全的文档，软件才能商品化。

图 1.5 CAD/CAM 系统的软件层次关系

根据执行任务和处理对象的不同，CAD/CAM 系统的软件可分系统软件、支撑软件和应用软件 3 个不同层次，如图 1.5 所示。系统软件与计算机硬件直接关联，起着扩充计算机功能和合理调度与运用计算机硬件资源的作用。支撑软件运行在系统软件之上，是各种应用软件的工具和基础，包括实现 CAD/CAM 各种功能的通用性应用基础软件。应用软件是在系统软件及支撑软件的支持下，实现某个应用领域内特定任务的专用软件。

### 1. 系统软件

系统软件是指计算机在运行状态下保证用户正确而方便工作的那一部分软件，它处于系统的最底层，是用户与计算机硬件连接的纽带，是使用、控制、管理计算机运行程序的集合。系统软件通常由计算机制造商或软件公司开发。系统软件有两个显著的特点：一是通用性，不同应用领域的用户都需要使用系统软件；二是基础性，即支撑软件和应用软件都需要在系统软件的支持下运行。系统软件首先是为用户使用计算机提供一个清晰、简洁、易于使用的友好界面；其次是尽可能使计算机系统中的各种资源得到充分而合理的应用。系统软件主要包括三大部分，即操作系统、编程语言系统和网络通信及其管理软件。

操作系统是系统软件的核心，是 CAD/CAM 系统的灵魂，它控制和指挥计算机的软件资源和硬件资源。其主要功能是硬件资源管理、任务队列管理、硬件驱动程序、定时/分时系统、基本数学计算、日常事务管理、错误诊断与纠正、用户界面管理和作业管理等。操作系统依赖于计算机系统的硬件，用户通过操作系统使用计算机，任何程序都需经过操作系统分配必要的资源后才能执行。目前流行的操作系统有 Windows、UNIX、Linux 等。

编程语言系统主要完成源程序编辑、库函数管理、语法检查、代码编译、程序连接与执行。按照程序设计方法的不同，可分为结构化编程语言和面向对象的编程语言；按照编程时对计算机硬件依赖程度的不同，可分为低级语言和高级语言。目前广泛使用面向对象的编程语言，如 Visual C++、Visual Basic、Java 等。

网络通信及其管理软件主要包括网络协议、网络资源管理、网络任务管理、网络安全管理、通信浏览工具等内容。国际标准的网络协议方案为“开放系统互连(Open System Interconnect，OSI)参考模型”，它分为 7 层，即应用层、表示层、会话层、传输层、网络层、数据链路层和物理层。目前，CAD/CAM 系统中流行的主要网络协议包括 TCP/IP、MAP、TOP 等。

### 2. 支撑软件

支撑软件是 CAD/CAM 软件系统的重要组成部分，一般由商业化的软件公司开发。支撑软件是满足共性需要的 CAD/CAM 通用性软件，属知识密集型产品，这类软件不针对具体的应用对象，而是为某一应用领域的用户提供工具或开发环境。支撑软件一般具有较好的数据交换性能、软件集成性能和二次开发性能。根据支撑软件的功能可分为功能单一型和功能集成型软件。功能单一型支撑软件只提供 CAD/CAM 系统中某些典型过程的功能，如交互式绘图软件、三维几何建模软件、工程计算与分析软件、数控编程软件、数据库管理系统等。功能集成型支撑软件提供了设计、分析、造型、数控编程以及加工控制等综合功能模块。

1) 功能单一型支撑软件

功能单一型支撑软件主要包括以下几种。

(1) 交互式绘图软件。这类软件主要以交互方式完成二维工程图样的生成和绘制，具有：图形的编辑、变换、存储、显示控制、尺寸标注等功能；尺寸驱动参数化绘图功能；较完备的机械标准件参数化图库等。这类软件的绘图功能很强、操作方便、价格便宜。在微机上采用的典型产品是 AutoCAD 以及国内自主开发的 CAXA 电子图板、PICAD、中望 CAD 等。

(2) 三维几何建模软件。这类软件主要解决零部件的结构设计问题，为用户提供完整准确地描述和显示三维几何形状的方法和工具，具有消隐、着色、浓淡处理、实体参数计算、质量特性计算、参数化特征造型及装配和干涉检验等功能，具有简单曲面造型功能，价格适中，易于学习掌握。这类软件目前在国内的应用主要以 MDT、SolidWorks 和 SolidEdge 为主。

(3) 工程计算与分析软件。这类软件的功能主要包括基本物理量计算、基本力学参数计算、产品装配、公差分析、有限元分析、优化算法、机构运动学分析、动力学分析及仿真与模拟等。有限元分析是核心工具，包括前置处理、计算分析和后置处理三部分。前置处理的功能是：几何建模，模型分割，自动生成有限元网格，网格的连接、修改、变换、加密，有关机械特性、载荷、约束等的处理以及输入功能。计算分析程序的功能是：形成刚度矩阵和载荷矩阵，求解方程组，计算应力、应变；后置处理的功能是：将计算分析结果转变为变形图、应力等高线图、应力应变彩色浓淡图以及应力应变曲线等。

目前比较著名的数值计算与模拟分析软件有 ANSYS、Dynaform、Deform、Moldflow、SAP、ADINA、AutoForm、Indeed、Pam-stamp、Optris、Isopunch、MARC、NASTRAN、ADAMS 等。

(4) 数控编程软件。这类软件一般具有刀具定义、工艺参数设定、刀具轨迹的自动生成、后置处理及切削加工模拟等功能。应用较多的有 Cimatron、MasterCAM、SmartCAM、SurfCAM 及 CAXA 制造工程师等。

(5) 数据库管理系统。工程数据库是 CAD/CAM 集成系统的重要组成部分，工程数据库管理系统能够有效地存储、管理和使用工程数据，支持各子系统间的数据传递与共享。工程数据库管理系统的开发可在通用数据库管理系统基础上，根据工程特点进行修改或补充。目前比较流行的数据库管理系统有 Oracle、Sybase、FoxPro、FoxBase 等。

2) 功能集成型支撑软件

功能集成型支撑软件功能比较完备，是进行 CAD/CAM 工作的主要软件。目前比较著名的功能集成型支撑软件主要有以下几种。

(1) Pro/ENGINEER。Pro/ENGINEER(简称 Pro/E)是美国 PTC(Parametric Technology Corporation)公司的著名产品。PTC 公司提出的单一数据库、参数化、基于特征、全相关的概念，改变了机械设计自动化的传统观念，这种全新的观念已成为当今机械设计自动化领域的新标准。基于该观念开发的 Pro/E 软件能将设计至生产全过程集成到一起，让所有的用户能够同时进行同一产品的设计制造工作，实现并行工程。Pro/E 包括 70 多个专用功能模块，如实体模型、特征建模、装配建模、曲面建模、工程图制作、模具设计、NC 数控加工、逆向工程、有限元分析、产品数据管理等，具有较完整的数据交换转换器，支持产品生命周期管理(Product Lifecycle Management，PLM)，被称为新一代 CAD/CAM/CAE 系统。

(2) Unigraphics。Unigraphics (简称 UG)是美国 UGS(Unigraphics Solutions)公司的旗舰产品。UGS 公司首次突破传统 CAD/CAM 模式，为用户提供一个全面的产品建模系统。UG 采用将参数化和变量化技术与实体、线框和表面功能融为一体的复合建模技术，其主要优势是三维曲面、实体建模和数控编程功能，具有较强的数据库管理和有限元分析前后处理功能以及界面良好的用户开发工具。UG 汇集了美国航空航天业及汽车业的专业经验，现已成为世界一流的集成化机械 CAD/CAE/CAM 软件，并被多家著名公司选作企业计算机辅助设计、制造和分析的标准。

(3) I-DEAS。I-DEAS 是美国 SDRC(Structure Dynamics Research Corporation)公司(现已归属 UGS 公司)的主打产品。SDRC 公司创建了变量化技术，并将其应用于三维实体建模中，进而创建了业界最具革命性的 VGX 超变量化技术。I-DEAS 是高度集成化的 CAD/CAE/CAM 软件，其动态引导器帮助用户以极高的效率，在单一数字模型中完成从产品设计、仿真分析、测试直至数控加工的产品研发全过程。I-DEAS 在 CAD/CAE 一体化技术方面一直雄踞世界榜首，软件内含很强的工程分析和工程测试功能。

(4) CATIA。CATIA 由法国 Dassault System 公司与 IBM 合作研发，是较早面市的著名的三维 CAD/CAE/CAM 软件产品，目前主要应用于机械制造、工程设计和电子行业。CATIA 率先采用自由曲面建模方法，在三维复杂曲面建模及其加工编程方面极具优势。

3．应用软件

应用软件是在系统软件和支撑软件的基础上，针对专门应用领域的需要而研制的软件，如机械零件设计软件、机床夹具 CAD 软件、冷冲压模具 CAD/CAM 软件等。这类软件通常由用户结合当前设计工作需要自行开发或委托软件开发商进行开发。能否充分发挥 CAD/CAM 系统的效益，应用软件的技术开发是关键，也是 CAD/CAM 工作者的主要任务。应用软件开发可以基于支撑软件平台进行二次开发，也可以采用常用的程序设计工具进行开发。目前常见的支撑软件均提供了二次开发工具，如 AutoCAD 的 Autolisp、Pro/E 的 Protoolkit、UG 的 GRIP 等。为保证应用技术的先进性和开发的高效性，应充分利用已有 CAD/CAM 支撑软件技术和二次开发工具。需要说明的是，应用软件和支撑软件之间没有本质的区别，当某一行业的应用软件逐步商品化形成通用软件产品时，也可以称之为支撑软件。

# 1.3　CAD/CAE/CAM 技术的发展和应用

## 1.3.1　CAD/CAE/CAM 技术的发展历程

CAD/CAE/CAM 技术的发展与计算机图形学的发展密切相关，并伴随着计算机及其外围设备的发展而发展。计算机图形学中有关图形处理的理论和方法构成了 CAD/CAE/CAM 技术的重要基础。

### 1. CAD 技术的发展过程

CAD 技术的发展过程如下。

(1) 20 世纪 50 年代后期至 70 年代初期，此阶段为初级阶段——线框造型技术。这时计算机主要用于科学计算，使用机器语言编程，图形设备仅具有输出功能。美国麻省理工学院(MIT)在其研制的旋风 I 号计算机上采用了阴极射线管(CRT)作为图形终端，并能被动显示图形。60 年代是交互式计算机图形学发展的最重要时期。1963 年 MIT 学者 I.E. Sutherland 推出的二维 SketchPad 系统，允许设计者操作光笔和键盘，在图形显示器上进行图形的选择、定位等交互作业，对符号和图形的存储采用分层数据结构。这项研究为交互式计算机图形学及 CAD 技术奠定了基础，也标志着 CAD 技术的诞生。此后，出现了交互式图形显示器、鼠标器和磁盘等硬件设备及文件系统和高级语言等软件，并陆续出现了许多商品化的 CAD 系统和设备。例如，1964 年美国通用汽车公司研制了用于汽车设计的 DAC-1 系统，1965 年美国洛克希德飞机公司开发了 CADAM 系统，贝尔电话公司也推出了 GraPhic-1 系统等。此间 CAD 技术的应用以线框造型技术为主。

(2) 20 世纪 70 年代初期至 80 年代初期，此阶段是第一次 CAD 技术革命——曲面(表面)造型技术。这期间计算机图形学理论及计算机绘图技术日趋成熟，并得到了广泛应用；图形输入板、大容量的磁盘存储器等相应出现；数据库管理系统等软件得以应用；三维几何建模软件也相继发展起来，法国达索公司率先开发出以表面模型为特点的三维曲面建模系统 CATIA。

(3) 20 世纪 80 年代初期至 80 年代中期，此阶段是第二次 CAD 技术革命——实体造型阶段。这期间，出现了微型计算机和 32 位字长工作站，同时计算机硬件成本大幅下降，计算机外围设备(彩色高分辨率图形显示器、大型数字化仪、自动绘图机、彩色打印机等)已逐渐形成系列产品，网络技术也得到应用；在软件方面，不仅实现了工程和产品的设计计算和绘图，而且实现了工程造型、自由曲面设计、机构分析与仿真等工程应用，推动 CAD 技术由表面模型到实体建模。

(4) 20 世纪 80 年代中期至 90 年代初期，此阶段是第三次 CAD 技术革命——参数化技术。参数化设计是用几何约束、工程方程与关系来定义产品模型的形状特征，也就是对零件上的各种特征施加各种约束形式，从而设计一组在形状或功能上具有相似性的设计方案。目前能处理的几何约束类型基本上是组成产品形体的几何实体公称尺寸和尺寸之间的工程关系，故参数化技术又称为尺寸驱动几何技术。在此期间，为满足数据交换要求，还相继推出了有关标准(如 CGI、GKS、IGES 及 STEP 等)。

(5) 20 世纪 90 年代初期至今，此阶段是第四次 CAD 技术革命——变量化技术。变量化设计(Variational Design)是指通过求解一组约束方程组，来确定产品的尺寸和形状。约束方程组可以是几何关系，也可以是工程计算条件。约束结果的修改受约束方程驱动。变量化技术既保持了参数化原有的优点(如基于特征、全尺寸约束、全数据相关、尺寸驱动设计修改等)，同时又克服了许多不利之处(如解决实体曲面问题等)。20 世纪 90 年代以来，CAD/CAM 技术更加强调信息集成和资源共享，出现了产品数据管理技术，CAD 建模技术日益完善，出现了许多成熟的 CAD/CAE/CAM 集成化的商业软件，如采用变量化技术的 I-DEAS、应用复合建模技术的 UG 等。

#### 2. CAE 技术的发展过程

CAE 技术的发展过程如下。

(1) 20 世纪 60—70 年代处于探索阶段，有限元技术主要针对结构分析问题进行发展，以解决航空航天技术发展过程中遇到的结构强度、刚度以及模拟实验和分析问题。

(2) 20 世纪 70—80 年代是 CAE 技术蓬勃发展时期，分析软件的开发主要集中在计算精度、硬件及速度平台的匹配、计算机内存的有效利用以及磁盘空间利用上，而且有限元分析技术在结构和场分析领域获得了很大的成功。

(3) 20 世纪 90 年代 CAE 技术逐渐成熟壮大，软件开发向各 CAD 软件的专用接口和增强软件的前后置处理能力方向发展。

目前，CAE 软件系统的一个特点是与通用 CAD 软件的集成使用，即在用 CAD 软件完成零件或装配部件的造型设计后自动生成有限元网格，并进行计算或进行结构动力学、运动学等方面的计算，如果分析计算的结果不符合设计要求，则重新修改造型和计算，直到满足要求为止，从而可以极大地提高设计水平和效率。

#### 3. CAM 技术的发展过程

CAM 技术的发展过程如下。

(1) 1952 年美国麻省理工学院(MIT)首次试制成功了数控铣床，通过数控程序对零件进行加工，随后 MIT 研制开发了自动编程语言(APT)，通过描述走刀轨迹的方法来实现计算机辅助编程，标志着 CAM 技术的开端。

(2) 在制造领域，1962 年研制成功了世界上第一台机器人，实现物料搬运自动化；1965 年开发出计算机数控机床 CNC 系统；1966 年以后出现了采用通用计算机直接控制多台数控机床 DNC 系统以及英国莫林公司研制的由计算机集中控制的自动化制造系统。

(3) 20 世纪 70 年代，美国辛辛那提公司研制出了一条柔性制造系统(FMS)，将 CAD/CAM 技术推向了新的阶段。

(4) 20 世纪 80 年代，CAD 与 CAM 相结合，形成了 CAD/CAM 集成技术，导致新理论、新算法的大量涌现。20 世纪 80 年代后期，人们认识到计算机集成制造(CIM)的重要性，开始强调信息集成，出现了计算机集成制造系统(Computer Integrated Manufacturing System，CIMS)，此外，并行工程(Concurrent Engineering，CE)、敏捷制造(Agile Manufacturing，AM)、虚拟制造(Virtual Manufacturing，VM)等先进的制造模式包容了更为广泛的信息集成，将 CAD/CAM 这一重要的基础核心技术推向了更高的层次。

## 1.3.2　CAD/CAE 技术在模具行业中的应用

CAD/CAE 技术作为一项重要的技术手段，正越来越广泛地在模具行业得以应用。

传统的模具设计是经过概念设计—分析—样品生产—分析—设计—分析—生产这样繁杂的过程后才最终确定那些复杂的模具原型的。随着计算机的发展，CAD/CAE 技术逐渐取代了传统的模具设计理念和设计方法，这种技术使得模具在进行真实的生产(包括样品生产)之前就已经通过计算机应用软件进行了精确的结构设计、结构分析以及成型仿真过程。

#### 1. CAD/CAE 技术和模具结构设计

模具结构设计应用相应的 CAD 软件，根据要实现的功能、外观和结构要求，先设计草图，然后生成相应的实体，接着进行子装配和总体装配，仿真模具开模过程，检查干涉情况，并进行真实渲染。整个过程也可以从上到下进行修改，每个过程的参数都可以改变，并可以设定参数间的关联性。

1) 草图重建技术

草图设计是整个模具设计的基础。现在的草图重建技术已经发展得非常成熟，这种技术是模具设计人员用二维和三维设计草图进行三维建模的关键技术。这种技术能够对草图的各个尺寸和相关约束进行修改和重建。目前，一些大型的 CAD/CAE 软件系统如 Pro/E、UG 等都提供了草图设计模块。

2) 曲面特征设计

随着人们对产品质量和美观性要求的不断提高，又由于曲面特征具有诸多优点，在产品外形设计中，曲面特征设计成为模具设计的一个重要部分。目前，CAD 业界涌现出一批像 EDS 的 UG、PTC 的 Pro/E 等一系列优秀的 CAD 软件，其三维实体建模、参数建模及复合建模技术，实体与曲面相结合的造型方法，以及以自由形式特征技术为模具设计提供了强有力的工具。

3) 变量装配设计技术

装配设计建模的方法主要有自底向上、自顶向下两种方法。自底向上方法是先设计出详细零件，再拼装产品。而自顶向下是先有产品的整个外形和功能设想，再在整个外形里一级一级地划分出产品的部件、子部件，一直到底层粗糙的零件。在模具中，由于有些模具的结构非常复杂，在模具设计时只有采用自顶向下的设计方法，变量装配设计才支持自顶向下的设计。

**提示：** 变量装配设计把概念设计产生的设计变量和设计变量约束进行记录、表达、传播和解决冲突，满足设计要求，使各阶段设计(主要是零件设计)在产品功能和设计意图的基础上进行，所有工作都在产品功能约束下进行和完成。变量装配技术也是实现动态装配设计的关键技术。动态是指在设计变量、设计变量约束、装配约束驱动下的一种可变的装配设计。

4) 真实感技术

真实感技术是应用 CAD 软件本身具有的渲染技术，赋予已经设计出来的模型诸如颜色和材质属性，在不同外部条件(如光线)下观察模型的外观是否达到原先所设想的美观性要求。如 Pro/E 的渲染模块和 UG 中的 Visualization 子命令等。

### 2. CAD/CAE 技术和模具结构分析

模具设计不仅仅停留在对外观和结构的设计上，已经扩展到对模具结构进行分析的领域。对已经设计出的模具，运用 CAE 软件(尤其是有限元软件)对其进行强度、刚度分析，抗冲击试验模拟，跌落试验模拟，散热能力、疲劳和蠕变等分析。通过分析检验前面的模具结构设计是否合理，分析出结构不合理的原因和位置，然后在 CAD 软件中进行相应的修改，接着再在 CAE 软件中进行各种性能检测，最终确定满足要求的模具结构。

基于有限元分析软件的应用，关键是网格的划分、模拟计算方法和成型接触处理等。此外，提供给软件进行 CAE 分析的数据也尤为重要，生产条件、设备性能、产品要求、材料特性等都将给模具 CAE 分析的准确性带来影响。

1) 强度和刚度分析

强度和刚度是模具设计中最重要的一项性能要求。运用 CAE 技术，可以通过对模具施加约束和载荷等外部条件来模拟模具的真实应用情况，分析模具的强度和刚度是否达到规定要求。模具 CAE 技术经过短暂的时间已经用在注塑模、压铸模、锻模、挤压模、冲压模等模具的优化上，并在实际中指导生产。在工程实际中，一般应用 ANSYS、ALGOR、DEFORM 等进行分析计算。

2) 抗冲击试验模拟

CAE 技术能够用于分析随时间变化的载荷，如交变载荷、爆炸与冲击载荷、随机载荷和其他瞬态力等对结构的影响。如运用 CAE 技术对瞬态分析、模态分析、谐波响应分析、响应谱分析和随机振动进行分析，为分析产品在特殊与恶劣的环境和工作条件下的物理响应、可靠性与耐用性等提供了完整的评估与解决方案。

3) 跌落试验模拟

CAE 技术也可以用于分析结构由于碰撞或跌落产生的变形、应力、位移、振动响应、产品的结构强度、连接设计、刚度性质、抗冲击性能、防爆性能等，并对整个系统工作稳定性和完整性做出定量评估。

4) 散热能力分析

现在的 CAE 技术可以模拟模具中的温度分布，通过模拟大功率电子元件产生的能量以及通过传导、对流和辐射散发出的热量来确定模具的热分布，然后再对各种材质模具的散热能力进行初步分析。

5) 疲劳和蠕变分析

在模具设计中，对于那些可能在集中载荷、循环载荷和常值位移作用下的模具，或处于低温或者高温条件下的模具产品，进行初步的疲劳分析和蠕变分析是非常必要的。这种分析不需要考虑外部的每一个条件，但是这种分析的结果具有很大的参考价值，如果出现不合理的情况，就可以重新进行设计，避免后面不必要的设计和分析。例如，ANSYS 专用的疲劳分析软件模块 FE-SAFE 就可以实现各种材料模式下进行高低温环境和长期载荷作用下的变形和失效问题的研究。

#### 3. CAD/CAE 技术和模具成型仿真

模具成型是一个非常复杂的过程，有非常多的影响因素，因此对于复杂结构的模具就需要进行成型仿真，以检验前面所设计的模具在成型时的强度和刚度是否达到要求，只有满足了成型要求，初步设计工作才最终完成。

1) 冷冲压成型

冷冲压模具主要用于金属和非金属材料的冷态成型。通过仿真，CAE 技术可以检测成型过程中模具材料的强度水平是否达到要求、热处理是否发挥了模具的强韧性等。

2) 热作成型

热作模具用于高温条件下的金属或非金属成型。模具是在高温下承受交变应力和冲击力，工作成型温度往往较高，金属模具还要经受高温氧化和烧损，以及在强烈的水冷条件下经受冷热变化引起的热冲击作用。热作模具作为热加工的成型工具，被广泛应用于各类压铸模、挤压模、注塑模、热压模和锻模中。

### 1.3.3　模具制造成型车间

设计必须联系实际，设计的模具模型能否用于加工，这对设计师来说是个相当严肃的问题。认识车间内模具制造机床对模具设计工艺有很大帮助。图 1.6 所示为车间部分加工机床。

#### 1. 三坐标测量仪

模具设计的前期工作是产品模型的成型工作过程。精密模具在于零件尺寸精确、制造尺寸精确、加工精确等。之前是用手工抄数，用高度尺、卡尺等测点，抄点连线。但始终都是手工操作，误差较大。三坐标测量仪解决了这一难题。三坐标测量仪可对大型塑件进行测量，精度相当高。目前三坐标测量仪有探头与激光型的。图 1.7 所示为三坐标测量仪。

图 1.6 加工机床

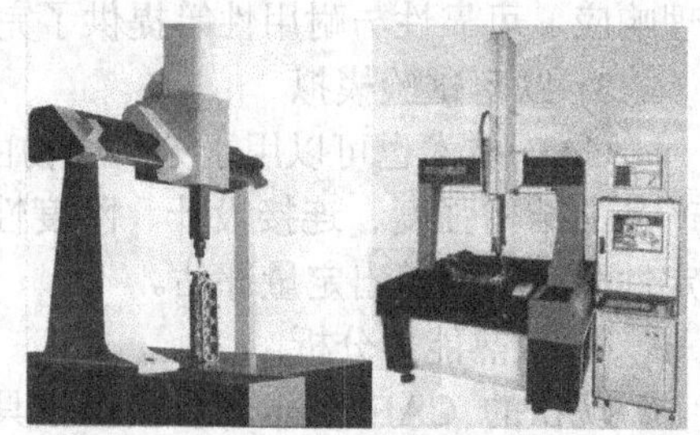

图 1.7 三坐标测量仪

2. 车床

车床主要是以工件旋转作为主运动，车刀在平面内做横向、纵向直线运动或复合进给运动，对工件进行车削加工的机床。车床主要用于回旋体零件的加工，在模具制造中主要用于导套、导柱、推杆、顶杆以及具有回旋表面的凸模(型芯)、凹模(型腔)回转型面和内外螺纹等模具零件的加工。车床在模具制造中是一种常用的加工机床。认识车床对设计时拆回旋型镶件有很大帮助。图 1.8 所示为数控车床。

3. 铣床

铣床是以铣刀为主运动，工作台沿 X、Y、Z 等方向做进给运动的切削加工机床。在模具制造中，铣床是功能最为强大的切削机床之一，主要是因其进给运动形式多样，其工作台可以实现横向、纵向、升降以及绕某些坐标轴旋转，特别适用于空间表面的切削加工，如各种平面、沟槽、孔、曲面的加工。根据主轴的位置不同可以分为卧式万能铣床和立式铣床；根据控制方式可以分为普通铣床和数控铣床。特别是数控铣床，在计算机的控制下，可以使用数控程序实现机床的 2.5 轴、3 轴、5 轴联动等方式的自动控制加工，可以完成复杂的曲面加工。在模具制造中铣床是应用最为广泛的机床之一。图 1.9 所示为普通铣床与数控铣床。

图 1.8 数控车床

图 1.9 普通铣床与数控铣床

4. 磨床

磨床是以砂轮高速旋转为主运动，以砂轮架的间歇进给和工件随工作台的往复运动作为进给运动来完成工件的磨削加工。它主要进行工件水平面、垂直面、斜面磨削加工，也可以通过对砂轮进行成型修整来完成形状比较简单的曲面，还可以把砂轮换上锯碟对模具钢进行开料处理。图 1.10 所示为磨床。

### 5. 电火花机床

电火花机床在加工时，是在液体绝缘介质中通过机床的自动进给调整装置，使工具电极与工件之间保持一定的放电间隙，然后在工件与工具电极之间施加强脉冲电压，击穿绝缘介质层形成能量高集中的脉冲放电，使工件与工具电极的金属表面因产生高温(10 000～12 000℃)被熔化甚至被汽化，同时产生爆冲效应，使被腐蚀的金属颗粒抛出加工区域。电火花是针对在加工过程中切削方法难以加工甚至根本就无法加工的高熔点、高硬度、高韧性的材料以及形状复杂的工件的，在一些模具企业，为了达到精度，一些切削机床可以加工的工件也用电火花加工。因为工具电极方便抛光，所以电火花机床是精密模具加工不可缺少的机床之一。图1.11所示为电火花机床及其工作原理。

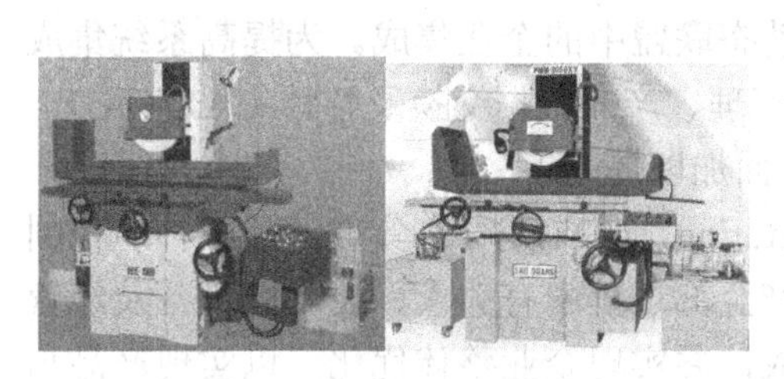

图1.10 磨床

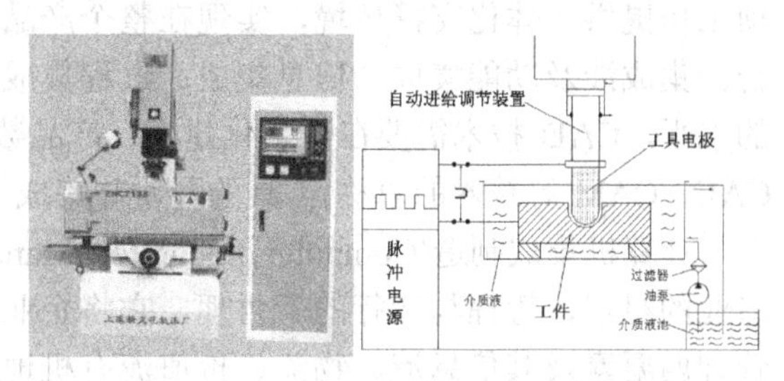


图1.11 电火花机床及工作原理

### 6. 线切割机床

线切割机床的工作原理与电火花机床一样，也是通过电极与工件之间的脉冲放电所产生的电腐蚀作用，对工件进行加工。其工作过程是根据工件的形状和尺寸，按规定的格式编写程序，通过线切割的数控装置将输入的程序转化为脉冲放电信号，控制伺服系统使机床进给系统产生相应切割运动轨迹，来完成工件的切割加工。图1.12所示为线切割机床及其工作原理。

### 7. 模具成型注塑机

模具制造的目的就是产品生产，实现这一方案的是注塑机。了解注塑机对行模具设计也有帮助，因为模具的排列除了市场需求、制造工艺的复杂程度外还要考虑注塑机的型号。型号不同，每次的射胶量也不同。图1.13所示为注塑机。

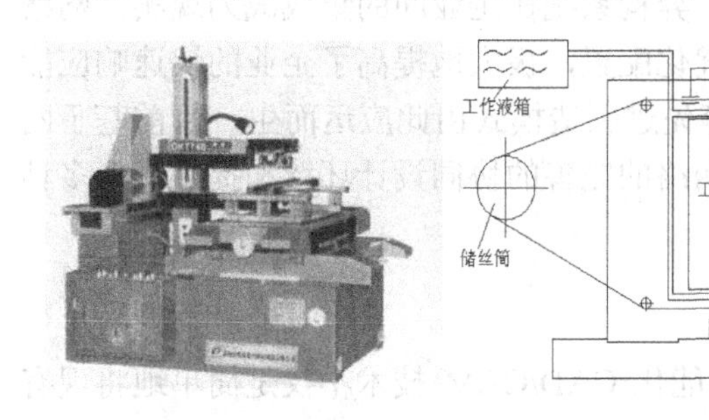


图1.12 线切割机床及工作原理

图1.13 注塑机

# 1.4 CAD/CAE/CAM 技术在模具设计制造中的发展趋势

## 1.4.1 CAD/CAM 技术的发展趋势

CAD/CAM 技术的未来发展主要体现在集成化、网络化、智能化和标准化的实现上。

### 1. 集成化

随着计算机技术的发展，CAD/CAM 系统已从简单、单一、相对独立的功能发展成为复杂、综合、紧密联系的功能集成系统。集成的目的是为用户进行研究、设计、试制等各项工作提供一体化支撑环境，实现在整个产品生命周期中各个分系统间信息流的畅通和综合。集成涉及功能集成、信息集成、过程集成与动态联盟中的企业集成。为提高系统集成的水平，CAD 技术需要在数字化建模、产品数据管理、产品数据交换及各种 CAX(CAD、CAE、CAM 等技术的总称)工具的开发与集成等方面加以提高。

计算机集成制造(Computer Integrated Manufacturing，CIM)是一种集成，是一种现代制造业的组织、管理与运行的新哲理，它将企业生产全部过程中有关人、技术、设备及经营管理四要素及其信息流、物流、价值流有机地集成，并实现企业整体优化，以实现产品高质、低耗、上市快、服务好，从而使企业赢得竞争。CIM 强调企业生产经营的各个环节，从市场需求、经营决策、产品开发、加工制造、管理、销售到服务都是一个整体，这便是系统观点；CIM 认为企业生产经营过程的实质是信息的采集、传递和加工处理的过程，这一观点为企业大量采用信息技术奠定了认识上的基础。CIMS(Computer Integrated Manufacturing System，计算机集成制造系统)是基于这种哲理的集成制造系统，通过生产、经营各个环节的信息集成，支持了技术的集成，进而由技术的集成进入技术、经营管理和人、组织的集成，最后达到物流、信息流、资金流的集成并优化运行，最终使企业实现整体最优效益，从而提高了企业的市场竞争能力和应变能力。

### 2. 网络化

网络技术的飞速发展和广泛应用，改变了传统的设计模式，将产品设计及其相关过程集成并行地进行，人们可以突破地域的限制，在广域区间和全球范围内实现协同工作和资源共享。网络技术使 CAD/CAM 系统实现异地、异构系统在企业间的集成成为现实。网络化 CAD/CAM 技术可以实现资源的取长补短和优化配置，极大地提高了企业的快速响应能力和市场竞争力，“虚拟企业”“全球制造”等先进制造模式由此应运而生。目前基于网络化的 CAD/CAM 技术，需要在能够提供基于网络的完善的协同设计环境和提供网上多种 CAD 应用服务等方面提高水平。

### 3. 智能化

设计是含有高度智能的人类创造性活动。智能化 CAD/CAM 技术不仅是简单地将现有人工智能技术与 CAD/CAM 技术相结合，更要深入研究人类认识和思维的模型，并用信息技术来表达和模拟这种模型。智能化 CAD/CAM 技术涉及新的设计理论与方法(如并行设计理论、大规模定制设计理论、概念设计理论、创新设计理论等)和设计型专家系统的基本理论与技术(如设计知识模型的表示与建模、知识利用中的各种搜索与推理方法、知识获取、工具系统的技术等)等方面。智能化是 CAD/CAM 技术发展的必然趋势，将对信息科学的发展产生深刻的影响。

**4. 标准化**

随着 CAD/CAM 技术的发展和应用，工业标准化问题显得日益重要。目前已制定了一系列相关标准，如面向图形设备的标准计算机图形接口(CGI)、面向图形应用软件的标准 GKS 和 PHIGS、面向不同 CAD/CAM 系统的产品数据交换标准 IGES 和 STEP，此外还有窗口标准以及最新颁布的《CAD 文件管理》《CAD 电子文件应用光盘存储与档案管理要求》等标准。这些标准规范了 CAD/CAM 技术的应用与发展。例如，STEP 既是标准又是方法学，由此构成的 STEP 技术深刻影响着产品建模、数据管理及接口技术。随着技术的进步，新标准还会出现。CAD/CAM 系统的集成一般建立在异构的工作平台之上，为了支持异构跨平台的环境，要求 CAD/CAM 系统必须是开放的系统，必须采用标准化技术。完善的标准化体系是我国 CAD/CAM 软件开发及技术应用与世界接轨的必由之路。

目前，CAD/CAM 技术正向着集成化、网络化、智能化和标准化的方向不断发展。未来的 CAD/CAM 技术将为新产品开发提供一个综合性的网络环境支持系统，全面支持异地的、数字化的、采用不同设计哲理与方法的设计工作。

## 1.4.2 我国模具工业的发展趋势

我国模具工业的发展趋势如下。

(1) 模具日趋大型化。

(2) 模具的精度将越来越高。10 年前精密模具的精度一般为 5μm，现已达到 2～3μm，1μm 精度的模具也将上市。

(3) 多功能复合模具将进一步发展。新型多功能复合模具除了冲压成型零件外，还担负叠压、攻螺纹、铆接和锁紧等组装任务，对钢材的性能要求越来越高。

(4) 热流道模具在塑料模具中的比例将逐渐提高。

(5) 随着塑料成型工艺的不断改进与发展，气辅模具及适应高压注塑成型等工艺的模具也将随之发展。

(6) 标准件的应用将日益广泛。模具标准化及模具标准件的应用将极大地影响模具制造周期，提高模具的质量和降低模具制造成本。

(7) 快速经济模具的前景十分广阔。

(8) 随着车辆和电机等产品向轻量化方向发展，压铸模的比例将不断提高。同时对压铸模的寿命和复杂程度也将提出越来越高的要求。

(9) 以塑代钢、以塑代木的进程进一步加快，塑料模具的比例将不断增大。由于机械零件的复杂程度和精度不断提高，对塑料模具的要求也越来越高。

(10) 模具技术含量将不断提高。

## 1.4.3 今后需大力发展的模具产品

我国模具和其他模具发达国家相比有一定差距，为了进一步提高质量，今后需要大力发展以下模具产品。

(1) 汽车覆盖件模具(轿车所需)。
(2) 精密冲压模具(多工位级进模、精冲模)。
(3) 大型塑料模具(用于汽车和家电)。
(4) 精密塑料模具(塑封模，多层、多腔、多材质、多色、薄壁精密塑料模)。
(5) 大型薄壁精密复杂压铸模和镁合金压铸模具。
(6) 子午线橡胶轮胎模具(活络模)。
(7) 新型快速经济模具。
(8) 多功能复合模具。
(9) 模具标准件(模架、导向件、推管推杆、弹性元件、热流道元件)。

### 1.4.4 今后需提高的关键技术

科学技术是第一生产力，今后发展模具工业需提高以下关键技术。
(1) 用计算机、网络通信、软件技术等信息技术带动和提升模具制造技术。
(2) 模具设计技术(CAD/CAE/CAM 一体化技术)。
(3) 模具加工技术(CAM)、高速铣削技术(HSM)。
(4) 快速原型制造技术、激光加工技术、直接金属成型技术。
(5) 信息化工程、逆向工程、并行工程、敏捷制造等技术，先进的精密测量技术。
(6) 高性能、高品质的新型模具材料及制造新工艺。
(7) 模具热流道技术、新型模具标准件。
(8) 先进的模具修复和抛光技术。
(9) 模具制造的现代化管理技术。

### 1.4.5 CAD/CAE/CAM 技术在模具设计中的发展方向

模具 CAD/CAE/CAM 技术在传统的应用基础上还要不断地适应新的环境和新的挑战，寻求新的发展。

(1) 逐步提高 CAD/CAE 系统的智能化程度。人工智能是计算机的几大功能之一，可将人工智能引入 CAD/CAE 系统，使其具有专家的经验和知识，具有学习、推理、联想和判断的能力，从而达到设计自动化的目的。目前提高智能化程度的路径有两条：一是继续研究专家系统技术的应用；二是开展 KBE(基于知识工程)技术的研究，主要是开发基于 KBE 的专用工具。

(2) 研究模具的运动仿真技术，即冲模的冲压过程与注塑模的运动仿真。因为冲模与注塑模的结构复杂，在冲压与注塑过程中，一些模具零件的运动难免产生干涉现象，特别是级进模还可能存在条料运动与模具运动的干涉，而在设计中这些现象难以发现，只有采用仿真技术在计算机上显示其运动状态，及时改正错误的设计，才能避免生产中出现问题。

(3) 协同创新设计将成为模具设计的主要方向，制造业垂直整合的模式使得世界范围内的产品销售、产品设计、产品生产和模具制造分工更明确。模具企业间通过 Internet 进行异地协同设计和制造。根据企业自身的信息化程度和企业间合作的层次不同，采用的技术手段和方案有很大不同。

(4) 基于网络的模具 CAD/CAE 集成化系统将深入发展。现代 CAD/CAE 系统已经实现了从单机到局域网的转变，目前正在与企业的 Intranet 整合。在企业行为国际化的大潮下，在 Intranet 的大环境下建立 CAD/CAE 系统即将成为现实。

(5) 模具 CAD/CAM 技术应用的 ASP 模式将成为发展方向。由于当今模具行业已经成为高新技术最密集的行业，任何企业都不可能拥有全部最新出现的技术，因此将出现 CAD/CAM 技术应用的 ASP 模式，即产生各种专门技术的应用服务单位，为模具行业的各个企业提供技术服务，应用服务包括逆向设计、快速原型制造、数控加工外包、模具设计、模具成型过程分析等诸多方面。

## 本章小结

本章主要介绍了模具 CAD/CAE/CAM 的基本概念、系统的组成、国内外主流的 CAD/CAM 软件，以及 CAD/CAE/CAM 技术发展历程和在模具行业中的应用和发展趋势。要生产质量高、寿命长的模具，必须了解模具设计过程和模具制造工艺，从熟悉模具设计软件和认识车间机床开始是培养模具人才的出发点。模具生产技术水平的高低，已成为衡量一个国家产品制造水平高低的重要标志，发展模具工业任重而道远。

## 思考与练习

### 1. 思考题

(1) 简述 CAD/CAE/CAM 的基本概念。

(2) 简述 CAD/CAE/CAM 硬件系统的组成。

(3) 简述国内外常用的 CAD/CAE/CAM 软件的作用和应用领域。

(4) 简述 CAD/CAE/CAM 的发展历程。

(5) 简单列举出 5～8 种模具加工的机床。

(6) 简述模具 CAD/CAE/CAM 技术的发展趋势。

### 2. 实训题

(1) 上机熟悉绘图软件 AutoCAD 的基本操作。

(2) 上机熟悉 CAD/CAE/CAM 功能集成型软件 Unigraphics 的基本操作。

# 第 2 章　CAD/CAM 技术基础

学习要点

- 熟悉三维几何建模技术。
- 了解特征建模技术。
- 了解参数化与模块化设计方法。
- 了解计算机辅助数控编程及其发展。
- 了解 NC 刀具轨迹生成方法。
- 了解数控仿真技术。
- 熟悉数控加工常用刀具及加工参数的选择。
- 熟悉数控编程典型流程。

技能目标

- 掌握常用 CAD/CAM 软件中线框模型、曲面模型、实体模型的建模方法。
- 能够使用 CAD/CAM 软件进行数控编程。

## 2.1　CAD/CAM 建模技术

对于现实世界中的物体，从人们的想象出发，到完成它的计算机内部表示的这一过程称为建模。产品建模过程的实质就是一个描述、处理、存储、表达现实世界中的产品，并将工程信息数字化的过程。由于对客观事物的描述方法、存储内容、存储结构的不同而有不同的建模方法和数据模型。下面介绍几何建模和特征建模这两种主要的产品建模方法。

### 2.1.1　三维几何建模技术

几何建模(Geometric Modeling)是指在计算机上进行几何形状操作处理的技术。实现这项技术的软件称为“几何建模工具”(Geometric Modeler)。

众所周知，现实世界的物体是三维的。“三维 CAD 系统”就是将设计中涉及的机械、设备、构件等三维物体，以尽可能接近实体特性的几何形状来进行处理的 CAD 系统，因而三维 CAD 系统可以更加真实、完整、清楚地描述物体，并使得以工程制图法为基础的视图，可以通过将几何形体向所需的平面上投影来获得，能够对设计中需要的体积、重心等物理量进行计算，也能够生成和 CAE 系统密切相关的数据，还能够在显示器上对加工、装配的方法进行审查研究，并生成 NC 加工所需的数据，三维 CAD 系统代表了 CAD/CAM 发展的主流。

人们希望能够有统一的处理方法来处理几何形状。但是，目前对平面和简单曲面组成的三维几何形状，与像汽车车体那样的复杂曲面形状，理论上采用了不同的处理方法，前者称为“实体模型”，后者称为“自由曲面的几何模型”。将两者结合起来就可以制作出各种各样的几何形状。

根据描述方法及存储的几何信息、拓扑信息的不同，三维几何建模系统可以分为 3 种不同层次的建模类型，即线框建模(Wire Frame Modeling)、曲面建模(Surface Modeling)和实体建模(Solid Modeling)。

### 1. 线框建模

线框建模是一种在计算机内构成三维实体的方法。它通过点、直线、圆弧等基本图形元素组成的框架，来描述具有立体形状特征的几何图形，这是比较容易理解的。这种模型称为“线框模型”，是最早用于实际且现在仍然广泛应用的一种三维几何模型。用人类身体来比拟的话，线框模型就像人类的骨骼，如图 2.1 所示。

以立方体为例，其线框模型如图 2.1 所示。只要指定线起点和终点的正确三维点坐标$(x, y, z)$位置，就能表现出立方体的立体线性几何形状。

虽然线框模型表达的信息不够完整，但对于某些应用还是很有价值的，特别是其处理速度快这一大特点，使其在不能使用高性能计算机的情况下具有充分的优越性。若在计算机内建成立体的线框模型，那么利用图形学中的投影法就很容易得到立体视图。所以，这种模型在计算机绘图方面得到了广泛应用。同时，它也是立体造型中应用最早的方法和最基本的元素。线框造型可以通过绘图生成，也可以通过已生成的曲面造型和实体造型来自动生成。在工业造型中，线框造型经常用于线切割制造。

线框造型的特点是结构简单、易于理解、数据存储量少、操作灵活、反应速度快，是进一步进行曲面建模和实体建模的基础。在线框模型下检查实体间的干涉、布局，评价物体外部形状会更方便。同时由于它具有较好的时间响应特性，所以对于实时仿真技术或中间结果显示很适用。但毕竟线框模型创建起来的不是实体，它只能表达基本的几何信息，而不能有效地表达几何数据间的拓扑关系。线框模型的数据结构中边与边之间没有关系，即没有构成关于面的信息，因此，不存在内、外表面的区别，无法识别可见边，也就不能对图形进行可见性检验及消隐、剖切、渲染、明暗处理和物性分析等处理。

### 2. 曲面建模

曲面建模是在线框建模的数据基础上，增加可形成立体面的各相关数据。在定义面的时候，只要表示出这个面是由哪些棱线、按照什么顺序连接而成的以及这个面是平面还是曲面等这类表示面种类的信息就可以了。图 2.2 就是以面搭建出的立方体、圆柱体和球体等。和线框模型相比，曲面模型只增加了定义面的那一部分数据。所以，通过使用处理这些数据得到的信息，就可以进行面与面间的相交、消隐、明暗处理和渲染等。如用人类身体来比拟，曲面模型像贴附在骨骼上的肌肉，如图 2.2 所示。

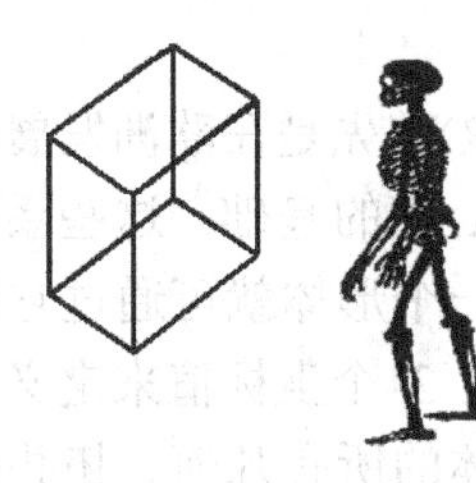

图 2.1 线框模型

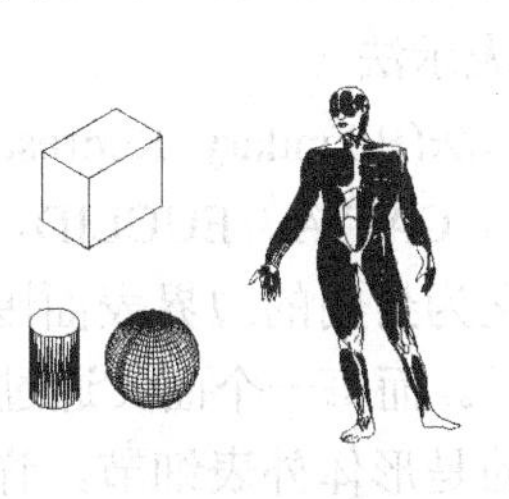

图 2.2 曲面模型

曲面造型的方法主要有以下几种，即直纹面、线性拉伸曲面、旋转曲面、扫描曲面、混合曲面、边界曲面(即由多条或多条互相连接的边界曲线构成的曲面，构成方式非常灵活)。多年来，通过大量的生产实践，在曲线、曲面的参数化数学表示及 NC 编程方面取得了很大进展，广为流传的有贝塞尔(Bezier)、B 样条(B-spline)、孔斯(Coons)、非均匀有理 B 样条(Non-uniform Rational B-spline，NURBS)等。曲面模型可以为其他应用场合继续提供数据。例如，当曲面设计完成后，便可根据用户要求自动进行有限元网格的划分、三坐标或五坐标 NC 编程以及计算和确定刀具轨迹等。但由于曲面模型内不存在各个表面之间相互关系的信息，因此在 NC 加工中只针对某一表面处理是可行的，倘若同时考虑多个表面的加工及检验可能出现的干涉现象，还必须采用三维实体建模技术。

曲面建模技术为逆向工程(又称为反求工程(Reverse Engineering，RE))的 CAD 建模提供了基础，通过数字化测试设备或样件测得的一系列离散数据进行处理和重构，生成原来产品的 CAD 模型，主要集中在表面的反求，其主要方法是 NURBS 曲面模型和三角 Bezier 曲面模型。

### 3. 实体建模

实体建模技术是 20 世纪 70 年代后期、80 年代初期逐渐发展完善并推向市场的 CAD 建模系统，目前已成为 CAD/CAM 技术发展的主流。从表面上看，实体模型和曲面模型很类似，尤其是线性几何方面，几乎分辨不出来；只有在曲面上才可看出端倪。曲面模型在表示三维立体时使用的方法是，以面来围成立体。若在此基础上，再增加厚度的数据，就可以构成实体模型了。在计算机内部实体造型提供对物体完整的几何和拓扑定义，可以对模型进行质量、质心、惯性矩等实际物理量的计算，也可以进行实体与实体间的相交、消隐、明暗、渲染等处理。如用人类身体来比拟，实体模型就像骨骼+肌肉+内脏的完整人体。

实体模型(Solid Modeling)是指用来表示在计算机上创建的实物模型以及它所包含的所有特征。实体模型具有体积，可以用一个确切的数字表示密度，因而可以具有质量和惯量。与线框模型不同，如果在一个实体模型上挖一个孔，就会自动生成一个新的表面，同时可以自动识别内部和外部。实体模型最有用的是它具有真实性，能够明确地表示真实物体。实体造型的制作方法与实际生活中接触的物体非常接近，如可以对实体进行切削、填补等加工。因此，目前很多的造型软件都以它为基本造型手段。

现实世界中的物体是三维的连续实体，但计算机内部表示是一维的离散数据描述，如何利用一维离散数据来描述现实中的三维实体，并保证数据的准确性、完整性、统一性是计算机内部表示法研究的内容。目前，计算机内部表示三维实体模型的方法很多，并且正在向着多重模式方向发展。以下仅就当前国际上常见的几种模式做简单介绍。

1) 边界表示法

边界表示法(Boundary Representation，B-Reps 或 BR)首先是在欧洲发展起来的，并成为很多系统如 CATIA、EUCLID、GEOMOD、MEDUSA 等的基础。这些系统的基本设想是把物体定义为封闭的边界表面围成的有限空间，这样一个形体就可通过它的边界，即面的子集来表示。而每一个面又通过边，边通过点，点通过 3 个坐标值来定义。因此，边界表示法强调的是形体外表细节，详细记录了构成几何形体的所有几何、拓扑信息，其模型中的数据结构呈现网状关系，强调记录拼合后的结果，这种内部结构和关系是与采用的物体生成描述方法无关的。边界表示法的优点在于含有较多的有关面、边、点及其相互关系的信息。这些信息对于工程图绘制及图形显示都是十分重要的，并且易于同二维绘图软件衔接及与曲面建模软件联合应用。因为在有些情况下，曲面模型可以用小平面模型来近似表达和描述。此外，这种方法便于通过人机交互方式对物体模型进行局部修改。但是有关物体生成的原始信息，即它是由哪些基本体定义的、是怎样拼合而成的，在边界表示法中无法提供，同时描述所需信息量较大，并有信息冗余。

(1) 环状扫描(Circle Sweeping)：也称为“旋转”(Revolution)。将立体的截面轮廓绘出，然后将其针对空间中的任意轴做环状旋转。

(2) 线性扫描(Linear Sweeping)：也称为“拉伸”(Extrude)，就是将立体的截面轮廓以直线方向挤拉出一个立体。

(3) 路径扫描(Sweep)：就是将立体的截面轮廓沿着一条路径线挤拉出一个立体。

(4) 混合扫描(Swept Blend)：混合扫描即针对可变截面(剖面)的扫描，是用于同一路径，但路径中每段截面的形状不同，或截面轮廓为渐缩或渐增的状况。

实体造型的制作方法有拉伸实体、旋转实体、扫描实体和混合实体等，如图 2.3 所示。

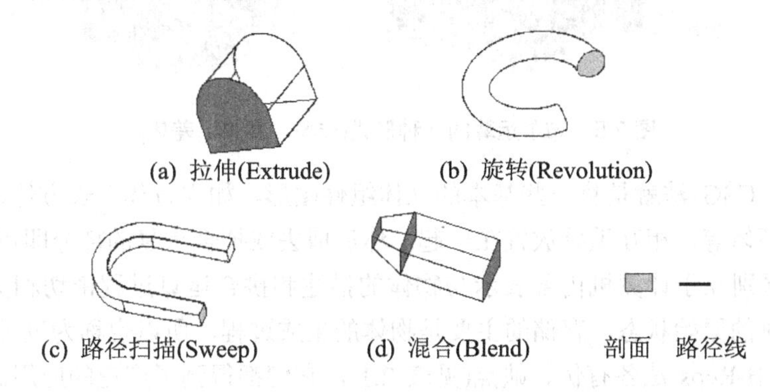


图 2.3　各种实体的扫描生成模式

2) 构造立体几何法

构造立体几何法(Constructive Solid Geometry，CSG)是指在计算机内部不是通过边界平面和边界线来定义实体，而是通过图 2.4 所示的基本体素及它们的几何逻辑运算(如交集(Intersection)、并集(Union)、差集(Subtract))表示，即通过 3 种形式的布尔运算生成新的几何形体，如图 2.5 所示。

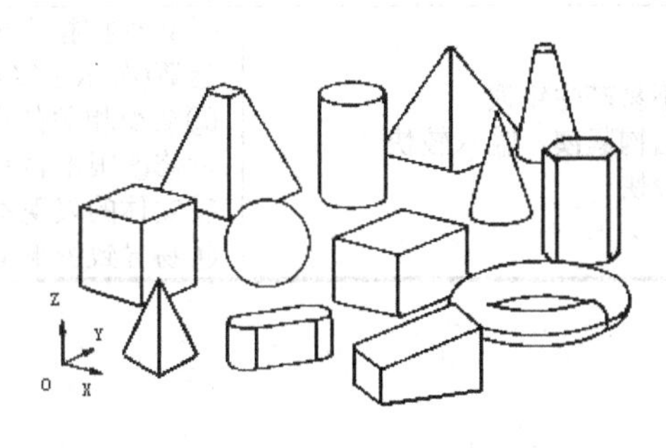


图 2.4　构造立体几何法中的基本体素

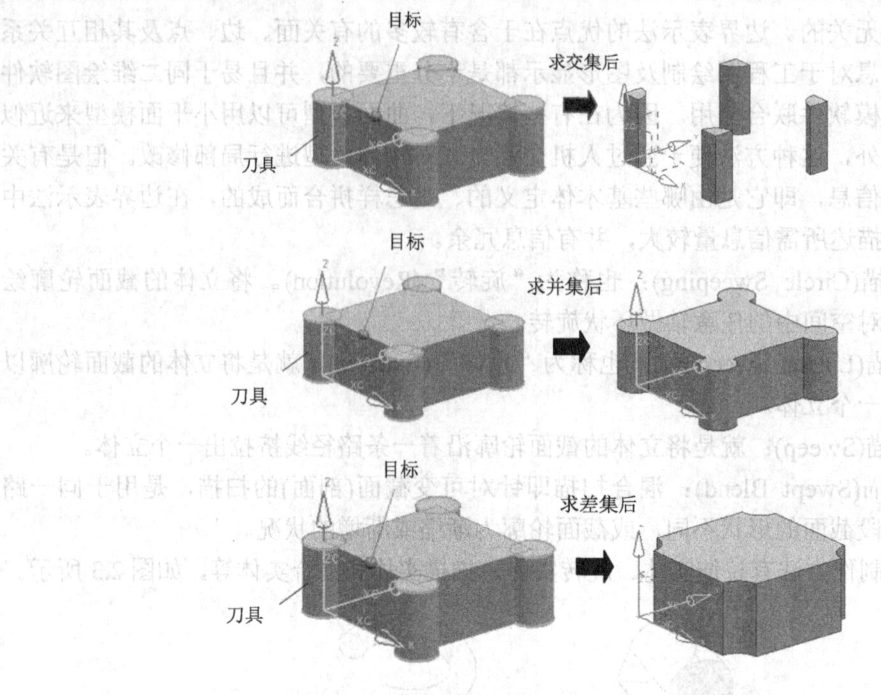


图 2.5　布尔运算的 3 种形式(交集、并集、差集)

通俗地说，CSG 法就是将一些基本的立体组件图形，如立方体、长方体、圆柱体、球体、锥体、圆环体等，相互重叠放置在一起；然后剪去或拟合重复的部分即可。CSG 法与 BR 法的主要区别在于计算机内部表示与物体的描述和拼合运算过程密切相关，即记录各体素进入拼合时的原始状态，存储的主要是物体的生成过程，所以也称为过程模型。

CSG 法与 B-Reps 法各有优、缺点(见表 2.1)，它们都得到了广泛的应用。图 2.6 所示为这两种建模方式的比较。

表 2.1　CSG 法与 B-Reps 法的优、缺点比较

| 实体模型 | 优　点 | 缺　点 |
|---|---|---|
| CSG 法 | ①输入图形数据可以直接利用<br>②图形数据完整，设计后编辑容易<br>③实体的表现较精确 | ①图形数据较多，输入比较麻烦<br>②因输入条件多，在 CAD 中相关功能操作复杂 |
| B-Reps 法 | ①几何形状不易产生错误<br>②图形数据结构紧凑，输入较快<br>③处理速度较快 | ①必须按指定的要求进行几何图形的逻辑运算(布尔运算)，操作步骤较多<br>②缺少相关的图形数据，在执行布尔运算后修改很不容易<br>③实体的表现不精确<br>④易导致图形文件容量增大 |

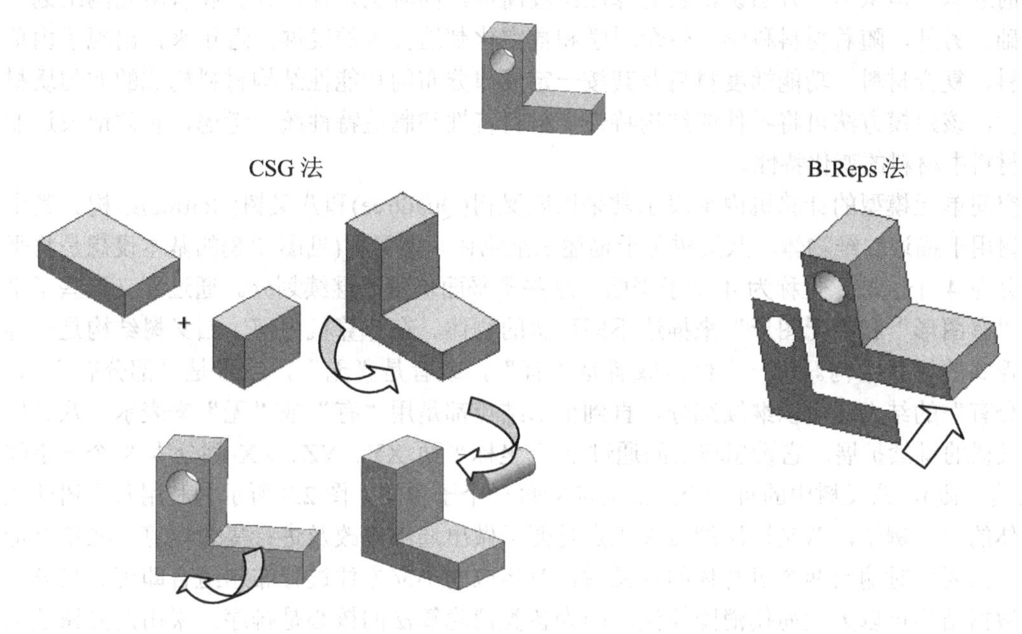


图 2.6　CSG 法与 B-Reps 法两种建模方式的比较

3) 混合模式

混合模式(Hybrid Model)目前还没有清楚的界限，但在 CAD 系统中广为应用。总之，它是在一个系统采用了不同形式的表达方法，如常见的 CSG 法与 B-Reps 法的混合。3 种造型方式(边界表示法、构造立体几何法和这二者的混合)之间的关系是共存互补的。因此，目前最好的三维造型软件都是将这 3 种造型包含在一起，使它们能够很好地发挥各自的优势。例如，在三维造型软件中扫描特征所用的就是边界表示法的理论，而孔、倒角等特征应用的就是构造立体几何法的原理。

混合模式由两种不同的数据结构组成，以便互相补充或应用于不同的目的。当前应用最多的混合系统都是基于这样一种设想：在原来 CSG 树的结点上再扩充一级边界数据结构，以便达到快速显示图形的目的。因此，混合模式可理解为在 CSG 系统基础上的一种逻辑扩展：在这种混合模式中，起主导作用的数据结构仍然是 CSG 结构，所以边界模式的一些优点，如便于局部修改等，在混合模式中仍然无济于事。CSG 法的所有特点完全存在于混合模式中。

4) 空间单元表示法

空间单元表示法是通过一系列空间单元构成的图形来表示物体的一种方法。这些单元(Cell)都是具有一定大小的立方体。在计算机内部主要通过定义各单元的位置是被占有还是没有被占有来表达物体。由图 2.7 可见，这是一种数字化的近似表示法。很明显，单元的大小直接影响到模型的分辨率。

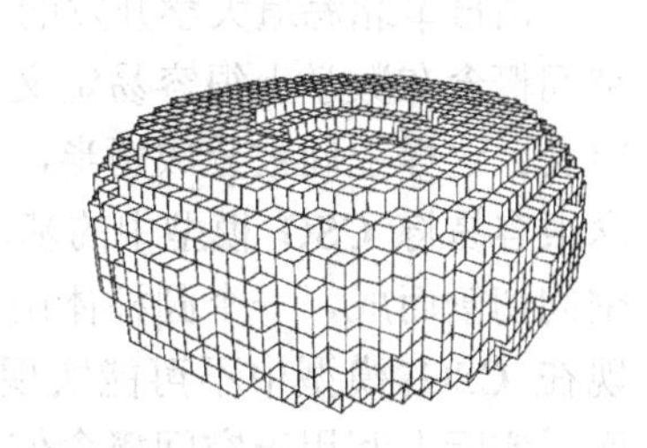

图 2.7　用空间单元表示法表示圆环

空间单元表示法要求有大量的存储空间。此外，它不能表达一个物体任意两部分之间的关系，也没有关于点、线、面的概念。它仅仅是一种空间的近似。但从另一方面讲，它的算法比较简单，同时也是物性计算和有限元网络划分的基础。另外，随着材料科学、生命科学和数字化制造技术的发展，近年来，出现了由单质材料、复合材料、功能梯度材料及其按一定规律分布的功能性结构材料构成的非匀质材料零件，该建模方法可将零件的结构特性、材料特性和制造特性统一考虑，有效地表达非匀质材料中材料的变化特性。

空间单元模型的计算机内部表示常采用四叉树(Quadtree)和八叉树(Octtree)结构。其中四叉树用于描述二维物体，八叉树用于描述三维物体。四叉树(见图 2.8)的基本设想是将平面划分为 4 个区域，也称为 4 个子平面。这些子平面仍可以继续划分。通过定义这些子平面的“有图形”和“无图形”来描述不同形状的物体。在计算机内部，四叉树结构是一种特殊形式的树状结构。每一个结点或者是“有”，或者是“无”，或者是“部分有”。“部分有”的结点还可以继续细分，直到全部结点都是用“有”或“无”来表示。八叉树是四叉树的继续扩展。它设想将空间通过 3 个坐标平面 XY、YZ、ZX 划分为 8 个子空间(或称为卦限)。八叉树中的每一个结点对应着每一个子空间。图 2.9 所示为利用八叉树法表示物体的一个例子，八叉树法的最大优点是便于做出局部修改及进行集合运算。在集合运算时，只要同时遍历两个拼合体的八叉树，对相应的小立方体进行布尔组合即可。另外八叉树数据结构可以大大简化消隐算法，因为各类消隐算法的核心是排序。采用八叉树法最大的缺点是占用存储空间大。由于八叉树结构能表示现实世界中物体的复杂性，所以近年来它日益受到重视。

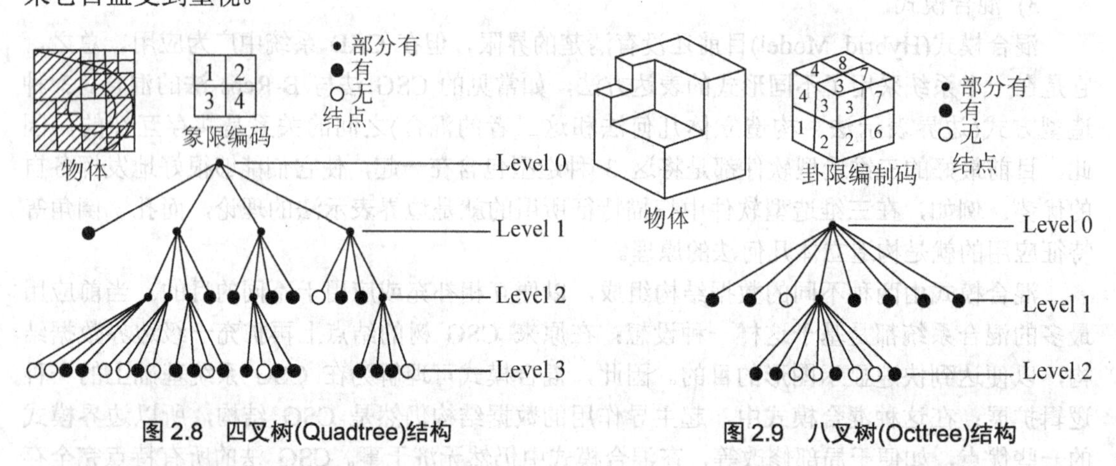


图 2.8　四叉树(Quadtree)结构　　　图 2.9　八叉树(Octtree)结构

5) 半空间法

由日本北海道大学开发的 TIPS 系统在 CSG 模式基础上引进了半空间的概念。这种半空间概念在数学上很容易定义。例如，一个平面半空间可通过一个无限平面和法向向量来定义。这样空间被分成两半，其中只有一半是有意义的，即具有物质的。利用半空间的概念很容易将 CSG 模型中的基本体继续分割。例如，一个六面体就可理解为由 6 个平面半空间切割而成，一个圆柱体由一个圆柱半空间和两个平面半空间组成。利用这种概念可实现在 CSG 模型中不可能实现的局部修改功能。同时在半空间模型中很容易引进自由曲面。实际上利用半空间概念使 CSG 数据结构在形式上向着面模式过渡。在已知零件的几何参数之后，就可将零件轮廓以不等式表达。例如，半径为 $R$ 的圆，其不等式为 $R^2-(x-x_0)^2-(y-y_0)^2\geqslant 0$，从集合论的观点来说，不等式就是一个半空间的集合。

## 2.1.2　特征建模技术

随着计算机的普及，人工智能的应用范围越来越广泛，但在 CAD 绘图自动化方面的应用却碰到了一些问题。造成这种状况的原因主要来自对实体的描述和表示上，到底采用何种描述方法才能使得计算机很好地理解实体，以进行合理有效的几何推理，这已成为人们目前聚焦的问题。传统的实体表示方法使用简单的原始几何元素来表达实体，如线条、圆弧、圆柱及圆锥等，这显得很枯燥、单调，计算机很难识别和理解这类粗糙的模型。因此，迫切需要发展一种创建在高层次实体基础上的实体表示法，这种实体表示法需要包含更多的工程信息和数据，这种实体称为特征，如键槽就是一种典型的特征定义的例子。

特征(Feature)的概念最早出现在 1978 年美国 MIT 的一篇学士论文《CAD 中基于特征的零件表示》中，随后经过几年的酝酿讨论，至 20 世纪 80 年代末有关特征建模技术得到广泛关注。特征是一种综合概念和集成对象，除了包含零件的几何拓扑信息外，还包含了设计制造等过程所需要的一些非几何信息，如材料信息、尺寸、形状公差信息、热处理及表面粗糙度信息和刀具信息等。因此，特征包含丰富的工程语义，它是在更高层次上对几何形体上的凹腔、孔、槽等的集成描述，表达产品的功能和形状信息。所以利用特征的概念进行设计是实现设计与制造集成的一种行之有效的方法。对于不同的设计阶段和应用领域有不同的特征定义，如功能特征、加工特征、形状特征、精度特征等。特征体现了新的设计方法学，它是新一代的 CAD/CAM 建模技术，被誉为 CAD/CAM 发展的新里程碑，它的出现和发展为 CAD/CAPP/CAM 解决集成问题提供了新的理论基础和方法。

自 20 世纪 80 年代以来，基于特征的设计方法已被广泛接受，也提出了不少特征的定义，最初的特征定义仅包含几何意义，即主要是它的形状特征，但实际上特征应该包含更多、更广泛的含义和信息。由于特征源于设计、分析和制造等生产过程的不同阶段，因此，对特征的认识也不尽相同，至今尚无特征的统一严格数学定义。目前较为通用的定义是 1992 年由 Brown 提出的：“特征就是任何已被接受的某一个对象的几何、功能元素和属性，通过它们我们可以很好地理解该对象的功能、行为和操作。”更为严格的定义也被使用：特征就是一个包含工程含义或意义的几何原型外形。特征在此已不是普通的体素，而是一种封装了各种属性(Attribute)和功能(Function)的元素。对于特征可以利用面向对象的语言来描述，利用封装来包含特征所需的信息，使用成员变量来表示特征的静态属性以及与其他特征的关系属性；而用成员函数来描述特征特定的设计、制造和行为规则方法，并且通过继承产生新的特征，发展已有的特征，以满足造型时的需要。

利用特征的概念进行设计的方法经历了特征识别及基于特征的设计两个阶段。特征识别是首先进行几何设计，然后在建立的几何模型上，通过人工交互或自动识别算法进行特征的搜索、匹配，由于特征信息的提取和识别算法相当困难，所以只适用一些简单的加工特征识别，并且形状特征之间的关系无法表达。为此，Wilson 等人提出了直接采用特征建立产品模型，而不是事后再识别的想法，这就是基于特征设计的思想，即特征建模。

## 2.1.3　参数化与模块化设计方法

### 1. 参数化和变量化设计的基本概念

早期的 CAD 系统，其设计结果仅仅实现了用计算机及其外围设备出图，就产品图形而言，不过是几何图素(点、线、圆、弧等)的拼接，是产品的可视形状，并不包含产品图形内在的拓扑关系和尺寸约束。因此，当需要改变图形中哪怕任一微小的部分，都要擦除重画。这不仅使设计者投入相当的精力用于重复劳动，而且这种重复劳动的结果并不能充分反映设计者对产品的本质构思和意图。一个机械产品，从设计到定型，其间经历了反复的修改和优化；定型之后还要针对用户不同的规格要求形成系列产品。这都需要产品的设计图形可以随着某些结构尺寸的修改或规格系列的变化而自动生成。如何将只有几何图素的“死图”变为含有设计构思、设计信息的产品几何模型，这是研究参数化设计和变量化设计的出发点。参数化设计一般是指设计图形拓扑关系不变，尺寸形状由一组参数进行约束。参数与图形的控制尺寸有显式的对应，不同的参数值驱动产生不同大小的几何图形。变量化设计是指设计图形的修改自由度不仅是尺寸形状参数，而且包括拓扑结构关系，甚至工程计算条件，修改余地大，可变元素多，这种方法为设计者提供了更加灵活的修改空间。

参数化和变量化设计的基础是尺寸驱动的几何模型。与传统的设计不同，尺寸驱动的几何模型可以通过更改尺寸达到更改设计的目的。这意味着，设计人员一开始可以设计一个草图，稍后再通过精确的尺寸完成设计的细节。

“参数化造型”主要使用“关联性约束”来定义和修改几何模型。“约束”包括尺寸约束、拓扑约束和工程约束(如应力、性能等)。参数化是将表示零件或组件的形状和位置由赋予它们的特征的值(主要是尺寸值)来控制，这些特征值可能和其他特征相关联。参数化设计的步骤如下。

(1) 建立几何拓扑模型。这是参数化绘图的前提，根据设计要求，以相对成熟的产品图为样板，遵循显式的拓扑结构约束。模型一经建立，将相对稳定，以后的应用中一般不再变化。

(2) 进行参数化定义。在几何模型的基础上，分析其结构特点和控制尺寸，定义变量参数。

(3) 推导参数表达式。模型中的参数之间并非都是相互独立的，通常会有某些关联关系，有的参数是随着其他参数的变化而变化的；再者，由于二维图的绘制最终总是归结为点之间的连线，因此，需将各几何特征点的坐标用变量参数表达出来，这就要找出这种关系，推导出参数表达式。

(4) 编制程序将以上的参数化模型编入计算机程序，以实现参数化设计。

参数化设计的结果如图 2.10 所示。

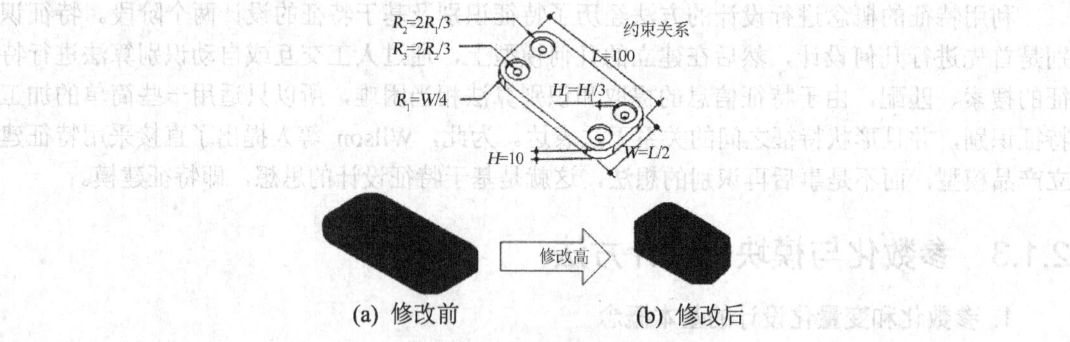


(a) 修改前　　(b) 修改后

图 2.10　参数化设计图例

### 2. 模块化设计的基本概念

模块化设计即在对产品进行功能分析的基础上，划分并设计出一系列相对通用的功能模块，通过模块的选择和组合可以构成不同功能或相同功能不同性能、不同规格的产品，以满足市场的不同需求。采用模块化设计方法可以解决产品品种、规格与设计制造周期和生产成本之间的矛盾，也为产品的快速更新换代、提高产品质量、便于维修提供了条件，因而可增强产品生产企业的竞争力。

模块化的概念由来已久。10 个阿拉伯数字的排列组合可以表达任何数；26 个英文字母可组成任何单词，单词的不同排列组合可表达任何意思；7 个音符的排列组合可谱出无数首美妙的乐曲；一组积木可拼搭各种各样的造型；相同的建筑材料可以盖成不同式样的楼房。这里，数字、字母、音符等就是基本模块，通过基本模块的排列组合就构成了丰富万千的不同系统。目前，模块化设计的思想已渗透到许多领域，如机床、家电、计算机等。在每个领域，模块和模块化设计都有其特定的含义。

### 3. 特征建模技术与参数化设计的融合

特征建模技术是正在研究发展中的技术。至今还有很多难题有待进一步研究。但在 CAD 应用中，参数化设计应用越来越广，参数化设计可以说是特征的延伸，因此，就出现了将参数化设计应用到特征设计中，使得特征具有可调整性，其主要是针对特征的几何和拓扑(Topology)信息。可以利用混合法(混合使用线框、曲面、实体元素，混合使用边界表示法和构造立体几何法)来创建特征模型，并将参数化法引入到特征造型中，使形状特征可以根据需求调整变化，这就是基于特征的参数化设计。这种基于特征的设计，从设计的角度，它扩大了建模体素的集合，给用户带来很大方便性，同时也为产品设计实现高效率、标准化、系列化提供了条件。从加工角度看，由于特征对应着一定的加工方法，所以工艺规程制订也比较容易进行，简化了 CAPP 决策逻辑，尤其是面向对象技术的应用，将特征与加工方法封装，实现了程序的结构化、模块化和柔性化。

## 2.2　计算机辅助数控加工

CAM 有广义和狭义之分。广义的 CAM 是指利用计算机辅助完成从原材料到产品的全部制造过程，包括工艺过程设计、工装设计、NC 自动编程、生产作业计划、生成控制、质量控制等；而狭义的 CAM 则仅指计算机辅助制造部分，即数控加工(NC)。它的输入信息是零件的工艺路线和工序内容，输出信息是刀具加工时的运动轨迹(刀位文件)和数控程序。这里要讲的就是狭义上的 CAM，绝对用于机械制造专业。因为用 CAD 画出的图形，数值控制机床无法辨识，必须将其转化为 G/M 码(数控机床认识的语言码)，才能上机制造。因此，数控机床出现不久，计算机就被用来帮助解决复杂零件的数控编程，在手工编程之后即产生了计算机辅助数控编程(自动编程)，其发展经历了数控语言自动编程、图形自动编程系统和 CAD/CAM 集成数控编程系统。

CAM 与 CAD 密不可分，甚至比 CAD 应用更为广泛。随着现在对产品精度要求不断提高，每一个现代制造企业都需要大量的数控设备。CAD 只有配合 CAM 数控加工才能充分显示其优越性；而 CAM 也须依靠 CAD 才能发挥其效率。因此，在实际的机械制造应用中，二者很自然地紧密结合起来，形成 CAD/CAM 系统。

## 2.2.1 计算机辅助数控编程及其发展

数控编程是目前 CAD/CAPP/CAM 系统中最能明显发挥效益的环节之一，其在实现设计加工自动化、提高加工精度和加工质量、缩短产品研制周期等方面发挥着重要作用。

### 1. 数控编程的基本概念

数控编程是从零件图纸到获得数控加工程序的全过程。它的主要任务是计算加工走刀中的刀位点(Cutter Location Point，CL 点)。刀位点一般取为刀具轴线与刀具表面的交点，多轴加工中还要给出刀轴矢量。

### 2. 数控编程技术的发展概况

计算机辅助数控编程技术的发展大约经历了以下几个阶段。

1) 数控语言自动编程

为了解决数控加工中的程序编制问题，20 世纪 50 年代，美国麻省理工学院 MIT 设计了一种专门用于机械零件数控加工程序编制的语言，称为 APT(Automatically Programmed Tool)。其后，20 世纪 60 年代 APT 几经发展，形成了诸如 APTⅡ、APTⅢ(立体切削用)、APT-Ⅳ(算法改进，增加多坐标曲面加工编程功能)、APT-AC(Advanced Contouring，增加切削数据库管理系统)和 APT-Ⅳ/SS(Sculptured Surface，增加雕塑曲面加工编程功能)等先进版。后来又发展了 APT 衍生语言，如美国的 ADAPT、德国的 EXAPT、日本的 HAPT 和 FAPT、英国的 MODAPT 和我国的 SCK-1、SCK-2、SCK-3、HZAPT 等。

采用 APT 语言编制数控程序具有程序简练、走刀控制灵活等优点，使数控加工编程从面向机床指令的“汇编语言”级上升到面向几何元素。APT 仍有许多不便之处：采用语言定义零件几何形状，难以描述复杂的几何形状，缺乏几何直观性；缺少对零件形状、刀具运动轨迹的直观图形显示和刀具轨迹的验证手段；零件设计与加工之间是通过工艺人员对图样解释和工艺规划来传递数据，阻碍了设计与制造的一体化，难以和 CAD 数据库和 CAPP 系统有效连接，不容易做到高度的自动化、集成化。

2) 图形自动编程系统

针对 APT 语言的缺点，20 世纪 70 年代微处理机问世后，图形自动编程系统进入实用阶段，将编程语言中的大量信息变成了显示屏幕上的直观图形，成为人机对话式的程序编制工作。早期的编程系统有 1972 年美国洛克希德加利福尼亚飞机公司开发的 CADAM 系统和 1978 年法国达索飞机公司开始开发的集三维设计、分析、NC 加工于一体的 CATIA 系统。

3) CAD/CAM 集成数控编程系统

到了 20 世纪 80 年代，在 CAD/CAM 一体化概念的基础上，很快出现了像 Euclid、UGII、Intergraph、Pro/E、Cimatron、MasterCAM、SurfCAM 及 NPU/GNCP 等系统，这些系统都有效地解决了几何造型、零件几何形状的显示，交互设计、修改及刀具轨迹生成，走刀过程的仿真显示、验证等问题，推动了 CAD 和 CAM 向一体化方向发展，逐步形成了计算机集成制造系统(Computer Integrated Manufacturing Systems，CIMS)及并行工程(Concurrent Engineering，CE)的概念。目前，为了适应 CIMS 及 CE 发展的需要，数控编程系统正向集成化和智能化方向发展。在集成化方面，以开发符合 STEP(Standard for the Exchange of Product Model Data，产品模型数据交换标准)标准的参数化特征造型系统为主，目前已进行了大量卓有成效的工作，是国内外开发的热点；在智能化方面，工作刚刚开始，还有待我们去努力。

#### 3. 数控加工基本原理

1) 插补运算

在数控机床上加工直线或圆弧，实质上是数控装置根据有关的信息指令进行“数据密化”的工作。例如，要加工一段圆弧，已知条件仅是该圆弧的起点、终点和圆心的坐标及半径值，要想把圆弧段光滑地描述出来，就必须把圆弧段起点到终点之间各点坐标值计算出来，并将它们填补到起点和终点之间。通常把这种填补空白的“数据密化”工作称为插补，把计算插点的运算称为插补运算，把实现插补运算的装置叫作插补器。

由于数控装置具有插补运算的功能，所以控制介质上只要记录有限的信息指令，如加工直线只需记录直线的起点和终点的坐标信息；加工圆弧只需记录圆弧的半径、起点、终点坐标，顺转、逆转等信息，数控装置就能利用这些有限的信息指令进行插补运算，将直线和圆弧的各点数值算出并发送相应的脉冲信号，通过伺服机构控制机床加工出直线和圆弧形状。

插补方法有许多，如逐点比较法、数字积分法、比较积分法、时差法、矢量判别法、最小偏差法、直接函数运算法等。

2) 平面轮廓的加工

一个零件的轮廓往往由许多不同的几何元素所组成，如直线、圆弧、二次曲线、螺旋线等。各几何元素之间的连接点称为基点。目前一般的数控机床均具有直线和圆弧插补功能。因此，可以将组成零件轮廓的曲线按数控系统插补功能，在满足允许的编程误差的条件下进行分割，即用若干直线段或圆弧段来逼近给定的曲线，逼近线段的交点称为节点。

3) 曲面轮廓的加工

立体曲面可以根据编程允差，将曲面分割成不同的加工截面。各加工截面一般采用二轴半、三轴、四轴、五轴等插补联动加工。

### 2.2.2 NC 刀具轨迹生成方法

数控编程的核心工作是生成刀具轨迹，然后将其离散成刀位点，经后置处理产生数控加工程序。下面就刀具轨迹产生方法做一些介绍。

#### 1. 基于点、线、面和体的 NC 刀轨生成方法

CAD 技术从二维绘图起步，经历了三维线框、曲面和实体造型发展阶段，一直到现在的参数化特征造型。在二维绘图与三维线框阶段，数控加工主要以点、线为驱动对象，如孔加工、轮廓加工、平面区域加工等。这种加工要求操作人员的水平较高，交互复杂。在曲面和实体造型发展阶段，出现了基于实体的加工，实体加工的加工对象是一个实体(一般为 CSG 和 B-Reps 混合表示的)，它由一些基本体素经集合运算(并、交、差运算)而得。实体加工不仅可用于零件的粗加工和半精加工，大面积切削掉余量，提高加工效率，而且可用于基于特征的数控编程系统的研究与开发，是特征加工的基础。

实体加工一般有实体轮廓加工和实体区域加工两种。实体加工的实现方法为层切

法，即用一组水平面去切被加工实体，然后对得到的交线产生等距线作为走刀轨迹。从系统需要角度出发，在 ACIS 几何造型平台上实现了这种基于点、线、面和实体的数控加工。

### 2. 基于特征的 NC 刀轨生成方法

参数化特征造型经历了一定的发展时期，但基于特征的刀具轨迹生成方法的研究才刚刚开始。特征加工使数控编程人员不再对那些低层次的几何信息(如点、线、面、实体)进行操作，而转变为直接对符合工程技术人员习惯的特征进行数控编程，大大提高了编程效率。

1) 基于特征的刀具轨迹生成的研究进展

W. R. Mail 和 A. J. Mcleod 在他们的研究中给出了一个基于特征的 NC 代码生成子系统，这个系统的工作原理：零件的每个加工过程都可以看成对组成该零件的形状特征组进行加工的总和。那么对整个形状特征或形状特征组分别加工后即完成了零件的加工。而每一形状特征或形状特征组的 NC 代码可自动生成。目前开发的系统只适用于二维半零件的加工。

Lee 和 Chang 开发了一种用虚拟边界的方法自动产生凸自由曲面特征刀具轨迹的系统。这个系统的工作原理：在凸自由曲面内嵌入一个最小的长方块，这样凸自由曲面特征就被转换成一个凹特征。最小的长方块与最终产品模型的合并就构成了被称为虚拟模型的一种间接产品模型。刀具轨迹的生成方法分成三步完成：切削多面体特征；切削自由曲面特征；切削相交特征。

Jong-Yun Jung 研究了基于特征的非切削刀具轨迹生成问题，把基于特征的加工轨迹分成轮廓加工和内区域加工两类，并定义了这两类加工的切削方向，通过减少切削刀具轨迹达到整体优化刀具轨迹的目的。本书主要针对几种基本特征(孔、内凹、台阶、槽)，讨论了这些基本特征的典型走刀路径、刀具选择和加工顺序等，并通过 IP(Inter Programming)技术避免重复走刀，以优化非切削刀具轨迹。另外，他还在 1991 年的博士论文中研究了制造特征提取和基于特征的刀具及刀具路径。

2) 特征加工与实体加工的不同点

特征加工的基础是实体加工，当然也可认为是更高级的实体加工。但特征加工不同于实体加工，实体加工有它自身的局限性。特征加工与实体加工主要有以下几点不同。

(1) 从概念上讲，特征是组成零件的功能要素，符合工程技术人员的操作习惯，为工程技术人员所熟知；实体是低层的几何对象，是经过一系列布尔运算得到的一个几何体，不带有任何功能语义信息。

(2) 实体加工往往是对整个零件(实体)的一次性加工。但实际上一个零件不太可能仅用一把刀一次加工完，往往要经过粗加工、半精加工、精加工等一系列工步，零件不同的部位一般要用不同的刀具进行加工；有时一个零件既要用到车削，也要用到铣削。因此实体加工主要用于零件的粗加工及半精加工。而特征加工则从本质上解决了上述问题。

(3) 特征加工具有更多的智能。对于特定的特征可规定某几种固定的加工方法，特别是那些已在 STEP 标准规定的特征更是如此。如果对所有的标准特征都制订了特定的加工方法，那么对那些由标准特征构成的零件的加工，其方便性就可想而知了。倘若 CAPP 系统能提供相应的工艺特征，那么 NCP 系统就可以大大减少交互输入，具有更多的智能。

而这些实体加工是无法实现的。

(4) 特征加工有利于实现从 CAD、CAPP、NCP 及 CNC 系统的全面集成，实现信息的双向流动，为 CIMS 乃至 CE 奠定良好的基础；而实体加工对这些是无能为力的。

### 3. 几个主要 CAD/CAM 系统中的 NC 刀轨生成方法分析

目前比较成熟的 CAM 系统主要以两种形式实现 CAD/CAM 系统集成，即一体化的 CAD/CAM 系统(如 UG、Euclid、Pro/E 等)和相对独立的 CAM 系统(如 Mastercam、Surfcam 等)。前者以内部统一的数据格式直接从 CAD 系统获取产品几何模型，而后者主要通过中性文件从其他 CAD 系统获取产品几何模型。然而，无论是哪种形式的 CAM 系统，都由 5 个模块组成，即交互工艺参数输入模块、刀具轨迹生成模块、刀具轨迹编辑模块、三维加工动态仿真模块和后置处理模块。下面仅就一些著名的 CAD/CAM 系统的 NC 加工方法进行讨论。

1) UG 加工方法分析

一般认为 UG 是业界中最好、最具代表性的数控软件。其最具特点的是功能强大的刀具轨迹生成方法，包括车削、铣削、线切割等完善的加工方法。其中铣削主要有以下功能。

(1)　Point to Point：完成各种孔加工。

(2)　Panar Mill：平面铣削，包括单向行切、双向行切、环切以及轮廓加工等。

(3)　Fixed Contour：固定多轴投影加工。用投影方法控制刀具在单张曲面上或多张曲面上的移动，控制刀具移动的可以是已生成的刀具轨迹、一系列点或一组曲线。

(4)　Variable Contour：可变轴投影加工。

(5)　Parameter line：等参数线加工。可对单张曲面或多张曲面连续加工。

(6)　ZigZag Surface：裁剪面加工。

(7)　Rough to Depth：粗加工。将毛坯粗加工到指定深度。

(8)　Cavity Mill：多级深度型腔加工。特别适用于凸模和凹模的粗加工。

(9)　Sequential Surface：曲面顺序加工。按照零件面、导动面和检查面的思路对刀具的移动提供最大限度的控制。

Unigraphics 还包括大量的其他方面的功能，这里就不一一列举了。

2) STRATA 加工方法分析

STRATA 是一个数控编程系统开发环境，它是建立在 ACIS 几何建模平台上的。它为用户提供两种编程开发环境，即 NC 命令语言接口和 NC 操作 C++类库。它可支持三轴铣削、车削和线切割 NC 加工，并可支持线框、曲面和实体几何建模。其 NC 刀具轨迹生成方法是基于实体模型。STRATA 基于实体的 NC 刀具轨迹生成类库提供的加工方法包括以下几种。

(1)　Profile Toolpath：轮廓加工。

(2)　AreaClear Toolpath：平面区域加工。

(3)　SolidProfile Toolpath：实体轮廓加工。

(4)　SolidAreaClear Toolpath：实体平面区域加工。

(5)　SolidFace ToolPath：实体表面加工。

(6)　SolidSlice ToolPath：实体截平面加工。

(7)　Language-based Toolpath：基于语言的刀具轨迹生成。

其他的 CAD/CAM 软件，如 Euclid、Cimatron、CATIA 等的 NC 功能各有千秋，但其基本内容大同小异，没有本质区别。

3) 当今 CAM 系统刀轨生成方法的主要问题

按照传统的 CAD/CAM 系统和 CNC 系统的工作方式，CAM 系统以直接或间接(通过中性文件)的方式从 CAD 系统获取产品的几何数据模型。CAM 系统以三维几何模型中的点、线、面或实体为驱动对象，生成加工刀具轨迹，并以刀具定位文件的形式经后置处理，以 NC 代码的形式提供给 CNC 机床，在整个 CAD /CAM 及 CNC 系统的运行过程中存在以下几方面的问题。

(1) CAM 系统只能从 CAD 系统获取产品的低层几何信息，无法自动捕捉产品的几何形状信息和产品高层的功能和语义信息。因此，整个 CAM 过程必须在经验丰富的制造工程师的参与下，通过图形交互来完成。例如：制造工程师必须选择加工对象(点、线、面或实体)、约束条件(装夹、干涉和碰撞等)、刀具、加工参数(切削方向、切深、进给量、进给速度等)，整个系统的自动化程度较低。

(2) 在 CAM 系统生成的刀具轨迹中，同样也只包含低层的几何信息(直线和圆弧的几何定位信息)，以及少量的过程控制信息(如进给率、主轴转速、换刀等)。因此，下游的 CNC 系统既无法获取更高层的设计要求(如公差、表面光洁度等)，也无法得到与生成刀具轨迹有关的加工工艺参数。

(3) CAM 系统各个模块之间的产品数据不统一，各模块相对独立。例如，刀具定位文件只记录刀具轨迹而不记录相应的加工工艺参数，三维动态仿真只记录刀具轨迹的干涉与碰撞，而不记录与其发生干涉和碰撞的加工对象及相关的加工工艺参数。

(4) CAM 系统是一个独立的系统。CAD 系统与 CAM 系统之间没有统一的产品数据模型，即使是在一体化的集成 CAD/CAM 系统中，信息的共享也只是单向的和单一的。CAM 系统不能充分理解和利用 CAD 系统有关产品的全部信息，尤其是与加工有关的特征信息，同样 CAD 系统也无法获取 CAM 系统产生的加工数据信息。这就给并行工程的实施带来了困难。

### 2.2.3 数控仿真技术

从工程的角度来看，仿真就是通过对系统模型的实验去研究一个已有的或设计中的系统。分析复杂的动态对象，仿真是一种有效的方法，可以减小风险，缩短设计和制造的周期，并节约投资。

#### 1. 计算机仿真的概念及应用

计算机仿真就是借助计算机，利用系统模型对实际系统进行实验研究的过程。它随着计算机技术的发展而迅速地发展，在仿真中占有越来越重要的地位。计算机仿真的过程可通过图 2.11 所示的要素间的 3 个基本活动来描述。

建模活动是通过对实际系统的观测或检测，在忽略次要因素及不可检测变量的基础上，用物理或数学的方法进行描述，从而获得实际系统的简化近似模型。这里的模型同实际系统的功能与参数之间应具有相似性和对应性。

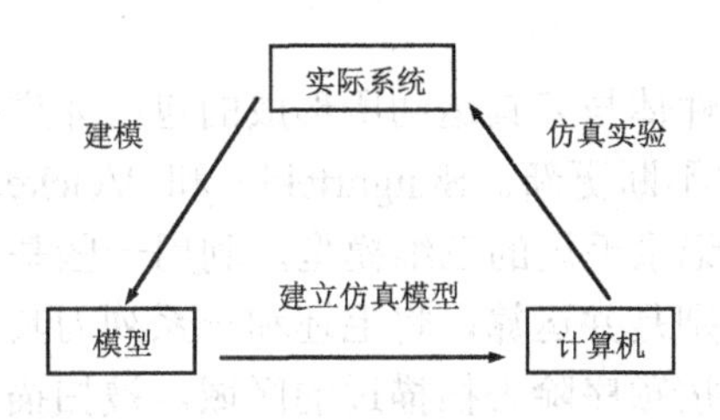


图 2.11　计算机仿真的过程

仿真模型是对系统的数学模型(简化模型)进行一定的算法处理，使其成为合适的形式(如将数值积分变为迭代运算模型)之后，成为能被计算机接受的“可计算模型”。仿真模型对实际系统来讲是一个二次简化的模型。

仿真实验是指将系统的仿真模型在计算机上运行的过程。仿真是通过实验来研究实际系统的一种技术，通过仿真技术可以弄清系统内在结构变量和环境条件的影响。

计算机仿真技术的发展趋势主要表现在两个方面，即应用领域的扩大和仿真计算机的智能化。计算机仿真技术不仅在传统的工程技术领域(航空、航天、化工等方面)继续发展，而且扩大到社会经济、生物等许多非工程领域。此外，并行处理、人工智能、知识库和专家系统等技术的发展正影响着仿真计算机的发展。

数控加工仿真利用计算机来模拟实际的加工过程，是验证数控加工程序的可靠性和预测切削过程的有力工具，以减少工件的试切，提高生产效率。

数控机床加工零件是靠数控指令程序控制完成的。为确保数控程序的正确性，防止加工过程中干涉和碰撞的发生，在实际生产中，常采用试切的方法进行检验。但这种方法费工费料，代价昂贵，使生产成本上升，增加了产品加工时间和生产周期。后来又采用轨迹显示法，即以划针或笔代替刀具，以着色板或纸代替工件来仿真刀具运动轨迹的二维图形(也可以显示二维半的加工轨迹)，有相当大的局限性。对于工件的三维和多维加工，也有用易切削的材料代替工件(如石蜡、木料、改性树脂和塑料等)来检验加工的切削轨迹。但是，试切要占用数控机床和加工现场。为此，人们一直在研究能逐步代替试切的计算机仿真方法，并在试切环境的模型化、仿真计算和图形显示等方面取得了重要的进展，目前正向提高模型的精确度、仿真计算实时化和改善图形显示的真实感等方向发展。

从试切环境的模型特点来看，目前 NC 切削过程仿真分几何仿真和力学仿真两个方面。几何仿真不考虑切削参数、切削力及其他物理因素的影响，只仿真刀具-工件几何体的运动，以验证 NC 程序的正确性。它可以减少或消除因程序错误而导致的机床损伤、夹具破坏或刀具折断、零件报废等问题；同时可以减少从产品设计到制造的时间，降低生产成本。切削过程的力学仿真属于物理仿真范畴，它通过仿真切削过程的动态力学特性来预测刀具破损、刀具振动，控制切削参数，从而达到优化切削过程的目的。

### 2. 数控仿真技术的常用方法

几何仿真技术的发展是随着几何建模技术的发展而发展的，包括定性图形显示和定量干涉验证两方面。目前常用的方法有直接实体造型法、基于图像空间的方法和离散矢量求交法。

1) 直接实体造型法

直接实体造型法是指工件体与刀具运动所形成的包络体进行实体布尔差运算，工件体的三维模型随着切削过程被不断更新。Sungurtekin 和 Velcker 开发了一个铣床的模拟系统。该系统采用 CSG 法来记录毛坯的三维模型，利用一些基本图元如长方体、圆柱体、圆锥体等，和集合运算，特别是并运算，将毛坯和一系列刀具扫描过的区域记录下来，然后应用集合差运算从毛坯中按顺序除去扫描过的区域。被扫描过的区域是指切削刀具沿某一轨迹运动时所走过的区域。在扫描了每段 NC 代码后显示变化了的毛坯形状。Kawashima 等的接合树法将毛坯和切削区域用接合树(Graftree)表示，即除了空和满两种结点，边界结点也作为八叉树的叶结点。边界结点包含半空间，结点物体利用在这些半空间上的 CSG 操作来表示。接合树细分的层次由边界结点允许的半空间个数决定。逐步的切削仿真利用毛坯和切削区域的差运算来实现。毛坯的显示采用了深度缓冲区算法，将毛坯划分为多边形实现毛坯的可视化。用基于实体造型的方法实现连续更新的毛坯的实时可视化耗时太长，于是一些基于观察的方法被提出来。

2) 基于图像空间的方法

基于图像空间的方法用图像空间的消隐算法来实现实体布尔运算。Van Hook 算法的基本思想是采用图像空间离散法实现了加工过程的动态图形仿真。它使用类似图形消隐的 *z*-Buffer 思想，沿视线方向将毛坯和刀具离散，在每个屏幕像素上毛坯和刀具表示为沿 *z* 轴的一个长方体，称为 Dexel 结构。刀具切削毛坯的过程简化为沿视线方向上的一维布尔运算，刀具和毛坯的关系有 7 种，此时刀具切削毛坯的过程就变为两者 Dexel 结构的比较问题，如图 2.12 所示。

CASE 1：只有刀具，显示刀具；break。

CASE 2：毛坯遮挡刀具，显示毛坯；break。

CASE 3：刀具切削毛坯的后部，显示毛坯；break。

CASE 4：刀具切削毛坯的内部，显示毛坯；break。

CASE 5：刀具切削毛坯的前部，显示刀具；break。

CASE 6：刀具遮挡毛坯，显示刀具；break。

CASE 7：只有毛坯，显示毛坯；break。

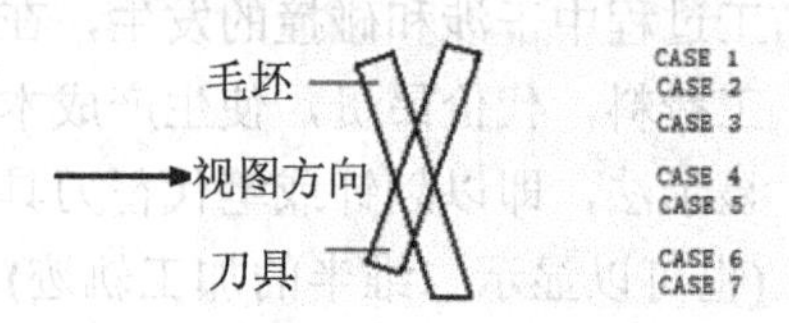

图 2.12　z-Buffer 方法说明

对应于每一个像素的 Dexel 结构构成链表结构，可处理毛坯有洞和空腔的情况。切削计算实际上是发生在对应于同一个像素、分别表示毛坯和刀具的两个 Dexel 结构链表之间的布尔运算。这种方法将实体布尔运算和图形显示过程合为一体，使仿真图形显示有很好的实时性。

Hsu 和 Yang 提出了一种有效的三轴铣削的实时仿真方法。他们使用 z_map 作为基本数据结构，记录一个二维网格的每个方块处的毛坯高度，即 z 向值。这种数据结构只适用于刀轴 z 向的三轴铣削仿真。对每个铣削操作通过改变刀具运动每一点的深度值，很容易更新 z_map 值，并更新工件的图形显示。

3) 离散矢量求交法

由于现有的实体造型技术未涉及公差和曲面的偏置表示，而像素空间布尔运算并不精确，使仿真验证有很大的局限性。为此 Chappel 提出了一种基于曲面技术的“点-矢量”(Point-vector)法。这种方法将曲面按一定精度离散，用这些离散点来表示该曲面。以每个离散点的法矢为该点的矢量方向，延长与工件的外表面相交。通过仿真刀具的切削过程，计算各个离散点沿法矢到刀具的距离 $s$。

设 $s_g$ 和 $s_m$ 分别为曲面加工的内、外偏差，如果 $s_g<s<s_m$ 说明加工处在误差范围内，如果 $s>s_m$ 则漏切。该方法分为被切削曲面的离散(Discretization)、检测点的定位(Location)和离散点矢量与工件实体的求交(Intersection)3 个过程。采用图像映射的方法显示加工误差图形，零件表面的加工误差可以精确地描写出来。

总体来说，基于实体造型的方法中几何模型的表达与实际加工过程相一致，使得仿真的最终结果与设计产品间的精确比较成为可能；但实体造型的技术要求高、计算量大，在目前的计算机实用环境下较难应用于实时检测和动态模拟。基于图像空间的方法速度快得多，能够实现实时仿真，但由于原始数据都已转化为像素值，不易进行精确的检测。离散矢量求交法基于零件的表面处理，能精确描述零件面的加工误差，主要用于曲面加工的误差检测。

## 2.2.4 数控加工常用刀具及加工参数的选择

刀具的选择和刀具参数的设置是数控加工工艺中的重要内容，合理选用刀具和设置刀具参数不仅可以影响数控机床的加工效率，而且可以直接影响加工质量。

### 1. 数控铣削加工常用刀具

铣削用刀具通常称为铣刀，普通铣床上的刀具可以用于数控铣床和加工中心上。

一般立式数控加工用铣刀的种类可以有很多种划分方法，既可以从刀具的材料上划分，也可以从刀具的外形上划分，还可以从刀具的用途等方面来划分。

在此采用外形分类的方法划分。数控加工常用的刀具有平刀、圆鼻刀(飞刀)、球刀 3 种，如图 2.13 所示。

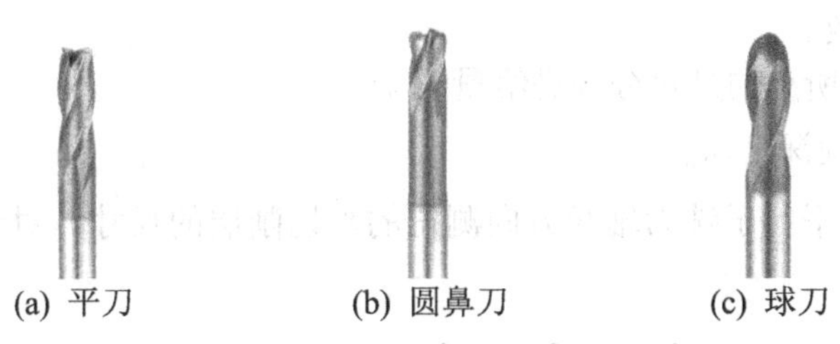

(a) 平刀　　(b) 圆鼻刀　　(c) 球刀

图 2.13 平刀、圆鼻刀和球刀的形状

(1) 平刀底面是平面，平刀是一种以侧刃切削的刀具，所以使用平刀加工时应尽量避免切入底面的工件表面，一般平刀用作开粗和加工平面。常用平刀大小有 D1、D2、D4、D6、D8、D10、D12、D16、D20。

(2) 圆鼻刀底面是平面，每刃都带有圆角，因为底面是平面，所以加工时也应尽量避免切入底面的工件表面。一般圆鼻刀用作开粗，圆鼻刀开粗效果比平刀好。常用圆鼻刀(飞刀)大小有 D25R5、D30R5。

(3) 球刀的切削刃有 180°，所以球刀一般用作精加工，球刀切削时较稳定，但球刀不能用作开粗。常用球刀大小有 R1、R2、R3、R4、R5、R6、R8。

### 2. 加工参数的选择

随着模具制造技术的高速发展，刀具加工参数的设置对加工效率和加工质量的影响越来越大。熟练掌握刀具加工参数的设置有利于提高加工效率和加工质量。刀具加工参数包括切削速度、进给量、背吃刀量(切削深度)和切削宽度。

1) 切削速度 $v$

切削速度是指铣刀刀齿切削处的线速度，即

$$v=\frac{\pi Dn}{1000} \tag{2-1}$$

式中：$v$——切削速度，m/min；

$D$——铣刀直径，mm，周铣时为圆柱铣刀外圆直径；

$n$——主轴转速，r/min。

2) 进给量 $a_f$、$f$、$v_f$

铣削进给量有 3 种形式：铣刀每转过一个刀齿相对工件移动的距离称为每齿进给量 $a_f$，其大小决定着一个刀齿的负载，$a_f$ 越大切削力越大，刀齿的负载也越大。铣刀每转相对工件移动的距离称为每转进给量 $f$。每分钟工件相对于铣刀移动的距离，为每分钟进给量或进给速度 $v_f$。

3 种进给量的关系为

$$v_f=nf=nz\,a_f \tag{2-2}$$

式中：$v_f$——每分钟进给量或进给速度，mm/min；

$a_f$——每齿进给量，mm/z；

$f$——每转进给量，mm/r；

$n$——主轴转速，r/min；

$z$——铣刀齿数。

一般铣床铭牌上所列的是每分钟进给量 $v_f$。

3) 背吃刀量(切削深度) $a_p$

背吃刀量是指在平行于铣刀轴线方向测得的被切削层的尺寸。对于周铣，背吃刀量是被加工表面宽度。

4) 切削宽度 $a_e$

切削宽度是指垂直于铣刀轴线测得的被切削层尺寸，对于周铣则为被切削层的深度。

## 2.2.5 数控编程典型流程

熟练掌握数控编程的流程能减少在加工中的出错率，提高加工效率。一般的数控编程步骤如下。

### 1. 分析零件图样和工艺要求

1) 分析零件图样

分析零件图样是工艺准备中的首要工作，因为工件图样包括工件轮廓的几何条件、尺寸、形位公差要求、表面粗糙度要求、毛坯、材料与热处理要求及批量大小，都是制订合理工艺路线所要考虑的，也直接影响零件加工工艺的编制及加工结果。分析零件图样主要包括以下几项内容。

(1) 检查构成加工轮廓的几何条件有无缺陷。由于零件图纸设计或绘制等多方面的原因，可能在图样上出现构成加工轮廓的数据不充分、尺寸模糊不清，或图样上图线位置模糊及尺寸封闭等缺陷，这些缺陷将会增加编程的难度。

(2) 分析尺寸公差、表面粗糙度要求。分析零件图样尺寸公差要求和表面粗糙度要求是确定机床、刀具、切削用量的重要依据，以确定零件尺寸精度的控制方法、手段和加工工艺。

(3) 形状和位置公差要求。在所加工零件的尺寸公差和表面粗糙度要达到图样要求的同时，也要保证零件的形状和位置公差满足图纸的要求。在工艺的准备过程中，应按图样的形状和位置公差要求来确定零件的定位基准、加工工艺，以满足其公差要求。

2) 工艺要求

工艺要求包括加工顺序、加工路线、切削用量、加工余量、刀具的尺寸及是否需要切削液等，这些与加工程序的编制、零件加工的质量、效益都有着密切的关系。加工工艺要求所要解决的主要问题有以下几个方面。

(1) 选择并确定数控铣削加工部位及工序内容。数控铣削加工有着自己的特点和适用对象，若要充分发挥数控铣床的优势和关键作用，就要正确选择数控铣床的类型、数控加工对象与工序内容。

(2) 采用何种装夹具或何种装卡位方法。

(3) 确定采用何种刀具或采用多少把刀进行加工。

(4) 加工工序的划分。加工工序的划分有以下几种。

① 刀具集中分序法。即按所用刀具划分工序，用同一把刀加工完零件所有可以完成的部位，再用第二把刀、第三把刀完成它们可以完成的其他部位。这样可以减少换刀次数，减小不必要的定位误差。

② 粗、精加工分序法。这种分序法是根据零件的形状、尺寸精度要求等因素，按粗、精加工分开的原则进行分序，先粗加工、半粗加工，后精加工。

③ 按照加工部位分序法。即先加工平面、定位面，再加工孔；先加工简单的几何形状，再加工复杂的几何形状；先加工精度要求比较低的部位，再加工精度要求比较高的部位。

(5) 确定对刀点与换刀点。对刀点是指通过对刀确定刀具与工件相对位置的基准点；换刀点(起刀点)是为了防止换刀时刀具碰伤工件，需设在距离工件较远的地方。

(6) 选择走刀路线。走刀路线是数控加工过程中刀具相对于被加工工件的运动轨迹和方向。确定走刀路线的一般原则如下。

① 保证零件的加工精度和表面粗糙度。

② 方便数值计算，减少编程工作量。

③ 缩短走刀路线，减少进退刀时间和其他辅助时间。

④ 尽量减少程序段。

(7) 确定切削深度和宽度、进给速度、主轴转速等切削参数。

(8) 确定加工过程中是否需要提供冷却液、是否需要换刀、何时换刀。

### 2. 自动编程

在三维设计模块中把所有图样设计好后，选择对应的机床，设置相关的参数，CAD/CAM 系统会根据用户设置的相关加工命令，自动计算出刀路，生成 NC 加工程序。

### 3. 编写加工程序单

在完成上述两个步骤之后，即可根据已确定的加工工艺要求及自动编程的刀路数据，编写加工工艺清单，确定加工操作顺序。

### 4. 程序检验

程序在正式用于生产加工前要根据编写好的工艺清单，检验编制好的程序，可在 Mastercam 系统中进行模拟加工，以防止因个别程序的错误影响加工效果或者造成事故，从而使程序完全满足加工要求。

### 5. 传输 NC 程序到机床加工

保存好后处理生成的 NC 加工程序文件，传输到数控机床上进行实际加工。

## 本章小结

本章介绍了 AD/CAM 建模技术(CAD 基础)和计算机辅助数控加工(CAM 基础)。

其中，CAD/CAM 建模技术包括以下主要内容。

(1) 三维几何建模技术。三维几何建模系统可以分为 3 种不同层次的建模类型，即线框建模、曲面建模和实体建模。

(2) 特征建模技术。特征是一种综合概念和集成对象，除了包含零件的几何拓扑信息外，还包含设计制造等过程所需要的一些非几何信息，如材料信息、尺寸、形状公差信息、热处理及表面粗糙度信息和刀具信息等。因此特征包含丰富的工程语义，它是在更高层次上对几何形体上的凹腔、孔、槽等的集成描述，表达产品的功能和形状信息。所以利用特征的概念进行设计是实现设计与制造集成的一种行之有效的方法。对于不同的设计阶段和应用领域有不同的特征定义，如功能特征、加工特征、形状特征、精度特征等。

(3) 参数化与模块化设计方法。参数化和变量化设计的基础是尺寸驱动的几何模型。尺寸驱动的几何模型可以通过更改尺寸达到更改设计的目的。这意味着，设计人员一开始可以设计一个草图，稍后再通过精确的尺寸完成设计的细节；模块化设计是在对产品进行功能分析的基础上，划分并设计出一系列相对通用的功能模块，通过模块的选择和组合可以构成不同功能或相同功能不同性能、不同规格的产品，以满足市场的不同需求。

计算机辅助数控加工包括以下主要内容。

(1) 计算机辅助数控编程及其发展。计算机辅助数控编程技术的发展大约经历了数控语言自动编程、图形自动编程系统、CAD/CAM 集成数控编程系统几个阶段。

(2) NC 刀具轨迹生成方法。基于点、线、面和体的 NC 刀轨生成方法、基于特征的 NC 刀轨生成方法。

(3) 数控仿真技术的常用方法。直接实体造型法、基于图像空间的方法、离散矢量求交法。

(4) 数控加工常用刀具及加工参数的选择。数控加工常用的刀具有平刀、圆鼻刀(飞刀)、球刀 3 种。刀具加工参数包括切削速度、进给量、背吃刀量(切削深度)和切削宽度。

(5) 数控编程典型流程。分析零件图样和工艺要求、自动编程、编写加工程序单、程序检验、传输 NC 程序到机床加工。

## 思考与练习

### 1. 思考题

(1) 三维几何建模系统可以分为几种不同层次的建模类型？其特点分别是什么？

(2) 试就计算机内部表示三维实体模型的方法常见的几种模式做简单介绍。

(3) CSG 法与 B-Reps 法各有何优、缺点？

(4) 找一个实际零件，试用 CSG 表示法分析它由哪些基本体素构成。

(5) 计算机辅助数控编程技术的发展大约经历了几个阶段？

(6) 数控铣削常用的刀具有哪些？加工参数包括哪些内容？

(7) 零件图样分析包括哪些内容？

(8) 数控编程的典型流程是什么？

### 2. 实训题

(1) 使用 AutoCAD 或 UG 软件，分别运用 CSG 法与 B-Reps 法，建立图 2.14 所示模型，并进行比对分析。

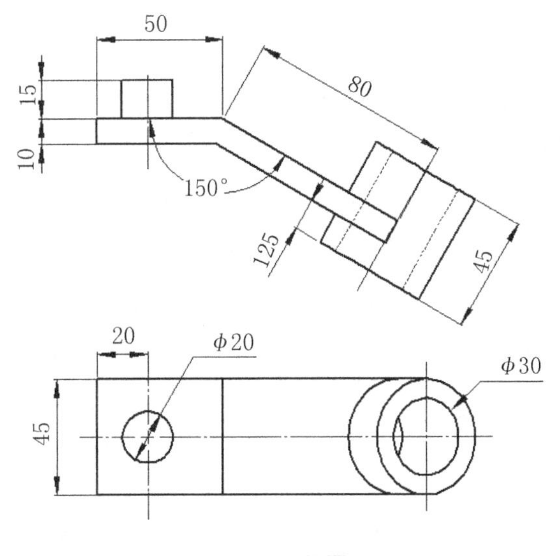


图 2.14　习题图(1)

(2) 试分析如图 2.15 所示的箱体零件，完成从造型、尺寸特征分析、刀具、工艺参数的选择、设置与编辑方法、仿真加工到后处理生成 G 代码(加工程序)、保存刀轨的整个规范化的操作过程。

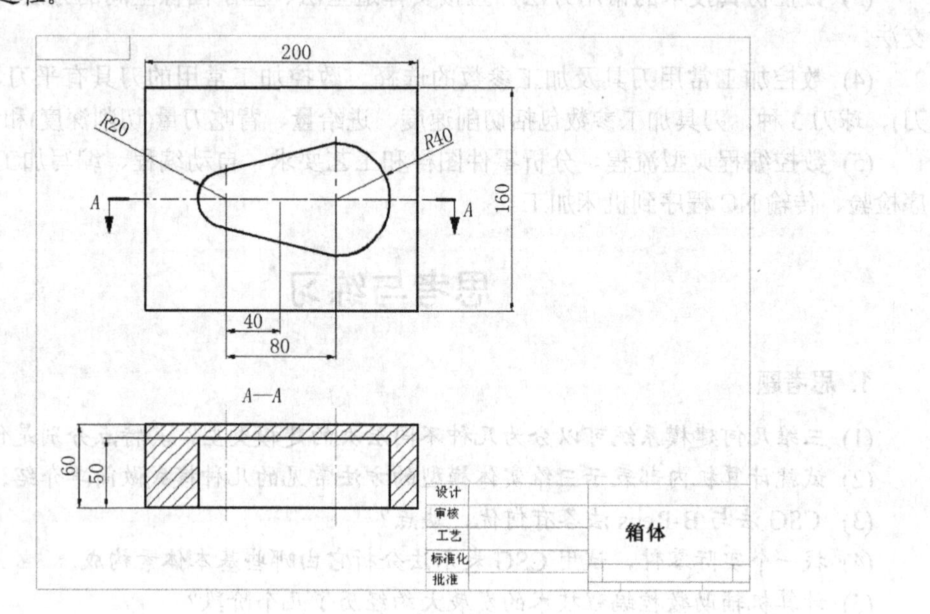


图 2.15 习题图(2)

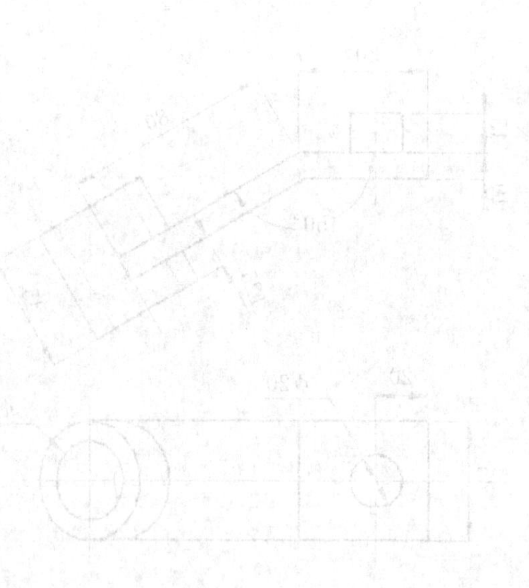

# 第3章　冲 压 模 具

**学习要点**

- 了解冲压模具的基础知识。
- 熟悉冲裁工艺与冲裁模具设计。
- 了解弯曲工艺与弯曲模具设计。
- 了解拉深工艺与拉深模具设计。
- 了解冲模CAD/CAM系统的功能与内容。

**技能目标**

- 掌握冲裁、弯曲、拉深等各种冲模的基本设计方法。
- 完成中等难度制件的冲压工艺性分析、工艺方案确定及模具总体设计。

**项目案例导入**

读懂轭铁制件图及装配后的组件图，分析冲压工艺性、确定工艺方案、编制冲压工艺过程卡，并进行模具总体设计。

如图 3.1(a)所示制件，材料为 DT4E 冷轧纯铁板，厚度为$2_{-0.05}^{0}$ mm，生产纲领为中批量。分析：该制件可以用冲裁和弯曲加工成形。

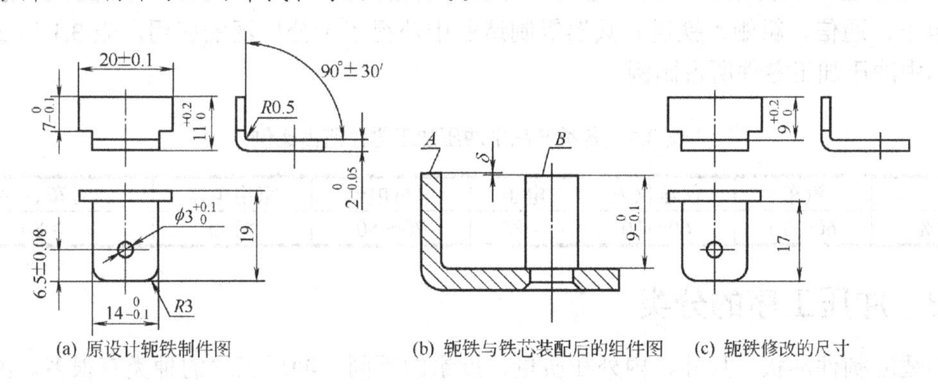


(a) 原设计轭铁制件图　　(b) 轭铁与铁芯装配后的组件图　　(c) 轭铁修改的尺寸

**图 3.1　轭铁制件图及装配后的组件图**

## 3.1　冲压模具基础知识

本节主要介绍冲压与冲模概念、冲压工艺特点及应用、冲压工序的分类、冲模的分类、冲模的组成零件、冲模设计与制造等基础知识。

### 3.1.1　冲压与冲模概念

冲压是利用模具在冲压设备上对板料施加压力(或拉力)，使其产生分离或变形，从而获得一定形状、尺寸和性能制件的加工方法。冲压加工的对象一般为金属板料(或带料)、薄壁管、薄型材等，板厚方向的变形一般不侧重考虑，因此也称为板料冲压，且通常是在室温状态下进行(不用加热，显然处于再结晶温度以下)，故也称为冷冲压。

冲模就是加压将金属或非金属板料或型材分离、成形或接合而得到制件的工艺装备。冲压模具、冲压设备和板料是构成冲压加工的 3 个基本要素。没有设计和制造水平均很先进的冲模，先进的冲压工艺就无法实现。

### 3.1.2 冲压工艺的特点及其应用

从技术先进性方面看，冲压工艺可以得到形状复杂、用其他加工方法难以加工的制件(如薄壳类件)，且能够把强度好、刚度大、重量轻等相互矛盾的特点融为一体。制件的精度由模具保证，互换性好，品质稳定。

从经济合理性方面看，通过合理设计、优化排样，冲压工艺可以获得很高的材料利用率；既不像切削加工那样在把金属切成碎屑时消耗大量的能量，也不像锻造那样需耗能对坯料加热；冲压加工操作比较简单，从而对操作工要求低，有条件时易实现自动化。一般的冲压工艺，生产效率为每分钟几件至几十件，自动化生产可达每分钟千件以上。

冲压工艺存在的不足之处有，对于批量较小的制件，模具费用使得成本明显增高，所以一般要有经济批量；同时，模具需要一个生产准备周期。冲压工艺尤其是冲裁存在颇为恼人的噪声和振动，劳动保护措施不到位时还存在安全隐患。

从总体上看，冲压是一种制件质量较好、生产效率高、成本低，其他加工方法无法替代的加工工艺，在机械、车辆、电机、电器、仪器仪表、农机、轻工、日用品、航空航天、电子、通信、船舶、铁道、兵器等制造业中获得了十分广泛的应用。表 3.1 所示为部分产品中冲压加工零件所占比例。

表 3.1　各类产品中冲压加工零件所占比例

| 产品 | 汽车 | 仪器仪表 | 电子 | 电机电器 | 家用电器 | 自行车、手表 |
|---|---|---|---|---|---|---|
| 比例/% | 60～70 | 60～70 | ＞85 | 70～80 | ≤90 | ＞80 |

### 3.1.3 冲压工序的分类

为适应制件形状、尺寸、内外在质量、批量的不同，冲压工序的种类有很多。冲压工艺的基本工序可以分为分离工序与成形工序两大类。分离工序的共同目的是将坯料/工序件/半成品沿一定的轮廓相互分离；成形工序的共同目的是在材料不产生破坏的前提下使坯料/工序件/半成品发生塑性变形，成为所需制件。各工序简介如表 3.2 和表 3.3 所示。

表 3.2　冲压工艺中的分离工序

| 工序名称 | 工序简图 | 工序特征 |
|---|---|---|
| 落料 | | 分离轮廓为封闭曲线，轮廓内为制件，轮廓外为废料，用于加工各种形状的平板型制件 |

续表

| 工序名称 | 工序简图 | 工序特征 |
|---|---|---|
| 冲孔 | 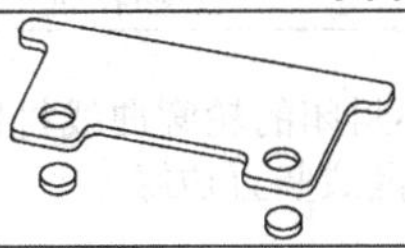 | 分离轮廓为封闭曲线，轮廓内为废料，轮廓外为制件，用于在制件上加工各种形状的孔，落料与冲孔合称为冲裁 |
| 切断(剪切) | 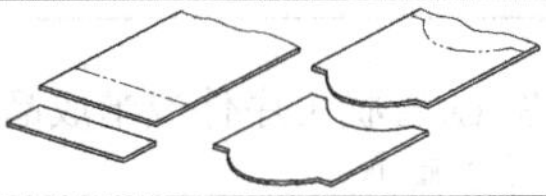 | 分离轮廓为不封闭曲/直线，用于将板料裁切成长条或加工成形状简单的平板型制件 |
| 修边(切边) | 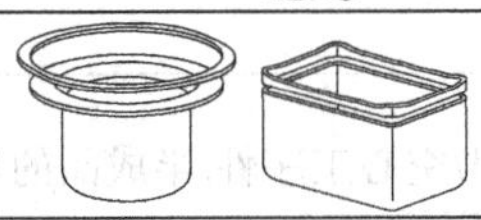 | 在工序件/半成品的曲/平面上沿内/外轮廓修切，以获得规则整齐的棱边、光洁的剪切面和较高的尺寸精度 |
| 剖切 | 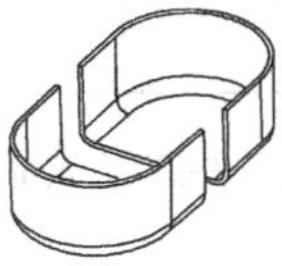 | 将整体成形得到的工序件/半成品切开成数个制件，多用于不对称制件成组成形之后的分离 |
| 切口 | 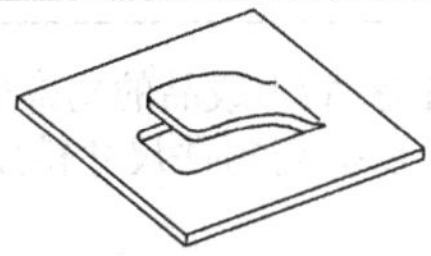 | 将制件沿不封闭的轮廓部分地分离，并使部分板料产生弯曲变形 |

表 3.3　冲压工艺中的成形工序

| 工序名称 | 工序简图 | 工序特征 |
|---|---|---|
| 弯曲(压弯) | 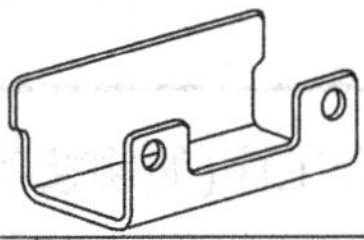 | 将坯料/型材/工序件/半成品沿直线压弯成具有一定曲率和角度的制件 |
| 辊弯 | 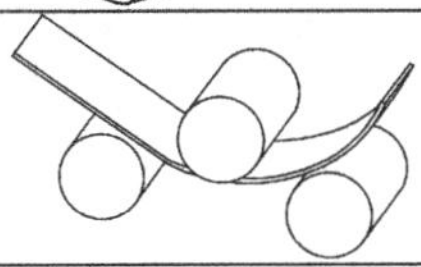 | 沿直线用辊子(2～4 个)实现板料的逐步弯曲变形，一般用卷板机完成 |
| 卷弯 | 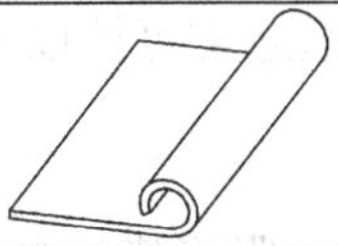 | 把板料端部卷成接近封闭的圆筒状 |
| 辊形<br>(纵向辊弯) | 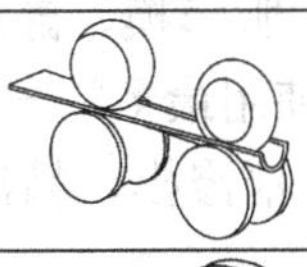 | 用多对成形辊，沿纵向使带料逐渐弯曲变形 |
| 拉弯 | 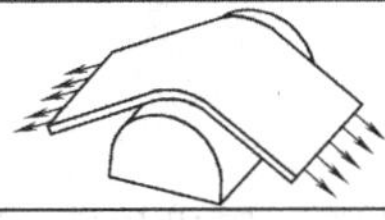 | 在施加拉力的条件下实现弯曲变形 |
| 扭曲 | 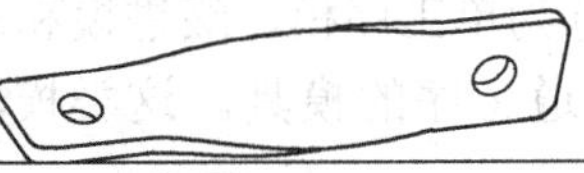 | 将工序件/半成品的一部分相对于另一部分在某个面上扭转一定角度 |
| 拉深 | 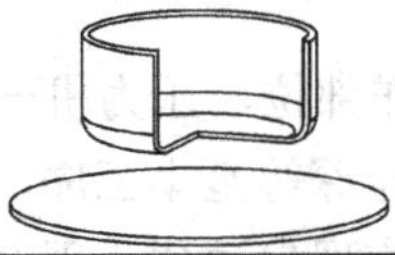 | 变形区在一拉一压的应力作用下，使板料/浅的空心坯成形为空心件/深的空心件，而壁厚基本不变。用于将板料外缘全部/部分转移到制件侧壁，使板料成形为皿状制件 |

续表

| 工序名称 | 工序简图 | 工序特征 |
|---|---|---|
| 翻边 | | 沿封闭/不封闭的轮廓曲线将板料的平面/曲面边缘部分翻成竖直边缘 |
| 缩口 | | 将空心/管状工序件或半成品的某个端部的径向尺寸减小 |
| 胀形 | | 使板料/空心工序件/半成品的局部变薄，从而使其表面积增大 |
| 扩口 | | 将空心/管状工序件或半成品的某个端部的径向尺寸扩大 |
| 整形 | | 对坯料/工序件/半成品的局部/整体施加法向接触压力，以提高制件尺寸精度/获得清晰的过渡形状 |
| 旋压 | | 在坯料旋转的同时，用一定形状的辊轮施加压力，使坯料的局部变形逐步扩展到整体，达到使坯料全部成形的目的。多用于回转体制件的成形 |

冲压生产除了基本工序外，还会涉及其他工序，如接合工序(如铆接等)、装配工序、修饰包装工序等。由于篇幅所限，本书不对此进行展开。

### 3.1.4 冲模的分类

冲压件的品种式样多种多样，导致冲模种类非常繁多，但通常可按以下方法分类。

**1. 按完成的冲压工序性质分类**

按完成的冲压工序性质可分为冲裁模、弯曲模、拉深模、胀形模、翻边模、扩口模、缩口模、整形模等。其中冲裁模是分离工序模具的总称，也是使用最多的一类模具。它包括落料模、冲孔模、切口模、切断模、剖切模、切边/修边模、精修模、精冲模、半精冲模等，一般概念上的冲裁模主要指落料模和冲孔模。

**2. 按完成冲压工序的数量及组合程度分类**

按完成冲压工序的数量及组合程序分类，可分为单工序模、级进模和复合模。

(1) 单工序模。在压力机一次行程中完成一道工序的模具。这类模具结构相对较简单，主要构件为凸模、凹模。

(2) 级进模。模具平面上有两个或两个以上不同的工作部位，压力机一次行程中模具的不同工位完成不同的工步。这些工步可以是冲裁、弯曲、拉深等基本工序，也可以是整形，甚至是装配。这类模具生产的制件精度高、效率高，便于实现自动化。现在不少企业使用了高速冲床，更显其优越性。但级进模(尤其是多工位级进模)结构复杂，制模技术要求高。

(3) 复合模。压力机一次行程中，模具在运动方向的同一位置上依次或同时完成两道或两道以上的工序。这类模具能减少设备及人工，生产效率较高。由于不存在二次定位，故制件的精度更有保证。同级进模一样，该模具结构较复杂，制模技术要求高。

### 3.1.5　冲模的组成零件

冲模通常由上、下模两部分构成。组成模具的零件如表 3.4 所示。

表 3.4　冲模零件的分类组成

| 发挥作用 | 零件名称 | 零件归类 | 备　注 | 部分相应标准代号 |
|---|---|---|---|---|
| 工艺结构零件 | 凸模(含镶块) | 工作零件 | | JB/T 5825～5829、JB/T 8057 |
| | 凹模(含镶块) | | | JB/T 5830、JB/T 8057、JB/T 7643 |
| | 凸凹模 | | | |
| | 挡料销 | 定位零件 | | JB/T 7649 |
| | 导正销 | | | JB/T 7647 |
| | 导料板(导尺) | | | JB/T 7648 |
| | 定位销(定位板) | | | |
| | 侧压装置 | | 含侧压板、弹簧等 | JB/T 7649 |
| | 侧刃 | | | JB/T 7648 |
| | 卸料板 | 压料、卸料及出件零件 | | |
| | 压料板 | | 含压边圈 | |
| | 顶件器 | | | |
| | 推件器 | | | |
| | 顶销、推杆 | | | JB/T 7650 |
| | 弹性元器件 | | 弹簧、橡皮、氮气缸等 | JB/T 7650 |
| | 废料切刀 | | | JB/T 7651 |
| 辅助结构零件 | 导柱 | 导向零件 | | GB/T 2861、JB/T 7187、JB/T 7645 |
| | 导套 | | 含自润滑导套、滚珠导套等 | GB/T 2861、JB/T 7187、JB/T 7645 |
| | 导板 | | 含斜楔机构等 | |
| | 导筒 | | | |
| | 上、下模座 | 支承零件 | | GB/T 2855～2857、JB/T 7642、JB/T 7184 |
| | 模柄 | | | JB/T 7646 |
| | 凸、凹模固定板 | | | JB/T 7643～7644 |
| | 垫板 | | | JB/T 7643～7644 |
| | 限制器 | | | |
| | 螺钉 | 紧固零件及其他 | | GB 70 |
| | 销钉 | | | GB 119 |
| | 托料架 | | | |
| | 其他 | | 起重柄、自动模的传动零件 | |

(1) 工作零件。直接作用于制件的零件，也是最重要、最基本的零件。

(2) 支承零件。冲模的基础件，通过它将冲模的各类零件组合到适当的位置或将冲模与压力机连接。

(3) 定位零件。确定被加工的坯料/工序件/半成品在冲模中位于正确位置的零件。

(4) 压料、卸料及出件零件。把卡在凸模上和凹模孔内的废料/冲压件脱卸掉或顶出的零件。它们的作用是保证冲压工作能连续进行，压料零件还起到对冲压件施加压力的作用。

(5) 导向零件。保证冲压过程中凸、凹模间隙均匀，保证模具各部分运动精度的零件。

(6) 紧固零件。各类连接与紧固零件，一般为标准件。

(7) 其他零件。起便于搬运、操作、保障安全等作用的零件。

并非所有的冲模都需要具备以上各类零件。如简单冲模，它可能只需要凸、凹模即可(固定零件与工作零件可复合在一起)。同一种零件也可能兼有几种用途，如拉深模中的压边圈就兼有卸料的作用。

概括起来就是，按所发挥的作用，模具零件可划分为工艺结构部分和辅助结构部分。

(1) 工艺结构零件。直接参与工艺过程的完成并和坯料有直接接触，是组成模具的最基本要素，包括工作零件、定位零件、卸料与压料零件等。

(2) 辅助结构零件。不直接参与完成工艺过程，也不和坯料有直接接触，只对模具完成工艺过程起保证作用，或对模具功能起完善作用，包括导向零件、紧固零件、标准件及其他零件等，这些零件有一定的替换性。

### 3.1.6 冲模设计与制造的内容

冲压模具设计与制造包括冲压工艺设计、模具设计与模具制造三大基本工作。

冲压工艺设计是冲模设计的基础和依据。冲模设计的目的是保证实现冲压工艺。

冲模制造则是模具设计过程的延续，目的是使设计图样，通过原材料的加工和装配，转变为具有使用功能和使用价值的模具实体。

冲模设计与制造必须有系统观点，必须考虑企业实际情况和产品生产批量，在保证产品质量的前提下，寻求最佳的技术经济性。片面追求生产效率、模具精度和使用寿命必然导致成本的增加，只顾降低成本和缩短制造周期而忽视模具精度和使用寿命必然导致质量的下降。

## 3.2 冲裁工艺与冲裁模设计

广义冲裁即分离工序，包括落料、冲孔、切断、切边、剖切、切口、整修等；狭义冲裁仅指落料、冲孔，这也是应用最多的。

冲裁得到的制件可以是最终零件，也可以作为弯曲、拉深、成形等其他工序的坯料/工序件/半成品。

### 3.2.1 冲裁变形过程

如图 3.2 所示，冲裁需要用到的凸模 1 与凹模 2 工作部分的水平投影轮廓按所需制件轮廓形状制造，但尺寸有微小差别。当压力机滑块把凸模推下时，板料就受到凸-凹模的剪切作用而沿一定的轮廓互相分离。

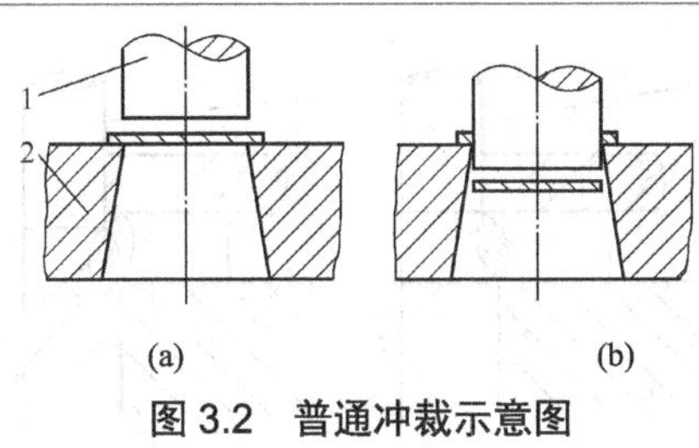


图 3.2　普通冲裁示意图

1—凸模；2—凹模

### 1. 冲裁变形的 3 个阶段

板料的分离是瞬间完成的，冲裁变形过程大致可分成 3 个阶段，如图 3.3 所示。

1) 弹性变形阶段(见图 3.3 (a))

当凸模开始接触板料并下压时，板料发生弹性压缩和弯曲。板料略有挤入凹模洞口的现象。此时，以凹模刃口轮廓为界，轮廓内的板料向下弯拱，轮廓外的板料则上翘。凸-凹模间隙愈大，弯拱和上翘愈严重。随着凸模继续下压，直到材料内的应力达到弹性极限，弹性变形阶段结束，进入塑性变形阶段。

2) 塑性变形阶段(见图 3.3(b))

当板料的应力达到屈服点，板料进入塑性变形阶段。凸模切入板料，板料被挤入凹模洞口。在剪切面的边缘，由于凸-凹模间隙存在而引起的弯曲和拉伸作用，形成塌角面，同时由于剪切变形，在切断面上形成光亮且与板面垂直的断面。随着凸模的继续下压，应力不断加大，直到应力达到板料抗剪强度，塑性变形阶段结束。

3) 断裂分离阶段(见图 3.3(c))

当板料的应力达到抗剪强度后，凸模继续下压，凸、凹模刃口附近产生微裂纹不断向板料内部扩展。当上下裂纹重合时，板料便实现了分离。由于拉断结果，断面上形成一个粗糙的区域。凸模继续下行，已分离的材料克服摩擦阻力，从板料中推出，完成整个冲裁过程。

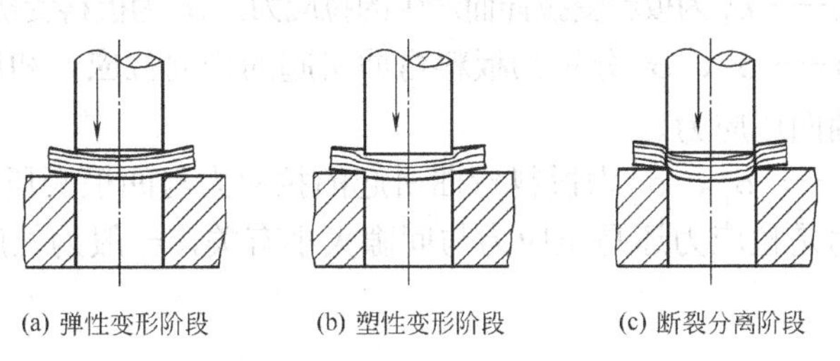


图 3.3　冲裁时板料的变形过程

### 2. 冲裁变形区及受力

由上述冲裁变形过程的分析可知，冲裁过程的变形是很复杂的。冲裁变形是在以凸、凹模刃口连线为中心而形成的纺锤形区域为最大(见图 3.4(a))，即从模具刃口向板料中心变形区逐步扩大。凸模挤入材料一定深度后，变形区域也同样按纺锤形区域来考虑，但变形区被此前已变形并加工硬化的区域所包围(见图 3.4(b))。其变形性质是以塑性剪切变形为主，还伴随有拉伸、弯曲与横向挤压等变形。

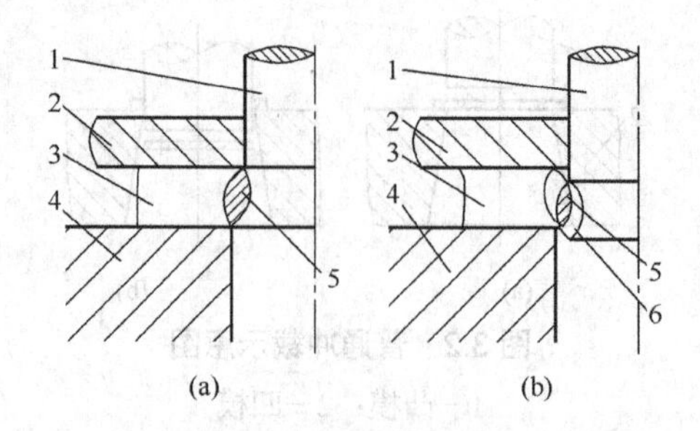


**图 3.4　冲裁变形区**

1—凸模；2—压料板；3—板料；4—凹模；5—纺锤形区域；6—已变形区

无压边装置的冲裁过程中板料所受外力如图 3.5 所示，其中：

$P_1$、$P_2$——凸、凹模对板料的垂直作用力；

$P_3$、$P_4$——凸、凹模对板料的侧压力；

$\mu P_1$、$\mu P_2$——凸、凹模端面与板料间的摩擦力，其方向与间隙大小有关，一般在间隙合理或偏小的情况下指向模具的刃口；

$\mu P_3$、$\mu P_4$——凸、凹模侧面与板料间的摩擦力。

由图 3.5 可知，板料由于受到模具表面的力偶作用而弯曲上翘，使模具表面和板料的接触面仅局限在刃口附近的狭小区域，接触面宽度为板厚的 0.2～0.4 倍，且此垂直压力的分布并不均匀，随着向模具刃口的逼近而急剧增大。

由于冲裁时板料弯曲的影响，其变形区的应力状态是复杂的，且与变形过程有关。

图 3.6 所示为无压边装置冲裁过程中塑性变形阶段变形区的应力状态，其中：

$A$ 点(凸模侧面)——$\sigma_1$ 为板料弯曲与凸模侧压力引起的径向压应力，切向应力 $\sigma_2$ 为板料弯曲引起的压应力与侧压力引起的拉应力的合成应力，$\sigma_3$ 为凸模下压引起的轴向拉应力。

$B$ 点(凸模端面)——凸模下压及板料弯曲引起的三向压应力。

$C$ 点(切割区中部)——$\sigma_1$ 为板料受拉伸而产生的拉应力，$\sigma_3$ 为板料受挤压而产生的压应力。

$D$ 点(凹模端面)——$\sigma_1$、$\sigma_2$ 分别为板料弯曲引起的径向拉应力和切向拉应力，$\sigma_3$ 为凹模挤压板料产生的轴向压应力。

$E$ 点(凹模侧面)——$\sigma_1$、$\sigma_2$ 为板料弯曲引起的拉应力与凹模侧压力引起的压应力的合成应力，该合成应力是拉应力还是压应力与间隙大小有关，一般为拉应力；$\sigma_3$ 为凸模下压引起的轴向拉应力。

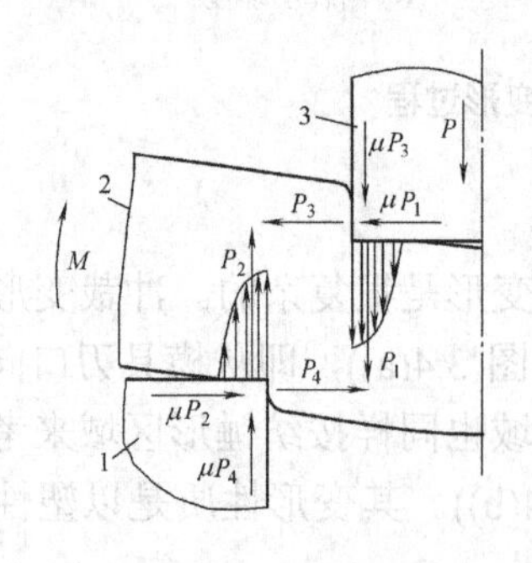

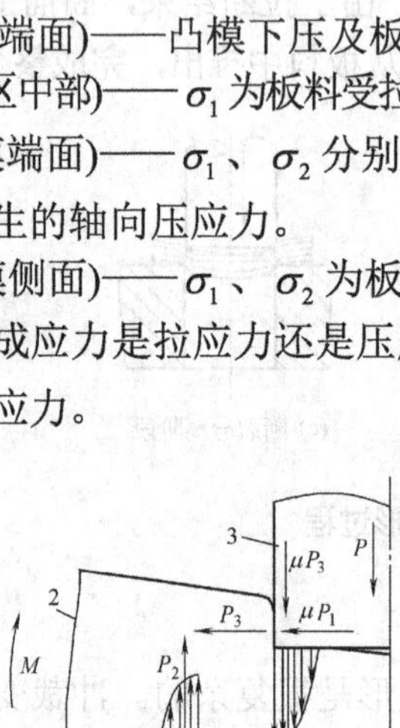

**图 3.5　冲裁时作用于板料上的力**

1—凹模；2—板料；3—凸模

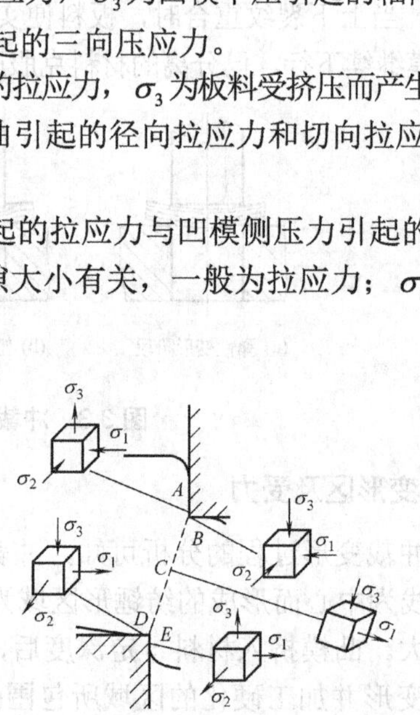

**图 3.6　冲裁应力状态图**

### 3. 冲裁断面的 4 个特征区

由于冲裁变形的特点，冲裁断面可明显分成 4 个特征区，即塌角带、光亮带、断裂带和毛刺，如图 3.7 所示。

塌角带产生在板料不与凸模或凹模相接触的一面，是由于板料受弯曲、拉伸作用而形成的。材料塑性愈好、凸-凹模之间间隙愈大，形成的塌角也愈大。

光亮带是由于板料塑性剪切变形所形成的。光亮带表面光洁且垂直于板平面。凸-凹模之间的间隙愈小、材料塑性愈好，所形成的光亮带高度愈高。

断裂带是由冲裁时所产生的裂纹扩张形成的。断裂带表面粗糙，并带有 3°～6°的斜度。材料塑性愈差、凸-凹模之间间隙愈大，则断裂带高度愈高、斜度愈大。

毛刺的形成是由于板料塑性变形阶段后期在凸模和凹模刃口附近产生裂纹，由于刃口正面材料被压缩，刃尖部分为高静水压应力状态，使裂纹的起点不会在刃尖处发生，而会在刃口侧面距刃尖不远的地方产生，裂纹的产生点和刃尖的距离成为毛刺的高度。刃尖磨损，刃尖部分高静水压应力区域范围变大，裂纹产生点和刃尖的距离也变大，毛刺高度必然增大，所以普通冲裁产生毛刺是不可避免的，如图 3.8 所示。

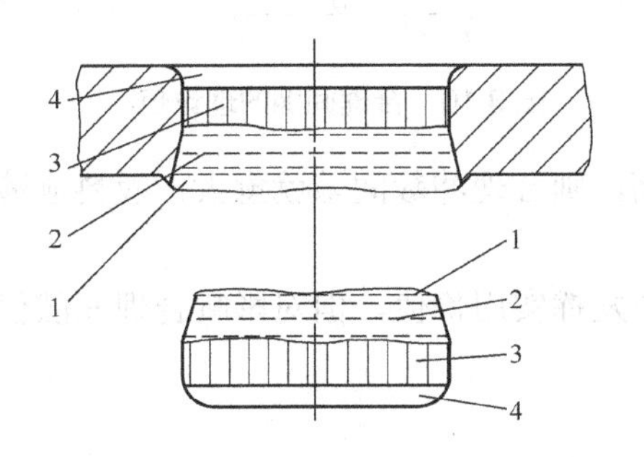


图 3.7 冲裁件的断面状况

1—毛刺；2—断裂带；3—光亮带；4—塌角带

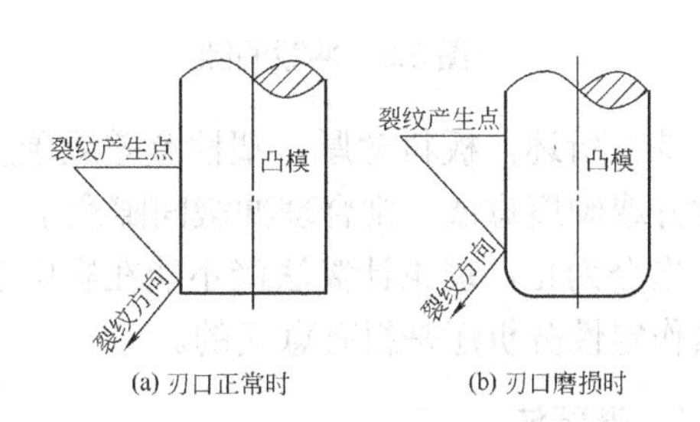


图 3.8 刃口磨损对裂纹产生点的影响

综上所述，冲裁件的断面不是很整齐的，仅光亮带一段是柱体。若忽略弹性变形的影响，则孔的光亮带柱体尺寸约等于凸模尺寸，而落料件光亮带的柱体尺寸约等于凹模尺寸，由此可得出以下重要的关系式，即

落料尺寸 = 凹模尺寸

冲孔尺寸 = 凸模尺寸

这是计算凸、凹模刃口尺寸的重要依据。

## 3.2.2 冲裁间隙

冲裁间隙是指冲裁模的凸模和凹模之间的双面间隙，如图 3.9 所示。

设计模具时，选择一个合理的冲裁间隙，可获得冲裁件断面质量好、尺寸精度高、模具寿命长、冲裁力小的综合效果。生产实际中，一般是以观察冲裁件断面状况来判定冲裁间隙是否合理，即塌角带和断裂带小、光亮带能占整个断面的 1/3 左右、不出现二次光亮带、毛刺高度合理，得到这种断面状况的冲裁间隙就是在合理的范围内。

确定合理冲裁间隙主要有理论计算法、查表法和经验记忆法。

### 1. 理论计算法

理论计算法确定冲裁间隙的依据是：在合理间隙情况下，冲裁时板料在凸、凹模刃口处产生的上下裂纹重合，从图 3.10 所示的几何关系，得出计算合理间隙的公式，即

$$Z=2t\left(1-\frac{b}{t}\right)\tan\beta \tag{3-1}$$

由式(3-1)可知，合理间隙取决于板料厚度 $t$、相对切入深度 $b/t$、裂纹方向角 $\beta$ 这 3 个因素。$\beta$ 是一个与板料的塑性或硬度有关的值，但其变化不大，所以合理间隙值大小主要取决于前两个因素。由冲裁断面的 4 个特征区分析已知，材料塑性愈好或硬度愈低，则光亮带所占的相对宽度 $b/t$ 就愈大；反之，材料塑性愈差或硬度愈高，则 $b/t$ 就愈小。

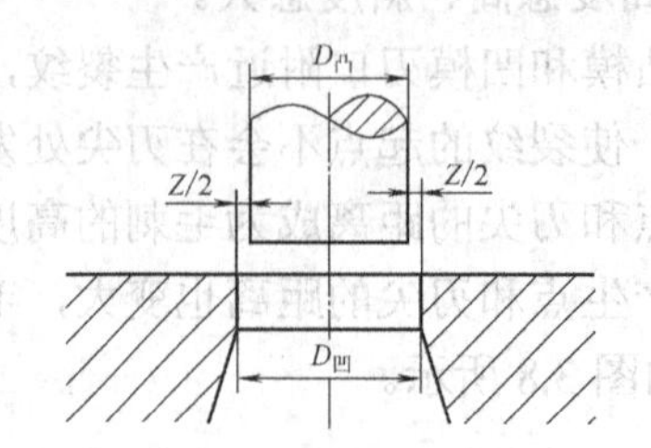


图 3.9　冲裁间隙

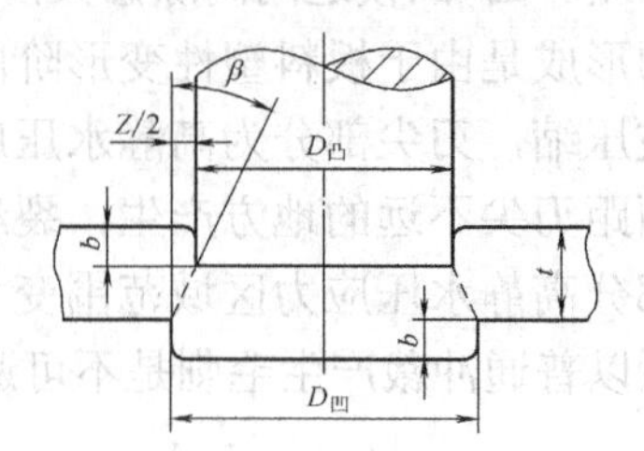


图 3.10　合理间隙的理论值

综上所述，板料愈厚、塑性愈差或硬度愈高，则合理冲裁间隙就愈大；板料愈薄、塑性愈好或硬度愈低，则合理冲裁间隙愈小。

迄今为止，理论计算法尚不能在实际工作中发挥实用价值，但对影响合理间隙值的各因素作定性分析还是很有意义的。

### 2. 查表法

在生产实际中，合理间隙值是通过查阅由实验方法所制订的表格来确定的。由于冲裁间隙对断面质量、制件尺寸精度、模具寿命、冲裁力等的影响规律并非一致，所以并不存在一个能同时满足断面质量、模具寿命、尺寸精度及冲裁力要求的绝对合理的间隙值。因此各行业甚至各工厂所认为的合理间隙值并不一致。一般地讲，取较小的间隙有利于提高冲裁件的断面质量和尺寸精度，而取较大的间隙值则有利于提高模具寿命、降低冲裁力。表 3.5 列出了汽车拖拉机行业常用的较大初始间隙，表 3.6 列出了电器仪表行业所用的较小初始间隙数值。

表 3.5　冲裁模初始双面间隙值 $Z$(汽车拖拉机行业用)　　mm

| 板料厚度 $t$ | 08、10、35<br>Q295、Q235 | | Q345 | | 40、50 | | 65Mn | |
|---|---|---|---|---|---|---|---|---|
| | $Z_{min}$ | $Z_{max}$ | $Z_{min}$ | $Z_{max}$ | $Z_{min}$ | $Z_{max}$ | $Z_{min}$ | $Z_{max}$ |
| <0.5 | 极小间隙 | | | | | | | |
| 0.5 | 0.040 | 0.060 | 0.040 | 0.060 | 0.040 | 0.060 | 0.040 | 0.060 |
| 0.6 | 0.048 | 0.072 | 0.048 | 0.072 | 0.048 | 0.072 | 0.048 | 0.072 |
| 0.7 | 0.064 | 0.092 | 0.064 | 0.092 | 0.064 | 0.092 | 0.064 | 0.092 |
| 0.8 | 0.072 | 0.104 | 0.072 | 0.104 | 0.072 | 0.104 | 0.064 | 0.092 |
| 0.9 | 0.090 | 0.120 | 0.090 | 0.126 | 0.090 | 0.126 | 0.090 | 0.126 |
| 1.2 | 0.126 | 0.180 | 0.132 | 0.180 | 0.132 | 0.180 | | |
| 1.75 | 0.220 | 0.320 | 0.220 | 0.320 | 0.220 | 0.320 | | |

续表

| 板料厚度 $t$ | 08、10、35 Q295、Q235 | | Q345 | | 40、50 | | 65Mn | |
|---|---|---|---|---|---|---|---|---|
| | $Z_{min}$ | $Z_{max}$ | $Z_{min}$ | $Z_{max}$ | $Z_{min}$ | $Z_{max}$ | $Z_{min}$ | $Z_{max}$ |
| 2.0 | 0.246 | 0.360 | 0.260 | 0.380 | 0.260 | 0.380 | | |
| 2.1 | 0.260 | 0.380 | 0.280 | 0.400 | 0.280 | 0.400 | | |
| 2.5 | 0.360 | 0.500 | 0.380 | 0.540 | 0.380 | 0.540 | | |
| 2.75 | 0.400 | 0.560 | 0.420 | 0.600 | 0.420 | 0.600 | | |
| 3.0 | 0.460 | 0.640 | 0.480 | 0.660 | 0.480 | 0.660 | | |
| 3.5 | 0.540 | 0.740 | 0.580 | 0.780 | 0.580 | 0.780 | | |
| 4.0 | 0.640 | 0.880 | 0.680 | 0.920 | 0.680 | 0.920 | | |
| 4.5 | 0.720 | 1.000 | 0.680 | 0.960 | 0.780 | 1.040 | | |
| 5.5 | 0.940 | 1.280 | 0.780 | 1.100 | 0.980 | 1.320 | | |
| 6.0 | 1.080 | 1.440 | 0.840 | 1.200 | 1.140 | 1.500 | | |
| 6.5 | | | 0.940 | 1.300 | | | | |
| 8.0 | | | 1.200 | 1.680 | | | | |

注：① 冲裁皮革、石棉和纸板时，间隙取 08 钢的 25%。

② $Z_{min}$ 相当于公称间隙。

表 3.6　冲裁模初始双面间隙值 $Z$(电器仪表行业用)　mm

| 材料名称 | | 45 T7、T8(退火) 65Mn(退火) 磷青铜(硬) 铍青铜(硬) | | 10、15、20、30 钢硅钢 H62、H65(硬) LY12 | | Q215、Q235 钢 08、10、15 钢 纯铜(硬) 磷青铜、铍青铜 H62、H68 | | H62、H68(软) 纯铜(软) LF21~LF2 防锈铝 硬铝 LY12(退火) 铜母线、铝母线 | |
|---|---|---|---|---|---|---|---|---|---|
| 力学性能 | HBS | ≥190 | | 140~190 | | 70~140 | | ≤70 | |
| | $\sigma_b$ /MPa | ≥600 | | 400~600 | | 300~400 | | ≤300 | |
| 板料厚度 $t$ | | 始用间隙 $Z$ | | | | | | | |
| | | $Z_{min}$ | $Z_{max}$ | $Z_{min}$ | $Z_{max}$ | $Z_{min}$ | $Z_{max}$ | $Z_{min}$ | $Z_{max}$ |
| 0.3 | | 0.04 | 0.06 | 0.03 | 0.05 | 0.02 | 0.04 | 0.01 | 0.03 |
| 0.5 | | 0.08 | 0.10 | 0.06 | 0.08 | 0.04 | 0.06 | 0.025 | 0.045 |
| 0.8 | | 0.12 | 0.16 | 0.10 | 0.13 | 0.07 | 0.10 | 0.045 | 0.075 |
| 1.0 | | 0.17 | 0.20 | 0.13 | 0.16 | 0.10 | 0.13 | 0.065 | 0.095 |
| 1.2 | | 0.21 | 0.24 | 0.16 | 0.19 | 0.13 | 0.16 | 0.075 | 0.105 |
| 1.5 | | 0.27 | 0.31 | 0.21 | 0.25 | 0.15 | 0.19 | 0.10 | 0.14 |
| 1.8 | | 0.34 | 0.38 | 0.27 | 0.31 | 0.20 | 0.24 | 0.13 | 0.17 |
| 2.0 | | 0.38 | 0.42 | 0.30 | 0.34 | 0.22 | 0.26 | 0.14 | 0.18 |
| 2.5 | | 0.49 | 0.55 | 0.39 | 0.45 | 0.29 | 0.35 | 0.18 | 0.24 |
| 3.0 | | 0.62 | 0.65 | 0.49 | 0.55 | 0.36 | 0.42 | 0.23 | 0.29 |
| 3.5 | | 0.73 | 0.81 | 0.58 | 0.66 | 0.43 | 0.51 | 0.27 | 0.35 |
| 4.0 | | 0.86 | 0.94 | 0.68 | 0.76 | 0.50 | 0.58 | 0.32 | 0.40 |
| 4.5 | | 1.00 | 1.08 | 0.78 | 0.86 | 0.58 | 0.66 | 0.36 | 0.45 |
| 5.0 | | 1.13 | 1.23 | 0.90 | 1.00 | 0.65 | 0.75 | 0.42 | 0.52 |
| 6.0 | | 1.40 | 1.50 | 1.00 | 1.20 | 0.82 | 0.92 | 0.53 | 0.63 |
| 8.0 | | 2.00 | 2.12 | 1.60 | 1.72 | 1.17 | 1.29 | 0.76 | 0.88 |

注：① $Z_{min}$ 应视为公称间隙。

② 一般情况下，$Z_{max}$ 可适当放大。

表中所列 $Z_{min}$ 和 $Z_{max}$ 只是指新制造模具初始间隙的变动范围，并非磨损极限。从表中可以发现，当板料厚度 $t$ 很薄时，$Z_{max}$-$Z_{min}$ 的值很小，以至于现有的模具加工设备难以达到，因此很薄板料的冲裁工艺性是很差的，对模具的制造精度要求也是很高的。当然，实践中可以在模具结构和模具加工工艺上采取一些特殊措施来满足无(小)间隙冲裁的要求。

### 3. 经验记忆法

经验记忆法是一种比较实用、易于记忆的确定合理冲裁间隙的方法。其值用下式表达：

$$Z=mt \tag{3-2}$$

式中：$Z$——合理冲裁间隙；

$t$——板料厚度；

$m$——记忆系数，参考数据如下。

| | |
|---|---|
| 软态有色金属 | $m$=4%～8% |
| 硬态有色金属、低碳钢、纯铁 | $m$=6%～10% |
| 中碳钢、不锈钢、可伐合金 | $m$=7%～14% |
| 高碳钢、弹簧钢 | $m$=12%～24% |
| 硅钢 | $m$=5%～10% |
| 非金属(皮革、石棉、胶布板、纸板等) | $m$=1%～4% |

应当指出，上述记忆系数 $m$ 值是基于常用普通板料冲裁而归纳总结出来的。各行业各企业对此的选取值是不相同的。在使用过程中还应考虑以下因素。

(1) 对于制件断面质量要求高的，其值可取小些。

(2) 计算冲孔间隙时比计算落料间隙时其值可取大些。

(3) 为减小冲裁力其值可取大些。

(4) 为减少模具磨损其值可取大些。

(5) 计算异形件间隙时比计算圆形件间隙时其值可取大些。

(6) 冲裁厚板($t$>8mm)时其值可取小些。

## 3.2.3 冲裁模工作部分尺寸的计算

冲裁模凸模和凹模工作部分的尺寸直接决定冲裁件的尺寸和凸-凹模间隙的大小，是冲裁模上最重要的尺寸。

### 1. 计算的原则

若忽略冲裁件的弹性回复，冲孔件的尺寸等于凸模实际尺寸，落料件的尺寸等于凹模实际尺寸。冲裁过程中凸、凹模与冲裁件和废料发生摩擦，凸模和凹模会向入体方向磨损，凸模轮廓越磨越小，凹模轮廓越磨越大，如图 3.11 所示。因此，确定凸、凹模工作部分尺寸应遵循下述原则。

(1) 落料模应先确定凹模尺寸，其基本尺寸应按入体方向接近或等于相应的落料件极限尺寸，此时的凸模基本尺寸按凹模相应尺寸沿入体方向减(加)一个最小合理间隙值 $Z_{min}$。

(2) 冲孔模应先确定凸模尺寸，其基本尺寸应按入体反方向接近或等于相应的冲孔件极限尺寸，此时的凹模基本尺寸比凸模按入体方向加(减)一个最小合理间隙值 $Z_{min}$。

(3) 凸模和凹模的制造公差应与冲裁件的尺寸精度相适应，一般比制件的精度高 2～3 级，且必须按入体方向标注单向公差。

## 2. 计算方法

冲裁模工作部分尺寸的计算方法与模具的加工方法有关，常用的模具加工方法有凸模和凹模分别加工的分别加工法、凸模和凹模配合加工的单配加工法，单配加工法还需要考虑相应的基准件和配合件的尺寸换算。

1) 分别加工法

分别加工法分别规定了凸模和凹模的尺寸及公差，使之可分别进行加工制造，所以凸模和凹模的尺寸及制造公差都对间隙有影响，如图 3.12 所示。

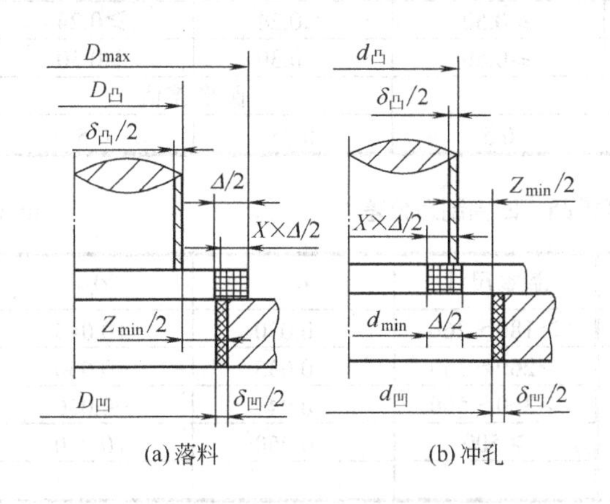


图 3.11　凸模和凹模工作部分尺寸的确定

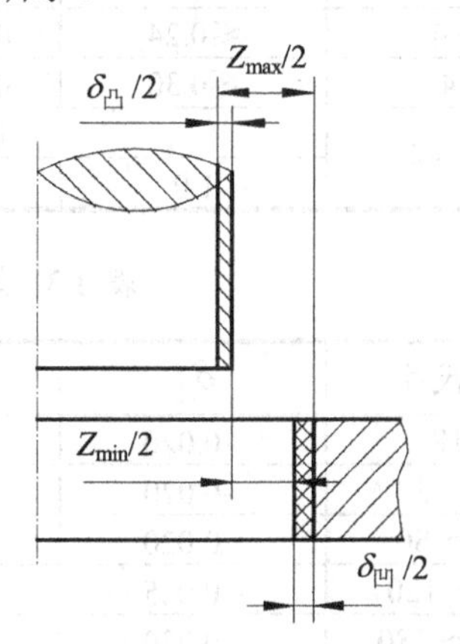


图 3.12　凸模和凹模分别加工时间隙变动范围

依据上文所述原则，可得出下列计算公式，即

$$|\delta_{凸}|+|\delta_{凹}|\leqslant Z_{max}-Z_{min} \tag{3-3}$$

落料

$$D_{凹}=(D_{max}-X\Delta)_{0}^{+\delta_{凹}} \tag{3-4}$$

$$D_{凸}=(D_{凹}-Z_{min})_{0}^{-\delta_{凸}} \tag{3-5}$$

冲孔

$$d_{凸}=(d_{min}+X\Delta)_{0}^{-\delta_{凸}} \tag{3-6}$$

$$d_{凹}=(d_{凸}\ D_{凸}+Z_{min})_{0}^{+\delta_{凹}} \tag{3-7}$$

中心距为

$$L_{凹}=L_{中}\pm\frac{\Delta}{8} \tag{3-8}$$

式中：$D_{凹}$，$D_{凸}$——分别为落料凹模和凸模的基本尺寸；

$d_{凸}$，$d_{凹}$——分别为冲孔凸模和凹模的基本尺寸；

$D_{max}$——落料件最大极限尺寸；

$d_{min}$——冲孔件最小极限尺寸；

$\Delta$——冲裁件的公差；

$X$——磨损系数，查表 3.7 或直接按 1 选取；

$\delta_{凹}$，$\delta_{凸}$——分别为凹模和凸模的制造公差，可按冲裁件公差的 1/5～1/4 选取，也可查表 3.8；

$L_{凹}$——凹模中心距的基本尺寸；

$L_{中}$——冲裁件中心距的中间尺寸。

表 3.7　磨损系数 $X$

| 板料厚度 $t$/mm | 制件公差$\Delta$/mm | | | | |
|---|---|---|---|---|---|
| ＜1 | ≤0.16 | 0.17～0.35 | ≥0.36 | ＜0.16 | ≥0.16 |
| 1～2 | ≤0.20 | 0.21～0.41 | ≥0.42 | ＜0.20 | ≥0.20 |
| 2～4 | ≤0.24 | 0.25～0.49 | ≥0.50 | ＜0.24 | ≥0.24 |
| ＞4 | ≤0.30 | 0.31～0.59 | ≥0.60 | ＜0.30 | ≥0.30 |
| 磨损系数 | 非圆形 $X$ 值 | | | 圆形 $X$ 值 | |
| | 1.0 | 0.75 | 0.5 | 0.75 | 0.5 |

表 3.8　规则形状冲裁模凸、凹模制造公差　　mm

| 基本尺寸 | $\delta_{凸}$ | $\delta_{凹}$ | 基本尺寸 | $\delta_{凸}$ | $\delta_{凹}$ |
|---|---|---|---|---|---|
| ≤18 | −0.020 | +0.020 | ＞180～260 | −0.030 | +0.045 |
| ＞18～30 | −0.020 | +0.025 | ＞260～360 | −0.035 | +0.050 |
| ＞30～80 | −0.020 | +0.030 | ＞360～500 | −0.040 | +0.060 |
| ＞80～120 | −0.025 | +0.035 | ＞500 | −0.050 | +0.070 |
| ＞120～180 | −0.030 | +0.040 | | | |

2) 单配加工法

单配加工法是指用凸模和凹模相互单配的方法来保证合理间隙的一种方法。此方法只需计算基准件(冲孔时为凸模，落料时为凹模)基本尺寸及公差，另一件不需标注尺寸，仅注明“相应尺寸按凸模(或凹模)配作，保证双面间隙在 $Z_{min}$～$Z_{max}$之间”即可。与分别加工法相比较，单配加工法基准件的制造公差不再受间隙大小的限制，同时配合件的制造公差不大于 $Z_{max}$-$Z_{min}$，就可保证获得合理间隙，所以模具制造更容易。

在制件上，会同时存在三类不同性质的尺寸，需要区别对待，如图 3.13 所示。

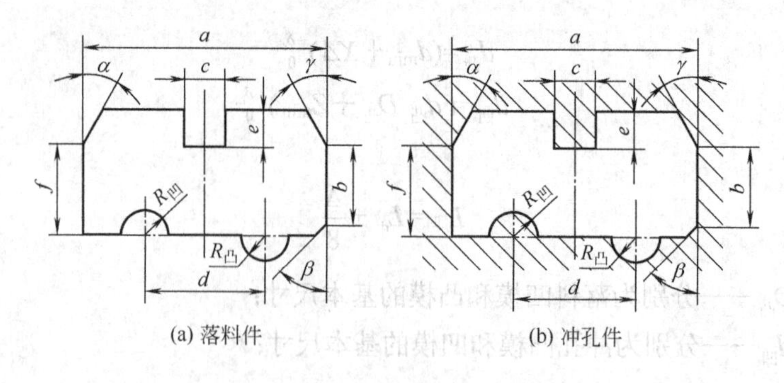


(a) 落料件　　(b) 冲孔件

图 3.13　冲裁件的尺寸分类

第一类：凸模(冲孔件)或凹模(落料件)磨损后增大的尺寸。

第二类：凸模(冲孔件)或凹模(落料件)磨损后减小的尺寸。

第三类：凸模(冲孔件)或凹模(落料件)磨损后基本不变的尺寸。

图 3.13(a)所示落料件中，$a$、$b$、$f$、$R_{凹}$ 尺寸随凹模磨损增大；$c$、$R_{凸}$ 尺寸随凹模磨损减小；$d$、$e$、$\alpha$、$\beta$、$\gamma$ 尺寸不受凹模磨损影响。

图 3.13(b)所示冲孔件中，$a$、$b$、$f$、$R_{凹}$ 尺寸随凸模磨损减小；$c$、$R_{凸}$ 尺寸随凸模磨损增大；$d$、$e$、$\alpha$、$\beta$、$\gamma$ 尺寸不受凸模磨损影响。

下面分别讨论这 3 类尺寸的不同计算方法。

第一类尺寸相当于简单形状的落料凹模尺寸，所以它的基准件(冲孔时为凸模，落料时为凹模)的计算公式为

$$第一类基准件尺寸=(冲裁件上该尺寸的最大极限-X\varDelta)^{+\varDelta/4}_{0} \tag{3-9}$$

第二类尺寸相当于简单形状的冲孔凸模尺寸，所以它的基准件(冲孔时为凸模，落料时为凹模)的计算公式为

$$第二类基准件尺寸=(冲裁件上该尺寸的最小极限+X\varDelta)^{0}_{-\varDelta/4} \tag{3-10}$$

第三类尺寸不受磨损的影响，基准件与配合件的基本尺寸取冲裁件上该尺寸的中间值，其公差取正负对称分布。所以它的基准件(冲孔时为凸模、落料时为凹模)的计算公式为

$$第三类基准件尺寸=冲裁件上该尺寸的中间值\pm\varDelta/8 \tag{3-11}$$

用单配加工法加工的凸模和凹模必须对号入座，不能互换，但由于电火花线切割加工已成为冲裁模加工的主要手段，该加工方法所具有的“间隙补偿功能”，使配合件基本不存在加工制造公差，而只有很小的电火花放电间隙，所以无论形状复杂与否，它都能很准确地保证模具的合理初始间隙。因此，单配加工法适用于复杂形状、小间隙(薄料)冲裁件模具的工作部分尺寸计算。

### 3.2.4　冲裁力的计算

冲裁力是选择压力机的主要依据，也是设计模具所必需的数据。

冲压过程中，冲裁力是不断变化的，图 3.14 所示为冲裁力-凸模行程曲线。曲线 1 中 $AB$ 段相当于弹性变形阶段，凸模接触材料后载荷急剧上升，一旦凸模刃口挤入材料，即进入了塑性变形阶段，此时载荷上升就缓慢下来，如 $BC$ 段所示。虽然，由于凸模挤入材料，使承受冲裁力的面积减少，但只要材料加工硬化的影响超过了受剪面积减少的影响，冲裁力就继续上升，当两者影响相等的瞬间，冲裁力达到最大值，即图中 $C$ 点。此后，凸模再向下压，材料内部产生裂纹，并迅速扩展，冲裁力急剧下降，如图中 $CD$ 段，此阶段为冲裁的断裂阶段。到达 $D$ 点后，上下裂纹重合，板料已经分离，$DE$ 段所示压力，仅是克服摩擦阻力，推出已分离的废料或制件。

以上讨论的冲裁力-凸模行程曲线，是指塑性材料，且凸凹间隙适中的情况。对于间隙偏小、偏大的情况及脆性材料，冲裁力-凸模行程曲线会有一些改变，如图 3.14 中曲线 2、3、4 所示。

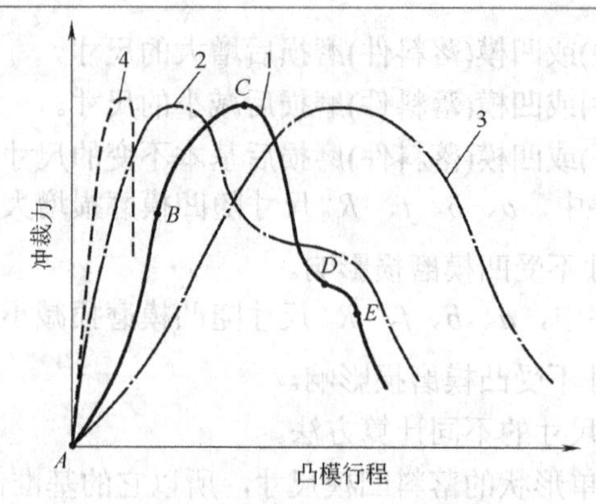


**图 3.14　冲裁力-凸模行程曲线**

1—间隙正常的塑性材料；2—间隙偏小的塑性材料；
3—间隙偏大的塑性材料；4—间隙正常的脆性材料

由于冲裁加工的复杂性和变形过程的瞬间性，使得建立十分精确的冲裁力理论计算公式相对困难。通常所说的冲裁力是指作用于凸模上的最大抗力，即图 3.14 中的 $C$ 点所对应的力。如果视冲裁为纯剪切变形，冲裁力可按下式计算，即

$$P=1.3Lt\tau \tag{3-12}$$

式中：$P$——冲裁力；

$L$——冲裁件受剪切周边长度，mm；

$t$——冲裁件的料厚，mm；

$\tau$——材料抗剪强度，MPa，$\tau$ 值可在设计资料及有关手册中查到。

一般情况下，材料 $\sigma_1 \approx 1.3\tau$。为计算方便，冲裁力也可用下式计算，即

$$P=Lt\sigma_1 \tag{3-13}$$

## 3.2.5　冲裁件的排样

冲裁件在条料上的布置方法称为排样。排样设计工作的主要内容包括选择排样方法、确定搭边数值、计算条料宽度及步距和画出排样图。

**1. 排样方法**

1) 有废料排样法

有废料排样(见图 3.15(a))是指冲裁件与冲裁件之间以及冲裁件与条料侧边之间都有工艺余料(称为搭边)存在，冲裁件的分离轮廓封闭，冲裁件质量好、模具寿命长，但材料利用率较低。

2) 少、无废料排样法

少废料排样法(见图 3.15(b))是指只有在冲裁件与冲裁件之间或冲裁件与条料之间留有搭边，这种排样方法的冲裁只沿着冲裁件的部分轮廓进行。材料的利用率可达70%～90%。

无废料排样法(见图 3.15(c))是冲裁件与冲裁件之间以及冲裁件与条料之间均无搭边存在，这种排样方法的冲裁件实际上是由直接切断获得，所以材料的利用率可达到85%～95%。

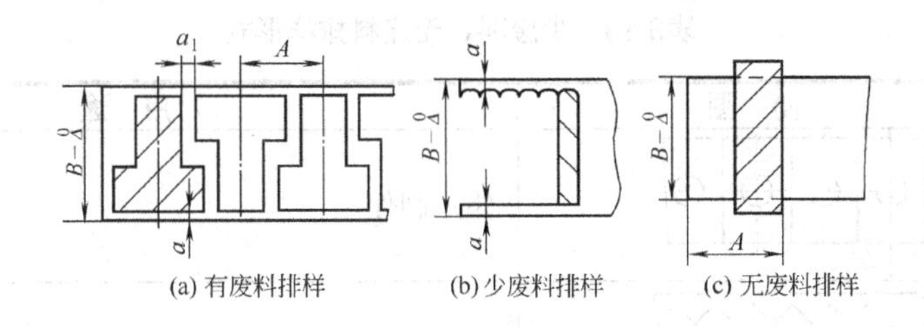


(a) 有废料排样　(b) 少废料排样　(c) 无废料排样

**图 3.15　排样方法**

少、无废料排样法的材料利用率很高，且模具结构简单，所需冲裁力小，但其应用范围有很大的局限性，既受到制件形状、结构限制，且由于条料宽度误差及送料误差均会影响制件尺寸而使尺寸精度下降，同时模具刃口是单面受力，所以磨损加快，断面质量下降。此外，制件的外轮廓毛刺方向也不一致。所以选择少、无废料排样时必须全面权衡利弊。

无论采用何种排样法，根据冲裁件在条料上的不同布置，排样方法又有直排、斜排、对排、混合排、多排和裁搭边等多种形式。表 3.9 列出了有废料排样法的布排形式，表 3.10 列出了少废料、无废料排样法的布排形式。

**表 3.9　有废料排样形式**

| 形　式 | 简　图 | 用　途 |
| --- | --- | --- |
| 直排 | B, A | 几何形状简单的制件(如圆形、矩形等) |
| 斜排 | B, A | T 形或其他复杂外形制件，这些制件直排时废料较多 |
| 对排 | B, A | T、U、E 形制件，这些制件直排或斜排时废料较多 |
| 混合排 | B, A | 材料及厚度均相同的不同制件，适于大批量生产 |
| 多排 | B, A | 大批量生产中轮廓尺寸较小的制件 |
| 裁搭边 | B, A | 大批量生产中小而窄的制件 |

表3.10　少废料、无废料排样形式

| 形　式 | 简　图 | 用　途 |
| --- | --- | --- |
| 直排 | 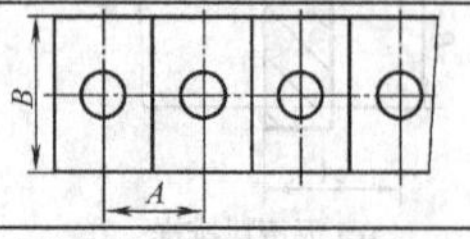 | 矩形制件 |
| 斜排 | 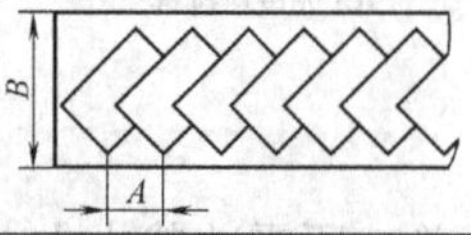 | T 形、Γ 形或其他形状制件，在外形上允许有不大的缺陷 |
| 对排 | 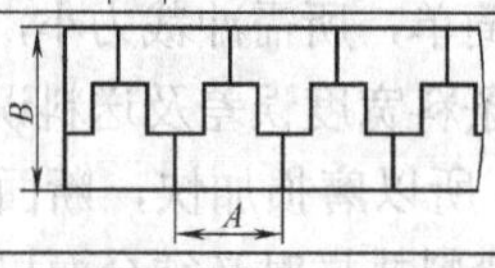 | 梯形、三角形、T 形制件 |
| 混合排 | 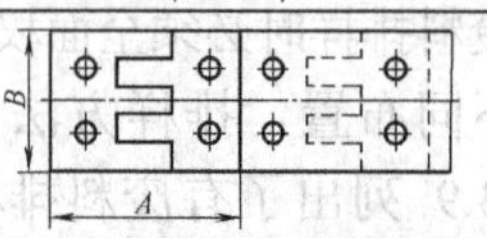 | 两外形互相嵌入的制件(铰链或 U 形和 E 形等) |
| 多排 | 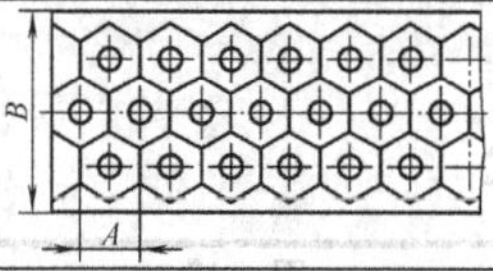 | 大批量生产中尺寸较小的矩形、方形及六角形制件 |
| 裁搭边 | 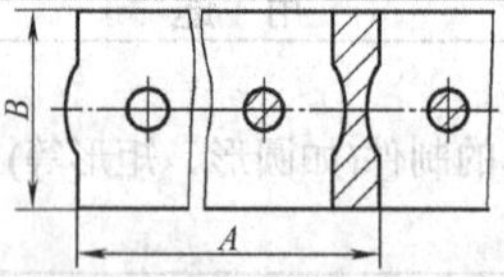 | 用宽度均匀的条料或卷料制造的长形件 |

如图 3.16(a)所示的制件，使用板料规格为 1420mm×710mm，可以有多种排样方法。

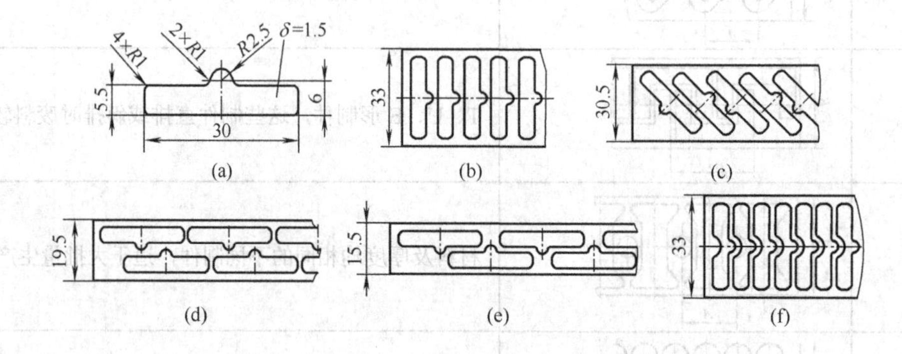


图 3.16　冲裁件的多种排样方法

方案 1(见图 3.16(b))：直排。剪裁 42 次，剪成 33mm×710mm 的条料 43 条，每条冲 64 件，共可冲 2752 件。

方案 2(见图 3.16(c))：斜对排。剪裁 46 次，剪成 30.5mm×710mm 的条料 46 条，每条冲 62 件，共可冲 2852 件。冲裁时要用双落料凸模或翻转条料。

方案 3(见图 3.16(d))：直对排。剪裁 72 次，剪成 19.5mm×710mm 的条料 72 条，每条冲 44 件，共可冲 3168 件。也要翻转条料或用双落料凸模。

方案 4(见图 3.16(e))：另一种直对排。剪裁 91 次，剪成 15.5mm×710mm 的条料 91

条，每条冲 35 件，共可冲 3185 件。

方案 5(见图 3.16(f))：在保证冲裁件使用性能的前提下，适当改变其形状后仍采用直排，剪裁 42 次，剪成 33mm×710mm 的条料 43 条，每条冲 85 件，共可冲 3655 件。

排样方法的原则如下。

(1) 在冲压生产中，材料的费用约占制件成本的 60%以上，贵重金属占 80%以上。提高材料利用率具有重要的经济意义，为此，必须尽量减少废料面积。冲裁中的废料可分为结构废料和工艺废料两种，结构废料是由制件的形状尺寸决定的。

(2) 在考虑提高材料利用率的同时，应使模具结构简单、寿命长、操作方便安全。为此应尽可能减少条料的翻动，在材料利用率相近时，尽可能选择条料宽、进距小的排样方法。就这方面而言，上述方案 1、方案 5 显然比其他方案更合理。

(3) 在不影响制件使用性能的前提下，可适当修改冲裁件尺寸和形状，以提高材料的利用率，同时使模具结构简单、操作方便安全。

从这个例子可以看出，排样工作对材料的利用率、冲压的操作方式及模具结构都有非常大的影响。

### 2．搭边

排样时冲裁件与冲裁件之间($a_1$)以及冲裁件与条料侧边之间($a$)留下的工艺余料称为搭边，如图 3.17 所示。

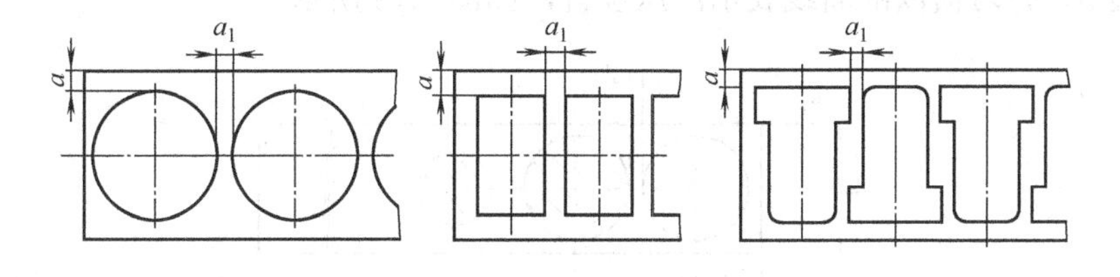


图 3.17　搭边

1) 搭边的作用

(1) 补偿条料的剪裁误差、送料步距误差，补偿由于条料与导料板之间有间隙所造成的送料歪斜误差。若没有搭边则可能出现制件缺角、缺边或尺寸超差等废品。

(2) 使凸、凹模刃口能沿封闭轮廓线冲裁，受力平衡，合理间隙不易破坏。模具寿命与制件断面质量都能提高。

(3) 对于利用搭边拉条料的自动送料模具，搭边使条料有一定的刚度，以保证条料的连续送进。

2) 搭边的数值

搭边过大，浪费材料；搭边过小，起不到搭边作用。过小的搭边还可能被拉入凸、凹模之间的缝隙中，使模具刃口破坏。

搭边的合理数值就是保证冲裁件质量，保证模具较长寿命，保证自动送料时不被拉弯、拉断条件下允许的最小值。

搭边的合理数值主要决定于板料厚度 $t$、材料种类、冲裁件大小及冲裁件的轮廓形状等。一般来说，板料愈厚，材料硬度愈低，以及冲裁件尺寸愈大，形状愈复杂，则合理搭边数值也应愈大。

搭边值通常是由经验确定的，表 3.11 列出的即为经验数据之一。

表 3.11 板料冲裁时的合理搭边值

mm

| 板料厚度 $t$ | 手送料 | | | | | | 自动送料 | |
|---|---|---|---|---|---|---|---|---|
| | 圆形 | | 非圆形 | | 往复送料 | | | |
| | $a$ | $a_1$ | $a$ | $a_1$ | $a$ | $a_1$ | $a$ | $a_1$ |
| ≤1 | 1.5 | 1.5 | 2 | 1.5 | 3 | 2 | 2.5 | 2 |
| >1～2 | 2 | 1.5 | 2.5 | 2 | 3.5 | 2.5 | 3 | 2 |
| >2～3 | 2.5 | 2 | 3 | 2.5 | 4 | 3.5 | 3.5 | 3 |
| >3～4 | 3 | 2.5 | 3.5 | 3 | 5 | 4 | 4 | 3 |
| >4～5 | 4 | 3 | 5 | 4 | 6 | 5 | 5 | 4 |
| >5～6 | 5 | 4 | 6 | 5 | 7 | 6 | 6 | 5 |
| >6～8 | 6 | 5 | 7 | 6 | 8 | 7 | 7 | 6 |
| >8 | 7 | 6 | 8 | 7 | 9 | 8 | 8 | 7 |

注：非金属材料(皮革、纸板、石棉等)的搭边值应比金属材料大 1.5～2 倍。

### 3．送料步距与条料宽度

选定排样方法与确定搭边值之后，就要计算送料步距和条料宽度，才能画出排样图。

排样图是排样设计的最终表达形式，也是编制冲压工艺与设计的重要依据。一张完整的排样图应标注条料宽度尺寸 $B$、条料长度 $L$、板料厚度 $t$ 、端距 $l$、步距 $s$、工件间搭边 $a_1$ 和侧搭边 $a$，并习惯以剖面线表示冲压位置，如图 3.18 所示。

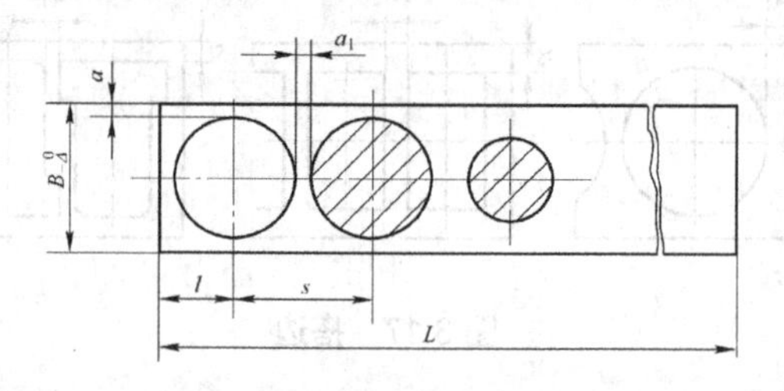


图 3.18 排样图

1) 条料宽度 $B$

条料是由板料(或带料)剪裁下料而得，为保证送料顺利，规定条料宽度 $B$ 的上偏差为零，下偏差为负值($-\Delta$)。为了准确送进，模具上一般设有导向装置。当使用导料板导向而又无侧压装置时，在宽度方向也会产生送料误差。条料宽度 $B$ 的值应保证在这两种误差的影响下，仍能在冲裁件与条料侧面之间有一定的搭边值 $a$。

模具的导料板之间有侧压装置时，条料宽度按下式计算(见图 3.19(a))，即

$$B=(D+2a+\Delta)_{-\Delta}^{\ 0} \tag{3-14}$$

式中：$D$——冲裁件与送料方向垂直的最大尺寸；

$a$——冲裁件与条料侧边之间的搭边；

$\Delta$——板料剪裁时的下偏差(见表 3.12)。

当条料在无侧压装置的导料板之间送料时，条料宽度按下式计算(见图 3.19(b))，即

$$B=(D+2a+2\Delta+b)_{-\Delta}^{\ 0} \tag{3-15}$$

式中：$b$——条料与导料板之间的间隙(见表 3.13)。

2) 送料步距 $s$

条料在模具上每次送进的距离称为送料步距(简称步距或进距)。每个步距可以冲出一个制件，也可以冲出几个制件。送料步距的大小应为条料上两个对应冲裁件的对应点之间的距离。如图 3.20 所示，每次只冲一个制件的步距 $s$ 的计算公式为

$$s=D+a_1 \tag{3-16}$$

式中：$a_1$——冲裁件之间的搭边值。

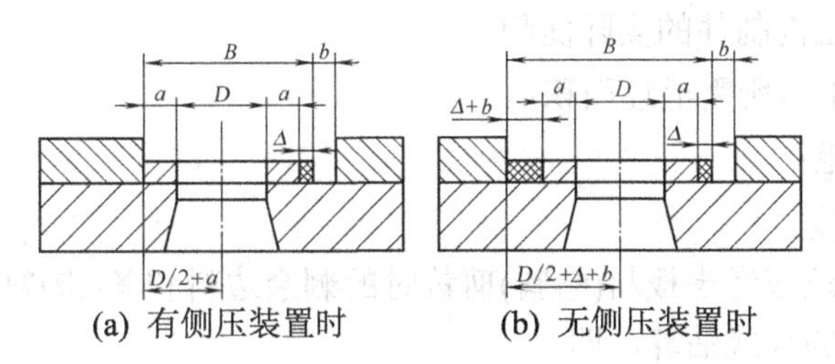


(a) 有侧压装置时　(b) 无侧压装置时

图 3.19 条料宽度的确定

表 3.12 剪板机下料精度　mm

| 板料厚度 $t$ | 宽度 | | | | |
|---|---|---|---|---|---|
| | <50 | 50～100 | 100～150 | 150～220 | 220～300 |
| <1 | -0.3 | -0.4 | -0.5 | -0.6 | -0.6 |
| 1～2 | -0.4 | -0.5 | -0.6 | -0.6 | -0.7 |
| 2～3 | -0.6 | -0.6 | -0.7 | -0.7 | -0.8 |
| 3～5 | -0.7 | -0.7 | -0.8 | -0.8 | -0.9 |

表 3.13 条料与导料板之间的间隙 $b$　mm

| 板料厚度 $t$ | 条料宽度 | | | | |
|---|---|---|---|---|---|
| | 无侧压装置 | | | 有侧压装置 | |
| | ≤100 | >100～200 | >200～300 | ≤100 | >100 |
| ≤1 | 0.5 | 0.5 | 1 | 5 | 8 |
| >1～5 | 0.8 | 1 | 1 | 5 | 8 |

3) 条料剪裁的方法

冲裁用条料(带料)是从板料或卷料上剪裁而得，这就存在沿材料轧制方向裁(纵裁)、垂直于轧制方向裁(横裁)以及与轧制方向成一定角度裁(斜裁)3 种剪裁方法(见图 3.20)。

一般情况下，纵裁材料利用率高，冲压时调换条料的次数也少。尤其是卷料滚剪可为多工位连续自动冲裁提供带料。但有以下情况必须考虑横裁或斜裁。

(1) 手动送料时，板料纵裁后的条料太长(>1500mm)，冲压操作移动不方便。

(2) 手动送料时，板料纵裁后的条料太重(>12kg)，工人劳动强度太高。

(3) 板料(卷料)纵裁不能满足制件(如弯曲件)对轧制方向的要求。

纵裁　斜裁　横裁　材料轧制方向

图 3.20 板料的纵裁、横裁和斜裁

(4) 横裁的材料利用率明显高于纵裁时。

4. 材料利用率 $\eta$ 的计算

材料利用率通常以百分率表示，即

$$\eta=\frac{S_1}{S_0}\times100\%=\frac{S_1}{sB}\times100\% \tag{3-17}$$

式中：$S_1$——一个步距内制件的实际面积；

$S_0$——一个步距内所需毛坯面积；

$s$ ——送料步距；

$B$ ——条料宽度。

实际材料利用率还应考虑板料(卷料)剪裁时的剩余边料和条(带)料冲裁时的料头料尾消耗，工厂常用以下经验公式估算，即

$$\eta_0=K\eta$$

式中：$\eta_0$——材料的实际利用率；

$K$——料头料尾等消耗系数，纵裁时 $K$=0.9，横裁时 $K$=0.85，斜裁时 $K$=0.75。

## 3.2.6 冲裁工艺设计

冲裁工艺设计主要包括冲裁件工艺性分析和冲裁工艺方案确定两个方面的内容。

### 1. 冲裁件工艺性分析

冲裁件的工艺性是指冲裁件对冲裁工艺的适应性。冲裁件工艺性分析就是判断冲裁件能否冲裁、冲裁的难易程度及可能出现的问题。而分析判断冲裁件工艺性合理与否主要是从冲裁件结构(形状)工艺性及尺寸精度要求两方面入手。

1) 冲裁件的结构工艺性

以实现经济加工为前提，普通冲裁件应满足以下几个方面的结构工艺性要求。

(1) 应尽量避免应力集中的结构。冲裁件各直线或曲线连接处应尽可能避免出现尖锐的交角。除少废料排样、无废料排样、裁搭边排样或凹模使用镶拼模结构外，都应有适当的圆角相连，如图 3.21 所示。圆角 $R$ 的最小值可参考表 3.14 选取。

(2) 冲裁件应避免有过长的悬臂和窄槽，如图 3.21 所示。这样能有利凸、凹模的加工，提高凸、凹模的强度，防止崩刃。一般材料取 $b\geqslant1.5t$；高碳钢应同时满足 $b\geqslant2t$，$L\leqslant5b$；但 $b\leqslant0.25$mm 时模具制造难度已相当大，所以 $t\leqslant0.5$mm 时，前述要求按 $t$=0.5mm 判断。

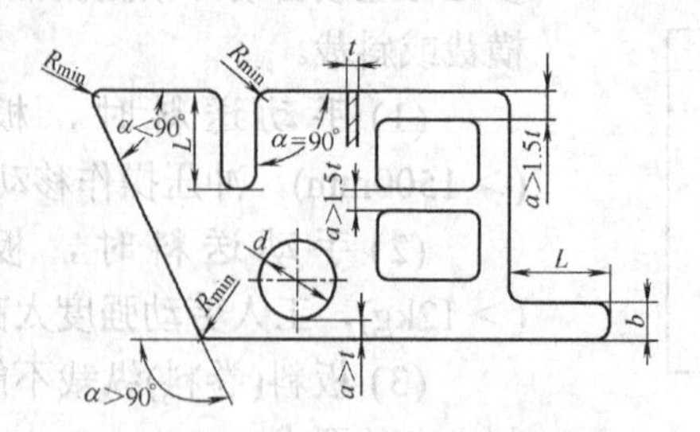


图 3.21 冲裁件有关尺寸的限制

表 3.14　冲裁件的最小圆角半径

| 工　序 | 角度 | 最小圆角半径 $R_{min}$ | | |
|---|---|---|---|---|
| | | 黄铜、纯铜、铝 | 低 碳 钢 | 高 碳 钢 |
| 落料 | $\alpha \geqslant 90°$ | $0.18t$ | $0.25t$ | $0.35t$ |
| | $\alpha < 90°$ | $0.35t$ | $0.50t$ | $0.70t$ |
| 冲孔 | $\alpha \geqslant 90°$ | $0.20t$ | $0.30t$ | $0.45t$ |
| | $\alpha < 90°$ | $0.40t$ | $0.60t$ | $0.90t$ |

(3) 因受凸模刚度的限制，冲裁件的孔径不宜太小。冲孔最小尺寸取决于冲压材料的力学性能与凸模强度和模具结构。各种形状孔的最小尺寸可参考表 3.15。

表 3.15　无导向凸模冲孔的最小尺寸

| 材　料 | 示意图及尺寸要求 | | | |
|---|---|---|---|---|
| 硬钢 | $D \geqslant 1.3t$ | $b \geqslant 1.2t$ | $b \geqslant 0.9t$ | $b \geqslant 1.0t$ |
| 软钢、黄铜 | $D \geqslant 1.0t$ | $b \geqslant 0.9t$ | $b \geqslant 0.7t$ | $b \geqslant 0.8t$ |
| 铝、锌 | $D \geqslant 0.8t$ | $b \geqslant 0.7t$ | $b \geqslant 0.5t$ | $b \geqslant 0.6t$ |

(4) 冲裁件上孔与孔、孔与边之间的距离不宜过小，如图 3.21 所示，以避免制件变形或因材料易拉入凹模而影响模具寿命(当 $t$<0.5mm 时，按 $t$=0.5mm 计算)。如果用倒装复合模冲裁，受凸凹模最小壁厚强度的限制，模壁不宜过薄。此时冲裁件上孔与孔、孔与边之间的距离应参考表 3.16。

表 3.16　倒装复合模冲裁时孔与孔、孔与边的最小距离　　mm

| 板料厚度 $t$ | ≤0.3 | 0.4 | 0.6 | 0.8 | 1.0 | 1.2 | 1.4 | 1.6 | 1.8 | 2.0 | 2.2 | 2.4 | 2.6 |
|---|---|---|---|---|---|---|---|---|---|---|---|---|---|
| 最小距离 $a$ | ≥1.0 | 1.4 | 1.8 | 2.3 | 2.7 | 3.2 | 3.6 | 4.0 | 4.4 | 4.9 | 5.2 | 5.6 | 6.0 |
| 板料厚度 $t$ | 2.8 | 3.0 | 3.2 | 3.4 | 3.5 | 3.8 | 4.0 | 4.2 | 4.4 | 4.6 | 4.8 | 5.0 | |
| 最小距离 $a$ | 6.4 | 6.7 | 7.1 | 7.4 | 7.7 | 8.1 | 8.5 | 8.8 | 9.1 | 9.4 | 9.7 | 10.0 | |

(5) 如果采用带保护套的凸模(见图 3.22)，最小冲孔的尺寸可参考表 3.17。值得提出的是，冲裁时若以批量生产为前提，$\phi$0.15mm 的小孔被认为是现阶段的冲裁极限(有学术报告称，最小冲孔直径可达$\phi$0.048mm)。

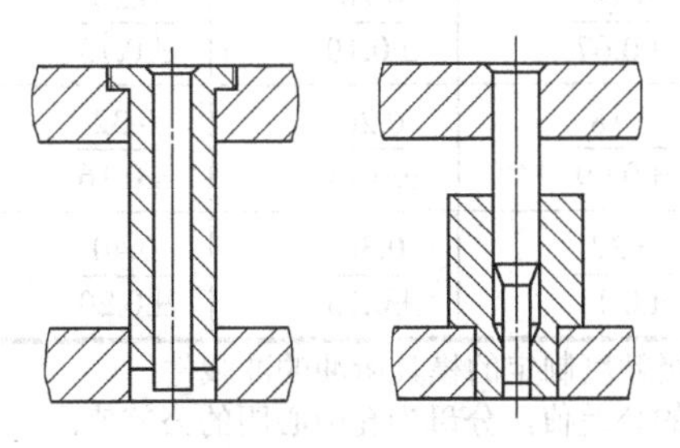

图 3.22　带保护套的凸模

表 3.17　采用凸模护套冲孔的最小尺寸

| 材　料 | 圆形孔 $D$ | 方形孔 $a$ |
|---|---|---|
| 硬钢 | $0.50t$ | $0.40t$ |
| 软钢、黄铜 | $0.35t$ | $0.30t$ |
| 铝、锌 | $0.30t$ | $0.28t$ |

(6) 在弯曲件或拉深件上冲孔时，为避免凸模受水平推力而折断，孔壁与制件直壁之间应保持一定距离，使 $L \geqslant R+0.5t$，如图 3.23 所示。

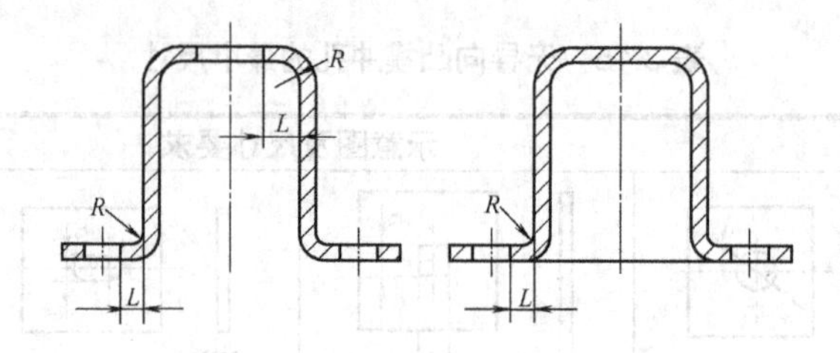


图 3.23　弯曲件和拉深件冲孔位置

2) 冲裁件的尺寸精度

冲裁件的尺寸精度要求，应在经济精度范围以内，对于普通冲裁件一般可达 IT11 级，较高精度可达 IT8 级。冲裁所能达到的外形、内孔及孔中心距一般精度的公差值参见表 3.18；所能达到的外形、内孔及孔中心距较高精度的公差值参见表 3.19，所能达到的孔边距的公差值参见表 3.20。

表 3.18　冲裁件外形、内孔及孔中心距一般精度的公差值　　mm

| 板料厚度 $t$ | 制件尺寸 | | | | | |
|---|---|---|---|---|---|---|
| | ≤10 | 10～25 | 25～63 | 63～160 | 160～400 | 400～1000 |
| ≤0.5 | 0.05/±0.025 | 0.07/±0.035 | 0.10/±0.05 | 0.12/±0.06 | 0.18/±0.09 | 0.24/±0.12 |
| 0.5～1 | 0.07/±0.035 | 0.10/±0.05 | 0.14/±0.07 | 0.18/±0.09 | 0.26/±0.13 | 0.34/±0.17 |
| 1～3 | 0.10/±0.05 | 0.14/±0.07 | 0.20/±0.10 | 0.26/±0.13 | 0.36/±0.18 | 0.48/±0.24 |
| 3～6 | 0.13/±0.065 | 0.18/±0.09 | 0.26/±0.13 | 0.32/±0.16 | 0.46/±0.23 | 0.62/±0.31 |
| >6 | 0.16/±0.08 | 0.22/±0.11 | 0.30/±0.15 | 0.40/±0.20 | 0.56/±0.28 | 0.70/±0.35 |

注：① 本表适用于按高于 IT8 级精度制定的模具所冲的冲裁件。
② 表中分子为外形和内孔的公差值，分母为孔中心距的公差值。
③ 使用本表时，所指的孔至多应在 3 工步内全部冲出。

表3.19 冲裁件外形、内孔及孔中心距较高精度的公差值 mm

| 板料厚度 $t$ | 制件尺寸 | | | | | |
|---|---|---|---|---|---|---|
| | ≤10 | 10～25 | 25～63 | 63～160 | 160～400 | 400～1000 |
| ≤0.5 | 0.026 / ±0.013 | 0.036 / ±0.018 | 0.05 / ±0.025 | 0.06 / ±0.03 | 0.09 / ±0.045 | 0.12 / ±0.06 |
| 0.5～1 | 0.036 / ±0.018 | 0.05 / ±0.025 | 0.07 / ±0.035 | 0.09 / ±0.045 | 0.12 / ±0.06 | 0.18 / ±0.09 |
| 1～3 | 0.05 / ±0.025 | 0.07 / ±0.035 | 0.10 / ±0.05 | 0.12 / ±0.06 | 0.18 / ±0.09 | 0.24 / ±0.12 |
| 3～6 | 0.06 / ±0.03 | 0.09 / ±0.045 | 0.12 / ±0.06 | 0.16 / ±0.08 | 0.24 / ±0.12 | 0.32 / ±0.16 |
| >6 | 0.08 / ±0.04 | 0.12 / ±0.06 | 0.16 / ±0.08 | 0.20 / ±0.10 | 0.28 / ±0.14 | 0.34 / ±0.17 |

注：① 本表适用于按高于IT7级精度制定的模具所冲的冲裁件。
② 表中分子为外形和内孔的公差值，分母为孔中心距的公差值。
③ 使用本表时，所指的孔是有导正销导正分步冲出的孔。复合模或级进模同时(同步)冲出的孔中心距公差可按相应分子值的一半，冠以“±”号作为上下偏差。

表3.20 冲裁件孔边距的公差值 mm

| 板料厚度 $t$ | 制件尺寸 | | | | | |
|---|---|---|---|---|---|---|
| | ≤10 | 10～25 | 25～63 | 63～160 | 160～400 | 400～1000 |
| ≤0.5 | ±0.025 / ±0.05 | ±0.035 / ±0.07 | ±0.05 / ±0.10 | ±0.06 / ±0.13 | ±0.09 / ±0.18 | ±0.12 / ±0.24 |
| 0.5～1 | ±0.035 / ±0.07 | ±0.05 / ±0.10 | ±0.07 / ±0.14 | ±0.09 / ±0.18 | ±0.13 / ±0.25 | ±0.17 / ±0.33 |
| 1～3 | ±0.05 / ±0.10 | ±0.07 / ±0.14 | ±0.10 / ±0.20 | ±0.13 / ±0.25 | ±0.18 / ±0.35 | ±0.24 / ±0.47 |
| 3～6 | ±0.065 / ±0.13 | ±0.09 / ±0.18 | ±0.13 / ±0.25 | ±0.16 / ±0.32 | ±0.23 / ±0.45 | ±0.31 / ±0.60 |
| >6 | ±0.08 / ±0.15 | ±0.11 / ±0.22 | ±0.15 / ±0.30 | ±0.20 / ±0.39 | ±0.28 / ±0.55 | ±0.35 / ±0.70 |

注：① 本表适用于按高于IT8级精度制定的模具所冲的冲裁件。
② 表中分子适合复合模、有导正销的级进模所冲的冲裁件。
③ 表中分母适合无导正销的级进模、外形是单工序冲孔模所冲的冲裁件。显然，如果制件的尺寸和精度高于表值，应采用整修、精密冲裁甚至用其他加工方法来满足。

总之，冲裁件的工艺性合理与否，将直接影响到冲裁件的质量、模具寿命、材料消耗和生产效率等。通过工艺性分析，改进冲裁件的设计，完善冲裁件的工艺性能，就能用普通冲裁方法，在模具寿命较高、生产效率较高、生产成本较低的前提条件下，获得质量稳定的冲裁件，这就是进行冲裁件工艺性分析的最终目的。另外，冲裁件的使用要求又促进冲裁工艺水平和相应的模具制造水平向更高、更精的水平发展。所以，上述衡量冲裁件工艺性合理与否的标准是就目前冲裁工艺和模具制造水平而提出的，它是不断变化和发展的。

### 2. 冲裁工艺方案确定

确定工艺方案就是确定冲裁件的工艺路线，主要包括确定工序数目、确定工序组合和工序顺序安排等，并在工艺分析的基础上制订几种可能方案；再根据冲裁件的生产批量、形状复杂程度、尺寸大小、材料厚薄、模具制造和维修条件及冲压设备条件等多方面的因素，拟订出多种可能的不同工艺方案，进行分析比较，选取一个较为合理的方案。

1) 确定工序数目

冲裁工序数目一般是由冲裁件的形状所确定的。但对于形状复杂的冲裁件，为了保证其工艺性更趋合理，有时会将一道工序分解为两道或多道工序。采用级进冲裁时，为提高定位精度，会增加一道冲工艺孔工步或侧刃裁边工步，如图 3.24 和图 3.25 所示。

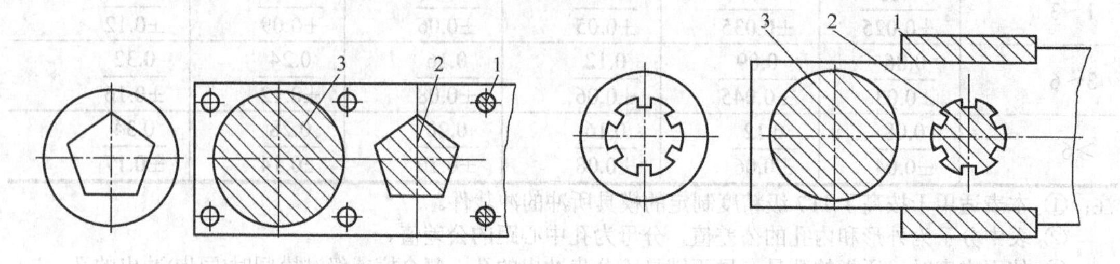


图 3.24　级进冲裁

1—冲定位工艺孔；2—冲孔；3—落料

图 3.25　采用定距侧刃的级进冲裁

1—定距侧刃裁边；2—冲孔；3—落料

2) 确定冲裁工序组合

冲裁工序组合按组合程度可分为单工序冲裁、复合冲裁和级进冲裁。

复合冲裁是指压力机一次行程中，在模具的同一工位同时完成两道或两道以上的工序。

级进冲裁是把一个冲裁件的几个工序排成一定顺序，组成级进模，在压力机的一次行程中，在模具的不同工位上同时完成两道或两道以上的工序。除最初的几次行程外，每次行程都可以完成一个冲裁件。

确定冲裁工序组合就是确定用单工序冲裁还是用复合冲裁或级进冲裁，其原则概括起来有以下 5 点。

(1) 就冲裁件质量而言，复合冲裁冲出的制件精度高于级进冲裁，而级进冲裁又高于单工序冲裁。这是因为单工序冲裁冲压多工序冲裁件时，要经过多次定位，产生的积累定位误差大，级进冲裁同样有定位误差问题，而复合冲裁是在同一个工位一次冲出，不存在定位误差问题。因此，对于精度较高的冲裁件宜用复合冲裁。

(2) 就生产效率而言，级进冲裁生产效率高于复合冲裁，显然复合冲裁由于工序组合程度高，生产效率又高于单工序冲裁。这是因为级进冲裁进料与出料互不干涉，易实现连冲，且级进冲裁易实现自动送料和高速冲压，加之同复合冲裁一样有较高的组合程度，故对于生产批量大的制件，应尽可能采取高效率的级进冲裁。而在产品试制或小批量生产时，由于单工序冲裁模具结构简单、造价低而被经常采用。

(3) 就制件尺寸、形状的适应性而言，级进冲裁定距侧刃定位精度会因板料厚度太薄、易变形而下降，采用导正销定位也会由于料太软出现导正时导正孔变形，从而影响定位精度。而复合冲裁不存在这类问题，但由于受凸凹模最小壁厚的限制，复合冲裁不适用于孔与孔、孔与边距离太小的制件，而级进冲裁可以加工形状复杂、孔边距较小的制件。此外，级进冲裁可加工的板料厚度比复合冲裁大，但级进冲裁受压力机台面尺寸和工序数目的限制，冲裁件的外形尺寸不宜太大。

(4) 就模具制造周期而言，形状简单的冲裁件，级进模比复合模易于制造，而单工序模又比级进模易于制造，且由于多副模具可同时加工，故制造周期较短。但对于形状复杂的冲裁件，复合模比级进模易于制造，此时若采用单工序模，由于模具副数过多，试模周期会加长，有时甚至整个制造周期会长于复合模，所以形状复杂的冲裁件的试制或小批量生产也往往采用复合模。

(5) 就操作使用安全性而言，单工序冲裁，需用手钳放置毛坯，手需进出危险区域，很不安全，而复合冲裁由于存在废料(正装式)或制件(倒装式)冲裁完成后最终是掉在危险区域的，如无相应吹料气源，也需手钳进入危险区域拨出，所以也是不安全的。级进冲裁易于实现自动送料、出料，其安全性不言而喻，即使手动送料，也只是在料尾部分冲裁时为节省材料需手钳进入危险区域，故级进冲裁是比较安全的。

3) 确定工序顺序

复合冲裁由于是在同一工位完成多道工序，故不存在冲裁工序顺序的安排问题。级进冲裁和单工序冲裁时可以参考以下原则。

(1) 采用导正销定距级进冲裁时，一般先冲孔(冲裁件的结构废料)后落料(将制件与条料分离)。首先冲出的孔，一般可用作后续定位基准，若定位要求高，则要冲出专供定位的工艺孔。

(2) 采用侧刃定距级进冲裁时，侧刃裁边工序一般安排在前，与首次冲孔(冲裁件的结构废料)同时进行，如图 3.25 所示。为节省尾料，采用两个定距侧刃时，可安排一前一后。

(3) 采用裁搭边排样级进冲裁(冲废级进)时，一般也是侧刃裁边安排在前，制件形状按照由里到外的顺序冲裁，最后切断，将制件分离成形，如图 3.26 所示。

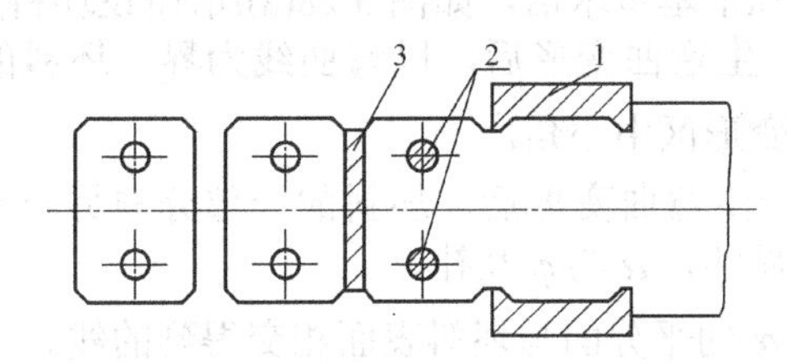


**图 3.26 采用裁搭边排样的级进模**

1—定距侧刃切边；2—冲孔；3—切断分离

(4) 多工序冲裁件用单工序冲裁时，应先将制件与毛坯分离，然后以外轮廓定位进行其他冲裁。注意后续各冲裁工序定位基准要一致，以避免定位误差与尺寸链换算。对于大小不同、相距较近的孔，为减少孔的变形，应先冲大孔后冲小孔。

## 3.3 弯曲工艺与弯曲模设计

弯曲方法有压弯、折弯、拉弯、辊弯、辊形等，最常见的是在压力机上进行的压弯。尽管各种弯曲方法不同，但其弯曲过程及特点具有共同的规律。

### 3.3.1 弯曲变形分析

V 形弯曲是板料弯曲中最基本的一种弯曲形式，通过对 V 形弯曲的变形过程、变形特点及变形的应力应变状态分析来了解弯曲变形。

1. 弯曲变形过程

图 3.27 所示为 V 形件压弯过程。随着凸模的下压，坯料的直边逐渐向凸(凹)模 V 形表面靠近，坯料的内侧半径逐渐减小，即 $r_1>r_2>r_3>r$，变形程度逐渐增加；同时，弯曲力臂也逐渐减小，即 $L_1>L_2>L_3>L_k$，坯料与凹模之间有相对滑动现象，如图 3.27(b)所示。从坯料与凸模有 3 点接触起，坯料的直边有一个反向转动的阶段，如图 3.27(c)所示。当凸模、坯料与凹模三者完全压合，坯料的内侧弯曲半径及弯曲力臂达到最小时弯曲过程结束。

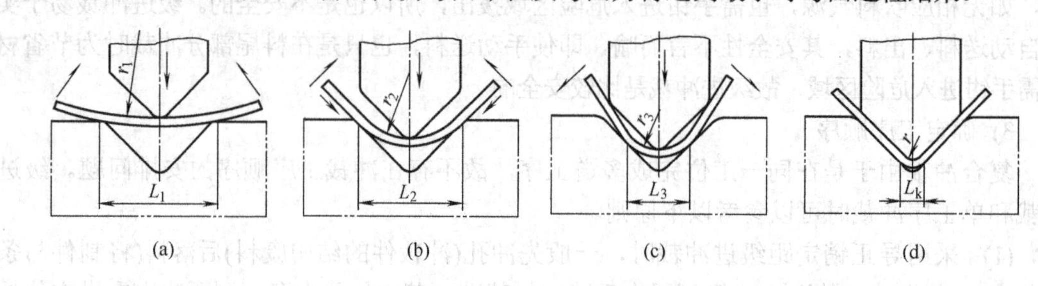


图 3.27 V 形件压弯过程

凸模、坯料与凹模三者完全压合后，如果再增加一定压力对弯曲件施压，则称为校正弯曲，没有这一过程的弯曲称为自由弯曲。

2. 弯曲变形的特点

下面介绍弯曲变形的几个基本术语，如图 3.28(a)所示(设坯料厚度为 $t$、宽度为 $b$)。

(1) 弯曲角 $\phi$。制件产生弯曲变形后，以弯曲线为界，坯料的一部分相对于另一部分发生的转角，也就是弯曲变形区中心角。

(2) 制件角 $\alpha$。制件产生弯曲变形后，坯料的一部分与另一部分之间的夹角。也往往是制件图上标注的角度。显然，$\alpha$ 与 $\phi$ 互补。

(3) 弯曲线 $l$。制件角 $\alpha$ 的平分面与坯料表面相交得到的线。

(4) 弯曲半径 $r$。弯曲变形后坯料内侧圆角半径。

(5) 相对弯曲半径 $r/t$。弯曲半径与坯料厚度的比值。

在坯料侧壁画上坐标网格后进行弯曲，观察变形前后的变化，可以看到图 3.29 所示的几个特点。

(1) 圆角部分的正方形网格变成了扇形，而远离圆角的两直边处的网格没有变化，紧邻区域略受影响，说明弯曲变形主要发生在弯曲角中心 $\phi$ 范围内。

(2) 变形区内，外侧(靠凹模一面)纵向金属纤维受拉而伸长，内侧(靠凸模一面)纵向金属纤维受压而缩短。其间必有一金属纤维层变形前后长度不变，这一金属层称为应变中性层。

(3) 坯料内区材料受压缩，因此厚度应增加，但由于凸模紧压坯料，抑制了厚度方向的增加；而外区材料受拉，厚度要变薄。因此，整个坯料厚度方向增加量少于变薄量，厚度在弯曲变形区内有变薄现象，使在弹性变形时位于坯料厚度中间的中性层发生内移。

(4) 板料弯曲时分宽板和窄板两种情况，宽板(相对宽度 $b/t>3$)的横截面几乎不变，仍保持矩形；而窄板(相对宽度 $b/t\leqslant3$)的横截面则变成扇形，如图 3.29 所示。

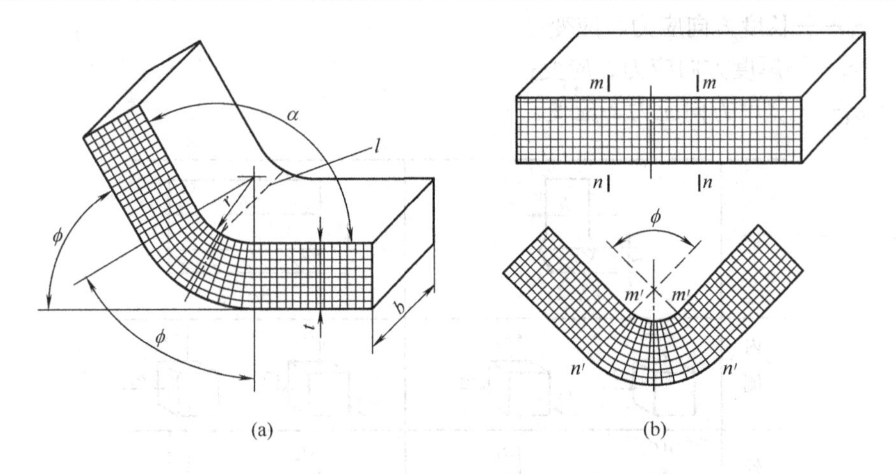


图 3.28　弯曲变形前后坐标网格的变化

$\phi$—弯曲角；$\alpha$—制件角；$l$—弯曲线；$r$—弯曲半径

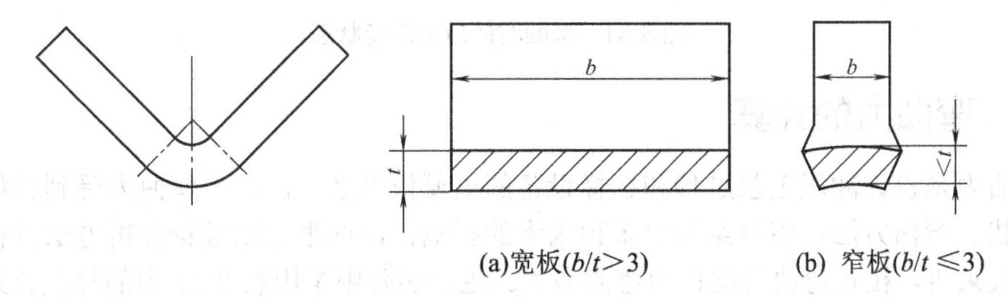


图 3.29　板料弯曲后的横截面变化

(5) 坯料弯曲变形程度可用相对弯曲半径 $r/t$ 来表示。$r/t$ 愈小，表明弯曲变形程度愈大，如图 3.30 所示。显然，图 3.30(b)所示的弯曲变形程度大于图 3.30(a)所示的弯曲变形程度。

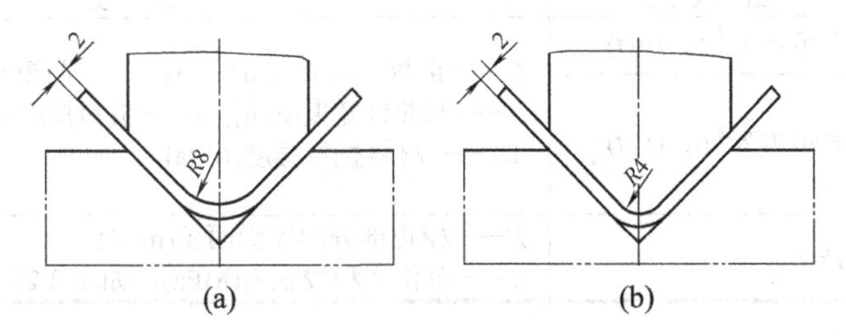


图 3.30　板料弯曲变形程度比较

### 3. 弯曲变形时的应力应变状态

变形区的应力应变状态主要与板材的相对宽度 $b/t$ 等因素有关。窄板弯曲时金属在宽度方向上可以自由变形，故为立体应变状态和平面应力状态；宽板弯曲时宽度方向上的变形阻力很大，材料不能自由变形，应变接近于零($\varepsilon_3 \approx 0$)，故为平面应变状态和立体应力状态。就绝对值来看，长度方向应变为最大主应变(外层 $\varepsilon_1$ 为正，内层 $\varepsilon_1$ 为负)，长度方向应力为最大主应力(外层 $\sigma_1$ 为正，内层 $\sigma_1$ 为负)。

板料在弯曲过程中的应力、应变状态如图 3.31 所示。其中：

$\sigma_1$、$\varepsilon_1$——长度方向应力、应变；

$\sigma_2$、$\varepsilon_2$——厚度方向应力、应变；

$\sigma_3$、$\varepsilon_3$——宽度方向应力、应变。

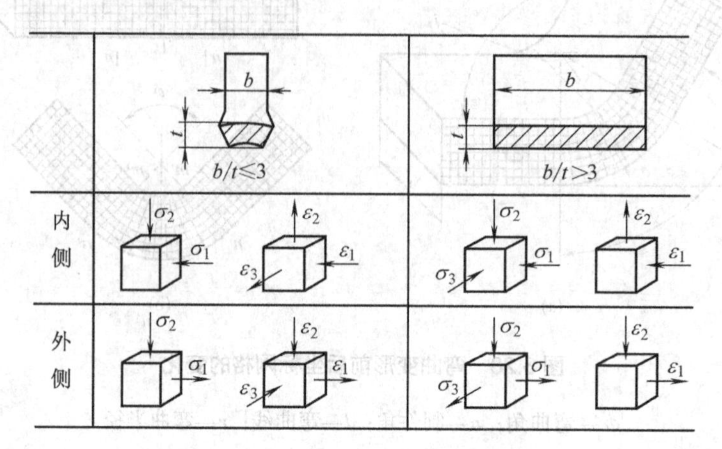


图 3.31　弯曲时的应力应变状态

## 3.3.2　弯曲力的计算

弯曲力是设计冲压工艺过程和选择设备的重要依据之一。由于弯曲力受到材料性能、制件形状、弯曲方法、模具结构等多种因素的影响，因此很难用理论分析方法进行准确计算，一般来讲，校正弯曲力比自由弯曲力大。生产实际中常用表 3.21 中的经验公式做概略计算。

表 3.21　弯曲力的计算公式

| 弯曲形式 | 经验公式 | 备　注 |
|---|---|---|
| V 形弯曲 | $P=0.6Cbt^2\sigma_b/(r+t)$ | $C$——系数，取 $C$=1.0～1.3；$r$——凸模圆角半径(mm)；<br>$b$——弯曲件宽度(mm)；$t$——板料厚度(mm)；<br>$\sigma_b$——材料抗拉强度(MPa) |
| U 形弯曲 | $P=0.7Cbt^2\sigma_b/(r+t)$ | |
| 校正弯曲 | $P=Fq$ | $F$——校正部分的投影面积($mm^2$)<br>$q$——单位面积校正力(MPa)，如表 3.22 所示 |

表 3.22　单位面积校正力 $q$　　MPa

| 板料厚度 $t$/mm | 铝 | 黄铜 | 10～20 钢 | 25～35 钢 | 钛合金 $BT_1$ | 钛合金 $BT_2$ |
|---|---|---|---|---|---|---|
| <3 | 30～40 | 60～80 | 80～100 | 100～120 | 160～180 | 160～200 |
| 3～10 | 50～60 | 80～100 | 100～120 | 120～150 | 180～210 | 200～260 |

图 3.32 所示为弯曲力-行程图，板料的弯曲过程分为 3 个阶段。第一阶段，板料由凸模顶端和凹模斜面支持进行弯曲；第二阶段，变形区坯料在凸模和凹模斜面间的波折压平时力又开始增大；第三阶段，坯料变形区被凸模与凹模压靠、接触、接近或达到校正弯曲时弯曲力最大。

当设置顶件装置及压料装置时，顶件力 $P_{顶}$和压料力 $P_{压}$可近似取弯曲力的 30%～80%。

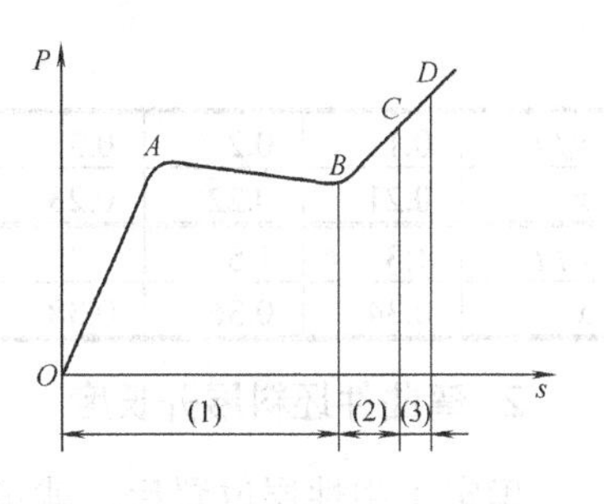

图 3.32 弯曲力-行程图

## 3.3.3 弯曲件坯料展开

在板料弯曲时，弯曲件坯料展开尺寸准确与否直接关系到弯曲件的尺寸精度。根据弯曲变形的特点，弯曲中性层在弯曲变形的前后长度不变，因此可以用中性层长度作为计算弯曲部分展开尺寸的依据。

### 1. 弯曲中性层位置

如图 3.33 所示，设坯料弯曲前的长度、宽度和厚度分别为 $l$、$b$ 和 $t$，近似认为坯料弯曲后的尺寸为外侧半径 $R$、内侧半径 $r$、厚度 $\eta t$($\eta$ 为变薄系数)，弯曲中心角为 $\alpha$。根据变形前后金属体积不变的原则得

$$ltb=\frac{\pi(R^2-r^2)\alpha b}{2\pi} \tag{3-18}$$

塑性弯曲后，中性层长度不变，所以

$$l=\alpha\rho \tag{3-19}$$

由式(3-18)和式(3-19)，并以 $R=r+\eta t$ 代入，可得

$$\rho=\left(r+\frac{\eta t}{2}\right)\eta \tag{3-20}$$

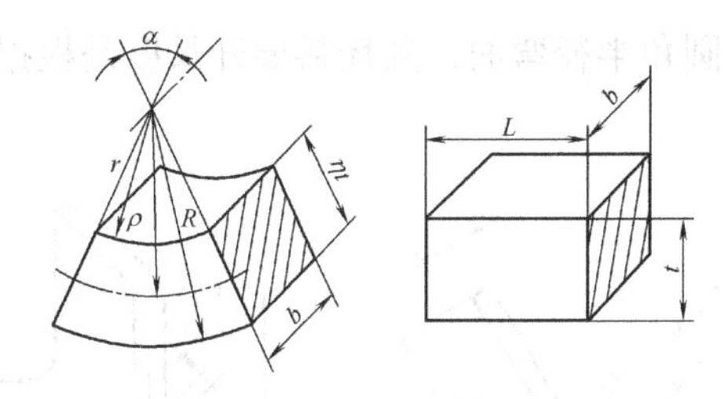

图 3.33 中性层位置的确定

因为板料压弯 $\eta<1$，即中性层曲率半径 $\rho<(r+\eta t/2)$，所以中性层位置是内移了。$\eta$ 值决定于 $r/t$，可由表 3.23 查得。

表 3.23 弯曲 90°时变薄系数 $\eta$ 的数值(0～20 钢)

| $r/t$ | 0.10 | 0.25 | 0.5 | 1.0 | 2.0 | 3.0 | 4.0 | >4.0 |
|---|---|---|---|---|---|---|---|---|
| $\eta$ | 0.82 | 0.87 | 0.92 | 0.96 | 0.99 | 0.992 | 0.995 | 1.0 |

为了便于计算，在实际生产中一般用以下经验公式来确定中性层的曲率半径，即

$$\rho=r+xt \tag{3-21}$$

式中：$x$——与变形程度有关的中性层系数，其值如表 3.24 所示。

表 3.24　中性层系数 *x* 的值

| $r/t$ | 0.1 | 0.2 | 0.3 | 0.4 | 0.5 | 0.6 | 0.7 | 0.8 | 1.0 | 1.2 |
|---|---|---|---|---|---|---|---|---|---|---|
| $x$ | 0.21 | 0.22 | 0.23 | 0.24 | 0.25 | 0.26 | 0.28 | 0.3 | 0.32 | 0.33 |
| $r/t$ | 1.3 | 1.5 | 2 | 2.5 | 3 | 4 | 5 | 6 | 7 | ≥8 |
| $x$ | 0.34 | 0.36 | 0.38 | 0.39 | 0.4 | 0.42 | 0.44 | 0.46 | 0.48 | 0.5 |

### 2. 弯曲件坯料展开长度

确定了中性层位置后，就可进行弯曲件坯料展开长度的计算。但生产中模具结构和弯曲方法等众多因素对弯曲变形区的应力状态有一定影响，也会使应变中性层的位置发生改变。所以，弯曲件坯料展开长度的计算又分有圆角半径弯曲和无圆角半径弯曲。

1) $r>0.5t$ 的弯曲件

$r>0.5t$ 的弯曲称为有圆角半径弯曲，其弯曲变薄不严重，且断面畸变较轻，可以按中性层长度等于坯料展开长度的原则计算，如图 3.34(a)所示。其计算公式为

$$L=\sum l_i+\sum \pi(r_i+x_i t)\frac{\alpha}{180^\circ} \tag{3-22}$$

当零件的弯曲角为 90° 时(见图 3.34(b))，有

$$L=l_1+l_2+\frac{\pi(r+xt)}{2} \tag{3-23}$$

式(3-22)、式(3-23)中 $x$ 如表 3.24 所示。

2) $r<0.5t$ 的弯曲件

$r<0.5t$ 的弯曲称为无圆角半径弯曲，其坯料展开长度是根据体积不变条件来确定的，计算式如表 3.25 所示。

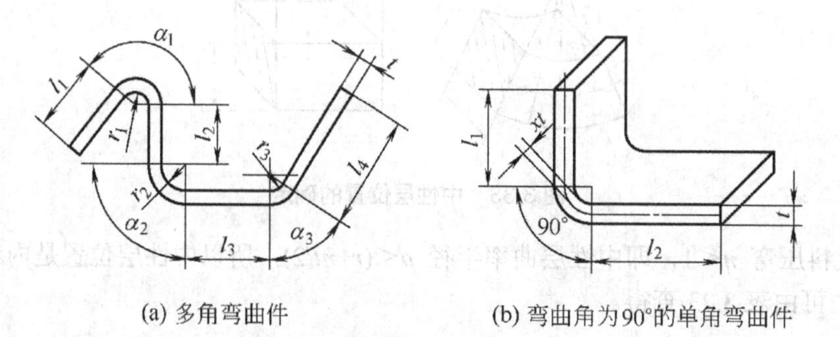


图 3.34　弯曲件坯料展开长度计算

表 3.25　$r<0.5t$ 的弯曲件坯料展开尺寸计算

| 序　号 | 弯曲特征 | 简　图 | 计 算 式 |
|---|---|---|---|
| 1 | 弯一个角 | | $L=l_1+l_2+0.4t$ |

续表

| 序　号 | 弯曲特征 | 简　图 | 计 算 式 |
|---|---|---|---|
| 2 | 弯一个角 |  | $L=l_1+l_2-0.43t$ |
| 3 | 一次同时弯两个角 |  | $L=l_1+l_2+l_3+0.6t$ |

3) 铰链式弯曲件

对于铰链式弯曲，常用推弯的方法成形，此时材料同时受到挤压和弯曲作用，坯料不是变薄而是增厚，应变中性层不是内移而是外移，如图 3.35 所示。此时坯料展开长度可按下式近似计算，即

$$L=l+1.5\pi(r+x_1t)+r\approx l+5.7r+4.7x_1t \quad (3\text{-}24)$$

式中：$x_1$——推弯时应变中性层外移系数，如表 3.26 所示。

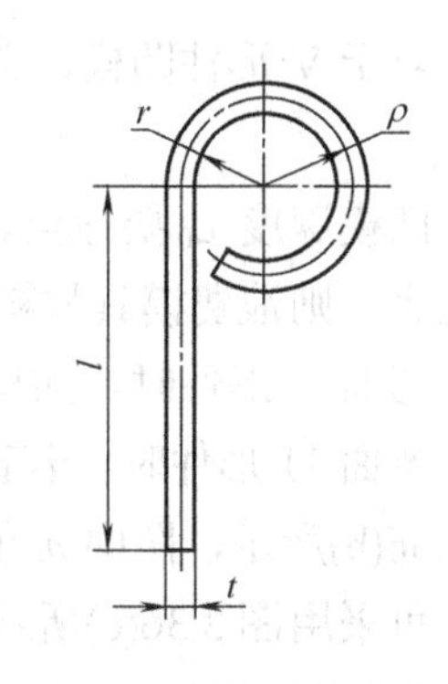

图 3.35　铰链的弯曲半径

上述各式中有很多影响弯曲变形的因素(如材料性能、模具结构、弯曲方式等)没有考虑，所以计算出来的坯料展开长度仅仅是一个参考值，与实际所需长度有一定误差。只能用于形状简单和尺寸公差要求不高的弯曲件。对于形状复杂、弯角较多及尺寸公差较小的弯曲件，可先用上述计算式确定试弯坯料，待试模后再确定准确的坯料长度。

表 3.26　卷圆时应变中性层外移系数值 $x_1$

| $r/t$ | >0.5～0.6 | >0.6～0.8 | >0.8～1 | >1～1.2 | >1.2～1.5 | >1.5～1.8 | >1.8 |
|---|---|---|---|---|---|---|---|
| $x_1$ | 0.7 | 0.67 | 0.63 | 0.59 | 0.56 | 0.52 | 0.5 |

## 3.3.4　弯曲模工作部分设计

弯曲模的工作部分主要是指凸模圆角半径、凹模圆角半径和凹模的深度、U 形件的弯曲模还有凸-凹模之间的间隙及模具宽度尺寸等。

### 1. 弯曲凸模的圆角半径

当弯曲件的 $r/t$ 较小时，凸模圆角半径 $r_{凸}=r>r_{min}$。若 $r/t<r_{min}/t$，则可先弯成较大的圆角半径，然后再通过整形工序进行整形，必要时可增加中间退火工序。

若弯曲件的 $r/t$ 较大，精度要求较高时，凸模圆角半径应根据回弹值做相应的修正。

### 2. 弯曲凹模的圆角半径及其工作部分的深度

图 3.36 所示为弯曲凸模和凹模的结构尺寸。凹模圆角半径 $r_{凹}$ 不能过小；否则弯矩的力臂减小，坯料沿凹模圆角滑进时阻力增大，从而增加弯曲力，并使坯料表面擦伤。对称弯曲件两边的 $r_{凹}$ 应一致；否则会产生偏移。

生产中，按材料的厚度决定$r_{凹}$：$t \leqslant 2$mm，$r_{凹}=(3\sim6)t$；$t=(2\sim4)$mm，$r_{凹}=(2\sim3)t$；$t>4$mm，$r_{凹}=2t$。

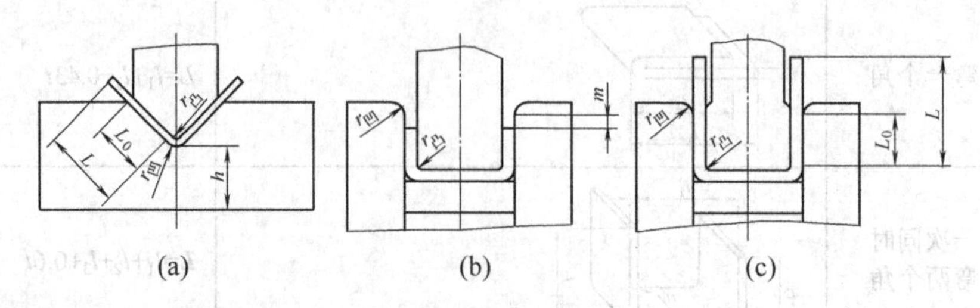


图 3.36　弯曲模结构尺寸

对于 V 形件凹模，其底部可以开槽，或取

$$r_{凹}=(0.6\sim0.8)(r_{凸}+t)$$

凹模深度$L_0$要适当。若过小，则制件两端的自由部分较长，弯曲件回弹大，不平直；若过大，则浪费模具材料，且需较大的压力机行程。

弯曲 V 形件时，凹模深度$L_0$及底部最小厚度$h$(见图 3.36(a))可查表 3.27。

弯曲 U 形件时，若直边高度不大，或要求两边平直，则凹模深度应大于制件高度，如图 3.36(b)所示，图中$m$值见表 3.28。如果弯曲件直边高度较大，而对两边平直度要求不高时，可采用图 3.36(c)所示的凹模形式。凹模深度$L_0$值如表 3.29 所示。

表 3.27　弯曲 V 形件的凹模深度$L_0$及底部最小厚度$h$　　mm

| 弯曲件边长 $L$ | 板料厚度 $t$ | | | | | |
|---|---|---|---|---|---|---|
| | <2 | | 2～4 | | >4 | |
| | $h$ | $L_0$ | $h$ | $L_0$ | $h$ | $L_0$ |
| 10～25 | 20 | 10～15 | 22 | 15 | — | — |
| >25～50 | 22 | 15～20 | 27 | 25 | 32 | 30 |
| >50～75 | 27 | 20～25 | 32 | 30 | 37 | 35 |
| >75～100 | 32 | 25～30 | 37 | 35 | 42 | 40 |
| >100～150 | 37 | 30～35 | 42 | 40 | 47 | 50 |

表 3.28　弯曲 U 形件凹模$m$值　　mm

| 板料厚度 $t$ | ≤1 | 1～2 | 2～3 | 3～4 | 4～5 | 5～6 | 6～7 | 7～8 | 8～10 |
|---|---|---|---|---|---|---|---|---|---|
| $m$ | 3 | 4 | 5 | 6 | 8 | 10 | 15 | 20 | 25 |

表 3.29　弯曲 U 形件的凹模深度$L_0$　　mm

| 弯曲件边长 $L$ | 板料厚度 $t$ | | | | |
|---|---|---|---|---|---|
| | ≤1 | 1～2 | 2～4 | 4～6 | 6～10 |
| <50 | 15 | 20 | 25 | 30 | 35 |
| 50～75 | 20 | 25 | 30 | 35 | 40 |
| 75～100 | 25 | 30 | 35 | 40 | 40 |
| 100～150 | 30 | 35 | 40 | 50 | 50 |
| 150～200 | 40 | 45 | 55 | 65 | 65 |

### 3. 弯曲凸模和凹模之间的间隙及宽度尺寸

对于 V 形件，凸模和凹模之间的间隙是由调节压力机的装模高度来控制的。对于 U 形件，凸模和凹模之间的间隙值对弯曲件回弹、表面质量和弯曲力均有很大的影响。间隙愈大，回弹愈大，制件的误差愈大；间隙过小，会使制件边部壁厚减薄，降低凹模寿命。凸模和凹模单边间隙 $Z$ 一般按下式计算，即

$$Z=t+\Delta+ct \tag{3-25}$$

式中：$Z$ ——弯曲模凸模和凹模的单边间隙；

$t$ ——板料厚度公称尺寸；

$\Delta$——板料厚度的上偏差；

$c$ ——间隙系数，可查表 3.30。

当制件精度要求较高时，其间隙值应适当减小，取 $Z=t$。

弯曲凸模和凹模宽度尺寸计算与制件尺寸的标注有关。一般原则是：制件标注外形尺寸(见图 3.37(a))，则模具以凹模为基准件，间隙取在凸模上；反之，制件标注内形尺寸(见图 3.37(b))，则模具以凸模为基准，间隙取在凹模上。

表 3.30 U 形弯曲模的间隙系数 $c$ 值

| 弯曲件高度 $H$/mm | 板料厚度 $t$ / mm | | | | | | | | |
|---|---|---|---|---|---|---|---|---|---|
| | $b/H\leqslant 2$ | | | | $b/H>2$ | | | | |
| | <0.5 | 0.6～2 | 2.1～4 | 4.1～5 | <0.5 | 0.6～2 | 2.1～4 | 4.1～7.5 | 7.6～12 |
| 10 | 0.05 | 0.05 | 0.04 | — | 0.10 | 0.10 | 0.08 | — | — |
| 20 | 0.05 | 0.05 | 0.04 | 0.03 | 0.10 | 0.10 | 0.08 | 0.06 | 0.06 |
| 35 | 0.07 | 0.05 | 0.04 | 0.03 | 0.15 | 0.10 | 0.08 | 0.06 | 0.06 |
| 50 | 0.10 | 0.07 | 0.05 | 0.04 | 0.20 | 0.15 | 0.10 | 0.06 | 0.06 |
| 70 | 0.10 | 0.07 | 0.05 | 0.05 | 0.20 | 0.15 | 0.10 | 0.10 | 0.08 |
| 100 | — | 0.07 | 0.05 | 0.05 | — | 0.15 | 0.10 | 0.10 | 0.08 |
| 150 | — | 0.10 | 0.07 | 0.05 | — | 0.20 | 0.15 | 0.10 | 0.10 |
| 200 | — | 0.10 | 0.07 | 0.07 | — | 0.20 | 0.15 | 0.15 | 0.10 |

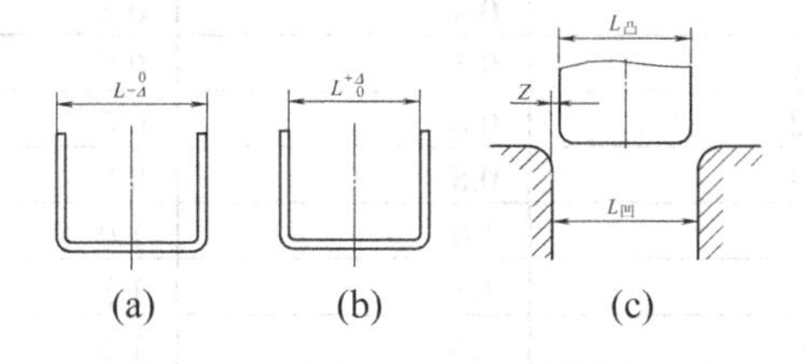

(a) (b) (c)

图 3.37 制件的标注及模具尺寸

当制件标注外形时，有

$$L_{凹}=(L_{\max}-0.75\Delta)_{0}^{+\delta_{凹}} \tag{3-26}$$

$$L_{凸}=(L_{凹}-2Z)_{-\delta_{凸}}^{0} \tag{3-27}$$

当制件标注内形时，有

$$L_{凸}=(L_{\min}+0.75\Delta)_{-\delta_{凸}}^{0} \tag{3-28}$$

$$L_{凹}=(L_{凸}+2Z)_{0}^{+\delta_{凹}} \tag{3-29}$$

式中：$L_{\max}$——弯曲件宽度最大尺寸；

$L_{min}$——弯曲件宽度最小尺寸；

$L_凸$——凸模宽度；

$L_凹$——凹模宽度；

$\Delta$——弯曲件宽度的尺寸公差；

$\delta_凸$，$\delta_凹$——凸模和凹模的制造公差，一般按 IT6～IT8 级公差选取。

## 3.3.5 弯曲工艺设计

弯曲工艺设计主要包括弯曲件工艺性分析和弯曲工序安排两方面的内容。具有良好工艺性的弯曲件，同时采用合理的工序安排，不仅能提高弯曲件质量，减少废品率，而且能简化工艺和模具，降低生产成本。

### 1. 弯曲件工艺性分析

弯曲件结构形状、尺寸、材料性能对弯曲工艺的适应性称为弯曲件的工艺性。对弯曲件的工艺性分析应遵循弯曲过程变形规律，通常主要考虑以下几个方面。

1) 弯曲半径

弯曲件的弯曲半径不宜过大或过小。过大因受回弹影响，弯曲件的精度不易保证；过小则会产生弯裂。一般要求 $r/t > r_{min}/t$(查表 3.31)。

表 3.31　最小相对弯曲半径 $r_{min}/t$ 的数值

| 材　料 | 弯曲线方向 | | | |
|---|---|---|---|---|
| | 正火或退火 | | 硬　化 | |
| | 与轧制方向垂直 | 与轧制方向平行 | 与轧制方向垂直 | 与轧制方向平行 |
| 铝 | 0 | 0.3 | 0.3 | 0.8 |
| 退火纯铜 | | | 1.0 | 2.0 |
| 黄铜 H68 | | | 0.4 | 0.8 |
| 05、08F | | | 0.2 | 0.5 |
| 08、10、Q215 | 0 | 0.4 | 0.4 | 0.8 |
| 15、20、Q235 | 0.1 | 0.5 | 0.5 | 1.0 |
| 25、30、Q255 | 0.2 | 0.6 | 0.6 | 1.2 |
| 35、40 | 0.3 | 0.8 | 0.8 | 1.5 |
| 45、50 | 0.5 | 1.0 | 1.0 | 1.7 |
| 55、60 | 0.7 | 1.3 | 1.3 | 2.0 |
| 硬铝(软) | 1.0 | 1.5 | 1.5 | 2.5 |
| 硬铝(硬) | 2.0 | 3.0 | 3.0 | 4.0 |
| 钛合金 | 300～400℃热弯 | | 冷弯 | |
| $BT_1$ | 1.5 | 2.0 | 3.0 | 4.0 |
| $BT_5$ | 3.0 | 4.0 | 5.0 | 6.0 |
| 镁合金 | 300℃热弯 | | 冷弯 | |
| $MA_1$-M | 2.0 | 3.0 | 6.0 | 8.0 |
| $MA_8$-M | 1.5 | 2.0 | 5.0 | 6.0 |
| 钼合金 | 400～500℃热弯 | | 冷弯 | |
| $BM_1$、$BM_2$ $t \leqslant 2$mm | 2.0 | 3.0 | 4.0 | 5.0 |

注：本表适用于板材厚 $t < 10$mm，弯曲角 $\phi > 90°$，剪切断面良好的情况。

2) 直边高度

弯曲件的直边高度 $h$ 不宜过小，一般 $h>R+2t$，如图 3.38 所示。直边(不变形区)过小时，弯曲成形时在模具上的支持长度会过小，不易形成足够的弯矩，很难得到精确形状的制件。

3) 孔边距离

如果坯料上带孔，且位于弯曲变形区内，则在弯曲变形时孔的形状会发生畸变。因此，孔边到弯曲半径中心的距离 $L$ 要保证当 $t<2$mm 时，$L\geqslant t$；当 $t\geqslant 2$mm 时，$L\geqslant 2t$，如图 3.39(a)所示。如果孔边距过小，可在弯曲线上冲工艺槽，如图 3.39(b)所示。

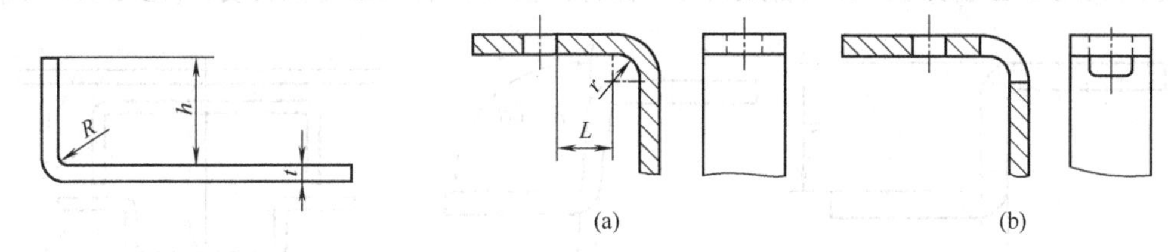


图 3.38　弯曲件的直边高度　　图 3.39　弯曲件的孔边距离

4) 部分边缘弯曲

当局部弯曲某一段边缘时，为防止在交接处由于应力集中而产生撕裂，可预先冲裁卸荷孔或切槽，也可将弯曲线移动一段距离，以离开尺寸突变处，如图 3.40 所示。

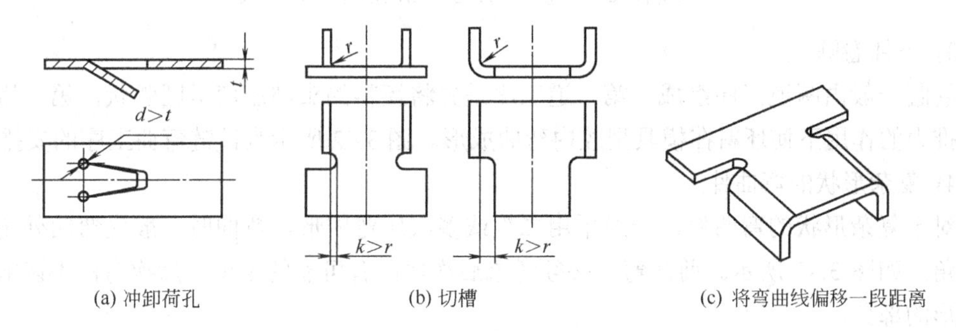


(a) 冲卸荷孔　(b) 切槽　(c) 将弯曲线偏移一段距离

图 3.40　防止弯曲边交接处应力集中的措施

5) 弯曲线与板材轧制方向

无论是从预防弯裂还是从减少回弹的角度来看，弯曲线与板材轧制方向垂直时，弯曲件的工艺性最好，故应尽可能避免弯曲线与板材轧制方向平行，一个弯曲件有多处弯曲时，可让弯曲线与板材轧制方向互成一定角度，一般应大于 30°～45°。

6) 弯曲件的尺寸精度

弯曲件尺寸公差最好取较高精度值，相应角度公差最好大于±30′；否则应增加整形工序或采用其他工艺措施。

**2. 弯曲工序安排**

形状简单的弯曲件，如 V 形件、U 形件和某些 Z 形件可以一次弯曲成形。形状复杂的弯曲件一般要多次弯曲才能成形。弯曲次数与弯曲件形状的复杂程度有很大关系。弯曲件的工序安排对弯曲模的结构及弯曲件的精度影响很大。

各类弯曲件弯曲工序安排的一般方法介绍如下。

1) V 形件和 U 形件

V 形件和 U 形件一般可以一次弯曲成形。

2) Z 形件

如图 3.41(a)所示，当竖直边长度 $h \leqslant 3t$ 时，可以一次成形；当竖直边长度 $h > 3t$ 时，一次成形易产生偏移，且竖直边在弯曲时有拉长现象，制件出模后形状变形(见图 3.41(b))，此时应分两次先后压弯成形，或组合成对称弯曲件，按 U 形件二次弯曲再切开(见图 3.41(c))。

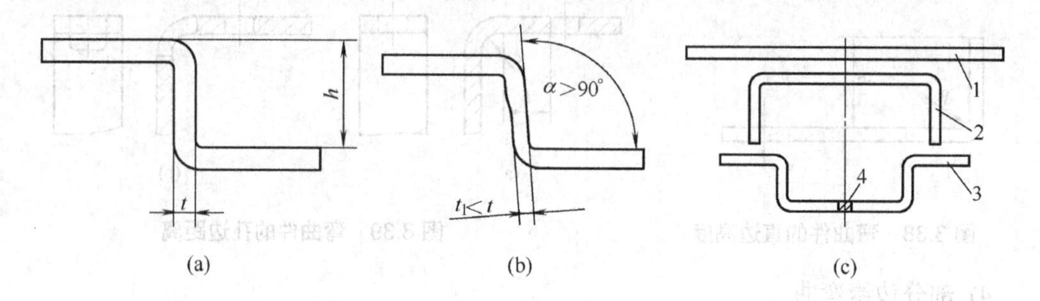


**图 3.41　Z 形弯曲件**

1—落料；2— 一次压弯；3—二次压弯；4—切断

3) 小件卷圆

卷圆一般由两道工序组成，第一道工序是先将坯料的头部压弯呈圆弧状，第二道工序是在推力的作用下使坯料在模具型腔内弯曲成形。图 3.42 所示为铰链弯曲工序的安排。

4) 复杂形状的弯曲件

对于复杂形状的弯曲件，一般采用二次或多次压弯成形。弯曲时一般先弯曲外角后弯曲内角，如图 3.43 所示。前次弯曲必须考虑后次弯曲有可靠的定位，后次弯曲不影响前面已成形的部分。

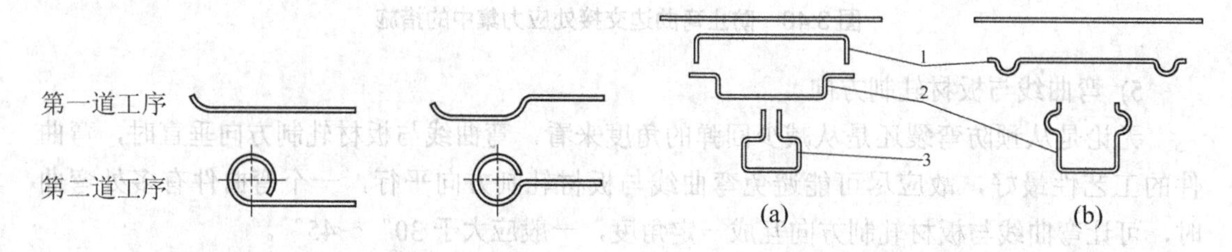


**图 3.42　铰链件弯曲工序的安排**

**图 3.43　多角弯曲件的工序安排**

1—第一次弯曲；2—第二次弯曲；3—第三次弯曲

5) 生产批量大、尺寸小的复杂弯曲件

生产批量大、尺寸小的复杂弯曲件应采用多工位级进冲裁弯曲成形工艺，以保证弯曲件的定位准确，工人操作安全、方便，并提高生产效率。

# 3.4　拉深工艺与拉深模设计

将金属板坯料外缘全部/部分转移到制件侧壁，使板料/浅的空心工序件成形为空心件/深的空心件(皿状制件)的冲压工序称为拉深。这种工序曾称为拉延、引伸、延伸、压延等，现国家标准定名为拉深。拉深工艺可以在普通的单动压力机上进行，也可以在专用的双动、三动拉深压力机或液压机上进行。

实际生产中，拉深件的形状多种多样，按变形力学特点分为以下 4 种基本类型。

(1) 直壁旋转体制件(见图 3.44(a))。母线为直角折线(平底直壁)的旋转体制件，一般包括无凸缘筒形件(简称筒形件)、有凸缘筒形件、阶梯筒形件等。

(2) 曲面旋转体制件(见图 3.44(b))。母线为非直角折线或曲线(平/凸底、曲/斜壁)的旋转体制件，一般包括球面制件、抛物面形状制件、锥形制件等。

(3) 平底直壁非旋转体制件(见图 3.44(c))。以盒形件为典型，还包括凸缘盒形件。

(4) 非旋转体曲面制件(见图 3.44(d))。各种不规则的复杂形状制件。

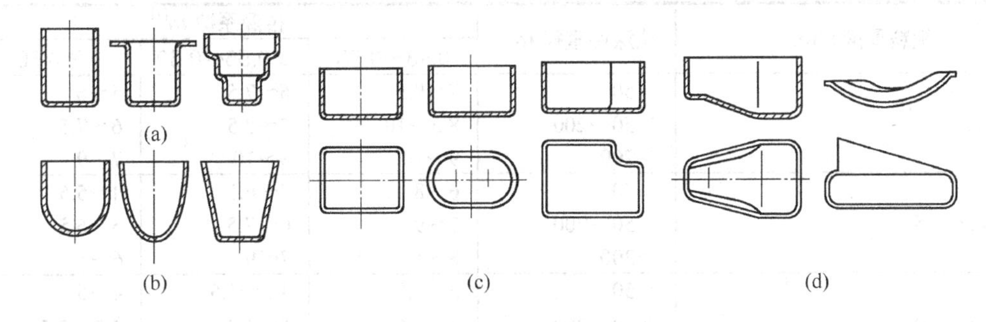


图 3.44　拉深件的分类

虽然这些制件都称为拉深件，但是在拉深过程中，它们的变形区位置、变形性质、坯料各部位的应力应变状态和分布规律都有相当大的，甚至是本质的差别。所以在确定工艺参数、工序数目与工序顺序以及模具设计原则与方法等方面都各有特点，本节着重讨论筒形件的拉深。

## 3.4.1　筒形件拉深模工作部分设计

拉深件的尺寸精度主要取决于拉深模工作部分的制造精度，合理的拉深系数也必须靠模具工作部分的尺寸来保证。拉深模凸-凹模间隙和凸、凹模圆角半径对起皱、拉裂等拉深件质量问题的产生都有直接的影响。因此，正确设计拉深模工作部分是设计拉深模的重要内容。

### 1. 凹模圆角半径和凸模圆角半径

1) 凹模圆角半径 $r_{凹}$

一般来说，大的 $r_{凹}$ 可以降低极限拉深系数，而且还可以提高拉深件的质量，所以 $r_{凹}$ 尽可能大些。但 $r_{凹}$ 太大会削弱压边圈的作用，可能引起起皱现象。

筒形件首次拉深时的$r_{凹}$可由式(3-30)确定，即

$$r_{凹}=C_1C_2t \tag{3-30}$$

或

$$r_{凹}=0.8\sqrt{(D-D_{凹})t} \tag{3-31}$$

式中：$C_1$ ——与材料力学性能有关的系数。对于软钢、硬铝，$C_1$=1；对于纯铜、黄铜、铝，$C_1$=0.8；

$C_2$ ——与板料厚度及拉深系数有关的系数，如表 3.32 所示；

$t$ ——板料厚度，mm；

$D$——坯料直径，mm；

$D_{凹}$ ——凹模直径，mm。

后续各次拉深凹模圆角半径可逐步缩小，但不能小于 2$t$。一般可取

$$r_{凹}^{[n]}=(0.6\sim0.8)r_{凹}^{[n-1]} \tag{3-32}$$

表3.32 拉深凹模圆角半径系数$C_2$

| 板料厚度 $t$/mm | 拉深件直径/mm | 拉深系数 $m$[1] | | |
|---|---|---|---|---|
| | | 0.48～0.55 | ≥0.55～0.60 | ≥0.60 |
| ～0.5 | ～50<br>＞50～200<br>＞200 | 7～9.5<br>8.5～10<br>9～10 | 6～7.5<br>7～8.5<br>8～10 | 5～6<br>6～7.5<br>7～9 |
| ＞0.5～1.5 | ～50<br>＞50～200<br>＞200 | 6～8<br>7～9<br>8～10 | 5～6.5<br>6～7.5<br>7～9 | 4～5.5<br>5～6.5<br>6～8 |
| ＞1.5～3.0 | ～50<br>＞50～200<br>＞200 | 5～6.5<br>6～7.5<br>7～8.5 | 4.5～5.5<br>5～6.5<br>6～7.5 | 4～5<br>4.5～5.5<br>5～6.5 |

[1] 拉深系数 $m$ 是拉伸后的直径与拉伸前坯料直径之比。$m$ 愈小，拉伸变形程度愈大，相反，变形程度愈小。

2) 凸模圆角半径$r_{凸}$

$r_{凸}$对拉深变形的影响不像$r_{凹}$那样显著，但$r_{凸}$过大或过小同样对防止起皱和拉裂及降低极限拉深系数不利。除最后一次应该取与制件底部圆角半径相等的数值外，中间各次可取相应于$r_{凹}$略小些的数值，即

$$r_{凸}^{[n]}=(0.7\sim1.0)r_{凹}^{[n]} \tag{3-33}$$

在实际设计工作中，拉深凸模圆角半径和凹模圆角半径应选取比计算值略小一点的数值，这样便于在试模调整时逐渐加大，直到拉出合格制件为止。

2. 拉深间隙

拉深间隙是指单边间隙，即 $Z=(d_{凹}-d_{凸})/2$。间隙过小会增加摩擦阻力，使拉深件容易拉裂，且易擦伤制件表面，降低模具寿命；间隙过大则对坯料的校直作用小，影响制件尺寸精度。因此确定间隙的原则是，既要考虑板料厚度的公差，又要考虑筒形件口部的增厚现象，根据拉深时是否采用压边圈和制件尺寸精度、表面粗糙度要求合理确定。

1)　不用压边圈时

考虑起皱的可能性，不用压边圈的拉深间隙为

$$Z=(1.0\sim1.1)t_{max}$$

式中：$Z$ ——单边间隙，末次拉深或精密拉深件取小值，中间拉深时取大值；

$t_{max}$——板料厚度的上限值。

2)　用压边圈时

用压边圈的拉深间隙 $Z$ 按表 3.33 选取。

表 3.33　用压边圈拉深时的单边间隙

| 总拉深次数 | 拉深工序 | 单边间隙 Z | 总拉深次数 | 拉深工序 | 单边间隙 Z |
|---|---|---|---|---|---|
| 1 | 第一次拉深 | $(1.0\sim1.1)\,t$ | 4 | 第一、二次拉深<br>第三次拉深<br>第四次拉深 | $1.2\,t$<br>$1.1\,t$<br>$(1.0\sim1.05)\,t$ |
| 2 | 第一次拉深<br>第二次拉深 | $1.1\,t$<br>$(1.0\sim1.05)\,t$ | | | |
| 3 | 第一次拉深<br>第二次拉深<br>第三次拉深 | $1.2\,t$<br>$1.1\,t$<br>$(1.0\sim1.05)\,t$ | 5 | 第一、二、三次拉深<br>第四次拉深<br>第五次拉深 | $1.2\,t$<br>$1.1\,t$<br>$(1.0\sim1.05)\,t$ |

注：① 板料厚度取允许偏差的中间值。

② 当拉深精密制件时，末次拉深间隙 $Z=(0.9\sim1.0)\,t$。

### 3.　凸模和凹模工作部分的尺寸及制造公差

对于末次拉深模，其凸模和凹模尺寸及公差应按制件的要求确定。

(1) 当制件要求外形尺寸时(见图 3.45(a))，以凹模尺寸为基准进行计算。

凹模尺寸：$D_{凹}=(D-0.75\Delta)^{+\delta_{凹}}_{0}$

凸模尺寸：$D_{凸}=(D-0.75\Delta-2Z)^{0}_{-\delta_{凸}}$

(2)　当制件要求内形尺寸时(见图 3.45(b))，以凸模尺寸为基准进行计算。

凸模尺寸：$d_{凸}=(d+0.4\Delta)^{0}_{-\delta_{凸}}$

凹模尺寸：$d_{凹}=(d+0.4\Delta+2Z)^{+\delta_{凹}}_{0}$

(3)　对于中间各道工序拉深模，由于其坯料尺寸与公差没有必要予以限制，这时凸模和凹模尺寸只要取等于坯料过渡尺寸即可。若以凹模为基准时，则有以下公式。

凹模尺寸：$D_{凹}=D^{+\delta_{凹}}_{0}$

凸模尺寸：$D_{凸}=(D-2Z)^{0}_{-\delta_{凸}}$

凸、凹模的制造公差 $\delta_{凹}$ 和 $\delta_{凸}$ 可按表 3.34 选取。

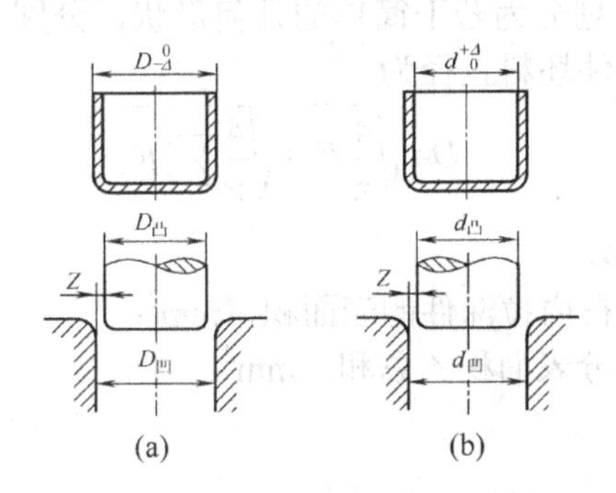


图 3.45　拉深制件的标注与模具尺寸

表 3.34　拉深凸模制造公差 $\delta_{凸}$ 和凹模制造公差 $\delta_{凹}$　　mm

| 板料厚度 $t$ | 拉深件直径 | | | | | |
|---|---|---|---|---|---|---|
| | ≤20 | | >20～100 | | >100 | |
| | $\delta_{凹}$ | $\delta_{凸}$ | $\delta_{凹}$ | $\delta_{凸}$ | $\delta_{凹}$ | $\delta_{凸}$ |
| ≤0.5 | 0.02 | 0.01 | 0.03 | 0.02 | — | — |
| >0.5～1.5 | 0.04 | 0.02 | 0.05 | 0.03 | 0.08 | 0.05 |
| >1.5 | 0.06 | 0.04 | 0.08 | 0.05 | 0.10 | 0.06 |

注：$\delta_{凹}$、$\delta_{凹}$ 在必要时可提高至 IT6～IT8 级。若制件公差在 IT13 级以下，则 $\delta_{凹}$、$\delta_{凹}$ 可以采用 IT10 级。

## 3.4.2　拉深件的坯料尺寸

拉深时坯料的形状必须适应金属流动的要求，坯料尺寸一般忽略厚度的变化，按“坯料面积等于制件面积”的原则确定。筒形件拉深无疑应采用圆形坯料，也就是只要求出它的直径，即可确定坯料尺寸。

由于材料各向异性及拉深时金属流动的差异，制件口端会出现高低不平现象，为保证制件的尺寸需增加修边余量。筒形件的修边余量(高度)如表 3.35 所示。在计算坯料尺寸时必须计入此余量。

表 3.35　筒形件的修边余量 $\delta$　　mm

| 拉深高度 $h$ | 拉深件相对高度 $h/d$ 或 $h/B$ | | | |
|---|---|---|---|---|
| | >0.5～0.8 | >0.8～1.6 | >1.6～2.5 | >2.5～4 |
| ≤10 | 1.0 | 1.2 | 1.5 | 2.0 |
| >10～20 | 1.2 | 1.6 | 2.0 | 2.5 |
| >20～50 | 2.0 | 2.5 | 3.3 | 4.0 |
| >50～100 | 3.0 | 3.8 | 5.0 | 6.0 |
| >100～150 | 4.0 | 5.0 | 6.5 | 8.0 |
| >150～200 | 5.0 | 6.3 | 8.0 | 10.0 |
| >200～250 | 6.0 | 7.5 | 9.0 | 11.0 |
| >250 | 7.0 | 8.5 | 10.0 | 12.0 |

注：① 此表可用于盒形件，$B$ 为矩形的短边长度。
② 对于需多次拉深的制件，必须规定中间修边工序。
③ 对于板料厚度 $t$<0.5mm 的薄材料作多次拉深时，应增加 30%的余量。

实际计算时，将拉深件划分为若干简单的几何形状，分别求出各部分的面积，相加即可求得拉深件面积，故筒形件坯料直径为

$$D=\sqrt{\frac{4}{\pi}F}=\sqrt{\frac{4}{\pi}\sum F_{f}} \tag{3-34}$$

式中：$D$ ——坯料直径，mm；

$F$ ——包括修边余量在内拉深件的表面积，$mm^2$；

$\sum F_{f}$ ——拉深件各部分表面积的总和，$mm^2$。

图 3.46 所示筒形件可划分为以下 3 部分，即

$$F_1=\pi\frac{d_1^2}{4}$$

$$F_2=\pi r\frac{\pi d_1+4r}{2}$$

$$F_3=\pi dh$$

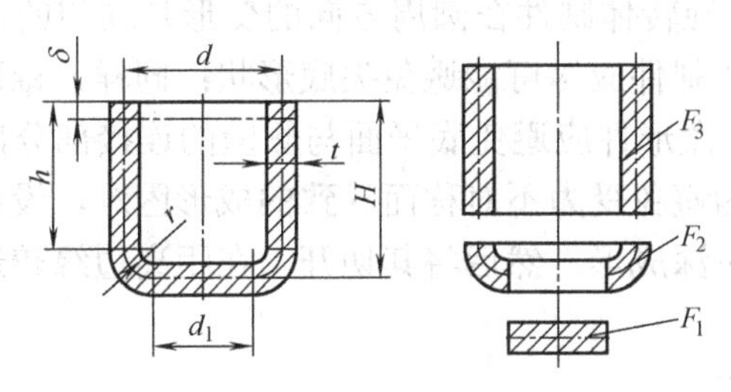


图 3.46　筒形件坯料尺寸计算

将 $\sum F_f=F_1+F_2+F_3$，$d_1=d-2r$，$h=H-r$ 代入式(3-34)得(π 取 3.14)

$$D=\sqrt{d^2+4dH-1.72rd-0.56r^2} \tag{3-35}$$

各式中 $h$、$H$ 均包括修边余量 $\delta$。

由于坯料计算的面积相等原则并不完全符合拉深实际，拉深件坯料还受材料性能、模具几何参数、润滑条件以及制件几何形状等多种因素的影响。因此，按上述原则确定坯料尺寸时常应予以修正。实际生产时，一般先做拉深模，按计算的坯料尺寸，经过多次试拉深后反复修改，再做落料模。

有拉深件样品的坯料尺寸，可按重量不变的原则求坯料直径，即

$$D=10(1+5\%)\sqrt{\frac{4M}{\pi t\rho}}\quad(\text{mm}) \tag{3-36}$$

式中：$M$ ——拉深件样品重量，g；

$t$ ——材料厚度，cm；

$\rho$ ——材料密度，g/cm³。

其他形状拉深件的坯料尺寸计算，可参考有关冲模设计资料或设计手册。

## 3.4.3　拉深工艺设计

拉深工艺设计主要包括拉深件工艺性分析和拉深工艺方案的确定两个方面的内容，它的合理与否直接关系到拉深工艺的优劣与成效。

### 1. 拉深件工艺性分析

拉深件的工艺性是指制件拉深加工的难易程度。良好的工艺性应该保证材料消耗小、工序数目少、模具结构简单、产品质量稳定、操作简单等。拉深件工艺性主要包括以下几方面。

1) 拉深件的结构形状

(1) 拉深件的壁厚。如前所述，由于拉深件各部位的厚度有较大变化，如筒形件底部

圆角部分变薄、凸缘部分变厚；盒形件圆角部分变厚。通常拉深件允许壁厚变化范围为 $0.6t$～$1.2t$，故在设计拉深件时，制件图上的尺寸必须明确标注保证外形尺寸还是内形尺寸，不能同时标注内、外形尺寸。

(2) 拉深件的高度。一般情况下，拉深件的高度 $H$ 不宜过高。材料为低碳钢的拉深件一次可拉深成形的高度应符合以下条件：对于无凸缘筒形件 $H \leqslant (0.5 \sim 0.7)d$。

(3) 拉深件的形状。旋转体制件在圆周方向的变形是均匀的，模具加工也容易，故其工艺性较好；曲面旋转体制件应尽可能避免尖底形状；同样，锥形制件也应尽可能避免相对锥顶直径 $d_1/d_2$ 过小；盒形件应避免底平面与侧壁的连接部分出现尖的转角；对于不对称、半敞开的空心件，为避免受力不对称而导致的成形困难，设计时应尽可能将若干个制件合并成对称形状一起拉深成形，然后将其切开。在距离边缘较远位置上的局部凹坑与突起的高度不宜过大。

2) 拉深件的圆角半径

(1) 凸缘圆角半径。制件凸缘圆角半径即为拉深凹模圆角半径 $r_{凹}$。必须满足 $r_{凹} > 2t$，为了使拉深顺利进行，一般取 $r_{凹}=(4 \sim 8)\,t$。对 $r_{凹} < 0.5\text{mm}$ 的制件，应增加整形工序。

(2) 底部圆角半径。制件底部圆角半径即为拉深凸模圆角半径 $r_{凸}$。应取 $r_{凸} \geqslant t$，一般取 $r_{凸} \geqslant 3t$。如果 $r_{凸} < t$，则应增加整形工序。每整形一次 $r_{凸}$ 可减小一半。

(3) 盒形件侧壁间圆角半径。盒形件 4 个侧壁的转角半径应取 $r \geqslant 3t$；否则应增加整形工序。为了减少拉深次数并简化拉深件的坯料形状，应尽可能使盒形件的高度 $H \leqslant 7r$。

3) 拉深件的尺寸精度

拉深件的尺寸精度不宜过高。表 3.36 和表 3.37 给出了拉深件的直径和高度一般所能达到的未经整形的精度。如果制件公差要求过高，需增加整形工序来提高尺寸精度。

表 3.36 拉深件的直径公差值 mm

| 板料厚度 $t$ | 拉深件直径 $d$ | | | | |
|---|---|---|---|---|---|
| | ≤10 | >10～25 | >25～63 | >63～160 | >160～400 |
| ≤0.5 | 0.06 | 0.08 | 0.10 | 0.14 | 0.16 |
| >0.5～1 | 0.08 | 0.11 | 0.14 | 0.19 | 0.24 |
| >1～3 | 0.11 | 0.16 | 0.20 | 0.26 | 0.34 |
| >3～6 | 0.14 | 0.20 | 0.26 | 0.34 | 0.44 |
| >6 | — | 0.24 | 0.28 | 0.38 | 0.54 |

注：一般拉深件的标注方法是，内径尺寸取表中数值，冠以“+”号作为上偏差，下偏差为 0；外径尺寸取表中数值，冠以“−”号作为下偏差，上偏差为 0。

表 3.37 有凸缘拉深件高度的极限偏差 mm

| 板料厚度 $t$ | 拉深件高度 $H$ | | | | |
|---|---|---|---|---|---|
| | ≤10 | >10～25 | >25～63 | >63～160 | >160～400 |
| ≤0.5 | ±0.07 | ±0.10 | ±0.13 | ±0.18 | ±0.21 |
| >0.5～1 | ±0.10 | ±0.14 | ±0.18 | ±0.24 | ±0.31 |
| >1～3 | ±0.15 | ±0.20 | ±0.25 | ±0.34 | ±0.44 |
| >3～6 | ±0.19 | ±0.25 | ±0.33 | ±0.44 | ±0.55 |
| >6 | — | ±0.31 | ±0.38 | ±0.50 | ±0.70 |

2. 拉深工序设计

拉深工序设计是拉深工艺过程设计的主要内容。同一个拉深件，可选择的工艺方案可能有几种，每种工艺方案往往都是由几种不同的基本工序组成的。进行工序设计时，除了应对拉深件进行认真的工艺性分析外，还应考虑压力机吨位和类型、模具制造水平、批量大小、制件尺寸大小以及制件材料等因素，使选定的工艺方案能适应实际生产条件和模具加工水平，并且操作安全。拉深工序安排的一般规则如下。

(1) 多道工序的拉深成形，实质上是坯料按一定顺序，逐步接近并最终成为成品制件的过程。每道工序只完成一定的加工任务，工序设计时务必使先行工序不妨碍后续工序的完成。

(2) 每道拉深工序的最大变形程度不能超过其极限值。

(3) 已成形部分和待成形部分之间，一般不应再发生材料的转移。

(4) 在大批量生产中，若凸凹模的壁厚强度允许，应采用落料-拉深复合工艺。

(5) 除底部孔有可能与落料-拉深复合冲出外，凸缘部分及侧壁部分的孔、槽均需在拉深工序完成后再冲出，修边工序一般安排在最后，并常与冲孔复合进行。

(6) 当拉深件的尺寸精度要求高或带有小的圆角半径时，应增加整形工序。

(7) 复杂形状的制件，一般按先内后外的顺序(先拉深内部形状，后拉深外部形状)进行。

(8) 多次拉深中，加工硬化严重的材料必须安排中间退火。

## 3.5　冲模 CAD/CAM

### 3.5.1　冲模 CAD/CAM 系统的功能与内容

1. 冲模 CAD/CAM 系统的功能

比较完善的冲模 CAD/CAM 系统，是由制件及模具设计制造的数值计算和数据处理程序包、图形信息交换(输入输出)和处理的交互式图形显示程序包、存储和管理设计制造信息的工程数据库等三大部分构成。这种系统的主要功能如下。

(1) 图形处理功能。即冲压制件、冲模零件等的二维图形、三维图形的输入与输出、转换、存储与控制(几何变换、布尔运算、剖面等)。设计过程是一个反复修改、逐步逼近的过程。总体设计需要三维图形，而结构设计主要用二维图形。因此，从图形系统角度分析，设计过程也是一个三维图形变二维图形、二维图形变三维图形的变换过程。所以，冲模 CAD/CAM 系统应具有二、三维图形的转换功能。

(2) 冲压工艺的分析计算。其包括冲压的工序设计、力能计算、搭边、排样等。系统应具有用有限元法对制件及模具结构的静动态特性、强度、振动、变形、金属流动特性等进行分析的能力，以及自动生成有限元网格的能力，以便为用户精确研究产品结构受力、成形过程及用深浅不同的颜色描述应力、温度分布等提供分析技术。有限元网格，特别是复杂三维模型有限元网格的自动生成能力是十分重要的。

系统最低限度应具有用参数优化法进行方案选优的功能。这是因为优化设计是保证模具具有高速度、高质量和低成本的主要技术手段之一。

(3) 冲模零件的加工工艺及 NC 程序自动编制。系统应具有三、四、五坐标机床加工模具零件的能力，并能在图形显示终端上识别、校核刀具轨迹和刀具干涉，以及对加工过程的模态进行仿真。

(4) 存储冲模技术资料及设计知识的数据库。系统应具有统一处理和管理设计、制造以及生产计划等全部信息(包括相应软件)的能力。或者说，应该建立一个与系统规模匹配的统一数据库，以实现设计、制造、管理的信息共享，并达到自动检索、快速存取和不同系统间交换和传输的目的。

### 2. 冲模 CAD/CAM 的关键技术

冲模 CAD/CAM 的关键技术如下。

(1) 图形描述及处理技术。制件图的输入问题，模具零件图尺寸标注及装配图的生成等图形处理技术，直接影响到整个系统的工作效率，甚至关系到系统的成败。

(2) 设计方法的规范化、设计经验的程序化以及模具结构的标准化与典型化。

(3) 图形库及专用工程数据库、知识库的建立。

(4) 计算机对冲压成形过程的数值模拟仿真技术。

(5) 冲模 CAD/CAM/CAE/PDM 的集成化、智能化技术。

(6) 人-机接口技术与网络技术的深入结合。

### 3. 冲模 CAD 的应用软件

应用软件是指用户针对某一特定任务而设计的程序包，用于处理冲模设计的各种具体问题，它处于系统的最外层。一般包含以下模块(各功能模块在系统总控模块的集中管理下工作，功能模块可以是一个单一处理程序，也可能由若干完成某项子功能的子模块构成，子模块又由主程序和若干个子程序组成)。

1) 冲模设计总体控制模块

冲模设计总体控制模块主要完成冲模 CAD 系统的运行管理和随时调用各功能模块，或访问操作系统和调用其他应用程序，以建立相应的作业和过程。同时，还完成程序的批处理和覆盖技术。总体控制模块可建立在数据库管理系统或交互式图形系统的基础上。

2) 工艺分析计算模块

工艺分析计算模块以工件几何构形信息为基础，并调用设计参数数据(工程文件)，为模具结构设计模块提供原始数据。该模块由以下子模块组成，即工艺可行性分析、工艺方案选择(单工序模、复合模或级进模)、排样优化设计、压力中心及冲裁力计算、压力机初步选择、毛坯图和各种工艺图输出、工艺设计分析技术文档生成等。

3) 模具结构设计模块

模具结构设计模块根据工艺设计分析计算模块提供的结果以及几何构形信息，并调用相关的设计参考数据(工程文件)、冲模典型结构文件、标准件规格文件等模具信息，完成模具结构设计。该模块由以下子模块组成，即冲模典型结构选取、冲模标准件和半标准件的形式及规格选取、冲模零件详细设计、强度校核、装备关系确定及装备图生成、冲模运动学仿真、模具图绘制、模具专用图形处理程序。

4) 冲模专用图形处理程序

冲模专用图形处理程序主要完成工件图形的输入，以建立工件的几何模型，并完成几何构形信息的存储，供工艺设计分析计算模块和模具结构设计模块调用。此外，还提供图形修改、编辑和尺寸标注等功能。

5) 冲模专用数据库及图形库处理程序

冲模专用数据库及图形库处理程序主要完成图纸资料的存放、检索工作。同时，还生成供信息管理使用的报表。报表中包括模具代号、模具名称、图纸数量、设计者、完成日期和用户消耗时间等信息。该模块主要由图纸资料发放程序、报表程序以及供图纸资料检索的专用菜单模块组成。

## 3.5.2 建立冲模 CAD 系统的步骤

建立冲模 CAD 系统的步骤如下。

(1) 明确建立系统的目标与要求，确定合适的 CAD 系统类型。由于冲模类型较多，一个冲模 CAD 系统不可能包罗万象，只有首先明确系统的用途和使用要求，才能确定 CAD 系统的类型。例如，建立一个变压器硅钢片的冲模 CAD 系统，由于产品形状、工艺特点和模具结构均已定型，属标准化和系列化产品，故可建立以信息检索为主，辅以交互设计的系统；若建立一个通用冲裁模 CAD 系统，由于其产品形状、工艺、模具结构千变万化，不可能建立一个统一的数学模型，故只能采用交互式设计方法，以增加系统的适应能力，即建立一个以交互式设计为主的系统。这样，由于目标与要求明确，不仅可以减少开发量，而且还可以提高系统的运行效率。

(2) 根据对 CAD 系统的要求，选择合适的硬件配置和软件系统。对于冲裁模 CAD 系统，主机可选用微机，再配置一定的外设，如图形输入板、绘图仪、打印机以及大屏幕图形显示器，便构成了一个微机冲裁模 CAD 系统的硬件环境。图形软件可以选择最为流行的 AutoCAD 绘图软件包。此外，还应选择一种合适的数据库管理系统。同时，要注意收集现有的计算机分析软件包，引进一些成熟的软件模块。这样可以加快二次开发的进程，减少低水平重复。对于弯曲模和拉深模 CAD 系统，一般都要用到三维造型，应配以功能强大的三维图形软件。

(3) 确定模具标准结构，整理工艺设计和模具技术资料。手工设计中，设计人员往往根据经验决定模具结构。在冲模 CAD 系统中，模具标准结构按一定的方式预先存放在计算机中，供设计时调用。因此，必须建立模具结构标准。建立模具结构标准时，不仅应满足模具设计的要求，还应考虑到 CAD 系统的特点，便于查询和调用。模具标准包括典型结构组合以及模具标准零件两大类。

整理工艺与模具设计资料，包括整理设计计算公式、方法以及设计中用到的曲线、数据、表格等，供程序设计时建立数学模型之用。

(4) 制订系统程序流程图与数据流程图。系统程序流程图不仅说明系统的基本构成与内容，还用箭头标明了各程序模块间的联系与走向，为各模块的程序设计和联机调试运行带来极大的方便。数据流程图说明系统中各程序模块数据的流向和相互关系。

(5) 建立模具专用图形库和数据库，编制分析计算程序。最后，将各程序模块联机调试，对系统进行运行测试。

(6) 交付使用。收集系统在使用过程中存在的各种问题，进行软件维护，使系统进一步完善和成熟。

### 3.5.3 冲模 CAM

冲模 CAD/CAM 系统中的数控加工软件可以生成冲模零件加工的数控代码，并据此进行自动加工，还能进行加工过程的动态模拟、干涉和碰撞检查等，是以数控机床为基础并为其服务的。

CAM 中最重要的部分是数控编程(从零件的设计结果到获得该零件数控加工程序的全过程)，而其核心工作是生成刀具轨迹，再将轨迹离散成刀位点，经后置处理产生数控加工程序。理想的加工程序不仅应保证能加工出符合设计要求的合格零件，同时应能使数控机床的功能得到合理应用和充分发挥，而且能安全可靠和高效地工作。

冲模制造领域数控编程的内容与步骤一般如下。

(1) 分析冲模零件图样，进行加工工艺处理(确定加工方案，确定零件的装夹方法及选择夹具，合理选择刀具和走刀路线，正确选择对刀点等)，确定工艺过程。

(2) 数学处理，计算刀具中心运动轨迹，获得刀位数据。对于有直线与圆弧插补功能的数控系统，在加工由直线和圆弧组成的简单平面零件时，只需计算出零件轮廓相邻几何元素的交点或切点的坐标值，得出各几何元素的起点、终点和圆弧的圆心坐标值。在加工复杂零件时，需要用直线段或圆弧段逼近，在满足加工精度的情况下计算出各节点的坐标值。

(3) 编制零件加工程序，制备控制介质(磁盘或磁带或网络传输)。

(4) 校核程序及首件试切。现在一般是通过屏幕显示走刀轨迹或模拟刀具和工件的切削过程等方法进行检查。对于复杂的空间零件，需用石蜡或木件等试切。

无论哪种形式的 CAM 系统，都由 5 个模块组成，即交互工艺参数输入模块、刀具轨迹生成模块、刀具轨迹编辑模块、三维加工动态仿真模块和后置处理模块。常见 CAM 系统的体系结构有以下几种。

(1) CAM 与 CAD 等子系统在系统底层一级集成式开发，如 Unigraphics、Pro/E、CATIA 等，可以直接在产品数字化模型上进行 NC 轨迹计算，利用强大的后置处理模块生成 NC 指令。其特点是系统庞大、功能完备。

(2) 以现有侧重产品造型的 CAD 系统为平台的插件式 CAM 系统。如 MDT 内嵌 Hyper MILL 和 Edge CAM、SolidWorks 内嵌 CAM Works、SDRC 系统的 Camand Molder (支持三维曲面造型)并配以 Smart CAM(支持多曲面加工)等，此类插件系统在文件一级的层次上操作插件平台上的模具 CAD 模型，利用特征识别技术，直接在模具模型上获取一定复杂程度的切削区域几何表示及其加工工艺规范(也支持用户的交互指令操作)，进而生成加工 NC 刀位轨迹。其特点是规模紧凑、集成度高。

(3) 支持曲面造型的专用 NC 计算机系统。如 CAMAX 的 Camand 和 Smart CAM、NREC 的坐标叶轮加工系统 MAX-AB(着重点位加工)和 MAX-5(着重端铣和侧铣加工)、CNC 的 Master CAM 以及 Cimatron 等。此类系统主要面向复杂冲模提供曲面形体的曲面(或曲面实体)造型和编辑，更为强大的 NC 刀位轨迹计算、编辑、验证和后置处理功能。其特点是对数控机床的适应能力强，能提供更多的加工工艺定制方法。但造型功能相对薄弱。

一般认为，UG 是业界中最好、最具代表性的数控软件，能够加工很复杂的冲模成形零件。

### 3.5.4　冲模 CAE

在冲模设计中，CAE 的主要功能是协助 CAD/CAM 对实际冲压件的成形性进行分析，保证制件质量。其主要内容包括有限元法(FEM)网格自动生成和冲压成形的数值模拟。

薄板成形有限元分析涉及数学、力学、材料学、数值方法、模具制造、计算机科学，是一门新兴的交叉学科。从力学的角度看，涉及大位移、大应变、大转动、弹塑性材料及摩擦接触，是一个典型的强非线性问题，因而也成为计算力学中最富有挑战性的课题之一。目前，比较有把握解决薄板成形中出现的以下几方面的问题。

(1) 全面了解板料的变形过程，并预算所需成形力的大小。

(2) 根据工作中应力应变分布，预测可能的破裂、起皱区域，并通过修改冲压工艺或模具参数予以消除。

(3) 通过对卸载过程的分析，较准确地计算工件的回弹量。

(4) 根据对冲压件破裂与起皱等的预测，确定最佳的压边力。

(5) 选择合适的润滑方案。

(6) 较好地确定坯料展开尺寸及拉深筋的布置方式与位置。

(7) 预测冲模的磨损。

### 3.5.5　冲压产品数据管理

伴随冲模的整个生命周期，存在着大量的相关资料，如冲模项目计划、冲压工艺设计资料、冲模设计资料、冲压产品模型、冲模工程图样、技术规范、工艺资料、NC 程序、电子表格、视频和音频文件、有关该冲模的其他信息、这些产品资料存储于图样、文件或文档中，有些甚至作为某些经验存储于工程技术人员的头脑中，它们涉及冲压企业的计划、设计、生产、材料采购、财务、质量、销售等部门，这些部门运行着一些互不兼容的软件，彼此之间还要引用这些资料，为了方便，他们不得不保留大量雷同的资料，这些资料以不同的格式存储于不同的介质上，互相独立，可靠性差。而且，现在大部分企业仍然是以纸张介质为基础的方法来管理、控制和协调以计算机为基础的数字化信息，乃至整个企业的产品开发过程。这种大部分仍旧依靠人工的管理方法，不仅极其费工费时，而且容易出错，造成部门人员之间严重扯皮，工作效率低下。可见，产品的数据管理(PDM)是当代企业管理的瓶颈，已逐步引起工程技术界的普遍重视，是当前制造企业信息技术应用研究和软件开发的热点。

PDM 是 20 世纪 90 年代初才开始在国际市场上形成软件产品的一种新技术，它是随着计算机技术，特别是 CAD、CAPP、CAM、CAE 等广泛而深入地应用于制造业的各种工程领域而产生的，而网络与数据库技术和系统的成熟与普及为 PDM 的发展奠定了扎实的基础，使其成为实现并行设计及产品的无图纸设计/制造的支撑技术。

PDM 是以软件为基础的技术，PDM 系统是网络和数据库的应用系统，它管理数字环境中的所有数字化信息(这些信息是在不同计算机硬件平台上运行的不同软件系统所产生的，以不同的格式存储在多种介质上)，将所有与产品相关的信息和所有与产品相关的过程以及基于过程的应用技术(如工程设计、工艺计划、制造生产、后勤管理等)完全组织到一起，使企业能够全面管理、紧密跟踪、适度控制、实时查看那些围绕产品设计、开发及整个过程中的所有与产品相关的资料，好像在一个系统中。

在冲模领域，PDM 可帮助组织冲压产品设计，完善结构修改，跟踪进展中的冲模设计，及时方便地找出相关存盘资料及相关产品信息。从冲压产品生产的全过程来看，PDM 系统可协调组织诸如冲压工艺设计及模具设计的审查、批注、变更，冲压生产工作流程优化以及冲压产品等过程事件。

# 3.6 冲压模具设计案例

如图 3.47(a)所示制件，材料为DT4E 冷轧纯铁板，厚度为 $2_{-0.05}^{\ 0}$ mm，生产纲领为中批量。

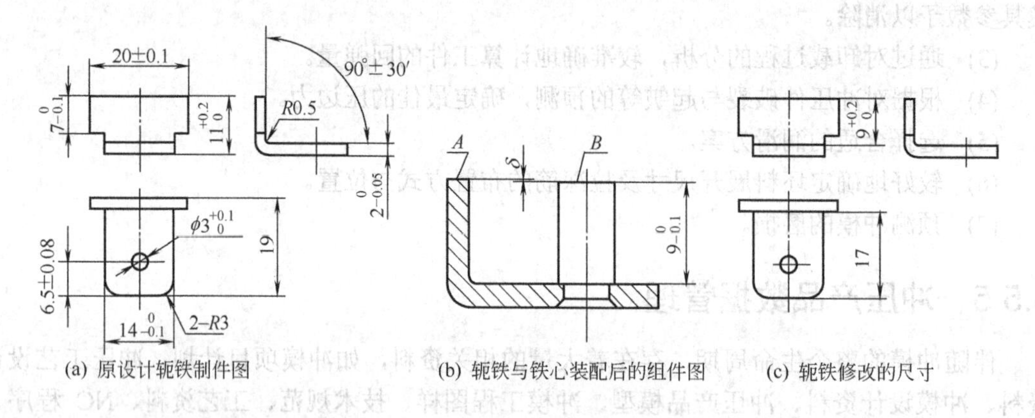


(a) 原设计轭铁制件图　(b) 轭铁与铁心装配后的组件图　(c) 轭铁修改的尺寸

**图 3.47　轭铁制件图及装配后的组件图**

## 3.6.1　读懂制件图、分析冲压工艺性

在进行冲压模具设计时，首先要读懂制件图，并进行冲压件的工艺分析，从而确定冲压工艺方案。

(1) 分析其使用场合及使用要求。该制件是电磁继电器的轭铁，图 3.47(b)是其与铁心装配后的组件图。装配后要求轭铁 $A$ 面与铁心 $B$ 面之间的距离 $\delta$=0～0.3mm。显然，该制件按图 3.47(a)所示的尺寸标注方法无法满足装配后 $\delta$ 尺寸的要求(封闭环公差小于各组成环公差之和)。因此，应根据最短尺寸链原则，建议在产品设计时对制件进行相应的修改，如图 3.47(c)所示，在不提高轭铁和铁心(车削制件)的加工精度要求的前提下，改变尺寸标注方法，满足装配尺寸要求。

(2) 分析其尺寸精度工艺性。弯曲件的尺寸精度较高，为保证弯曲角 90°±30′，需增加一道校正弯曲工序。

(3) 分析其结构工艺性。该制件是典型 V 形弯曲件，由于 DT4E 纯铁板的材料力学性能与 Q215 相近，制件弯曲半径大于该种材料的最小弯曲半径(当弯曲线与轧制方向垂直时)，且弯曲线远离尺寸突变处。该弯曲件弯曲线两侧形状不对称，弯曲时应注意可能产生偏移，好在较长边有一 $\phi 3_{\ 0}^{+0.1}$ mm 圆孔，较短边有尺寸为 20±0.1mm 凸肩，这些都有利于采取措施防止偏移。

综合上述分析，可判定该制件可以用冲裁和弯曲加工成形。

## 3.6.2　确定工艺方案

显然，生产该 V 形弯曲件要用到的冲压加工基本工序有落料、冲孔、弯曲，此外，为纠正弯曲回弹，还须增加一次校正弯曲工序。因此，该制件的冲压工艺方案可能有以下几种。

方案 1：落料—冲孔—弯曲—校正弯曲，如图 3.48 所示。

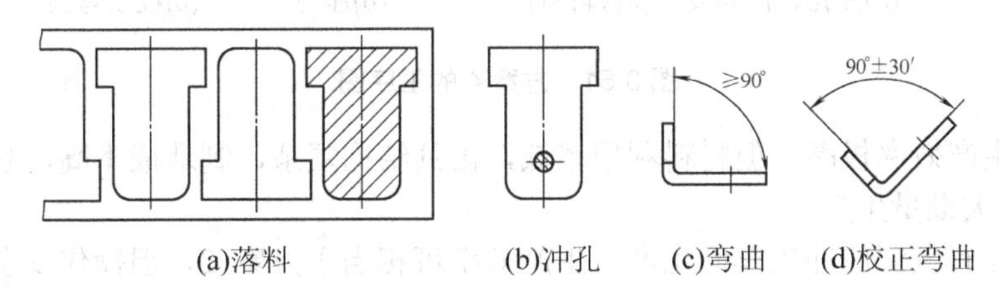


**图 3.48　方案 1 的工序图**

方案 2：冲孔、落料级进—弯曲—校正弯曲，如图 3.49 所示。

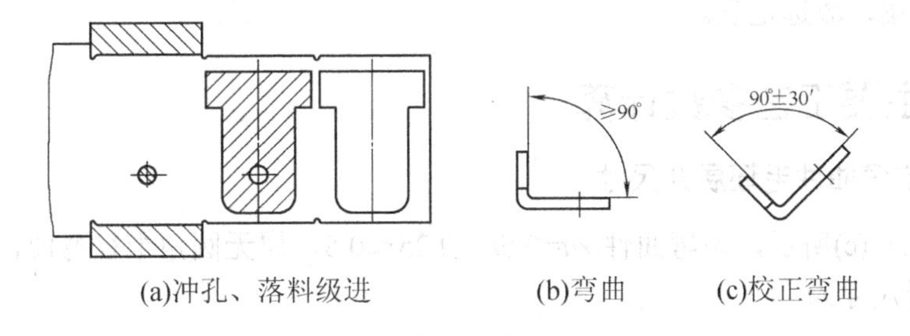


**图 3.49　方案 2 的工序图**

方案 3：冲孔、落料、弯曲级进—校正弯曲，如图 3.50 所示。

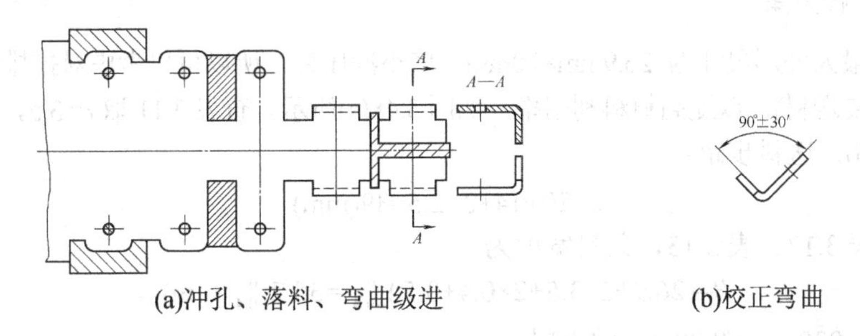


**图 3.50　方案 3 的工序图**

方案 4：冲孔、落料复合—压弯—校正弯曲，如图 3.51 所示。

方案 1 材料利用率高，模具结构简单，但制件精度较差，工序多，操作不安全，生产效率低，适合于小批量生产。

方案 2 材料利用率很低，模具制造成本较大，但生产效率高，操作安全，制件精度较方案 1 高，适合于较大批量生产。

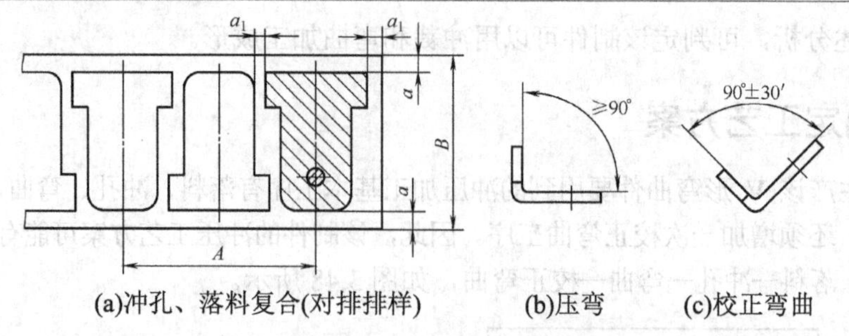


(a)冲孔、落料复合(对排排样)　　(b)压弯　　(c)校正弯曲

**图 3.51　方案 4 的工序图**

方案 3 生产效率极高，但材料利用率低，模具结构复杂，制造成本高，且安装调试周期长，适合于大批量生产。

方案 4 在有气源的冲压车间生产，生产效率可相当于方案 2，但操作安全性较差，同方案 1 一样，材料利用率高，模具制造成本低于方案 2，制件平整，尺寸精度高，适合于中批量生产。

根据制件的生产纲领属于中批量及尺寸精度要求较高的特点，比较各方案可见，方案 4 是较好方案，故选定它。

## 3.6.3　主要工艺参数计算

### 1. 确定弯曲件毛坯展开尺寸

如图 3.47(c)所示，该弯曲件 $r/t$=0.5/2=0.25<0.5，属无圆角半径弯曲，按表 3.5 可求得其毛坯展开尺寸为

$$L=9+0.2/2+17+0.4\times2=26.9(\text{mm})$$

取 $L$=(26.9±0.1)mm(参见表 3.39 工序 3)。

### 2. 确定排样方案

该弯曲件最大外形尺寸为 26.9mm×20mm，属小冲压件，所以可以考虑对排排样(单凸模、翻转条料、往复送料)，以提高材料利用率，如图 3.48(a)所示。查表 3.11 取 $a$=3.5，$a_1$=2.5。

按式(3-16)，送料步距：

$$s=20+14+2\times2.5=39(\text{mm})$$

按式(3-15)及表 3.12、表 3.13，条料宽度为

$$B=(26.9+2\times3.5+2\times0.4+0.5)_{-0.4}^{\ 0}=35.2_{-0.4}^{\ 0}(\text{mm})$$

可选用 2.0mm×900mm×2000mm 的板料。

考虑到材料轧制方向与后续压弯工序的弯曲线垂直的要求，其材料轧制的方向只能与条料宽度平行，所以必须横裁。于是每张板料可裁条料数为

$$n_1=2000\div35.2=56(\text{条})\text{，余 }28.8\text{mm}$$

单方向每条条料可冲制件数为

$$n_2'=(900-2.5)\div39=23(\text{件})$$

每条条料可冲制件数为

$$n_2=23\times2=46(\text{件})$$

每张板料可冲制件数

$$n_{总} = n_1 \times n_2 = 56 \times 46 = 2576(件)$$

工厂通常以每千件消耗材料的千克数为计量单位。可以用式(3-37)计算，即

$$G=(每张板料的质量/每张板料可冲制件数) \times 1000 \tag{3-37}$$

本例中，千件消耗定额为

$$G=(2000 \times 900 \times 2 \times 7.85) \times 10^{-3} \div 2576 \times 10^{3}=10970.5(kg/千件) \approx 11(kg/件)$$

式中电工纯铁的密度按 7.85g/cm$^3$ 计。

### 3. 计算冲压力、选设备

从凸模上卸下板料/冲孔件所需的力称为卸料力 $P_{卸}$；从凹模内向下推出落料件/废料所需的力称为推件力 $P_{推}$；从凸模内向上顶出落料件/冲孔废料所需的力称为顶件力 $P_{顶}$，如图 3.52 所示。

在生产实践中，$P_{卸}$、$P_{推}$和 $P_{顶}$常用以下经验公式计算，即

$$P_{卸}= K_{卸} P \tag{3-38}$$

$$P_{推}= nK_{推} P \tag{3-39}$$

$$P_{顶}= K_{顶} P \tag{3-40}$$

式中：$P$——冲裁力；

$K_{卸}$——卸料力系数；

$K_{推}$——推件力系数；

$K_{顶}$——顶件力系数；

$n$——在凹模内的冲件数($n=h/t$)；

$h$——凹模直壁洞口的高度。

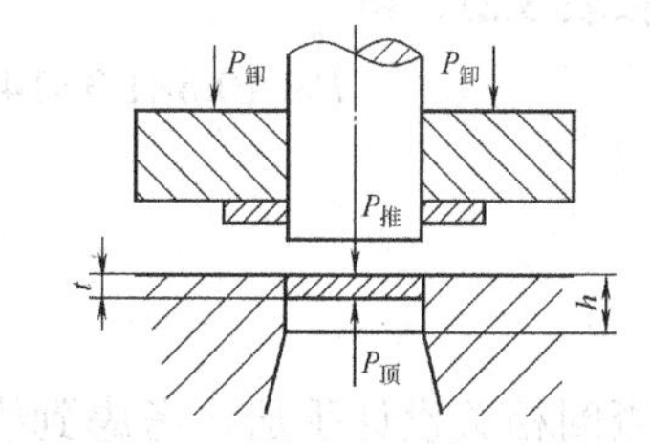

图 3.52　卸件力、推件力和顶件力

$K_{卸}$、$K_{推}$和 $K_{顶}$可分别由表 3.38 查取。当冲裁件形状复杂、冲裁间隙较小、润滑较差、材料强度高时，应取较大值；反之则应取较小值。

表 3.38　卸料力、推件力和顶件力系数

| 板料厚度 t/mm | | $K_{卸}$ | $K_{推}$ | $K_{顶}$ |
|---|---|---|---|---|
| 钢 | ≤0.1 | 0.06～0.09 | 0.10 | 0.14 |
| | >0.1～0.5 | 0.04～0.07 | 0.065 | 0.08 |
| | >0.5～2.5 | 0.025～0.06 | 0.05 | 0.06 |
| | >2.5～6.5 | 0.02～0.05 | 0.045 | 0.05 |
| | >6.5 | 0.015～0.04 | 0.025 | 0.03 |
| 铝、铝合金 | | 0.03～0.08 | 0.03～0.07 | 0.03～0.07 |
| 纯铜、黄铜 | | 0.02～0.06 | 0.03～0.09 | 0.03～0.09 |

1) 冲孔落料复合工序

按式(3-13)计算(其中 DT4E 电工纯铁板的$\sigma_b$=230MPa)：

落料力　$P_{冲1}=(26.9 \times 2+20 \times 2) \times 2 \times 230=43148(N) \approx 43.15(kN)$

冲孔力　$P_{冲2}=3.14 \times 3 \times 2 \times 230=4333.2(N) \approx 4.33(kN)$

按式(3-38)及查表 3.38，得

$$P_{卸}=K_{卸}\times P_{冲1}=0.05\times 43.15\approx 2.16(\mathrm{kN})$$

由式(3-39)及查表 3.38，且取梗塞在凸凹模内的废料数为 3 个，推件力为

$$P_{推}=3\times K_{推}\times P_{冲2}=3\times 0.05\times 4.33\approx 0.65(\mathrm{kN})$$

由式(3-40)及查表 3.38，顶件力为

$$P_{顶}=K_{顶}(P_{冲1}+P_{冲2})=0.06\times(43.15+4.33)\approx 2.85(\mathrm{kN})$$

于是，总冲压力为

$$P_{总}=P_{冲1}+P_{冲2}+P_{卸}+P_{推}+P_{顶}\approx 53.14(\mathrm{kN})$$

查阅相关设计手册，可选用国产 63kN 开式压力机，其最大装模高度为 170mm，最小装模高度为 130mm，模柄孔尺寸为$\phi$30mm×50mm。

2) 弯曲工序

弯曲力是设计冲压工艺过程和选择设备的重要依据之一。由于弯曲力受到材料性能、制件形状、弯曲方法、模具结构等多种因素的影响，因此很难用理论分析方法进行准确的计算，一般来讲，校正弯曲力比自由弯曲力大。生产实际中常用表 3.21 中的经验公式做概略计算。

按表 3.21，得

$$P_{弯}=(0.6\times 1.3\times 14\times 2^2\times 230)\div(0.5+2)=4018.6(\mathrm{N})\approx 4.02(\mathrm{kN})$$

$$P_{顶}=0.8\,P_{弯}\approx 3.21(\mathrm{kN})$$

于是

$$P_{总}=P_{弯}+P_{顶}\approx 7.23(\mathrm{kN})$$

查阅相关设计手册，考虑到模具的刚性及顶料装置的安装，所以模具不宜做得太小，故选用国产 40kN 开式压力机，其最大装模高度为 160mm，最小装模高度为 125mm，模柄孔尺寸为$\phi$30mm×50mm。

3) 校正弯曲工序

校正部分的投影面积为

$$F=7\div 1.414\times 20+(9+2-7)\div 1.414\times 14+(17+2)\div 1.414\times 14=326.7(\mathrm{mm}^2)$$

按表 3.21 及表 3.22，得

$$P=Fq=326.7\times 80=26136(\mathrm{N})\approx 26.1(\mathrm{kN})$$

同弯曲工序一样，选用国产 40kN 开式压力机。

## 3.6.4 编制冲压工艺过程卡

该制件的冲压工艺过程卡及相应冲压工艺说明如表 3.39 和表 3.40 所示。

表 3.39 轭铁冲压工艺过程卡

| 加工工艺过程卡 | | | 产品名称 | 轭铁 | |
|---|---|---|---|---|---|
| | | | 产品图号 | | |
| 材料名称及牌号 | | DT4E<br>厚 2.0 GB 6985—1986 | 每千件工艺定额 | 11.00kg | |
| 序号 | 工序 | 工序(步)内容及要求 | 工 装 | 设 备 | 备 注 |
| 1 | 辅 | 将 2000mm×900mm×2.0mm 裁成 2.0× $35.2_{-0.4}^{0}$ ×900。表面无严重锈蚀及划伤。条料宽度平行板料轧制方向。尺寸达工艺说明要求 | | | |
| 2 | 检 | 按工序 1 及工艺说明要求<br>计数抽样按 GB/T 2828.1—2012 AQL6.5 | | | |
| 3 | 冲 | 冲孔落料复合<br>允许冲件毛刺≤0.15，形状尺寸达工艺说明要求 | 冲孔落料复合模 | 63kN | |
| 4 | 检 | 按工序 3 及工艺说明要求<br>计数抽样按 GB/T 2828.1—2012 AQL6.5 | | | |
| 5 | 冲 | 弯曲<br>无弯裂、擦伤，形状尺寸达工艺说明要求 | 弯曲模 | 40kN | |
| 6 | 检 | 按工序 5 及工艺说明要求<br>计数抽样按 GB/T 2828.1—2012 AQL6.5 | | | |
| 7 | 冲 | 校正弯曲<br>无弯裂、擦伤，形状尺寸达产品图要求 | 校正弯曲模 | 40kN | |
| 8 | 检 | 按工序 7 及产品图要求<br>计数抽样按 GB/T 2828.1—2012 AQL6.5 | | | |

| | | | | | | | | |
|---|---|---|---|---|---|---|---|---|
| | | | | | 设计 | | | |
| | | | | | 审核 | | | |
| | | | | | | | | |
| | | | | | | | | |
| | | | | | 标准化 | | | 第 1 页 共 1 页 |
| 更改标记 | 数量 | 更改单号 | 签名 | 日期 | 批准 | | | |

注：表中提及的计数抽样国家标准是指《计数抽样检验程序 第 1 部分：按接收质量限(AQL)检索的逐步检验抽样计划》(GB/ T 2828.1—2012)。

表 3.40  轭铁冲压工艺说明

| 工艺说明 | 产品名称 | 轭　铁 | 编　号 | |
|---|---|---|---|---|
| | 产品图号 | | | |

900

$35.2^{\ 0}_{-0.4}$

39

工序1  下料

$20\pm0.1$

$7^{\ 0}_{-0.1}$

$\phi3^{+0.1}_{\ 0}$

$L=26.9$

$6.5\pm0.08$

$14^{\ 0}_{-0.1}$

$R3$

$2^{\ 0}_{-0.05}$

工序3  冲孔落料复合

$90^{\circ}{}^{+3^{\circ}}_{\ 0}$

$R0.5$

$9^{+0.2}_{\ 0}$

17

工序5  弯曲

| | | | | | 设计 | | | |
|---|---|---|---|---|---|---|---|---|
| | | | | | 审核 | | | |
| | | | | | | | | |
| | | | | | 标准化 | | | 第 1 页　共 1 页 |
| 更改标记 | 数量 | 更改单号 | 签名 | 日期 | 批准 | | | |

## 3.6.5　模具总体设计

模具总体结构设计应根据已确定的工艺方案及制件形状特点、精度要求、所选设备的主要技术规格参数进行，同时也要考虑模具制造条件及安全生产等因素。下面仅介绍第一道工序所用冲孔落料复合模的设计，其他工序的模具设计从略。

### 1. 模具结构形式的选择

采用冲孔落料复合模，首先要考虑凸凹模的壁厚是否过薄。本例中最小凸凹模的壁厚 $b$=(6.5−3/2)=5(mm)，按表 3.17 判定，能保证凸凹模有足够的强度，故可采用倒装复合模。

### 2. 模具工作部分尺寸计算

该冲裁件属异形件，适宜采用电火花线切割加工，所以应采用单配加工法计算凸模、凹模的工作部分尺寸，凸凹模由凸模和凹模的实际尺寸按间隙配作。冲裁件上未注公差尺寸(2×$R$3)按《公差标准》(GB/T 1804-f)。

查阅表 3.41，$Z_{min}$ = 0.22mm，$Z_{max}$ = 0.26mm；查阅表 3.7，磨损系数 $X$=1。

表 3.41 列出了电器仪表行业所用的较小初始间隙数值。

表 3.41　冲裁模初始双面间隙值 $Z$(电器仪表行业用)　　mm

| 材料名称 | 45<br>T7、T8(退火)<br>65Mn(退火)<br>磷青铜(硬)<br>铍青铜(硬) | | 10、15、20、30 钢<br>硅钢<br>H62、H65(硬)<br>LY12 | | Q215、Q235 钢<br>08、10、15 钢<br>纯铜(硬)<br>磷青铜、铍青铜<br>H62、H68 | | H62、H68(软)<br>纯铜(软)<br>L21～LF2 防锈铝<br>硬铝 LY12(退火)<br>铜母线、铝母线 | |
|---|---|---|---|---|---|---|---|---|
| 力学性能 HBS | ≥190 | | 140～190 | | 70～140 | | ≤70 | |
| 力学性能 $\sigma_b$MPa | ≥600 | | 400～600 | | 300～400 | | ≤300 | |
| 板料厚度 $t$ | 始用间隙 $Z$ | | | | | | | |
| | $Z_{min}$ | $Z_{max}$ | $Z_{min}$ | $Z_{max}$ | $Z_{min}$ | $Z_{max}$ | $Z_{min}$ | $Z_{max}$ |
| 0.3 | 0.04 | 0.06 | 0.03 | 0.05 | 0.02 | 0.04 | 0.01 | 0.03 |
| 0.5 | 0.08 | 0.10 | 0.06 | 0.08 | 0.04 | 0.06 | 0.025 | 0.045 |
| 0.8 | 0.12 | 0.16 | 0.10 | 0.13 | 0.07 | 0.10 | 0.045 | 0.075 |
| 1.0 | 0.17 | 0.20 | 0.13 | 0.16 | 0.10 | 0.13 | 0.065 | 0.095 |
| 1.2 | 0.21 | 0.24 | 0.16 | 0.19 | 0.13 | 0.16 | 0.075 | 0.105 |
| 1.5 | 0.27 | 0.31 | 0.21 | 0.25 | 0.15 | 0.19 | 0.10 | 0.14 |
| 1.8 | 0.34 | 0.38 | 0.27 | 0.31 | 0.20 | 0.24 | 0.13 | 0.17 |
| 2.0 | 0.38 | 0.42 | 0.30 | 0.34 | 0.22 | 0.26 | 0.14 | 0.18 |
| 2.5 | 0.49 | 0.55 | 0.39 | 0.45 | 0.29 | 0.35 | 0.18 | 0.24 |
| 3.0 | 0.62 | 0.65 | 0.49 | 0.55 | 0.36 | 0.42 | 0.23 | 0.29 |
| 3.5 | 0.73 | 0.81 | 0.58 | 0.66 | 0.43 | 0.51 | 0.27 | 0.35 |
| 4.0 | 0.86 | 0.94 | 0.68 | 0.76 | 0.50 | 0.58 | 0.32 | 0.40 |
| 4.5 | 1.00 | 1.08 | 0.78 | 0.86 | 0.58 | 0.66 | 0.36 | 0.45 |
| 5.0 | 1.13 | 1.23 | 0.90 | 1.00 | 0.65 | 0.75 | 0.42 | 0.52 |
| 6.0 | 1.40 | 1.50 | 1.00 | 1.20 | 0.82 | 0.92 | 0.53 | 0.63 |
| 8.0 | 2.00 | 2.12 | 1.60 | 1.72 | 1.17 | 1.29 | 0.76 | 0.88 |

注：① $Z_{min}$ 应视为公称间隙。

② 一般情况下，其 $Z_{max}$ 可适当放大。

该制件$\phi 3^{+0.1}$mm 尺寸为冲孔，其余各尺寸均为落料。

按式(3-10)计算冲孔凸模工作部分尺寸为

$$d_{凸}=(3+1\times0.1)_{-1/4\times0.1}^{\ 0}=3.1_{-0.025}^{\ 0}\ (\text{mm})$$

按式(3-9)计算凹模工作部分尺寸为

$$D_{凹1}=(20+0.1-1\times0.2)_{0}^{+1/4\times0.1}=19.9_{0}^{+0.05}\ (\text{mm})$$

$$D_{凹2}=(14-1\times0.1)_{0}^{+1/4\times0.1}=13.9_{0}^{+0.025}\ (\text{mm})$$

$$D_{凹3}=(7-1\times0.1)_{0}^{+1/4\times0.1}=6.9_{0}^{+0.025}\ (\text{mm})$$

$$D_{凹4}=(26.9+0.1-1\times0.2)_{0}^{+1/4\times0.2}=26.8_{0}^{+0.05}\ (\text{mm})$$

$$D_{凹5}=(3+0.05-1\times0.1)_{0}^{+1/4\times0.1}=2.95_{0}^{+0.025}\ (\text{mm})$$

凸凹模外形、内孔工作部分尺寸分别与凹模、凸模实际尺寸按 0.22mm 双面间隙配作。

注意，凸凹模上孔边距尺寸 $s$(本例为 6.5mm±0.08mm)的计算分两种情况。

当 $s$ 随凹模磨损变大时，有

$$s=(\text{冲裁件上该尺寸的最大极限}-X\Delta+1/8\cdot\Delta-1/2\cdot Z_{min})\pm1/8\Delta \tag{3-41}$$

当 $s$ 随凹模磨损变小时，有

$$s=(\text{冲裁件上该尺寸的最小极限}+X\Delta-1/8\cdot\Delta+1/2\cdot Z_{min})\pm1/8\Delta \tag{3-42}$$

式中：$\Delta$——冲裁件的公差。

显然在本例中 $s$ 随凹模磨损变大，所以应按式(3-41)计算，有

$$s=(6.5+0.08-1\times0.16+1/8\times0.16-1/2\times0.22)\pm0.16/8=6.33\pm0.02(\text{mm})$$

### 3. 选用标准模架并确定闭合高度及模具总体尺寸

按图 3.53 所示冲裁件大小，可确定凹模外形尺寸为 80mm×63mm，根据凹模外形尺寸选择中间导柱导套模架。

选用模架：80×63×(140～165) (GB/T 2851.5)

选用上模座：80×63×30(GB/T 2855.9)

选用下模座：80×63×40(GB/T 2855.10)

选用模柄：A25(JB/T 7646.2)

所以模架的闭合高度为：最大 165mm；最小 140mm。

模具的闭合高度 $H$ 应介于压力机的最大装模高度 $H_{max}$ 与最小装模高度 $H_{min}$ 之间；否则就不能保证正常的安装与工作。其关系为

$$H_{min}+10\text{mm}\leqslant H\leqslant H_{max}-5\text{mm} \tag{3-43}$$

且模具的闭合高度 $H$ 还应在模架最大最小闭合高度之间，而本例中有

$H$=上模座厚度+上垫板厚度+凸模长度(凹模厚度+上固定板厚度)+凸凹模高度+下垫板厚度+下模座厚度−(1～2)$t$

于是选定上垫板厚度为 6mm；上固定板厚度为 12mm；凹模厚度为 20mm；凸模长度为 32mm；凸凹模长度为 40mm；下垫板厚度为 6mm。

根据上述选定，得出 $H$=152mm，满足要求，且介于模架最大最小闭合高度之间，故模具闭合高度设计合理。

### 4. 模具总体尺寸设计

按上述选定和计算结果，模具的总体尺寸为长 184mm、宽 120mm，闭合高度为 152mm。

5. 绘制模具总装图并完成模具零件明细表

图 3.53 所示为本例冲孔落料复合模总装图及模具零件明细表。

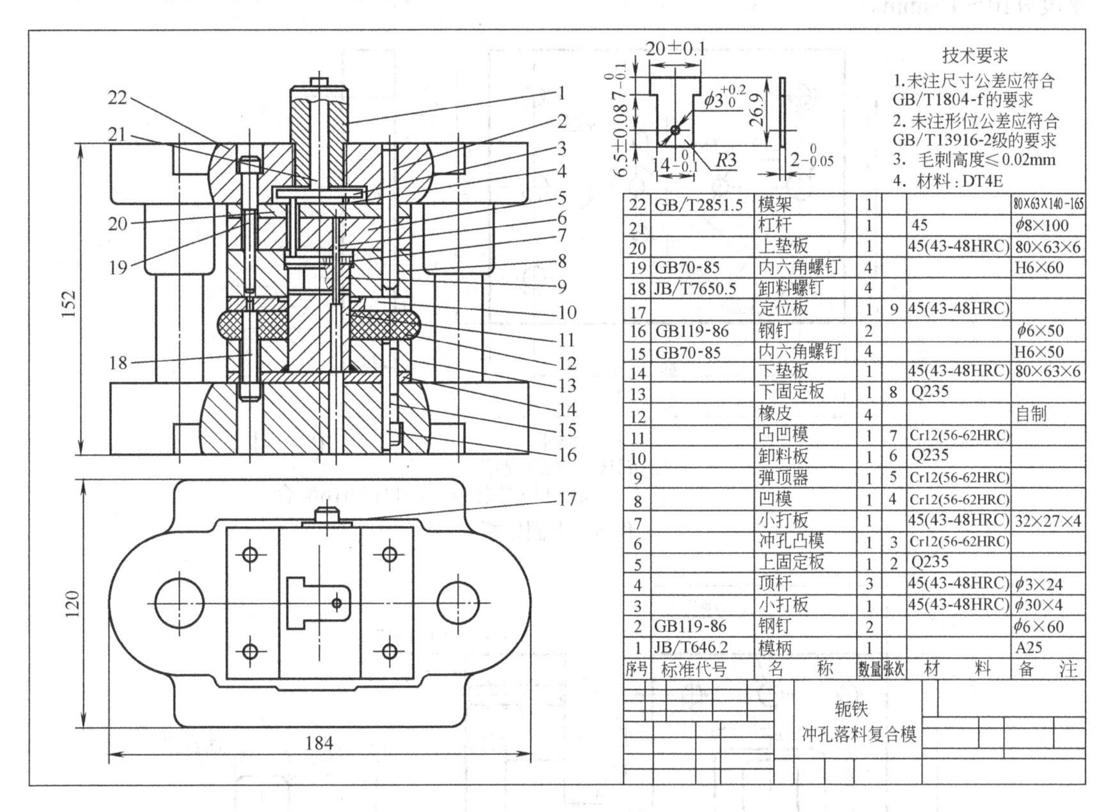


| 序号 | 标准代号 | 名称 | 数量 | 张次 | 材料 | 备注 |
|---|---|---|---|---|---|---|
| 22 | GB/T2851.5 | 模架 | 1 | | | 80×63×140-165 |
| 21 | | 杠杆 | 1 | | 45 | $\phi$8×100 |
| 20 | | 上垫板 | 1 | | 45(43-48HRC) | 80×63×6 |
| 19 | GB70-85 | 内六角螺钉 | 4 | | | H6×60 |
| 18 | JB/T7650.5 | 卸料螺钉 | 4 | | | |
| 17 | | 定位板 | 1 | 9 | 45(43-48HRC) | |
| 16 | GB119-86 | 钢钉 | 2 | | | $\phi$6×50 |
| 15 | GB70-85 | 内六角螺钉 | 4 | | | H6×50 |
| 14 | | 下垫板 | 1 | | 45(43-48HRC) | 80×63×6 |
| 13 | | 下固定板 | 1 | 8 | Q235 | |
| 12 | | 橡皮 | 4 | | | 自制 |
| 11 | | 凸凹模 | 1 | 7 | Cr12(56-62HRC) | |
| 10 | | 卸料板 | 1 | 6 | Q235 | |
| 9 | | 弹顶器 | 1 | 5 | Cr12(56-62HRC) | |
| 8 | | 凹模 | 1 | 4 | Cr12(56-62HRC) | |
| 7 | | 小打板 | 1 | | 45(43-48HRC) | 32×27×4 |
| 6 | | 冲孔凸模 | 1 | 3 | Cr12(56-62HRC) | |
| 5 | | 上固定板 | 1 | 2 | Q235 | |
| 4 | | 顶杆 | 3 | | 45(43-48HRC) | $\phi$3×24 |
| 3 | | 小打板 | 1 | | 45(43-48HRC) | $\phi$30×4 |
| 2 | GB119-86 | 钢钉 | 2 | | | $\phi$6×60 |
| 1 | JB/T646.2 | 模柄 | 1 | | | A25 |

图 3.53 轭铁冲孔落料复合模装配图

## 3.6.6 模具零件的设计

模具零件设计一般在工艺设计和模具总体设计之后进行，标准件按相应标准直接选用，填写在模具零件明细表中。如模柄，选用《冲模模柄 第 2 部分：施入式横柄》(JB/T 7646.2)中的 A25，本例冲模在 63kN 开式压力机上使用时，模柄还需另加$\phi$30mm 模柄套方能使用。从模具零件明细表中可以看出，本例冲孔落料复合模的大部分支承零件、导向零件、紧固零件均可选用标准件，部分卸料、顶料和打料零件，由于形状简单也可在模具零件明细表备注栏加以说明。因此，本例冲孔落料复合模必须设计的模具零件有工作零件(凸模、凹模、凸凹模)，导向零件(定位板)，部分压料、卸料、顶料和打料零件(弹顶器、卸料板)，以及能分别反映上模部分和下模部分装配关系的支承零件(上固定板、下固定板)。模具主要零件如图 3.54 和图 3.55 所示机械行业标准《冲模零件技术条件》(JB/T 7653)，规定了除模架零件之外的各种冲模零件技术条件，包括未注明公差尺寸的极限偏差、形状位置公差值、零件内部组织、零件外表缺陷等内容)。

一般情况下，凹模及固定板要设计两个与上模座或下模座同时加工的销钉孔，需要 3 个以上的螺钉孔；弹性卸料板需要 3 个以上的螺纹孔与卸料螺钉配合，如果不用橡皮而用弹簧卸料时，在下固定板上需加工出坐稳弹簧的沉孔；顶杆一般要设计 3 根以上，顶杆长度=上垫板厚度+凹模打板安装孔深度-打板厚度+(1～2)mm；打杆长度=模柄长度-小打板厚度+(10～15)mm。

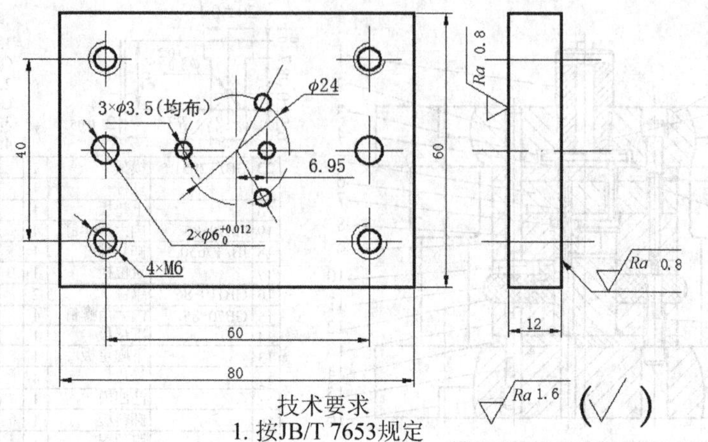


件 5　上固定板

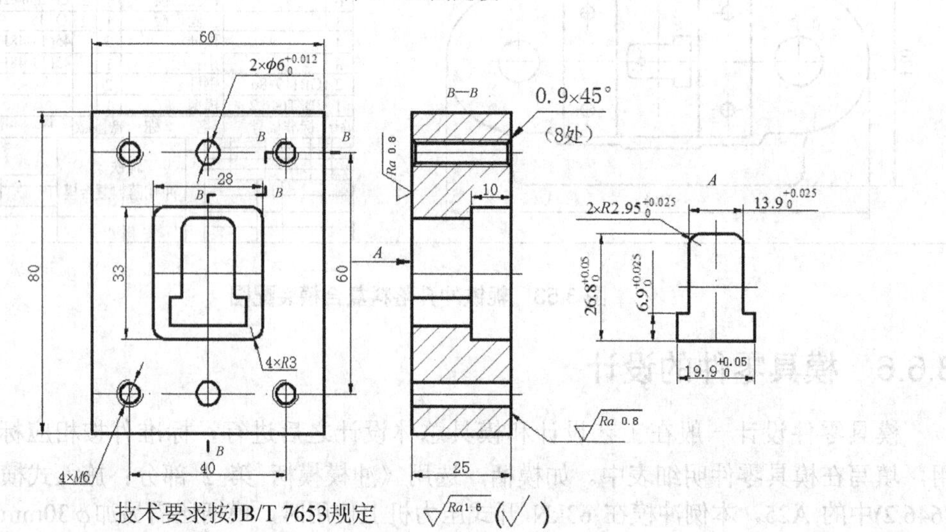


件 8　凹模

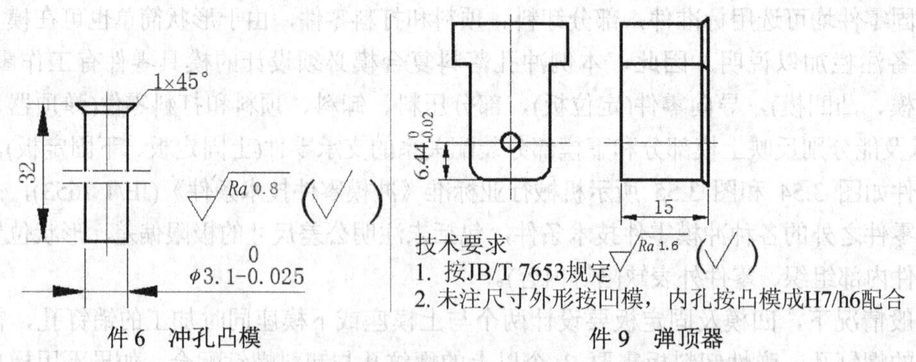


件 6　冲孔凸模　　　件 9　弹顶器

**图 3.54　轭铁冲孔落料复合模部分零件图(1)**

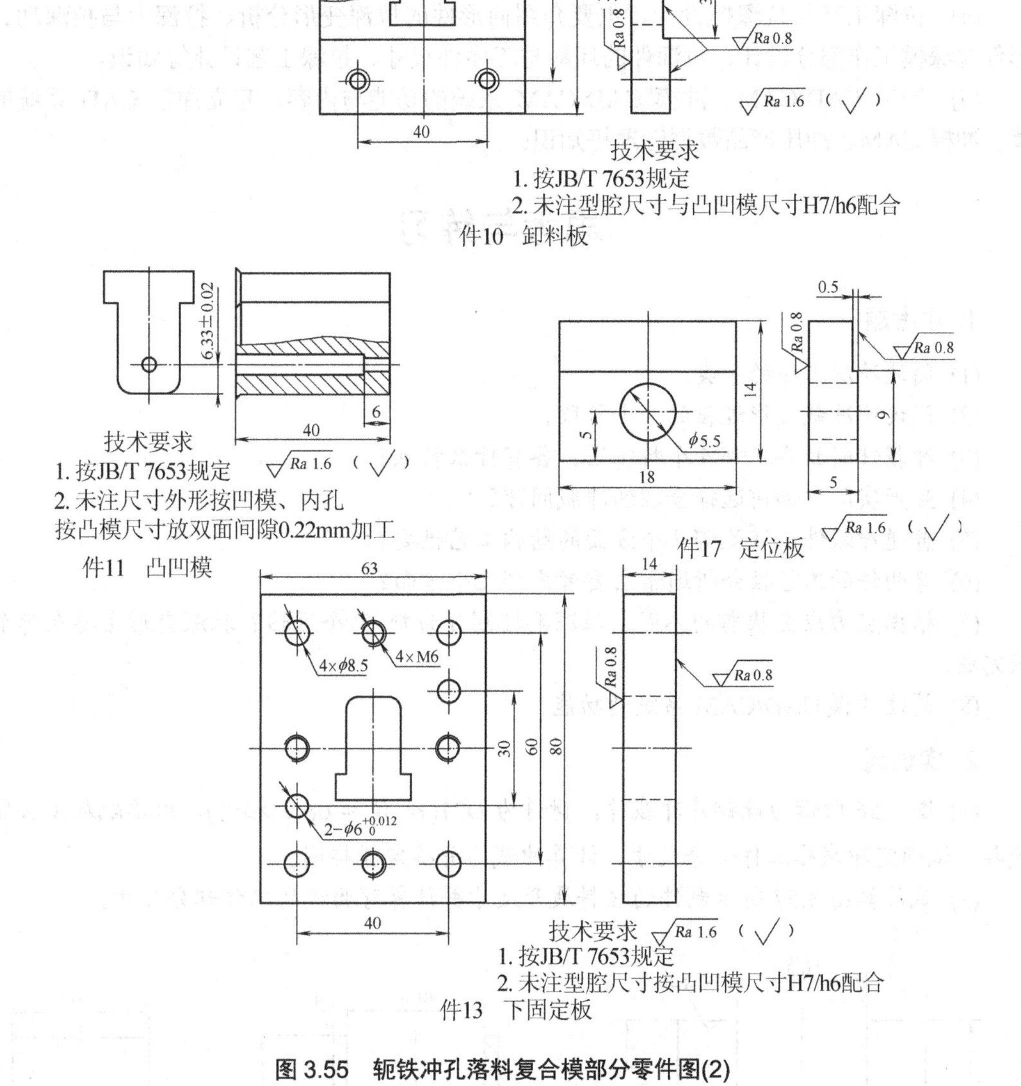


**图 3.55 轭铁冲孔落料复合模部分零件图(2)**

# 本 章 小 结

本章首先讲解冲压模具的基本知识，接着着重介绍了冲压模具中的冲裁、弯曲、拉深 3 种应用较为广泛的工艺及模具设计，并对冲模 CAD/CAM 系统做了概况总结，最后完成了一个冲压模具设计案例。包括以下内容。

(1) 冲压模具基础知识。主要介绍冲压与冲模概念、冲压工艺特点及应用、冲压工序的分类、冲模的分类、冲模的组成零件、冲模设计与制造等基础知识。

(2) 冲裁工艺与冲裁模设计。冲裁变形过程、冲裁间隙、冲裁模凸模和凹模工作部分的尺寸计算、冲裁力的计算、冲裁件的排样、冲裁工艺设计等知识。

(3) 弯曲工艺与弯曲模设计。主要介绍弯曲变形分析、弯曲力的计算、弯曲件坯料展开、弯曲模工作部分设计、弯曲工艺设计等知识。

(4) 拉深工艺与拉深模设计。主要介绍筒形件的拉深变形分析、拉深力与拉深功、筒形件拉深模工作部分设计、拉深件的坯料与工序件尺寸、拉深工艺设计等知识。

(5) 冲模 CAD/CAM。冲模 CAD/CAM 系统的功能与内容、建立冲模 CAD 系统的步骤、冲模 CAM、冲压产品数据管理等知识。

# 思考与练习

## 1. 思考题

(1) 简述冲压工序的分类。

(2) 试说明冲裁变形过程的 3 个阶段。

(3) 冲裁件断面存在哪 4 个特征区？各有什么特点？

(4) 生产实际中如何选择合理的冲裁间隙？

(5) 普通冲裁件应满足哪几个方面的结构工艺性要求？

(6) 弯曲件的工艺性分析通常主要考虑哪几个方面？

(7) 根据应力应变状态的不同，拉深毛坯划分为哪 5 个区域？拉深变形主要在哪个区域完成？

(8) 简述冲模 CAD/CAM 系统的功能。

## 2. 实训题

(1) 图 3.56 所示为硅钢片冲裁件，材料为 D21($\sigma_b$ 值和 08 钢相近)，用单配加工法制造模具，试确定冲裁模工作部分尺寸、计算冲裁力并确定排样图。

(2) 试计算图 3.57 所示制件的坯料展开尺寸并计算弯曲模的工作部分尺寸。

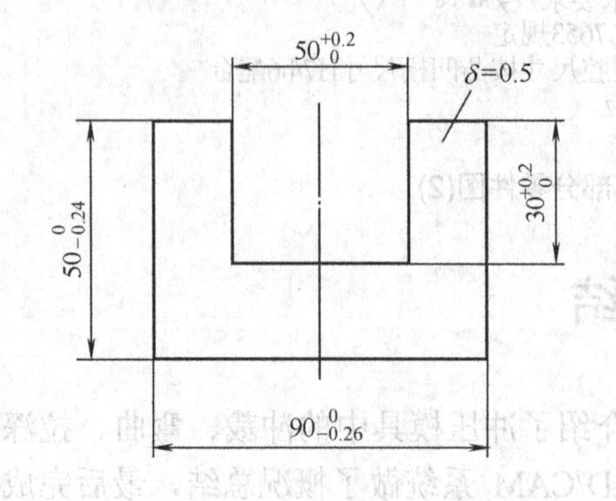


图 3.56　习题图(1)

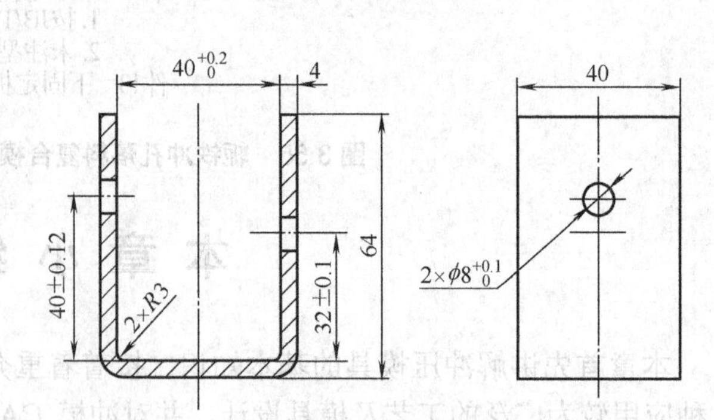


图 3.57　习题图(2)

# 第 4 章　注塑模具设计

**学习要点**

- 了解注塑成型原理及注塑模组成和类型。
- 掌握注塑模结构设计的基本知识。

**技能目标**

- 掌握注塑模成型零件、排位、分型面、浇注系统、顶出系统、导向机构、冷却系统、抽芯机构等的设计方法。
- 掌握选择模具材料的一般方法。

模具的种类繁多，大体上可以分为三大类：金属板材成型模具，如冲压模具等；金属体积成型模具，如锻模、压铸模等；非金属材料的制品成型模具，如塑料注射模具(可简称注塑模具)、挤出模具、吹塑模具等。在模具工业的总产值中，冲压模具、注塑模具和压铸模具是应用最为广泛的 3 类模具。其中，冲压模具约占 50%，注塑模具约占 36%，压铸模具约占 6%，其他各类模具约占 8%。

塑料成型模具可以分为热塑性塑料成型模具和热固性塑料成型模具两大类。如果按照成型原理可以分为注塑模、压缩模、压注模、挤出模、中空吹塑模、气压成型模等六大类。

塑料模与冲压模的不同点在于以下几点。

(1) 成型制件是立体形状，型腔是封闭的。

(2) 材料处于熔融状态充模，定型后取件。

(3) 模具一般处于热状态。

(4) 模具所受的外力是非冲击力。

本章主要讲解的是注塑模具的设计。

## 4.1 注塑模具设计简介

注塑成型是热塑性塑料制件的一种主要成型方法，并且能够成功地将某些热固性塑料注塑成型。注塑成型可成型各种形状的塑料制品，其优点包括成型周期短，能一次成型外形复杂、尺寸精密、带有嵌件的制品，且生产效率高，易于实现自动化，因而广泛应用在塑料制品生产当中。

### 4.1.1 注塑成型原理及特点

塑料的注塑成型过程就是借助螺杆或柱塞的推力，将已塑化的塑料熔体以一定的压力和速度注入模具型腔内，经过冷却固化定型后开模而获得制品。注塑成型工艺是成型塑料制品的一种常用方法，其工艺流程如图 4.1 所示。

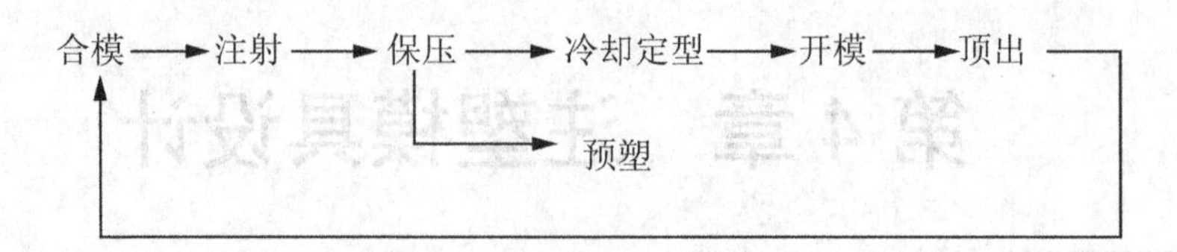


图 4.1 注塑成型工艺流程

从以上工艺流程可以看出，注塑成型是一个循环过程，完成注塑成型需要经过预塑、注塑、冷却定型 3 个阶段。

**1. 注塑成型原理**

注塑成型所用的模具即为注塑模(也称塑料注射模，有时也简称为注射模)，注塑成型的原理如图 4.2～图 4.4 所示(以螺杆式注塑机为例，注塑机又称注射成型机或注射机)。首先将颗粒或粉状的塑料加入料斗，然后输送到外侧装有电加热的料筒中塑化。螺杆在料筒前端原地转动，使被加热预塑的塑料在螺杆的转动作用下通过螺旋槽输送至料筒前端的喷嘴附近。螺杆的转动使塑料进一步塑化，料温在剪切摩擦热的作用下进一步提高并得以均匀化，如图 4.2 所示。

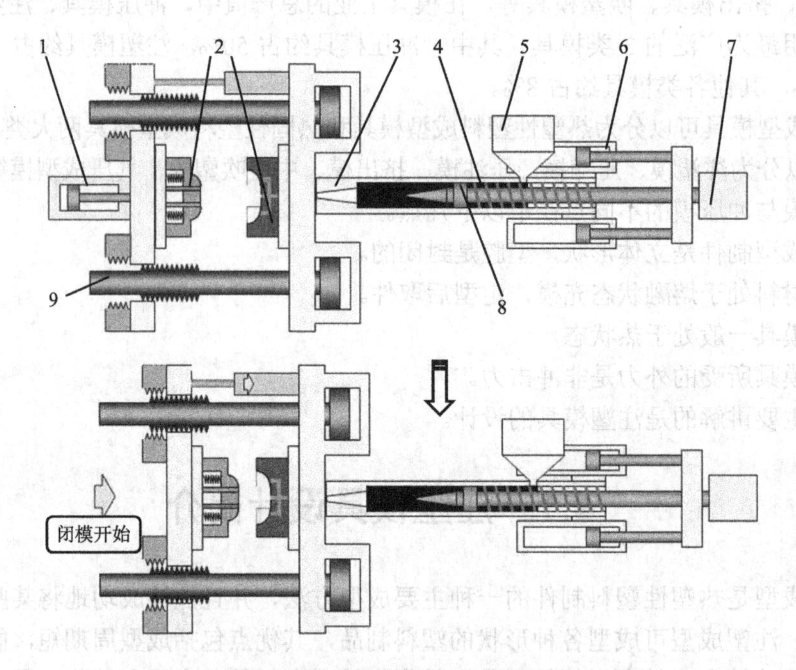


图 4.2 注塑机注塑并开始闭模

1—油缸；2—注塑模具；3—喷嘴；4—螺杆；5—料斗；
6—射出驱动汽缸；7—计量马达；8—止逆环；9—拉杆

当料筒前端堆积的熔体对螺杆产生一定的压力时(称为螺杆的背压)，螺杆将转动后退，直至与调整好的行程开关接触，从而使螺母与螺杆锁紧。具有模具一次注射量的塑料预塑和储料过程结束。

这时，马达带动汽缸前进，与液压缸活塞相连接的螺杆以一定的速度和压力将熔料通过料筒前端的喷嘴注入温度较低的闭合模具型腔中，如图 4.3 所示。

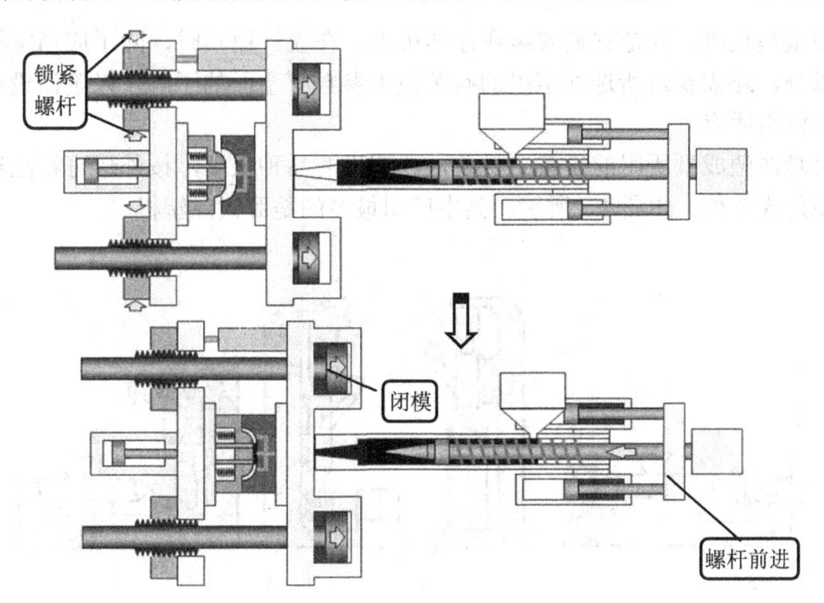


图 4.3　注射机锁紧并注射

熔体通过喷嘴注入闭合模具型腔后，必须经过一定时间的保压，熔融塑料才能冷却固化，保持模具型腔所赋予的形状和尺寸。当合模机构打开时，在推出机构的作用下即可顶出注塑成型的塑料制品，如图 4.4 所示。

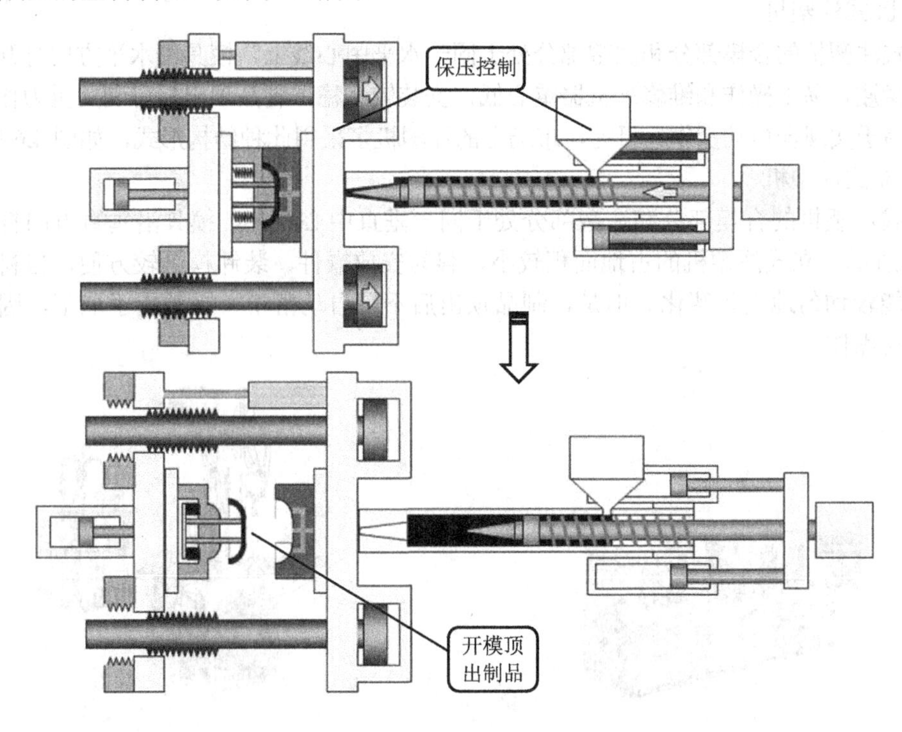


图 4.4　保温后开模顶出制品

2. 注塑机简介

使用注塑模具时，要把它们安装在注塑机上。在设计模具时，除了应当掌握注塑成型工艺过程以外，还需要对所选注塑机的有关技术参数有全面的了解，以确保设计的模具与使用的注塑机相适应。

注塑机是注塑成型所用的设备。目前，注塑机的品种很多，按外形可将注塑机分为立式、卧式和角式 3 种，如图 4.5 所示。其中应用最多的是卧式注塑机。

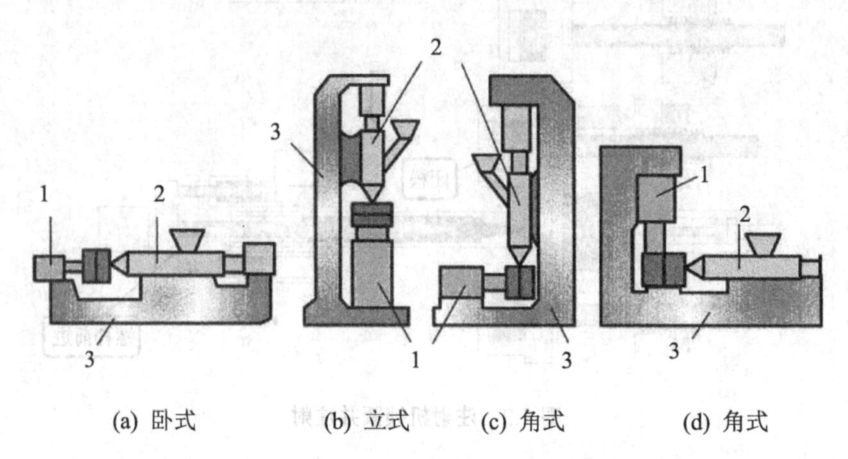


图 4.5　注塑机的种类
1—合模系统；2—注塑系统；3—机身

1) 卧式注塑机

卧式注塑机的合模部分和注塑部分处于同一水平中心线上，模具沿水平方向打开。其特点是机身矮，易于操作和维修；机器重心低，安装较平稳；制品顶出后可利用重力作用自动落下，易于实现全自动操作。目前，市场上的注塑机多采用此种结构形式，如图 4.6 所示。

2) 立式注塑机

立式注塑机的合模部分和注塑部分处于同一垂直中心线上，模具沿垂直方向打开，如图 4.7 所示。立式注塑机的占地面积较小，容易安放嵌件，装卸模具较方便，自料斗落入的物料能较均匀地进行塑化。但是，制品顶出后不易自动落下，必须用手取下，因而难以实现自动操作。

图 4.6　卧式注塑机

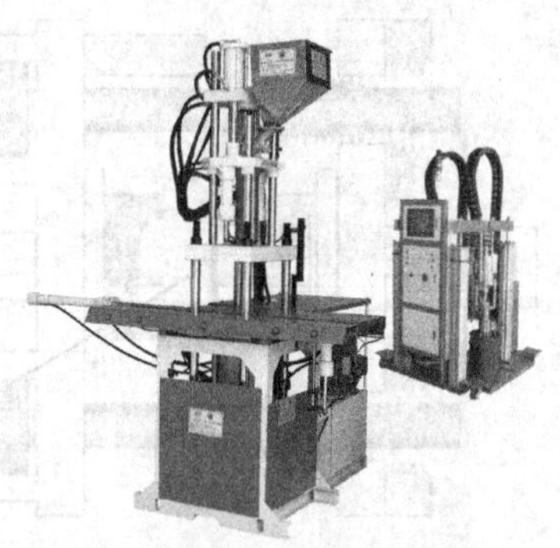

图 4.7　立式注塑机

立式注塑机适用于小型注塑机，60g 以下的注塑机一般多采用这种结构形式，而大、中型机则不宜采用。

3) 角式注塑机

角式注塑机的注塑方向和模具分界面在同一个面上，特别适合于加工中心部分不允许留有浇口痕迹的平面制品，如图 4.8 所示。虽然占地面积比卧式注塑机小，但放入模具内的嵌件容易倾斜落下，所以这种结构形式的注塑机适用于小型机。

4) 多模转盘式注塑机

多模转盘式注塑机是一种多工位操作的特殊注塑机，其特点是合模装置采用转盘式结构，模具围绕转轴转动。这种结构形式的注塑机充分发挥了注塑装置的塑化能力，可以缩短生产周期，提高机器的生产能力，因而特别适合于冷却定型时间长或安放嵌件需要较多辅助时间的大批量生产，如图 4.9 所示。

图 4.8　角式注塑机

图 4.9　多模转盘式注塑机

多模转盘式注塑机的合模系统庞大、复杂，合模装置的合模力往往较小，故这种注塑机多应用于塑胶鞋底等制品的生产。

### 3．注塑模设计的特点

塑料注塑模能够一次成型形状复杂、尺寸精确或带嵌件的塑料制件。在注塑件生产中，通常以最终塑料制品的质量来评价模具的设计和制造质量。

注塑件质量包括表现质量和内在质量。表现质量的衡量标准为塑件的形状和尺寸精度，包括注塑件的表面粗糙度和表现缺陷状况。常见的表现缺陷有凹陷、气孔、无光泽、发白、银纹、剥皮、暗斑纹、烧焦、裂纹、翘曲、溢料飞边或可见熔合缝等。内在质量也就是性质质量，包括熔合缝强度、残余应力、密度和收缩等。

先进的模具必须在使用寿命期限内保证制品质量，并需要具备良好的技术经济指标。这就要求模具动作可靠，自动化程度高，热交换效率好，成型周期短。其次，合理选用模具材料，恰当确定模具制造精度，简化模具加工工艺，降低模具的制造成本也十分重要。

此外，在注塑模设计过程中，还必须充分注意到以下 3 个特点。

(1)　塑料熔体能够剪切变稀。注塑熔体大多属于假塑性液体，能够“剪切变稀”。它的流动性依赖于物料品种、剪切速度、温度和压力。因此，须按照流变特性来设计浇注系统，并校验型腔压力及锁模力。

(2)　注塑模能承受型腔压力。在注塑模设计过程中，应在正确估算模具型腔压力的基础上进行模具的机构设计。为保证模具的闭合、成型、开模、脱模和侧抽芯操作的可靠进行，必须充分考虑模具零件和塑件的刚度与强度等力学问题。

(3) 实现动态热平衡。在整个成型周期中，塑件-模具-环境组成一个动态的热平衡系统。应当将塑件和金属模的传热学原理应用于模具温度调节系统的设计，以确保制品质量，并实现最佳技术经济指标。

尽管注塑模具设计和制造的技术难点较高，但由于注塑分型方法具有其他塑料成型方法无法取代和比拟的优点，所以这种方法已经引起人们的普遍关注。注塑模设计理论及方法经历了从经验设计到理论设计的过程，目前我国正在加紧开发研制注塑设计的 CAE/CAD/CAM 实用软件。

### 4. 注塑模设计步骤

在进行实际制品到模具设计的过程中，作为一位制品与模具设计人员，首先应该清楚制品到模具实际设计的流程图，如图 4.10 所示。根据流程图可以看出，设计一件制品首先必须进行市场调研，接着是方案设计，其次是技术设计，然后是制造设计，最后才投入生产制造。在上面的流程中要分化出许多设计步骤和阶段性结果。所以，不难看出制品设计到模具设计各环节是密不可分的，这些环节都直接影响到各部分的结构设计。

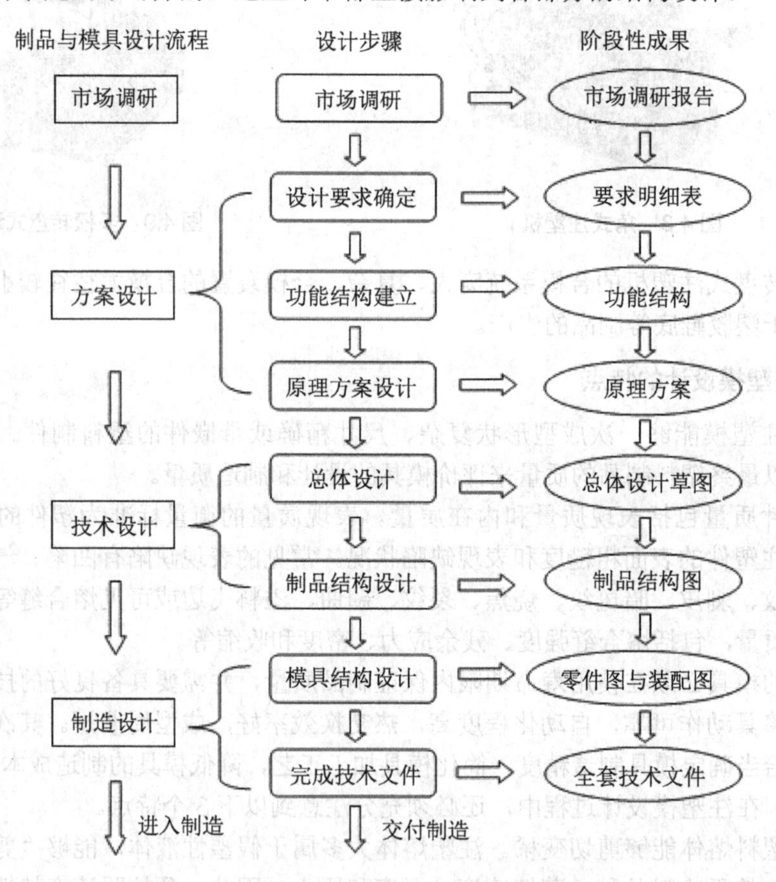


图 4.10 塑料制品到模具设计制造的流程图

利用 UG、Pro/E 等模具 CAD/CAM 软件进行塑料注塑模具设计之前，必须充分分析模具设计的步骤和顺序，从而简化模具设计流程。在实际生产中，一套完整模具的设计制造流程如图 4.11 所示。

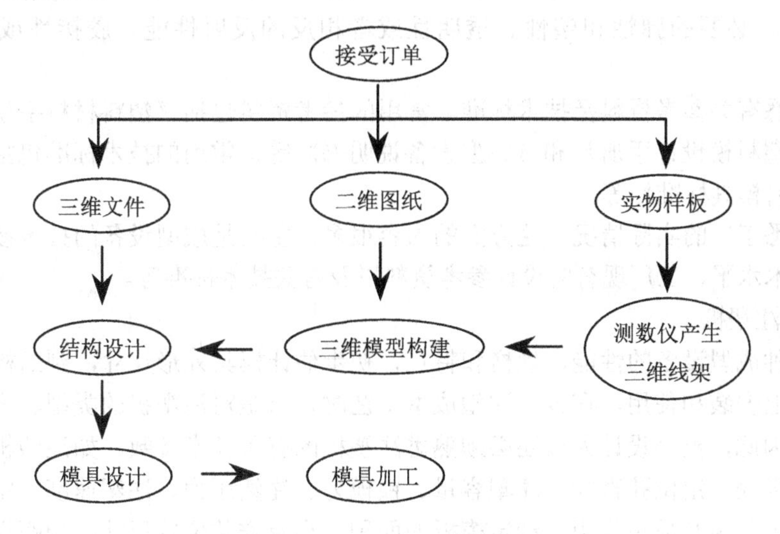


图 4.11　模具设计制造流程

具体包括以下工作。

1) 设计前的准备工作

模具设计人员应当以设计任务书为设计依据。目前，注塑模设计任务书大体有 3 种类型。

(1) 给定经审核的塑件图和技术要求，要求设计成型工艺及模具。

(2) 给定塑件样品，要求测绘塑件样品后设计成型工艺及模具。

(3) 给定塑件图和模具图，要求按实际生产条件修改设计成型工艺及模具。

显然，这 3 种任务书的责任及工作量差别甚大。对于第二种类型(逆向设计)应慎重对待，测绘后的塑件图必须经过有关部门的认可，方能开始进行成型工艺及模具设计。

成型塑件的任务书通常由塑件设计者提出。任务书的内容主要包括经过审签的正规塑件图样，其中注明所用塑料的牌号、颜色、透明度等；塑件说明书或技术要求；塑件的生产数量等。模具设计任务书通常由工艺员根据成型塑件的任务书提出，模具设计人员以塑件成型任务书和注塑模设计任务书为依据进行模具设计。

2) 收集、分析和消化原始资料

在注塑模设计之前，必须取得必要的基本资料和数据，如符合标准的塑件图或塑件样品、塑件产量和生产率要求、塑料牌号、塑件生产车间的设备型号及参数、模具制造车间的设备及制造技术水平等，然后对这些原始资料和数据进行下述分析和消化。

(1) 分析塑件图。了解塑件的用途，并分析塑件的工艺性(尺寸精度、几何形状等)。如塑料制件在外表形状、颜色透明度、使用性能方面的要求是什么，塑件的几何结构、斜度、嵌件等情况是否合理，熔接痕、缩孔等成型缺陷的允许程度，有无涂装、电镀、胶接和钻孔等后加工。选择塑料制件尺寸精度最高的尺寸进行分析，估计成型公差是否低于塑料制件的公差，能否成型出合乎要求的塑料制件。此外，还要了解塑料的塑化及成型工艺参数。

(2) 分析工艺资料。分析工艺任务书提出的成型方法、成型设备、塑料牌号、模具类型等要求是否合理，能否落实。成型材料应当满足塑料制件的强度要求，具有好的流动性、均匀性和各向同性、热稳定性。根据塑料制件的用途，成型材料应满足染色、镀金属等装饰性能、必要的弹性和塑性、透明性或者相反的反射性能、胶接性或者焊接性等要求。

(3) 熟悉有关参考资料及技术标准。常用的参考资料包括《塑料材料手册》《塑料技术标准》《塑料模设计手册》和《成型设备说明书》等，常用的技术标准包括《机械制图标准》《塑料模具标准》等。

(4) 熟悉工厂的实际情况。这方面的内容很多，主要是成型设备的技术参数、模具制造车间的技术水平、工厂现有的设计参考资料以及有关技术标准等。

3) 选择注塑机

熟知各种成型设备的性能、规格和特点，初步估计模具外形尺寸，判断模具能否在所选的注塑机上安装和使用。在设计注塑成型工艺时，只是对注塑机的类型、型号等做了粗略的选择。因此，模具设计人员还必须熟悉注塑机的有关技术参数，如注塑机的喷嘴孔径和喷嘴球面半径、定位孔直径、注塑容量、锁模力、注塑压力、注塑速度、定模板和动模板之间的最大开距及最小开距、动定模板的面积大小及安装位置尺寸、调距螺母的可调长度、最大开模行程、拉杆间距、顶出杆直径及其位置、顶出行程等。

4) 确定模具结构

理想的模具结构必须满足塑件的工艺技术要求和生产经济性要求。工艺技术要求是要保证塑件的几何形状、尺寸公差及表面粗糙度；生产经济性要求则是要达到成本低、生产效率高、模具使用寿命长、操作维修方便、安全可靠的目的。在确定模具结构时主要应当解决以下问题。

(1) 确定初始设置结构。在分型设计之前，确定型腔数目和布置方式，根据塑件的几何结构特点、尺寸精度要求、批量大小、模具制造难易、模具成本等确定型腔数量及其排列方式。设置要符合最大注塑量、锁模力、产品精度和经济性等方面的要求。此外，还需要进行成型零件的结构设计与尺寸计算。

(2) 分型设计。分型面的选择应当以模具结构简单和分型容易为设计准则，要有利于模具加工、排气、脱模、成型操作和塑料制件的表面质量等；确定主要成型零件和结构零件的结构形式，考虑模具各部分的强度，计算成型零件工作尺寸。

(3) 确定辅助系统机构。注塑模模架和常用零部件若已有国家标准，设计时应尽量采用。确定浇注系统(主浇道、分浇道和浇口的形状、位置、大小)和排气系统(排气的方法，排气槽位置、大小)，选择顶出方式(顶杆、顶管、推板、组合式顶出)，决定侧凹处理方法、抽芯方式，决定冷却、加热方式及加热冷却沟槽的形状、位置、加热元件的安装部位，根据模具材料、强度计算或者经验数据，确定模具零件厚度、外形尺寸、外形结构和所有连接、定位、导向件位置。

(4) 模流分析。利用 UG、CATIA、Pro/E 等的模具 CAE 功能，或直接利用模流分析软件 Moldflow 进行分析，反复修正，优化模具设计，如图 4.12 所示。

(a) 温度分析

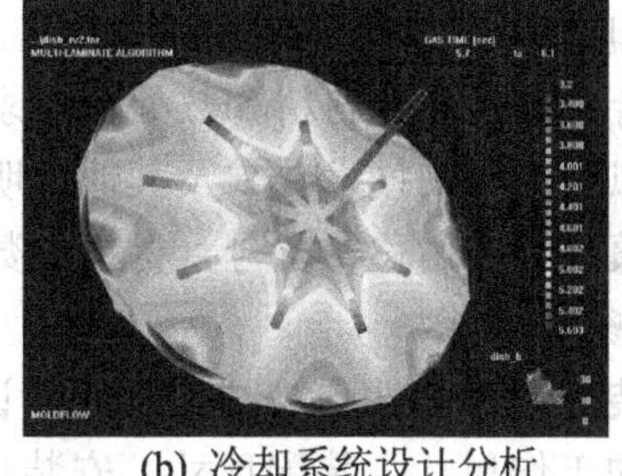


(b) 冷却系统设计分析

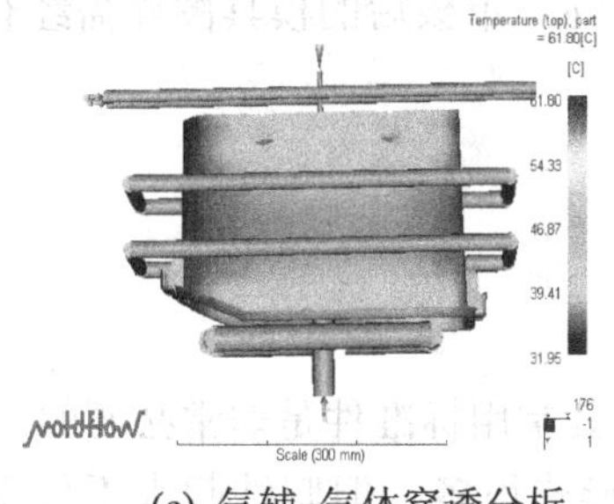


(c) 气辅-气体穿透分析

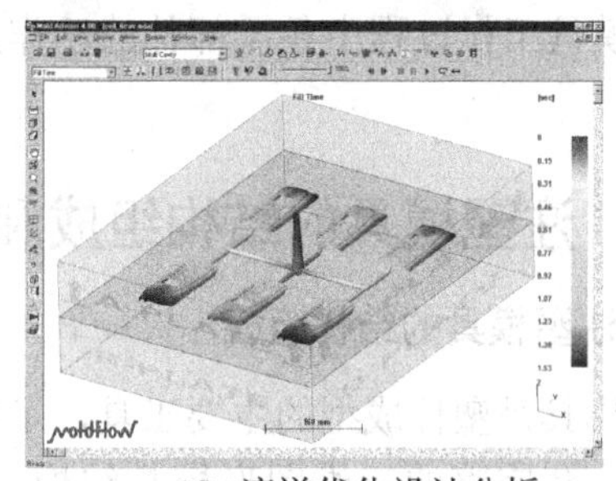


(d) 流道优化设计分析

**图 4.12　模流分析**

5) 确定总体尺寸与绘制结构草图

在确定模具结构的基础上，参照有关注塑模模架标准和结构零件标准，绘制模具结构草图，确定模具轮廓尺寸和零部件的主要结构尺寸，并根据塑件和所选注塑机的基本参数，对两者进行适应性校核，以最后调整、确定模具结构和参数。

6) 绘制模具装配图

绘制模具装配图时，除了应把模具的整体结构和各个零部件的装配关系、紧固、定位等表达清楚之外，还应注意以下几点。

(1) 能够采用原值比例绘制的，应采用原值比例。

(2) 正确选择足够的视图，以表示模具整体结构、各零部件之间的装配关系。

(3) 可按注塑模的习惯表示方法绘制，但不能违反机械制图的国家标准。

(4) 应标注出必要的尺寸(如模具的外形尺寸、装配尺寸和闭合尺寸等)。

(5) 参照注塑模技术的国家标准，拟定所设计模具的技术要求和必要的使用说明。

(6) 图样的右上角绘制塑件图，并注明名称、材料、制图比例等。在绘制复杂塑件时，应将塑件图绘制在另一张图样上。

(7) 按照国家标准并根据目前实际的生产需要，拟定模具零件明细表内容。

7) 绘制模具零件图

模具零件图的绘制主要是指绘制非标准的模具零件图，对于直接采购的标准件可不必绘图。模具零件图的绘制除了应符合机械制图国家标准外，还应注意以下几点。

(1) 绘图顺序一般为先成型零件后结构零件。

(2) 应尽可能按原值比例绘图，必要时可以放大或缩小。

(3) 图形方位尽可能与其在装配图中的方位一致，视图选择与表达应合理、正确、布置得当。

(4) 尺寸标注除了应符合机械制图标准和加工工艺要求外，对于需要进行数控加工的成型零件和结构零件，还要符合数控加工工艺要求。

(5) 合理选择零件材料和热处理要求及表面处理要求。

(6) 拟定必要的技术要求及其他说明。

(7) 填写零件名称、图号、材料、数量、热处理、表面处理、图形比例等内容。

8) 审核模具图

模具装配图和零件图绘制完毕后应认真进行全面审核。应当审核绘制是否正确，审核成型零件的工作尺寸、装配尺寸、安装尺寸，审核成型零件和结构零件的位置配合关系，并审核模具工作过程中各零部件的动作正常性和稳定性。审核后的模具图样需经有关部门会签。

## 4.1.2 注塑模具的结构组成和结构类型

### 1. 注塑模具的结构组成

V 模具是塑件成型的主要工具，了解模具结构及其常用标准件是非常必要的。图 4.13 所示为一套完整的三维图形模具结构。模具结构的形式很多，但归纳起来不外乎两大类型，即成型零件和结构零件。

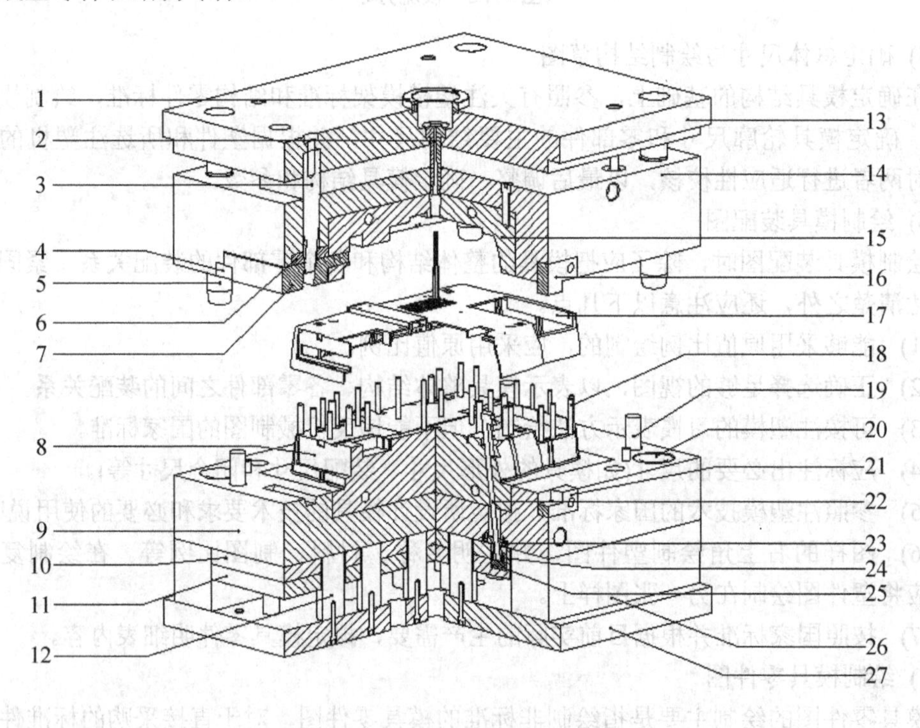


图 4.13 模具结构的三维图形

1—定位环；2—主流道衬套；3—拨块；4—压板；5—导柱；6—上耐磨块；7—滑块；8—型芯；9—动模板；10—上顶出板；11—下顶出板；12—支撑柱；13—上固定板；14—定模板；15—型腔；16—上定位块；17—成品；18—顶针；19—回位销；20—导套；21—下定位块；22—斜销；23—引导块；24—斜销座；25—下耐磨块；26—模脚；27—下固定板

1) 模具中的部分零部件

模具设计主要是模仁(也叫模芯或模胆)的设计，而模仁的凹、凸模(或叫定模、动模)分别安装在 A、B 板(定模板、动模板)上的，模具的模架部分是标准件，所以根据设计好的模仁进行选择就可以了。下面对模具中的部分零部件进行简单介绍。

(1) 模架。

模架的主要作用是将各结构件组成整体的连接系统，包括定模座板、定模板、动模板、动模座板导柱和导套等零件，是型腔未加工的组合体。通常采用标准件，以减少繁重的模具设计与制造工作量。一些大型的专业模架厂生产出各种型号的标准模架来供客户使用，如图 4.14 所示。

图 4.14　模架

我国对于塑料注塑模模架有两个国家标准：《塑料注射模中小型模架及技术条件》(GB/T 12556—90)和《塑料注射模大型模架》(GB/T 12555—90)。两个标准的主要区别在于适用范围，前者的模板尺寸为 $B×L$≤5.6mm×900mm，而后者的模板尺寸 $B×L$ 为 630mm×630mm～1250mm×2000mm。模架设计主要是选择合适的模架，或根据情况对模架进行必要的修改。

Pro/E 有一个功能非常强大的外挂模架设计软件——EMX(Expert Moldbase eXtension，专家模架系统)，UG 的模架数据库也相当丰富，都包括了 FUTABA、HASCO、DME、STRSCK、KLA 等国际知名的大的模架制造厂的模架。

(2) 型芯——成型零件。

型芯也称为公模，该结构安装在 B 板(动模板)上，合模时承受注塑机压力，与型腔配合，注塑成型时，型芯成型塑件的内壁形状。其结构形式如图 4.15 所示。

(3) 型腔——成型零件。

型腔也称为母模，该结构安装在 A 板(定模板)上，合模时承受注塑机压力，与型芯配合，注塑成型时型腔成型塑件的外壁形状。其结构形式如图 4.16 所示。

图 4.15　型芯及动模部分

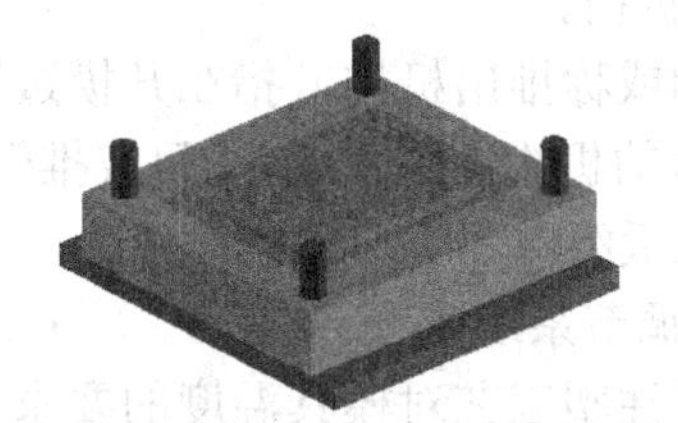

图 4.16　型腔及定模部分

(4) 滑块——成型零件。

滑块是沿导向件向上滑动，带动侧型芯完成抽芯和往复动作的零件，如图 4.17 所示。

图 4.17　滑块

(5) 导柱——结构零件。

导柱是与安装在另一半模上的导套(或孔)相配合，用以确定动、定模的相对位置，保证模具运动导向精度的圆柱形零件，如图 4.18 所示。

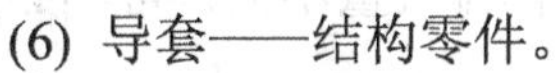

(6) 导套——结构零件。

导套是与安装在另一半模上的导柱相配合，用以确定动、定模的相对位置，保证模具运动导向精度的圆套形零件，如图 4.19 所示。

图 4.18 导柱　　图 4.19 导套

2) 注射模具的几个组成部分

概括起来，注塑模具由动模和定模两部分组成，动模安装在注塑机的移动模板上，定模安装在注塑机的固定模板上。成型时，动模与定模闭合构成浇注系统和型腔，开模时动模与定模分离，以便取出塑料制品。根据各部分的作用，注塑模具可分为以下几个基本组成部分。

(1) 成型零件。

成型零件是指直接与熔体相接触并构成塑料制件形状的零件。成型零件通常包括凸模(型芯)、凹模(型腔)、成型杆、成型环、镶件和侧向抽芯机构等零件。型腔形成制品的外表面形状，型芯形成制品的内表面形状。

(2) 浇注系统。

将塑料熔体由注塑机喷嘴引向型腔的流道称为浇注系统，又称为流道系统，包括主流道、分流道、浇口、冷料穴、钩料杆等。

(3) 导向和定位机构。

为确保动模和定模在闭合时能够准确导向和定位对中，通常需要在动模和定模上分别设置导柱和导套。如果使用的是深腔注塑模，那么还需要在主分型面上设置锥面定位。有时为保证脱模机构的准确运动和复位，还需要设置导向零件。

(4) 顶出机构。

顶出机构或称推出机构，指在开模过程的后期将塑件从模具中脱出以及将凝料从流道内拉出并卸除的机构。通常由推杆(或推管、推环、推块、推板)、推杆固定板、推板、拉料杆、流道推板组成。

(5) 温度调节系统。

为了满足注塑工艺对模具温度的要求，模具设有冷却或加热的温度调节系统。针对热塑性塑料注塑模具主要是设计冷却系统对模具进行冷却。常用的方法是在模具内开设冷却水道，利用循环冷却水带走模具冷却时需要散除的热量；对于热固性塑料注塑模具或热流道模具通常需要加热，这可以采取通蒸汽的方法提高或保持模具温度，有时也需要在模具内部和周围设置加热孔或安装加热板以及防止热量散失的隔热板等电加热元件；具有特殊要求的注塑模还需要配备模温自动调节装置。

(6) 排气系统。

排气系统的作用是在注塑充模过程中将型腔内原有空气排出，防止塑件产生气穴等缺陷，常用的办法是在分型面处或容易困气的部位开设排气沟槽。由于分型面、镶块、推杆之间存在微小的间隙，可以达到排除气体的目的，且小型注塑模排气量不大，可不必开设排气槽。大型注塑模则需要预先设置专用排气槽。

(7) 侧抽芯机构。

对于带有侧凹、侧凸或侧孔的塑件，若将成型部件做成整体，则成型完成后塑件将无法脱模。需要在模具中设置侧抽芯机构，以便在完成塑件的成型后，该机构能在塑件脱模之前先行退出，保证塑件顺利脱模。

### 2. 注塑模具的结构类型

注塑模具分类方法很多，按其结构特征大致可分为单分型面注塑模具、多分型面注塑模具、热流道注塑模具、斜导柱侧向抽芯注塑模具以及斜销内抽芯注塑模具等。

1) 单分型面注塑模具

单分型面注塑模具也称为两板式注塑模具(2 PLATE)，其示意图如图 4.20 所示。两板模以分型面为界将整个模具分为两部分，即动模和定模。两板模的一部分型腔在动模，另一部分型腔在定模，主流道在定模部分，分流道开设在分型面上。开模后，制品和流道留在动模，动模部分设有顶出系统以便取出制品，常见于大水口注塑成型模具中，详细结构如图 4.21 所示。这类模具结构简单，对塑件成型的实用性强，因此应用非常广泛。这种模具的缺点是浇口大，因此往往还要增加一道去除浇口的工序，而且在制品表面会留下浇口痕迹。因此，适用于对制品表面要求不高的模具。但是，其他模具都是两板模的发展，可以说两板模是其他模具的基础。

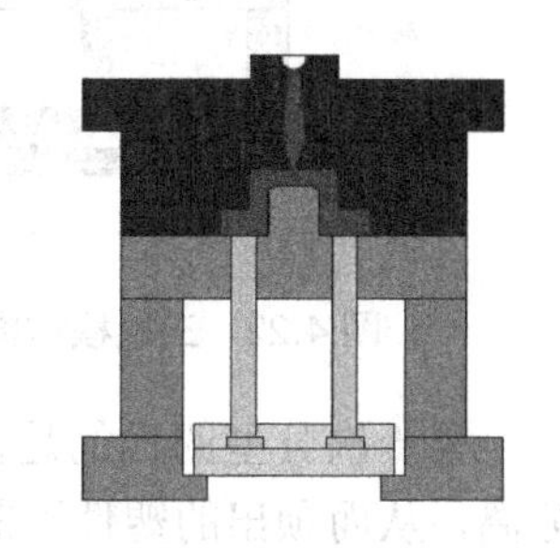

图 4.20　两板模结构示意图

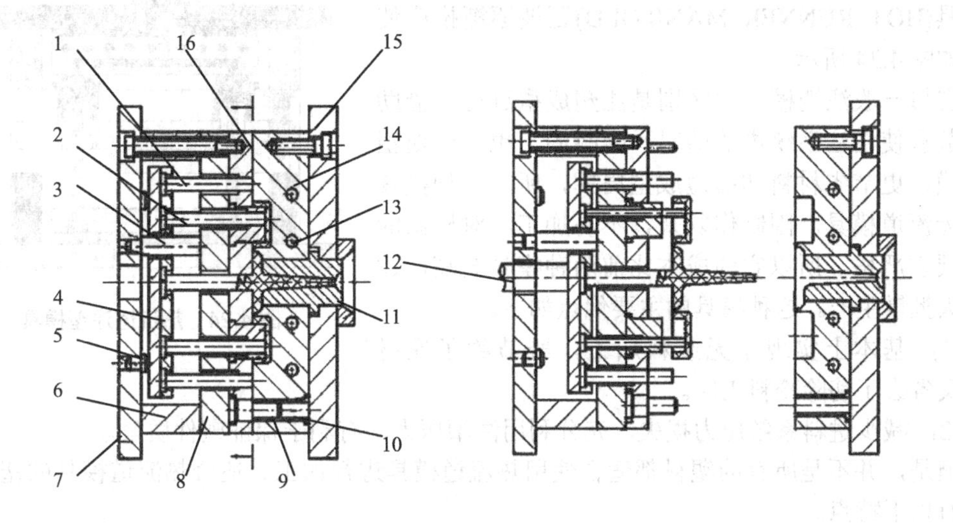


图 4.21　单分型面注塑模

1—复位杆；2—推杆；3—推杆导柱；4—推杆固定板；5—支撑柱；6—垫块；7—动模座板；8—支撑板；9—导柱；10—导套；11—定位圈；12—主流道衬套；13—冷却水道；14—定模板；15—定模座板；16—动模板

2) 多分型面注塑模具

多分型面注塑模具有两个或两个以上的分型面，其中以双分型面最为常见。双分型面注塑模具常称为三板式模具 (3 PLATE MOLD)，其示意图如图 4.22 所示，是由两个分型面将模具分成三部分的塑料模具，它的结构比两板模复杂，设计和加工的难度也比较高。三板模比两板模增加了浇口板，适用于制品的四周不准有浇口痕迹的场合，由于这种模具常用于点浇口进胶的产品，也称细水口模具(PIN-POINT GATE MOLD)，如图 4.23 所示。双分型面注塑模具应用极广，主要用于设点浇口的单型腔或多型腔模具、侧向分型机构设在定模一侧的模具以及塑件结构特殊需要按顺序分型的模具。

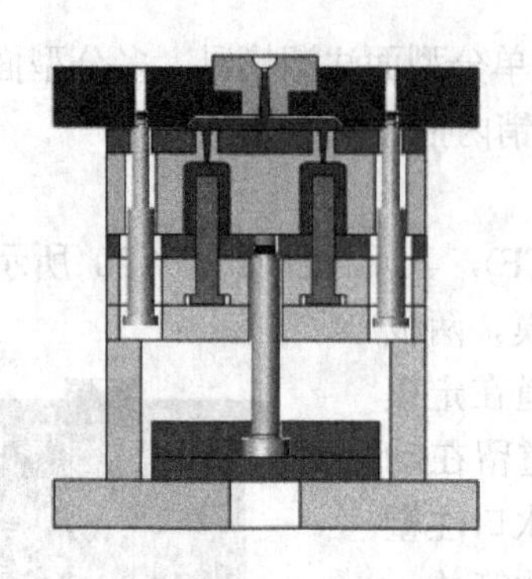

图 4.22　三板模结构示意图

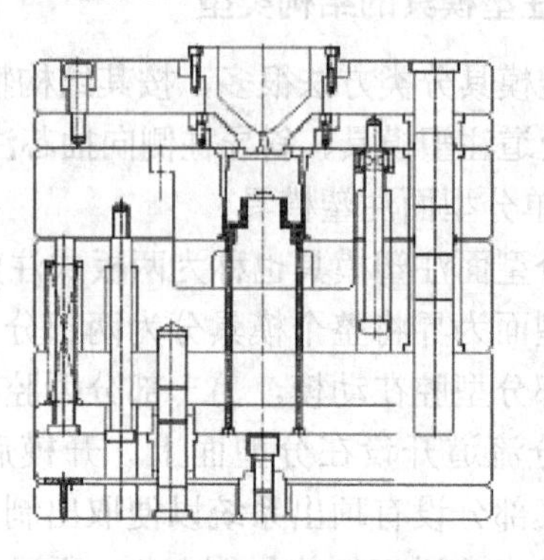

图 4.23　双分型面注塑模

第一次分型的目的是拉出浇道的凝料，第二次分型是拉断进料口使浇道的凝料与塑件分离，从而顶出的塑件不需要再进行去除料道凝料的处理。

3) 热流道注塑模具

由于快速自动化注塑成型工艺的发展，热流道注塑模具(HOT RUNNER MANIFOLD)正被逐渐推广使用，如图 4.24 所示。

它与一般注塑模具的区别是注塑成型过程中借助加热装置使浇注系统内的塑料不会凝固，也不会随塑件脱模，更节省材料和缩短成型周期，所以这种模具又称无流道模具。因制作复杂，不易加工，对模温的控制要求严格，所以它的成本比前两种模具要高，适合于大批量生产。这种模具的主要优点如下。

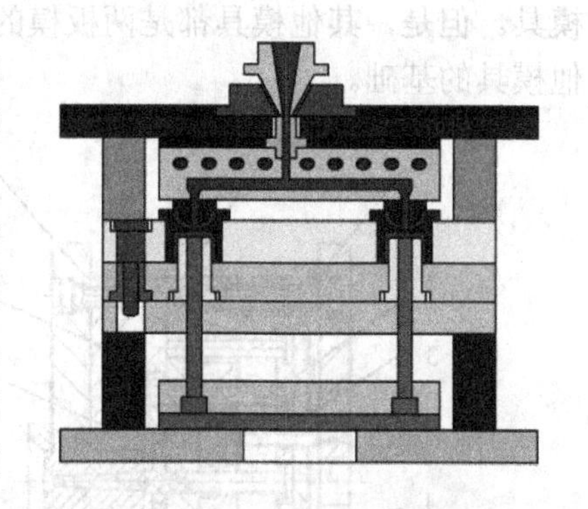

图 4.24　热流道注塑模具

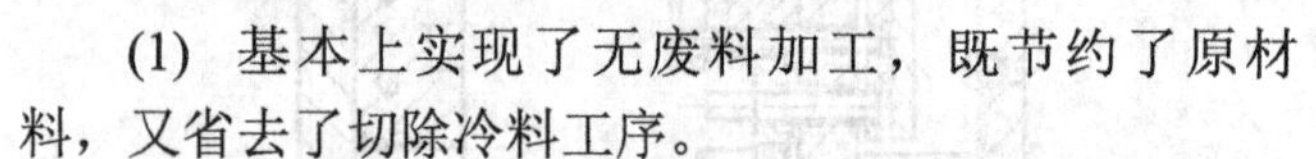

(1) 基本上实现了无废料加工，既节约了原材料，又省去了切除冷料工序。

(2) 减少进料系统压力损失，充分利用注塑压力，有利于保证塑件质量。

但是，并不是所有的塑料都适合使用热流道模具进行加工。适合热流道模具的塑料一般具有以下特点。

(1) 塑料的熔化温度范围较宽，在处于低温状态时，流动性好；高温状态时，具有较好的热稳定性。

(2) 用于热流道模具的塑料对压力相对敏感，不加压力不流动，施加压力时即可流动。

(3) 比热容小，易熔化，而且又易冷却。

(4) 导热性好，可在模具中很快冷却。

(5) 目前，用于热流道模具的塑料有 PE、PE、ABS、POM、PC、HIPS、PS 等。现

在常用的热流道有两种，即加热流道模(见图 4.25)和绝热流道模(见图 4.26)。

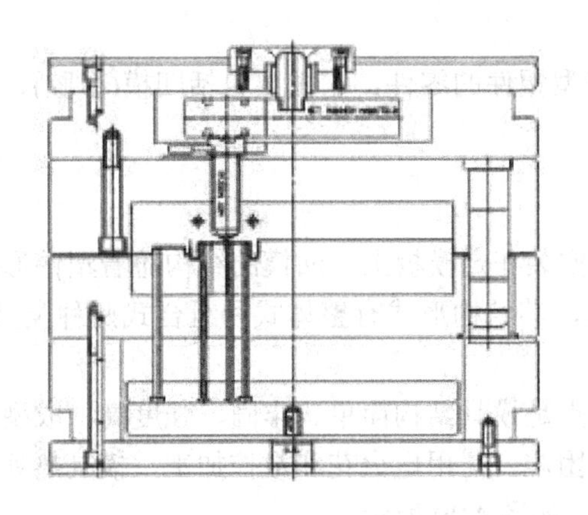

图 4.25　加热流道模

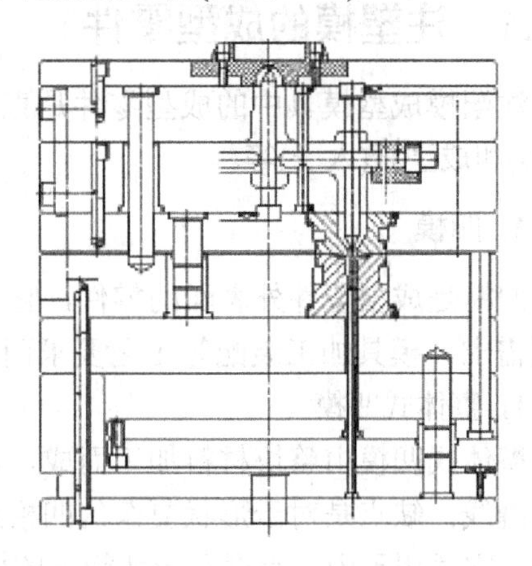

图 4.26　绝热流道模

4) 斜导柱侧向抽芯注塑模具

当塑件侧壁有通孔、凹穴、凸台等特征时，其成型零件就必须做成可侧向移动的。带动型芯侧向移动的整个机构称为侧向抽芯机构或横向抽芯机构。侧向抽芯机构种类很多，有斜导柱侧向抽芯、液压抽芯及气动抽芯等，其中最常见的是斜导柱侧向抽芯机构，如图 4.27 所示。开模时，斜导柱先带动滑块往外移，当侧型芯完全脱出产品时，顶出机构才开始动作，顶出制品。

5) 斜销内抽芯注塑模具

当产品的内部有倒扣时，需要使用斜销来成型这些倒扣位，把这类带有斜销的模具统称为斜销内抽芯注塑模具，如图 4.28 所示。这类模具结构相对复杂，需要在模具上增加斜销机构。开模时，先打开前、后模，然后注塑机的顶出机构推动模具的顶板往脱模方向运动，此时斜销慢慢脱出产品的倒扣位，完全脱出后，通过模具上的脱料机构顶出制品。

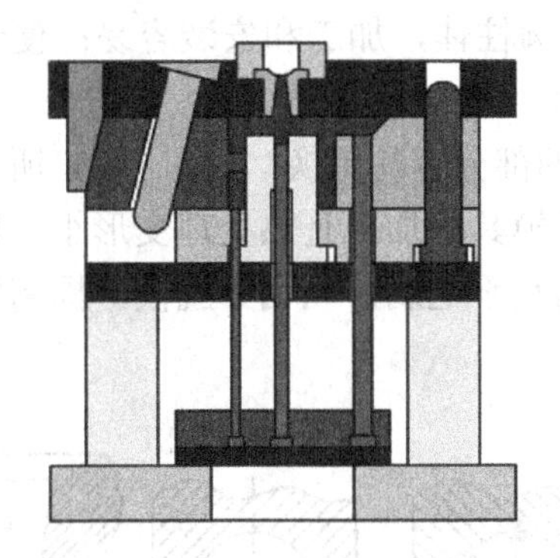

图 4.27　斜导柱侧向抽芯注塑模具

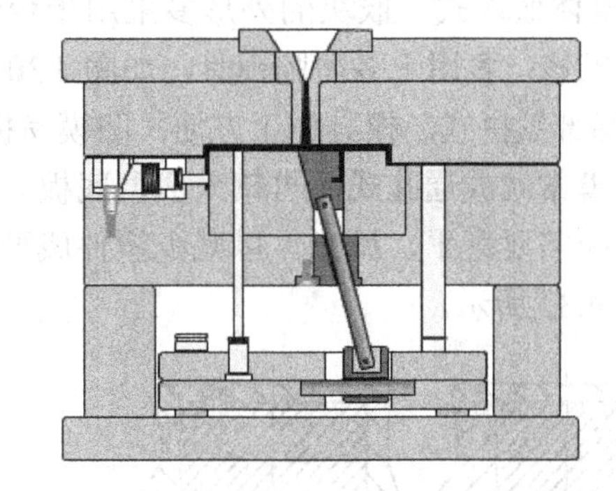

图 4.28　斜销内抽芯注塑模具

## 4.2　注塑模具结构设计的内容

注塑模具结构设计包括成型零件的设计、产品的排位、分型面的设计、浇注系统的设计、顶出机构和排气系统的设计等。下面分别进行详细介绍。

### 4.2.1　注塑模的成型零件

注塑模成型模具中的成型零件是直接成型塑件的零件，它主要包括凹模(型腔)、凸模(型芯)和成型杆(入子)等。

1. 凹模

凹模是成型塑件外表面的零件，它一般安装在定模板上。凹模的结构随着塑件形状、成型需求、模具加工装配等工艺要求而变化，其结构形式有整体式和组合式两种类型。

1) 整体式凹模

整体式凹模由整块材料加工而成，其优点是模具结构简单、牢固、强度高、成型塑件无拼缝线；缺点是对于形状复杂的凹模加工困难，需用电火花和数控加工，模具热处理变形大。它适用于中、小型且形状简单的模具，如图 4.29 所示。

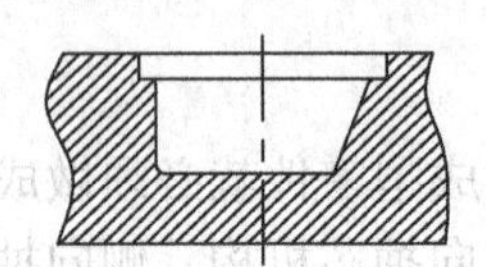
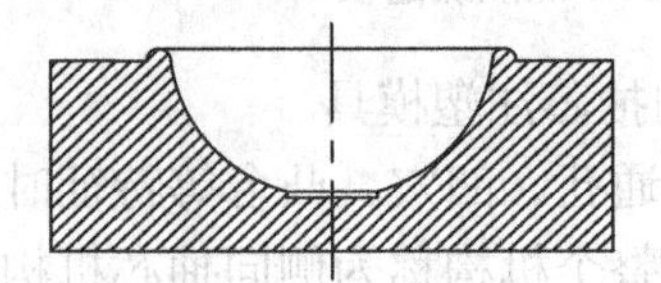

图 4.29　整体式凹模

2) 组合式凹模

组合式凹模是指由多块材料加工而成，优点是简化了复杂型腔的加工工艺，减少了热处理变形，有利于排气，节约了贵重的模具钢；缺点是型腔的精度、装配的牢固性会受影响，在塑件上留下镶拼的痕迹。它适用于形状复杂的模具。

组合式凹模根据其组合形式的不同又分为整体嵌入式、局部镶拼式和四壁拼合式，分别介绍如下。

(1) 整体嵌入式。嵌块的外形多采用带台阶的圆柱体，加工和安装容易；便于损坏时的更换和维修；多用于多型腔模具，如图 4.30 所示。

(2) 局部镶拼式。模具加工方便；凹模易损坏的部分容易更换，如图 4.31 所示。形状复杂的凹模常做成通孔式，再镶入成型底板。便于模具的加工且热处理变形小；但要注意各个结合面需要磨平、抛光，以减少塑件成型时的水平毛刺，以利于脱模，提高塑件的质量，如图 4.32 所示。

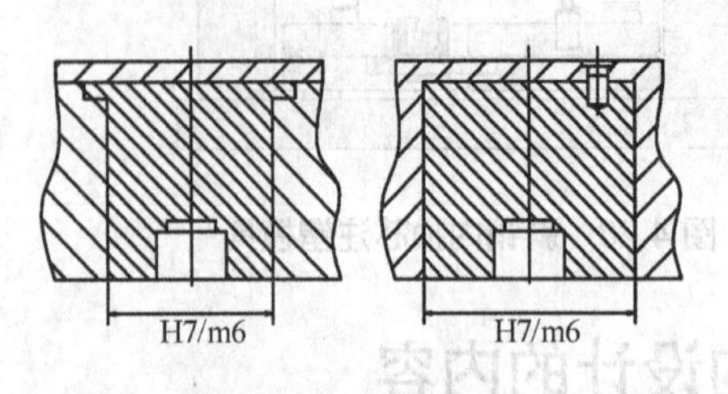

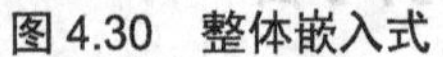

图 4.30　整体嵌入式

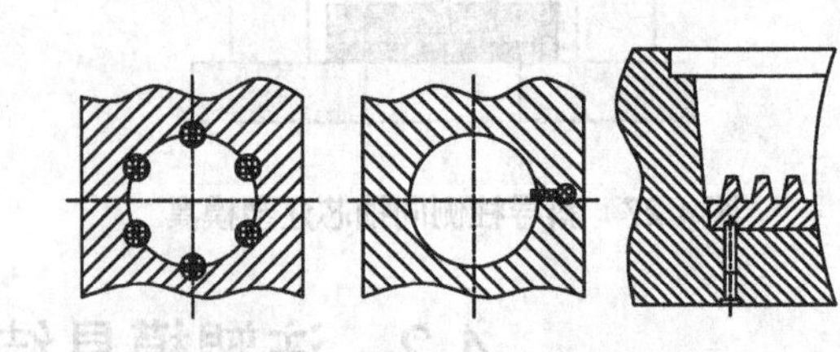

图 4.31　局部镶拼式

(3) 四壁拼合式。侧壁之间采用扣锁连接，以保证型腔拼合的准确性，增强塑件的质量。此类结构牢固、承受力大，如图 4.33 所示。

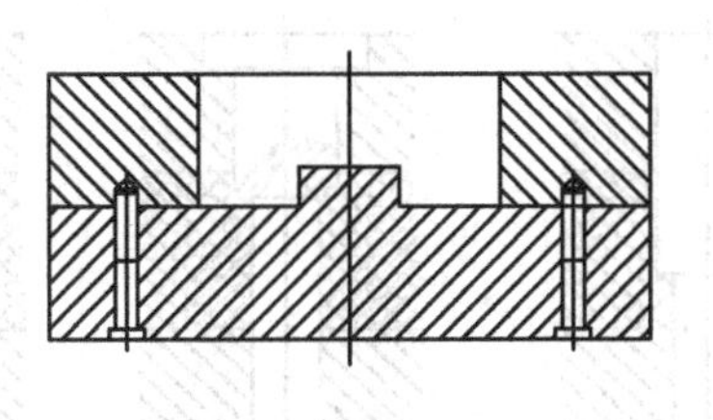

图 4.32　大面积镶嵌式

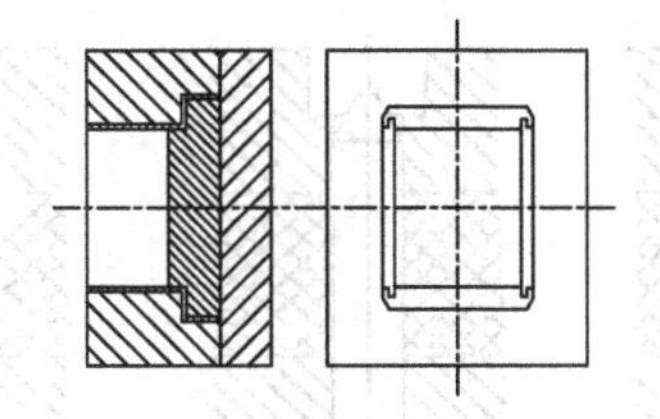

图 4.33　四壁拼合式

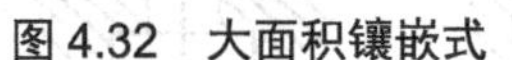

2. 型芯和成型杆

型芯和成型杆是成型塑件的内表面。大的型芯也称为凸模，成型杆一般是指成型塑件的孔或凹槽的小型芯。它一般安装在动模板上，其结构形式也有整体式和组合式两种。

1) 整体式型芯

整体式型芯是指整个型芯和模板为一个整体，其优点是型芯结构牢固，成型塑件的质量好；缺点是模具的加工量大，耗钢材，热处理变形大。这种结构适用于内形比较简单的塑件，如图 4.34 所示。

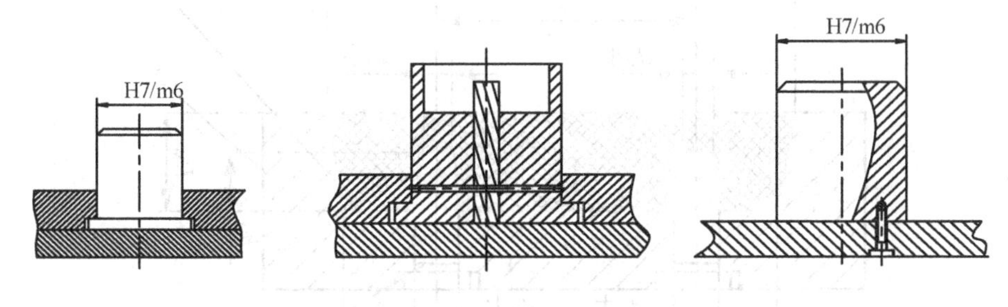


图 4.34　整体式型芯

2) 组合式型芯

组合式型芯是指由多块材料加工而成，其优点是：加工简单、容易，更换方便；减少贵重钢材的耗量，节省加工工时，避免大型塑件的热处理变形。缺点是强度较弱，易产生溢料。适用于塑件内形复杂、机加工困难的型芯，如图 4.35 所示。

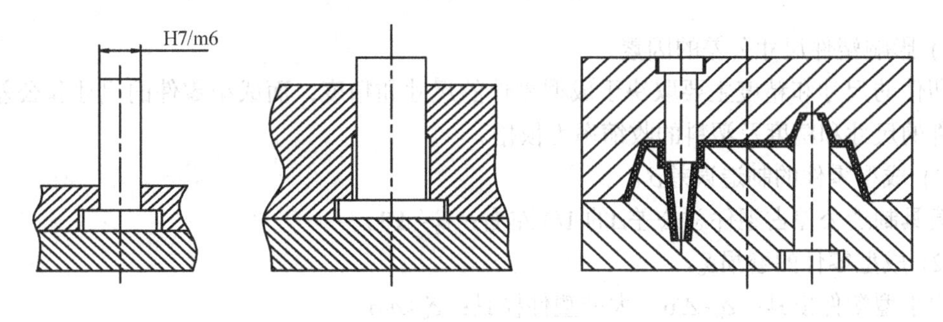


图 4.35　组合式型芯

3) 成型杆

成型杆通常单独加工制造，再镶入模板中，为了制造方便常将其设计成圆形与异形两段，在固定时注意定位，如图 4.36 所示。

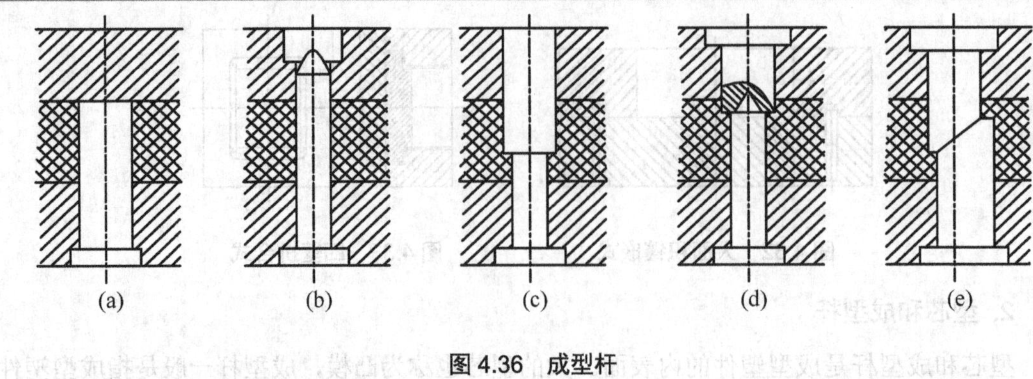


**图 4.36 成型杆**

### 3. 成型零件的工作尺寸计算

成型零件工作尺寸是指凹模与凸模直接与塑件有关的尺寸，如图 4.37 所示，包括：型芯和型腔的径向尺寸；型芯和型腔的深度尺寸；中心距尺寸。

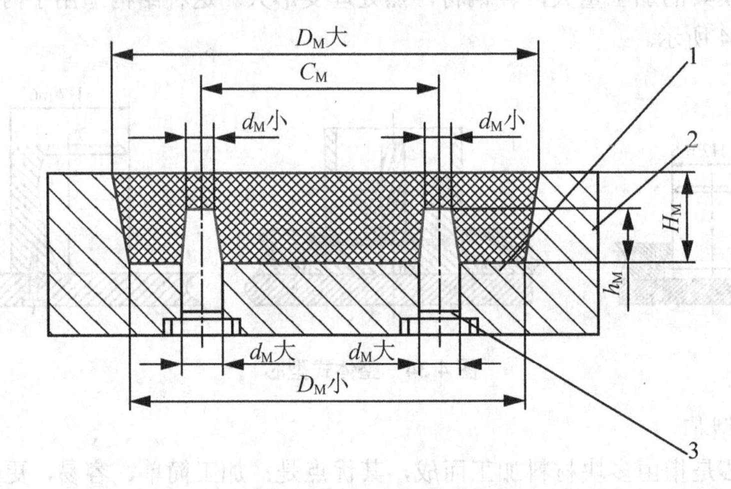


**图 4.37 成型零件的工作尺寸**

1—塑件；2—型腔；3—型芯

1) 影响塑件尺寸公差的因素

塑件的尺寸和精度主要取决于成型零件的尺寸和精度；而成型零件的尺寸和公差必须以塑件的尺寸和精度及塑料的收缩率为依据。

(1) 成型零件的制造误差$\delta_z$。

模具制造公差占塑件总公差$\varDelta$的 1/3 左右：$\delta_z=\varDelta/3$。

(2) 成型零件的磨损$\delta_c$。

中小型塑件模具：$\delta_c=\varDelta/6$；大型塑件模具：$\delta_c<\varDelta/6$。

成型零件磨损的最主要原因是塑件脱模时的摩擦(使型腔变大、型芯变小、中心距尺寸基本不变)，为了简化计算，垂直于脱模方向的模具表面不考虑磨损，平行于脱模方向的模具表面要考虑磨损。磨损原因还有料流的冲刷、腐蚀性气体的锈蚀和模具的打磨抛光。磨损大小还与塑料品种、模具材料及热处理有关，模具材料耐磨，表面强化好，$\delta_c$ 应取小值，玻璃纤维塑料磨损大，$\delta_c$ 应取大值。小批量生产时，$\delta_c$ 取小值，甚至可以不考虑。小型塑件的模具磨损对塑件影响较大。

(3) 塑件成型收缩的波动$\delta_s$。

成型收缩率 $S$ 是指室温下塑件尺寸 $L_S$ 与模具型腔尺寸 $L_M$ 的相对差值。计算公式为

$$S=(L_M-L_S)/L_S \tag{4-1}$$

由式(4-1)可得模具型腔在室温下的尺寸：

$$L_M=L_S+SL_S \tag{4-2}$$

影响塑件收缩的因素(产生偶然误差)包括塑料品种、塑件特点、模具结构、成型方法及工艺条件(料筒温度、注塑压力、注塑速度、模具温度)等。

(4) 模具安装配合误差$\delta_j$。

模具活动成型零件和配合间隙的变化会引起塑件尺寸的变化。

2) 成型零件尺寸计算方法

塑件可能产生的最大误差$\delta$为各种误差的总和，即

$$\delta=\delta_z+\delta_c+\delta_s+\delta_j \tag{4-3}$$

塑件的公差$\Delta$应大于或等于各种因素引起的积累误差之和$\delta$，即$\Delta \geqslant \delta$，其中模具制造公差$\delta_z$、模具的磨损$\delta_c$和成型收缩的波动$\delta_s$是影响塑件公差的主要因素。

成型零件的尺寸计算方法有平均值法和极限值法。

塑件与成型零件尺寸标注方法如下。

① 轴类尺寸采用基轴制，标负差。

② 孔类尺寸采用基孔制，标正差。

③ 中心距尺寸公差带对称分布，标正负差。

模具成型零件尺寸与塑件尺寸标注示例如图 4.38 所示。

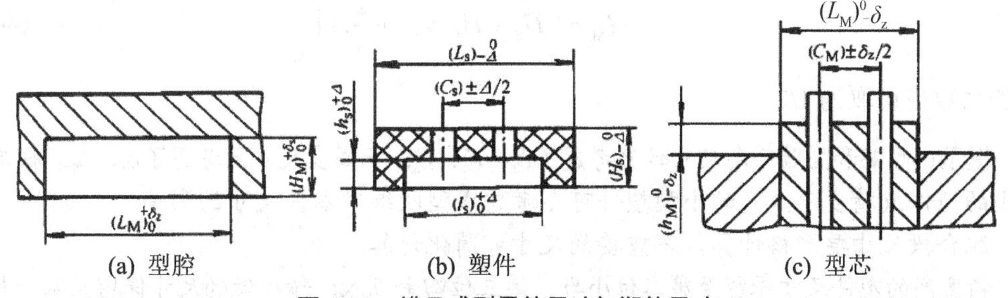


(a) 型腔　(b) 塑件　(c) 型芯

图 4.38　模具成型零件尺寸与塑件尺寸

(1) 型腔径向尺寸计算。

已知：塑件尺寸为$L_S-\Delta$，模具磨损量$\delta_c=\Delta/6$，平均收缩率为$S_{cp}$，模具制造公差$\delta_z=\Delta/3$。

按平均值计算方法可得

$$L_M+\frac{\delta_z}{2}+\frac{\delta_c}{2}=\left(L_S-\frac{\Delta}{2}\right)+\left(L_S-\frac{\Delta}{2}\right)S_{cp} \tag{4-4}$$

将式(4-4)展开后略去微小项$(\Delta/2)S_{cp}$，得

$$L_M=L_S+L_S\,S_{cp}-\frac{3}{4}\Delta \tag{4-5}$$

标注公差后得

$$L_M = \left(L_S + L_S S_{cp} - \frac{3}{4}\Delta\right)_0^{+\delta_z} \tag{4-6}$$

(2) 型芯径向尺寸计算。

已知：塑件尺寸为$L_S+\Delta$，模具磨损量$\delta_c=\Delta/6$，平均收缩率为$S_{cp}$，模具制造公差$\delta_z=\Delta/3$。

整理并标注公差后得

$$L_M = \left(L_S + L_S S_{cp} + \frac{3}{4}\Delta\right)_{-\delta_z}^{0} \tag{4-7}$$

式中$\Delta$前的系数可取 1/2～3/4。

(3) 型腔深度尺寸计算。

已知：塑件尺寸为$H_S-\Delta$，平均收缩率为$S_{cp}$，模具制造公差$\delta_z=\Delta/3$。

按平均值计算方法可得

$$H_M + \frac{\delta_z}{2} = \left(H_S - \frac{\Delta}{2}\right) + \left(L_S - \frac{\Delta}{2}\right)S_{cp} \tag{4-8}$$

整理得

$$H_M = H_S + H_S S_{cp} - \frac{2}{3}\Delta \tag{4-9}$$

标注公差后得

$$H_M = \left(H_S + H_S S_{cp} - \frac{2}{3}\Delta\right)_0^{+\delta_z} \tag{4-10}$$

(4) 型芯高度尺寸计算。

已知：塑件孔深尺寸为$H_S+\Delta$，平均收缩率为$S_{cp}$，模具制造公差$\delta_z=\Delta/3$。

整理并标注公差后得

$$H_M = \left(H_S + H_S S_{cp} + \frac{2}{3}\Delta\right)_{-\delta_z}^{0} \tag{4-11}$$

$\Delta$前的系数也可取为 1/2。

**提示：**型芯和型腔径向尺寸计算考虑了$\delta_z$、$\delta_c$、$\delta_s$；而高度尺寸只考虑了$\delta_z$、$\delta_s$。收缩率很小的塑件或精度不太高的小型塑件可不考虑成型收缩对零件尺寸的影响。

配合段尺寸要严格计算，不重要的尺寸可简化计算。

精度高的塑件尺寸保留至第二位小数，第三位四舍五入；精度低的尺寸保留至第一位小数，第二位四舍五入。

(5) 中心距尺寸计算。

中心距尺寸计算(平均值法)公式为

$$C_M = (C_S + C_S S_{cp}) \pm \frac{\delta_z}{2} \tag{4-12}$$

式中，中心距制造公差$\delta_z=(1/6～1/3)\Delta$。

(6) 凹模上的型芯或孔中心的边距计算(平均值法)。

如图 4.39 所示，塑料制品上的孔到边的距离的平均尺寸为 $L_S$，模具中型芯中心到凹模侧壁距离的平均尺寸为 $L_M$，型芯在使用过程中的磨损并不影响 $L_M$，而型腔在使用过程中的磨损会影响 $L_M$，此时凹模存在单边磨损，最大磨损量为$\delta_c/2$。

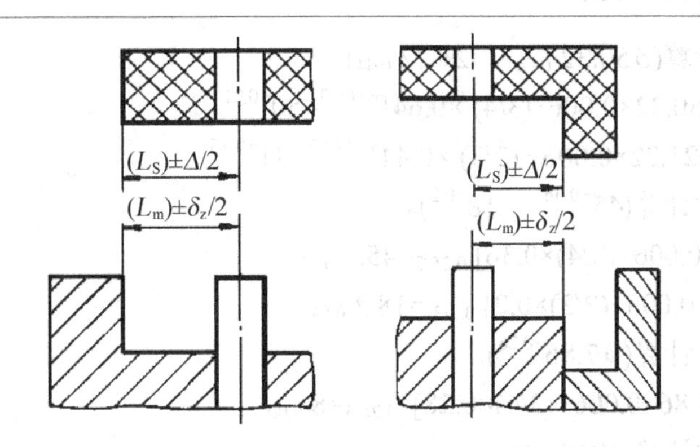


图 4.39　型芯(或成型孔)中心到成型面的距离

已知：塑件尺寸 $L_s\pm\Delta/2$，模具磨损量$\delta_c=\Delta/6$，平均收缩率 $S_{cp}$，模具制造公差$\delta_z=\Delta/3$。

整理得

$$l_M=\left(L_S+L_SS_{cp}-\frac{\Delta}{24}\right)\pm\frac{\delta_z}{2} \tag{4-13}$$

(7) 型芯上的小型芯或孔中心的边距计算。

型芯的磨损将使边距变小，其单边最大磨损量为$\delta_c/2$，而小型芯的磨损则不改变这个距离。按平均计算法得

$$l_M=\left(L_S+L_SS_{cp}+\frac{\Delta}{24}\right)\pm\frac{\delta_z}{2} \tag{4-14}$$

3) 成型零件尺寸计算实例

塑件图如图 4.40 所示。

试确定凹模径向尺寸与深度、型芯直径和高度、孔心距、小型芯直径。

(1) 确定塑件的收缩率。ABS 的收缩率为 0.4%～0.7%，取平均收缩率 $S_{cp}$=0.006。

(2) 确定塑件尺寸公差，对塑件尺寸进行合理标注。30±0.14、$\phi$45+0.36、18+0.2 均为 MT3 级，对 ABS 而言属一般精度；$\phi$50±0.32、$\phi$8±0.14、21±0.22 属 MT5 级。

故模塑容易达到塑件的尺寸精度要求，取$\delta_z=\Delta/4$。

公差换算如图 4.41 所示。

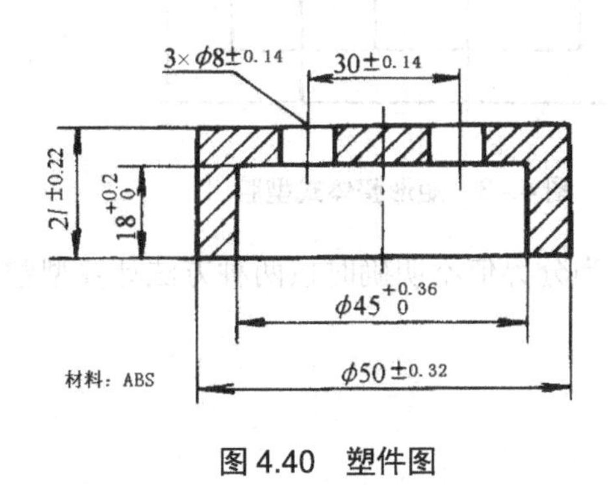


图 4.40　塑件图

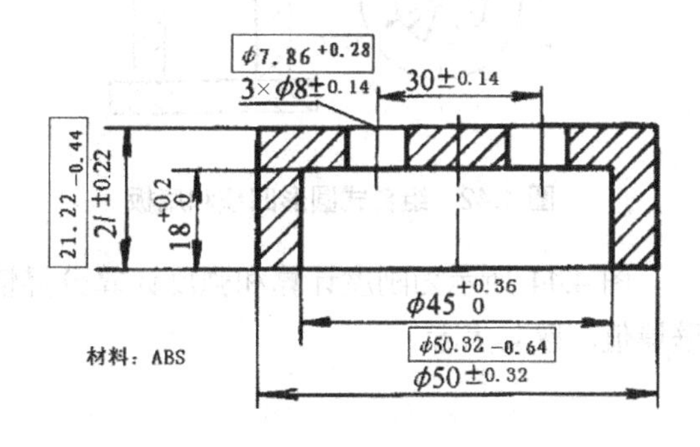


图 4.41　公差换算

(3) 型腔尺寸计算($\phi 50.32_{-0.64}$　$21.22_{-0.44}$)。

$L_M=[50.32+50.32\times0.006-(3/4)\times0.64]^{+0.64/3}=50^{+0.21}$

$H_M=[21.22+21.22\times0.006-(2/3)\times0.44]^{+0.44/3}=21^{+0.15}$

(4) 大型芯尺寸计算($45^{+0.36}$　$18^{+0.2}$)。

$l_M=[45+45\times0.006+(3/4)\times0.36]_{-0.36/3}=45.5_{-0.12}$

$h_M=[18+18\times0.006+(2/3)\times0.2]_{-0.2/3}=18.2_{-0.07}$

(5) 小型芯尺寸计算($\phi 7.86^{+0.28}$)。

$l_M=[7.86+7.86\times0.006+(3/4)\times0.28]_{-0.28/3}=8_{-0.09}$

(6) 中心距尺寸计算(30±0.14)。

$C_M=(30+30\times0.006)=30.2\pm0.01$

### 4. 成型零件的厚度

注塑成型模具的成型零件应有足够的强度和刚度，以便承受工作时的作用力。理论分析和生产实践表明，大尺寸的模具型腔，刚度不够是主要问题，型腔壁厚应以满足刚度条件为准；而对于小尺寸的模具型腔，在发生弹性变形前，其内应力往往已超过了模具材料的许用应力，因为强度不够是主要问题，设计型腔壁厚应以强度条件为准。

图 4.42、图 4.43 所示为圆形凹模和矩形凹模。

圆形凹模直径：$D$<67～86mm 时以强度计算为主。

矩形凹模长边：$L$<108～136mm 时以强度计算为主。

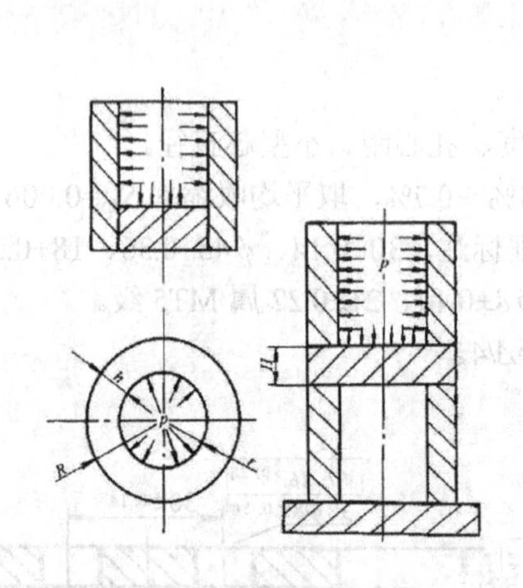

图 4.42　组合式圆形凹模和底板

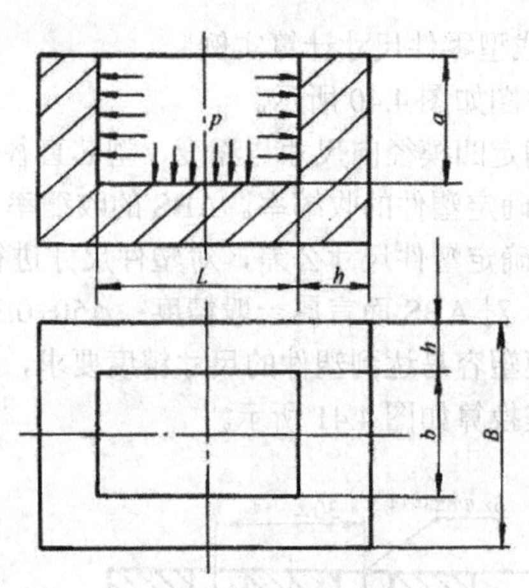

图 4.43　矩形整体式型腔

图 4.44 所示为刚度计算和强度计算分界情况，当分界值不明确时按两种方法计算型腔壁厚值，取其大者。

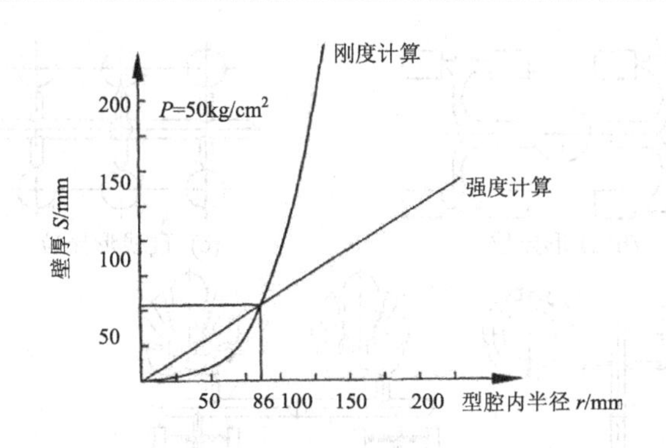


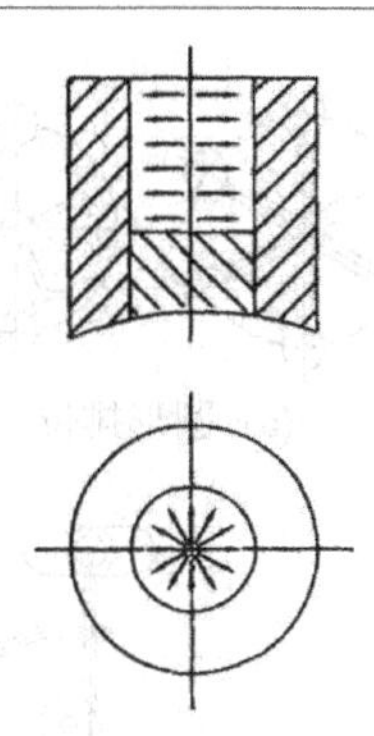

图 4.44　刚度计算和强度计算的分界情况

## 4.2.2　注塑模的排位

注塑模的排位是指在一套模具内确定型腔位置及数目、浇口位置以及布置冷却通道。合理排布每个型腔，使其通过浇注系统从总压力中获得所需的足够压力，以保证塑料熔体同时均匀地充满各个型腔，使各型腔的塑件质量均一、稳定。

### 1. 型腔数目的确定

确定型腔数目($N$)的常用方法有以下两种。

(1) 根据最大注塑量确定型腔数目，即

$$N=(0.8G-m_2)/m_1 \tag{4-15}$$

式中：$G$——注塑机最大注塑量，g；

$m_1$——单个塑件的质量，g；

$m_2$——浇注系统的质量，g。

(2) 根据锁模力确定型腔数目，即

$$N=(F/P-A_2)/A_1 \tag{4-16}$$

式中：$F$——注射机的锁模力，N；

$P$——型腔内熔体的平均压力，MPa；

$A_1$——每个塑件在分型面上的投影面积，$mm^2$；

$A_2$——浇注系统在分型面上的投影面积，$mm^2$。

仅凭以上两点是不能够确定型腔数目的。此外，还应考虑塑件的生产批量、交货日期、注塑机所允许的模具最大或最小厚度、模具的长度和宽度、拉杆的距离以及注塑机定模和动模板上螺杆的尺寸等因素。

### 2. 多型腔的排位

在注塑模中，有时一模出一个塑件，有时一模出多个相同的塑件，有时一模出多个不同的塑件。前一种型腔的布局比较简单，后两种比较复杂，属于多型腔的排位。多型腔的排位常采用圆形、H 形、直线形，如图 4.45 所示。

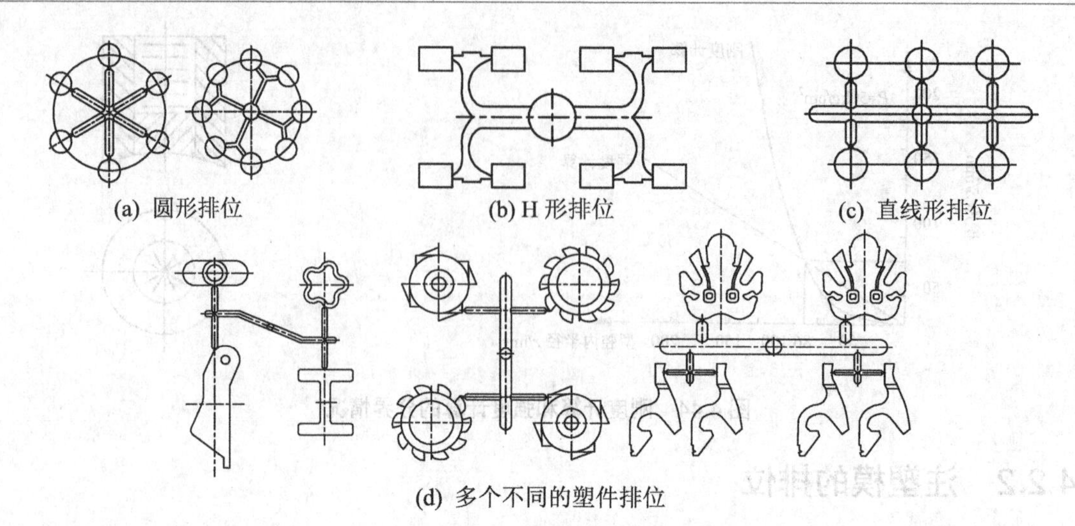

(a) 圆形排位　　(b) H 形排位　　(c) 直线形排位

(d) 多个不同的塑件排位

图 4.45　多型腔的排位

多型腔的排位应注意以下几点。

(1) 尽可能采用平衡式排位，确保均衡进料和同时充满型腔。

(2) 圆形排位所占的模板尺寸大，虽有利于浇注系统的平衡，但加工麻烦，常用 H 形排位和直线形排位。

(3) 尽量使模具型腔排位紧凑，以便缩小模具的外形尺寸，减轻模具重量，如图 4.46 所示。

(4) 型腔排位和浇口开设部位应力求对称，以防模具承受偏载而产生溢料现象，如图 4.47 所示。

(5) 力求塑件中心与模具中心距离为整数，以利于制造，如图 4.48 所示。

(6) 避免塑件排位时型芯和型腔方位颠倒，如图 4.49 所示。

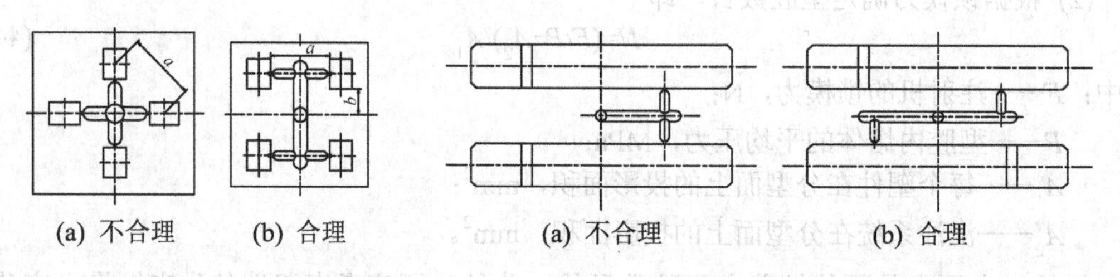


(a) 不合理　　(b) 合理

图 4.46　力求紧凑的模具型腔排位

(a) 不合理　　(b) 合理

图 4.47　力求对称的模具型腔排位

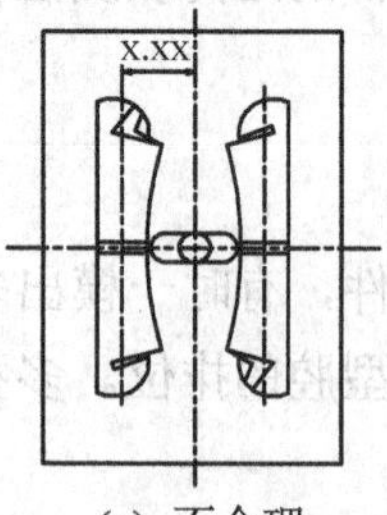

(a) 不合理 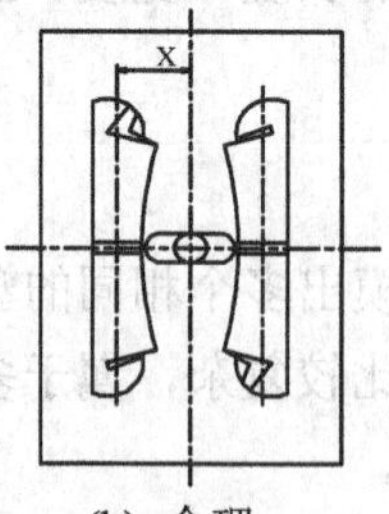　　(b) 合理

图 4.48　力求整数距离

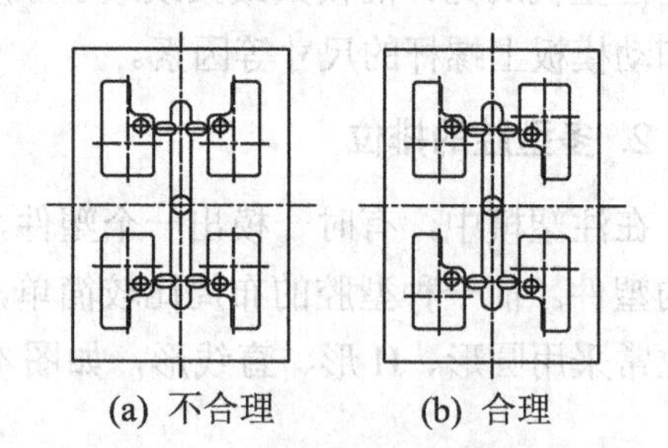

(a) 不合理　　(b) 合理

图 4.49　避免塑件方位颠倒

### 3. 多型腔模具排位距离

塑件在模具中应以最佳效果形式摆放，同时要考虑顶出方式、顶出零件的位置、冷却通道的设计、有无侧向抽芯、塑件的大小、有无镶件、模具的强度和刚度等方面进行综合考虑。通常从模具的强度、刚度出发，大型塑件比小型塑件排位距离大，有镶件的塑件应比无镶件的塑件距离要大，带内侧向抽芯的塑件比无侧向抽芯的塑件大。

## 4.2.3　注塑模的分型面

为了便于将塑件从密闭的模腔内取出，也为了便于安放嵌件或取出浇注系统，必须将模具分成两个或几个部分。通常将用于取出塑件和浇注系统凝料(流道料)的可分离接触表面称为分型面，也叫合模面。同时，以分型面为界，模具又可被分成两大部分，即动模与定模部分。其他的面则被称作分离面或分模面，注塑模只有一个分型面。

分型面的选择是一个比较复杂的问题，因为它受到塑件的几何形状、壁厚、尺寸精度、表面粗糙度、嵌件位置、脱模方法以及塑件在模具内的成型位置、顶出方式、浇注系统的设计、模具排气的方式等方面的影响。

分型面设计在注塑模的设计中有相当重要的位置，分型面的设计对塑件的质量、模具的整体结构、工艺操作的难易程度及模具的制造等均有很大的影响。分型面应尽可能简单，以便于塑件脱模和模具制造。

### 1. 分型面的表示方法

在模具总装配图上常用箭头指向分型面移动的方向。当模具分开时，若分型面两面的模板都移动，用◄┼►表示，如图 4.50(a)所示。若其中一方不动，另一方移动，用├►表示，如图 4.50(b)所示。当注塑模存在多个分型面时，以Ⅰ、Ⅱ、Ⅲ标识来表示其开模的先后顺序，如图 4.50(a)所示。

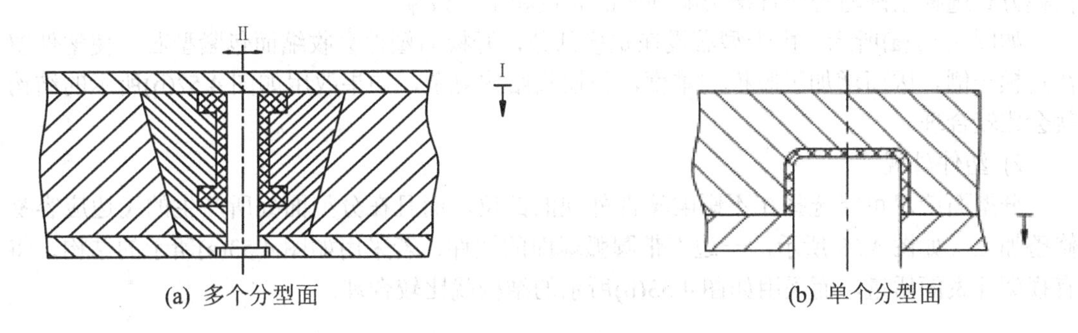


(a) 多个分型面　　(b) 单个分型面

图 4.50　分型面的表示方法

### 2. 分型面的形式

模具分型面可能垂直于合模方向，也可倾斜于合模方向或平行于合模方向。分型面的形式如图 4.51 所示。

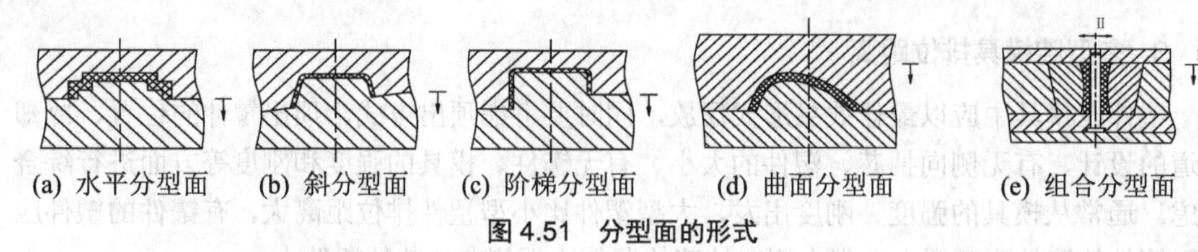

(a) 水平分型面　(b) 斜分型面　(c) 阶梯分型面　(d) 曲面分型面　(e) 组合分型面

图 4.51　分型面的形式

3. 分型面位置的选择原则

选择分型面的位置时，分型面一般不取在装饰外表面或带圆弧的转角处。分型面必须设置在产品的最大截面处，而且便于开模后塑件留在动模的一侧，以保证顶出机构能够顺利脱模。选择分型面时应遵循以下原则。

(1) 分型面应选择在塑件外形最大轮廓处。

(2) 选择分型面时应尽量减小塑件在分型面上的投影面积，以减小所需的锁模力。

(3) 有利于塑件的脱模，确保在开模时使塑件留于动模一侧。

(4) 分型面的位置要有利于模具的排气及浇注系统的布置。

(5) 应保证塑件的同轴度。

(6) 便于模具的加工，特别是型芯的加工。

(7) 分型面的选择要满足塑件的使用要求，要考虑飞边在塑件上的位置，尤其对外观有明确要求的塑件，更应注意分型面对外观的影响。

(8) 应尽量减少抽芯机构，降低模具的复杂系数。

(9) 有侧凹或侧孔时要尽量使侧抽距离最小。避免长抽芯，长抽芯要放在动模开模的方向。

接下来加以详细说明。

1) 留模方式

为了便于塑件脱模，应使塑件在开模时尽可能留在下模。由于塑件的顶出机构通常设置在下模，尤其是自动化生产所用的模具，因此正确选择塑件的留模方式显得更为重要。留模方式选择正确与否会直接影响到产品质量和生产效率。

如图 4.52(a)所示，由于型芯设在定模部分，开模后塑件会收缩而包紧型芯，使塑件留在定模一侧，因而增加了脱模的难度，使模具结构复杂，如果改用如图 4.52(b)所示的结构就会比较合理。

2) 塑件外观

分型面应尽可能选择在不影响塑件外观的部位，而且在分型面处所产生的飞边应容易修整加工。如图 4.53 所示，一边不带圆弧球面的塑件，若采用如图 4.53(a)所示的结构，将有损塑件表面质量，而采用如图 4.53(b)所示的结构就比较合理。

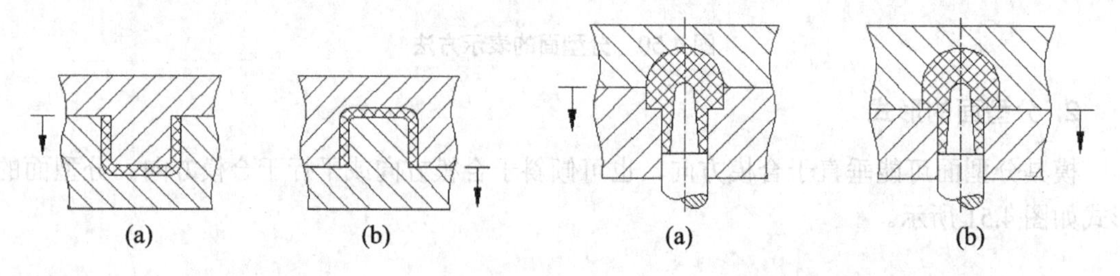
(a)　(b)　(a)　(b)

图 4.52　留模方式　　图 4.53　分型面对塑件外观的影响

3) 塑件的同轴度要求

图 4.54 所示为一副齿轮模具，齿轮的轮缘与台阶部分的外圆有同轴度要求。若将有同轴度要求的部分分别在动模和定模内成型，如图 4.54(a)所示，则会因模具合模不准确而难以保证其同轴度要求；若改用如图 4.54(b)所示的结构，使有同轴度要求的部分全部在动模内成型，则可满足同轴度的要求。

4) 塑件上的飞边方向

选择分型面时，根据塑件的使用要求和所用塑料，要考虑飞边在塑件上的部位。如塑件不允许有水平飞边时，可采用如图 4.55(a)所示的结构，有利于脱模，尤其对于流动性较好的尼龙来说，采用这种结构还可以减少飞边的产生。而采用如图 4.55(b)所示的结构则欠妥。

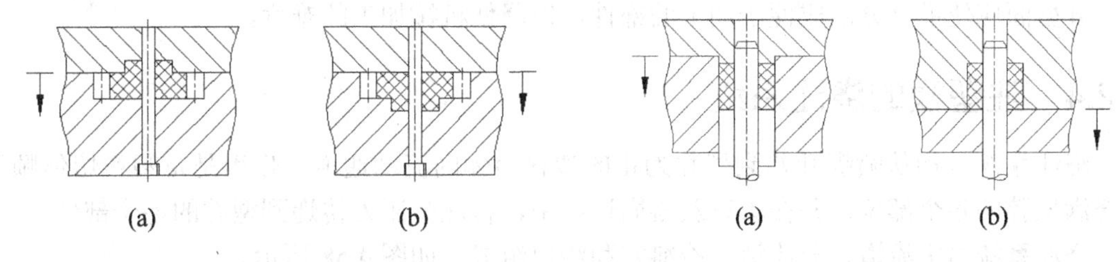


图 4.54　有同轴度要求的分型面选择　　图 4.55　飞边

**提示：**分型面合模后间隙一般不超过 0.01～0.03mm；否则会形成飞边。故分型面均要进行“平面磨床”的磨削加工。

5) 塑件的脱模斜度

选择分型面时，应考虑减小由于脱模斜度所造成的塑件大小端的尺寸差异。如图 4.56(a)所示塑件，若型腔设在模具的一侧，则因脱模斜度造成塑件的大小尺寸差异较大，当塑件不允许有较大的脱模斜度时，采用此种结构必然使脱模困难。若塑件对外观无严格要求，可将分型面选在塑件中部，如图 4.56(b)所示，它可采用较小的脱模斜度，有利于脱模。

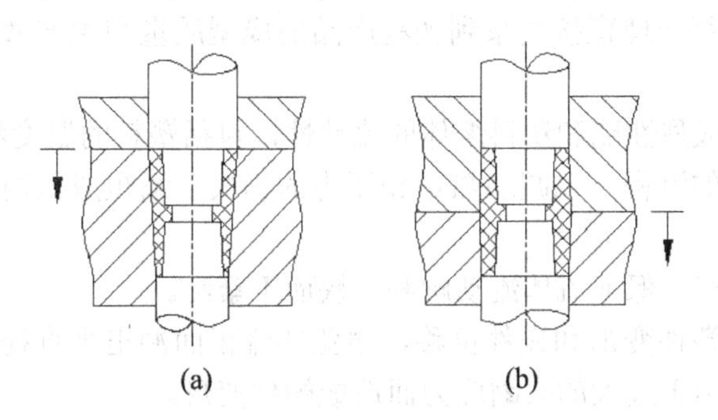


图 4.56　分型面对脱模斜度的影响

6) 分型面的排气功能

分型面的排气功能可以把型腔内部的部分高温气体排出型腔外，保证产品表面没有气孔产生，有利于改善产品的外观质量，如图 4.57 所示。

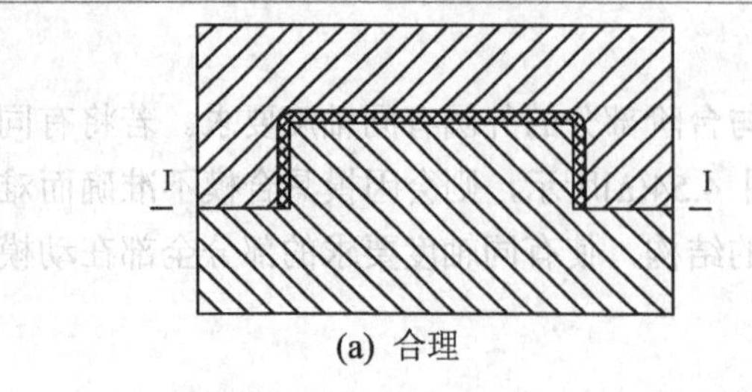

(a) 合理

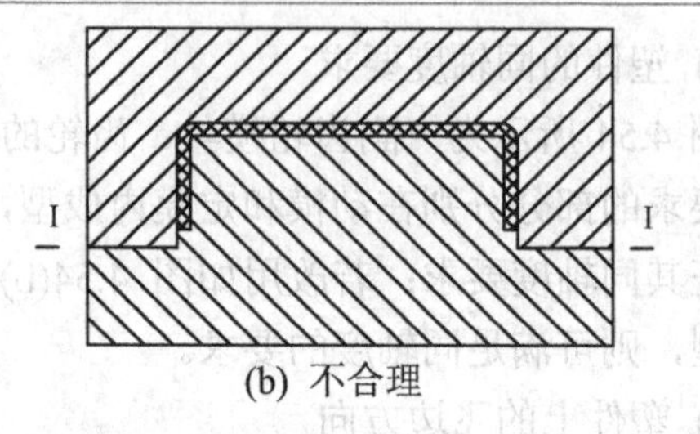

(b) 不合理

**图 4.57 排气合理性**

一般在分型面凹模一侧开设一条深 0.025～0.1mm、宽 1.5～6mm 的排气槽，也可以利用顶杆、型腔、型芯镶块排气。

7) 模具制造

分型面应使模具分割成便于加工的部件，以降低机械加工的难度。

## 4.2.4 注塑模的浇注系统

浇注系统是指从喷嘴开始到型腔为止的塑料熔体的流动通道。作用是将塑料熔体顺利地充满型腔的各个部位，并在填充及凝固过程中，将注塑压力传递到型腔的各个部位。

浇注系统由主流道、分流道、冷料穴和浇口组成，如图 4.58 所示。

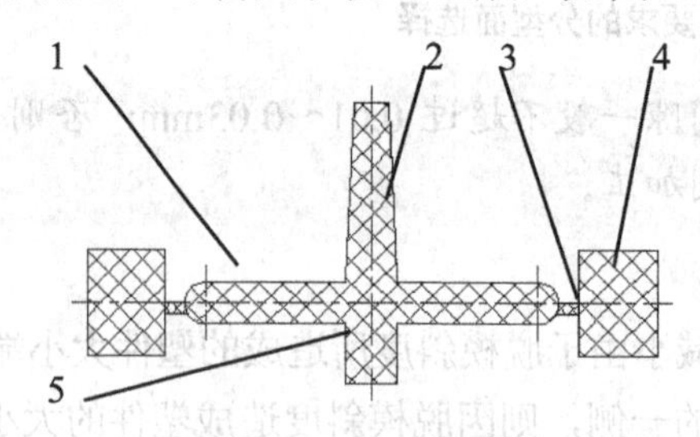

**图 4.58 浇注系统结构**

1—分流道；2—主流道；3—浇口；4—塑件；5—冷料穴

浇注系统设计是否合理直接关系到塑料产品的成型质量和生产效率，设计时应遵循以下原则。

(1) 了解塑料的成型性能和塑料熔体的流动性，包括塑料的温度和剪切速率等。

(2) 采用尽量短的流程，以减小热量和压力的损失，缩短成型周期，提高成型效果，减少塑料用量。

(3) 应有利于排气，保证流体流动顺利，快而不紊乱。

(4) 防止型芯、塑件变形和嵌件位移，避免料流正面冲出小直径型芯或脆弱的金属镶件，以及防止浇口处由于过大的收缩应力而造成塑件变形。

(5) 便于修整浇口以保证塑件的外观。

(6) 一模多腔时，防止大小相差悬殊的制件放于一模腔内，应结合型腔的布局同时考虑。

(7) 进料口的位置和形状要结合塑件的形状和技术要求确定。

### 1. 主流道的设计

主流道是连接注塑机喷嘴和注塑模具的桥梁，也是熔融的塑料进入模具型腔时最先流经的地方。主流道的大小和塑料充模速度、时间长短有着密切关系。若主流道太大，其主流道塑料体积增大，回收凝料多、冷却时间长，易使包藏的空气增多，如果排气不良，易在塑件内造成气泡或组织松散等缺陷，影响塑件的质量，同时也易造成冷却不足，主流道脱模困难；若主流道太小，则塑料在流动过程中冷却面积相应增加，热量损失增大，黏度提高，流动性下降，注塑压力增大，易造成塑件成型困难。

1) 主流道的开设

其主要有以下两种方式。

(1) 直接在定模板上进行开设。它会导致主流道的表面粗糙度(*Ra*)难以达到 0.8～1.6μm 要求，装、拆后易发生错位、溢料，导致流道料难以取出，靠近喷嘴的模板易损坏等缺陷。因此，一般用于生产批量不大、塑件精度要求不高的小型注塑模。

(2) 采用独立浇口套。如图 4.59 所示，它可以避免由于注塑机喷嘴反复接触、碰撞而导致模板损坏的缺陷，同时也能避免因模板之间不密实而产生溢料造成冷料脱模困难。通常把独立的浇口套镶入定模板内。

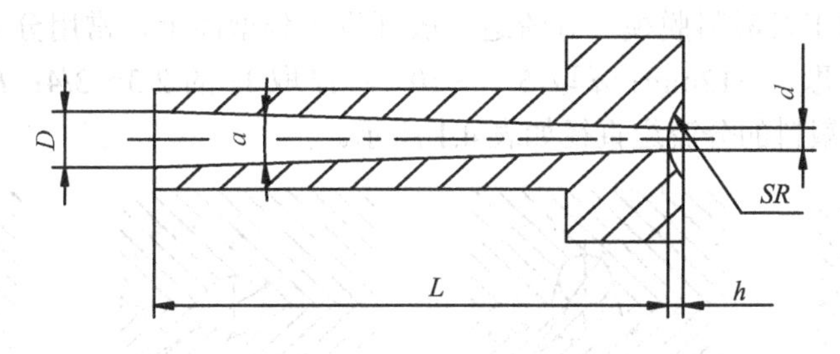


图 4.59　浇口套的结构

2) 设计浇口套时的注意事项

浇口套的进料口的直径(*d*)应比注塑机喷嘴直径大 0.5～1mm；浇口套的球面凹坑半径(*SR*)要比注塑机喷嘴球头半径大 1～2mm；为了冷凝料能顺利从浇口套中拔出，需将主流道设计成具有 2°～5° 锥角的圆锥面，浇口套中与定模板的配合可采用 H7/m6。

### 2. 分流道的类型和设计

分流道是主流道与浇口的连接部分，起分流和转向的作用，在压力损失最小的条件下，将来自主流道的熔融塑料以较快的速度送到浇口处充模。同时，在保证充满型腔的前提条件下，要求分流道中残留的熔融塑料最少，以减少冷料的回收。因此，分流道的截面积不能太大，也不能太小。如果截面积太小，会降低单位时间内可输送的熔融塑料量，使充模时间增长，塑件出现缺料、烧焦，产生波纹及凹陷等；分流道截面积过大，易在模具型腔内积存气体，造成塑料制品上的缺陷，增加冷料的回收量，从而延长塑件的冷却时间，延长成型周期，降低生产成本。

分流道的形状如图 4.60 所示。分流道的形状及大小必须根据塑件的成型体积、塑件壁厚、形状、塑料的工艺特性、注塑速度、分流道长度等因素来确定。

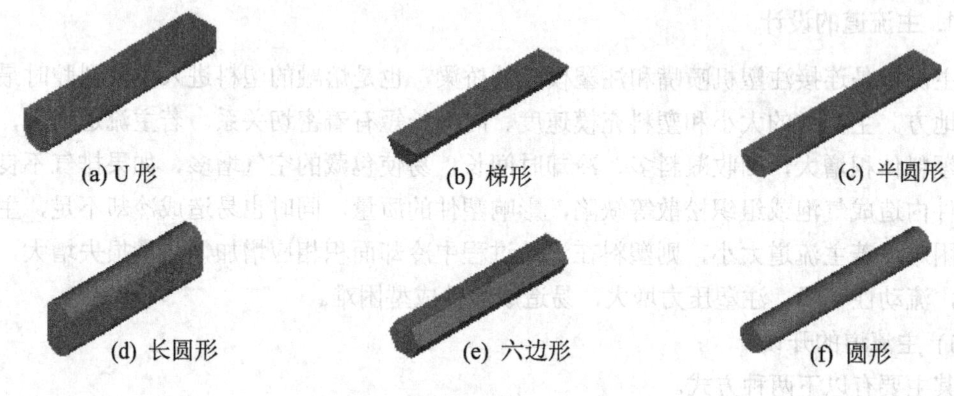


图 4.60 分流道结构形状

分流道的设计要点如下。

1) 分流道的表面粗糙度

分流道的表面不必要求很光滑，表面粗糙度要求在 1.25～1.6μm 即可。因为分流道表面不太光滑，能使熔融塑料的冷却皮层固定，有利于保温。

2) 分流道的截面形状

为便于机械加工及凝料脱模，分流道一般开设在分型面上，常用分流道截面如图 4.61 所示，其中 *W*、*D* 取 4～12mm；*a* 取 5°～10°；*H* 取 *W* 的 2/3～3/4；$R_1$ 取 0.5～1mm；*R* 取 2～6mm。常用塑料的分流道直径如表 4.1 所示。

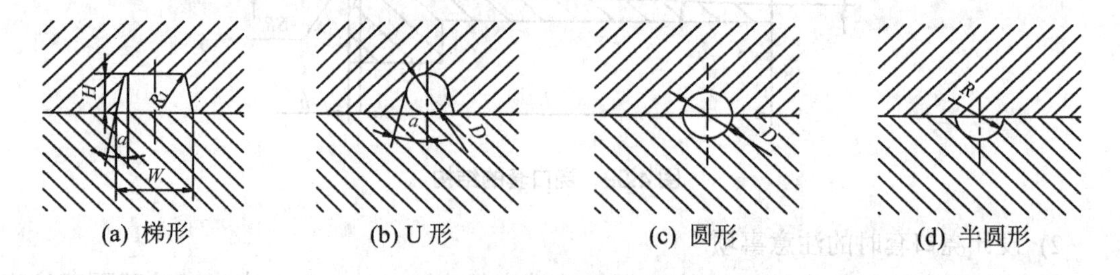


图 4.61 分流道截面形状

表 4.1 常用塑料的分流道直径

mm

| 塑料制品 | 分流道直径 | 塑料制品 | 分流道直径 | 塑料制品 | 分流道直径 |
|---|---|---|---|---|---|
| ABS | 4.8～9.5 | 尼龙 6 | 1.6～9.5 | 聚乙烯 | 1.6～9.5 |
| 聚甲醛 | 3.2～9.5 | 聚碳酸酯 | 4.8～9.5 | 聚苯醚 | 6.4～9.5 |
| 丙烯酸酯 | 8.0～9.5 | 聚丙烯 | 4.8～9.5 | 聚苯乙烯 | 3.2～9.5 |
| AS | 4.8～9.5 | 聚氯乙烯 | 3.2～9.5 | 耐冲击丙烯酸酯 | 8.0～12.7 |

3) 分流道设计其他基本要点

(1) 在保证注塑成型工艺的条件下，分流道的截面应尽量小，长度应尽量短。较长的分流道的末端应开设冷料穴，以防止注塑时产生的冷料和空气进入模腔。

(2) 当分流道开设在定模的侧边，并从浇口处延伸很长时，要加设拉料杆，便于开模时冷料易脱出。

(3) 分流道较多时，应加设分流锥，其作用是避免熔融的塑料直接进入模腔而冲击型腔。

3．浇口的类型和设计

浇口也称为进料口，是连接分流道与型腔之间的细小通道，它是浇注系统的关键部分，作用主要是在熔体充模后，首先在浇口处凝固，当注塑机的螺杆退回时，可防止熔体向流道回流。熔体在流经狭窄的浇口时产生摩擦热，使熔体升温，提高塑料的流动速度和温度，有助于充模，易于切除浇口凝料，二次加工方便，对于多型腔模具，浇口能用来平衡进料，对于多浇口单型腔模具，浇口既能用来平衡进料，又能控制熔合纹在制品中的位置。

根据注塑模具浇注系统在塑料制品上开设的位置、形状不同，浇口的形式是多种多样的。常用的浇口大致可分为以下几种。

1) 直接式浇口

直接式浇口又称为大水口、中心浇口或主流道浇口，如图 4.62 所示。直接式浇口无分流道，塑料通过主流道直接进入型腔，对各种塑料都适用，特别是黏度高、流动性差的塑料，如聚碳酸酯(PC)、聚砜(PSU)等。用于在单型腔注射模具中成型体积较大的深腔壳体塑料制品，如显示器后盖、垃圾篓和水桶等。

直接浇口的优点是：塑料流程短，流动阻力小，进料快，动能损失小，传递压力好等。

直接浇口的缺点是：截面尺寸大，注塑成型周期长。因浇口附近热量比较集中，故在该处固化慢，冷凝较迟，产生的内应力较大，易出现裂纹或翘曲变形、气泡、缩孔等缺陷。冷却除浇口比较困难，塑件有明显的浇口痕迹，浅而平的塑料制品不易成型。

2) 侧浇口

侧浇口又称为边缘浇口、矩形浇口或侧水口，如图 4.63 所示。一般开设在分型面上，从塑件边缘进料，其截面形状为矩形或接近矩形。加工方便、简单，应用灵活，既可以从产品外侧进料，也可以从产品内侧进料。尤其适用于允许外观上留有很小痕迹的一模多腔的塑料制品。

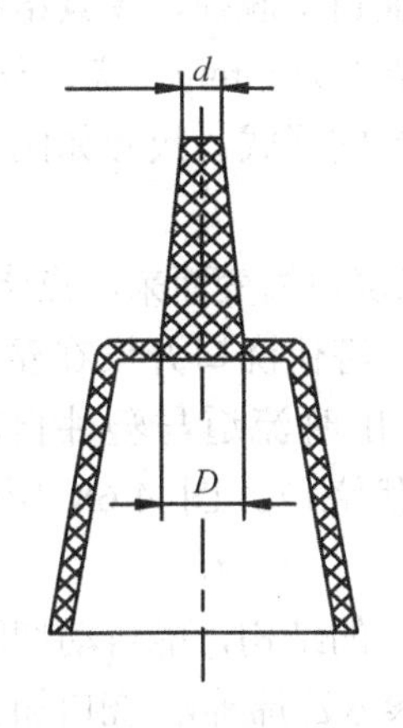


图 4.62　直接式浇口

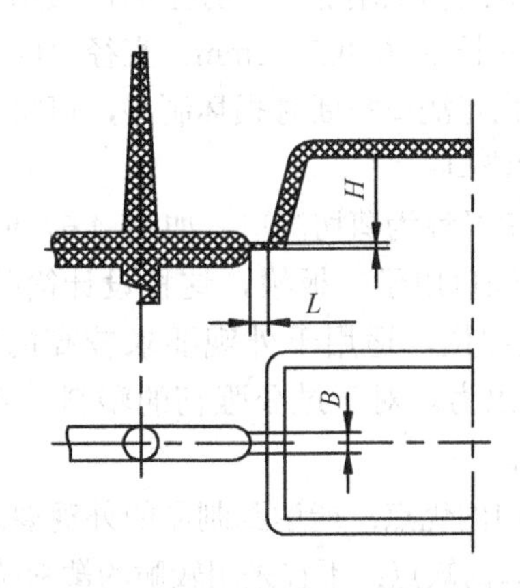


图 4.63　侧浇口

侧浇口的优点：截面简单，加工容易，对各种塑料的成型适用性较强。

侧浇口的缺点：有浇口痕迹，注塑压力损失大，对深型腔的塑料制品会产生排气不良的问题。

侧浇口的长度 $L$=0.7～2mm，厚度 $H$=0.5～2mm(也可取塑料制品壁厚的 1/3～2/3)，宽度 $B$=1.5～5mm。

3) 点浇口

点浇口又称点水口、针点式浇口，如图 4.64 所示。它是一种截面形状很小的浇口，一般用于流动性较好的塑料，如聚苯乙烯、尼龙、ABS 等。塑料熔体通过它有很高的剪切速率并产生剪切热，从而导致熔体的表面黏度下降，流动性增加，有利于充模。能使用在一模一腔或一模多腔模具中，既可以注塑小产品，也可以注塑大型产品，特别是有花纹的塑件也不影响外观。常用于成型各种壳类、盒类要求较高的塑料制品，如手机、电话机、文具盒等外壳。点浇口尺寸如图 4.65 所示。

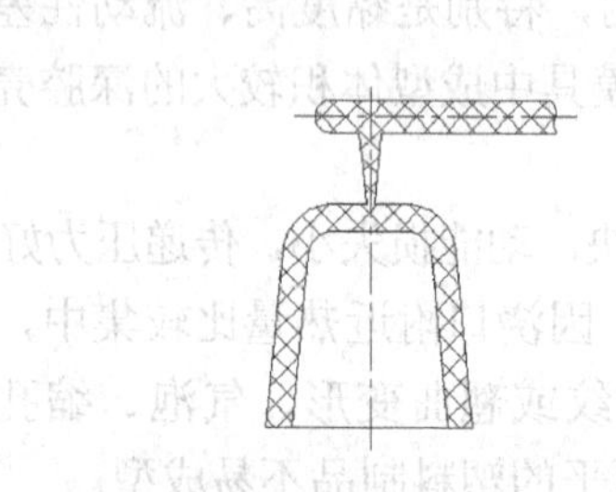

图 4.64 点浇口

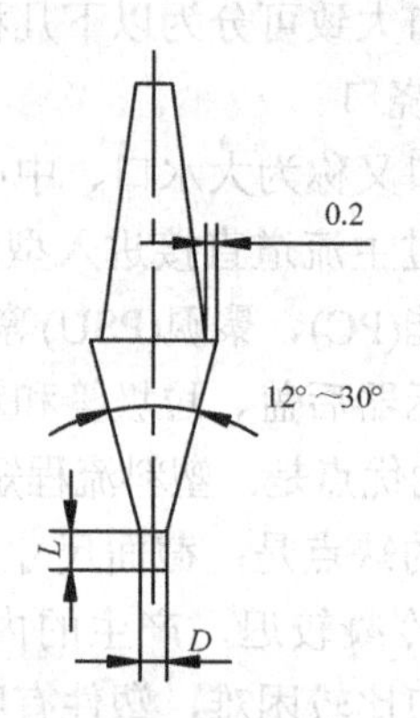


图 4.65 点浇口尺寸

点浇口的优点：浇口残留痕迹小，易于浇注系统的平衡，浇口在生产过程中能自行拉断，适合自动化注塑生产。

点浇口的缺点：流动阻力大，需要提高注塑压力，只易于成型流动性好的热塑性塑料，要在模具结构上增加一个分型面，采用三板式模架方能自动脱模，模具结构较复杂。

点浇口的长度 $L$=0.5～2mm，直径 $D$=0.5～1.5mm，$R$=1.5～3mm，浇口与塑料制品连接处，为防止点浇口拉断时损坏制品，可将其设计成小凸台的形式。尺寸如图 4.66 所示。

4) 潜伏浇口

潜伏浇口又称为剪切浇口，如图 4.67 所示。它是由点浇口演变而来，点浇口用于三板模，而潜伏浇口用于二板模，这种设计简化了模具结构。潜伏浇口开设在塑料制品内侧或外侧隐蔽部位，适用于外观要求较高的塑料制品。顶出时流道与塑件自动分开，故需较大的顶出力。对于过分强韧的塑料，不适合使用潜伏浇口。图 4.68 所示为潜伏浇口结构参数。

潜伏浇口的优点：能达到制品的外观要求，简化了模具的结构，能自动切除浇口。

潜伏浇口的缺点：不宜采用较脆的塑料(如有机玻璃、聚苯乙烯等)，浇口加工困难。

在设计浇注系统时，浇口设计合理与否直接关系到制品的成型质量及注塑过程是否能够顺利进行。应遵循以下几个原则。

(1) 浇口位置应设置在制品上最易清除的部位，同时尽可能不影响制品的外观和功能处，可开在边缘或底部。

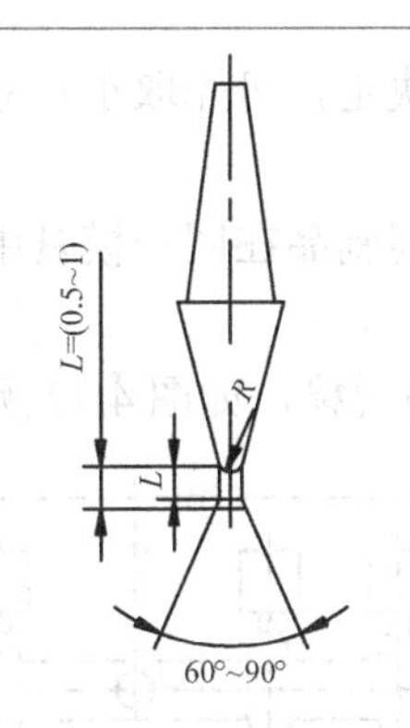


图 4.66　防止点浇口拉断时损坏制品尺寸

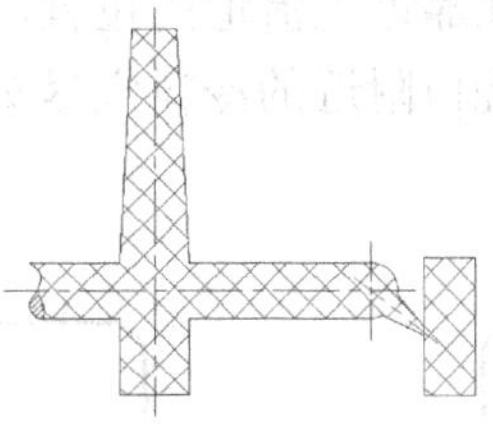

图 4.67　潜伏浇口

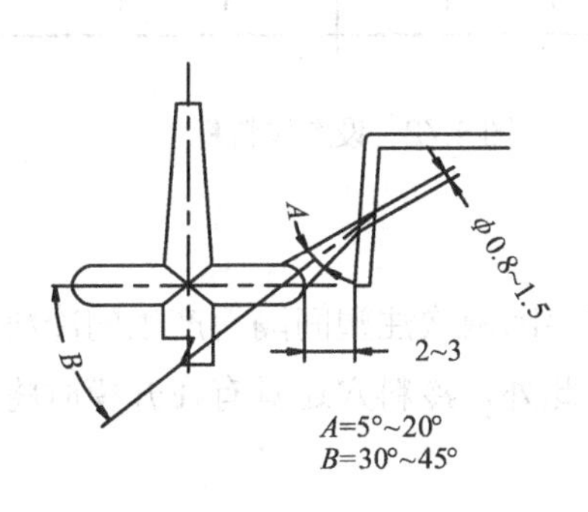


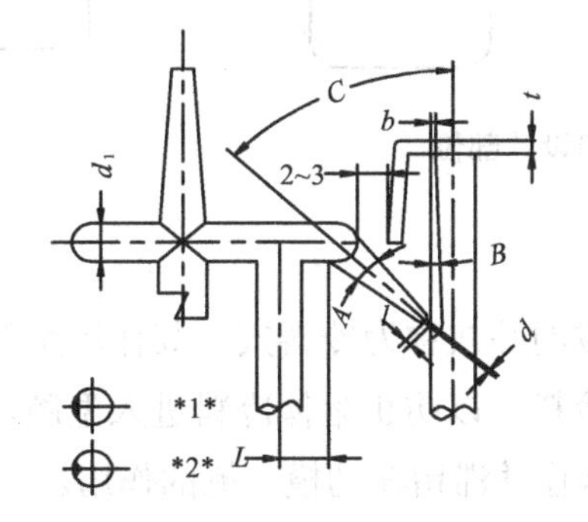


图 4.68　潜伏浇口结构参数

(2) 应尽量选择在分型面上，以便于模具加工及浇口的清理。

(3) 浇口位置距型腔各个部位的距离应尽量一致。

(4) 浇口的位置应保证塑料流入型腔时，对着型腔中宽敞、厚壁的部位，以保证充模顺利和完全，如图 4.69 所示。

(5) 避免塑料在流入型腔时直冲型腔壁、型芯或嵌件，产生变形错位或弯曲。

(6) 尽量避免使制品产生熔接痕，或使熔痕出现在制品的重要部位。

(7) 应使塑料在流入型腔时，能沿着平行于型腔的方向均匀流入，并有利于型腔内气体的排出。

(8) 其位置应选在使塑料充模流程最短处，以减小压力损失，有利于模具排气，如图 4.70 所示。

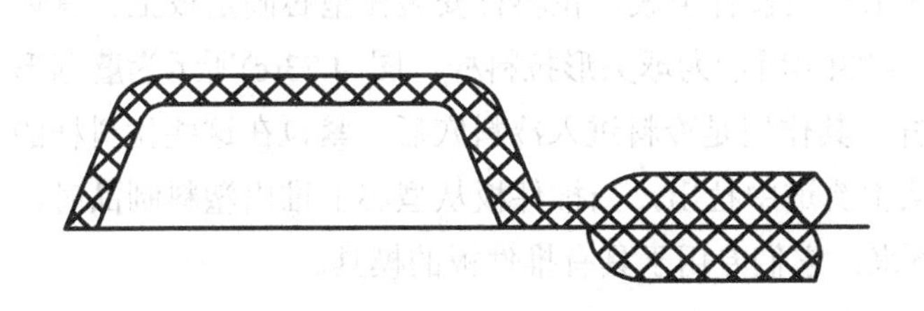

图 4.69　进料口开设在制品壁厚的部位

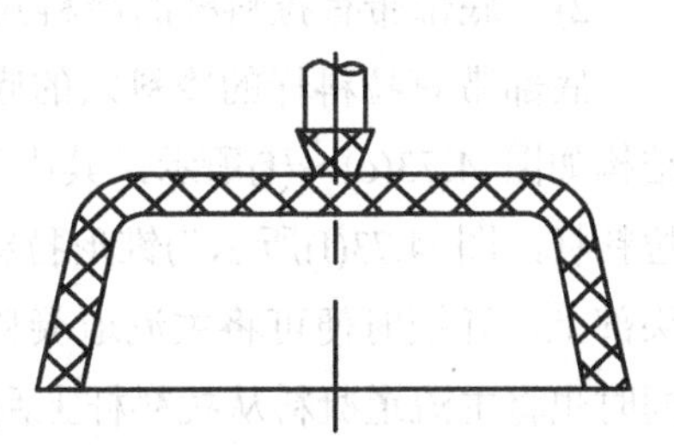

图 4.70　进料口开设在塑料充模流程最短处

(9) 大型或扁平制品建议采用多点进浇，可防止制品翘曲变形和缺料。

(10) 浇口尺寸由制品大小几何形状结构和塑料种类决定，可先取小尺寸，再根据试模状况进行修正。

(11) 一模多穴时相同的制品采用对称进浇方式，不同制品在同一模具中成型时优先将最大制品放在靠近主流道的位置，如图 4.71 所示。

(12) 在浇口附近的冷料穴尽头设置拉料杆以利于浇道脱模，如图 4.72 所示。

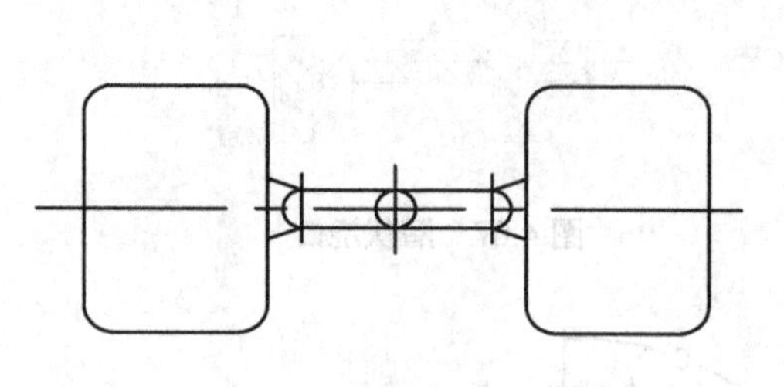

图 4.71　浇口设计部位

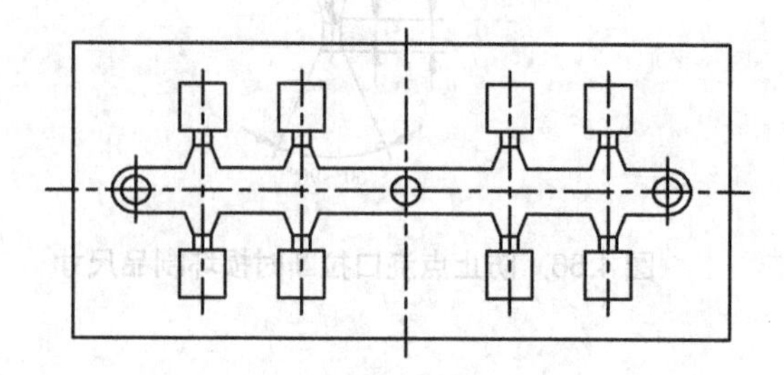

图 4.72　设置拉料杆

4. 冷料穴的设计

主流道延长所形成的井穴称为冷料穴。其作用是储存因两次注塑间隔而产生的冷料头以及熔体流动的前锋冷料，以防止熔体冷料进入型腔。此外，冷料穴还具有在开模时将主流道和分流道的冷料钩住并滞留在动模一侧的作用。

冷料穴一般开设在主流道对面的动模板上，其直径与主流道大端直径相同或略大一些；深度为直径的 1～1.5 倍。

1) 底部带有推杆的冷料穴

底部带有推杆的冷料穴的底部由一根推杆组成，推杆安装在推杆固定板上。具体结构如图 4.73(a)～(c)所示，其中图 4.73(a)所示为 Z 形推料杆冷料穴，它的作用是分型时将主流道的凝料从浇口套中拉出并滞留在动模一侧。开模后，塑料制品稍做侧向移动，凝料会连同塑料制品一起从冷料穴推料杆脱落。

图 4.73(b)～(c)分别是倒锥形冷料穴、圆环形冷料穴，它们的作用是分型时将主流道的凝料从浇口套中拉出并滞留在动模一侧。开模后，推杆将凝料从冷料穴中强制顶出。这两种冷料穴应用于弹性好的软质塑料，易实现自动化操作。

2) 底部带有拉料杆的冷料穴

底部带有拉料杆的冷料穴的底部由一根拉杆组成，拉料杆安装在型芯固定板上。具体结构如图 4.73(d)～(f)所示，其中图 4.73(d)所示为球头形拉料杆，图 4.73(e)所示为蘑菇形拉料杆，图 4.73(f)所示为锥形拉料杆。其作用是冷料进入冷料穴后，紧包在这些拉料杆的头部上，开模时便可将主流道凝料从主流道中拉出，当推件板从型芯上推出塑料制品时，同时也将主流道凝料从拉料杆上刮下来。它们专用于具有推件板的模具。

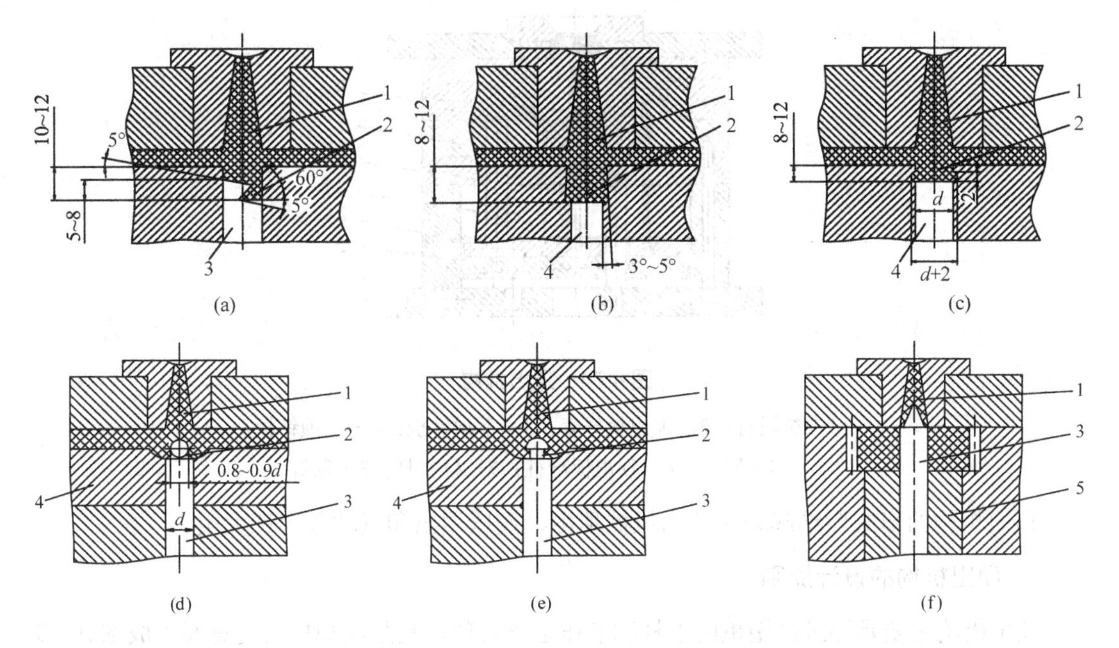


图 4.73　常用冷料穴与拉料杆形式

1—主流道；2—冷料穴；3—拉料杆；4—推件板；5—推块

## 4.2.5　注塑模的顶出机构

注塑成型每一循环中，塑件从模具中凹、凸模上脱出，完成脱出塑件的装置称为脱模机构，也称为顶出机构。脱出浇注系统凝料的机构叫浇注系统凝料脱出机构。某些情况下，塑件可以和凝料共用一个脱模机构。顶出机构的动作方向与模具开模方向是一致的。良好的顶出机构要求脱模时塑件不变形和不损坏，而且顶出机构的位置应位于制件不明显处。

### 1. 顶出机构的组成

顶出机构主要由顶出板导套、下顶针板、上顶针板、回针、顶出板导柱、拉料杆及顶针等组成，如图 4.74 所示。开模后，注塑机上的顶杆将顶出力作用于下顶针板上，再通过顶针推动塑件将其从型芯中顶出。顶出板导套和顶出板导柱的作用是保证上、下顶针板在顶出过程中平稳可靠，同时顶出板导柱还起着支撑垫板的作用。上、下顶针板在顶出塑件后靠回针回位。拉料杆的作用是开模时，拉住浇注系统凝料随动模一起后移，顶出时使浇注系统凝料随塑件一起顶出。垃圾钉的作用是使下顶针板与底板间形成间隙，因为下顶针板与底板间存在垃圾(废料、铁屑等杂物)，会使上、下顶针板不平稳导致顶出困难。另外，还可以通过垃圾钉厚度的调节来控制顶出距离。

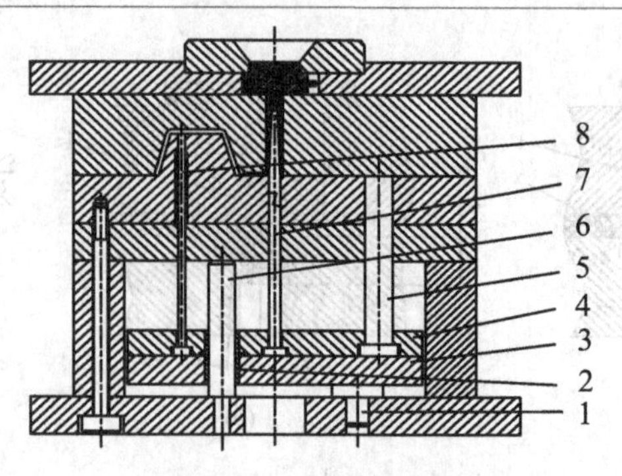


图 4.74　顶出机构

1—垃圾钉；2—顶出板导套；3—下顶针板；4—上顶针板；
5—回针；6—顶出板导柱；7—拉料杆；8—顶针

顶出机构的形式归纳起来可分为机械顶出、液压顶出和气动顶出三大类。

#### 2. 顶出机构的设计原则

顶出机构主要是通过注塑机的顶杆和液压缸来实现，它是注塑模具的重要组成部分。顶出机构的形式和顶出方式与塑件的形状、结构和塑料的性能有关。其基本设计原则如下。

(1) 保证塑件开模后塑件留在动模上，简化顶出机构。

(2) 为使制品不致因顶出而产生变形，推力点应尽量靠近型芯或难以脱模的部位，如制品上细长的中空圆柱，多采用推管顶出。脱模力足够，推力点的布置应尽量均匀平衡。

(3) 结构可靠，即强度和刚度足够，不易破损，推力点应作用在制品上承受力最大的部位，即刚性好的部位，如筋部、突缘和壳体形制品的壁缘等处。

(4) 尽量避免推力点作用在制品的薄平面上，防止制品破裂和穿孔等，如壳体形制品及筒形制品多采用推板顶出。

(5) 为避免使顶出的痕迹影响制品的外观，顶出装置应设在制品的隐蔽面或非装饰表面。对于透明制品尤其要注意顶出位置及顶出形式的选择。

#### 3. 3 种顶出机构的特点

1) 顶杆顶出机构

顶杆顶出机构是顶出机构中最简单、最常见的一种形式。由于顶杆截面多为圆形，因此其制造和修配方便，顶出效果好，在生产中广泛应用。但由于顶出面积一般比较小，易引起应力集中而顶穿塑件或将塑件顶变形，所以很少应用于脱模斜度小和脱模阻力大的管类或箱类塑件。图 4.75 所示为顶杆结构。

2) 顶管顶出机构

顶管顶出机构又称为空心顶杆顶出机构，它适于环形、筒形塑件或塑件上中心带孔部分的顶出。由于顶管整个周边接触塑件，故推顶塑件力均匀，塑件不易变形，也不留下明显的顶出痕迹。采用顶管顶出时，主型芯和凹模可同时设计在动模侧，有利于提高制件的同心度。对于过薄的塑件(厚度小于 1.5mm)，尽量不要采用顶管顶出，因过薄的顶管加工困难且易损坏。图 4.76 所示为顶管结构。

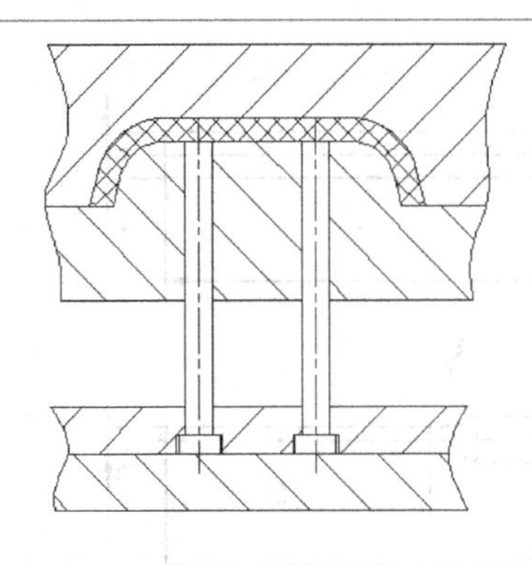

图 4.75　顶杆结构

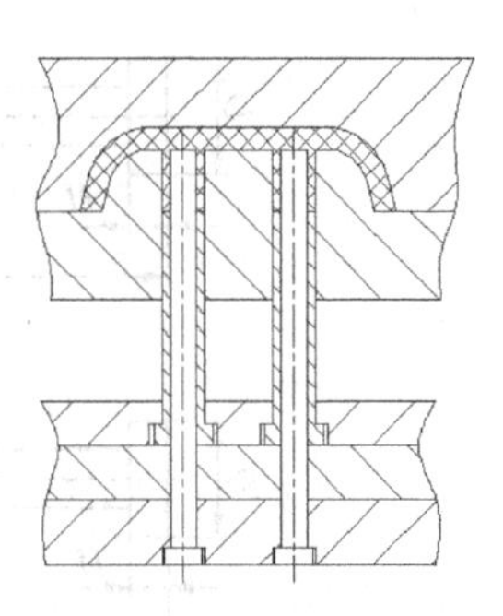

图 4.76　顶管结构

3) 推板顶出机构

在型芯根部安装一个与之密切配合的推板，推板沿型芯周边移动将塑件顶出型芯。推板主要用于薄壁容器、各类罩壳形塑件和表面不允许带有推出痕迹的塑件，在塑件内侧不适合做顶针时，或者塑件外侧较深时，可采用推板顶出。其优点是顶出力均匀、顶出力大、运动平衡稳定、顶出效果好和无顶出痕迹等，塑件不易变形。特别适用于一模多腔，圆形与外形简单的产品脱模。缺点是使模具厚度增加，脱模孔位置的配合精度及加工精度要求较高。另外，在型芯周边外形复杂时，推板与型芯配合部分加工有难度。图 4.77 所示为推板顶出结构。

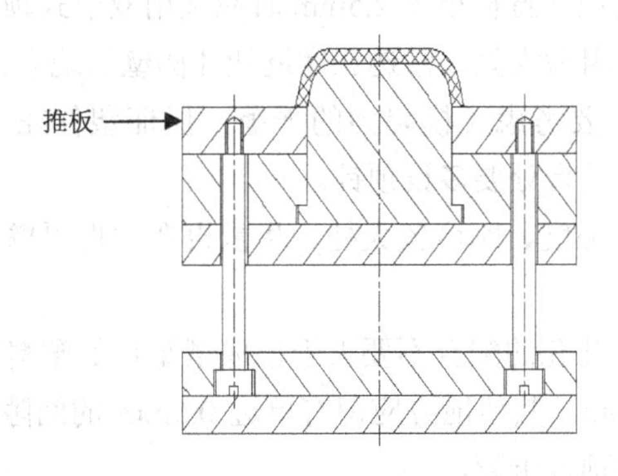


图 4.77　推板顶出结构

4. 顶杆、顶管、推板的设计

1) 顶杆的设计

(1) 顶针的结构。

常用顶针的结构如图 4.78 所示。其中 A 型和 B 型为圆形截面的顶针，A 型为单节式顶针，是目前模具厂家广泛选用的类型，优点是结构简单、制造方便、定位可靠(尾部采用台阶的形式)；B 型为双节式顶针，由于顶部较细，故在后部加粗以防止其变形，主要用于要求顶针直径较小的场合；C 型为扁形顶针，适用于塑件上有较深的胶位和筋位的顶出，但其本身和相配合孔的加工比较麻烦。

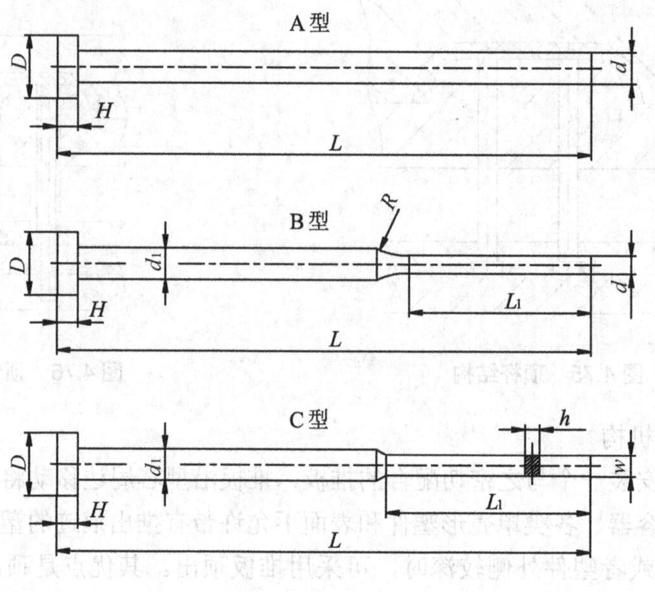


图 4.78 顶针的结构

(2) 顶针的位置选择原则。顶针的位置选择原则如下。

① 顶针的直径不宜过细，应具有足够的强度和刚度，能承受一定的顶出力。一般顶针直径为 2.5～15mm，当顶针直径小于 2.5mm 时应采用双节式顶针。

② 顶针应设在脱模阻力大处，常选在靠近塑件侧壁的地方。

③ 在布置顶针时，要考虑脱模阻力的平衡，保证塑件在顶出时受力均匀，顶出平稳，不变形，因此在筋、凸台处要多设顶针。

④ 顶针应设在塑件强度、刚度较大处。尽量设在塑件厚壁、筋、凸台等处，以防止塑件变形损坏。

⑤ 顶针成型部位与其孔的配合不要大于该成型塑件的塑料溢边值，以防产生飞边，配合长度一般不小于 10mm。其他地方应留有单边 0.5mm 的间隙，以免因顶针孔在各板上的同轴度产生误差而导致顶针卡死。

⑥ 在难以排气的部位尽量多设顶针，以它来代替排气槽排气。

2) 顶管的设计

顶管的内径与成型杆采用 H8/f8 的配合，配合长度比顶出行程大 3～5mm，外径与模板采用 H8/f7 的配合，配合长度常取 10mm。其中顶管用来顶出塑件，成型杆用来成型塑件的内孔。

顶管的结构如图 4.79 所示，图 4.79(a)所示为成型杆固定在动模座板的结构，这种结构的成型杆较长，顶出时成型杆不动，顶管实现塑件的顶出，适用于顶出距离不大的场合；图 4.79(b)所示为方销将成型杆固定在垫板上的结构，顶管在方销处开槽，顶出时让开方销；图 4.79(c)所示为缩短顶管的结构，但需要动模板很厚。

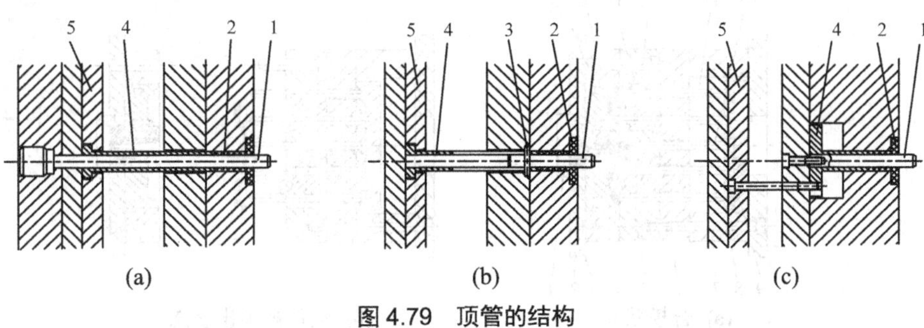


图 4.79　顶管的结构

1—成型杆；2—塑件；3—方销；4—顶管；5—上顶针板

3) 推板的设计

为减少推出过程中推板与凸模间摩擦以致发生磨损导致分边，推板与型芯配合部位至少有 0.2～0.3mm 间隙；型芯与推板接触的部分应做 3°～5°斜度，如图 4.80 所示，其中图 4.80(a)和图 4.80(b)是两种最常见的推板顶出形式。图 4.80(a)由回针推动推板实现塑件的脱模，但此种结构要求导柱应足够长，并要控制好模具的顶出行程。图 4.80(b)所示为螺钉锁定推板的结构，可防止推板在顶出塑件时不脱落。图 4.80(c)是将推板镶入到动模板内的结构形式，推板由螺钉连接，这种结构也可保证推板顶出塑件时不脱落。此外，顶出机构零件设计还有顶出块、气顶、液压缸等。

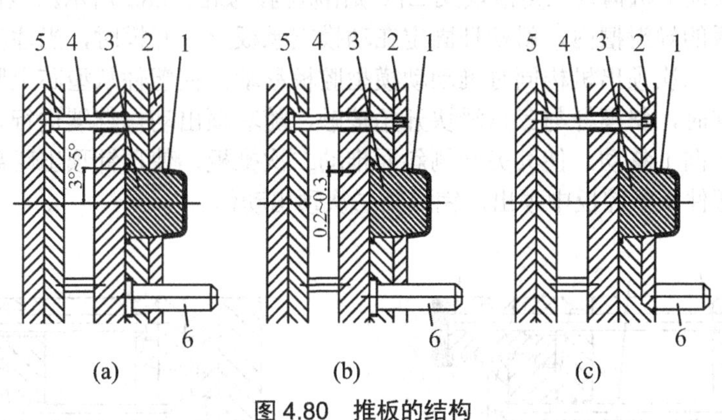


图 4.80　推板的结构

1—塑件；2—推板；3—型芯；4—回针；5—上顶针板；6—导柱

### 5. 顶出机构的类型

顶出机构的类型取决于塑件的形状、塑料的性能及注塑机的顶出结构。常见顶出机构的类型有以下几种。

1) 一次顶出机构

一次顶出机构是指只需一次动作就能使塑件脱模的机构。一次顶出机构通常如图 4.81 所示，来实现塑件的脱模。开模时，注塑机的锁模机构带动模具的动模部分右移，塑件在模内冷却后收缩，抱紧在型芯上与型腔分离，留在型芯上，连同流道内的凝料随动模后退，当注塑机的顶杆接触到模具的上顶针板时，通过顶针顶出塑件及凝料。

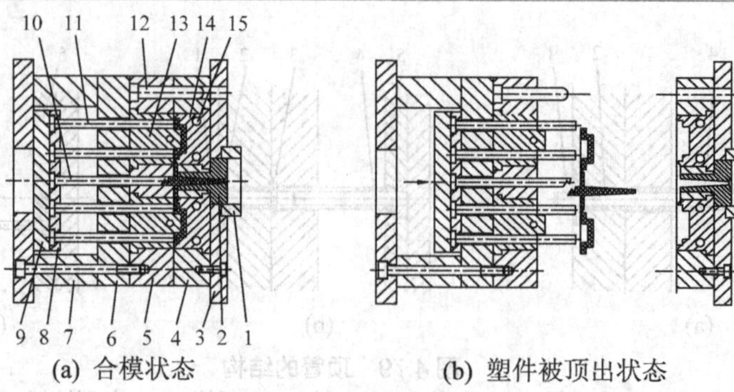


(a) 合模状态　　(b) 塑件被顶出状态

**图 4.81　一次顶出机构**

1—定位环；2—浇口套；3—定模座板；4—定模板；5—动模板；6—垫板；7—模脚；8—上顶针板；9—下顶针板；10—拉料杆；11—顶针；12—导柱；13—凸模；14—凹模；15—冷却水道

2) 二次顶出机构

通常塑件的顶出都是由一次顶出动作来完成的，但对于需要推板参与塑件的部分成型时，塑件会黏附在推板上，一次顶出动作难以将塑件从型腔中顶出或塑件不能自动脱落，这时就必须再增加一次顶出动作才能使塑件脱落。这种由两次顶出动作来完成一个塑件脱模的机构称为二次顶出机构。

常用的二次顶出机构为三角滑块式二次顶出机构，如图 4.82 所示。该机构中三角滑块安装在一次推板的导滑槽内，斜楔杆固定在动模支承板上。开模时，当注塑机顶杆顶动一次顶板时，一、二次顶出机构同时推动动模型腔板移动，使塑件从型芯上脱出，完成第一次顶出动作；同时，斜楔杆与三角滑块开始接触，随着顶出动作继续进行，三角滑块在斜楔杆斜面作用下向上移动，使其另一侧斜面推动二次推板，使顶针顶出距离超前于动模型腔板，从而将塑件从型腔板中顶出，完成第二次顶出动作。

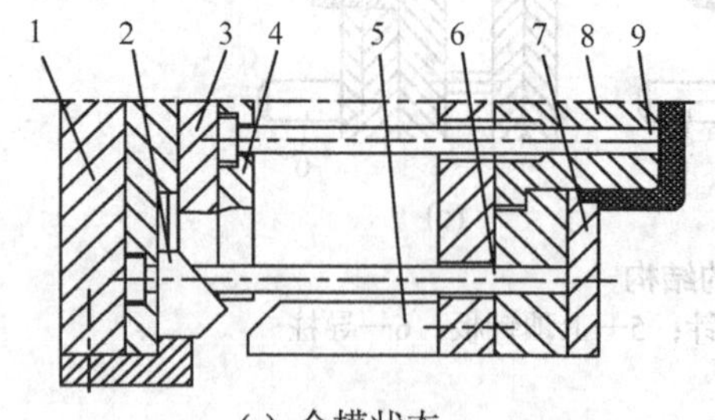


(a) 合模状态

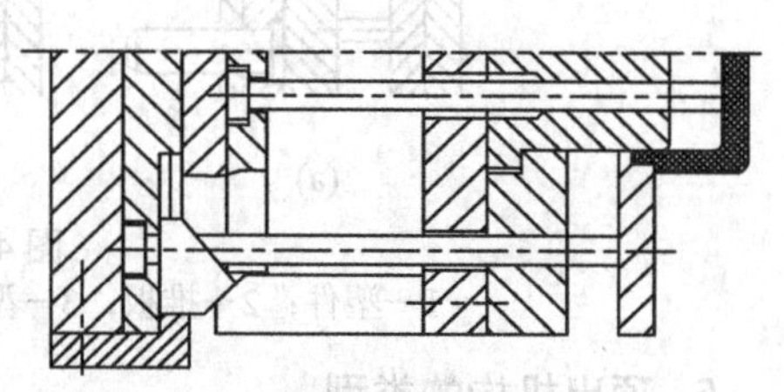

(b) 塑件被顶出状态

**图 4.82　三角滑块式二次顶出机构**

1— 一次推板；2—三角滑块；3—二次推板；4—推杆固定板；5—斜楔杆；6—顶针；7—动模型腔板；8—型芯；9—顶针

3)　双向顺序顶出机构

在设计分型面时，塑件开模后尽可能滞留在动模一侧，但有时因塑件的结构要求，塑件有可能留在定模一侧，也有可能留在动模一侧，这时定模和动模都需设顶出机构才能保证塑件的顺利脱模。

例如，图 4.83 所示的摆钩式双向顺序顶出机构，塑件在定模和动模部分都有型腔和型芯，开模时留在动、定模的可能性都有，因此设计了让塑件先脱离定模的顺序推出机构。开模时，动模和定模之间由于摆钩的连接不能分开，迫使模具首先从 $A—A$ 分型面分型，使塑件包在型芯上而从型芯上脱出，直到限位螺钉限制定模不能再继续移动，$A—A$ 分型面的分型结束；继续开模，压板的斜面迫使摆钩转动而脱离动模，动模与定模在 $B—B$ 分型面分型；再继续开模，推管将塑件从动模型芯上推出，完成塑件顶出动作。合模时，弹簧使摆钩复位。

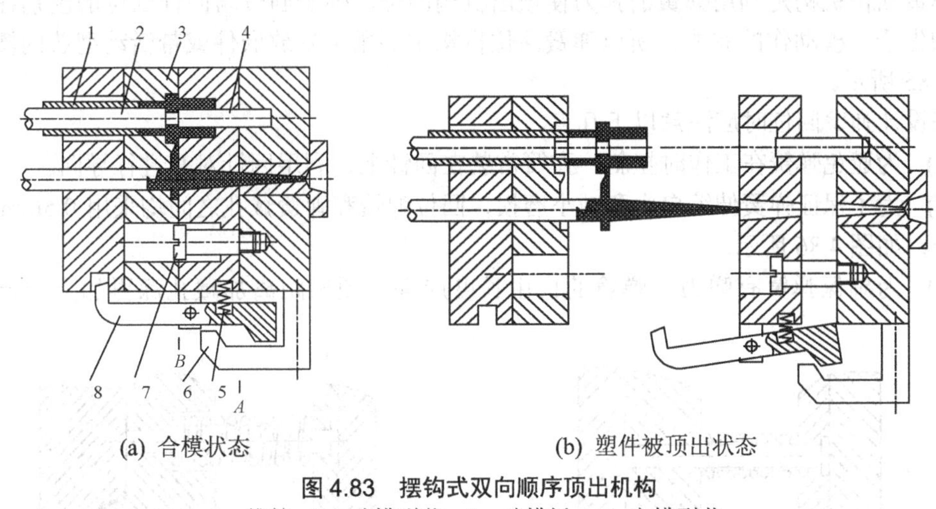


(a) 合模状态　　(b) 塑件被顶出状态

**图 4.83　摆钩式双向顺序顶出机构**

1—推管；2—动模型芯；3—动模板；4—定模型芯；
5—弹簧；6—压板；7—限位螺钉；8—摆钩

## 4.2.6　注塑模的回位机构

回位机构是指模具开模顶出塑件后，使模具的上、下顶针板恢复到原始状态的机构，以便进行下一次注塑。常用回位机构有回针回位机构和弹簧回位机构两种。

### 1. 回针回位机构

回针一般安装在上、下顶针板的四角上，依靠上、下顶针板对其固定。开模顶出时如图 4.84(a)所示，回针跟随顶出机构一起向前移动。顶针顶出塑件和凝料，但在由推板顶出塑件的模具中，回针也起着顶出塑件和凝料的作用。合模时如图 4.84(b)所示，注塑机的锁模机构带动模具的动模部分前移，回针首先接触模具的定模板，使顶出机构回位。

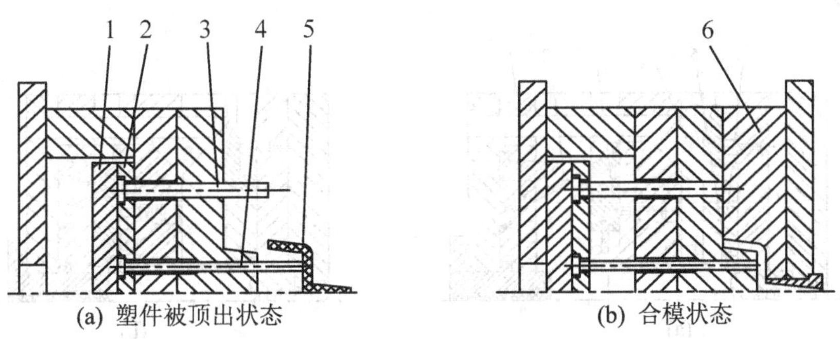


(a) 塑件被顶出状态　　(b) 合模状态

**图 4.84　回位机构**

1—上顶针板；2—下顶针板；3—回针；4—顶针；5—塑件；6—定模板

回针的端面一般与分型面平齐，当用推板顶出塑件时，回针端面与推板底部平齐。为了防止推板或定模板与回针端面相接触处出现凹陷，影响回针准确回位，常将其淬火处理或镶入淬火垫块。

### 2. 弹簧回位机构

弹簧回位机构是利用弹簧的弹力使顶出机构回位。弹簧回位与回针回位的区别在于顶出机构先于合模动作的完成，所以弹簧回位机构主要用于安放嵌件或带活动型芯的塑件，如图 4.85 所示。

在设计弹簧回位时应注意以下几点。

(1) 为避免弹簧在工作时扭斜，弹簧常装在回针上，利用回针对其进行导向。

(2) 为了保证弹簧伸缩自由和减小磨损，回位弹簧和弹簧藏孔之间均采用 0.5mm 的间隙配合，如图 4.86 所示。

(3) 为确保弹簧有弹力，弹簧的自由长度应等于顶出距离加藏孔深再加上一定的预压量。

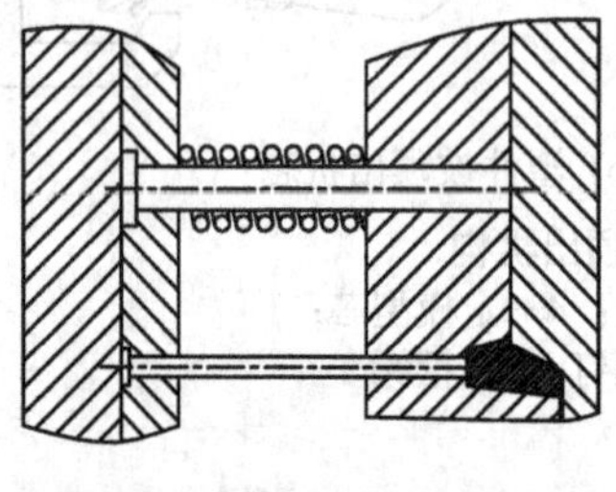

图 4.85 弹簧回位机构

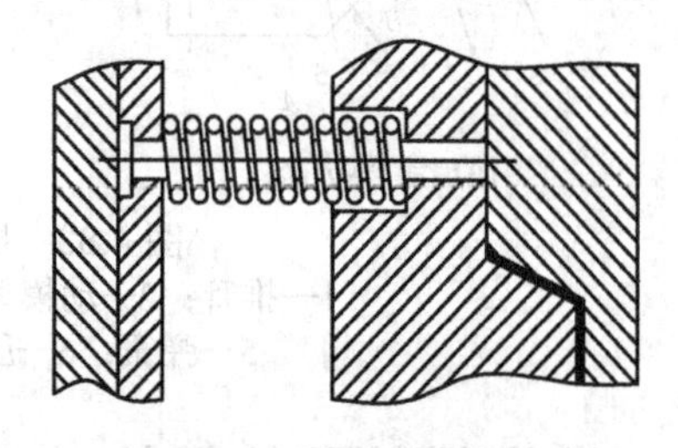

图 4.86 间隙配合

### 3. 先回位机构

当侧向轴芯(滑块)的行程范围内有顶针时，即使使用回针，合模过程中在滑块返回原来位置之前，顶针和滑块也有可能发生碰撞，造成顶针和滑块损伤，也就是滑块的回位先于顶针的回位，这时回位机构应采用附加装置来使顶针的回位先于滑块的回位。

楔杆三角滑块式先回位机构如图 4.87 所示。合模时，固定在定模板上的楔杆与三角滑块的接触先于斜导柱与侧型芯滑块的接触，在楔杆作用下，三角滑块在推管固定板的导滑槽内向下移动的同时迫使推管固定板向左移动，使推管先于侧型芯滑块回位，从而避免两者发生干涉。

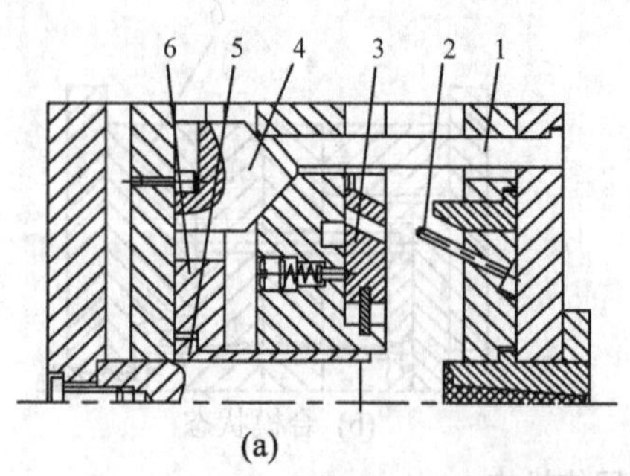


(a)

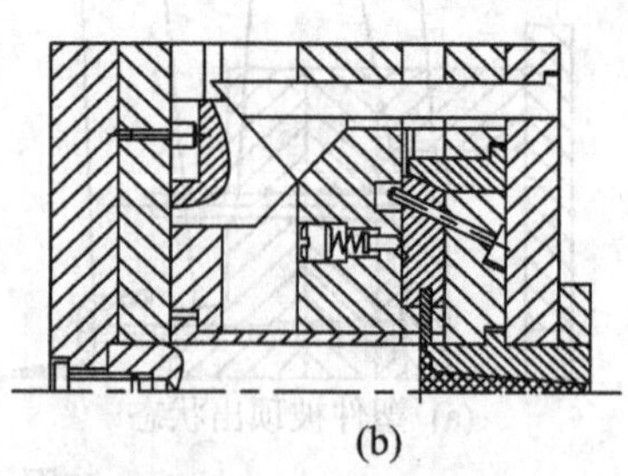

(b)

图 4.87 楔杆三角滑块式先回位机构

1—楔杆；2—斜导柱；3—侧型芯滑块；4—三角滑块；5—推管；6—推管固定板

## 4.2.7　注塑模的导向机构

模具合模时，导向机构可以保证动模和定模的位置正确，以便使型腔的形状和尺寸精确；另外，导向机构在模具的装配过程中也起定位作用，方便模具的装配和调整。合模时，模具的导向零件首先接触，引导动、定模准确合模，避免由于某种原因，使得型芯或型腔错误接触而造成损坏。塑料熔体是以一定的注射压力注入型腔的，型腔的各个方向都承受压力，如果塑件是非对称结构或模具设计成非平衡进料形式，就会产生单边的侧向压力，设置导向机构可以承受一定的侧向压力。

### 1. 导柱导向

导柱的形式如图 4.88 所示。图 4.88(a)适用于模具的动模部分和定模部分的导向，其底端采用台肩的目的是保证导柱在工作时不会被拔出，顶端做成锥形和倒角的作用是确保模具在合模时动、定模部分能对位准确，中间开槽的作用是储存润滑油和杂质。图 4.88(b)应用于模具的顶出机构的导向，作用是保证上、下顶针板在顶出过程中平稳可靠，同时顶针板导柱还起着支撑垫板、减薄模板厚度的作用，如图 4.89 所示。

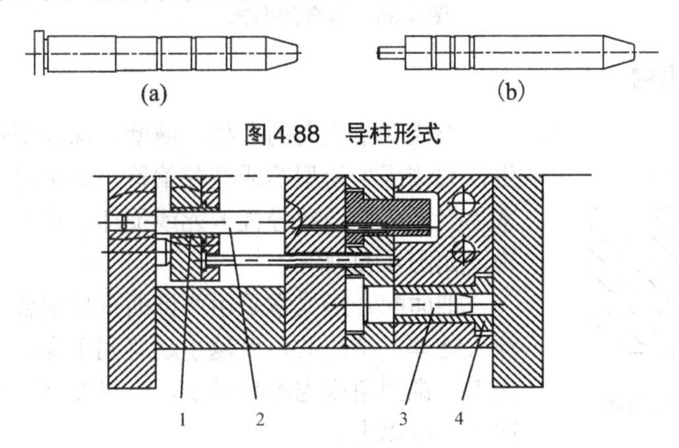


图 4.88　导柱形式

图 4.89　导向机构

1—顶针板导套；2—顶针板导柱；3—导套；4—导柱

通常导柱均匀分布在模具分型面的四周，其中心到模具边缘距离为导柱直径的 1～1.5 倍，以保证模具强度。为确保动模和定模只能按同一方向合模，防止模具安装时方位出现错误，导柱常采用不对称的方式布置，如图 4.90(a)所示。

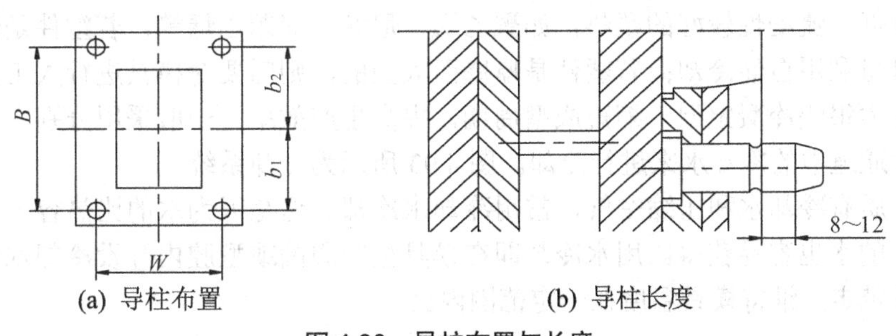


(a) 导柱布置　　(b) 导柱长度

图 4.90　导柱布置与长度

导柱的长度应比型芯端面的高度高出 8～12mm，以免出现未导正方向使型芯进入凹模与凹模相碰而损坏，一般导柱应进行淬火处理，硬度为 50～55HRC。导柱与模板的配合为 H7/m6 的间隙配合，如图 4.90(b)所示。

当模具精度要求较高、生产批量较大时，往往设置导套与导柱进行配合，以提高模具的精度和寿命。导套的形式如图 4.91 所示。图 4.91(a)所示为中间台肩式导套，常安装在上、下顶针板上。图 4.91(b)所示为台肩式导套，常安装在定模板上。图 4.91(c)所示为直导套，适用于活动板上。以上导套均与导柱配合使用，采用 H7/f7 的间隙配合。

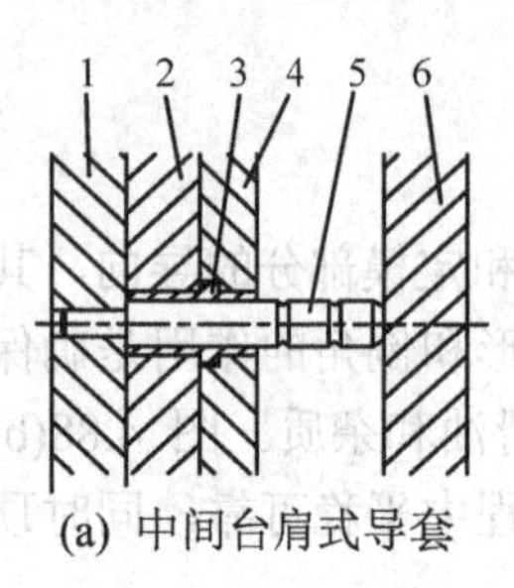

(a) 中间台肩式导套

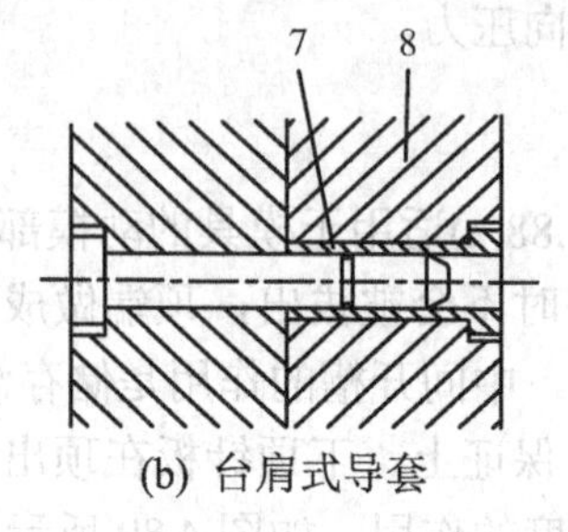

(b) 台肩式导套

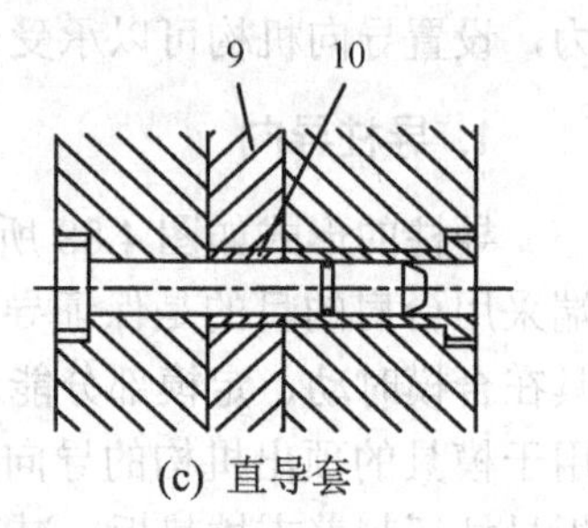

(c) 直导套

图 4.91　导套的形式

2. 锥面定位机构

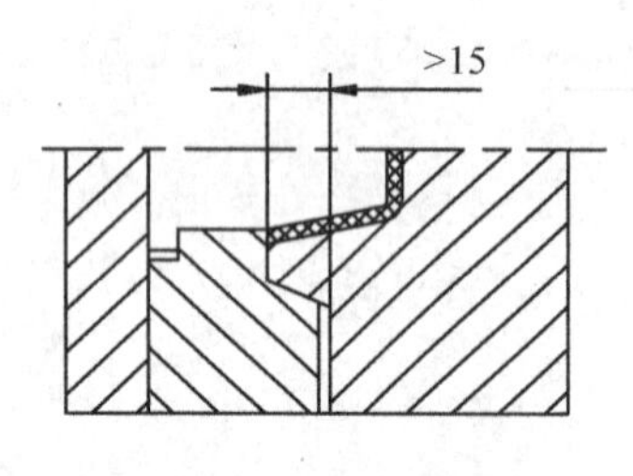

图 4.92　锥面定位机构

当成型精度高的大型、薄壁、深腔塑件时，型腔内会产生较大侧压力使型芯或型腔偏移，如果这种压力完全由导柱来承担，将会导致导柱卡死或损坏，这时需增设锥面定位机构，如图 4.92 所示。

锥面配合形式常采用两锥面直接配合，两锥面都要进行淬火处理，锥面的角度越小越有利于定位，但由于开模力的关系，锥面角度也不宜过小，一般取 5°～20°，锥面高度取 15mm 以上。

### 4.2.8　注塑模的冷却系统

一般注塑到模具内的塑料温度为 200℃，塑件固化后从模具型腔中取出时的温度在 60℃以下。热塑性塑料在注塑成型后，必须对模具进行有效冷却，使熔融塑料的热量尽快传给模具，以便使塑件可靠冷却定型并可迅速脱模，从而提高塑件定型质量和生产效率。对于熔融黏度较低、流动性较好的塑料，如聚乙烯、尼龙、聚苯乙烯等，若塑件是薄壁而小型的，则模具可利用自然冷却；若塑件是厚壁而大型的，则需要对模具进行人工冷却，以便塑件在模腔内很快冷凝定型，缩短成型周期，提高生产效率。一般采用分别布置在凸模和凹模的冷却通道中的冷却水来进行冷却。图 4.93 所示为冷却系统。

冷却介质有冷却水和压缩空气，常用冷却水冷却。这是因为水的比热容大，成本低，且低于室温的水也容易获得。用水冷却即在模具型腔周围或型腔内开设冷却水道，利用循环水将热量带走，维持模具温度在一定范围内。

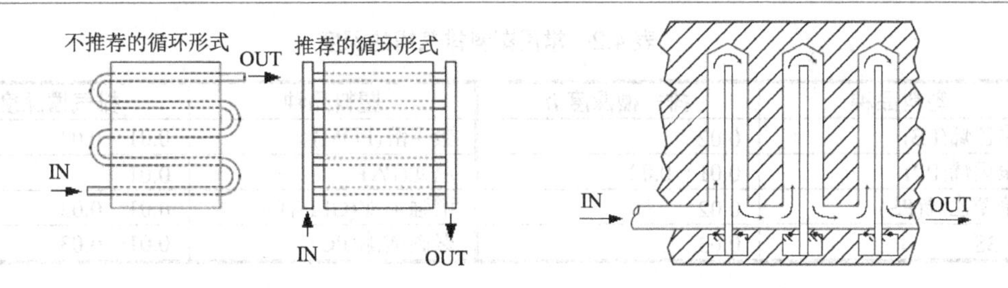


图 4.93　冷却系统

冷却系统设计的基本考虑要点如下。

(1) 尽量保证塑件收缩均匀，维持模具热平衡。

(2) 冷却水孔的数量越多，孔径越大，水道分布越均匀，对塑件冷却越均匀。

(3) 水孔与型腔表面各处应有相同的距离。

(4) 浇口处应加强冷却。

(5) 降低入水与出水的温差。

(6) 要结合塑料的特性和制件的结构，合理考虑冷却水道的排列形式。

(7) 冷却水道要避免接近塑件的熔接痕部位，以免熔接不牢，影响强度。

(8) 保证冷却通道不泄漏。

(9) 防止冷却水道与其他部位发生干涉。

(10) 冷却通道的进、出口要低于模具的外表平面。

(11) 冷却水道要利于加工和清理。

## 4.2.9　注塑模的排气系统

在塑料熔体充填模具型腔的过程中，同时要排出型腔及浇注系统内的空气和物料中的挥发性气体。如果气体不能被顺利地排出，塑料制品会出现气泡、接缝、填充不足、轮廓不清及烧焦等缺陷。排气系统的设计有以下 3 种方式。

### 1. 在分型面上开设排气槽排气

对于大型模具，型腔最后充填的部位在分型面上，所以要在分型面上开设排气槽排气。图 4.94(a)所示为燕尾式排气槽，这种排气槽排气顺畅；图 4.94(b)所示为转弯式排气槽，此类排气槽是防止气体喷出伤人而设置的。排气槽深度尺寸如表 4.2 所示。

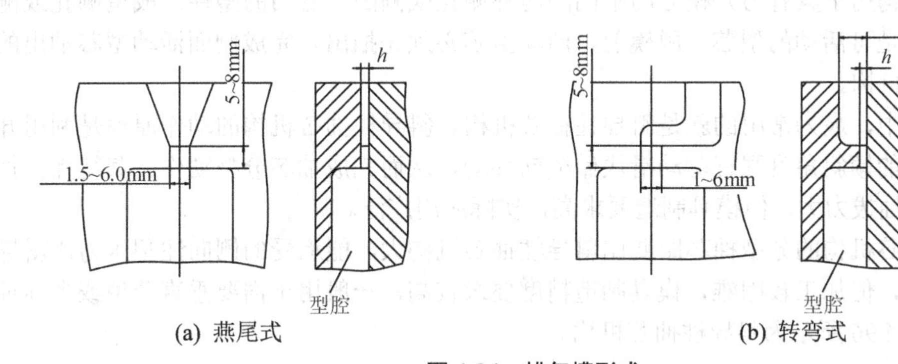


图 4.94　排气槽形式

表 4.2 常用塑料排气槽的深度 mm

| 塑料品种 | 排气槽深度 $h$ | 塑料品种 | 排气槽深度 $h$ |
| --- | --- | --- | --- |
| 聚乙烯(PE) | 0.02 | 聚甲醛(POM) | 0.01～0.03 |
| 聚丙烯(PP) | 0.01～0.02 | 尼龙(PA) | 0.01 |
| 聚苯乙烯(PS) | 0.02 | 增强尼龙(GFPA) | 0.01～0.03 |
| ABS | 0.03 | 聚碳酸酯(PC) | 0.01～0.03 |

### 2. 利用配合间隙排气

对于中小型模具，常采用推杆和推杆孔的配合间隙排气，也可以利用斜销、套筒、镶件的配合间隙排气，如图 4.95 所示。

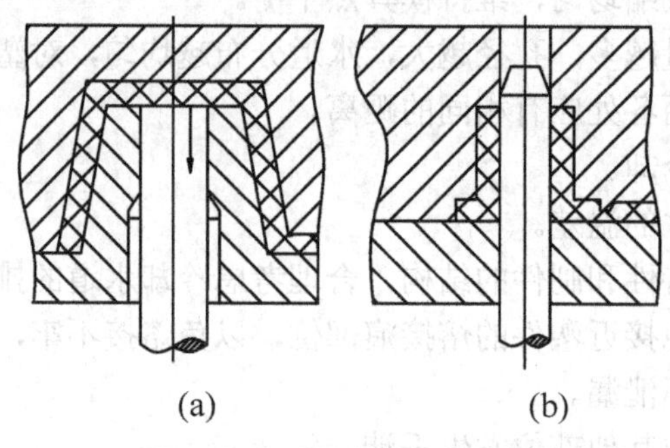


图 4.95 利用配合间隙排气

### 3. 排气槽位置的选择原则

排气槽位置的选择原则如下。

(1) 排气槽不宜朝向机器操作者方向，以免因溢料出现人身事故。

(2) 尽量开设在最后才能填充满的型腔部位，如流道和冷料穴终端。

(3) 最好开设在分型面上，如果排气槽有溢出的塑料飞边，将随制品一起脱模。

(4) 为便于加工及清模，排气槽尽量开设在凹模一侧。

(5) 塑料制品尺寸较深的型腔或筋位，气阻位置易发生于型腔或筋位底部，可利用镶嵌部位缝隙排气，排气机构可开在熔合线和接合线处。

## 4.2.10 注塑模的抽芯机构

侧抽芯机构用于具有与开模方向不同的内外侧孔或侧凹、侧凸的塑件。成型侧孔或侧凹的零件必须是可活动的型芯。脱模前，活动型芯必须先抽出。完成侧面活动型芯抽出的机构称为抽芯机构。

实际使用中，最为常用的就是斜导柱抽芯机构。斜导柱抽芯机构的动作原理是利用开模力和斜导柱的倾斜角度强行驱动滑块做横向移动，从而完成抽芯分型动作。其特点是抽芯动作可靠，抽拔力大，但模具制造要求高，实际应用广泛。

斜滑块抽芯机构的分型抽芯距要比斜导柱抽芯机构大，能承受的侧向注塑压力比斜导柱抽芯机构大，但加工较困难，模具制造精度要求较高，一般用于需要垂直分型或多向抽芯的产品。图 4.96 所示为斜导柱抽芯机构。

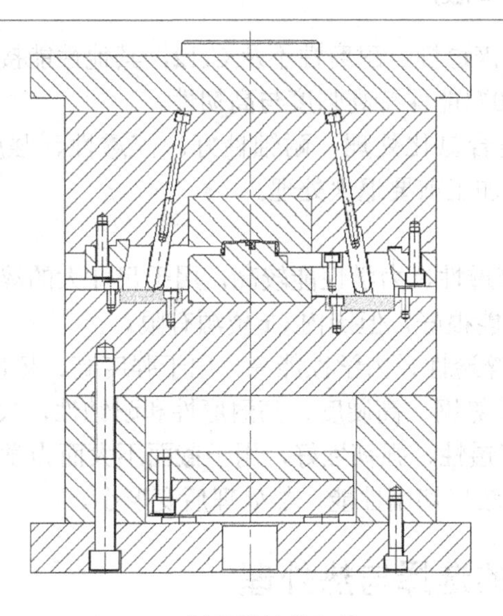

图 4.96　斜导柱抽芯机构

# 4.3　模具材料的选用

## 4.3.1　对模具材料的要求

对模具材料的要求如下。

(1)　材料芯部要有足够的强度与韧性。

(2)　表面要有足够的硬度、耐磨性与抗腐蚀性能。

(3)　抛光性能良好。

(4)　加工性能好、热处理变形小。

不同的模具零件对材料的要求不同。

(1)　成型零件：与高温熔体接触，耐磨、耐蚀、足够的强度、热处理变形小。

(2)　推出机构与导向零件：耐磨、足够的韧性与强度、热处理变形小。

(3)　支承与紧固零件：有一定的强度，承受成型压力。

## 4.3.2　常用的模具钢材

1) 优质碳素结构钢：45、45Mn、20Mn

这类钢材有一定强度，切削性能好，热处理变形较大，加工前要正火或调质处理。

2) 碳素工具钢：T8、T8A、T10、T10A

碳素工具钢在淬火后有较高的强度与耐磨性，淬火变形大且淬透性差，淬火后用线切割加工可达较高精度。

3) 合金工具钢

(1)　CrWMn：淬火变形很小，淬透性高。

(2)　9Mn2V：价格低，淬透性、耐磨性不及 CrWMn 但比 T10 钢好。

(3)　Cr12：淬火变形很小、淬透性高、耐磨性。

(4) Cr4W2MoV：淬透性、耐磨性不及 Cr12，其他性能接近。

(5) 5CrNiMo：500℃能保持高强度与高韧性。

(6) 3Cr2W8V：适合氮化处理，耐蚀性好。淬透性、强度、韧性、耐磨性、耐热性好，但加工性能差，粗加工前要退火处理。

4) 合金结构钢

(1) 20CrMnTi：淬透性、力学性能较高，用于尺寸大的渗碳淬火硬件。

(2) 40Cr：综合性能很好，但国内 Cr 资源有限。

(3) 40CrMnMo：淬透性、力学性能高，用于强度高、韧性好的大截面件。

(4) 38CrMoAl：渗氮钢，高硬度、高耐磨性和耐蚀性，尺寸稳定性好。

(5) 30CrMnSi：淬透性、强韧性好，用于截面不大而力学性能好的零件。

(6) 热处理前具有较好切削性能，热处理后变形小。

## 4.3.3 模具材料的选择与热处理

对模具材料的选择与热处理的要求如下。

(1) 根据模具各零件的功用合理选择材料及热处理。

(2) 根据生产批量与模具精度选择。

(3) 根据模具的加工方法与零件的复杂程度选择。

(4) 根据塑料特性选择。

模具材料的选择与热处理参见表 4.3。

表 4.3 模具材料的选择与热处理

| 零件种类 | 主要性能要求 | 材 料 | 热 处 理 | 说 明 |
|---|---|---|---|---|
| 成型零件 | 形状复杂、耐腐蚀<br>高精度、淬火变形小 | 38CrMoAl<br>3Cr2W8V | 调质氮化<br>达 1000HV | 大批量 |
| | 高耐磨、高强度、高韧性<br>大型腔型芯 | 40CrMnMo<br>5CrNiMo | 54～58HRC | 大批量 |
| | 形状复杂、热处理变形小的镶件<br>增强塑料模具 | CrWMn Cr12<br>9Mn2V<br>20CrMnTi<br>Cr4W2MoV | 54～58HRC<br>渗碳淬火<br>60～62HRC | 大中批量 |
| | 形状简单、精度低 | 45 | 调质 22～26HRC<br>淬火 43～48HRC | 中批量 |
| | 形状简单、表面耐磨 | T8A、T10A | 淬火 54～58HRC | 中批量 |
| | 冷挤压模具 | 20、15 | 渗碳 54～58HRC | |
| 推出机构 | 有一定强度及耐磨性 | T8A、T10A<br>45 | 淬火 54～58HRC<br>淬火 43～48HRC | |
| 浇注系统 | 表面耐磨、耐腐蚀<br>一定的热硬性 | 型腔用合金钢<br>T8A、T10A | >55HRC | |
| 各种模板固定板 | 有一定强度 | 45、A3<br>T8A、T10A | 调质≥200HB<br>54～58HRC | |
| 螺钉 | 一般强度 | A3~A5、45 | | |

# 4.4 模具设计师的工作要求

模具设计师是从事企业模具的数字化设计，包含注塑与冷冲模，在传统模具设计的基础上，充分应用数字化设计工具，提高模具质量，缩短模具设计周期的人员。模具设计师共设 3 个等级，分别为三级模具设计师(国家职业资格三级)、二级模具设计师(国家职业资格二级)和一级模具设计师(国家职业资格一级)。

注塑模具三级模具设计师的工作要求如表 4.4 所示。

表 4.4 注塑模具三级模具设计师工作要求

| 职业功能 | 工作内容 | 能力要求 | 相关知识 |
| --- | --- | --- | --- |
| 1. 设计准备 | ① 收集与分析技术资料 | ① 能读懂制品二维工程图和三维模型的几何形状、尺寸、精度<br>② 能收集、查阅制品材料的加工成型特性与成型设备 | ① 机械制图知识<br>② CAD 知识<br>③ 制品成型的基础知识<br>④ 制品材料成型知识 |
| | ② 确定工艺方案 | ① 能分析注塑件材料及成型工艺<br>② 能确定名片盒等简单注塑件的模具位置及布局方案 | ① 注塑件成型工艺知识<br>② 注塑模具结构知识 |
| 2. 初步设计 | ① 工艺计算 | ① 能进行简单的工艺计算<br>② 能选用注塑成型设备 | ① 注塑件工艺计算知识<br>② 注塑成型设备知识 |
| | ② 结构布局计算 | ① 能确定分型面<br>② 能设计浇注系统<br>③ 能设计直通式注塑模的冷却系统<br>④ 能设计简单的推杆机构 | ① 分型面基本知识<br>② 浇注系统知识<br>③ 冷却系统知识 |
| 3. 模具零、部件设计 | ① 标准零件建立及选用 | ① 能正确选择模具标准零件<br>② 能建立模具标准零件三维模型 | ① 模具标准零件知识<br>② 三维零件建模知识<br>③ 模具材料知识<br>④ 二维工程图生成知识<br>⑤ 简易零件强度分析知识<br>⑥ 零件加工工艺 |
| | ② 非标准零件设计 | ① 能建立模具非标准零件的参数化模型<br>② 能确定模具材料与热处理要求<br>③ 能生成模具零件非标准零件二维工程图<br>④ 能进行模具零件的强度、刚度分析<br>⑤ 能进行模具零件的加工工艺分析 | |
| 4. 模具总体设计 | ① 标准模架选用与校核 | ① 能选定标准模架<br>② 能核定标准模架安装 | ① 模架知识<br>② 模具安装知识 |
| | ② 创建模具总装配模型 | ① 能进行模具的装配建模<br>② 能进行模具组件间的静态干涉检查 | 三维装配建模知识 |
| | ③ 生成模具总装配图 | 能由三维模具装配模型绘制二维模具装配图 | 能由三维模具装配模型绘制二维模具装配图的知识 |
| 5. 模具调试与验收 | ① 模具调试 | ① 能进行试模材料检查<br>② 能进行试件质量检查 | 模具调试知识 |

续表

| 职业功能 | 工作内容 | 能力要求 | 相关知识 |
|---|---|---|---|
| 5. 模具调试与验收 | ② 模具验收 | ① 能记录试模工艺条件、操作要点与模具质量情况<br>② 能修整模具零件的尺寸，直到符合要求 | |

随着塑料工业的蓬勃发展，塑料成型加工技术也不断推陈出新。在学习本课程时，还要注意学习国内外的新技术、新工艺、新经验，为使我国塑料成型加工技术赶超世界先进水平做出贡献。表 4.5 所示为国内外塑料模具技术的比较。

表 4.5　国内外塑料模具技术比较表

| 项　目 | 国　外 | 国　内 |
|---|---|---|
| 注塑模型腔精度 | 0.005～0.01mm | 0.02～0.05mm |
| 型腔表面粗糙度 | *Ra*0.01～0.05μm | *Ra*0.20μm |
| 非淬火钢模具寿命 | 10～60 万次 | 10～30 万次 |
| 淬火钢模具寿命 | 160～300 万次 | 50～100 万次 |
| 热流道模具使用率 | 80%以上 | 总体不足 10% |
| 标准化程度 | 70%～80% | 小于 30% |
| 中型塑料模生产周期 | 一个月左右 | 2～4 个月 |

# 本 章 小 结

本章主要介绍注塑成型原理及注塑模组成和类型，以及注塑模结构设计的基本知识，包括注塑模成型零件、排位、分型面、浇注系统、顶出系统、导向机构、冷却系统、抽芯机构等的设计方法。最后简单介绍选择模具材料的一般方法及模具设计师的工作要求。

想成为一名模具设计师，必须了解塑料产品的特性和模具设计工艺要求，而且还必须了解模具结构与常用标准件。学习本章的主要目的是为了帮助大家打下坚实的基础，及更好地学习后面内容，并且能够融会贯通到实际生产当中。

# 思考与练习

## 1. 思考题

(1) 简述塑料制品到模具设计制造的流程。

(2) 注塑模具按其结构特征大致可分为几种？

(3) 一套模架主要由哪几部分组成？

(4) 选择分型面时应遵循什么原则？

(5) 多型腔的排位应注意什么？

(6) 浇注系统设计时应遵循哪些原则？

(7) 浇口有哪几种类型？浇口位置的设计原则是什么？

2. 实训题

(1) 计算图 4.97 所示塑件成型模具的成型零件的工作尺寸。

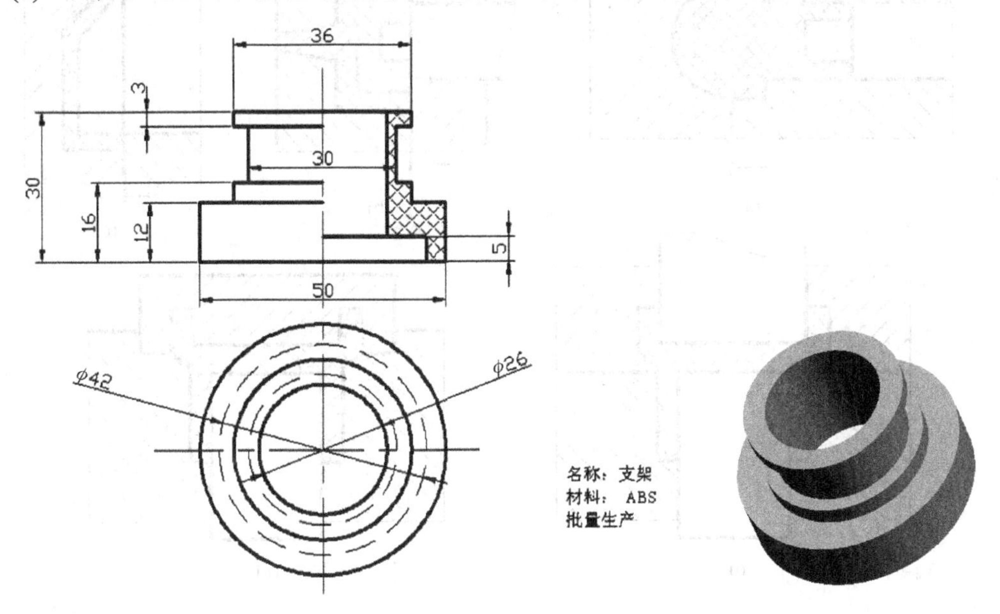


图 4.97　习题图(1)

(2) 选择图 4.98 所示零件的分型面。

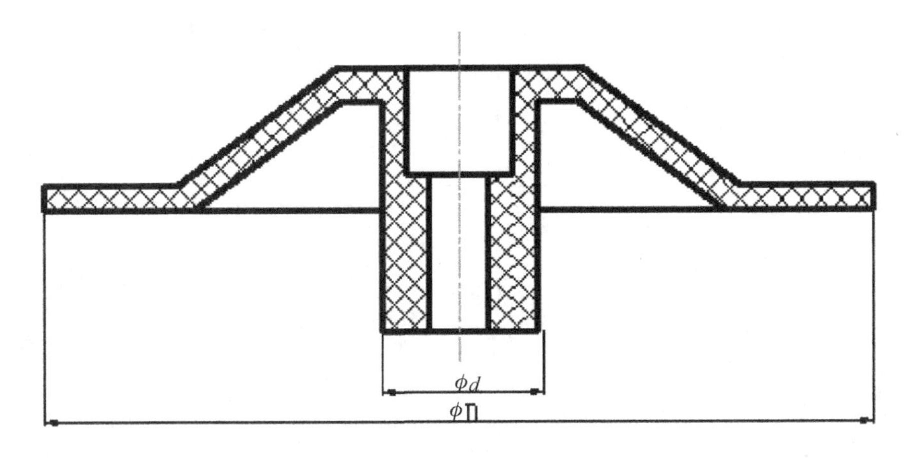


图 4.98　习题图(2)

(3) 判断正误，画出正确的图(见图 4.99)。

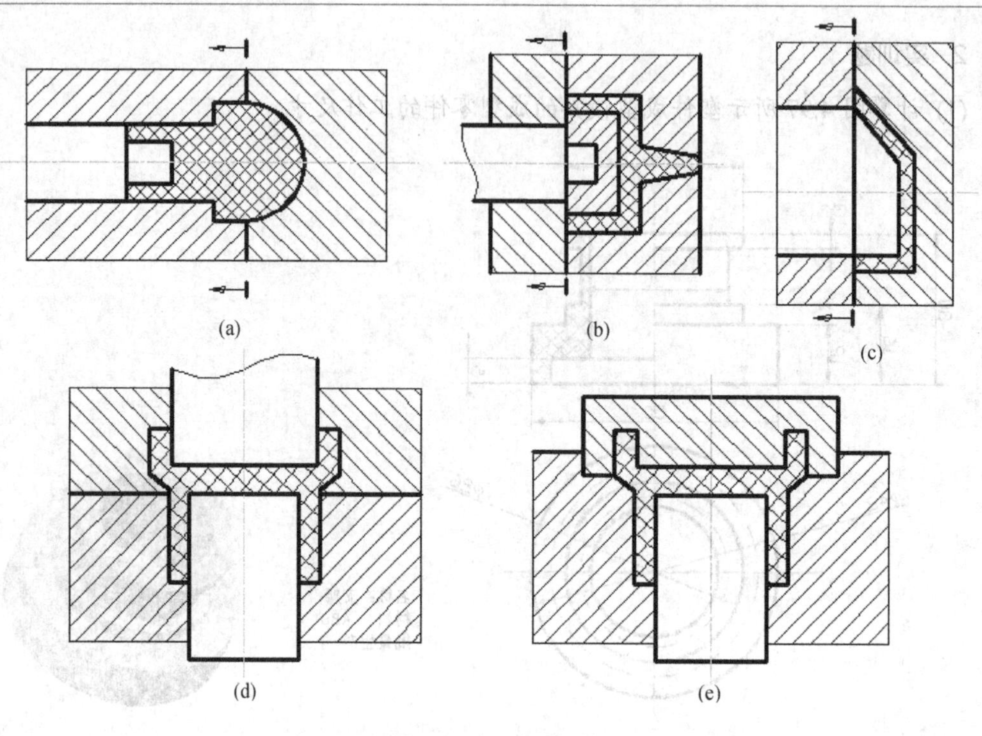


图 4.99　习题图(3)

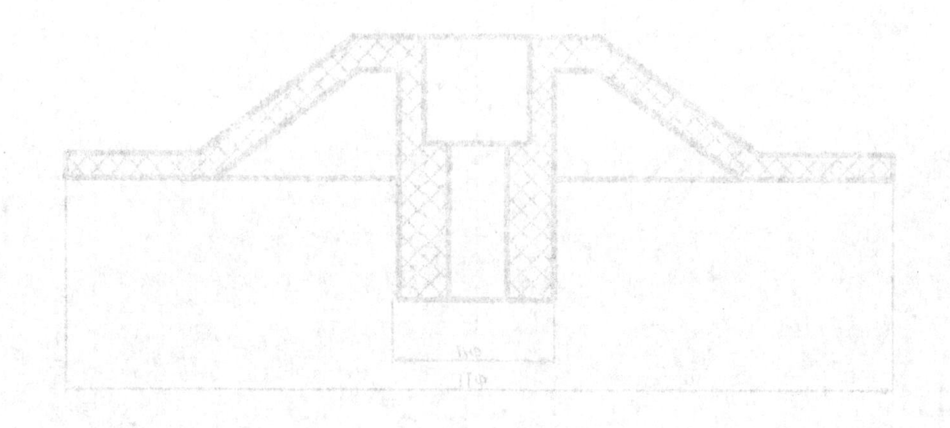

# 第 5 章　AutoCAD 的应用

**学习要点**

- 熟悉 AutoCAD 的用户界面。
- 掌握 AutoCAD 中命令的调用方法。
- 熟悉 AutoCAD 二维、三维绘图知识。

**技能目标**

- 掌握 AutoCAD 的二维、三维操作方法及命令的使用。
- 能够使用 AutoCAD 进行模具辅助设计。

**项目案例导入**

用 AutoCAD 完成图 5.1 和图 5.2 所示的轭铁冲孔落料复合模二维、三维装配图及全部零件图(包括标准件)。

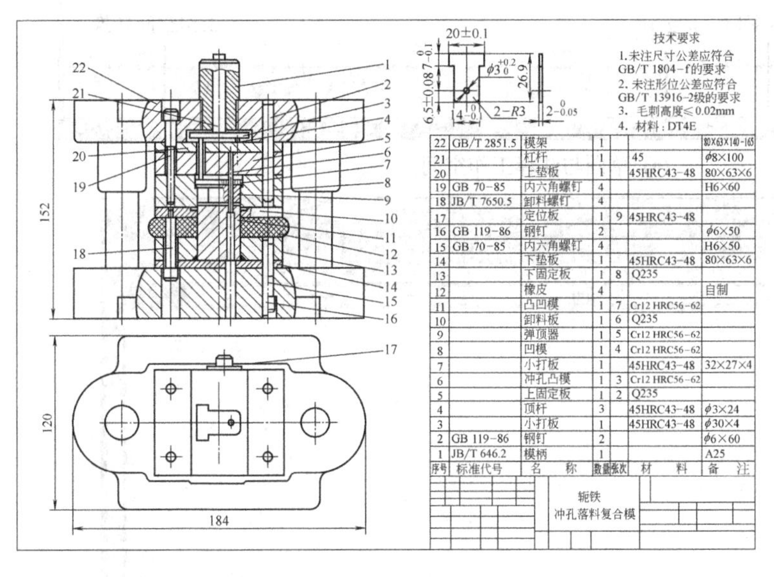


| 序号 | 标准代号 | 名　称 | 数量 | 张次 | 材　料 | 备　注 |
|---|---|---|---|---|---|---|
| 22 | GB/T 2851.5 | 模架 | 1 | | | 80×63×140－165 |
| 21 | | 杠杆 | 1 | | 45 | φ8×100 |
| 20 | | 上垫板 | 1 | | 45HRC43－48 | 80×63×6 |
| 19 | GB 70－85 | 内六角螺钉 | 4 | | | H6×60 |
| 18 | JB/T 7650.5 | 卸料螺钉 | 4 | | | |
| 17 | | 定位板 | 1 | 9 | 45HRC43－48 | |
| 16 | GB 119－86 | 钢钉 | 2 | | | φ6×50 |
| 15 | GB 70－85 | 内六角螺钉 | 4 | | | H6×50 |
| 14 | | 下垫板 | 1 | | 45HRC43－48 | 80×63×6 |
| 13 | | 下固定板 | 1 | 8 | Q235 | |
| 12 | | 橡皮 | 4 | | | 自制 |
| 11 | | 凸凹模 | 1 | 7 | Cr12 HRC56－62 | |
| 10 | | 卸料板 | 1 | 6 | Q235 | |
| 9 | | 弹顶器 | 1 | 5 | Cr12 HRC56－62 | |
| 8 | | 凹模 | 1 | 4 | Cr12 HRC56－62 | |
| 7 | | 小打板 | 1 | | 45HRC43－48 | 32×27×4 |
| 6 | | 冲孔凸模 | 1 | 3 | Cr12 HRC56－62 | |
| 5 | | 上固定板 | 1 | 2 | Q235 | |
| 4 | | 顶杆 | 3 | | 45HRC43－48 | φ3×24 |
| 3 | | 小打板 | 1 | | 45HRC43－48 | φ30×4 |
| 2 | GB 119－86 | 钢钉 | 2 | | | φ6×60 |
| 1 | JB/T 646.2 | 模柄 | 1 | | | A25 |

图 5.1　轭铁冲孔落料复合模二维装配图

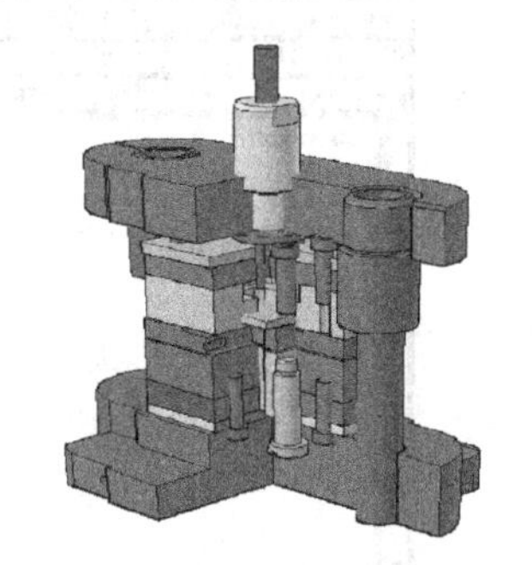

图 5.2　轭铁冲孔落料复合模三维装配图

## 5.1　AutoCAD 用户界面

### 5.1.1　AutoCAD 的启动

选择【开始】|【程序】| Autodesk | AutoCAD-SimplifiedChinese | AutoCAD 命令，或者在桌面双击 AutoCAD-SimplifiedChinese 的快捷方式图标，即可启动 AutoCAD，也可以

利用打开文件启动 AutoCAD。

## 5.1.2 用户界面

启动 AutoCAD 软件后，出现 AutoCAD 操作界面，如图 5.3 所示。

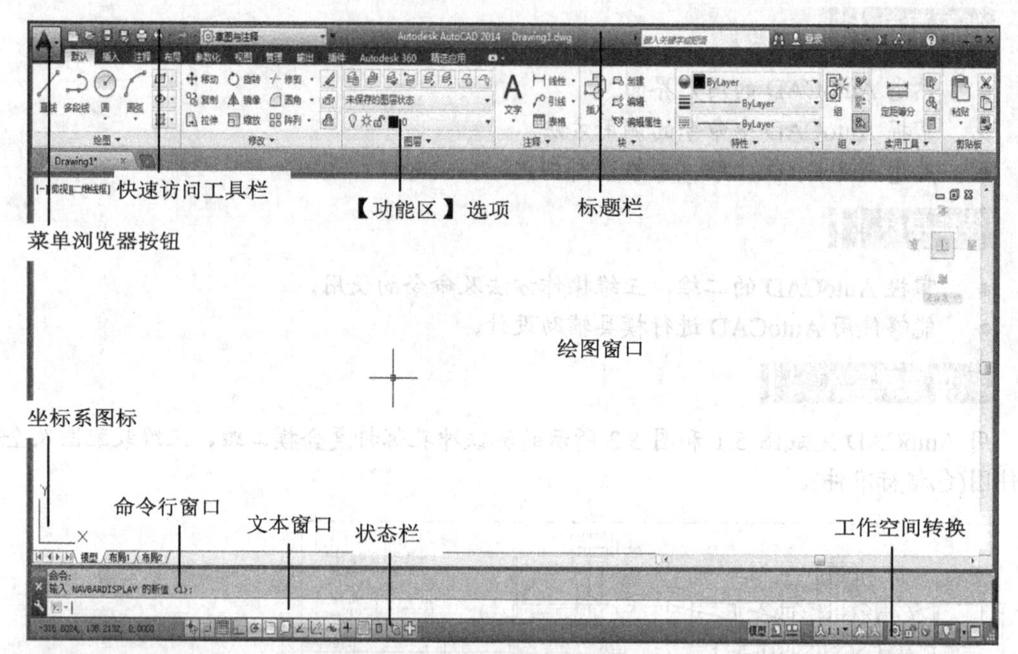


(a) 草图与注释工作空间

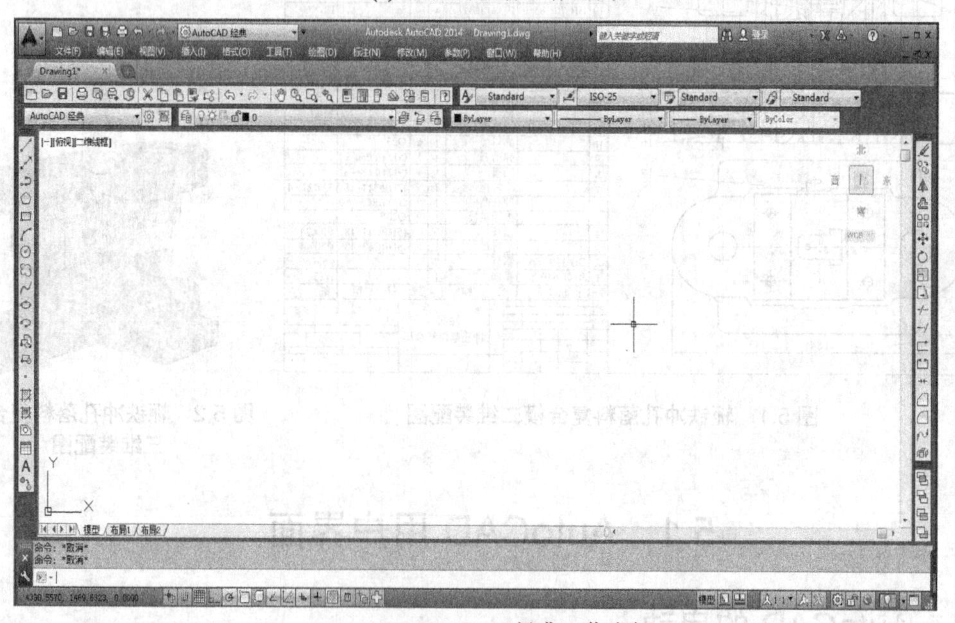

(b) AutoCAD 经典工作空间

图 5.3 AutoCAD 2014 界面

AutoCAD 2014 有 3 个工作空间，分别为二维草图与注释、三维建模和 AutoCAD 经典。图 5.3(a)所示为草图与注释工作空间，图 5.3(b)所示为 AutoCAD 经典工作空间。

### 1. 标题栏

标题栏位于应用程序窗口的最上面，用于显示当前正在运行的程序名及文件名等信息，如果是 AutoCAD 默认的图形文件，其名称为 Drawing*N*.dwg(*N* 是数字)。

### 2. 快速访问工具栏

AutoCAD 的快速访问工具栏中包含最常用的快捷按钮，方便读者使用。在默认状态中，快速访问工具栏中包含 6 个快捷按钮，分别为【新建】按钮、【打开】按钮、【保存】按钮、【打印】按钮、【放弃】按钮和【重做】按钮。

右击快速访问工具栏，在弹出的快捷菜单中的【自定义快速访问工具栏】、【显示菜单栏】、【工具栏】命令之中选择合适的界面工具，如图 5.4 所示。

图 5.4　快速访问工具栏

### 3. 菜单浏览器

AutoCAD 用户界面包含一个位于左上角的【菜单浏览器】按钮，单击此按钮可以弹出菜单浏览器，如图 5.5 所示。通过菜单浏览器可以方便地访问菜单命令和文档。

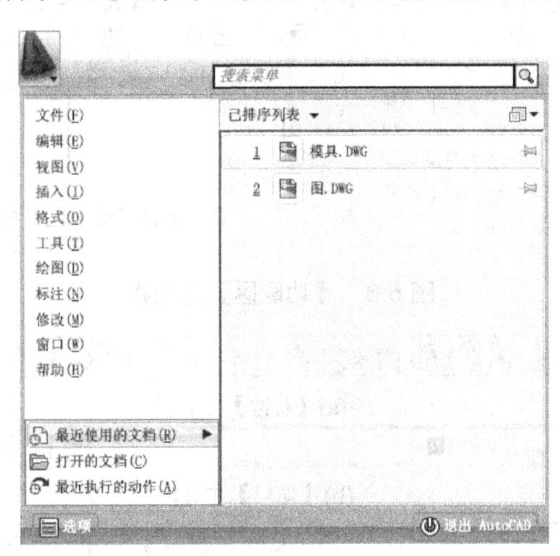


图 5.5　菜单浏览器

### 4. 下拉菜单

下拉菜单是调用命令的一种方式。菜单栏共包含 11 个主菜单，几乎包括了 AutoCAD 中全部的功能和命令。菜单栏以级联的层次结构来组织各个菜单项，并以下拉的形式逐级显示。

在默认状态下，AutoCAD 的工作空间中不显示菜单栏，如需要显示菜单栏，右击快速访问工具栏，在弹出的快捷菜单中选择【显示菜单栏】命令即可，如图 5.4 所示。

菜单命令和快捷键的使用与 Windows 的操作方式相同，可以根据自己的习惯记住一些快捷键，以便于快速绘图。

### 5. 快捷菜单

AutoCAD 还提供了快捷菜单操作，快捷菜单的选项随环境和位置的不同而变化，可以利用快捷菜单快速执行各种命令。

### 6.【功能区】选项板

【功能区】选项板是一种特殊的选项板，位于绘图窗口的上方，用于显示与基于任务的工作空间关联的按钮和控件。在默认状态下，有 6 个选项卡，分别为【常用】、【块和参照】、【注释】、【工具】、【视图】、【输出】。每个选项卡包含若干个面板，每个面板又包含许多由图标表示的命令按钮，如图 5.6 所示。

### 7. 工具栏

AutoCAD 中共有 38 个工具栏，常用的操作可以利用工具栏中的命令按钮来完成。工具栏采用浮动的方式放置，可以根据需要将其放置在界面的任何位置。常用的工具栏样式如图 5.7 所示。

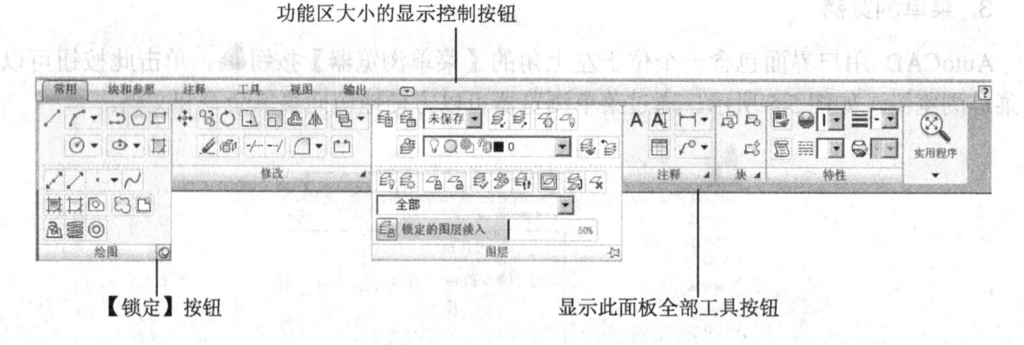


图 5.6 【功能区】选项板

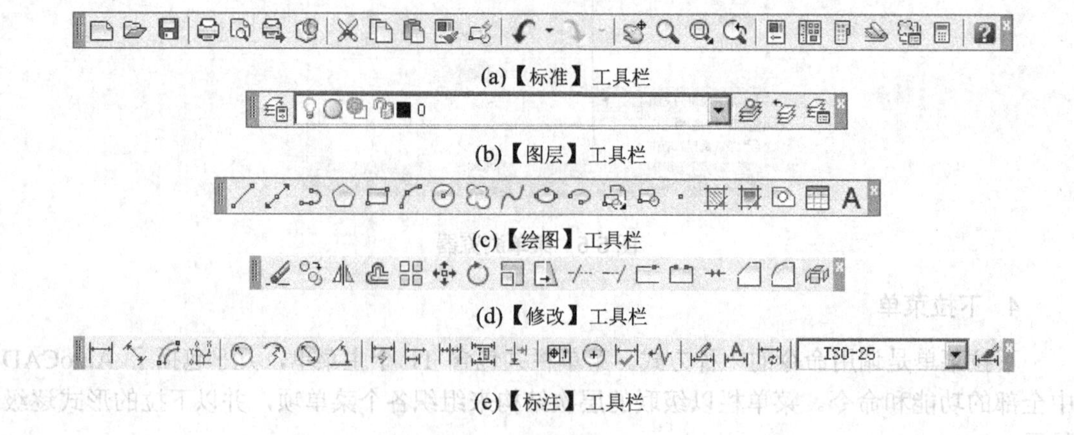


(a)【标准】工具栏

(b)【图层】工具栏

(c)【绘图】工具栏

(d)【修改】工具栏

(e)【标注】工具栏

图 5.7 常用工具栏

**提示：**无论是在【功能区】选项板还是在工具栏上，只要将鼠标指针放置在任意一个工具按钮上，停留一段时间即可显示该工具按钮的名称、命令和简单说明；若继续将鼠标指针放置在工具按钮上，则显示详细的说明。

### 8. 工具选项板

选择【工具】|【选项板】|【工具选项板】命令，可以打开工具选项板。单击鼠标指针所指位置，可以显示各个选项卡组成，如图 5.8 所示。

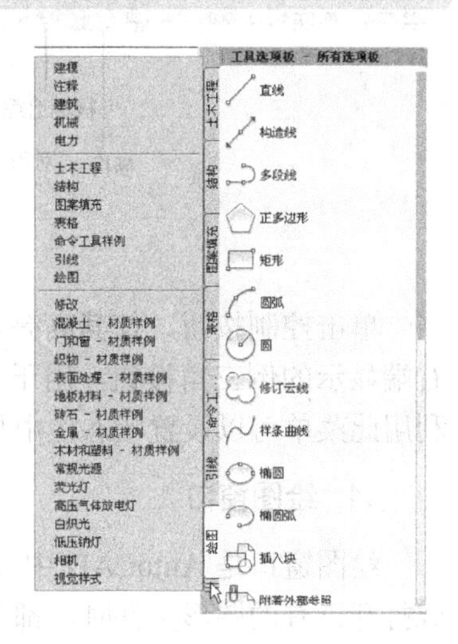


图 5.8 工具选项板

### 9. 命令行窗口和文本窗口

文本窗口显示 AutoCAD 命令的提示及有关信息，并可查阅和复制命令的历史记录。该窗口包含 AutoCAD 启动后用过的全部命令和提示信息，如图 5.9(a)所示。可以通过选择【视图】|【显示】|【文本窗口】命令或者按快捷键 F2，弹出【AutoCAD 文本窗口】窗口，其中记录了整个操作过程的步骤，是一个 AutoCAD 的独立窗口，可以在 AutoCAD 运行的过程中单独显示，与操作过程关联，如图 5.9(b)所示。

命令行窗口提供了用键盘调用命令的方式，AutoCAD 中的任何命令都可以在命令行窗口输入，执行操作，同时也显示工具栏或菜单栏执行相应的命令提示。在执行任何命令的过程中，命令行窗口将提示下一步要进行的操作步骤。在执行各种命令时，应随时关注命令行窗口的提示，确定要执行的下一步操作内容。

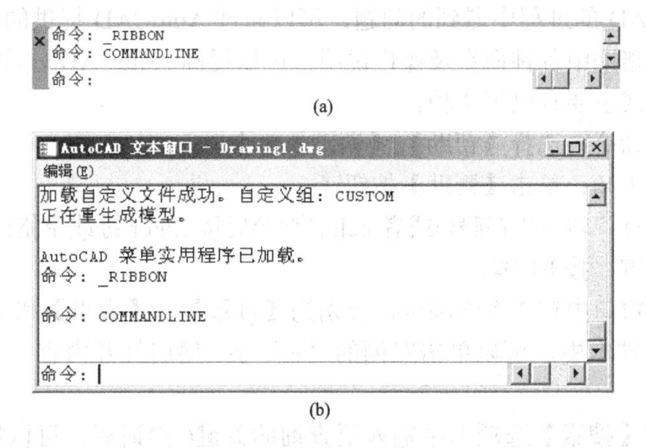


(a)

(b)

图 5.9 命令行窗口和文本窗口

### 10. 状态栏

状态栏位于绘图屏幕的底部，用于显示坐标、提示信息等，同时还提供了一系列的控制按钮。状态栏左边显示光标位置的坐标值，右边是控制按钮，如图 5.10 所示。

AutoCAD 提供了坐标显示功能，它可以随时跟踪当前光标位置的坐标值，并显示于状态栏左边。如果单击状态栏坐标值位置，可以取消其高亮显示，则光标移动时不再显示坐标值。

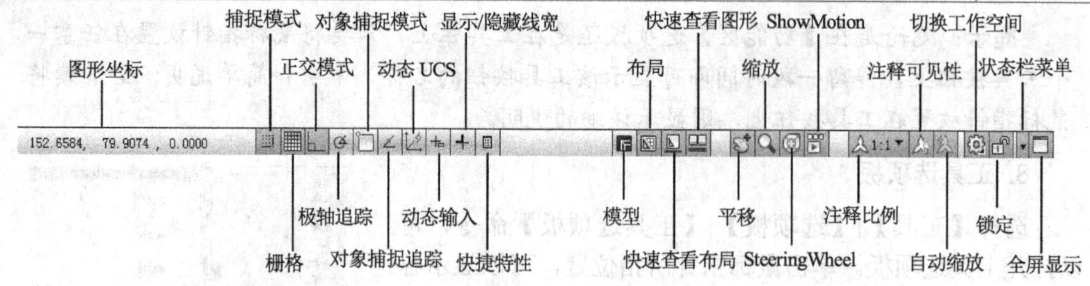


图 5.10　状态栏

单击控制按钮，使其高亮显示就可以使用该按钮的功能；否则关闭其功能。状态栏最右端显示的倒三角按钮，用于显示状态栏菜单，单击后会出现状态栏菜单和相应快捷键，利用此菜单可以设置状态栏中显示的辅助绘图工具按钮。

#### 11. 绘图窗口

绘图窗口是 AutoCAD 中显示、绘制图形的主要场所，在 AutoCAD 中创建新图形文件或打开已有的图形文件时，都会出现相应的绘图窗口来显示和编辑其内容。AutoCAD 支持多文档，可以有多个图形窗口。

绘图窗口的图形可以移动，以变换观察位置，可以使图形放大或者缩小，图形无论大小都可以在绘图窗口中绘制，一般在 AutoCAD 中通常按照 1∶1 的比例绘制图形。

### 5.1.3　帮助文档

在使用 AutoCAD 的过程中遇到的问题，可以通过 AutoCAD 提供的强大的帮助功能得以解决。仔细研究帮助中各种命令及操作说明，可以提高 AutoCAD 软件的使用水平。

帮助的打开方式主要有以下 4 种。

- 使用菜单命令：选择【帮助】|【帮助】命令。
- 功能区右上角：单击【帮助】按钮 ?。
- 使用命令行：输入？(问号)或者 help(字母)后按 Enter 键或空格键。
- 使用快捷键：按 F1 键。

在打开的帮助窗口中有 3 个选项卡，分别为【目录】、【索引】和【搜索】。

在【目录】选项卡中，可以单击左侧的“+”号，层层打开内容，选择所需要的帮助内容。

在【索引】和【搜索】选项卡中输入要查询的关键(字)词后，可以搜索需要的内容。在【索引】选项卡中，只要输入关键字即可自动显示要查询内容的索引。

## 5.2　AutoCAD 的基本操作

### 5.2.1　文件的基本操作

AutoCAD 图形文件的常用格式有表 5.1 所示的几种。

表 5.1　文件的基本格式

| 格　式 | 说　明 |
|---|---|
| *.dwg | 图形文件的基本格式，一般 CAD 图形都保存为此格式 |
| *.dws | 图形文件的标准格式，为维护图形文件的一致性，可以创建标准文件以定义常用属性 |
| *.dxf | 图形输出为 DXF 图形交换格式文件，DXF 文件是文本或二进制文件，其中包含可由其他 CAD 程序读取的图形信息 |
| *.dwt | 样板图文件，可以将不同大小的图幅设置为样板图文件，画图时可以从【新建】命令中直接调用 |

文件的基本操作有创建新文件、保存文件以及打开保存的文件。

### 1. 创建新文件

【新建】命令的打开方式有以下几种。

- 使用菜单命令：选择【文件】|【新建】命令。
- 使用标准工具栏：单击【新建】按钮。
- 使用快速访问工具栏：单击【新建】按钮。
- 使用命令行：输入 new 后按 Enter 键或空格键。
- 快捷方式：按 Ctrl+N 组合键。

执行新建文件命令，打开【选择样板】对话框。在列表框中选择合适的样板，然后单击【打开】按钮，即可新建一个图形文件。也可单击【打开】按钮右侧的倒三角按钮，选择其他打开方式，如图 5.11 所示。

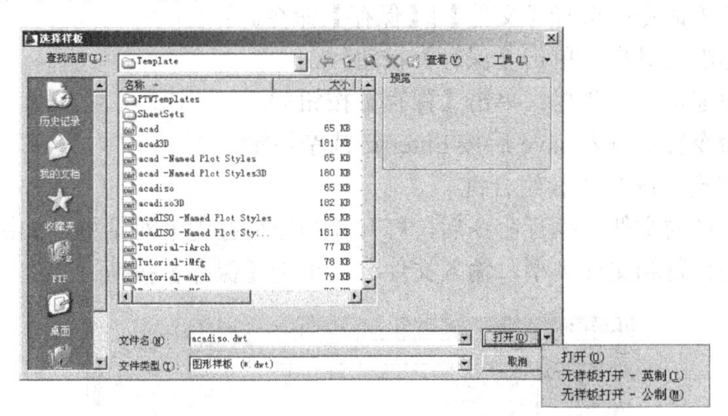


图 5.11　【选择样板】对话框

### 2. 打开文件

打开命令的执行方式如下。

- 使用菜单命令：选择【文件】|【打开】命令。
- 使用标准工具栏：单击【打开】按钮。
- 使用快速访问工具栏：单击【打开】按钮。
- 使用命令行：输入 open 后按 Enter 键或空格键。
- 快捷方式：按 Ctrl+O 组合键。

执行【打开】命令后，出现【选择文件】对话框。在该对话框中输入文件名，或在列表框中选择文件，然后单击【打开】按钮，即可打开图形文件，如图 5.12 所示。

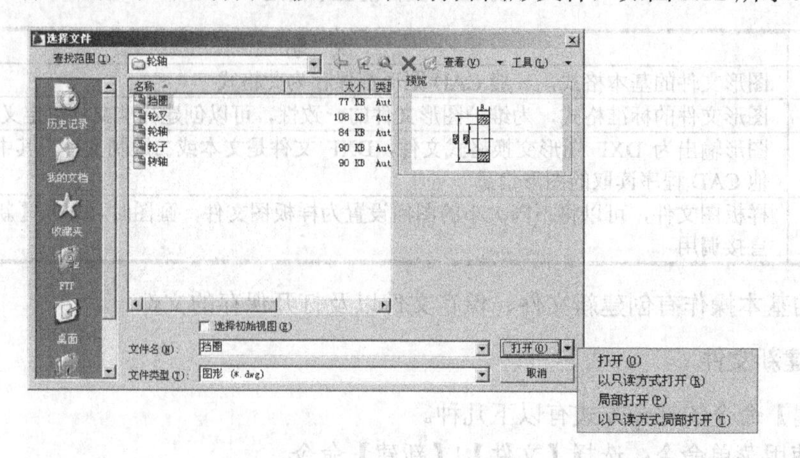

图 5.12 【选择文件】对话框

AutoCAD 提供了不同的打开文件方式和文件类型，可以根据自己的需求选择。

**提示**：要打开多个文件，可按住 Ctrl 键后选择需要打开的多个文件；【局部打开】命令一次只能打开一个文件，不能打开多个文件。

3. 保存文件

保存命令的执行方式如下。

- 使用菜单命令：选择【文件】|【保存】命令。
- 使用标准工具栏：单击【保存】按钮。
- 使用快速访问工具栏：单击【保存】按钮。
- 使用命令行：输入 save 后按 Enter 键或空格键。
- 快捷方式：按 Ctrl+S 组合键。

对于未保存过的文件，执行命令后，打开【图形另存为】对话框，如图 5.13 所示。选择要保存文件的位置和文件类型，输入文件名，单击【保存】按钮。

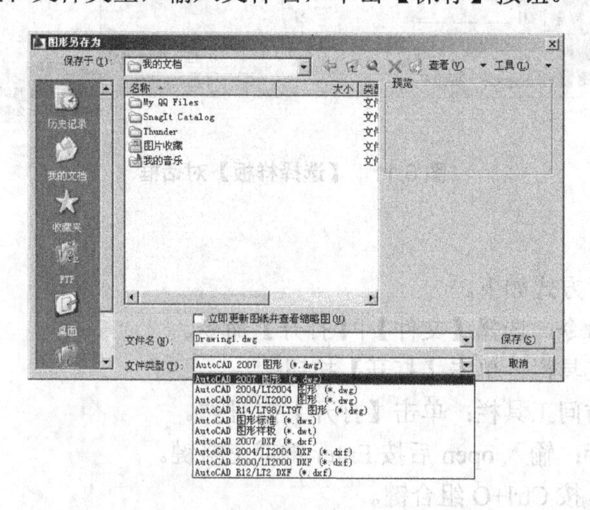

图 5.13 【图形另存为】对话框

AutoCAD 保存图形文件默认的文件类型为“AutoCAD 2007 图形(*.dwg)”格式。如果要在其他装有低版本 AutoCAD 的计算机上使用，则需选择低版本的文件类型，生成低版本的 AutoCAD 文件。

## 5.2.2　鼠标的操作

鼠标是 AutoCAD 中最主要也是最重要的输入设备，没有鼠标就无法在 AutoCAD 中进行操作。可以利用鼠标的左、右键和滚轮来实现操作。

### 1. 鼠标左键

鼠标左键的功能主要是选择对象和定位，如单击可以选择菜单栏中的菜单项、选择工具栏中的图标按钮、在绘图窗口选择图形对象等。

**提示：**AutoCAD 支持鼠标左键双击功能，在对象上双击会弹出其特性选项卡或相应的对话框。

### 2. 鼠标右键

鼠标右键主要用于打开快捷菜单，快捷菜单的内容将根据光标所处的位置和系统状态的不同而变化。

**提示：**右键功能也可以进行自定义，在执行【工具】|【选项】命令后，在弹出的【选项】对话框的【用户系统配置】选项卡中，进行自定义鼠标右键功能。

### 3. 中间滚轮

向前或向后旋转滚轮，可以以鼠标所在的位置为中心实时缩放；按住滚轮并拖曳，鼠标指针变为形状，执行实时平移。双击滚轮，执行 ZOOM→E 命令，缩放成实际范围；按住 Shift 键并按住滚轮不放并拖曳，鼠标指针变为形状，则图形做三维旋转；按住 Ctrl 键并按住鼠标滚轮不放，鼠标指针变为形状，开始拖曳，鼠标指针变为形状(箭头的方向沿着鼠标移动方向改变)，则沿着鼠标指定的方向做实时平移。

## 5.2.3　命令的调用方式

AutoCAD 命令常见的调用方式有以下 5 种。

### 1. 键盘

在命令行中的提示符“命令：”后输入各种 AutoCAD 命令，并按 Enter 键或空格键确认，提交给系统去执行。在输入命令时，不能在命令中间输入空格键，系统将空格等同于按 Enter 键。

**提示：**按 Esc 键为取消所有操作。若要多次执行同一个命令，在第一次执行该命令后，直接按 Enter 键或空格键可重复执行，无须再次输入。

### 2. 下拉菜单

下拉菜单包含一系列命令。在下拉菜单栏中单击一个标题，然后选中所需要的条目，即可启动命令和控制操作。

3. 工具条按钮

AutoCAD 的工具条按钮提供了利用鼠标输入命令的简便方法，由一系列图标按钮组成，单击该按钮可以启动命令。

4.【功能区】选项板按钮

AutoCAD 中的【功能区】选项板，界面以简洁的形式显示命令选项按钮，单击该按钮与工具条按钮的功能是一样的。

5. 快捷菜单

在不同的位置或环境下右击，弹出的快捷菜单有所不同，可以利用它快速执行各种命令。

### 5.2.4 数据的输入方法

在绘制工程图时，需要确定点的坐标，如线段的起点、终点以及圆的圆心坐标等。坐标的输入有两种工具，即鼠标和键盘。使用鼠标选择位置比较直观，而键盘往往用于精确位置的坐标输入。

在 AutoCAD 中设置二维直角坐标系，规定 $x$ 轴为水平轴，$y$ 轴为垂直轴。$x$ 轴上原点右方坐标值为正，左方为负；$y$ 轴上原点上方坐标值为正，下方为负。

AutoCAD 提供了以下几种常用的点输入方式。

(1) 坐标值键盘输入。

(2) 鼠标指定点。

(3) 捕捉特殊点。

1. 坐标值键盘输入

确定点的坐标值分为绝对坐标和相对坐标两种形式，可以使用其中一种给定实体的 $x$、$y$ 坐标值。

1) 绝对坐标

绝对坐标是指相对于当前坐标系坐标原点的坐标，以坐标原点为基准。有直角坐标和极坐标两种。

(1) 直角坐标。

绝对直角坐标值是点相对于原点(0,0)的坐标值。已知坐标值后，则输入 $x$ 坐标值、$y$ 坐标值。

例如，在绘制二维直线的过程中，点的位置直角坐标为(100,80)，则输入 100、80 后，按 Enter 键或空格键确定点的位置，如图 5.14(a)所示。

(2) 极坐标。

点的极坐标是指利用坐标原点与该点的距离和这两点之间连线与坐标系 $x$ 轴正方向的夹角来表示该点的坐标，则输入“距离值<角度数值”，系统默认状态 $x$ 轴正方向为 0°，$y$ 轴正方向为 90°。

角度方向默认逆时针方向旋转为正，顺时针方向旋转为负。

例如，在绘制二维直线的过程中，确定点坐标的二维极坐标为(150<30°)，则输入 150<30° 后，按 Enter 键或空格键即可确定点的位置，如图 5.14(b)所示。

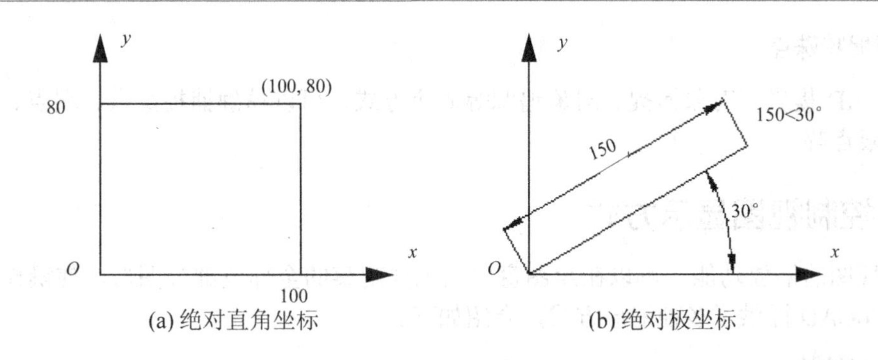

(a) 绝对直角坐标　　(b) 绝对极坐标

**图 5.14　绝对坐标系的输入方式**

2) 相对坐标

相对坐标是指在已经确定一点的基础上，下一点相对于该点的坐标差值。

相对坐标有直角坐标和极坐标两种，在输入的坐标前面加上符号“@”，即可输入相对坐标。

**提示**：动态输入默认为打开，其输入方式为相对坐标，不需要加符号“@”。若后续点要使用绝对坐标，坐标数据加前缀“#”。

例如，在绘制直线时，确定第一点位置为(120,100)后，命令行提示输入第二点位置，关闭动态输入，采用相对直角坐标方式，如图 5.15(a)所示，则输入@60,50，按 Enter 键或空格键，确定第二点位置；若采用相对极坐标，如图 5.15(b)所示，在命令行输入@60<45°，按 Enter 键或空格键，确定第二点的位置，此时 60 为此直线的长度，45 为此点和第一点的连线与 $x$ 轴正方向的夹角。

**提示**：绝对坐标如果在第一点的坐标轴的反方向，则输入数值为负，加以负号；相对坐标的长度和角度也可以为负。

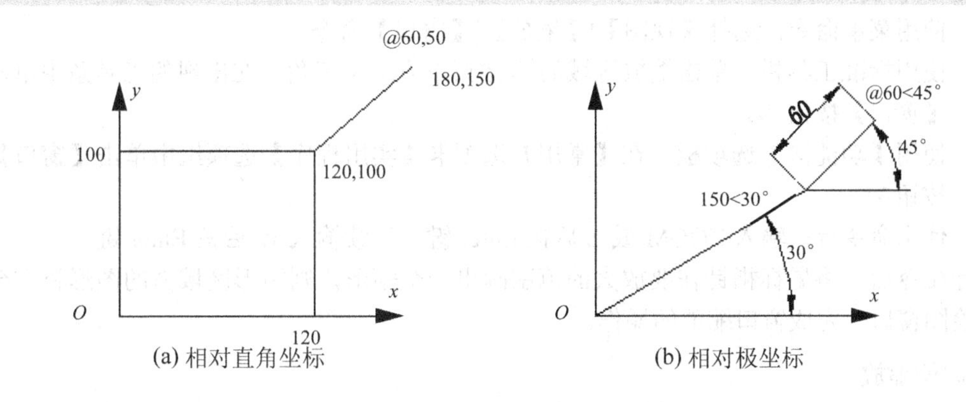

(a) 相对直角坐标　　(b) 相对极坐标

**图 5.15　相对坐标系的比较**

## 2. 鼠标指定点

在绘图窗口中，移动鼠标指针到某一合适的位置后单击就可以确定该点，此方式只能确定点的大概位置。

### 3. 捕捉特殊点

AutoCAD 提供了对象捕捉、对象追踪等命令方式，可以精确捕捉交点、端点、圆心、中点、象限点等。

## 5.2.5 控制视图显示方式

利用视图的缩放功能，可以在绘图窗口显示要观察的全部或部分图形，使操作更清楚方便。AutoCAD 提供了多种缩放方式，介绍如下。

### 1. 实时缩放

执行命令的方式如下。

- 使用菜单命令：选择【视图】|【缩放】|【实时】命令。
- 使用标准工具栏：单击缩放区域的按钮下方的黑三角，在出现的工具条中单击【实时】按钮。
- 使用【功能区】选项板：在【常用】选项卡【实用程序】选项组中单击【实时】按钮。
- 使用命令行：输入 ZOOM 或 Z 后按两次 Enter 键或空格键。
- 在绘图窗口右击，在弹出的快捷菜单中选择【缩放】命令。

执行命令后，鼠标指针将变为形状，上方有“+”号，下方有“-”号。按住鼠标左键，向上拖动鼠标，图形放大；向下拖动鼠标，图形变小。根据鼠标指针放置的位置不同，放大或缩小的范围不同。当图形变为合适大小后，按 Esc 键、Enter 键或右击，可完成实时缩放的操作。

### 2. 窗口缩放

执行命令的方式如下。

- 使用菜单命令：选择【视图】|【缩放】|【窗口】命令。
- 使用标准工具栏：单击缩放区域的按钮下方的黑三角，在出现的工具条中单击【窗口】按钮。
- 使用【功能区】选项板：在【常用】选项卡【实用程序】选项组中单击【窗口】按钮。
- 使用命令行：输入 ZOOM 或 Z 后按 Enter 键，继续输入 W 后按 Enter 键。

执行命令后，将鼠标指针在要放大的范围画出一个矩形，则矩形区域内的图形将完全显示在绘图窗口，完成窗口缩放的操作。

### 3. 比例缩放

执行命令的方式如下。

- 使用菜单命令：选择【视图】|【缩放】|【比例】命令。
- 使用标准工具栏：单击缩放区域的按钮下方的黑三角，在出现的工具条中单击【比例】按钮。
- 使用【功能区】选项板：在【常用】选项卡【实用程序】选项组中单击【缩放】

按钮。

- 使用命令行：输入 ZOOM 或 Z 后按 Enter 键，继续输入 S 后按 Enter 键。

执行比例缩放命令后，在命令行中输入比例因子，完成比例缩放的操作。

输入值，则系统会指定相对于图形界限的比例(此选项很少用)。以指定的比例因子显示图形范围，比例因子为 1 时，则屏幕保持中心点不变，显示范围的大小与图形界限相同；比例因子为其他值时，如 0.5、2 等，则在此基础上缩放。

输入值后面加 x，则系统会根据当前视图指定比例。例如，输入 0.5x，使屏幕上的每个对象显示为原大小的 1/2。

输入值后面加 xp，则系统会指定相对于图纸空间单位的比例。例如，输入 0.5xp，以图纸空间单位的 1/2 显示模型空间。

### 4. 全部缩放

执行命令的方式如下。

- 使用菜单命令：选择【视图】|【缩放】|【全部】命令。
- 使用标准工具栏：单击缩放区域的按钮下方黑三角，在出现的工具条中单击【全部】按钮。
- 使用【功能区】选项板：在【常用】选项卡【实用程序】选项组中单击【全部】按钮。
- 使用命令行：输入 ZOOM 或 Z 后按 Enter 键，继续输入 A 后按 Enter 键。

执行命令后，将显示全部图形；若图形在栅格范围内，则显示栅格大小；若有部分图形在栅格外，则显示包括栅格在内的图形大小。

### 5. 恢复上一视图

执行命令的方式如下。

- 使用菜单命令：选择【视图】|【缩放】|【上一个】命令。
- 使用标准工具栏：单击【上一个】按钮。
- 使用【功能区】选项板：在【常用】选项卡【实用程序】选项组中单击【上一个】按钮。
- 使用命令行：输入 ZOOM 或 Z 后按 Enter 键，继续输入 P 后按 Enter 键。

执行命令后，将回到原来的视图显示。此命令只是返回上一个显示方式，并不撤销前面的其他绘制等操作。

**提示：**若向上滚动鼠标滚轮则放大图形；反之缩小图形。注意光标位置为放大和缩小的中心。

### 6. 图形的平移

使用平移命令或窗口滚动条可以移动视图的位置。使用平移的【实时】选项，可以通过移动鼠标进行动态平移，不改变图形中对象的位置和放大比例，只改变视图在屏幕中显示的位置。

执行命令的方式如下。

- 使用菜单命令：选择【视图】|【平移】|【实时】命令。
- 使用标准工具栏：单击【实时平移】按钮。

- 使用【功能区】选项板：在【常用】选项卡【实用程序】选项组中单击【平移】按钮。
- 使用命令行：输入 PAN，按 Enter 键或空格键。
- 使用快捷菜单：在绘图窗口中右击，在弹出的快捷菜单中选择【平移】命令。

执行命令后，鼠标指针变为“手形”。在绘图窗口按住鼠标左键移动鼠标，则图形随光标一同移动；松开左键，平移就停止；将光标移动到图形的其他位置，然后再按左键，接着从该位置开始平移。任何时候要停止平移，按 Enter 键或 Esc 键，将回到显示的视图，完成实时缩放。

**提示：若按住鼠标中键，也可以执行平移命令。**

### 7. 鸟瞰视图

在大型图形中，鸟瞰视图可以在显示全部图形的窗口中快速平移和缩放。

执行鸟瞰视图命令的方式如下。

- 使用菜单命令：选择【视图】|【鸟瞰视图】命令。
- 使用命令行：输入 DSVIEWER 或 AV 后按 Enter 键或空格键。

鸟瞰视图的窗口如图 5.16 所示。该窗口中黑(白)色的粗线框称为视图框，表示当前屏幕所显示的范围。

在鸟瞰视图图形区单击，则窗口中出现一个可以移动的、中间带有“×”标记的细线框，移动鼠标后，图形会在绘图窗口偏移，如图 5.17 所示。

在鸟瞰视图窗口中再次单击，鼠标矩形框的右边将显示“→”标记，向右移动鼠标，矩形框变大；向左移动鼠标，矩形框变小。可以在绘图窗口看到，图形在放大和缩小，从而实现了图形的缩放，如图 5.18 所示。

继续在鸟瞰视图窗口中单击，移动鼠标，绘图窗口的图形将随着移动，显示的图形就是矩形框内的图形整屏显示。右击退出缩放。

可以在鸟瞰视图窗口中单击，使视图框交替处于平移和缩放状态，从而不断地调整图形和视图框的相对位置和大小，并可随时右击确定视图框的最终位置和大小。

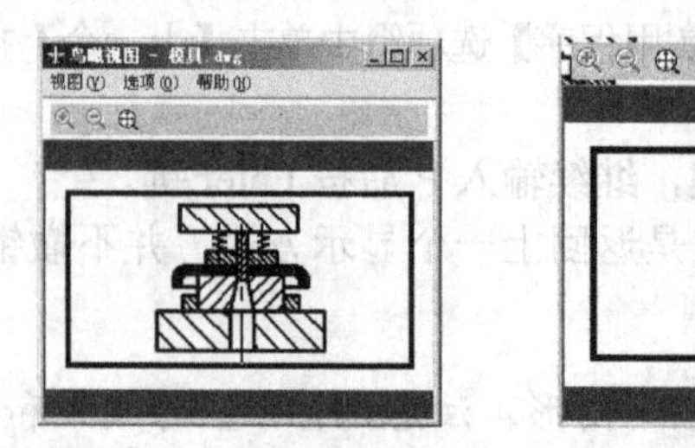
图 5.16　打开的鸟瞰视图

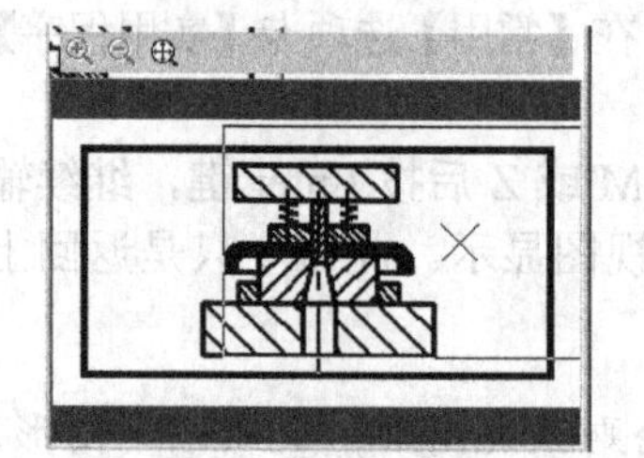
图 5.17　鸟瞰视图显示位置

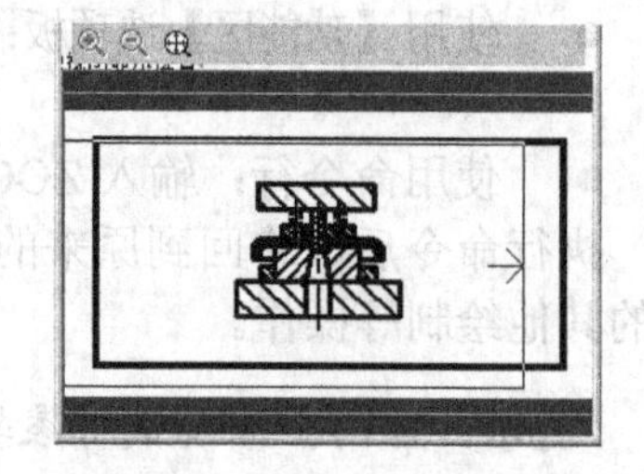
图 5.18　调整视图显示范围

### 8. 图形的重画和重生成

在执行绘图和编辑过程中会在绘图窗口留下一些加号形状的标记(称为点标记)和杂散像素，可以使用重画命令删除这些标记。

对于一些圆弧，放大后会出现一些显示的偏差，可能会变成多边形，可以使用重生成命令，在当前视口中重生成整个图形，并重新计算所有对象的屏幕坐标，从而优化显示对象的性能。

执行重画命令的方式如下。

● 使用菜单命令：选择【视图】|【重画】命令。
● 使用命令行：输入 REDRAW 后按 Enter 键或空格键。

执行重生成命令的方式如下。

● 使用菜单命令：选择【视图】|【重生成】或【全部重生成】命令。
● 使用命令行：输入 REGEN 或者 REGENALL 后按 Enter 键或空格键。

# 5.3　落料冲裁复合模二维设计

## 5.3.1　绘制二维零件图

### 1. 件 1——模柄的绘制

绘制图 5.19 所示的模柄。

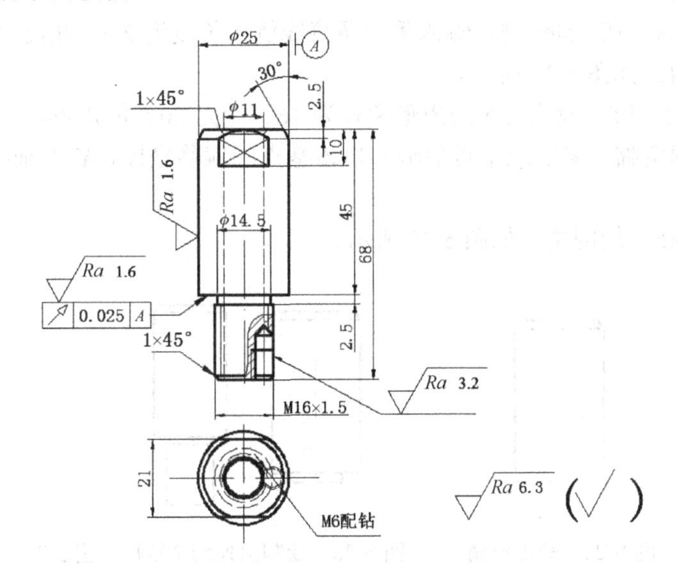


图 5.19　模柄

具体操作步骤如下。

(1) 新建文件，选择 A4 图纸，新建图层，如图 5.20 所示。

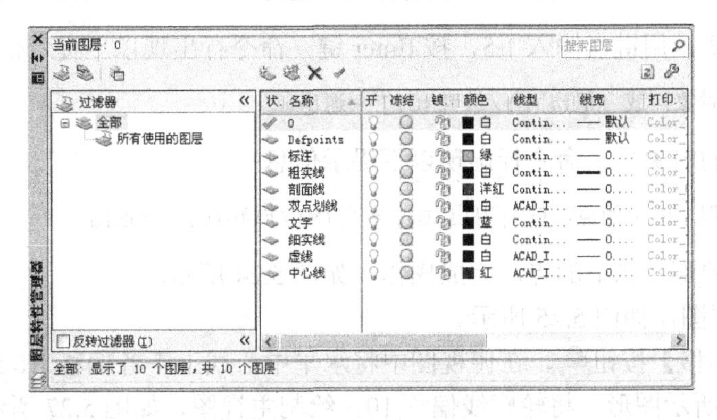


图 5.20　图层设置

(2) 选择粗实线图层，单击【矩形】按钮，命令行出现以下提示信息：

指定第一个角点或 [倒角(C)/标高(E)/圆角(F)/厚度(T)/宽度(W)]:

用鼠标在绘图区域指定一点，作为矩形的左上角点，命令行出现如下提示信息：

指定另一个角点或 [面积(A)/尺寸(D)/旋转(R)]：指定点 (2)或输入选项。

用键盘输入 D，按 Enter 键：指定矩形长度为 25，按 Enter 键；指定矩形宽度为 45，按 Enter 键；执行直线命令，绘制矩形的竖直中心线。打开显示/隐藏线宽命令，出现矩形，如图 5.21 所示。

(3) 单击【倒角】按钮，命令行出现以下提示信息：

("修剪"模式) 当前倒角距离 1 = 当前，距离 2 = 当前
选择第一条直线或 [放弃(U)/多段线(P)/距离(D)/角度(A)/修剪(T)/方式(E)/多个(M)]:

用键盘输入 A，按 Enter 键；输入第一条直线倒角长度为 2.5，角度为 30°，将图 5.21 中 1、2 两处倒角，如图 5.22 所示。

(4) 绘制长为 14.5、宽为 2.5 的矩形和长为 16、宽为 20.5 的矩形，如图 5.23 所示。可采用 from 命令确定临时参照或基点后输入自该基点的偏移坐标@*X*, *Y* 来指定矩形的第一个对角点。

(5) 绘制 1×45° 的倒角，如图 5.24 所示。

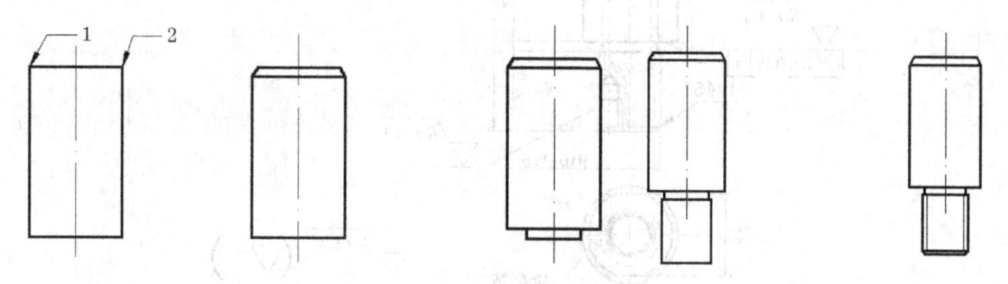


**图 5.21 绘制矩形　图 5.22 矩形倒角　图 5.23 绘制另外两个矩形　图 5.24 倒角并绘制螺纹小径**

(6) 转换至细实线图层，单击【偏移】按钮，命令行出现以下提示信息：

当前设置：删除源=否　图层=源　OFFSETGAPTYPE=0
指定偏移距离或 [通过(T)/删除(E)/图层(L)] <通过>:

指定偏移距离，用键盘输入 1.5，按 Enter 键，命令行出现以下提示信息：

选择要偏移的对象，或 [退出(E)/放弃(U)] <退出>:

选择要偏移的对象后，命令行出现以下提示信息：

指定要偏移的那一侧上的点，或 [退出(E)/多个(M)/放弃(U)] <退出>:

指定要偏移的那一侧上的点，完成操作，如图 5.24 所示。

(7) 绘制俯视图，如图 5.25 所示。

(8) 单击【偏移】按钮，在俯视图中将水平中心线上下各偏移 10.5，裁剪掉多余部分，绘制图 5.26 所示图形。将轮廓线偏移 10，绘制主视图，如图 5.27 所示。

(9) 执行三点方式圆弧命令，过图 5.28 所示图形中 1、2、3 三点画弧，裁剪掉多余部

分。转换至细实线图层，连接矩形对角线，如图 5.29 所示。

(10) 转换至虚线图层，将图形中心线左、右各偏移 5.5，如图 5.30 所示。

(11) 将虚线中心孔上方倒角为 1，如图 5.31 所示。

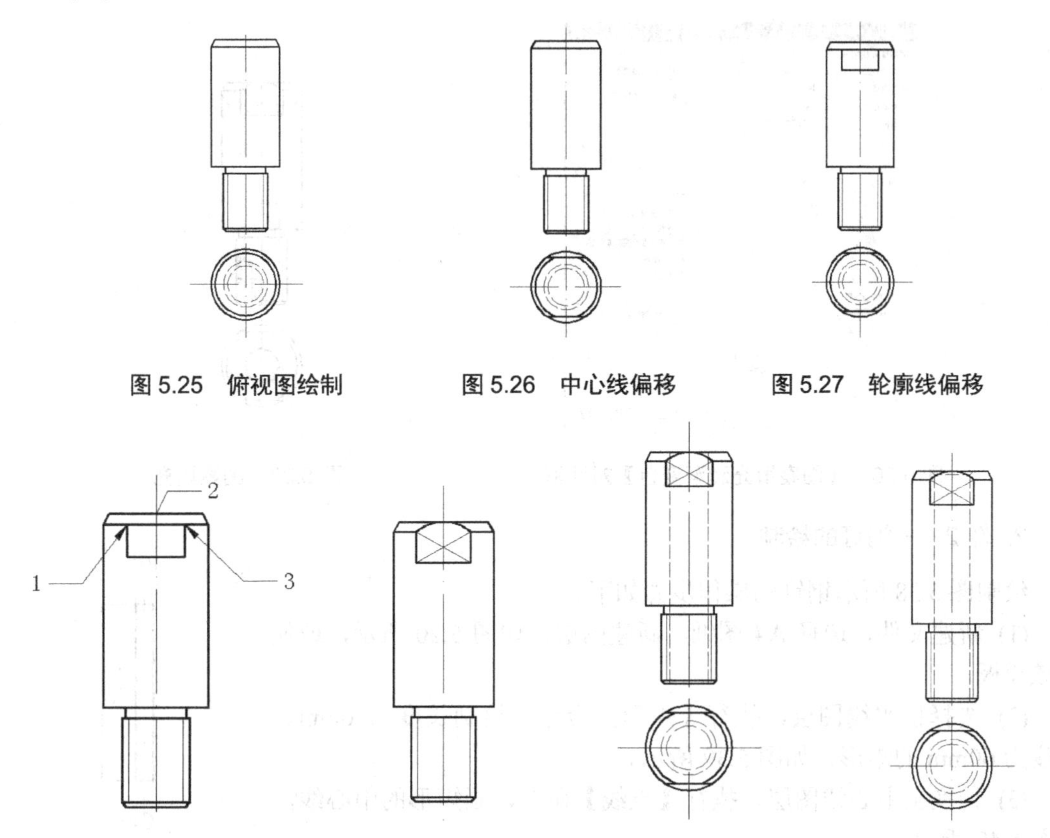


图 5.25　俯视图绘制　　图 5.26　中心线偏移　　图 5.27　轮廓线偏移

图 5.28　三点画弧　　图 5.29　矩形对角线　　图 5.30　中心孔虚线　　图 5.31　中心孔倒角

(12) 转换至粗实线图层，在主视图右下方绘制长为 5、高为 12 的矩形，并在其上方绘制正三角形，如图 5.32 所示。

(13) 转换至细实线图层，绘制长为 6、高为 8 的矩形，并将其上方改为粗实线，如图 5.33 所示。

(14) 画样条曲线，并裁剪掉多余部分，如图 5.34 所示。

(15) 继续绘制俯视图，如图 5.35 所示。

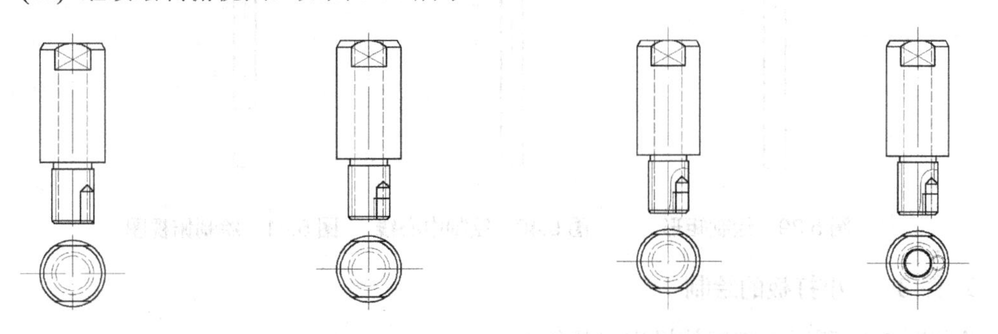

图 5.32　绘制盲孔　图 5.33　绘制螺纹和螺纹终止线　　图 5.34　绘制样条线　图 5.35　完成俯视图

(16) 选择【绘图】|【图案填充】菜单命令，弹出图 5.36 所示对话框，进行图案填充，如图 5.37 所示。

(17) 标注并保存为“模柄.dwg”。

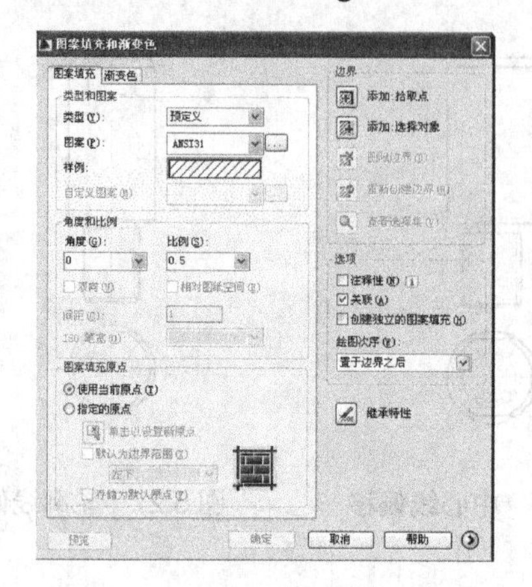


图 5.36　【图案填充和渐变色】对话框

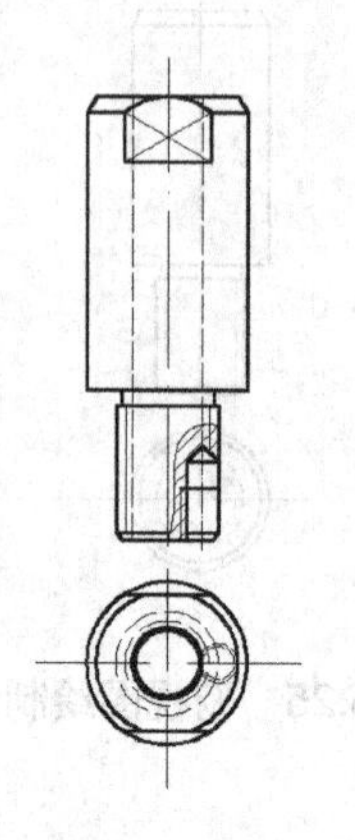

图 5.37　图案填充

## 2. 件 2——钢钉的绘制

绘制图 5.38 所示钢钉的操作步骤如下。

(1) 新建文件，选择 A4 图纸，新建图层，如图 5.20 所示，或使用该模板。

(2) 选择粗实线图层，执行【矩形】命令，绘制长度为 6mm、宽度为 60mm 的矩形，如图 5.39 所示。

(3) 转换至中心线图层，执行【直线】命令，画矩形的中心线，如图 5.40 所示。

(4) 打开极轴追踪，追踪矩形的中心线，绘制半径为 3mm 的圆，如图 5.41 所示。

(5) 标注并保存为“钢钉.dwg”。

图 5.38　钢钉

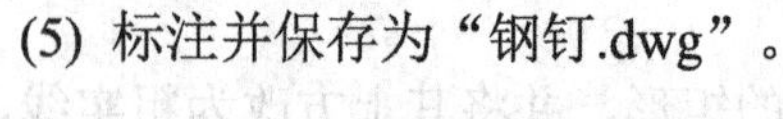

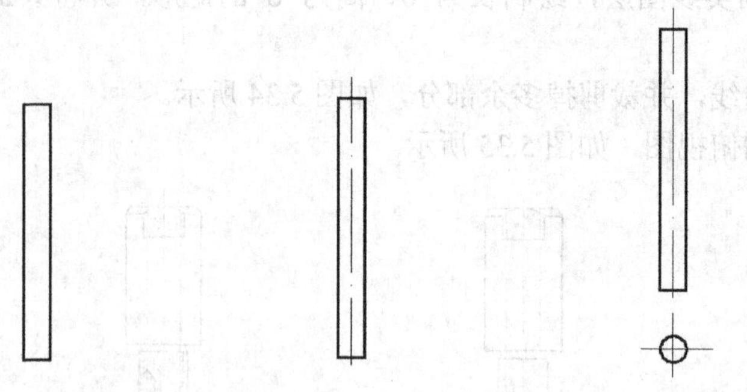

图 5.39　绘制矩形　　图 5.40　绘制中心线　　图 5.41　绘制俯视图

## 3. 件 3——小打板的绘制

绘制图 5.42 所示小打板的操作步骤如下。

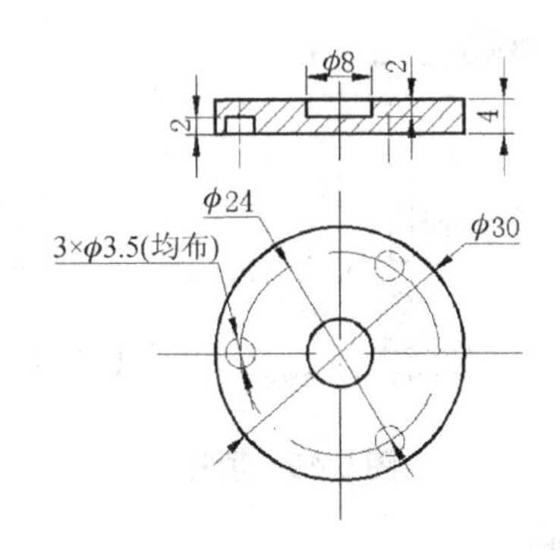


图 5.42　小打板

(1) 新建文件，选择 A4 图纸，新建图层，如图 5.20 所示，或使用该模板。

(2) 分别选择粗实线图层、中心线图层，执行【矩形】、【直线】、【圆】命令，绘制图 5.43 所示图形，矩形尺寸为 30mm×4mm，圆的直径分别为 30mm、24mm、8mm。

(3) 选择虚线图层，在图 5.44 所示图形 1 处画直径为 3.5mm 的圆，如图 5.45 所示。

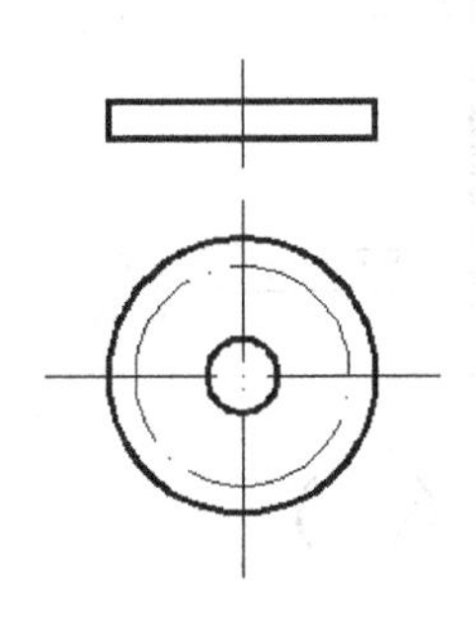

图 5.43　绘制主、俯视图

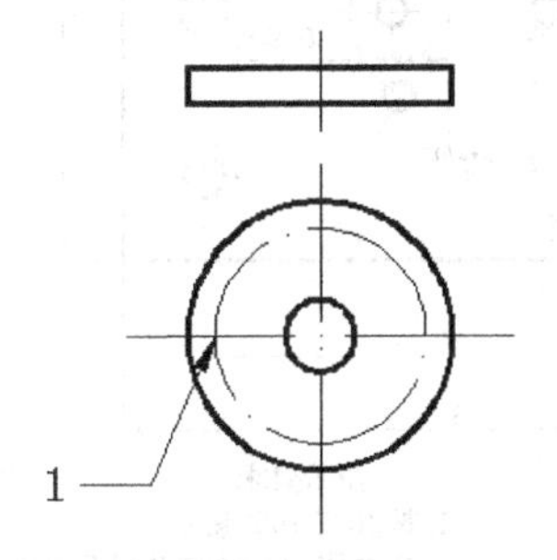


图 5.44　选择圆心

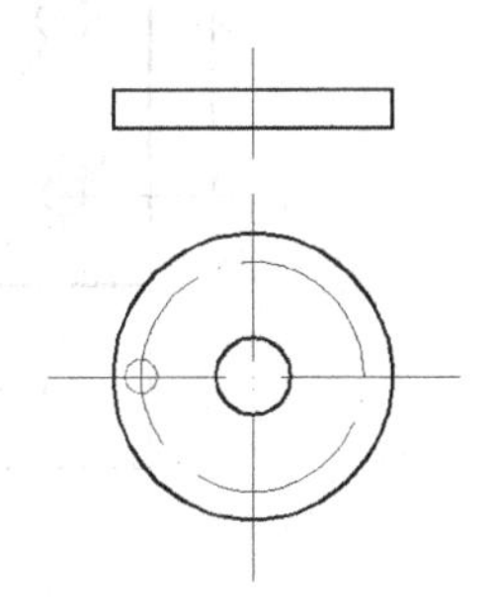

图 5.45　绘制小圆

(4) 选择【修改】|【阵列】菜单命令，将直径为 3.5mm 的圆进行环形阵列，对话框如图 5.46 所示，阵列后的图形如图 5.47 所示。

(5) 继续绘制主视图，并执行【图案填充】命令，绘制主视图中的剖面线，如图 5.48 所示。

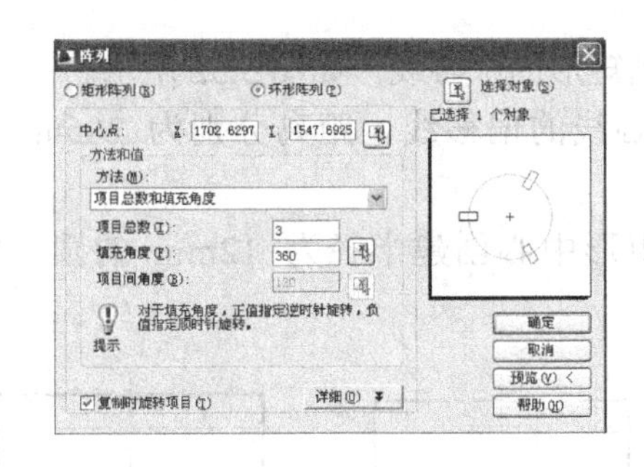


图 5.46　【阵列】对话框

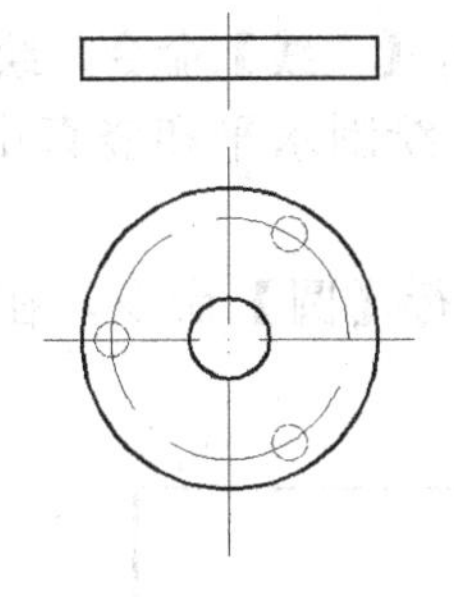

图 5.47　环形阵列

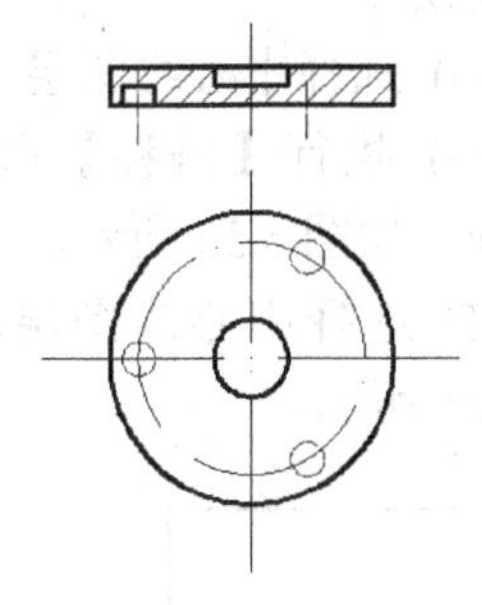

图 5.48　绘制主视图

(6) 标注并保存为“小打板.dwg”。

### 4. 件 4——顶杆的绘制

可参照前面件 2——钢钉的绘制方法绘制图 5.49 所示的顶杆。

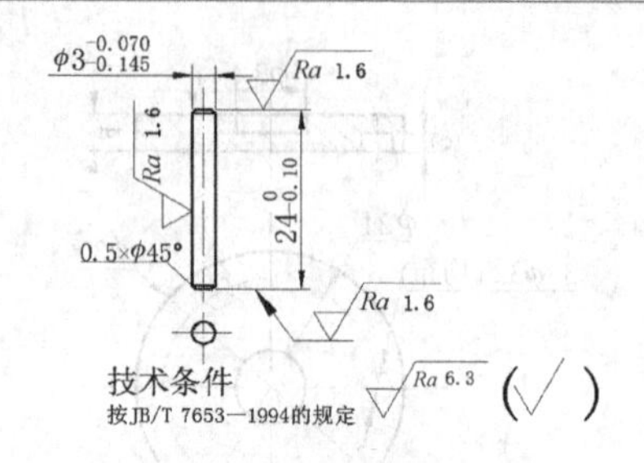


图 5.49　顶杆

5. 件 5——上固定板的绘制

绘制图 5.50 所示上固定板的操作步骤如下。

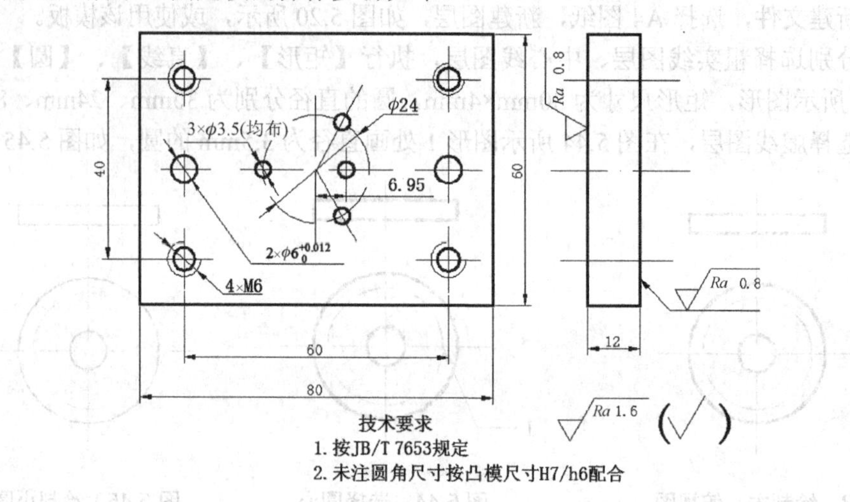


图 5.50　上固定板

(1) 新建文件，选择 A4 图纸，新建图层，如图 5.20 所示，或使用该模板。

(2) 选择粗实线图层，执行【矩形】命令，绘制尺寸为 80mm×60mm 的矩形，如图 5.51 所示。

(3) 选择中心线图层，执行【直线】命令，绘制矩形的中心线，如图 5.52 所示。

(4) 执行【偏移】命令，绘制水平和竖直中心线的偏移线，距离分别为 20mm 和 30mm，如图 5.53 所示。

(5) 选择中心线图层，执行【圆】命令，在矩形中心创建半径为 12mm 的圆，如图 5.54 所示。

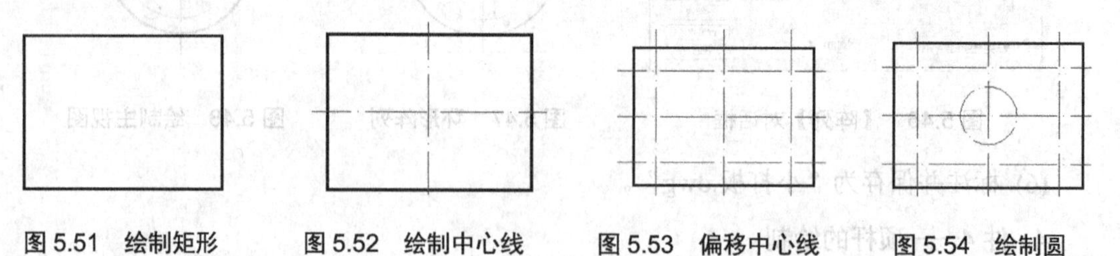

图 5.51　绘制矩形　　图 5.52　绘制中心线　　图 5.53　偏移中心线　　图 5.54　绘制圆

(6) 选择粗实线图层，在圆与水平中心线交点的左侧创建直径为 3.5mm 的圆，如图 5.55(a)所示。

(7) 执行【阵列】命令，选择环形阵列，项目总数为 3，填充角度为 360°，以矩形中心为阵列中心点将$\phi$3.5mm 圆进行阵列，如图 5.55(b)所示。

(8) 执行【圆】命令，绘制距离矩形中心为 6.96mm、直径为 6mm 的圆，如图 5.55(c)所示。

(9) 执行【圆】命令，绘制两个$\phi$6mm 的圆，如图 5.55(d)所示。

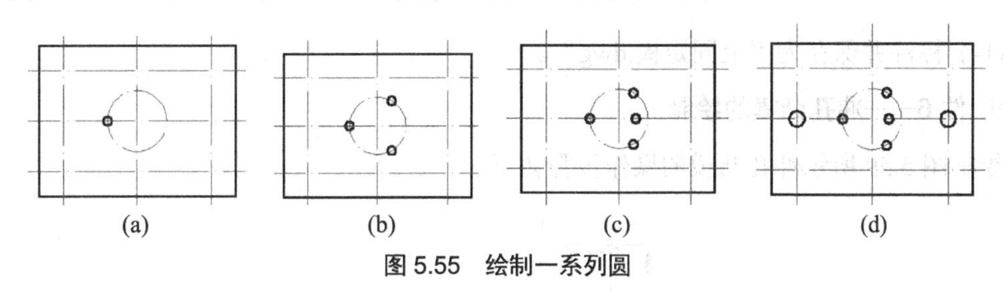


图 5.55　绘制一系列圆

(10) 选择细实线图层，绘制$\phi$6mm 的圆，再选择粗实线图层，绘制$\phi$5mm 的圆，如图 5.56(a)所示。

(11) 执行【裁剪】命令，将$\phi$6mm 圆的右上方裁剪掉，如图 5.56(b)所示。

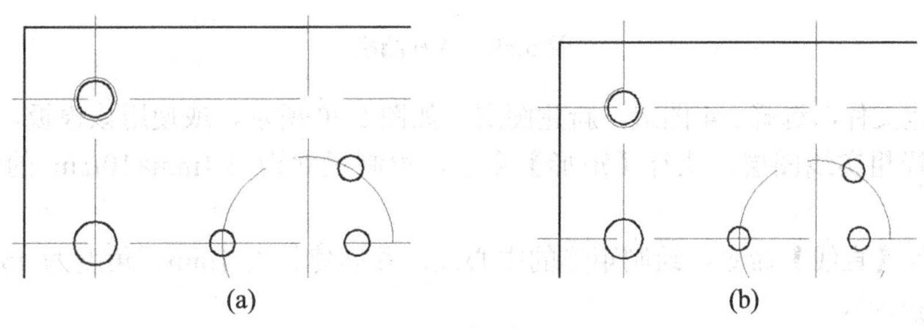


图 5.56　绘制螺纹孔

(12) 执行【阵列】命令，选择矩形阵列，设置参数，如图 5.57(a)所示；将刚绘制的 3/4 圆图形进行阵列，如图 5.57(b)所示。

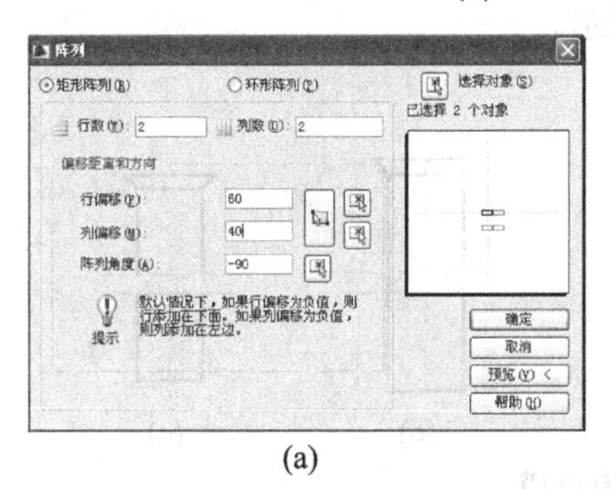


(a)

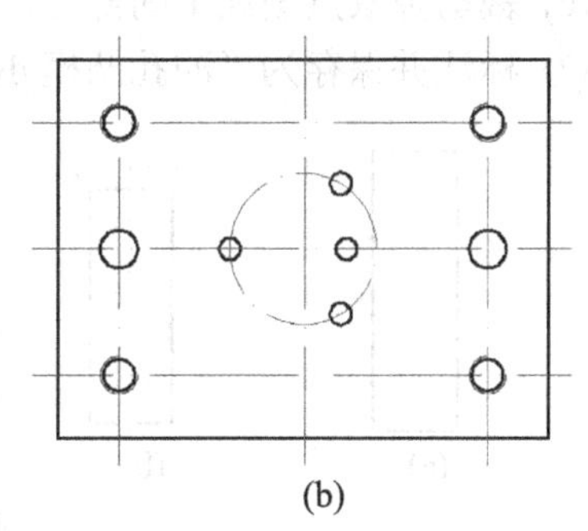

(b)

图 5.57　矩形阵列螺纹孔

(13) 执行【矩形】命令，打开极轴追踪，对齐矩形右上角点，绘制长为 12mm、高为 60mm 的矩形作为左视图、绘制所作图形的中心线，并调整所有中心线至合适长度，如图 5.58 所示。

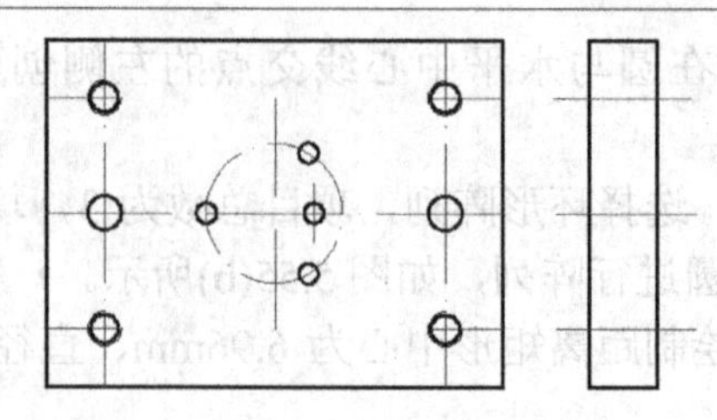

图 5.58　绘制左视图

(14) 标注并保存为“上固定板.dwg”。

### 6. 件 6——冲孔凸模的绘制

绘制图 5.59 所示冲孔凸模的操作步骤如下。

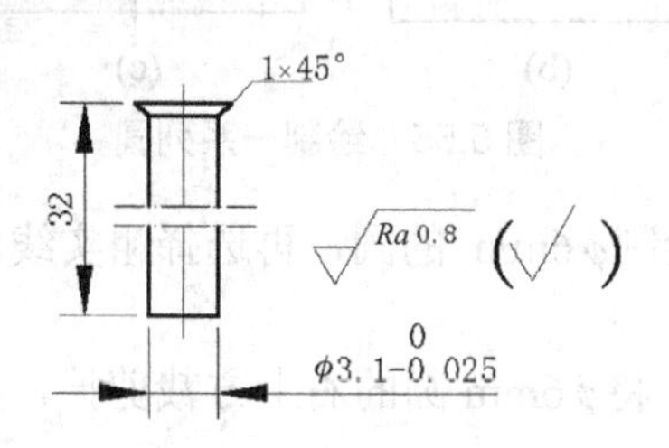


图 5.59　冲孔凸模

(1) 新建文件，选择 A4 图纸，新建图层，如图 5.20 所示，或使用该模板。

(2) 选择粗实线图层，执行【矩形】命令，绘制尺寸为 3.1mm×10mm 的矩形，如图 5.60(a)所示。

(3) 执行【直线】命令，绘制矩形的中心线，并创建长为 1mm、角度为 45° 的直线，如图 5.60(b)所示。

(4) 执行【镜像】命令，将刚作的直线沿中心线镜像并连接刚作的两条直线，如图 5.60(c)所示。

(5) 在矩形 3.1mm×10mm 的中间绘制两条点画线，如图 5.60(d)所示。

(6) 裁剪掉双点画线中间部分，如图 5.60(e)所示。

(7) 标注并保存为“冲孔凸模.dwg”。

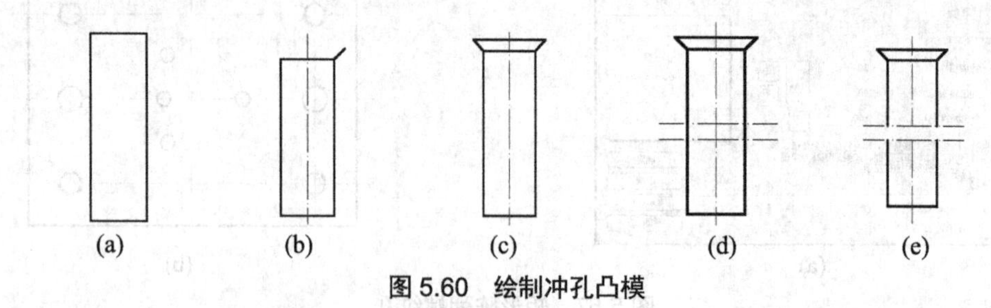


图 5.60　绘制冲孔凸模

### 7. 件 7——小打板的绘制

画法说明从略，绘制结果如图 5.61 所示。

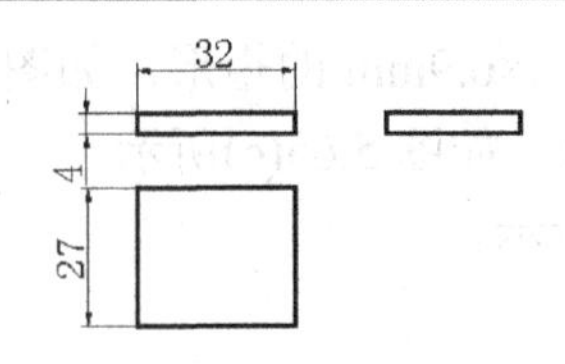


图 5.61　小打板

## 8. 件 8——凹模的绘制

绘制图 5.62 所示凹模的操作步骤如下。

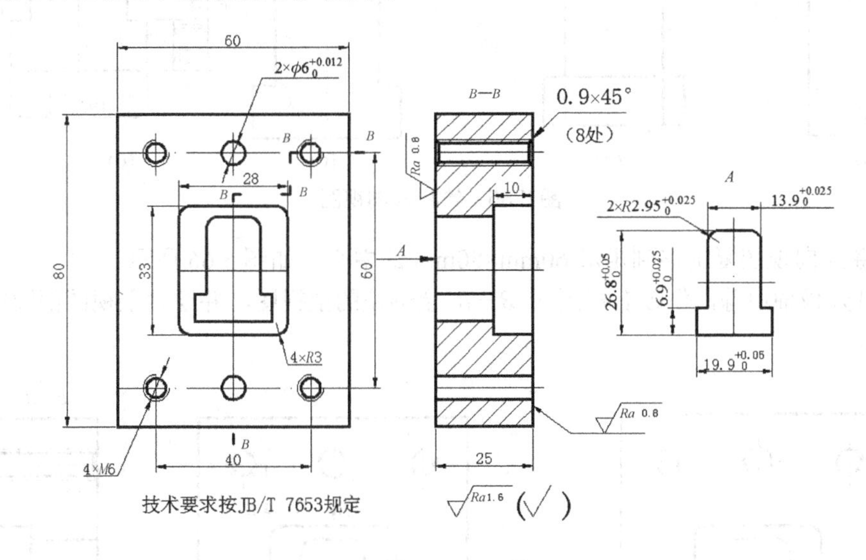


图 5.62　凹模

(1) 新建文件，选择 A4 图纸，新建图层，如图 5.20 所示，或使用该模板。

(2) 绘制图 5.63 所示的图形，也可通过对前面上固定板进行复制图线、旋转得到。

(3) 选择粗实线图层，执行【矩形】命令，命令行出现以下提示信息：

```
指定第一个角点或 [倒角(C)/标高(E)/圆角(F)/厚度(T)/宽度(W)]:
```

用键盘输入 F，按 Enter 键，设置圆角半径为 3，绘制 28mm×33mm 的带圆角的矩形，如图 5.64 所示。

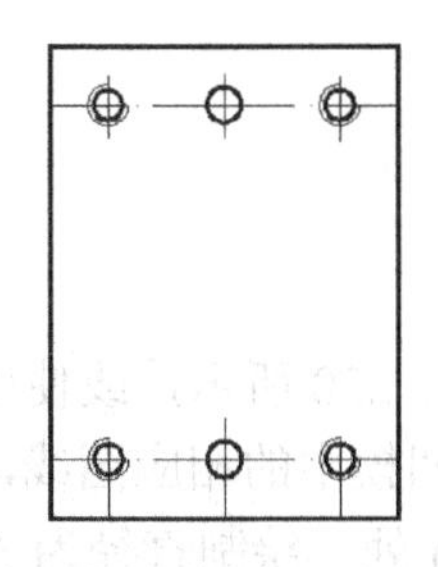

图 5.63　绘制或复制图线

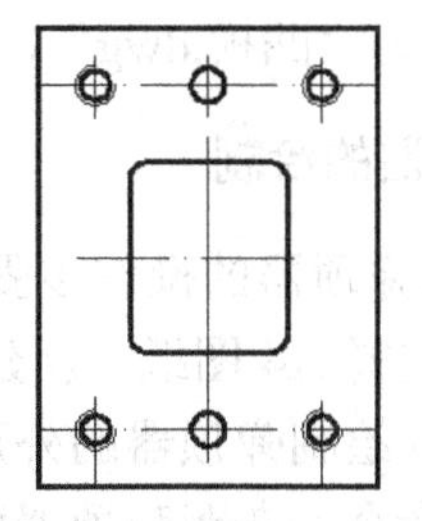

图 5.64　绘制圆角矩形

(4) 创建图 5.65(a)所示的 *A* 向 13.9mm×26.8mm 的矩形。

(5) 在该矩形下方创建 19.9mm×6.9mm 的矩形，如图 5.65(b)所示。

(6) 裁剪掉多余的部分并倒角，如图 5.65(c)所示。

(7) 标注尺寸，如图 5.65(d)所示。

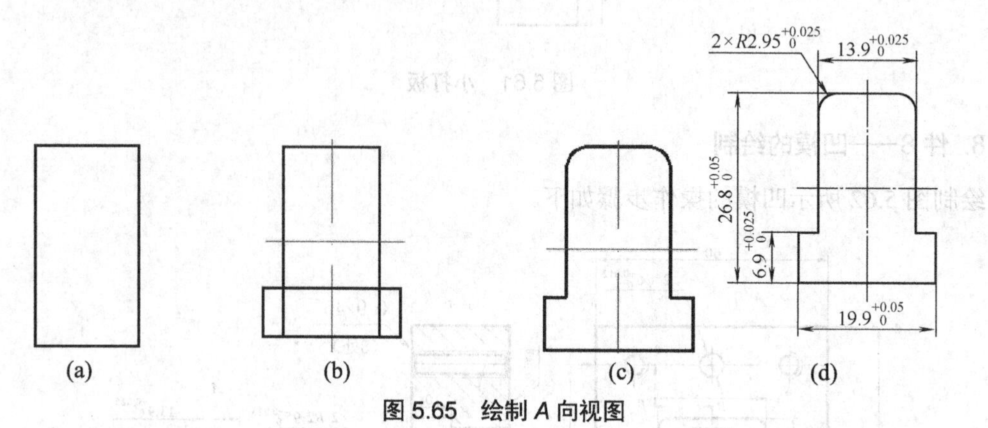


图 5.65　绘制 *A* 向视图

(8) 将 *A* 向视图复制移到矩形 60mm×80mm 的中心，如图 5.66 所示。

(9) 打开极轴追踪，作该右视图的 *B*—*B* 全剖视的主视图，并绘制主视图剖面线，如图 5.67 所示。

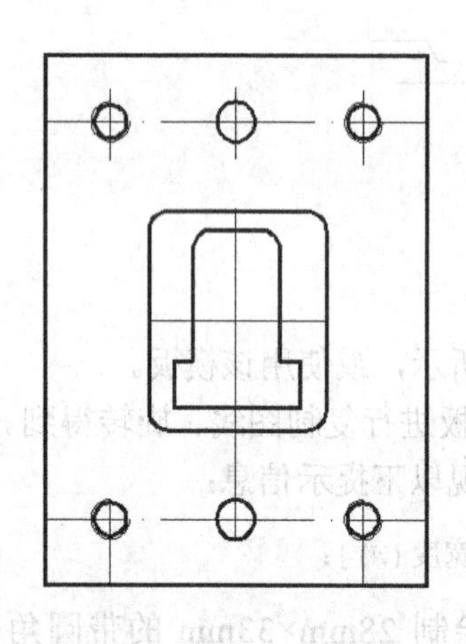

图 5.66　复制 *A* 向视图

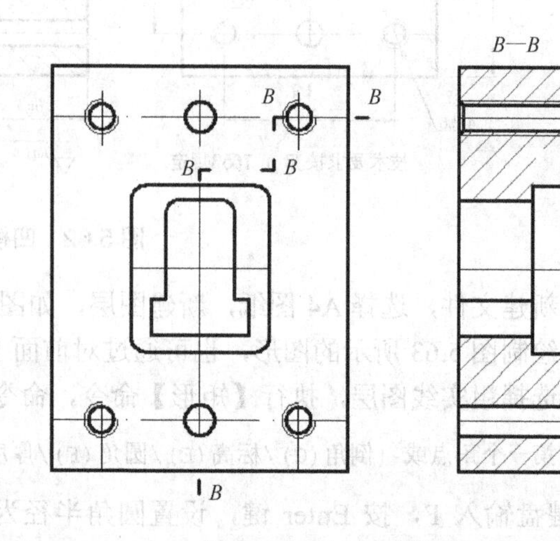


图 5.67　绘制主视图

(10) 标注并保存为“凹模.dwg”。

9. 件 9——弹顶器的绘制

绘制图 5.68 所示弹顶器的操作步骤如下。

(1) 新建文件，选择 A4 图纸，新建图层，如图 5.20 所示，或使用该模板。

(2) 按凹模的尺寸绘制弹顶器的外形，或复制凹模中的相应图线，如图 5.69(a)所示。

(3) 执行【圆】命令，在距弹顶器底端 6.44mm 处，绘制直径为 3.1 的圆，如图 5.69(b)所示。

(4) 打开极轴追踪，绘制弹顶器右视图，顶端倒角半径为 1，如图 5.69(c)所示。

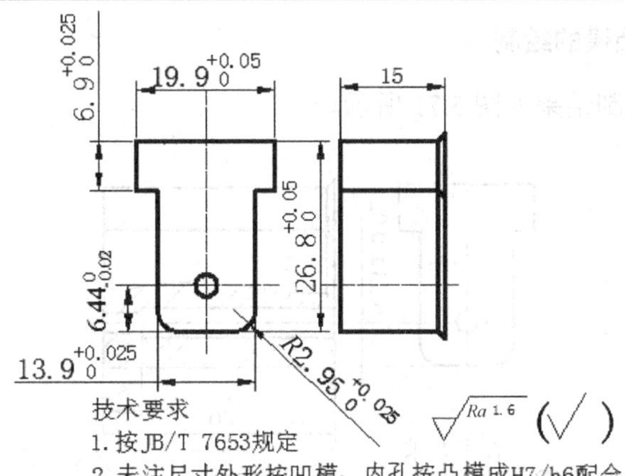


图 5.68　弹顶器

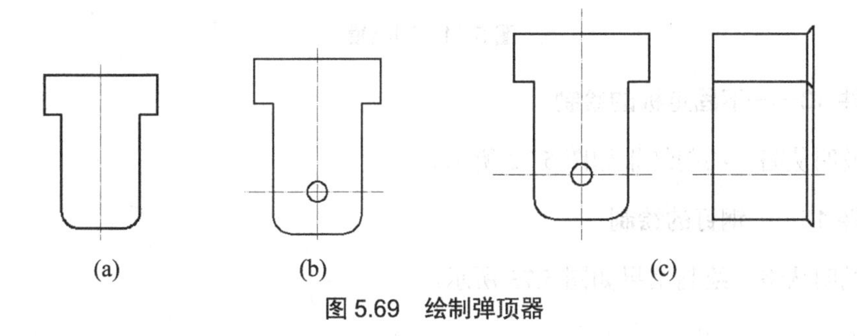


图 5.69　绘制弹顶器

(5) 标注并保存为“弹顶器.dwg”。

### 10．件 10——卸料板的绘制

画法说明从略，绘制结果如图 5.70 所示。

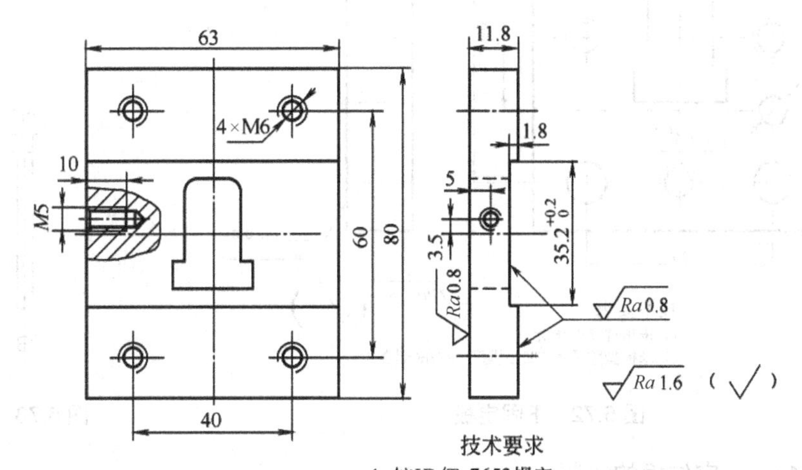


图 5.70　卸料板

### 11. 件 11——凹凸模的绘制

画法说明从略，绘制结果如图 5.71 所示。

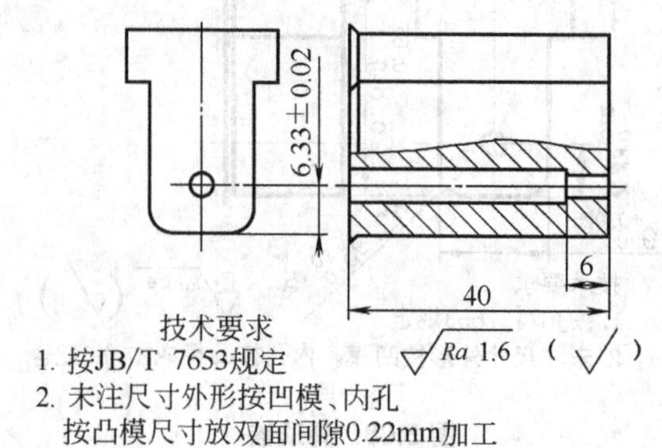


图 5.71 凹凸模

### 12. 件 13——下固定板的绘制

画法说明从略，绘制结果如图 5.72 所示。

### 13. 件 16——钢钉的绘制

画法说明从略，绘制结果如图 5.73 所示。

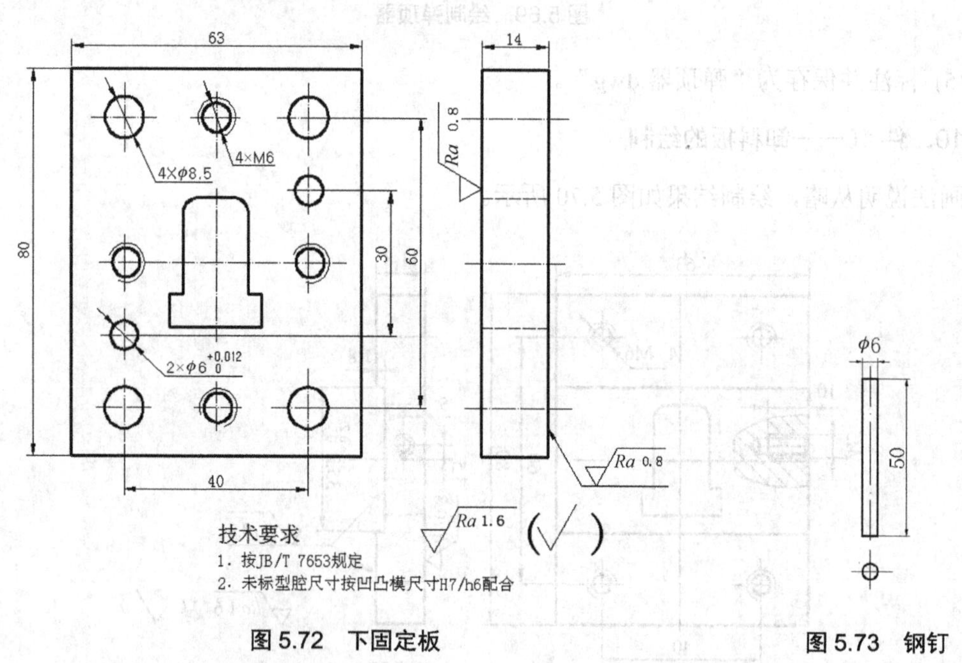


图 5.72 下固定板　　图 5.73 钢钉

### 14. 件 17——定位板的绘制

画法说明从略，绘制结果如图 5.74 所示。

### 15．件 20——上垫板的绘制

画法说明从略，绘制结果如图 5.75 所示。

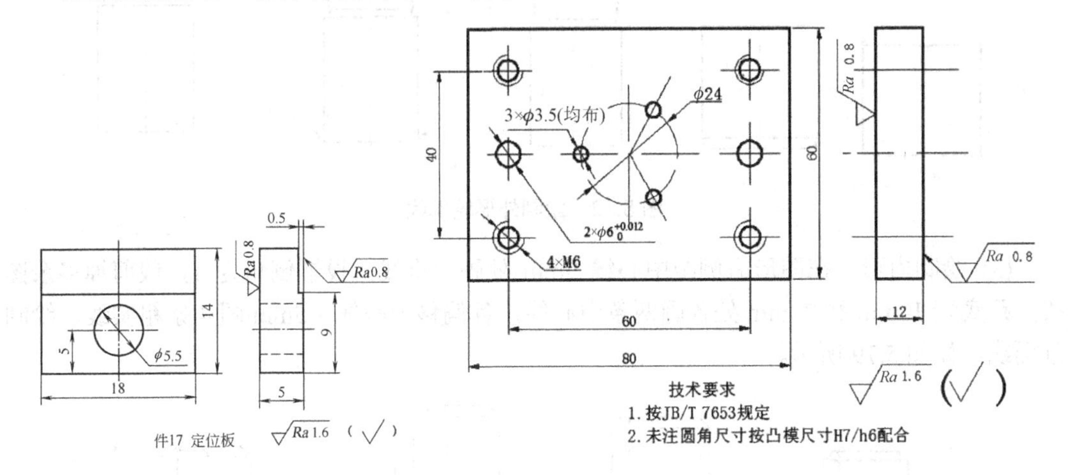


图 5.74　定位板　　　　图 5.75　上垫板

### 16．件 21——杠杆的绘制

画法说明从略，绘制结果如图 5.76 所示。

### 17．件 22——导套的绘制

绘制图 5.77 所示导套的操作步骤如下。

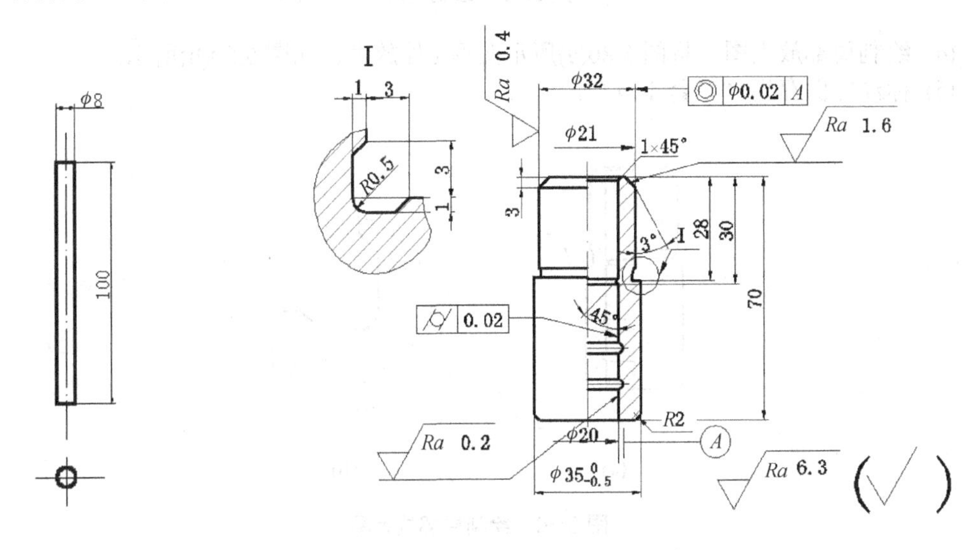


图 5.76　杠杆　　　　图 5.77　导套

(1) 新建文件，选择 A4 图纸，新建图层，如图 5.20 所示，或使用该模板。

(2) 绘制外形轮廓线。依次绘制尺寸为 28mm×25.5mm、27mm×2.5mm、31mm×40mm 的矩形，图 5.78 所示 1、2 处绘制 3×45° 的倒角，图 5.78 所示 3、4 处绘制 *R*2 的圆角。

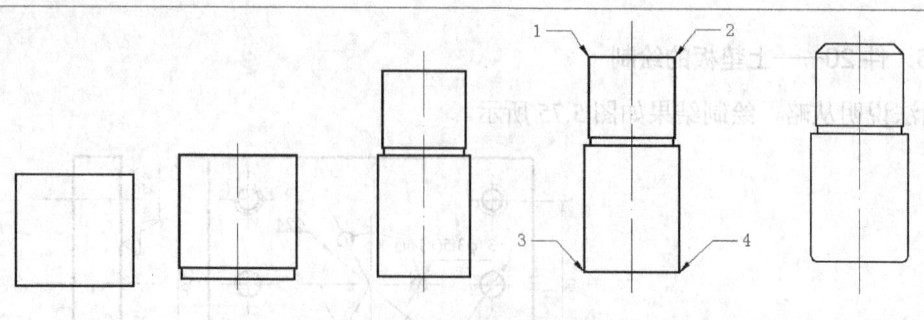


图 5.78　绘制外形轮廓线

(3) 绘制内形。在图形右侧距中心线 9mm 处画一直线，设置倒角为 1，裁剪掉多余图线，距底端 10mm 和 20mm 处各画两条中心线，各偏移中心线 1.5mm 画 4 条粗实线，绘制剖面线，如图 5.79 所示。

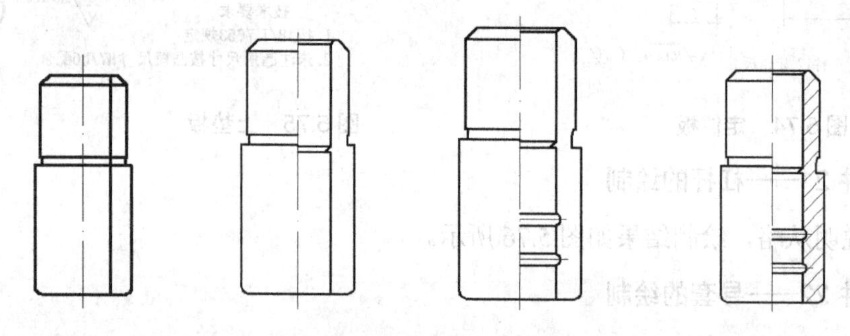

图 5.79　绘制内形

(4) 绘制局部放大图。将图 5.80(a)所示图形 I 处放大，如图 5.80(b)所示。

(5) 标注并保存为“导套.dwg”。

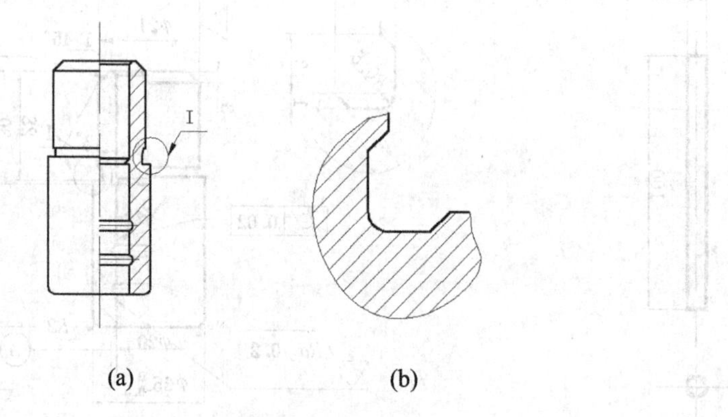


(a)　　　　(b)

图 5.80　绘制局部放大图

18．件 22——模架导柱的绘制

画法说明从略，绘制结果如图 5.81 所示。

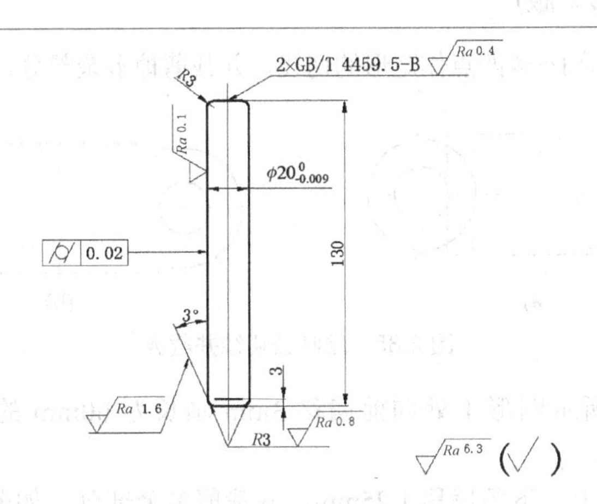


图 5.81　模架导柱

## 19. 件 22——模架上模座的绘制

绘制图 5.82 所示模架上模座的操作步骤如下。

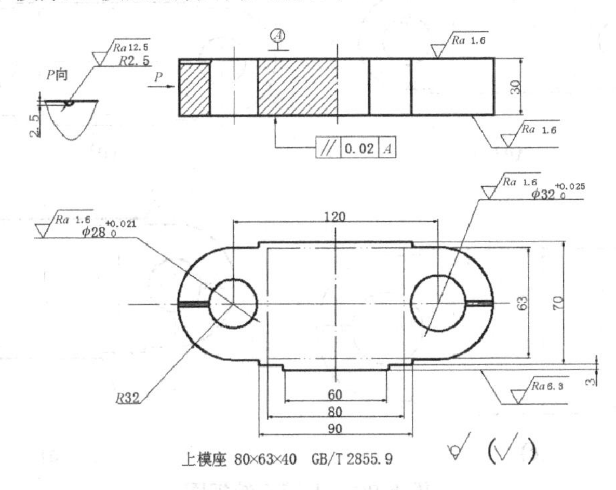


图 5.82　模架上模座

(1) 新建文件，选择 A4 图纸，新建图层，如图 5.20 所示，或使用该模板。

(2) 分别选择双点画线、粗实线图层，执行【矩形】命令，绘制矩形 80mm×63mm 和矩形 110mm×70mm，切换至中心线层绘制中心线，如图 5.83 所示。

(3) 选择粗实线图层，以此中心线的两端为圆心，分别绘制两个半径为 32mm 和直径为 28mm 和 32mm 的圆，如图 5.84 所示。

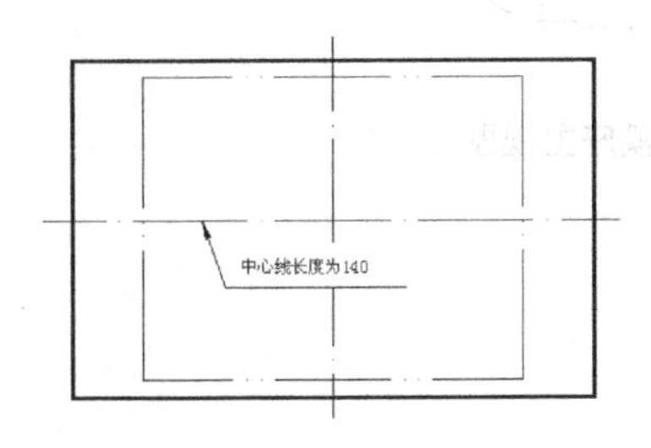


图 5.83　绘制矩形及中心线

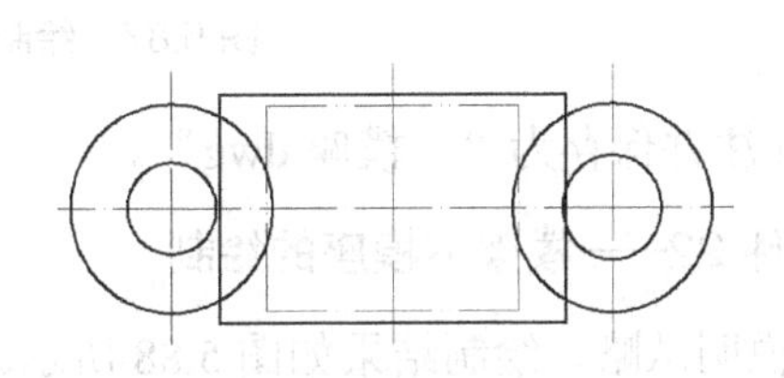

图 5.84　绘制 4 个圆

(4) 过图 5.85(a)所示 1～4 四点作矩形的切线，并裁剪掉多余部分，如图 5.85(b)所示。

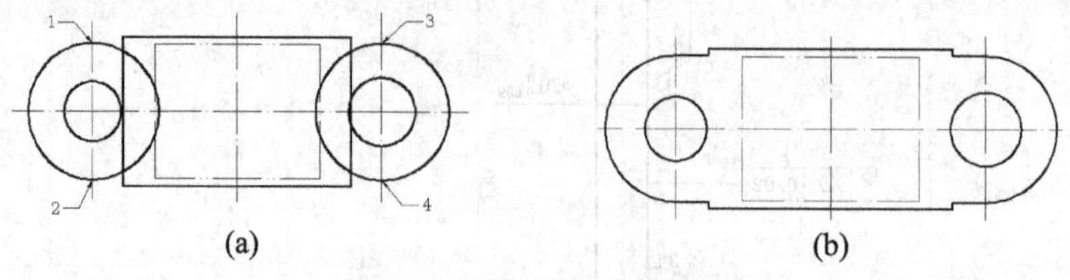


图 5.85　绘制公切线并裁剪

(5) 在图 5.86(a)所示图形 1 处向前偏移 3mm 画长为 60mm 的直线并裁剪掉多余部分，如图 5.86(b)所示。

(6) 将水平中心线上、下各偏移 1.25mm，并裁剪多余部分，如图 5.86(c)所示。

(7) 将图 5.86(d)所示图形 1～8 处设置倒角半径为 1mm，9、10 处设置倒角半径为 3mm。

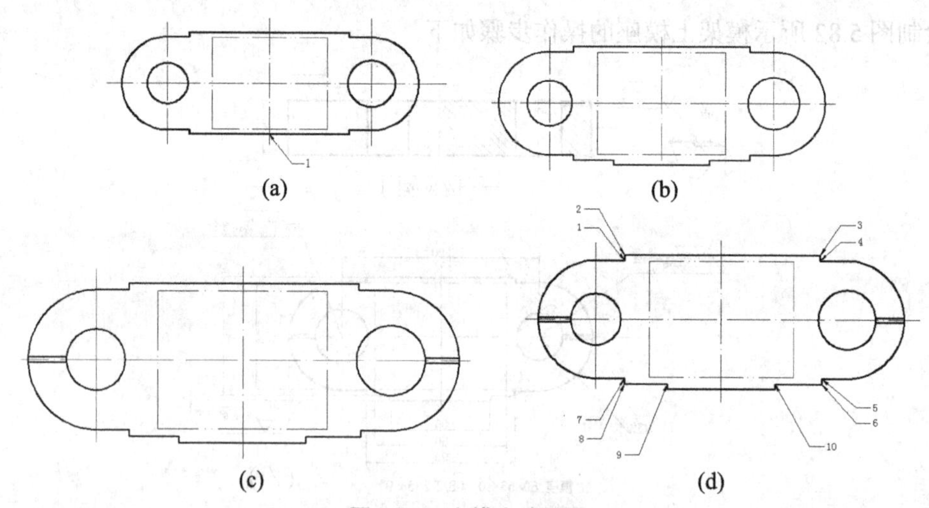


图 5.86　上模座俯视图

(8) 打开极轴追踪，绘制主视图，如图 5.87 所示。

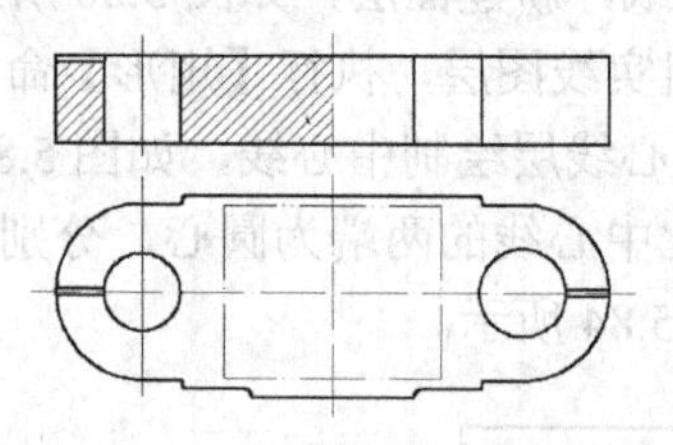

图 5.87　绘制上模座主视图

(9) 标注并保存为“上模座.dwg”。

## 20．件 22——模架下模座的绘制

画法说明从略，绘制结果如图 5.88 所示。

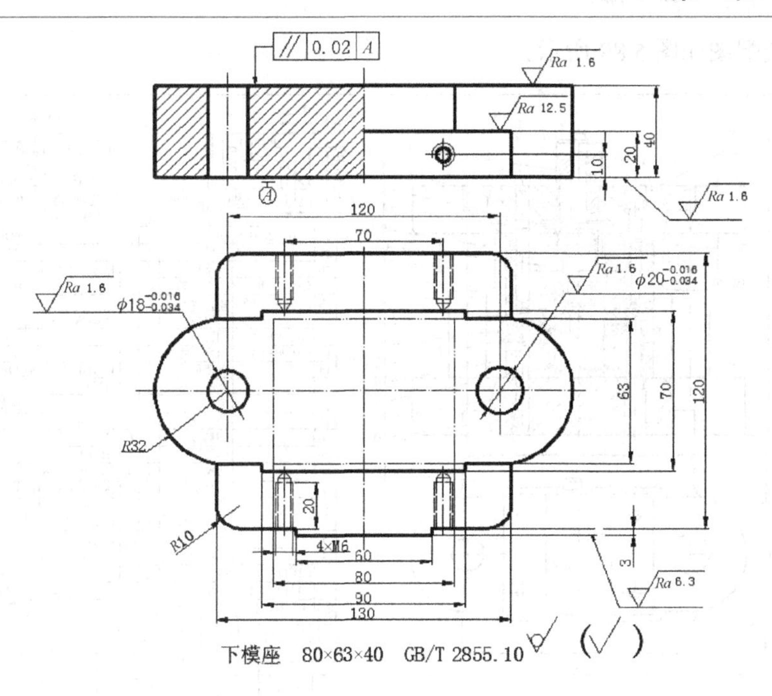


图 5.88 模架下模座

## 5.3.2 拼画装配图

在进行模具设计时，自顶向下的设计是先画出装配图，然后根据装配图拆画零件图；而自底向上的设计则是先画出零件图，然后再用这些零件拼画出装配图。这里采用的是后一种方法。

绘制轭铁冲孔落料复合模装配图的步骤如下。

(1) 用前面建立的模板新建文件，并保存为“轭铁冲孔落料复合模装配图.dwg”，如图 5.89 所示。

(2) 打开各个零件图，根据装配图的表达方法，将零件图的尺寸标注图层关闭，将各个视图中的装配图需要的图形，制作成块；或者打开一个零件图，将需要的一个图形选定，用带基点复制方式，确定插入的基点。

(3) 转换到装配图界面，插入块，在对话框中选择需要的块，单击【确定】按钮就可以插入；如果用带基点复制，可以用【粘贴】命令，将基点放在安装的位置再单击即可。

(4) 插入块的图线与其他图线重合，需要将插入的块分解，然后进行编辑；如果是带基点复制，则可以直接编辑。

(5) 将要编辑的图线进行修改，还要将不同的剖面线的方向和间距进行修改。

(6) 打开布局，标注尺寸，标注零件的序号，填写标题栏和明细栏等。

**提示：**①在绘制装配图的过程中，要注意图线的修改，一些在零件图中可见的图线在装配图中可能就不可见；对于重叠的图线要删除或使用【合并】命令合并为一个对象，使文件不过大；②在前期零件图的绘制过程中一定要严格按相应的图层来绘图，所有零件图的图层设置要一致。

完成的装配图如图 5.89 所示。

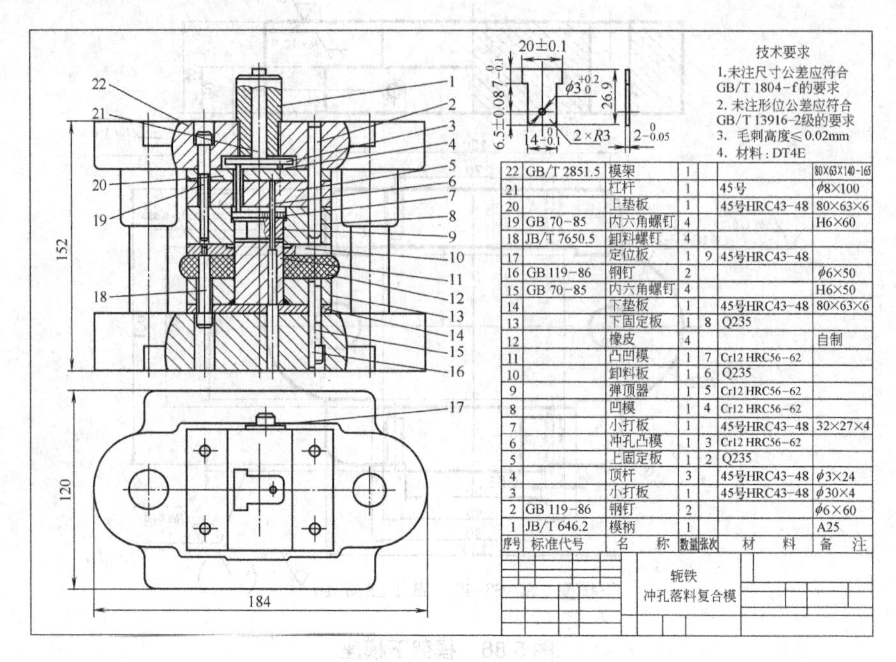


| 序号 | 标准代号 | 名称 | 数量 | 张次 | 材料 | 备注 |
|---|---|---|---|---|---|---|
| 22 | GB/T 2851.5 | 模架 | 1 | | | 80×63×140-165 |
| 21 | | 杠杆 | 1 | | 45号 | φ8×100 |
| 20 | | 上垫板 | 1 | | 45号HRC43-48 | 80×63×6 |
| 19 | GB 70-85 | 内六角螺钉 | 4 | | | H6×60 |
| 18 | JB/T 7650.5 | 卸料螺钉 | 4 | | | |
| 17 | | 定位板 | 1 | 9 | 45号HRC43-48 | |
| 16 | GB 119-86 | 钢钉 | 2 | | | φ6×50 |
| 15 | GB 70-85 | 内六角螺钉 | 4 | | | H6×50 |
| 14 | | 下垫板 | 1 | | 45号HRC43-48 | 80×63×6 |
| 13 | | 下固定板 | 1 | 8 | Q235 | |
| 12 | | 橡皮 | 4 | | | 自制 |
| 11 | | 凸凹模 | 1 | 7 | Cr12 HRC56-62 | |
| 10 | | 卸料板 | 1 | 6 | Q235 | |
| 9 | | 弹顶器 | 1 | 5 | Cr12 HRC56-62 | |
| 8 | | 凹模 | 1 | 4 | Cr12 HRC56-62 | |
| 7 | | 小打板 | 1 | | 45号HRC43-48 | 32×27×4 |
| 6 | | 冲孔凸模 | 1 | 3 | Cr12 HRC56-62 | |
| 5 | | 上固定板 | 1 | 2 | Q235 | |
| 4 | | 顶杆 | 3 | | 45号HRC43-48 | φ3×24 |
| 3 | | 小打板 | 1 | | 45号HRC43-48 | φ30×4 |
| 2 | GB 119-86 | 钢钉 | 2 | | | φ6×60 |
| 1 | JB/T 646.2 | 模柄 | 1 | | | A25 |

图 5.89 轭铁冲孔落料复合模装配图

# 5.4 AutoCAD 三维技术应用

在 AutoCAD 中创建三维实体模型的方法归纳起来主要有两种：一种是利用系统提供的基本实体创建对象来生成三维模型；另一种是由二维平面图形生成面域后通过拉伸、旋转等方式和一些实体编辑命令生成三维实体模型。前者只能创建一些基本实体，如长方体、圆柱体、圆锥体、球体等，但可以通过布尔运算形成较为复杂的结构；而后者则可以创建出许多形状复杂的三维实体模型，是三维实体建模中一个非常有效的手段。

逻辑布尔运算，是由英国著名的数学家 George Boole 在 1847 年发明的处理二值之间关系的逻辑数学计算法，包括联合、相交、相减，即并、交、差布尔操作就是通过实体的部分进行重叠、连接、裁剪、编辑等手段来实现所期望的实体模型的操作。

(1) 并集即实体结合，是两个单独的实体连接而生成一个完整的独立实体。生成的新实体是两个实体加上它们的公共部分组成的实体。

命令执行方式如下。

- 使用命令行：输入 Union 命令。
- 使用菜单栏：选择【修改】|【实体编辑】|【并集】命令。
- 使用工具栏：单击【实体编辑】工具栏上的【并集】按钮。

(2) 差集即实体裁剪，是从两个实体中裁去其中一个与其重叠相交的部分后生成新实体。

命令执行方式如下。

- 使用命令行：输入 Sublract 命令。
- 使用菜单栏：选择【修改】|【实体编辑】|【差集】命令。
- 使用工具栏：单击【实体编辑】工具栏上的【差集】按钮。

(3) 交集即实体重叠，是两个实体在连接后产生的交叉重叠部分，生成的新实体是它们共同拥有的那部分实体。

命令执行方式如下。

- 使用命令行：输入 Intersect 命令。
- 使用菜单栏：选择【修改】|【实体编辑】|【交集】命令。
- 使用工具栏：单击【实体编辑】工具栏上的【交集】按钮。

对三维实体不仅可以进行复制、删除、移动等操作(其操作方法与二维图形的编辑类似)，而且可以进行三维阵列、三维镜像、三维旋转、对齐等命令。

AutoCAD 版本有 3 个工作空间，分别为二维草图与注释、三维建模和 AutoCAD 经典。通常在三维建模和 AutoCAD 经典工作空间都可以进行三维实体的绘制，为了便于操作，可在工具栏位置右击，如图 5.90 所示，在弹出的快捷菜单中分别选择【建模】、【视图】、【视觉样式】命令，打开【建模】、【视图】、【视觉样式】等工具条，如图 5.91 至图 5.93 所示。

本章先绘制所有零件的二维图形，在接下来三维图形的绘制中，可以由前面绘制的二维平面图形生成面域后通过拉伸、旋转等方式和一些实体编辑命令生成三维实体模型，即先二维后三维。当然也可以先绘制三维零件，再通过使用生成视口命令 solview(选择【绘图】|【建模】|【设置】|【视口】命令)和生成二维轮廓线命令 soldraw(选择【绘图】|【建模】|【设置】|【图形】命令)，生成所需要的主视图、俯视图、左视图等二维图形，即先三维后二维。

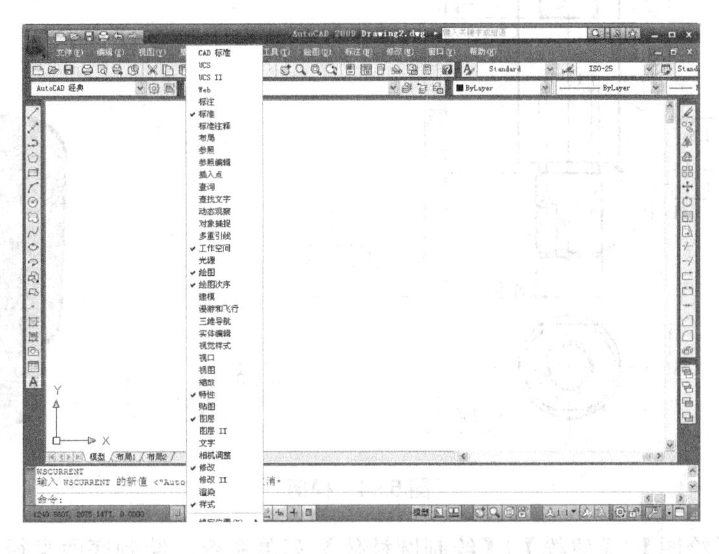


图 5.90　右键弹出菜单

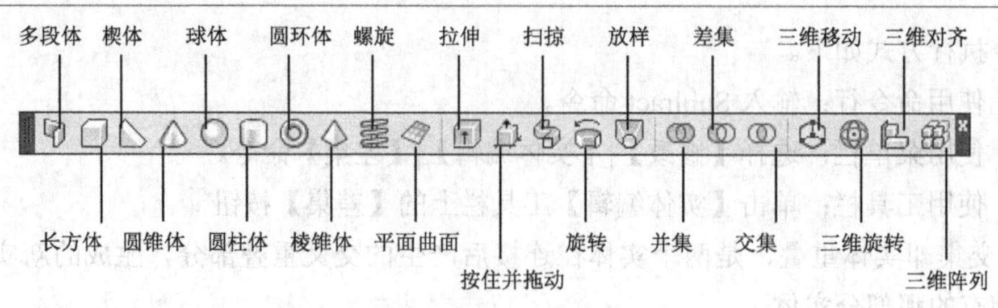


图 5.91 【建模】工具条

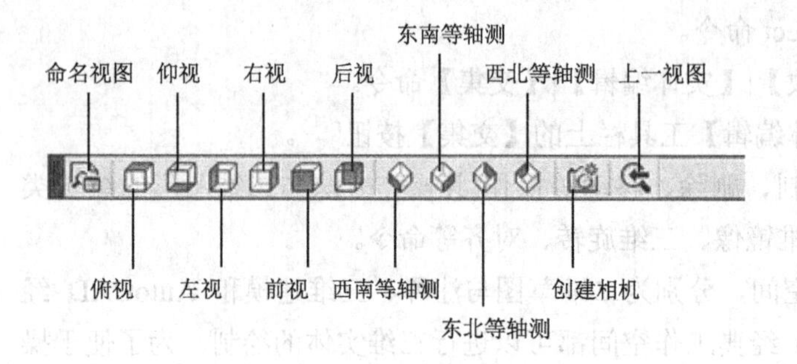


图 5.92 【视图】工具条

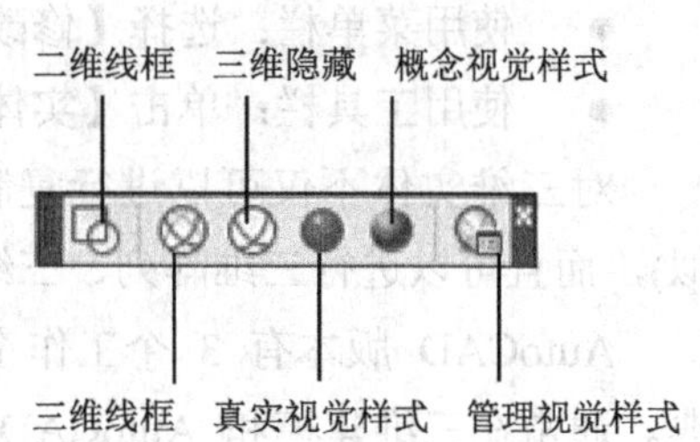


图 5.93 【视觉样式】工具条

## 5.4.1 三维零件的绘制

### 1. 件 1——模柄的绘制

绘制图 5.94 所示模柄的操作步骤如下。

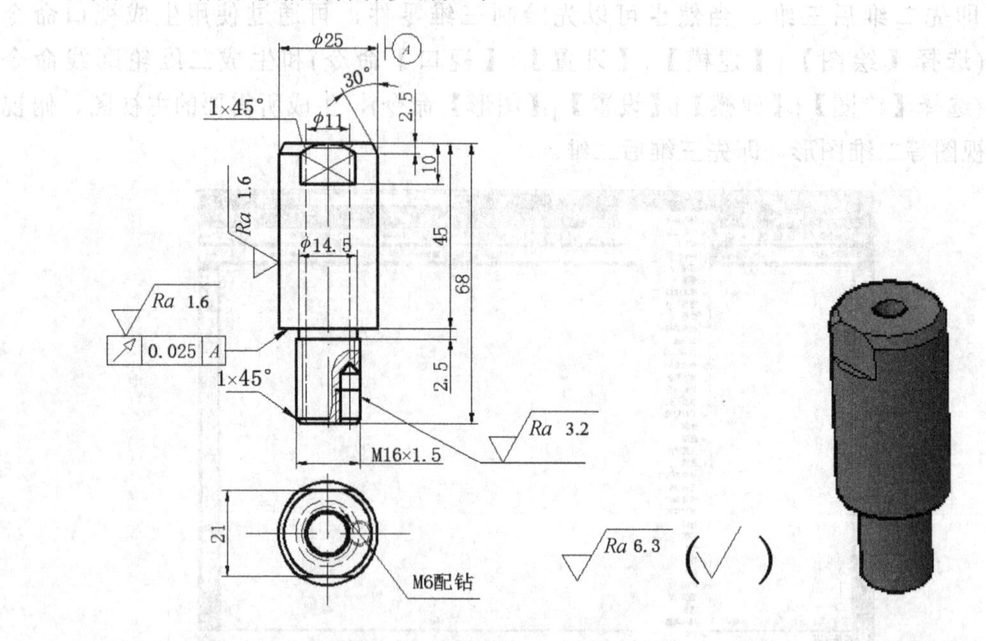


图 5.94 模柄

(1) 选择【绘图】|【建模】|【绘制圆柱体】菜单命令，绘制底面半径为 8mm、高为

19.5mm 的圆柱体。选择【视图】|【视觉样式】|【概念】菜单命令，或直接单击【视觉样式】工具条中的【概念视觉样式】按钮，得到图 5.95 所示的概念视觉样式圆柱。

(2) 选择【视图】|【三维视图】|【仰视】菜单命令，或直接单击【视图】工具条中的【仰视】按钮，使仰视图成为构图面，绘制半径为 8mm 的圆，圆心与圆柱体底面的圆心重合，结果如图 5.96 所示。

(3) 仍以仰视图为构图面，单击【建模】工具条中的【拉伸】按钮，选择上一步绘制的圆进行拉伸，倾斜角为 45°，拉伸高度为 1，结果如图 5.97 所示。

(4) 选择俯视图为构图面，绘制直径为 14.5mm 的圆，圆心与圆柱体底面的圆心重合，结果如图 5.98 所示。

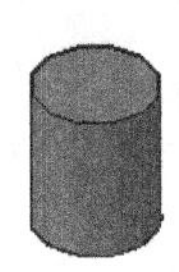

图 5.95　绘制圆柱

图 5.96　确定构图面并绘制圆

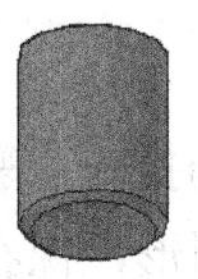

图 5.97　拉伸圆

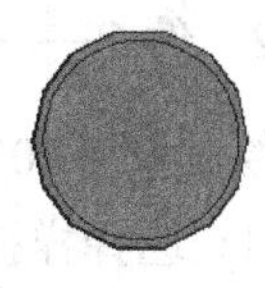

图5.98　绘制直径为 14.5mm 的圆

(5) 单击【按住并拖动】按钮，再选择所绘制的圆进行拉伸，拉伸高度为 2.5mm，结果如图 5.99(a)所示。

(6) 选择俯视图为构图面，绘制直径为 25mm 的圆，圆心与圆柱体底面的圆心重合，结果如图 5.99(b)所示。

(7) 单击【拉伸】按钮，再选择所绘制的圆进行拉伸，拉伸高度为 42.5mm，结果如图 5.99(c)所示。

(8) 选择俯视图为构图面，绘制直径为 25mm 的圆，圆心与圆柱体底面的圆心重合，结果如图 5.99(d)所示。

(9) 单击【拉伸】按钮，再选择上一步绘制的圆进行拉伸，选择倾斜角为 30°，拉伸高度为 2.5mm，结果如图 5.99(e)所示。

图 5.99　绘制其他圆柱

(10) 选择俯视图为构图面，绘制两矩形，之间的距离为 21mm，作出矩形后选择两矩形，向上平移 10mm，结果如图 5.100(a)所示。

(11) 单击【按住并拖动】按钮，再选择所绘制的两矩形进行拉伸，拉伸高度为 20mm，结果如图 5.100(b)所示。

(12) 单击【差集】按钮，再进行布尔运算，结果如图 5.100(c)所示。

(13) 选择俯视图为构图面，绘制直径为 11mm 的圆，结果如图 5.100(d)所示。

(14) 单击【按住并拖动】按钮，再选择所绘制的圆进行拉伸，拉伸高度为 68mm，结果如图 5.100(e)所示。

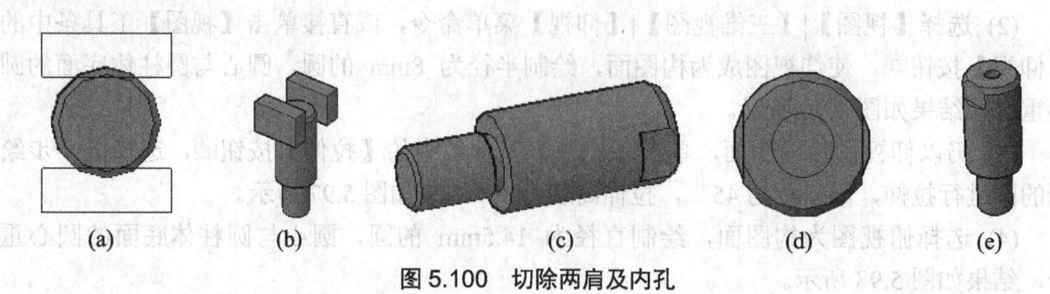

图 5.100　切除两肩及内孔

## 2．件 2——钢钉的绘制

绘制图 5.101 所示钢钉的操作步骤如下。

(1) 选择样板文件新建图形，保存文件。

(2) 选择【建模】|【绘制圆柱体】命令，输入底圆半径为 3mm，高度为 60mm，结果如图 5.102 所示。

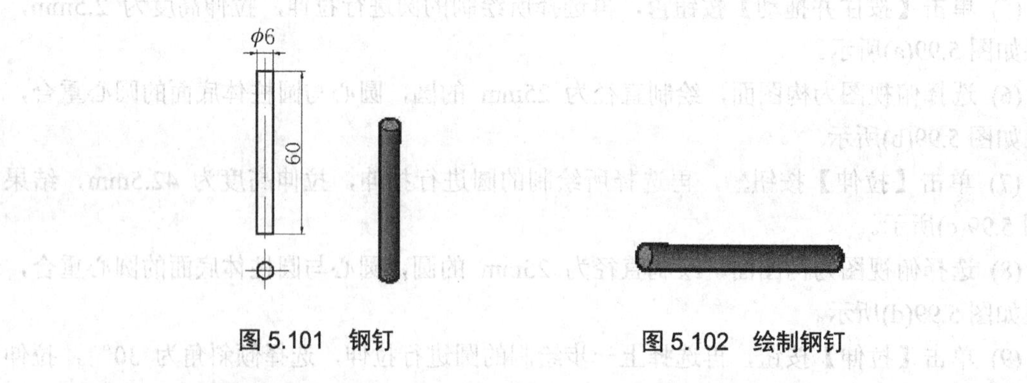


图 5.101　钢钉　　图 5.102　绘制钢钉

## 3．件 3——小打板的绘制

绘制图 5.103 所示小打板的操作步骤如下。

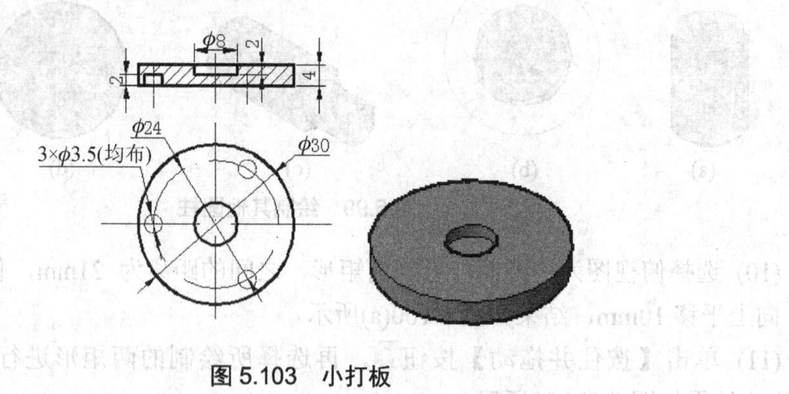


图 5.103　小打板

(1) 选择样板文件新建图形，保存文件。

(2) 选择【建模】|【绘制圆柱体】命令，输入底圆半径为 15mm，高度为 4mm，

结果如图 5.104(a)所示。

(3) 选择俯视图为构图面，绘制圆，如图 5.104(b)所示。

(4) 单击【拉伸】按钮，选择圆进行拉伸，拉伸高度为 2mm，结果如图 5.104(c)所示。

(5) 单击【差集】按钮，再进行布尔运算，结果如图 5.104(d)所示。

(6) 选择仰视图为构图面，绘制 3 个圆，如图 5.104(e)所示。

(7) 单击【按住并拖动】按钮，再选择所有的圆进行拉伸，高度为 2mm，结果如图 5.104(f)所示。

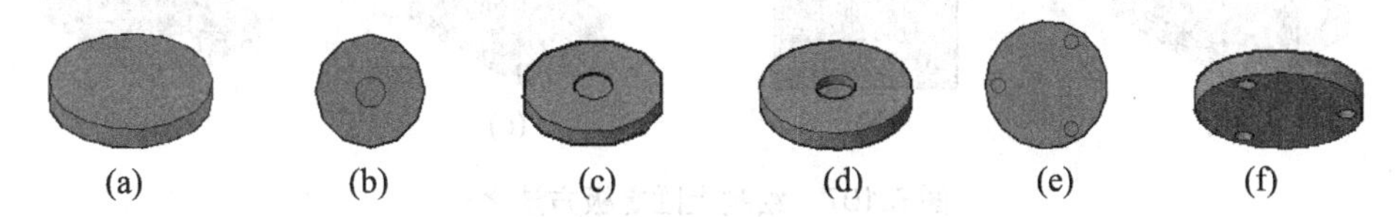


图 5.104　绘制小打板

### 4．件 4——顶杆的绘制

画法说明从略，绘制结果如图 5.105 所示。

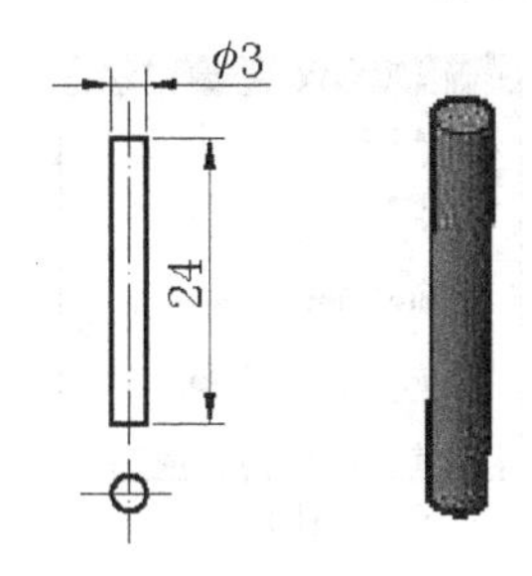


图 5.105　顶杆

### 5．件 5——上固定板的绘制

绘制图 5.106 所示上固定板的操作步骤如下。

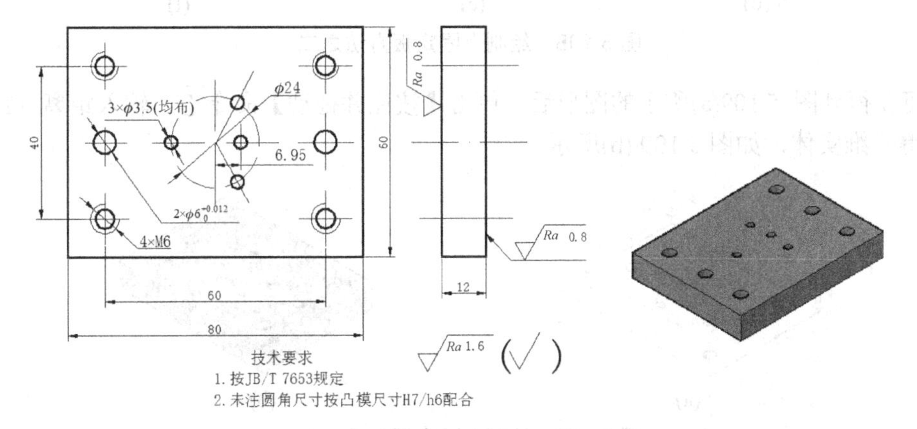


图 5.106　上固定板

(1) 选择样板文件新建图形，保存文件。

(2) 选择【建模】|【绘制长方体】命令，输入长度为 80mm，宽度为 60mm，高度为 12mm，结果如图 5.107(a)所示。

(3) 选择仰视图为构图面，绘制圆，结果如图 5.107(b)所示。

(4) 单击【拉伸】按钮，再选择所有的圆进行拉伸，拉伸高度为 30mm，结果如图 5.107(c)所示。

(5) 单击【差集】按钮，再进行布尔运算，结果如图 5.107(d)所示。

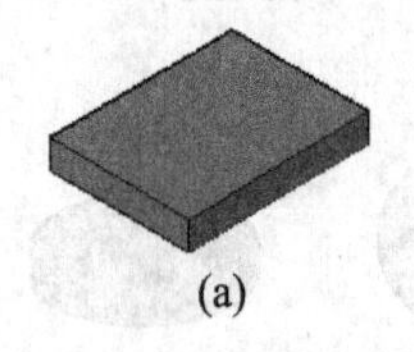
(a)

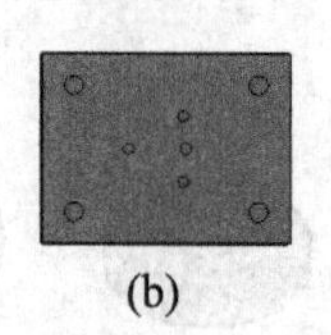
(b)

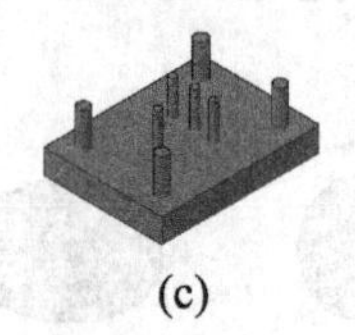
(c)

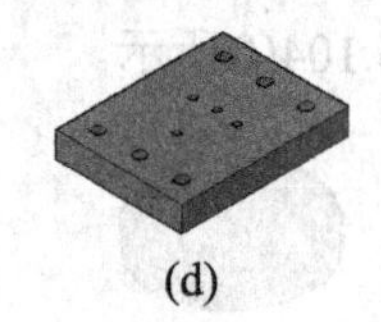
(d)

图 5.107　绘制上固定板方法之一

或是利用前面绘制的上固定板的二维图形，关闭尺寸、中心线等图层，单击【西南等轴测】按钮，选择西南等轴测观察，得到图 5.108(a)所示的图形。制作成 11 个面域(选择【绘图】|【边界】命令或直接单击【面域】按钮)后，通过拉伸和差集布尔运算获得三维实体，如图 5.108(b)至图 5.108(f)所示。

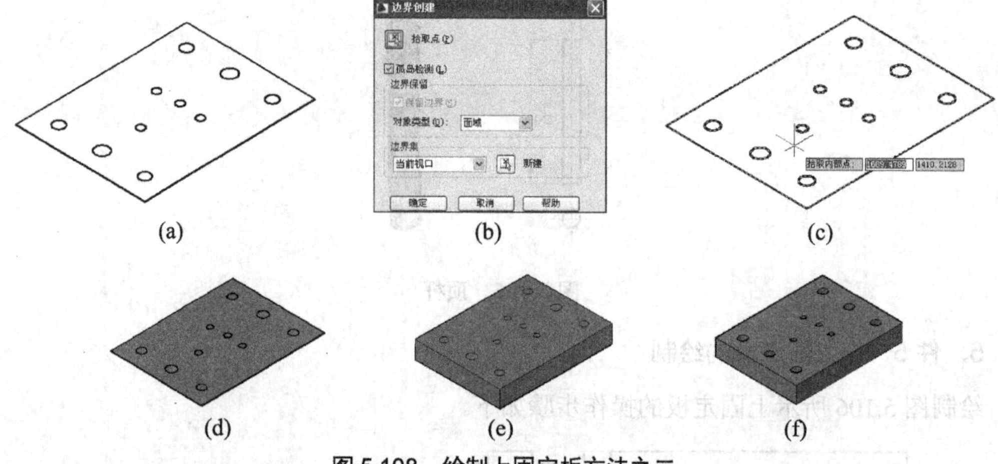

(a)　(b)　(c)　(d)　(e)　(f)

图 5.108　绘制上固定板方法之二

也可在得到图 5.109(a)所示的图形后，单击【按住并拖动】命令，输入距离 12mm，直接获得三维实体，如图 5.109 (b)所示。

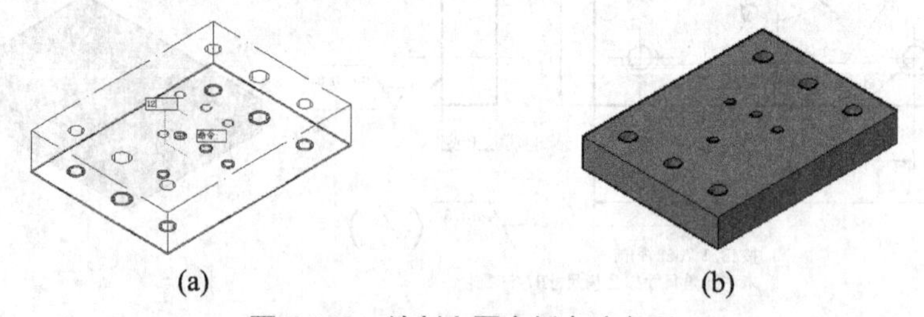
(a)　(b)

图 5.109　绘制上固定板方法之三

6．件 6——冲孔凸模的绘制

绘制图 5.110 所示冲孔凸模的操作步骤如下。

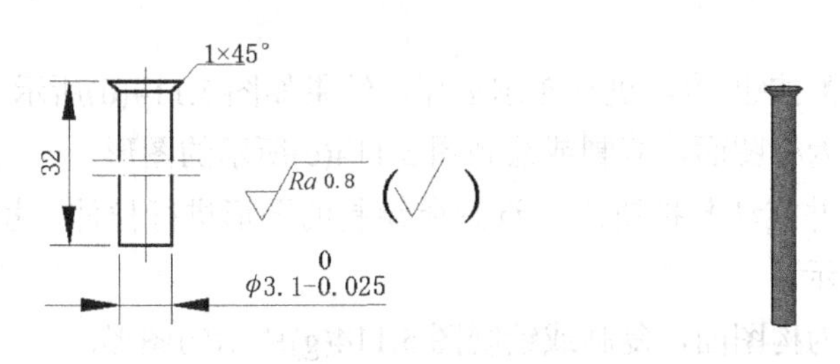


图 5.110　冲孔凸模

(1) 选择样板文件新建图形，保存文件。

(2) 绘制圆柱体，底圆直径为 3.1mm，长度为 31mm，结果如图 5.111(a)所示。

(3) 选择圆柱体的顶面为构图面，绘制直径为 3.1mm 的圆，将此圆进行拉伸，选择倾斜角为-45°，拉伸高度为 1mm，结果如图 5.111(b)所示。

图 5.111　绘制冲孔凸模

7．件 7——小打板的绘制

绘制小打板的操作步骤如下。

(1) 选择样板文件新建图形，保存文件。

(2) 选择【建模】|【绘制长方体】命令，输入长为 32mm，宽为 27mm，高为 4mm，结果如图 5.112 所示。

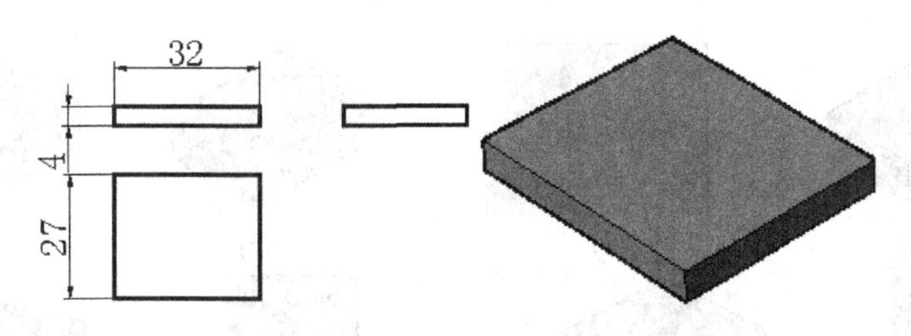


图 5.112　小打板

8．件 8——凹模的绘制

绘制图 5.113 所示凹模的操作步骤如下。

(1) 选择样板文件新建图形，保存文件。

(2) 选择【建模】|【绘制长方体】命令，绘制长度为 60mm、宽度为 80mm、高度为 25mm 的长方体，结果如图 5.114 (a)所示。

(3) 选择仰视图为构图面，复制或绘制 6 个圆，结果如图 5.114(b)所示。

(4) 单击【拉伸】按钮，再选择所有的圆进行拉伸，拉伸高度为 30mm，结果如图 5.114 (c)所示。

(5) 单击【差集】按钮，进行布尔运算，结果如图 5.114(d)所示。

(6) 选择仰视图为构图面，复制或绘制图 5.114(e)所示的图形。

(7) 单击【按住并拖动】按钮，选择所绘制的图形进行拉伸，拉伸高度为 15mm，结果如图 5.114 (f)所示。

(8) 选择俯视图为构图面，复制或绘制图 5.114(g)所示的图形。

(9) 单击【按住并拖动】按钮，选择所绘制的图形进行拉伸，拉伸高度为 10mm，结果如图 5.114 (h)所示。

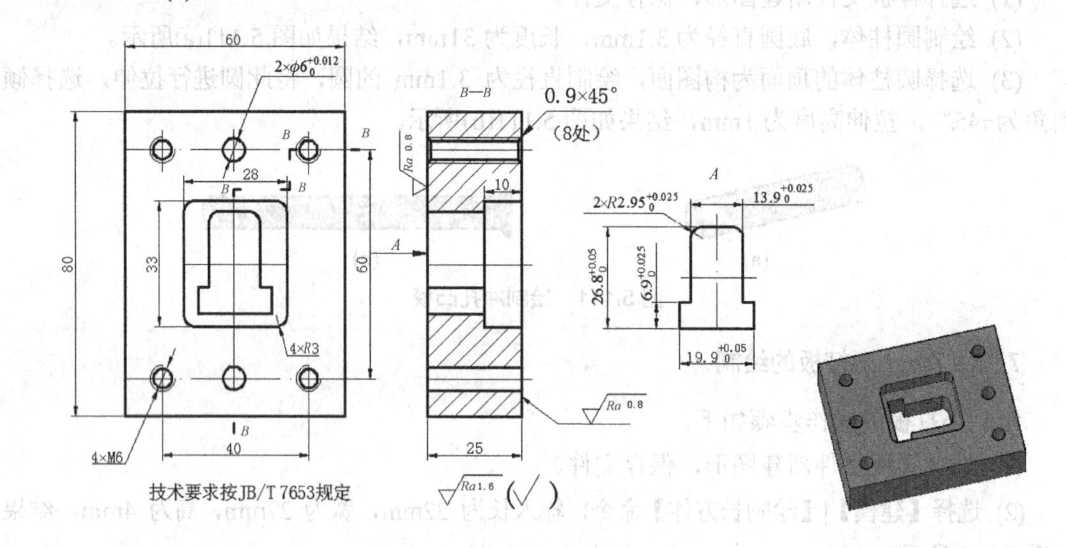


图 5.113 凹模

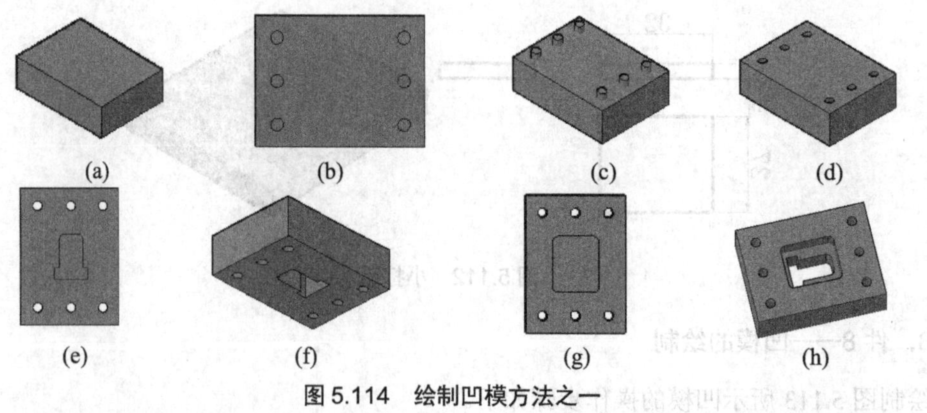


图 5.114 绘制凹模方法之一

或是利用前面绘制的凹模的二维图形，关闭尺寸、中心线等图层，得到图 5.115(a)所示的图形，制作成 9 个面域(选择【绘图】|【边界】命令或直接单击【面域】按钮)后，通过拉伸和差集布尔运算获得三维实体，如图 5.115(b)、(c)所示。

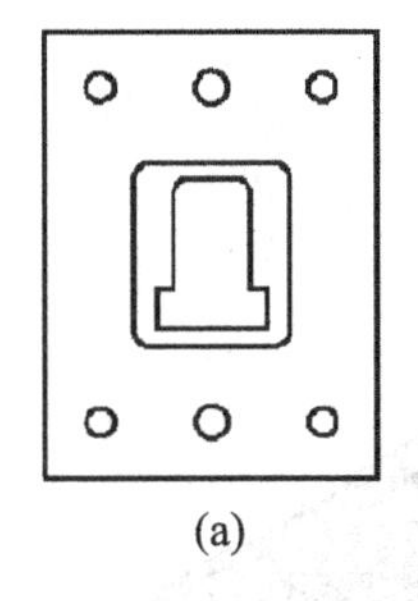
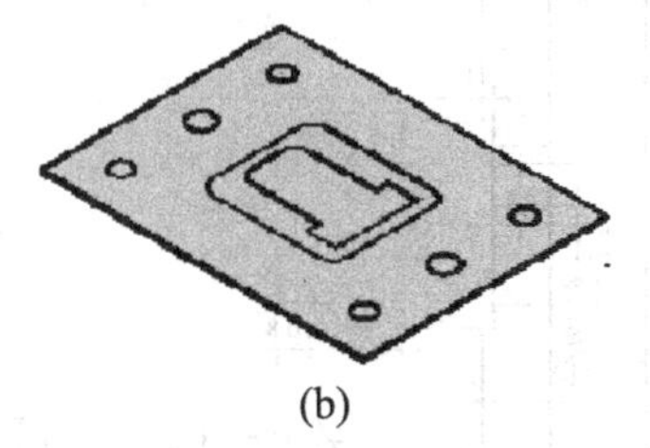
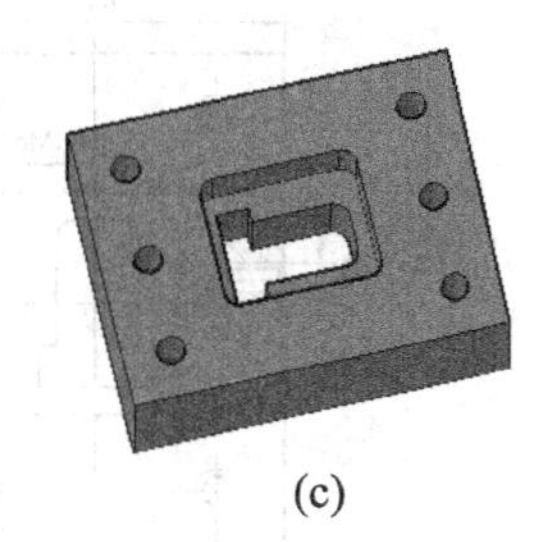

(a)　　(b)　　(c)

图 5.115　绘制凹模方法之二

### 9．件 9——弹顶器的绘制

绘制图 5.116 所示弹顶器的操作步骤如下。

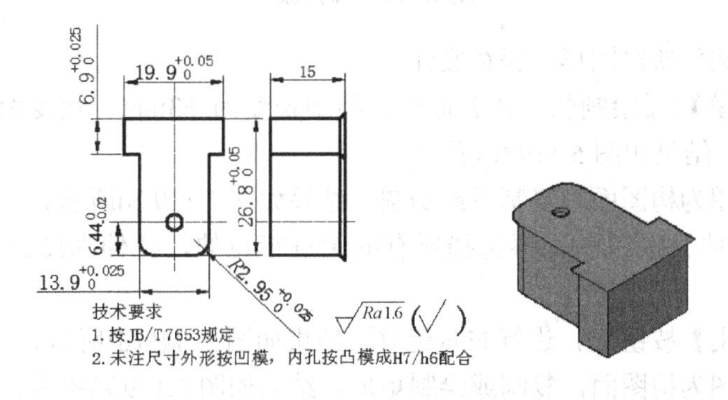


图 5.116　弹顶器

(1) 选择样板文件新建图形，保存文件。

(2) 以俯视图为构图面，绘制或复制图 5.117(a)所示的图形。

(3) 单击【按住并拖动】按钮，再选择图形进行拉伸，拉伸高度为 14mm，结果如图 5.117(b)所示。

(4) 以俯视图为构图面绘制图形，将此图形进行拉伸，选择倾斜角为-45°，拉伸高度为 1mm，结果如图 5.117(c)所示。

(5) 以俯视图为构图面绘制圆，如图 5.117(d)所示。

(6) 单击【按住并拖动】按钮，选择圆进行拉伸，拉伸高度为 15mm，结果如图 5.117(e)所示。

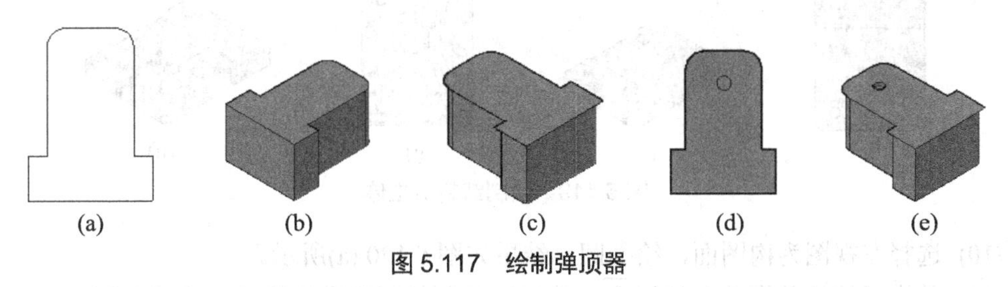

(a)　　(b)　　(c)　　(d)　　(e)

图 5.117　绘制弹顶器

### 10．件 10——卸料板的绘制

绘制图 5.118 所示卸料板的操作步骤如下。

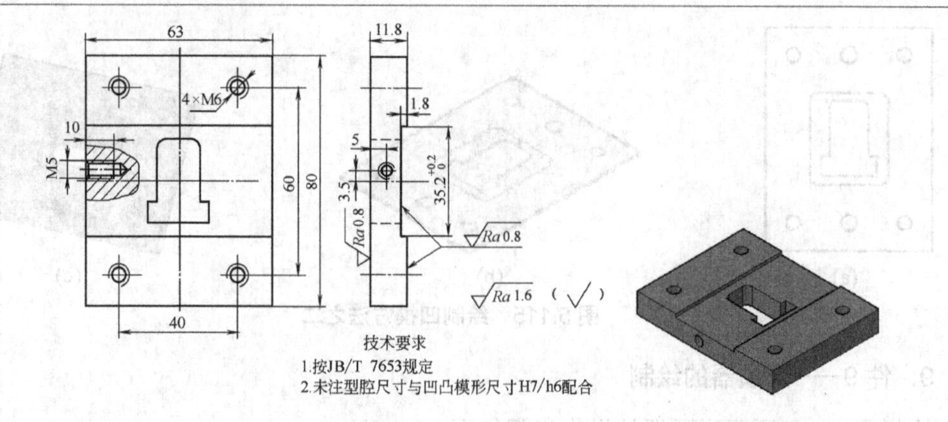


图 5.118　卸料板

(1) 选择样板文件新建图形，保存文件。

(2) 选择【建模】|【绘制长方体】命令，绘制长度为 63mm、宽度为 80mm、高度为 11.5mm 的长方体，结果如图 5.119 (a)所示。

(3) 选择仰视图为构图面，复制或绘制圆，结果如图 5.119(b)所示。

(4) 单击【拉伸】按钮，再选择所有的圆进行拉伸，拉伸高度为 15mm，结果如图 5.119(c)所示。

(5) 单击【差集】按钮，进行布尔运算，结果如图 5. 119(d)所示。

(6) 选择俯视图为构图面，复制或绘制矩形，结果如图 5.119(e)所示。

(7) 单击【按住并拖动】按钮，再选择所绘制的矩形进行拉伸，拉伸高度为 1.8mm，结果如图 5.119(f)所示。

(8) 选择俯视图为构图面，复制或绘制图 5.119(g)所示的图形。

(9) 单击【按住并拖动】按钮，再选择所绘制的图形进行拉伸，拉伸高度为 10mm，结果如图 5.119(h)所示。

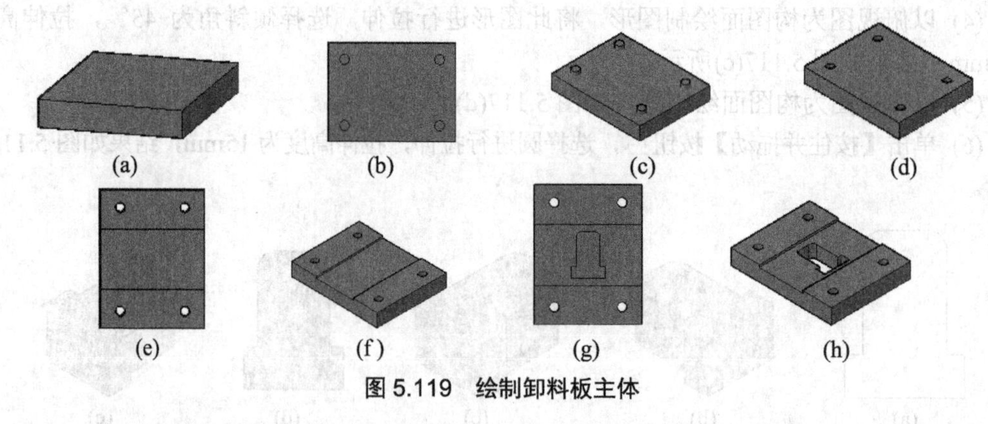


图 5.119　绘制卸料板主体

(10) 选择左视图为构图面，绘制圆，结果如图 5.120 (a)所示。

(11) 单击【按住并拖动】按钮，选择所绘制的图形进行拉伸，拉伸高度为 10mm，结果如图 5.120 (b)所示。

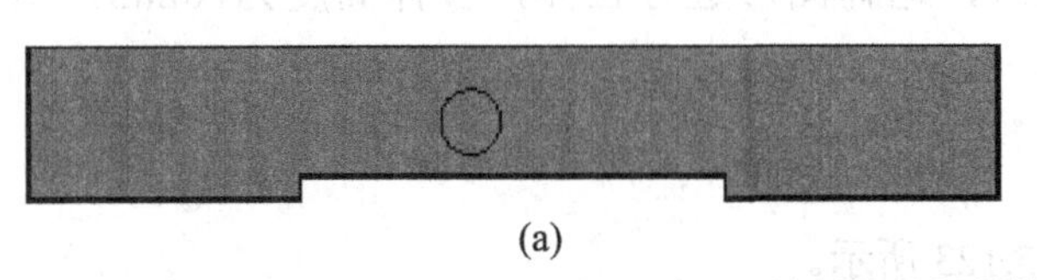
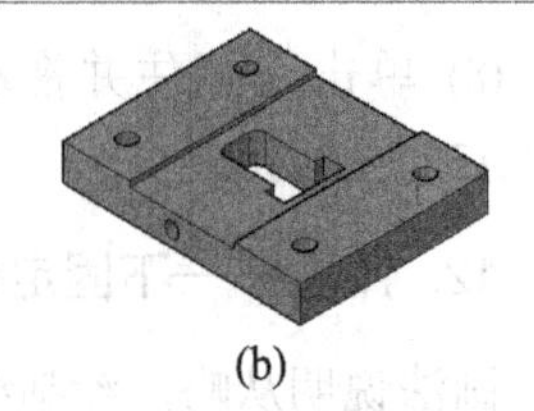

(a)　　　　(b)

图 5.120　绘制卸料板螺纹孔

### 11．件 11——凸凹模的绘制

绘制图 5.121 所示凸凹模的操作步骤如下。

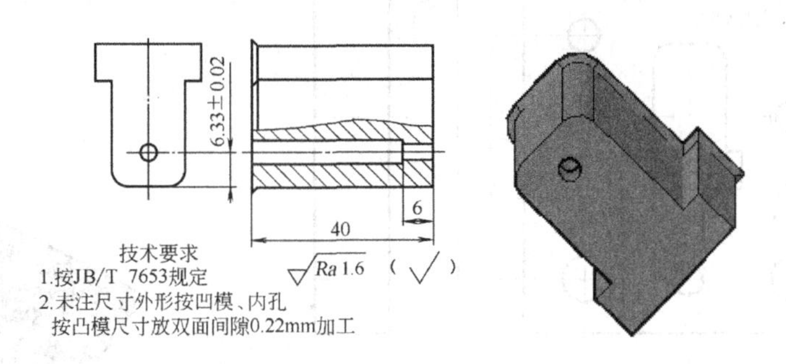


图 5.121　凸凹模

(1) 选择样板文件新建图形，保存文件。

(2) 以俯视图为构图面，复制或绘制图 5.122 (a)所示的图形。

(3) 单击【按住并拖动】按钮，选择图形进行拉伸，拉伸高度为 39mm，结果如图 5.122(b)所示。

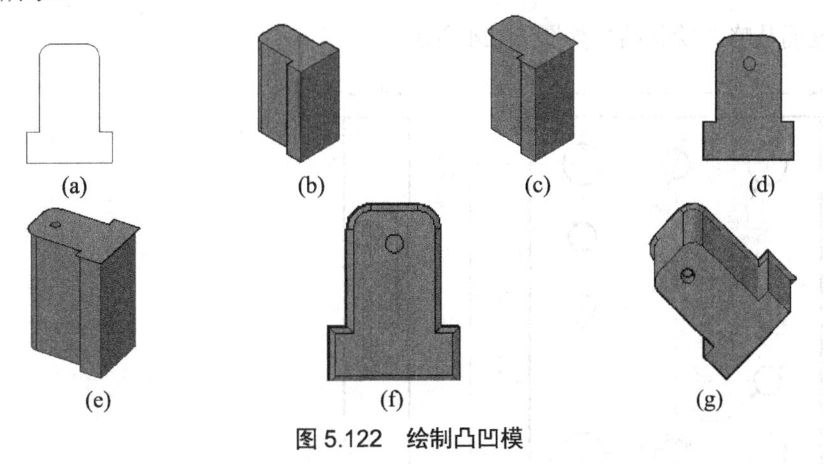

(a)　(b)　(c)　(d)　(e)　(f)　(g)

图 5.122　绘制凸凹模

(4) 以俯视图为构图面，绘制图 5.122(a)所示的图形，将此图形进行拉伸，选择倾斜角为-45°，拉伸高度为 1mm，结果图 5.122(c)所示。

(5) 以俯视图为构图面，绘制图 5.122(d)所示的圆。

(6) 单击【按住并拖动】按钮，选择图形进行拉伸，拉伸高度为 34mm，结果如图 5.122(e)所示。

(7) 以仰视图为构图面，绘制图 5.122(f)所示的圆。

(8) 单击【按住并拖动】按钮，选择图形进行拉伸，拉伸高度为 6mm，结果如图 5.122(g)所示。

12. 件 13——下固定板的绘制

画法说明从略，绘制结果如图 5.123 所示。

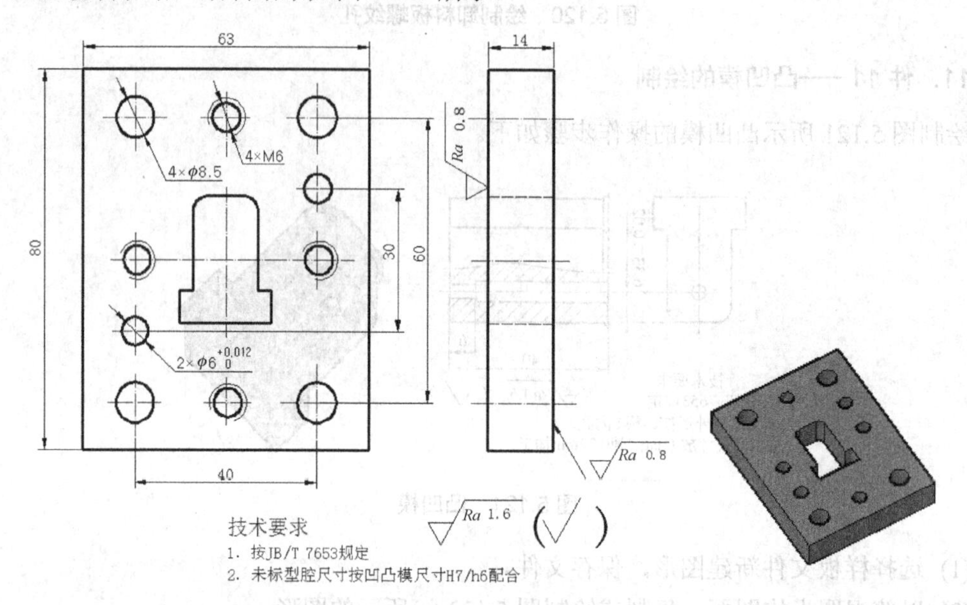


图 5.123　下固定板

13. 件 14——下垫板的绘制

画法说明从略，绘制结果如图 5.124 所示。

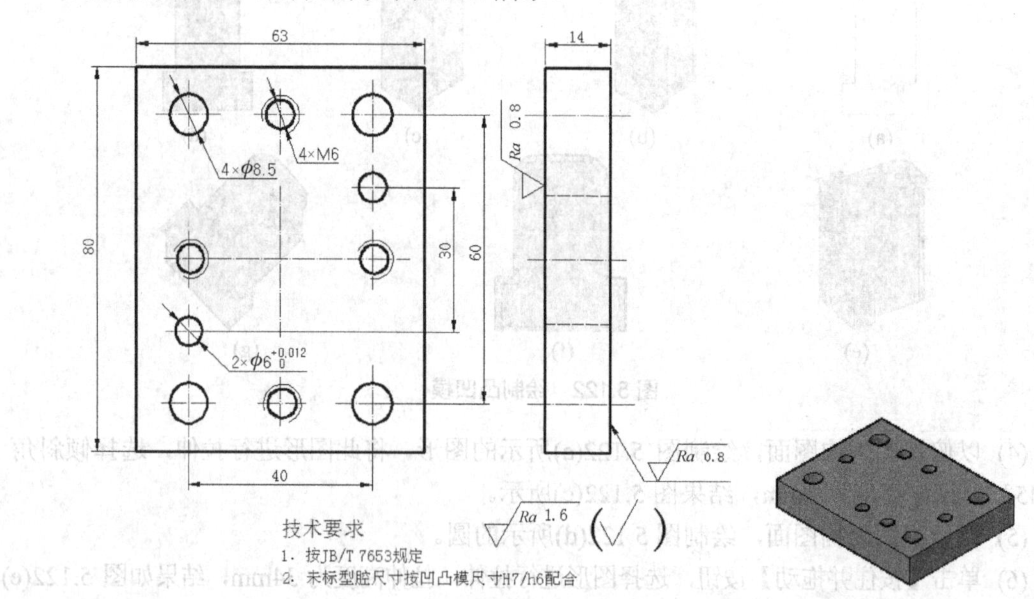


图 5.124　下垫板

### 14. 件 15——内六角螺钉的绘制

绘制内六角螺钉的操作步骤如下。

(1) 选择样板文件新建图形，保存文件。

(2) 选择【建模】|【绘制圆柱体】命令，底面半径为 5mm，高度为 6mm，结果如图 5.125(a)所示。

(3) 以俯视图为构图面，绘制图 5.125(b)所示的六边形，此六边形内接于直径为 5.72mm 的圆中。

(4) 单击【按住并拖动】按钮，选择六边形进行拉伸，拉伸高度为 3，结果如图 5.125(c)所示。

(5) 选择仰视图为构图面，绘制圆柱体，底面半径为 3.4mm，高度为 29.7mm，结果如图 5.125(d)所示。

(6) 选择仰视图为构图面，绘制半径为 3.4mm 的圆，将此圆进行拉伸，选择倾斜角为 45°，拉伸高度为 0.3，结果如图 5.125(e)所示。

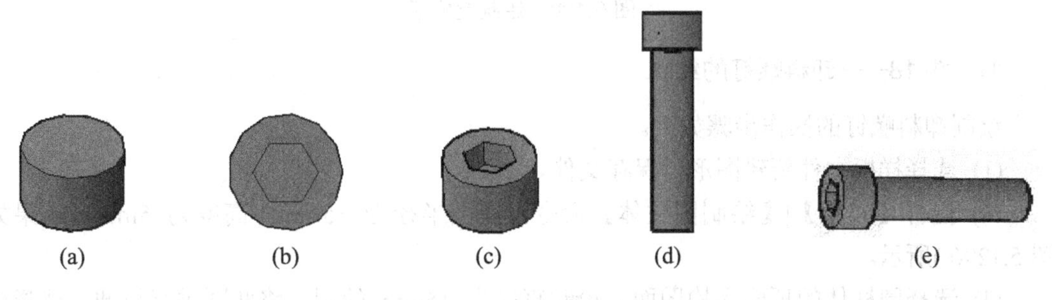


图 5.125　绘制内六角螺钉

### 15. 件 16——钢钉的绘制

画法说明从略，绘制结果如图 5.126 所示。

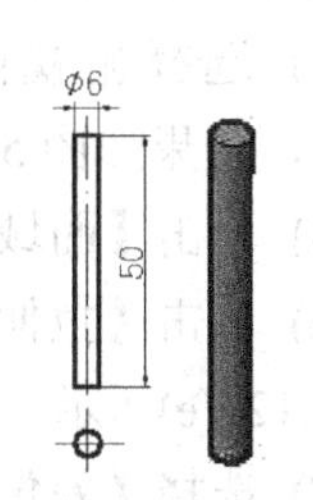


图 5.126　钢钉

### 16. 件 17——定位板的绘制

绘制图 5.127 所示定位板的操作步骤如下。

(1) 选择样板文件新建图形，保存文件。

(2) 选择【建模】|【绘制长方体】命令，长度为 18mm，宽度为 14mm，高度为 5mm，结果如图 5.128(a)所示。

(3) 选择俯视图为构图面，绘制图 5.128(b)所示的图形。

(4) 单击【按住并拖动】按钮，再选择所绘制的图形进行拉伸，拉伸高度为 0.5mm，结果如图 5.128(c)所示。

(5) 选择俯视图为构图面，绘制图 5.128(d)所示的圆。

(6) 单击【按住并拖动】按钮，再选择所绘制的图形进行拉伸，拉伸高度为 5mm，结果如图 5.128(e)所示。

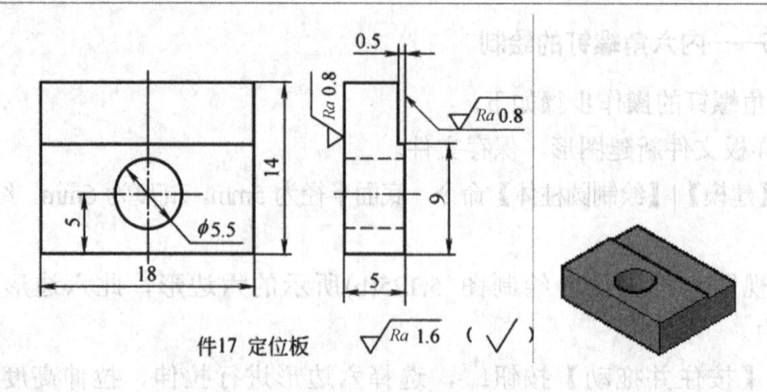


图 5.127　定位板

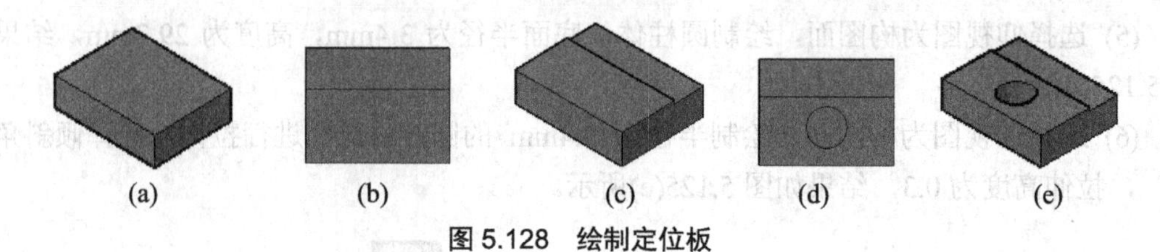


图 5.128　绘制定位板

## 17. 件 18——卸料螺钉的绘制

绘制卸料螺钉的操作步骤如下。

(1) 选择样板文件新建图形，保存文件。

(2) 选择【建模】|【绘制圆柱体】命令，底圆半径为 15mm，高度为 5mm，结果如图 5.129(a)所示。

(3) 选择圆柱体的顶面为构图面，绘制直径为 15mm 的圆，将此圆进行拉伸，选择倾斜角为 45°，拉伸高度为 1mm，再进行并集布尔运算，结果如图 5.129(b)所示。

(4) 选择俯视图为构图面，以圆柱的圆心为中心绘制矩形，长为 30mm，宽为 2.5mm，结果如图 5.129(c)所示。

(5) 单击【面域】按钮，再选择所绘制的矩形，生成图 5.129(d)所示的面域。

(6) 单击【拉伸】按钮，再选择所生成的面域进行拉伸，拉伸高度大于 3mm，结果如图 5.129(e)所示。

(7) 选择【差集】命令，再进行布尔运算，结果如图 5.129(f)所示。

(8) 选择仰视图为构图面，绘制底面半径为 5mm，高度为 40mm 的圆柱体，结果如图 5.129(g)所示。

(9) 选择仰视图为构图面，绘制底面半径为 3.1mm，高度为 2mm 的圆柱体，结果如图 5.129(h)所示。

(10) 选择仰视图为构图面，绘制底面半径为 4mm，高度为 5mm 的圆柱体，结果如图 5.129(i)所示。

(11) 选择仰视图为构图面，绘制半径为 4mm 的圆，将此圆进行拉伸，选择倾斜角为 45°，拉伸高度为 1mm，结果如图 5.129(j)所示。

(12) 单击【并集】按钮，选择整个图形，进行布尔运算。

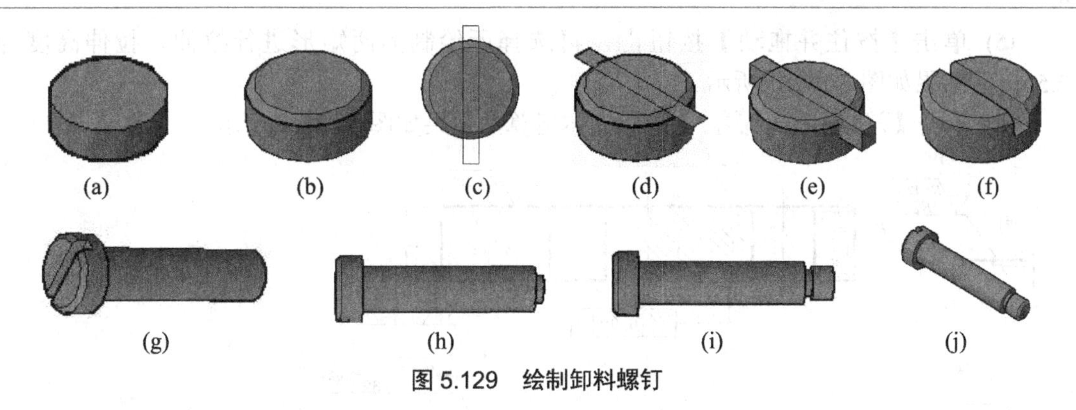


图 5.129　绘制卸料螺钉

## 18. 件 20——上垫板的绘制

画法说明从略，绘制结果如图 5.130 所示。

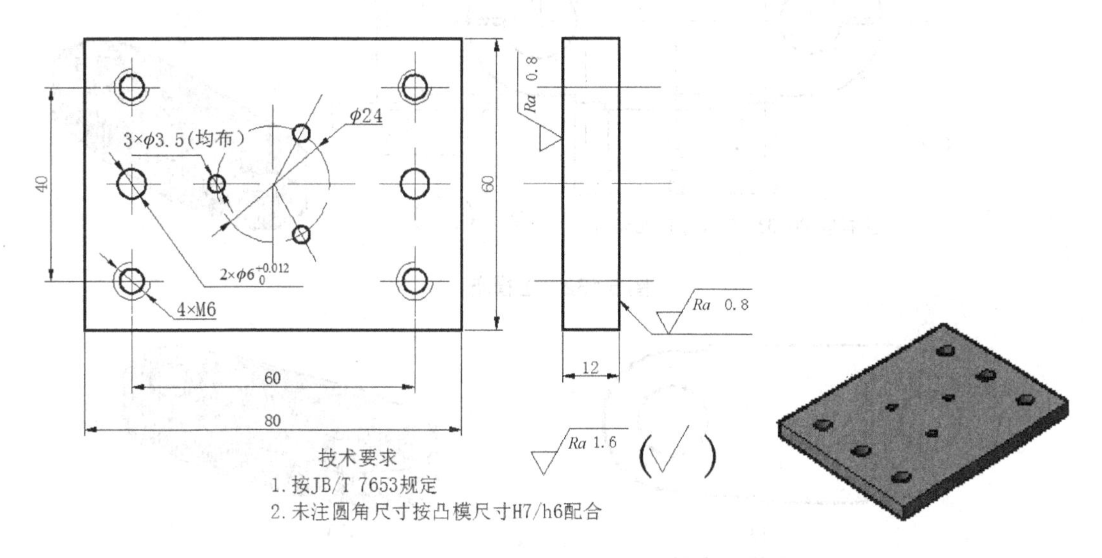


图 5.130　上垫板

## 19. 件 21——杠杆的绘制

画法说明从略，绘制结果如图 5.131 所示。

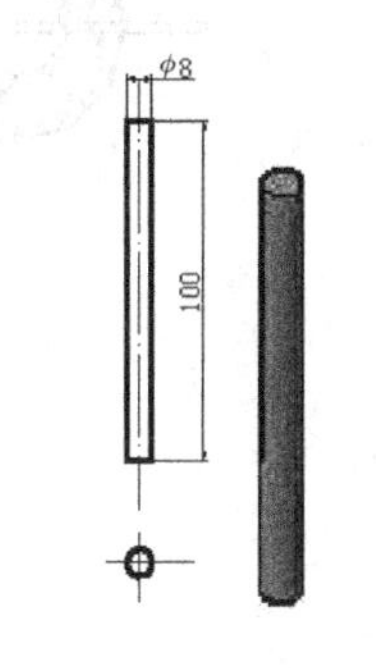


图 5.131　杠杆

## 20. 件 22——模架上模座的绘制

绘制图 5.132 所示模架上模座的操作步骤如下。

(1) 选择样板文件新建图形，保存文件。

(2) 复制或绘制图 5.133(a)所示的图形。

(3) 单击【按住并拖动】按钮，再选择图形进行拉伸，拉伸高度为 30mm，结果如图 5.133(b)所示。

(4) 选择俯视图为构图面，绘制两矩形，长为 30mm，宽为 2.5mm，两矩形之间的位置关系如图 5.132 所示，作出矩形后选择两矩形，向上平移 10mm，结果如图 5.133(c)所示。

(5) 单击【按住并拖动】按钮，再选择所绘制的两矩形进行拉伸，拉伸高度为 2.5mm，结果如图 5.133(d)所示。

(6) 单击【差集】按钮，再进行布尔运算，结果如图 5.133(e)所示。

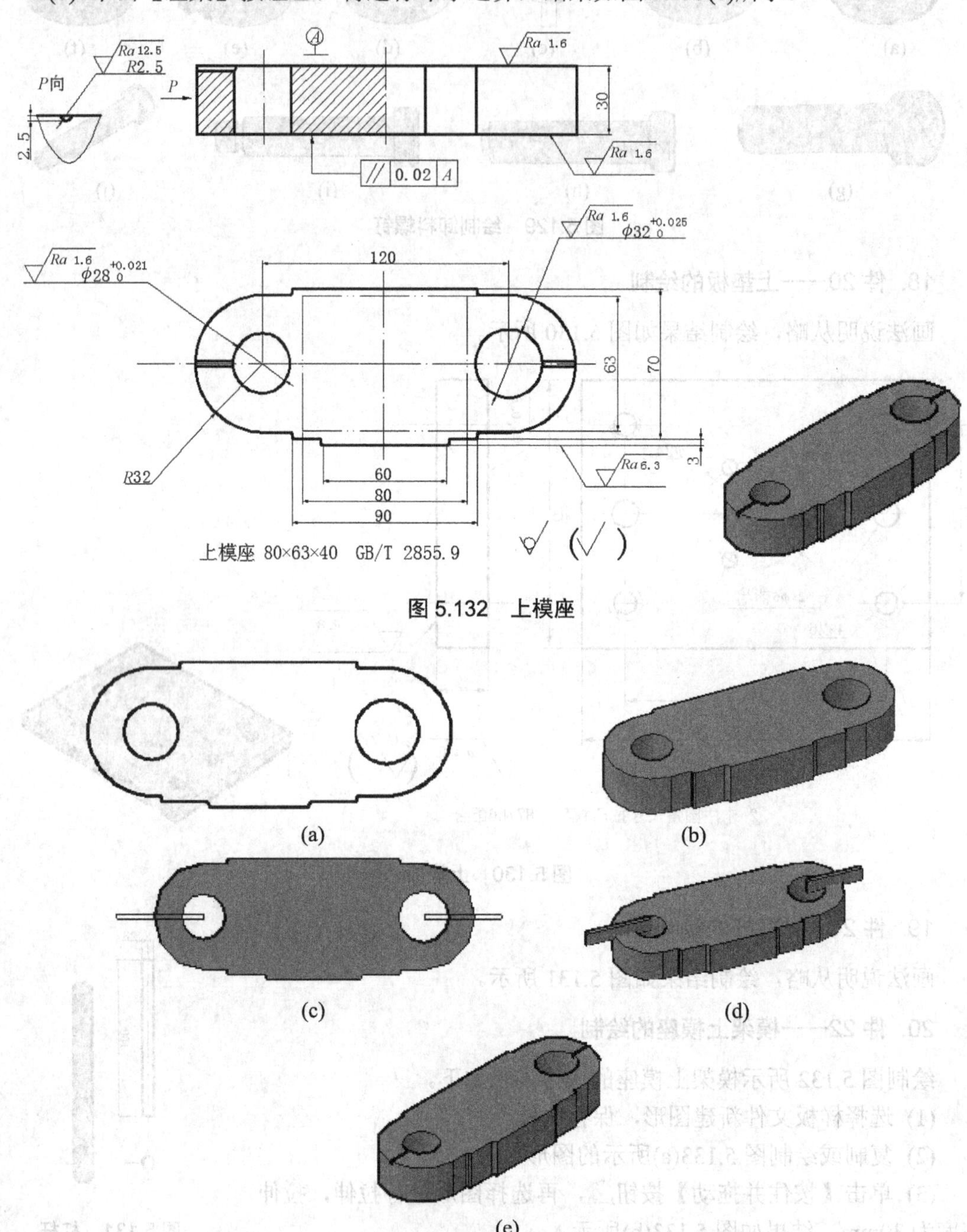


图 5.132 上模座

图 5.133 绘制上模座

### 21. 件 22——模架下模座的绘制

绘制图 5.134 所示模架下模座的操作步骤如下。

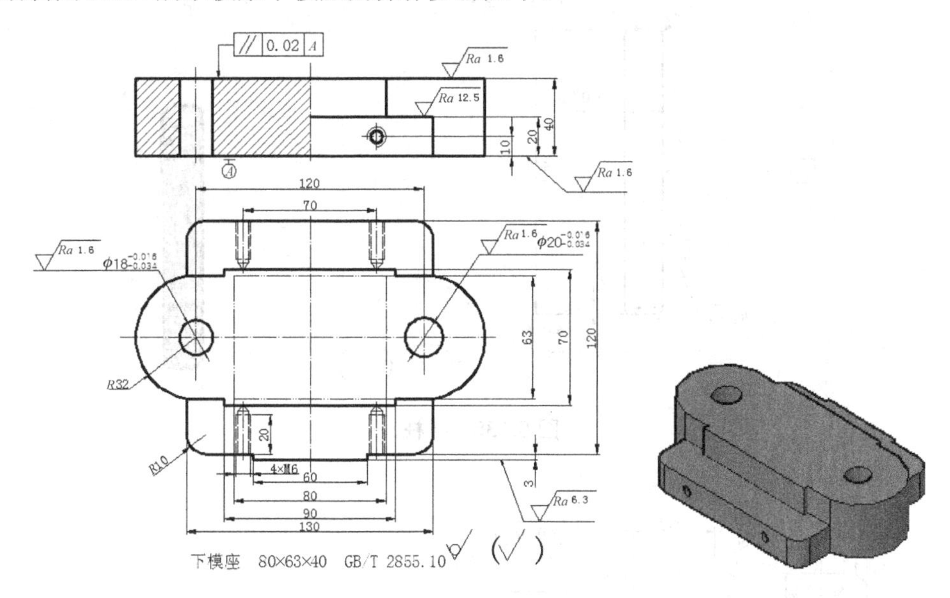


图 5.134 下模座

(1) 选择样板文件新建图形，保存文件。

(2) 绘制或复制图 5.135(a)所示的图形。

(3) 单击【按住并拖动】按钮，再选择图形进行拉伸，拉伸高度分别为 20mm、40mm，结果如图 5.135(b)所示。

(4) 选择前视图为构图面，绘制图 5.135(c)所示的圆。

(5) 单击【按住并拖动】按钮，再选择所绘制的两圆进行拉伸，拉伸高度为 23mm，结果如图 5.135(d)所示。

(6) 选择后视图为构图面，重复步骤(4)、(5)。

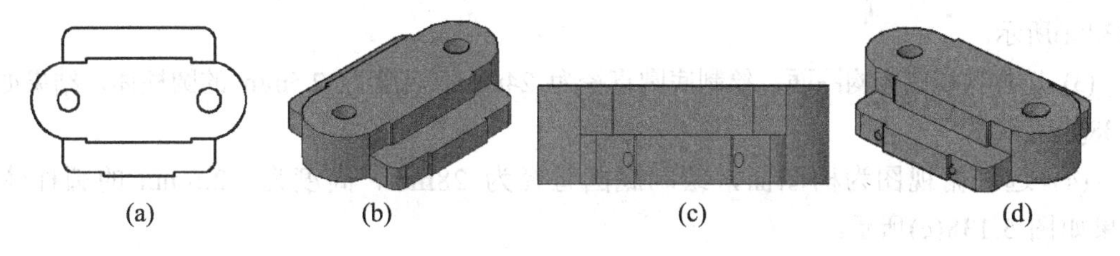


图 5.135 绘制下模座

### 22. 件 22——模架导柱的绘制

画法说明从略，绘制结果如图 5.136 所示。

### 23. 件 22——模架导套的绘制

绘制图 5.137 所示导套的操作步骤如下。

(1) 选择样板文件新建图形，保存文件。

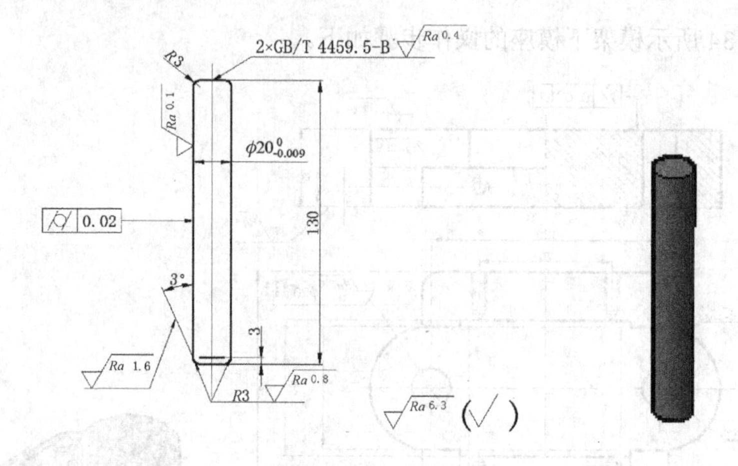


图 5.136 导柱

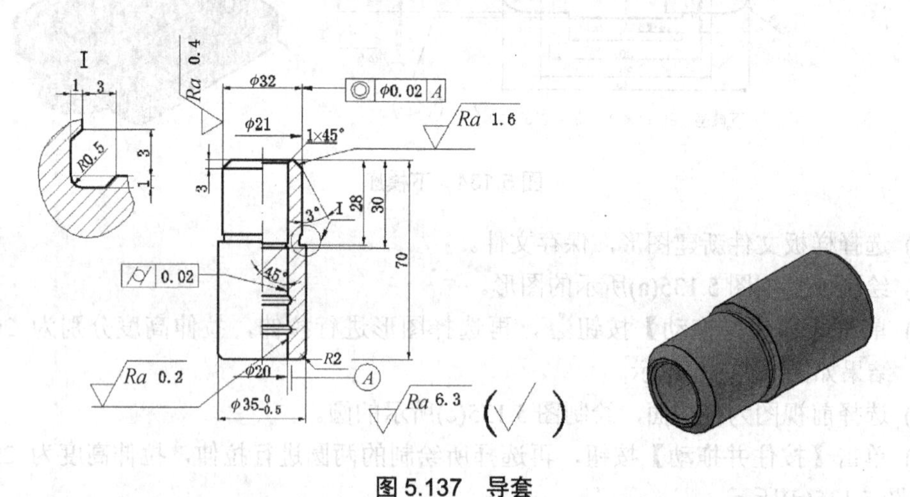


图 5.137 导套

(2) 选择【建模】|【绘制圆柱体】命令，底圆直径为 31mm，高度为 40mm，结果如图 5.138(a)所示。

(3) 选择俯视图为构图面，绘制底圆直径为 24mm、高度为 2.5mm 的圆柱体，结果如图 5.138(b)所示。

(4) 选择俯视图为构图面，绘制底圆直径为 28mm、高度为 22.5mm 的圆柱体，结果如图 5.138(c)所示。

(5) 选择俯视图为构图面，绘制直径为 28mm 的圆，圆心与圆柱体底面的圆心重合，选择【拉伸】命令，再选择所绘制的圆进行拉伸，选择倾斜角为 45°，拉伸高度为 3mm，结果如图 5.138(d)所示。

(6) 单击【并集】按钮，选择整个图形，进行布尔运算。

(7) 选择俯视图为构图面，绘制直径为 19mm 的圆，圆心与圆柱体底面的圆心重合，单击【按住并拖动】按钮，拉伸高度为 70mm，结果如图 5.138(e)所示。保存文件。

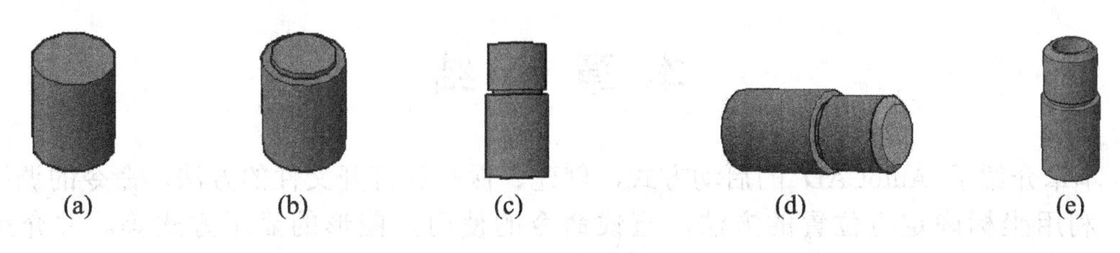


图 5.138 绘制导套方法之一

或是利用前面绘制的导套的二维图形，复制得到图 5.139(a)所示的图形，制作成一个面域(选择【绘图】|【边界】命令或直接单击【面域】按钮)后，如图 5.139(b)所示，通过旋转生成实体的方法获得三维实体(单击【旋转】按钮，选择生成的面域作为旋转对象，选择中心线作为旋转轴)，如图 5.139(c)所示。

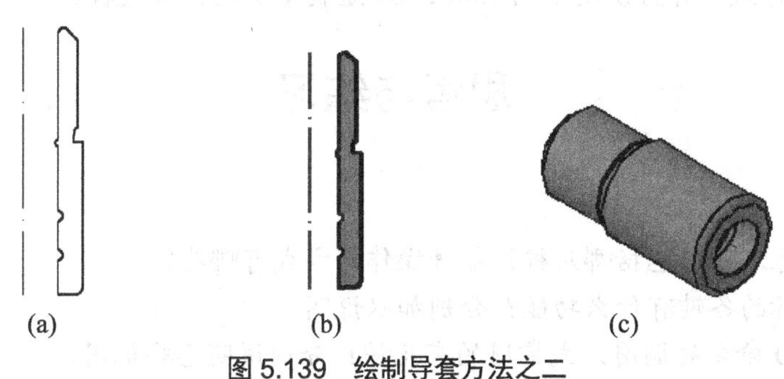


图 5.139 绘制导套方法之二

## 5.4.2 三维装配

目前对于立体的描述，一般采用视图、剖视图、断面图和轴测图。随着计算机技术的发展与应用，绘制零件三维立体图和按照机器或部件的装配关系绘制三维装配图，已成为立体描述的一个重要手段。由于三维立体图的图形形象、直观，所以，它广泛应用于工程教学、工程施工、课题研究、产品设计、方案认证、技术交流等各个方面。绘制三维装配图一般有两种方法：一是按照装配关系，逐个绘制零件的三维图，最后形成三维装配图；二是先绘制单个零件的三维图，最后进行总装。后一种方法较为简单，但必须定位准确。本章所介绍的轭铁冲孔落料复合模先绘制单个零件，最后进行总体装配，如图 5.140 所示。为能清楚看懂内部结构，对装配图进行剖切，如图 5.141 所示。

图 5.140 三维装配

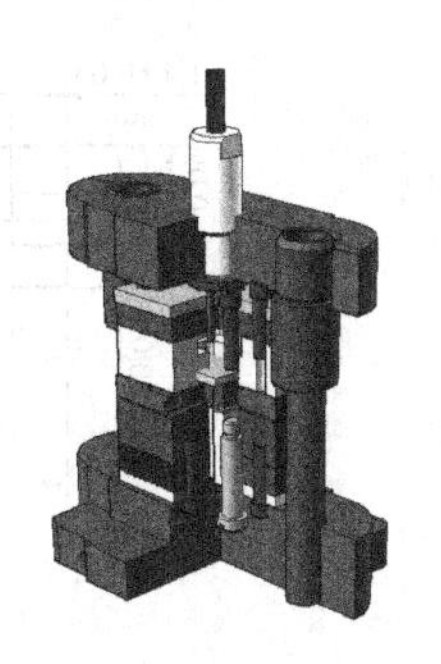

图 5.141 剖切的三维装配

# 本 章 小 结

本章介绍了 AutoCAD 的启动方式，创建、保存和打开文件的方法，命令的调用方式，利用坐标确定点位置的方法，直线命令的使用，图形的显示方式等。并介绍了 AutoCAD 用户界面中的标题栏、快速访问工具栏、菜单浏览器、下拉菜单、【功能区】选项板、工具栏等概念和简单的操作方式。使读者对 AutoCAD 有一个总体了解，能把它作为工具进行一般难度的模具设计操作。

本章的实例部分主要绘制第 3 章的设计案例——轭铁冲孔落料复合模二维、三维装配图以及包括标准件在内的全部二维、三维零件图。介绍要选用的 AutoCAD 的部分绘图和编辑命令的使用方式，并且说明了用 AutoCAD 绘制案例的详细过程。

# 思考与练习

## 1. 思考题

(1) 文件的基本操作包括哪几种？各种操作的方式有哪些？

(2) 三键鼠标的各键有什么功能？分别加以说明。

(3) AutoCAD 命令的调用方式常用的有几种？分别说明怎样调用。

(4) 数据的输入方式常用的有几种？坐标值的输入方式有哪些？

(5) 常用的控制视图的显示方式有哪些？怎样执行其命令？

(6) 矩形阵列和环形阵列对话框怎样设置？

(7) 怎样创建表面粗糙度、基准符合等图块？属性怎样建立？

## 2. 实训题

(1) 按照《机械制图标准》(GB/T 131－2006)的要求建立用于模具设计的样板文件。

(2) 图 5.142 所示为某电器元件复原簧片，材料为锡磷青铜，采用级进模结构，工厂习惯先做凸模，凹模根据凸模尺寸按间隙配作加工。计算凸模工作部分尺寸，并画出各凸模工作部分简图。

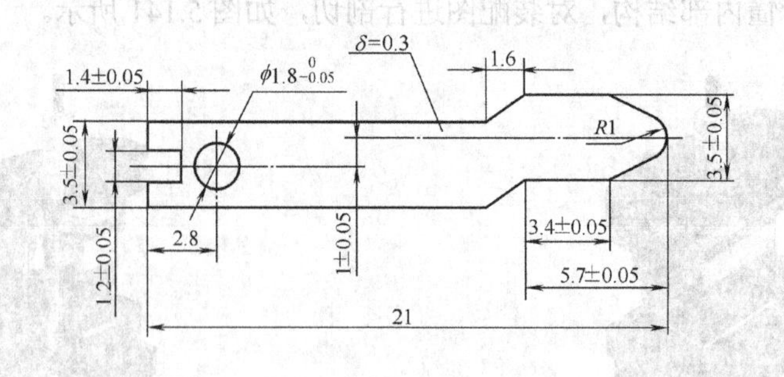


图 5.142 习题图

# 第6章 UG的应用

**学习要点**

- 掌握UG NX 6零件设计的基本方法。
- 掌握UG NX 6 Mold Wizard模具设计流程。
- 熟悉UG CAM的基本知识。

**技能目标**

- 完成茶匙零件原型设计。
- 完成茶匙型腔、型芯设计。
- 完成茶匙模具模架、浇注系统、冷却系统、顶出机构等的装配设计。
- 完成茶匙模具零件的加工，掌握各种命令的使用方法。

**项目案例导入**

完成图6.1所示茶匙零件的原型设计、模具设计与加工。

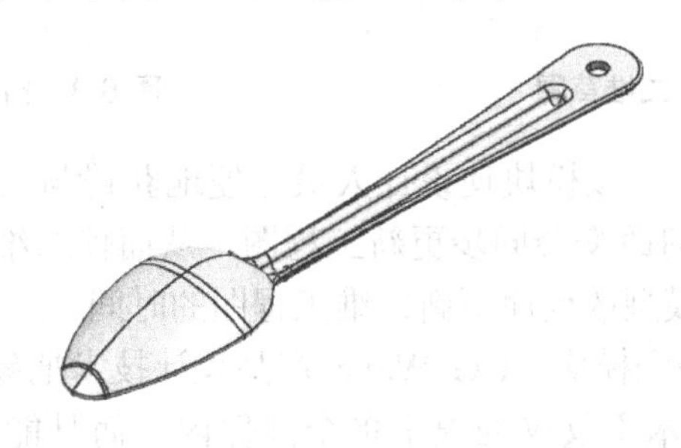

图6.1 茶匙

## 6.1 UG NX概述

### 6.1.1 UG NX常用模块简介

UG NX具有多个功能强大的应用模块，而且模块之间使用的是同一个数据库，当模型在一个模块中做了更改后打开另一个模块时系统会自动更新模型数据，而不必重新创建模型，因此设计人员可以根据工作需要将产品调入到不同的模块中进行设计或加工编程等操作。下面简要介绍其三大模块。

#### 1. CAD设计模块

UG的CAD模块拥有很强的三维建模能力，这早已被许多知名汽车厂家及航天工业界各高科技企业所肯定。CAD模块又由许多独立功能的子模块构成，常用的有以下几种。

(1) Modeling(建模)模块。该模块提供了Sketch(草图)、Curve(曲线)、Solid(实体)、Free

Surfaces(自由曲面)等工具。草图工具适合于全参数化设计，如图 6.2 所示；曲线工具虽然参数化功能不如草图工具，但用来构建线框图更为方便；实体工具完全整合基于约束的特征建模和显示几何建模的特性，因此可以自由使用各种特征实体、线框架构等功能；自由曲面工具是架构在融合了实体建模及曲面建模技术基础之上的超强设计工具，能设计出如工业造型设计产品的复杂曲面外形。

(2) Assemblies(装配)模块。该模块提供了并行的自上而下(在装配中创建新的组件并建立约束，或先建立包含若干空组件的装配体，选定其中一个组件为当前工作部件，再在该组件中建立几何模型)或自下而上(即建立一新装配，添加已创建好的所有组件并建立约束)的产品开发方法，如图 6.3 所示。在装配过程中可以进行零部件的设计、编辑、配对和定位，同时还可对硬干涉进行检查。

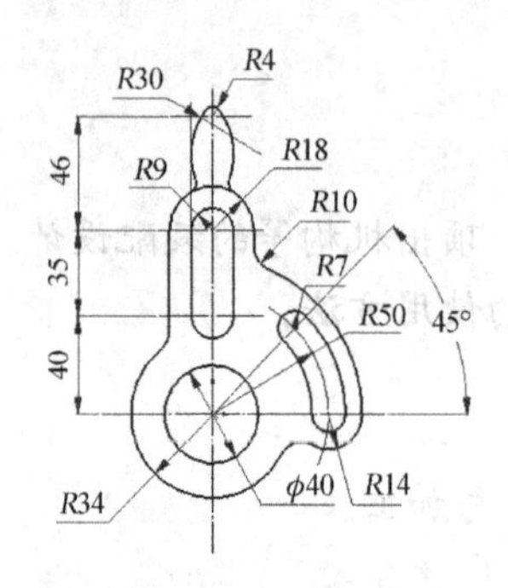


图 6.2　二维草图

图 6.3　自下而上的装配方式

(3) Drafting(制图)模块。该模块使设计人员方便地获得与三维实体模型完全相关的二维工程图。三维模型的任何改变会同步更新工程图，从而使二维工程图与三维模型完全一致，同时也减少了因三维模型改变而更新二维工程图的时间。

(4) Wave(产品系列工程)模块。UG Wave 产品设计技术把参数化建模技术应用到系统级的设计中，使参数化技术不仅仅局限于单个部件内，而且能在部件间和产品间建立联系，从而便于整个产品的设计控制。

(5) Shape Studio(工业设计)模块。协助工业设计师快速而准确地评估不同设计方案，提高创造能力。

(6) Mold Wizards(模具向导)模块。提供一个与 UG 的三维建模环境完全整合的模具设计工具，逐步引导使用者进行注塑模具的型腔、型芯、镶件、顶杆、抽芯机构等的设计工作，三维模型的每一改变均会自动地关联到型腔和型芯。可以使用不同的方法创建分型面是 UG 注塑模向导 MoldWizards 的一大特点，这在复杂模具型腔的分型中更凸显其优越性。

(7) NX Sheet Metal(NX 钣金)模块。UG 软件中的钣金模块是用一种基于实体特征的方法来创建钣金件。在冲压模具设计过程中可以根据实际工作的需要，结合建模模块中的功能来创建钣金件，以简化钣金件的设计过程。设计人员可以通过钣金模块中的功能将钣金件展平，展平后的钣金特征与原模型特征是完全相关联的，因此设计人员可以通过修改原模型特征来对钣金件进行修改。同时，技术人员也可以通过仿真制造顺序，获取任何成型的或展开的零件制造信息。

### 2. CAM 加工模块

根据建立起的三维模型生成数控代码，用于产品的加工，其后处理程序支持多种类型的数控机床。CAM 模块提供了众多的加工模块，如车削、固定轴铣削、可变轴铣削、切削仿真和线切割等。

### 3. CAE 分析模块

工程分析模块包含以下 3 个常用子模块。

(1) Structures(结构分析)模块。该模块能将几何模型转换为有限元模型，可以进行线性静力分析、标准模态与稳态热传递分析和线性屈曲分析，同时还支持对装配部件(包括间隙单元)的分析，分析的结果可用于评估各种设计方案，优化产品设计，提高产品质量。

(2) Motion(运动分析)模块。该模块可对任何二维或三维机构进行运动学分析、动力学分析和设计仿真，可以完成大量的装配分析，如干涉检查、轨迹包络等。交互的运动学模式允许用户同时控制 5 个运动副，可以分析反作用力，并用图表示各构件间位移、速度、加速度的相互关系，同时反作用力可输出到有限元分析模块中。

(3) Mold Flow Adviser(注塑流动分析)模块。使用该模块可以帮助模具设计人员确定注塑模的设计是否合理，可以检查出不合适的注塑模几何体并予以修正。

介绍 UG NX 各模块的应用后，下面简要介绍 UG 的基本界面与操作等知识。

## 6.1.2　基本界面与操作

### 1. 基本界面

UG NX 是 Windows 系统下开发的应用程序，其用户界面以及许多操作和命令都与 Windows 应用程序非常相似，无论用户是否对 Windows 有经验，都会发现其界面和命令工具是非常容易学习掌握的，如图 6.4 所示。

图 6.4　UG NX10 用户界面

在工作界面中主要包括标题栏、功能区、菜单栏、工具条、提示行/状态行、资源条、图形窗口。

菜单栏和功能区包含了 NX 软件的所有功能命令。系统将所有的命令及设置选项予以分类，分别放置在不同的菜单项和选项卡中，以方便用户的查询及使用。

NX 环境中还包含了丰富的操作功能图标，它们按照不同的功能分布在不同的工具图标栏中。每个工具图标栏中的图标按钮都对应着不同的命令，而且图标按钮都以图形的方式直观地表现了该命令的功能，当光标放在某个图标按钮上时，系统还会显示出该操作功能的名称，这样可以免去用户在菜单中查找命令的工作，更方便用户的使用。

提示栏主要用来提示用户如何操作。执行每个命令时，系统都会在提示栏中显示用户必须执行的动作，或者提示用户下一个动作。状态栏主要用来显示系统或图形的当前状态。

1) 功能区和菜单

功能区包括【主页】、【分析】、【应用模块】、【曲面】、【曲线】、【装配】等选项卡，在选项卡条处右击，在弹出的快捷菜单中选择【取消停靠功能区】命令，则“功能区”不停靠，图 6.5 所示是打开【主页】选项卡的情形。菜单在未建立或打开文件之前观察主菜单状况，如图 6.6 所示。建立或打开文件后，再次观察主菜单栏状况(增加了【编辑】、【插入】、【格式】、【分析】等)，如图 6.7 所示。

2) 下拉式菜单

单击每一项下拉菜单条，如图 6.7 所示。选择并单击所需选项进入工作界面。

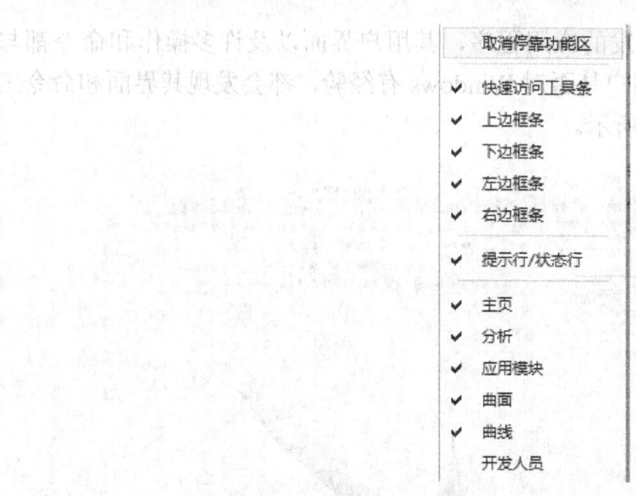

图 6.5　功能区(取消停靠)

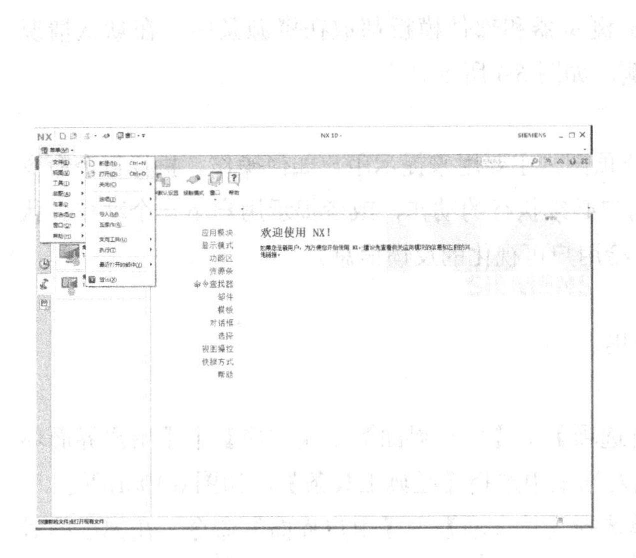

图 6.6　未建立或打开文件时的主菜单及其下拉式菜单

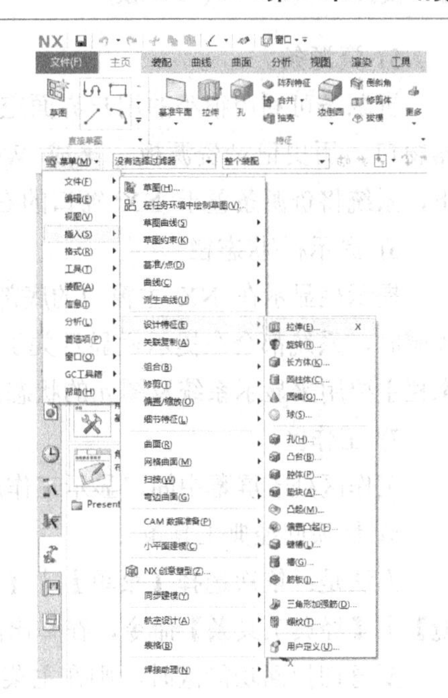

图 6.7　建立或打开文件后的下拉式菜单

3) 快捷菜单

将光标放在工作区任何一个位置，点击鼠标右键，出现快捷菜单，如图 6.8 所示。

4) 推断式弹出菜单

推断式弹出菜单提供另一种访问选项的方法。当右击时，会根据光标的位置显示推断式弹出菜单(最多 8 个图标)，如图 6.9 所示。这些图标包括经常使用的功能和选项，可以像从菜单中选择一样选择它们。

图 6.8　快捷菜单

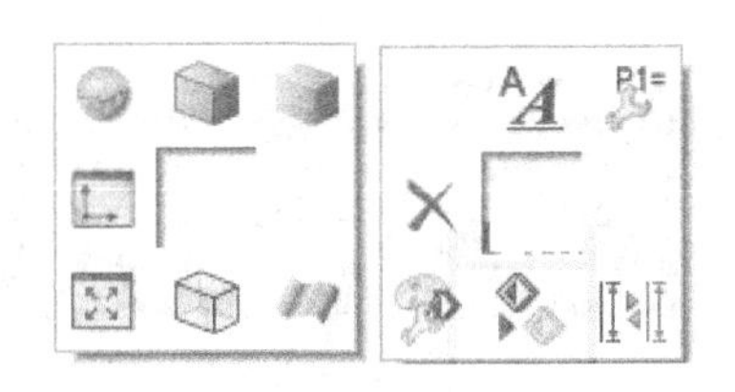

图 6.9　推断式弹出菜单

5) 资源条

资源条可利用很小的用户界面空间将许多页面组合在一个公用区中。NX 将所有导航器窗口、历史记录资源板、集成 Web 浏览器和部件模板都放在资源条中。在默认情况下，系统将资源条置于 NX 窗口的右侧，如图 6.4 所示。

6) 提示栏/状态栏

提示栏显示在 NX 主窗口的底部或顶部，主要用来提示用户如何操作。执行每个命令步骤时，系统都会在提示栏显示关于用户必须执行的动作，或者提示用户下一个动作。状态栏主要用来显示系统及图元的状态，给用户可视化的反馈信息。

7) 工作区

工作区处于屏幕中间，显示工作成果。

8) 切换回经典工具条

方法是：依次选择【菜单】|【首选项】|【用户界面】|【布局】|【用户界面环境】|【经典工具条】命令，在弹出的对话框中选择【经典工具条】，如图 6.10(a)所示。

要再切换回功能区时，则在主菜单选择【首选项】|【用户界面】命令，在弹出的对话框中选择【功能区】选项即可，如图 6.10(b)所示。

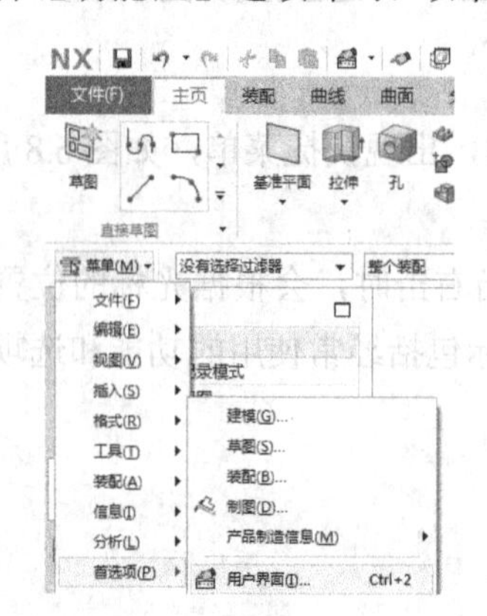

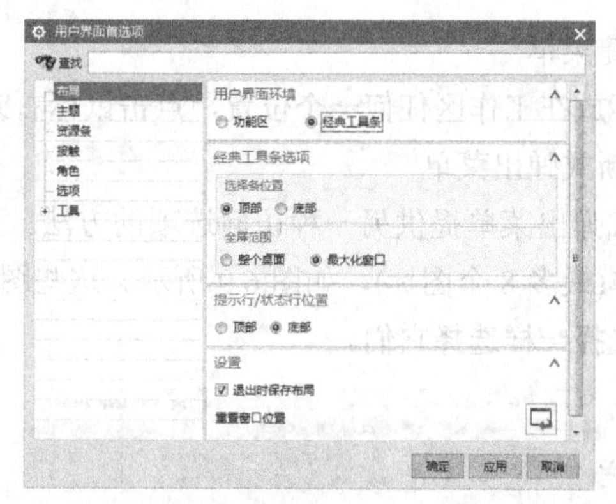

(a) 切换回经典工具条

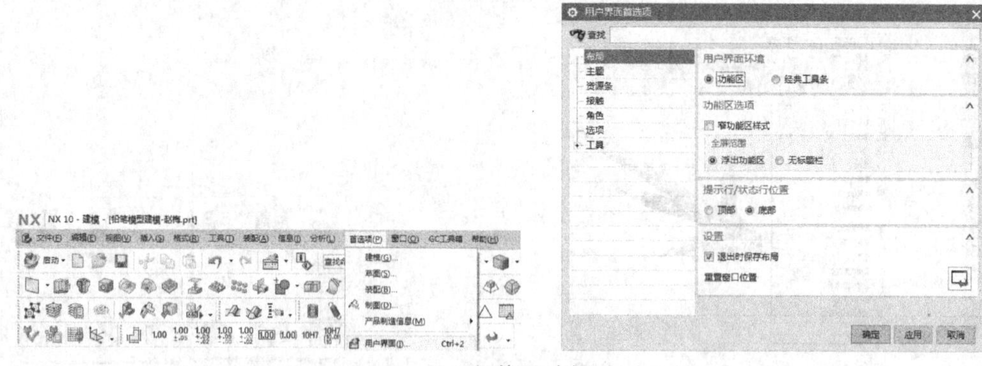

(b) 切换回功能区

图 6.10 切换回经典工具条及切换回功能区

切换回经典工具条后可以使工具条浮动或固定。单击工具条的横线或空白处，按住鼠标左键并移动鼠标指针，可拉动工具条到所需位置，图 6.11 所示为浮动的【同步建模】和【注塑模向导】工具条。

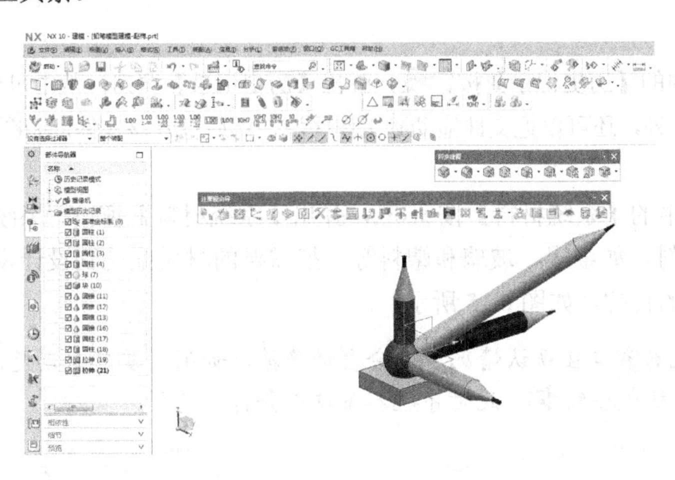

图 6.11　浮动工具条安放位置

## 2. 导航器

通过单击资源条上的图标可以调出部件导航器、装配导航器和历史记录、角色面板等。

资源条是管理当前零件的操作及操作参数的一个树形界面，资源条的导航按钮位于屏幕的左侧，提供常用的导航器。

1) 装配导航器

单击资源条中的【装配导航器】按钮，程序将自动弹出【装配导航器】窗口，如图 6.12 所示。在一个装配环境中，装配导航器将会把所有的组件显示出来，可以在其中对组件进行编辑操作。

2) 部件导航器

单击资源条中的【部件导航器】按钮，弹出【部件导航器】窗口，如图 6.13 所示。其主要作用是浏览及编辑已创建的草图、基准平面、特征等，其中列出了当前零件的所有特征项，并显示特征名称，如拉伸操作。在部件导航器中可以对特征进行隐藏、抑制、删除、编辑和重新安排特征的顺序等操作。

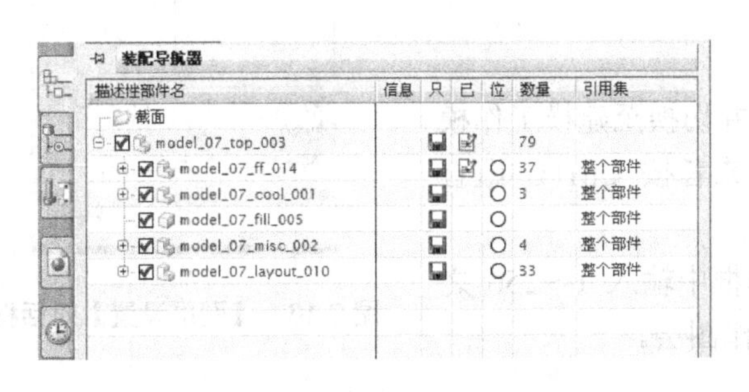


图 6.12　【装配导航器】窗口

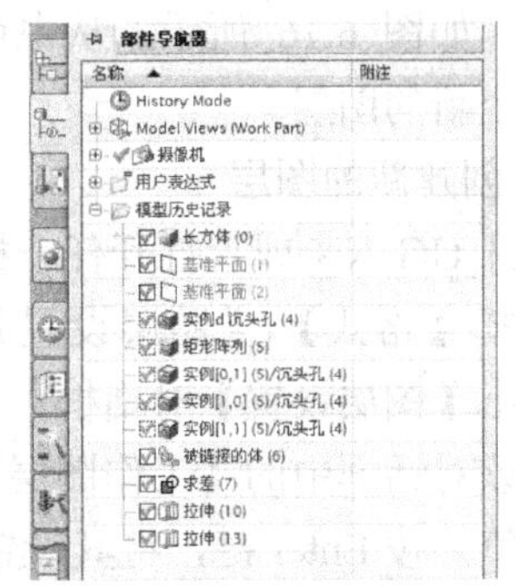


图 6.13　【部件导航器】窗口

3) IE 浏览器

单击资源条中的【IE 浏览器】按钮，弹出【IE 浏览器】窗口，可以从 UG NX 6 切换到 IE 浏览器。

4) 历史记录

单击资源条中的【历史记录】按钮，弹出【历史记录】窗口，从中可以快速打开文件，单击即可打开。此外，还可以把文件拖动到工作区域，然后打开该文件，如图 6.14 所示。

5) 系统材料

单击资源条中的【系统材料】按钮，弹出【系统材料】窗口。系统材料中提供了很多常用的物质材料，如金属、玻璃和塑料等。把需要的材质拖动到设计零件上，即可达到给零件赋予材质的目的，如图 6.15 所示。

**提示：**导航器窗口在默认情况下不会自动隐藏，如果需要其自动隐藏，可以单击按钮，将自动切换成按钮，此时导航器窗口将会自动隐藏。

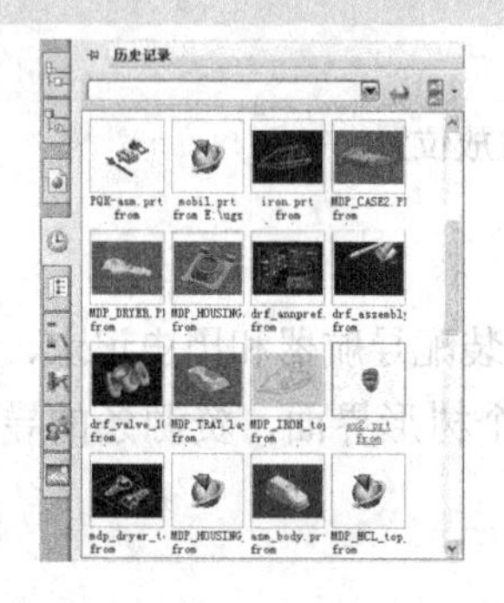


图 6.14　历史记录图

图 6.15　系统材料

3. 图层设置

在 UG NX 中，图层可分为工作图层、可见图层和不可见图层。图层可以将不同的几何元素和成型特征分类放置，便于查找和编辑，减小出错概率，提高设计速度和模型质量。部件可包含最多 256 个不同的图层。

选择【格式】|【图层设置】命令，弹出【图层设置】对话框，如图 6.16 所示，从中可以设置图层的可见性以及创建一个新的图层。

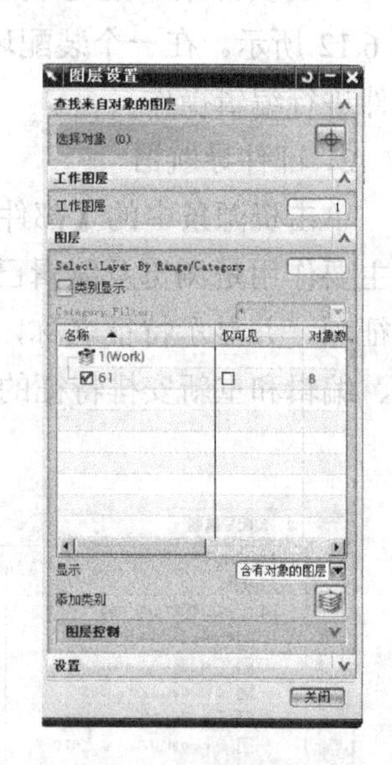


图 6.16　【图层设置】对话框

1) 创建新的图层

打开 UG NX 或者打开任一模型，并切换至建模工作模式。选择【格式】|【图层设置】命令或者按 Ctrl+L 组合键，弹出【图层设置】对话框。

在该对话框中的【工作图层】文本框中输入 1～256 之间的数值，按 Enter 键，将其设置为工作图层。

单击【关闭】按钮退出。

2) 改变图层状态

打开 UG NX 或者打开任一模型，并切换至建模工作模式。按 Ctrl+L 组合键，弹出【图层设置】对话框。在【图层/状态】列表框中右击图层 61，弹出快捷菜单，选择【仅可见】命令，图层 61 将变成图 6.17 所示的状态。

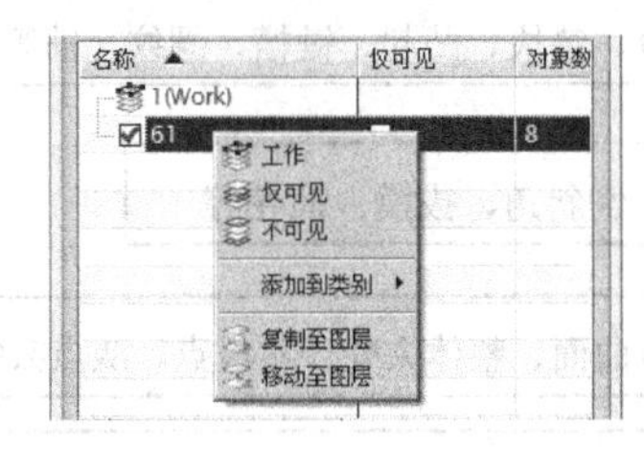


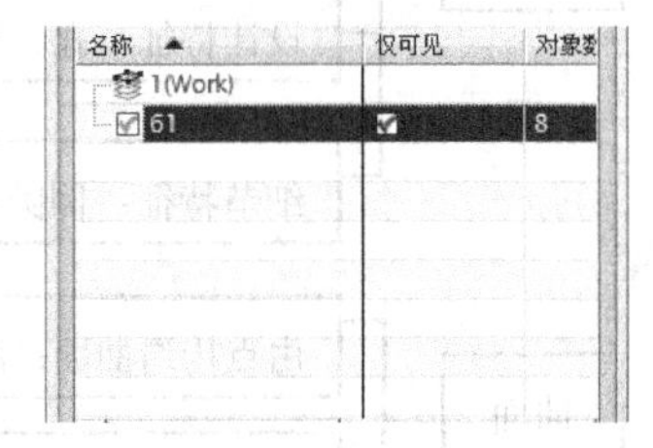


图 6.17 改变图层状态

在快捷菜单中选择【工作】命令，可以将图层 61 设置为工作图层。完成设置后单击对话框中的【关闭】按钮退出。

3) 移动至图层

将创建完成的对象移动至指定的图层中，操作步骤如下。

(1) 选择【格式】|【移动至图层】命令，弹出【类选择】对话框，从中选择要移动至图层的对象。

**提示：先选定对象，再选择【格式】|【移动至图层】命令，同样可以完成移动至图层操作。**

(2) 选择完成后弹出【图层移动】对话框，如图 6.18 所示。在【图层】列表框中选择图层选项，然后单击【确定】按钮确认选取，选定的对象就将移动至图层中。

图 6.18 【图层移动】对话框

## 6.1.3 UG NX 零件设计的基本方法

实体造型、曲面造型、实体与曲面混合造型是多数 CAD/CAM 软件的零件设计基本方法，并通过特征编辑实现各种类型的零件设计。UG NX 零件设计的基本方法概括如图 6.19 所示。

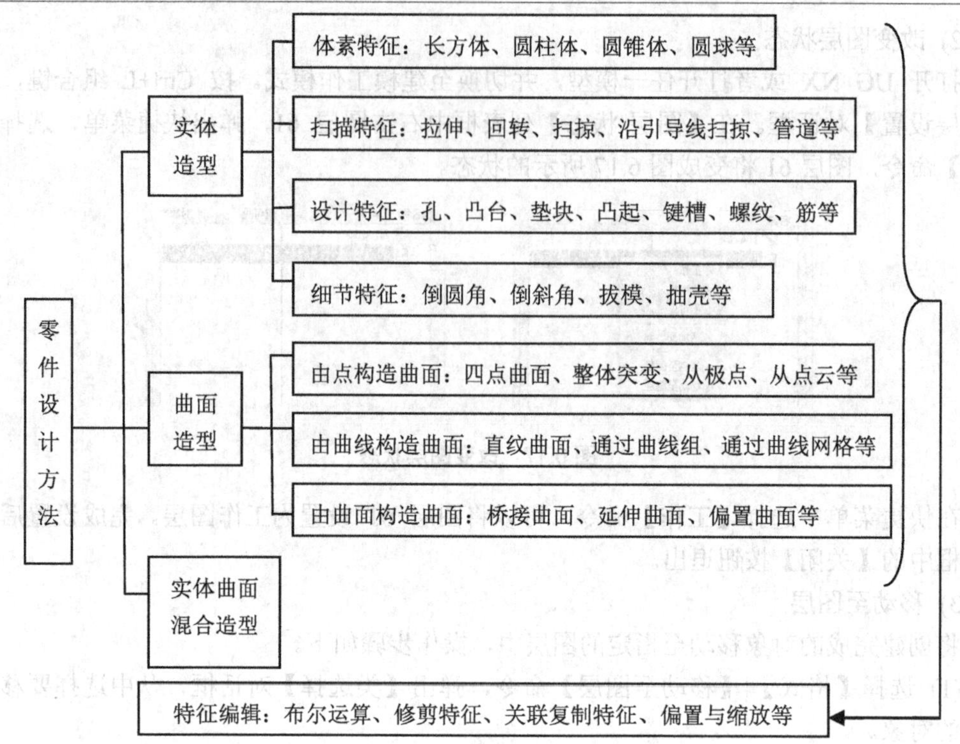


图 6.19 UG NX 零件设计的基本方法

要将设计理念变为现实，必须具备较强的空间想象力，而且要根据实际中的产品用途合理设计产品的外观，然后通过软件设计出理想的产品。这一过程中应注意以下几点。

### 1. 理解设计模型

了解主要的设计参数、关键的设计结构和设计约束等设计情况。

### 2. 主体结构造型

建立模型的关键结构，如主要轮廓、关键定位孔的确定，对于建模过程起到关键作用。

对于复杂的模型，模型分解也是建模的关键。如果一个结构不能直接用三维特征完成，则需要找到结构的某个二维轮廓特征。然后用拉伸旋转扫描的方法，或者自由形状特征去建立模型。

UG 允许用户在一个实体设计上使用多个根特征，这样就可以分别建立多个主结构，然后在设计后期对它们进行布尔运算。对于能够确定的设计部分先造型，对不确定的部分放在造型的后期完成。

设计基准(Datum)通常决定用户的设计思路，好的设计基准将会帮助简化造型过程并方便后期设计的修改。通常，大部分的造型过程都是从设计基准开始的。

### 3. 零件相关设计

UG 允许用户在模型完成之后再建立零件的参数关系，但更加直接的方法是在造型过程中直接引用相关参数。

困难的造型特征尽可能早实现。如果遇到一些造型特征实现较困难，应尽可能将其放在前期实现，这样可以尽早发现问题，并寻找替代方案。一般来说，这些特征会出现在 Hollow(抽壳)、Thicken(加厚)、Complex Blending(复杂倒圆角)等特征上。

#### 4. 细节特征造型

细节特征造型放在造型的后期阶段，一般不要在造型早期阶段进行这些细节设计；否则会大大加长用户的设计周期。

## 6.1.4　UG NX 常见特征的设计

下面以绕线鼓轮为例，介绍用实体造型的方法将理念变成现实的过程，其三维模型如图 6.20 所示。

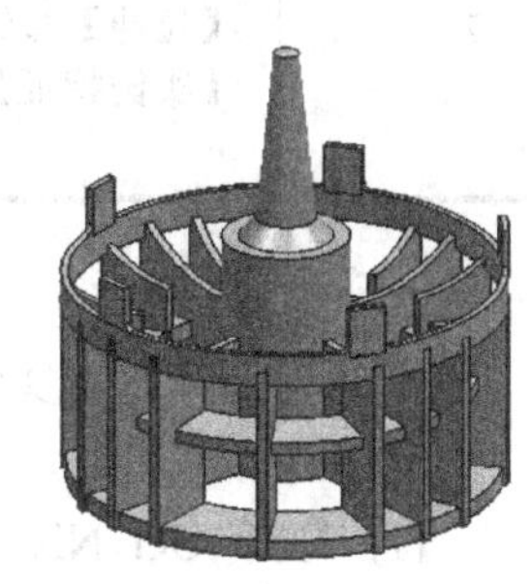

图 6.20　绕线鼓轮三维模型

#### 1. 设计思路

本实例主要运用拉伸、回转和关联复制中的实例特征等基本功能创建模型，通过这些常见特征的设计让读者对三维实体建模功能的应用有一个初步的了解。设计思路如表 6.1 所示。

表 6.1　基本设计思路

| 序　号 | 应用功能 | 说　明 | 完成结果 |
|---|---|---|---|
| 1 | 【草图】按钮<br>【回转】按钮 | 通过草图创建回转特征 | |
| 2 | 【草图】按钮<br>【拉伸】按钮<br>【实例特征】按钮 | 通过草图创建拉伸特征，阵列组件 | |
| 3 | 【草图】按钮<br>【拉伸】按钮<br>【实例特征】按钮 | 通过草图创建拉伸特征，阵列组件 | |
| 4 | 【草图】按钮<br>【拉伸】按钮<br>【实例特征】按钮 | 通过草图创建拉伸特征，阵列组件 | |
| 5 | 【草图】按钮<br>【拉伸】按钮<br>【实例特征】按钮 | 通过草图创建拉伸特征，阵列组件 | |

续表

| 序　号 | 应用功能 | 说　明 | 完成结果 |
|---|---|---|---|
| 6 | 【草图】按钮<br>【拉伸】按钮<br>【实例特征】按钮 | 通过草图创建拉伸特征，阵列组件 | |
| 7 | 【草图】按钮<br>【拉伸】按钮<br>【实例特征】按钮 | 通过草图创建拉伸特征，阵列组件 | |

2. 设计过程

下面详细介绍本实例的设计过程。

1) 回转

(1) 打开 UG NX 软件，选择【文件】|【新建】菜单命令，或单击工具栏中的【新建】按钮，弹出【新建】对话框；在其中的【名称】文本框中输入“绕线鼓轮”，选择合适的保存路径(UG10.0 以下版本路径中不可以有汉字)，单击【确定】按钮，进入 UG NX 建模(Moldeling)界面。

(2) 在【主页】选项卡中单击【草图】按钮，在坐标系中选择 YC-ZC 平面，单击【确定】按钮，打开二维草图模组界面，然后绘制如图 6.21 所示的草图。

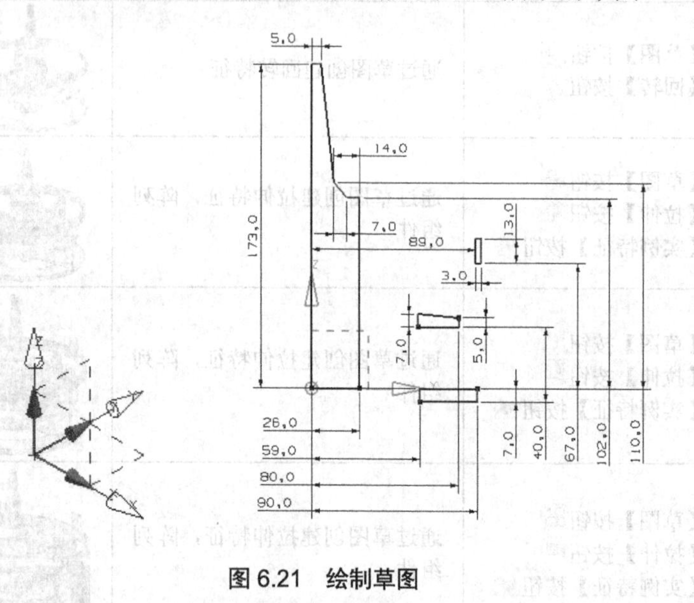


图 6.21　绘制草图

(3) 在【草图】工具条(注：UG 工具条也称工具栏)中单击【完成草图】按钮，返回三维建模界面。

(4) 在【特征】工具条中单击【回转】按钮，弹出【回转】对话框，然后根据图 6.22 所示进行设置。

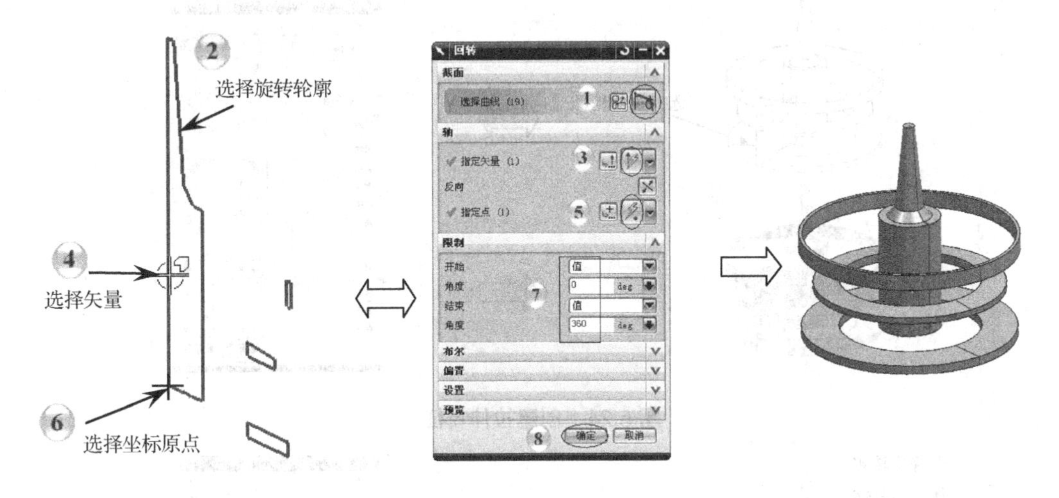


图 6.22　创建回转特征

2) 拉伸、实例特征(圆形阵列)

(1) 在【特征】工具条中单击【草图】按钮，接着在坐标系中选择 XC-ZC 平面，单击【确定】按钮，打开二维草图模组界面，然后绘制如图 6.23 所示的草图。

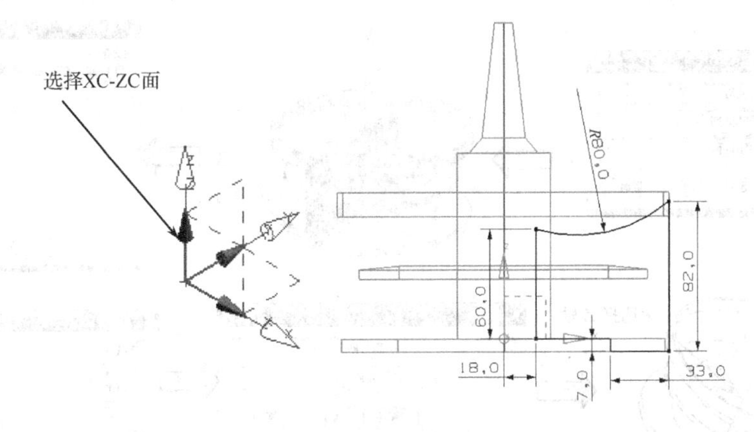


图 6.23　绘制草图

(2) 在【草图】工具条中单击【完成草图】按钮，返回三维建模界面。

(3) 在【特征】工具条中单击【拉伸】按钮，弹出【拉伸】对话框，然后根据图 6.24 所示进行设置。

(4) 在【特征操作】工具条中单击【求和】按钮，弹出【求和】对话框，然后根据图 6.25 所示进行设置。

(5) 在【特征操作】工具条中单击【实例特征】按钮，弹出【实例】对话框，然后根据图 6.26 所示进行设置。

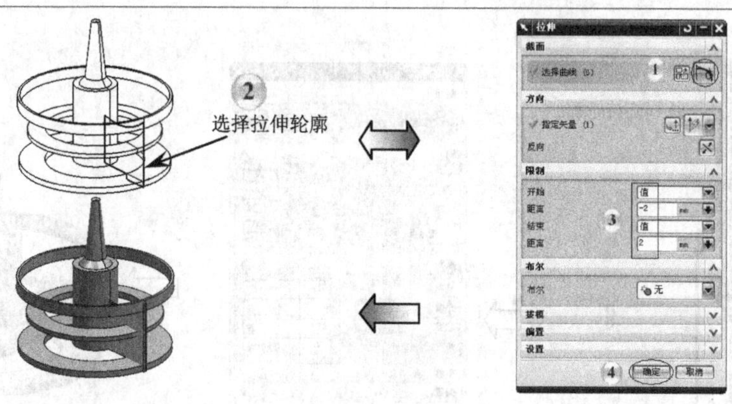


图 6.24　创建拉伸特征

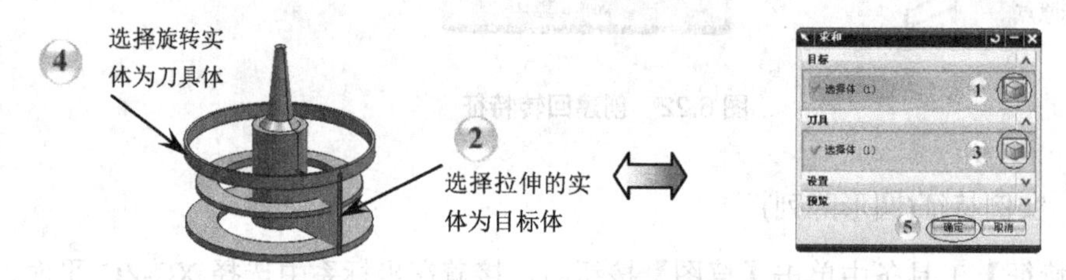


图 6.25　求和操作步骤

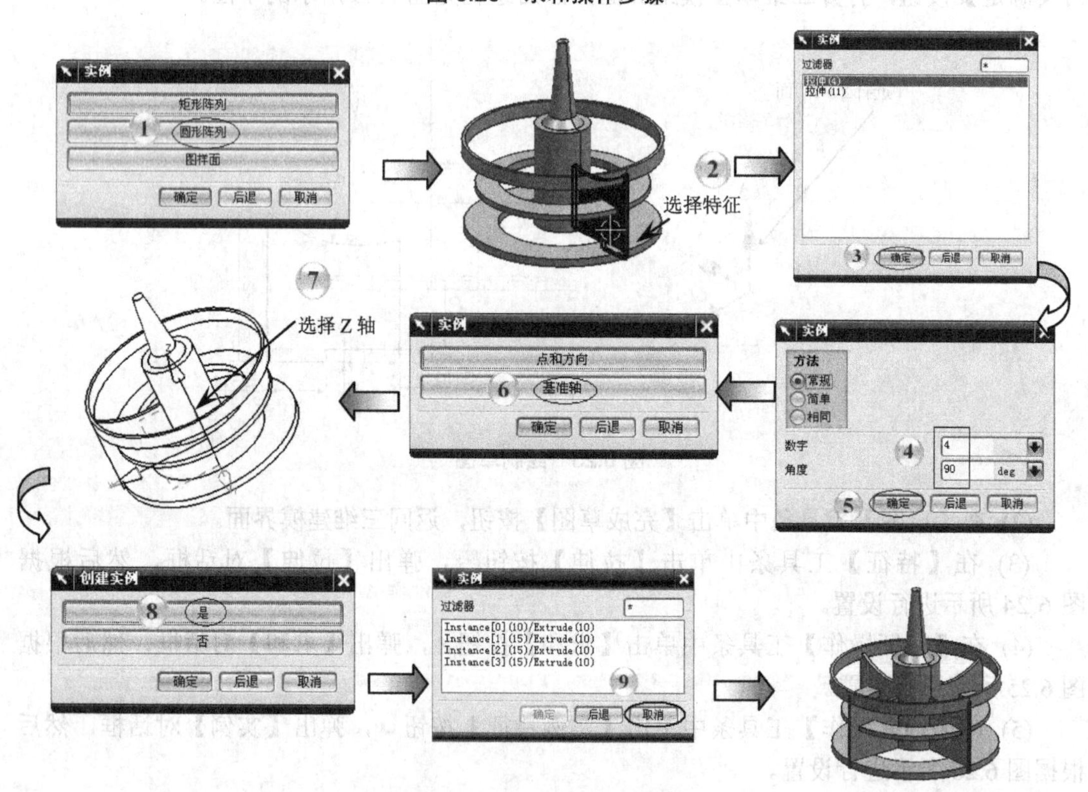


图 6.26　创建圆形阵列特征

3) 拉伸、实例特征(圆形阵列)

(1) 在【特征】工具条中单击【草图】按钮，弹出【创建草图】对话框，然后根据图 6.27 所示进行操作。

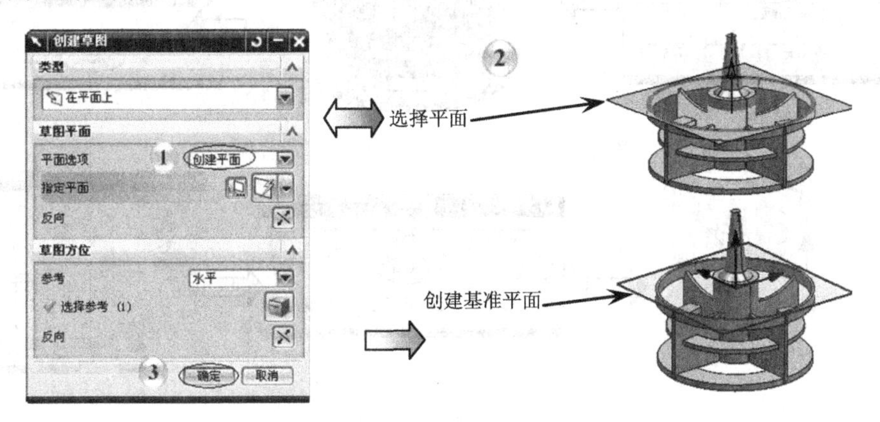


图 6.27 创建基准平面

(2) 单击【确定】按钮后打开二维草图模组界面，然后绘制如图 6.28 所示的草图。

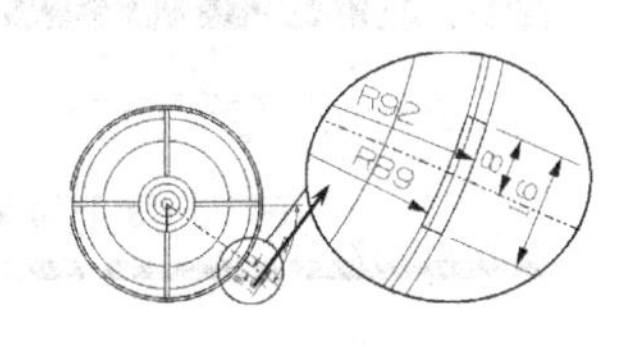

图 6.28 绘制草图

(3) 在【草图】工具条中单击【完成草图】按钮，返回三维建模界面。

(4) 在【特征】工具条中单击【拉伸】按钮，弹出【拉伸】对话框，然后根据图 6.29 所示进行设置。

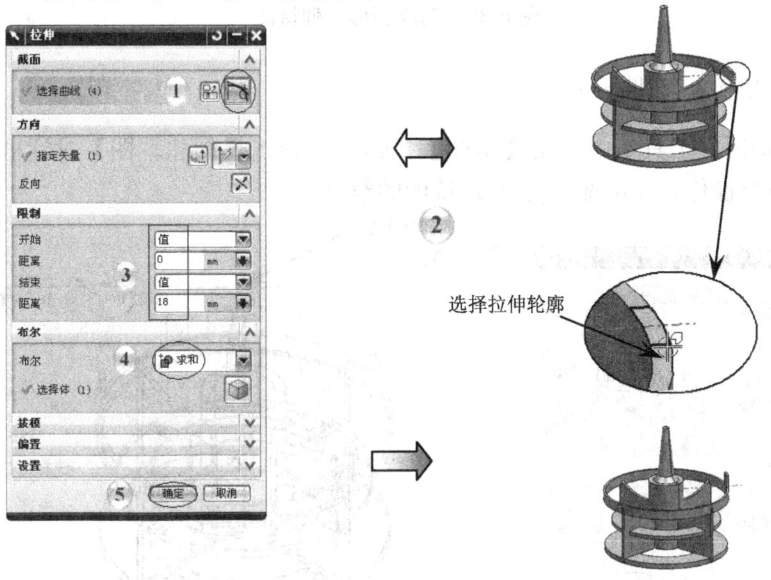


图 6.29 创建拉伸特征

(5) 在【特征操作】工具条中单击【实例特征】按钮，弹出【实例】对话框，然后根据图 6.30 所示进行设置。

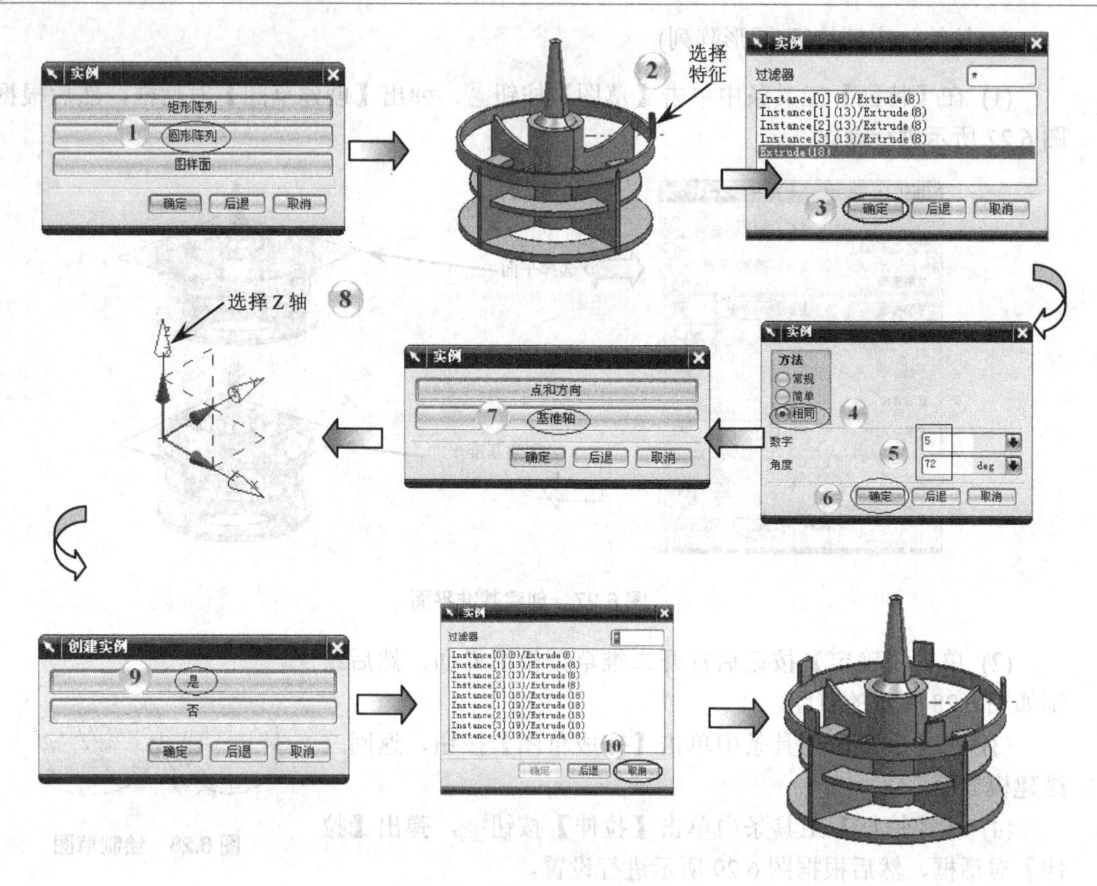


图 6.30　创建圆形阵列特征

4) 拉伸、实例特征(圆形阵列)

(1) 在【特征】工具条中单击【草图】按钮，弹出【创建草图】对话框，然后根据图 6.31 所示进行操作，完成图 6.32 所示草图的绘制。

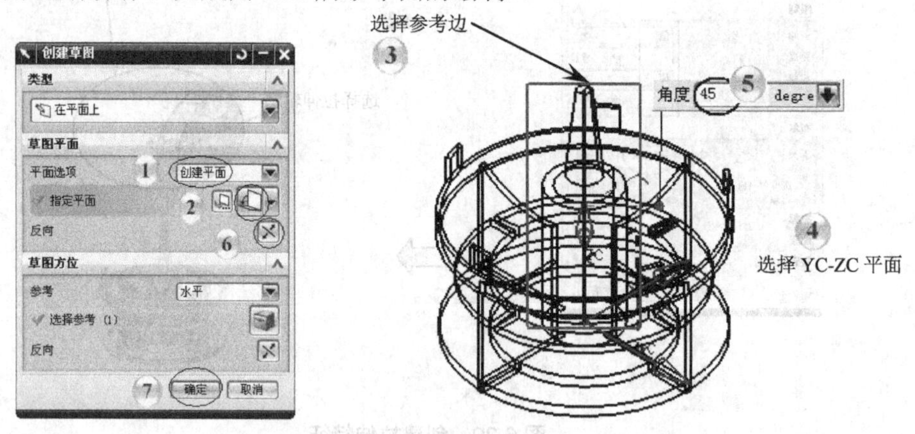


图 6.31　创建草图基准平面

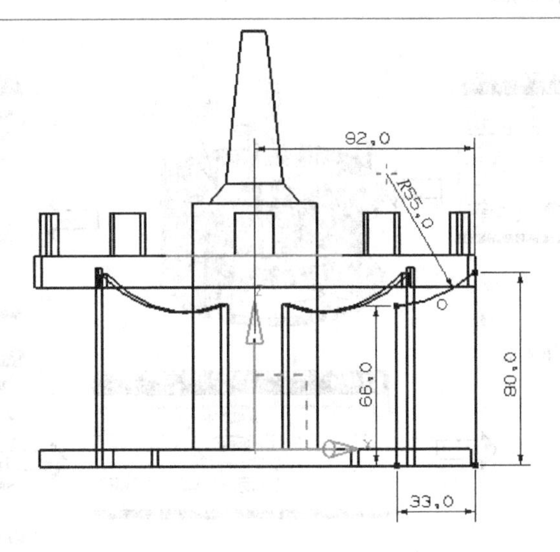


图 6.32　绘制草图

(2) 在【草图】工具条中单击【完成草图】按钮，返回三维建模界面。

(3) 在【特征】工具条中单击【拉伸】按钮，弹出【拉伸】对话框，然后根据图 6.33 所示进行设置。

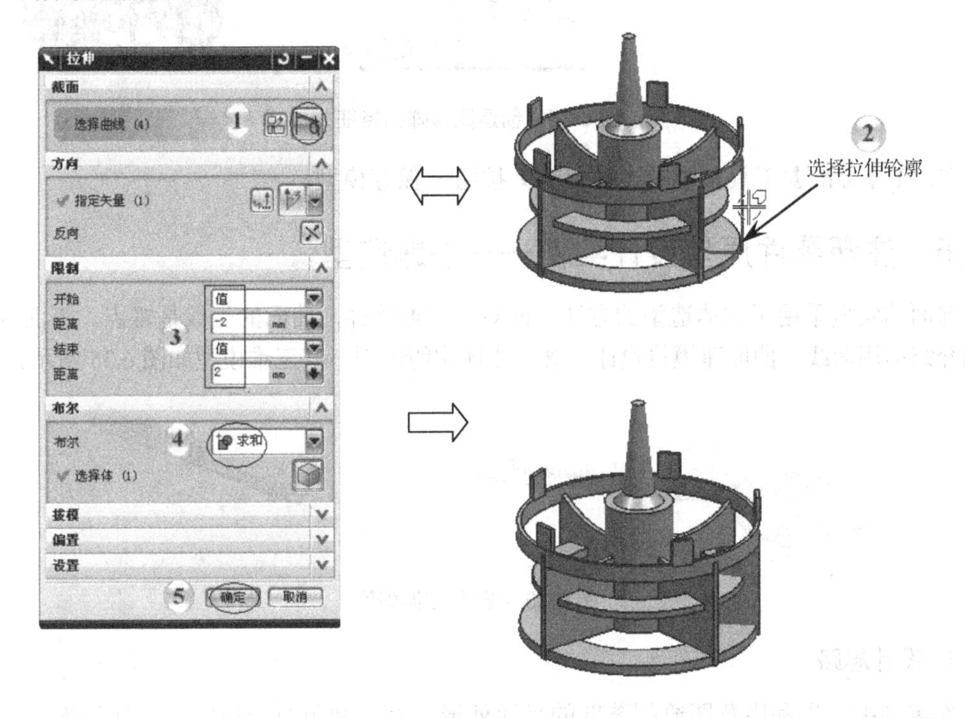


图 6.33　创建拉伸特征

(4) 在【特征操作】工具条中单击【实例特征】按钮，弹出【实例】对话框，然后根据图 6.34 所示进行设置。

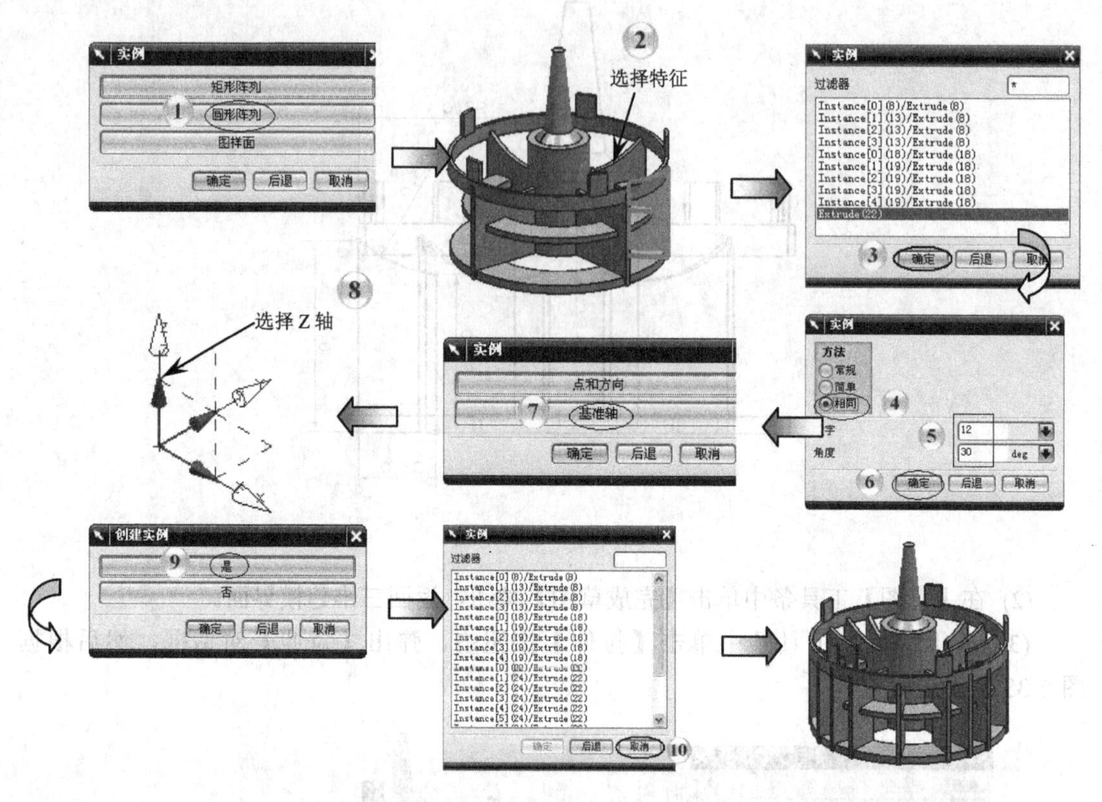


图 6.34　创建圆形阵列特征

(5) 在【标准】工具条中单击【保存】按钮保存模型。

## 6.1.5　注塑零件原型设计实例——茶匙造型

前面的实例采用了实体造型的方法，而对于三维软件，曲面的生成是难点。下面以茶匙为例介绍运用曲线、曲面建模将设计理念变成现实的过程，其三维模型如图 6.35 所示。

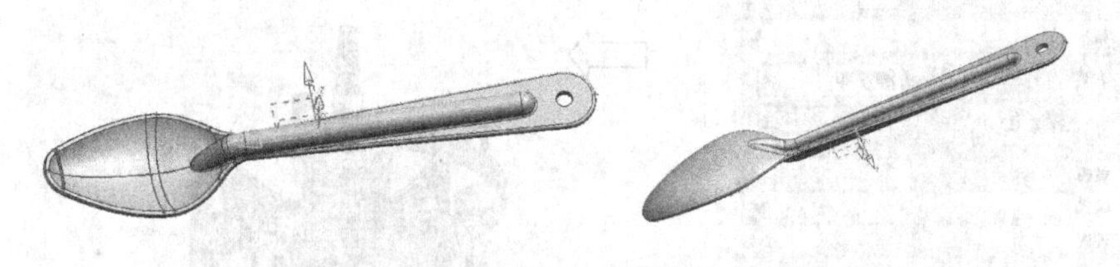

图 6.35　茶匙三维模型

### 1. 设计思路

本实例中，先利用草图绘制茶匙的平面外形，然后利用组合投影的方法将平面图形变成实际的轮廓图(空间曲线)，在此基础上插入茶匙多个截面的轮廓曲线，利用通过曲线网格、沿引导线扫掠等生成曲面特征的方法，以及缝合、倒圆角等曲面编辑方法，生成茶匙的外形曲面，最后通过加厚由该曲面生成茶匙实体。这也是绘制大多数含有自由曲面特征实体的主要方法。基本设计思路如表 6.2 所示。

表 6.2　基本设计思路

| 序　号 | 应用功能 | 说　明 | 完成结果 |
| --- | --- | --- | --- |
| 1 | 【草图】按钮<br>【直线】按钮<br>【艺术样条】按钮<br>【镜像曲线】按钮 | 创建茶匙俯视外形草图 1 | 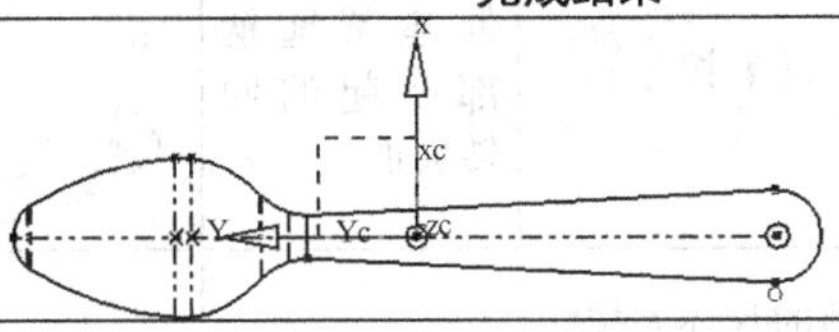 |
| 2 | 【草图】按钮<br>【直线】按钮<br>【圆弧】按钮<br>【艺术样条】按钮 | 创建茶匙正视外形草图 2 | 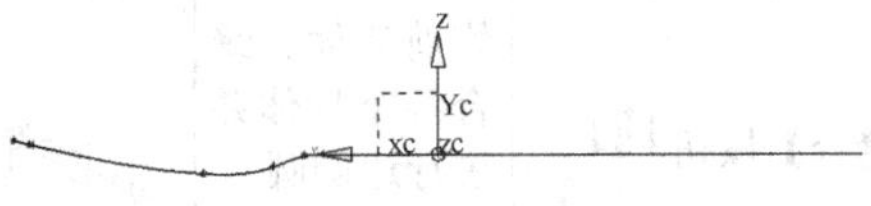 |
| 3 | 【组合投影】按钮 | 通过组合投影创建空间曲线 | 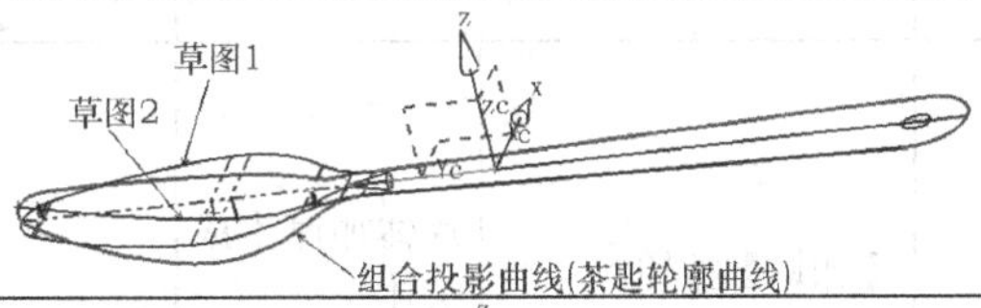 草图1<br>草图2<br>组合投影曲线(茶匙轮廓曲线) |
| 4 | 【基准平面】按钮<br>【点】按钮<br>【草图】按钮<br>【圆弧/圆】按钮<br>【通过曲线网格】按钮 | 绘制茶匙各个截面的轮廓曲线(圆弧)，底部正视外形草图 3，生成网格曲面 | 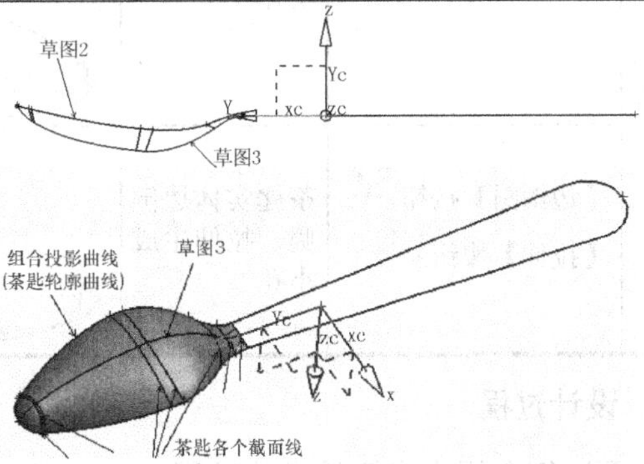 草图2<br>草图3<br>组合投影曲线(茶匙轮廓曲线)<br>草图3<br>茶匙各个截面线 |
| 5 | 【有界平面】按钮 | 创建茶匙柄部有界平面 | 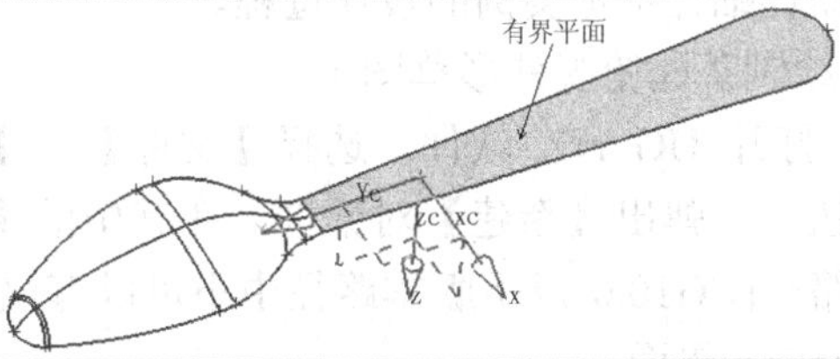 有界平面 |
| 6 | 【草图】按钮<br>【直线】按钮<br>【艺术样条】按钮<br>【圆】按钮<br>【沿引导线扫掠】按钮 | 创建茶匙柄部凸起的扫掠曲面 | 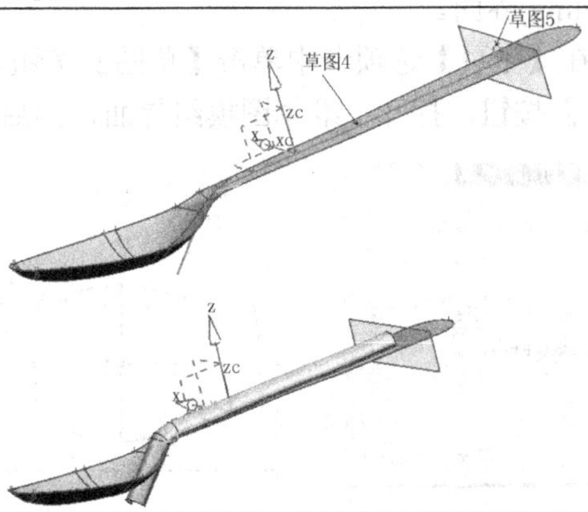 草图5<br>草图4 |

续表

| 序　号 | 应用功能 | 说　明 | 完成结果 |
|---|---|---|---|
| 7 | 【回转面】按钮 | 创建茶匙柄部凸起的回转曲面 | 沿引导线扫掠面　回转面 |
| 8 | 【修剪的片体】按钮<br>【缝合】按钮<br>【边倒圆】按钮 | 修剪片体、缝合各个片体并进行边倒圆 | |
| 9 | 【加厚】按钮 | 片体加厚生成实体 | |
| 10 | 【边倒圆】按钮<br>【拉伸】按钮 | 茶匙实体边倒圆、拉伸生成小孔 | |

## 2. 设计过程

下面详细介绍本实例的设计过程。

1) 绘制茶匙俯视外形草图 1

(1) 打开 UG NX 软件，选择【文件】|【新建】菜单命令，或单击工具栏中的【新建】按钮，弹出【新建】对话框；在其中的【名称】文本框中输入“茶匙”，选择合适的保存路径(UG10.0 以下版本路径中不可以有汉字)，单击【确定】按钮，进入 UG NX 建模(Moldeling)界面。

(2) 在【主页】选项卡中单击【草图】按钮，接着在坐标系中选择 XC-YC 平面，单击【确定】按钮，打开二维草图模组界面，然后绘制图 6.36 所示的草图。

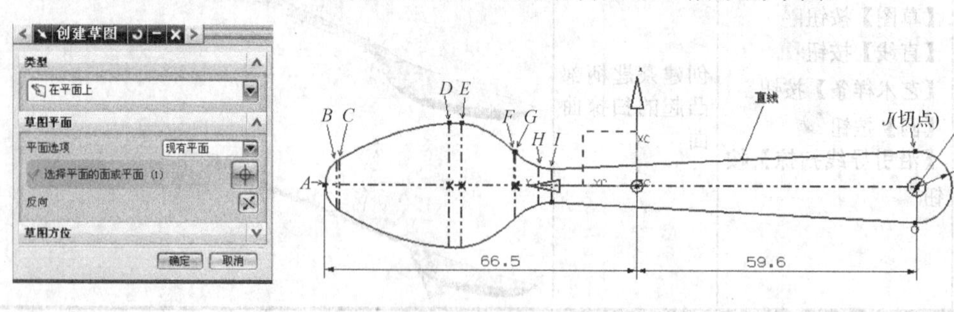


图 6.36　绘制草图 1

其中各点的坐标分别为：$A(0, 66.5)$、$B(5, 64)$、$C(5.3, 63.5)$、$D(13, 40)$、$E(13, 37.3)$、$F(7, 26)$、$G(6.8, 25.8)$、$H(4, 21)$、$I(3.5, 18)$。单击【艺术样条】按钮，弹出图 6.37 所示的对话框，【阶次】设为 3，过 $A$ 至 $I$ 点及其对称点画样条线如图 6.38 所示。$IJ$ 为与 $R7.5$ 圆相切的直线。

茶匙头部俯视外形曲线也可通过相切的三点圆弧来完成，最后一段圆弧与直线 $IJ$ 用 $R20$ 圆角过渡，如图 6.39 所示。通过【镜像曲线】按钮得到完整草图。

图 6.37　【艺术样条】对话框

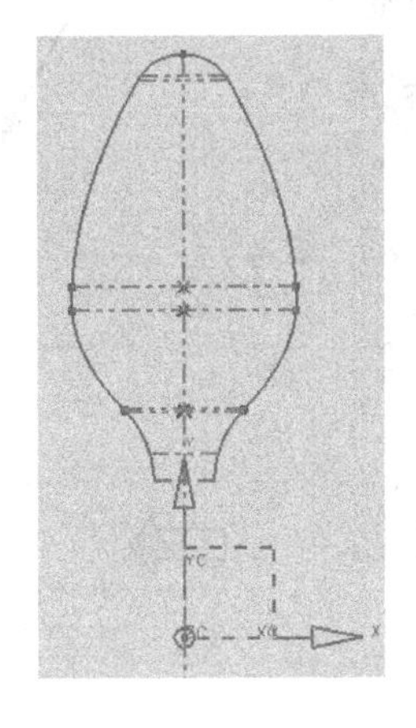

图 6.38　绘制艺术样条

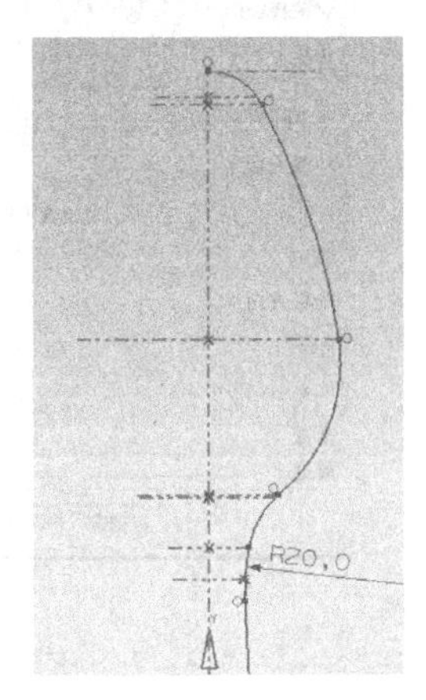


图 6.39　绘制相切圆弧

(3) 在【草图】工具条中单击【完成草图】按钮，返回三维建模界面。

2) 绘制茶匙正视外形草图 2

(1) 在【特征】工具条中单击【草图】按钮，接着在坐标系中选择 YC-ZC 平面，单击【确定】按钮，打开二维草图模组界面，然后绘制如图 6.40 所示的草图。

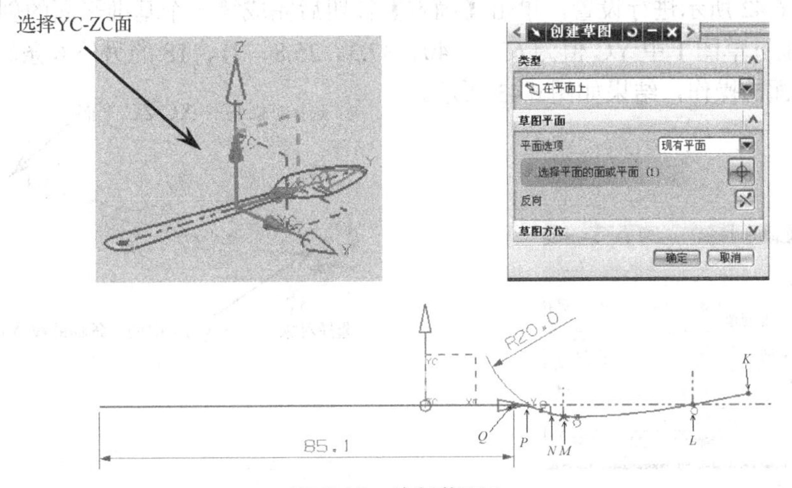


图 6.40　绘制草图 2

各点的坐标分别为 $K(66.5, 2.2)$、$L(55, 0)$、$M(28.4, -2.4)$、$N(25.8, -1.8)$、$P(21, -0.2)$、$Q(18, 0)$。$KL$ 为直线；$LM$ 为三点圆弧，并且 $L$ 为切点；【阶次】设为 3，过 $M$、$N$、$P$、$Q$ 点画艺术样条；在 $M$ 点倒圆角，半径为 20，完成草图绘制。

(2) 在【草图】工具条中单击【完成草图】按钮，返回三维建模界面。

3) 对草图 1 和草图 2 进行组合投影

(1) 在【曲线】工具条中单击【组合投影】按钮，弹出【组合投影】对话框，然后根据图 6.41 所示进行设置。

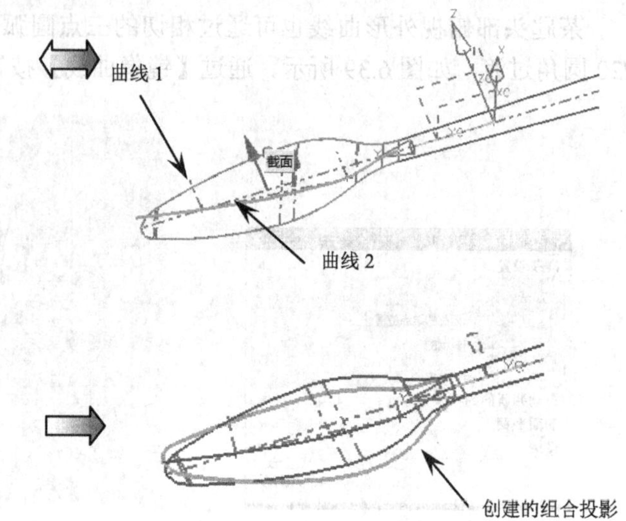


图 6.41 组合投影

(2) 单击【确定】按钮，完成组合投影的创建。

4) 生成网格曲面

(1) 在【特征操作】工具条中单击【基准平面】按钮，弹出【基准平面】对话框，然后根据图 6.42 所示进行设置。单击【确定】按钮后完成第一个基准平面的创建。

(2) 分别过草图 1 中 YC 值为 63.5、40、37.3、25.8、21、18 的另外 6 条辅助线，重复创建基准平面的操作，结果如图 6.43 所示。

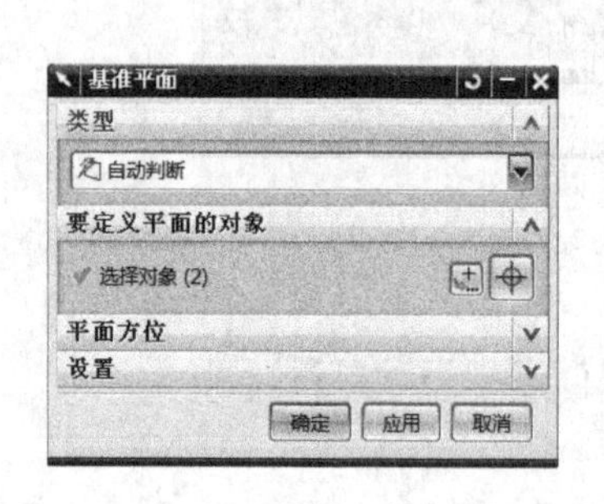


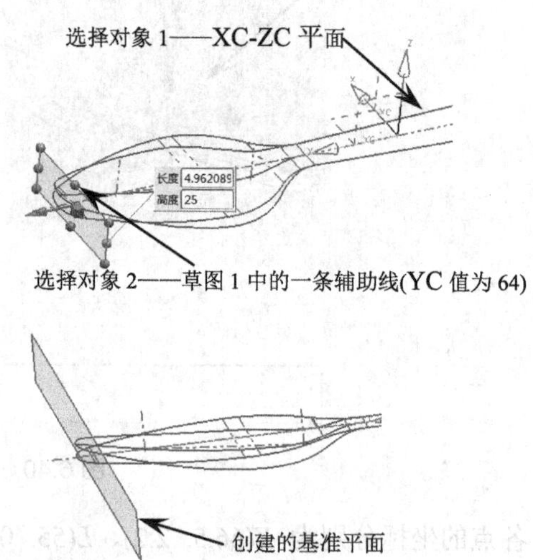


图 6.42 创建第一个基准平面

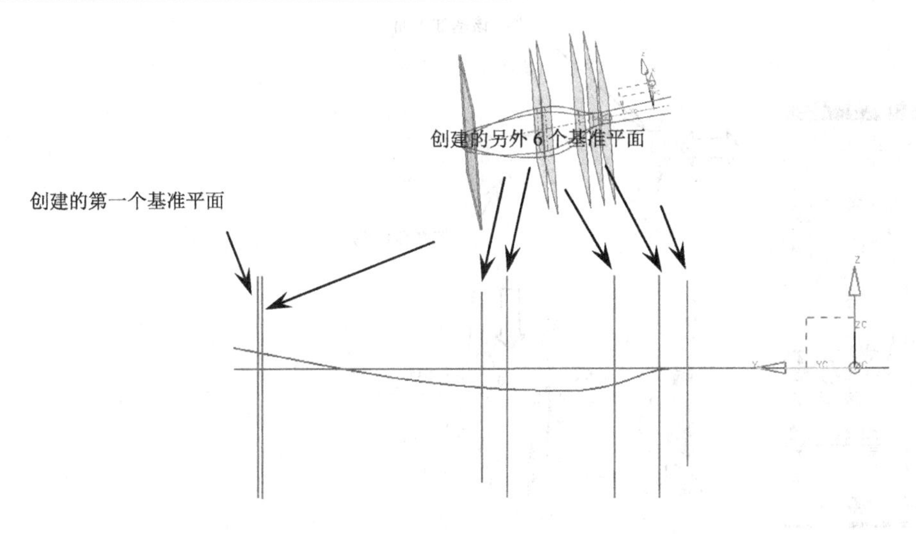


图 6.43 重复创建另外 6 个基准平面

(3) 选择草图 1、草图 2 并进行隐藏操作，使图面更清晰，如图 6.44 所示。

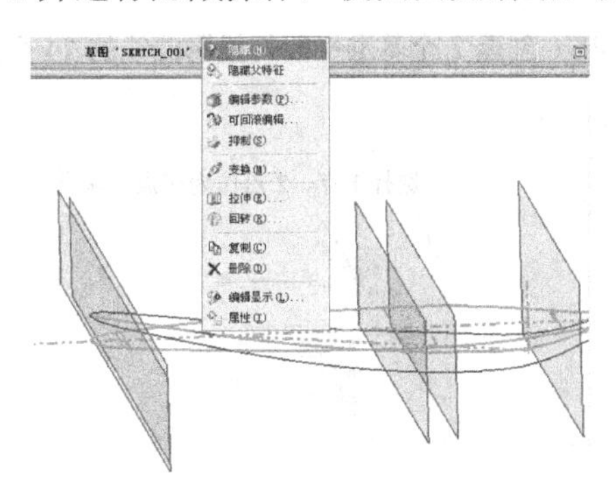

图 6.44 隐藏草图 1 和草图 2

(4) 在【曲线】工具条中单击【点】按钮+，弹出【点】对话框。在【类型】中选择【交点】。在图中选择第一个基准平面和组合投影曲线，单击【应用】按钮，得到第一个点。然后重复操作，得到 7 个基准平面和投影曲线的 14 个交点，如图 6.45 所示。

(5) 在【曲线】工具条中单击【圆弧/圆】按钮，弹出【圆弧/圆】对话框，然后根据图 6.46 所示进行操作。

创建的 6 个圆弧的起点、端点、中点分别如下。

第一个圆弧的起点、端点为如图 6.45 所示的 1、2 点，中点坐标为(0, 63.4, −0.3)。

第二个圆弧的起点、端点为如图 6.45 所示的 3、4 点，中点坐标为(0, 62.9, −0.6)。

第三个圆弧的起点、端点为如图 6.45 所示的 5、6 点，中点坐标为(0, 41.2, −7.5)。

第四个圆弧的起点、端点为如图 6.45 所示的 7、8 点，中点坐标为(0, 40, −7.7)。

第五个圆弧的起点、端点为如图 6.45 所示的 9、10 点，中点坐标为(0, 24, −2.7)。

第六个圆弧的起点、端点为如图 6.45 所示的 11、12 点，中点坐标为(0, 21.3, −0.9)。

(6) 在【曲线】工具条中单击【圆弧/圆】按钮，弹出【圆弧/圆】对话框，然后根据图 6.46 所示进行设置。

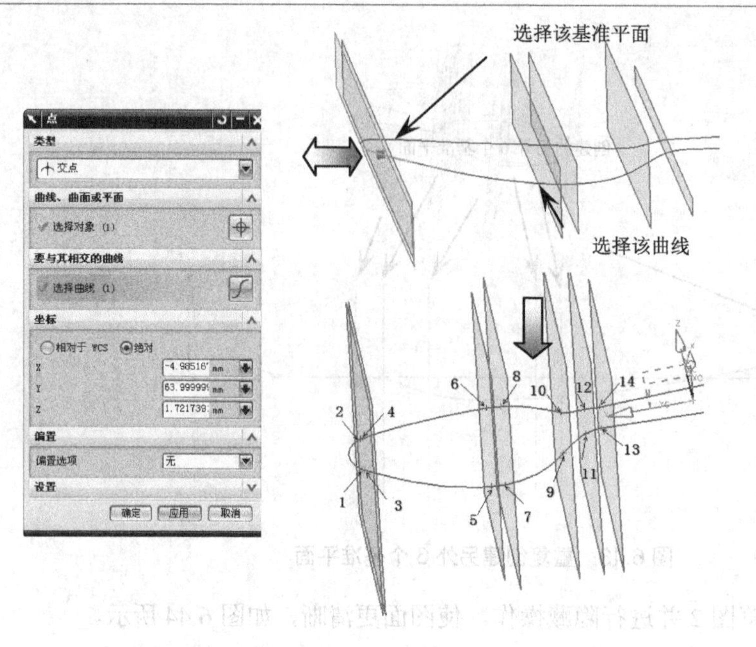


图 6.45　创建 7 个基准平面与投影曲线的 14 个交点

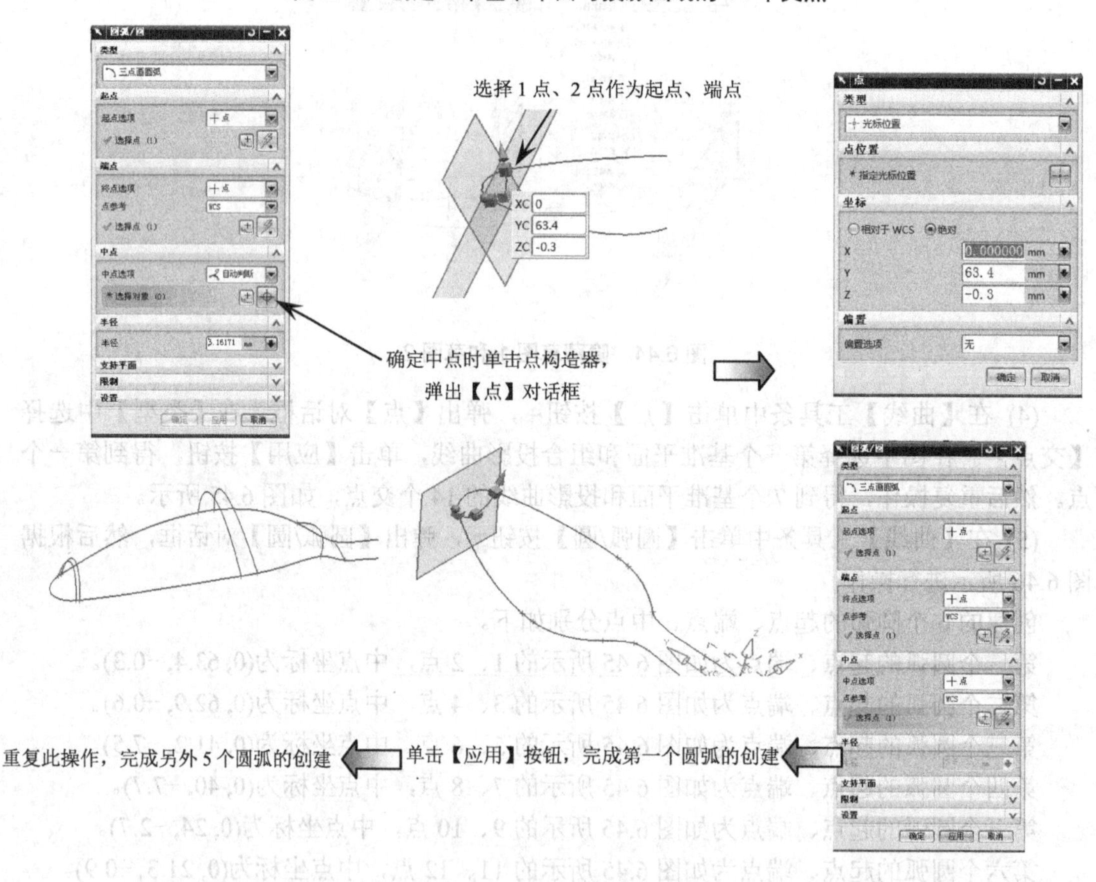


图 6.46　创建 6 条圆弧曲线

(7) 在【曲线】工具条中单击【直线】按钮，弹出【直线】对话框，然后根据

图 6.47 所示进行操作。

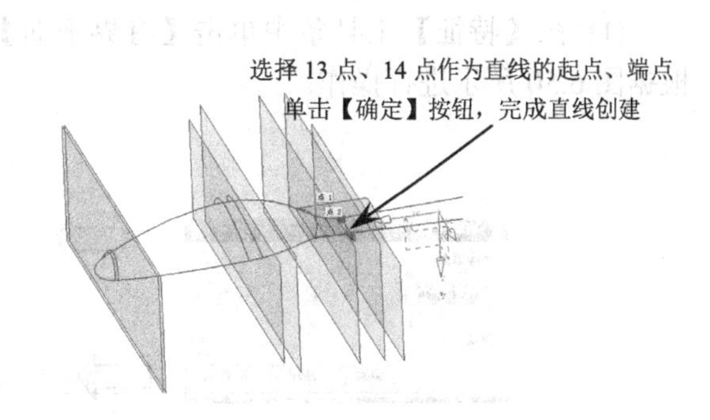


图 6.47　绘制直线

(8) 在【特征】工具条中单击【草图】按钮，接着在坐标系中选择 YC-ZC 平面，单击【确定】按钮，打开二维草图模组界面。再次隐藏草图 1，过图 6.48 所示端点和圆弧中点绘制艺术样条(【阶次】设为 3)，完成草图 3 的绘制。在【草图】工具条中单击【完成草图】按钮返回三维建模界面。

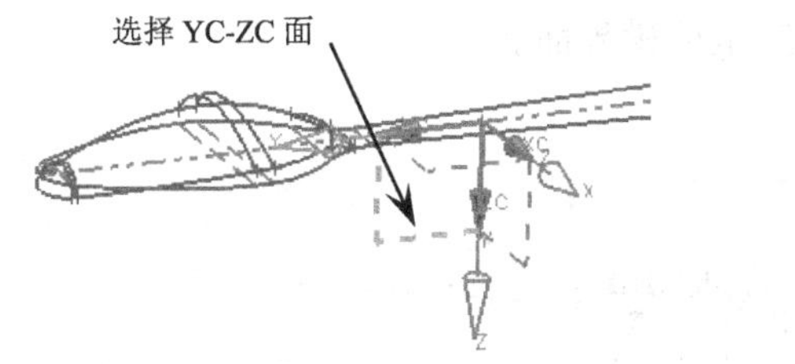


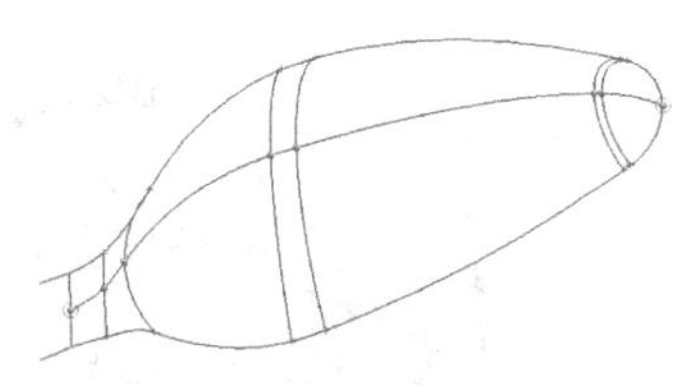

图 6.48　绘制草图 3

(9) 在【曲面】工具条中单击【通过曲线网格】按钮，弹出【通过曲线网格】对话框，然后根据图 6.49 所示进行设置。单击【确定】按钮，完成网格曲面的创建。

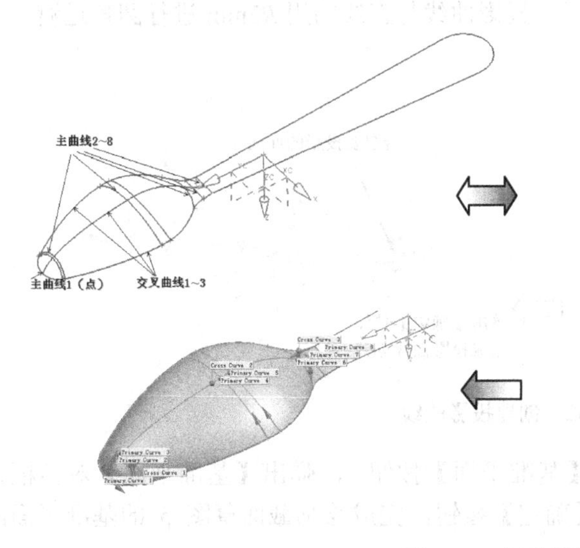


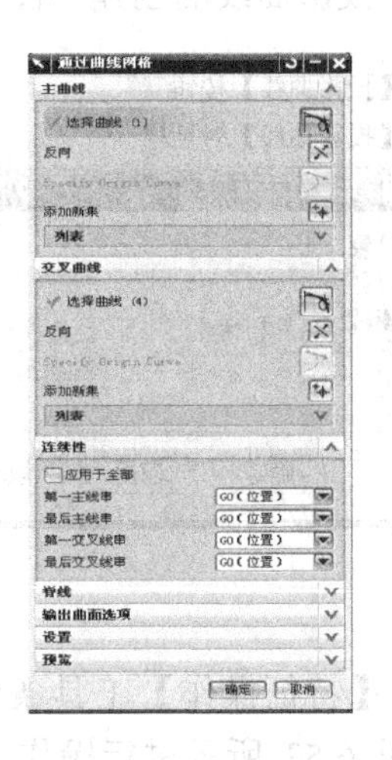


图 6.49　创建网格曲面

5) 创建有界平面

(1) 在【特征】工具条中单击【有界平面】按钮，弹出【有界平面】对话框，然后根据图 6.50 所示进行操作。

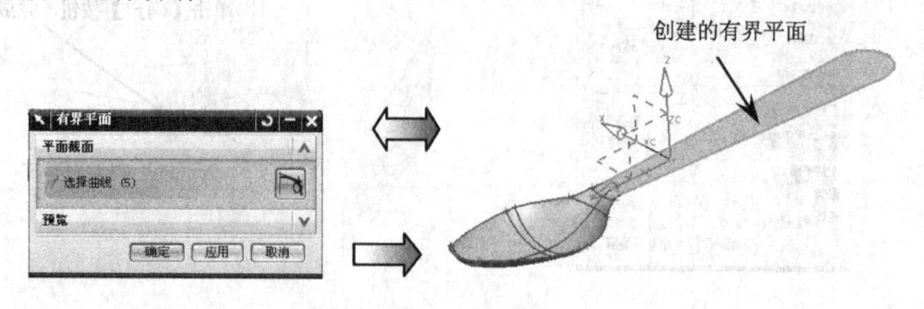


图 6.50　创建有界平面

(2) 单击【确定】按钮，完成有界平面的创建。

6) 创建沿引导线扫掠曲面

(1) 在【特征】工具条中单击【草图】按钮，接着在坐标系中选择 YC-ZC 平面，单击【确定】按钮，打开二维草图模组界面，然后绘制如图 6.51 所示的草图 4。在【草图】工具条中单击【完成草图】按钮，返回三维建模界面。

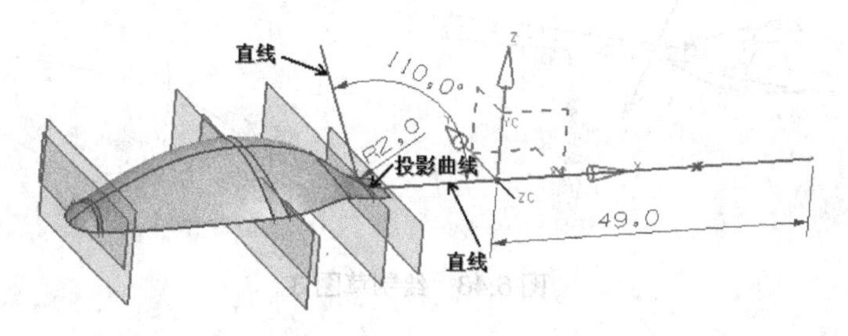


图 6.51　绘制草图 4

其中，投影曲线的创建如图 6.52 所示，投影曲线与直线间用 $R$2mm 进行圆角过渡。

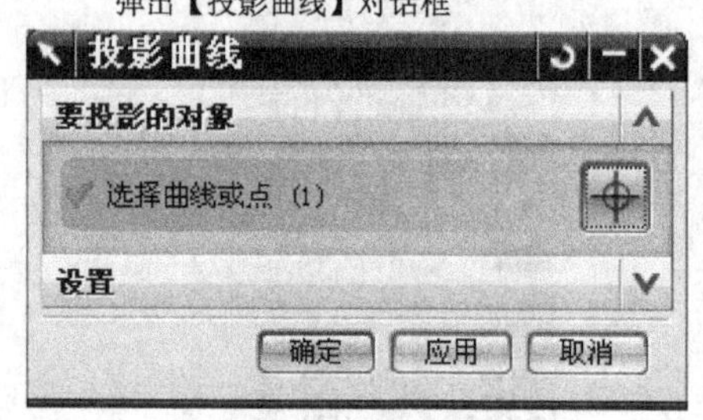


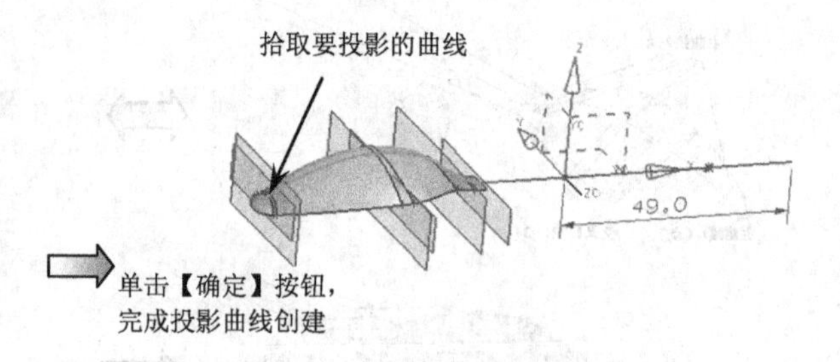


图 6.52　创建投影曲线

(2) 在【特征操作】工具条中单击【基准平面】按钮，弹出【基准平面】对话框，然后根据图 6.53 所示进行操作。单击【确定】按钮，完成绘制截面草图 5 的基准平面的创建。

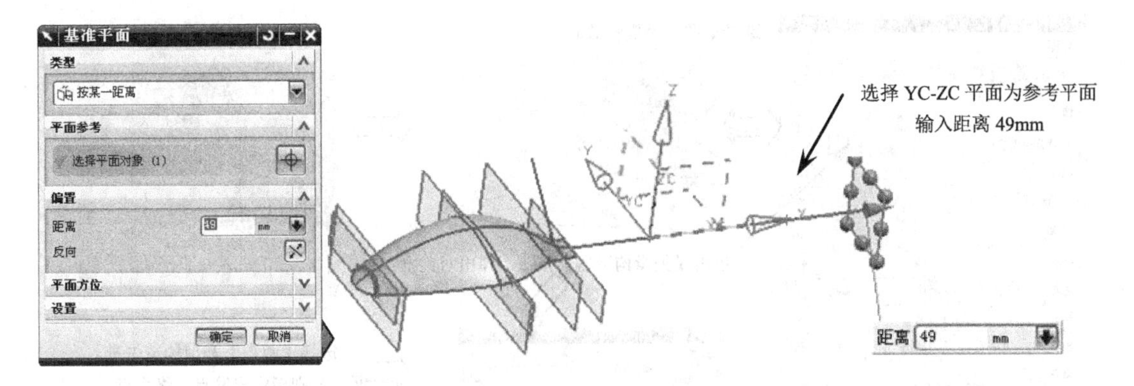


图 6.53　创建基准平面

(3) 在【特征】工具条中单击【草图】按钮，接着选择上面刚刚创建的基准平面，单击【确定】按钮，打开二维草图模组界面，然后绘制如图 6.54 所示的草图 5。

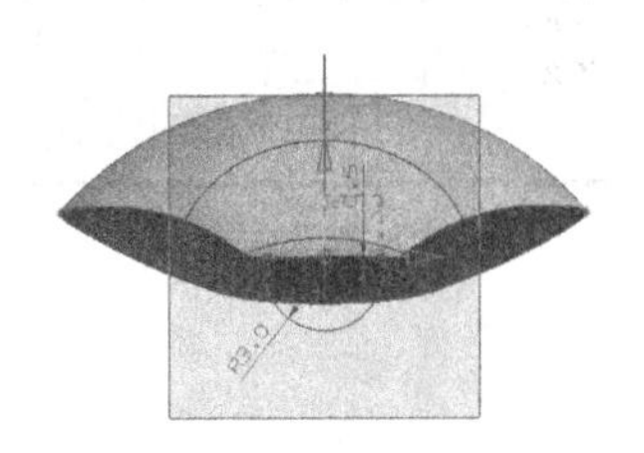

图 6.54　绘制草图 5

(4) 在【特征】工具条中单击【沿引导线扫掠】按钮，弹出【沿引导线扫掠】对话框，然后根据图 6.55 所示进行设置。单击【确定】按钮，完成扫掠曲面的创建。

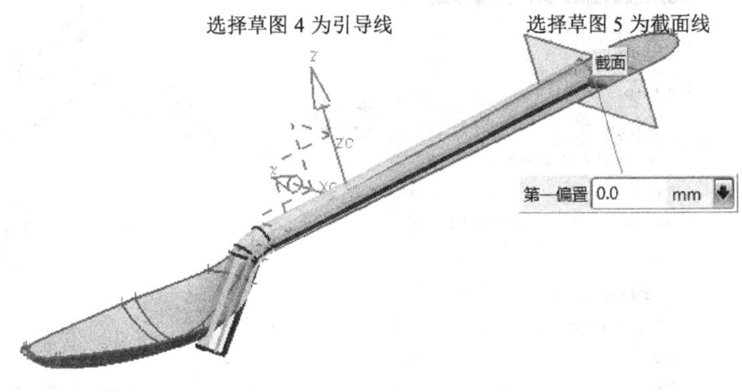


图 6.55　绘制草图

7) 创建回转曲面

(1) 在【特征】工具条中单击【回转】按钮，弹出【回转】对话框，然后根据图 6.56 所示进行设置。

(2) 单击【确定】按钮，完成回转面的创建。

8) 片体修剪、缝合、倒圆角

(1) 在【曲面】工具条中单击【修剪的片体】按钮，弹出【修剪的片体】对话框，然后根据图 6.57 所示进行操作。单击【应用】按钮完成扫掠面的修剪。

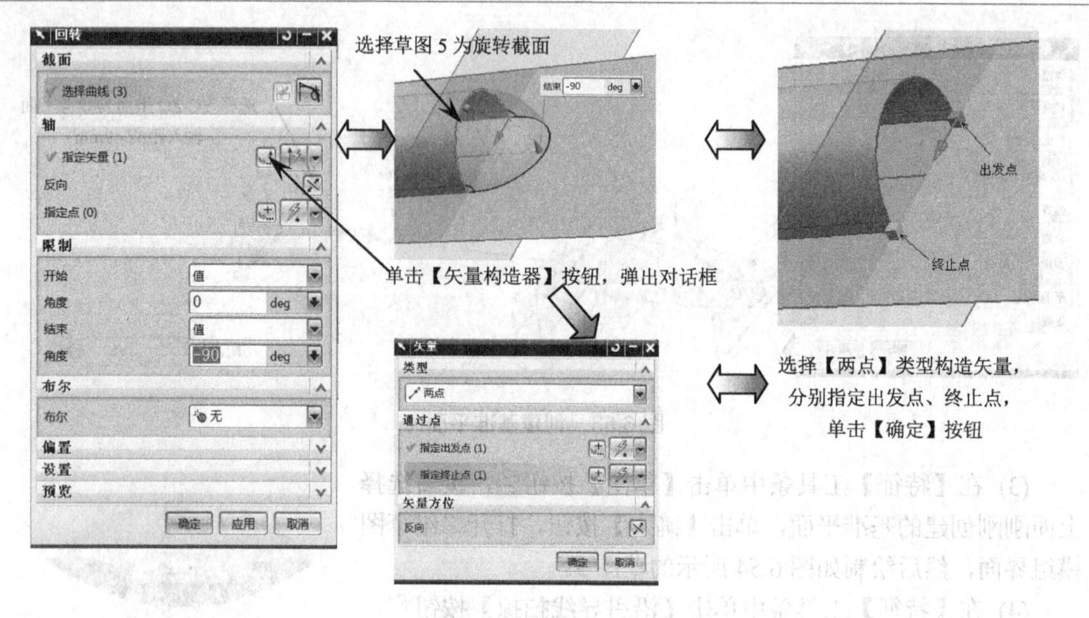


图 6.56　创建回转曲面

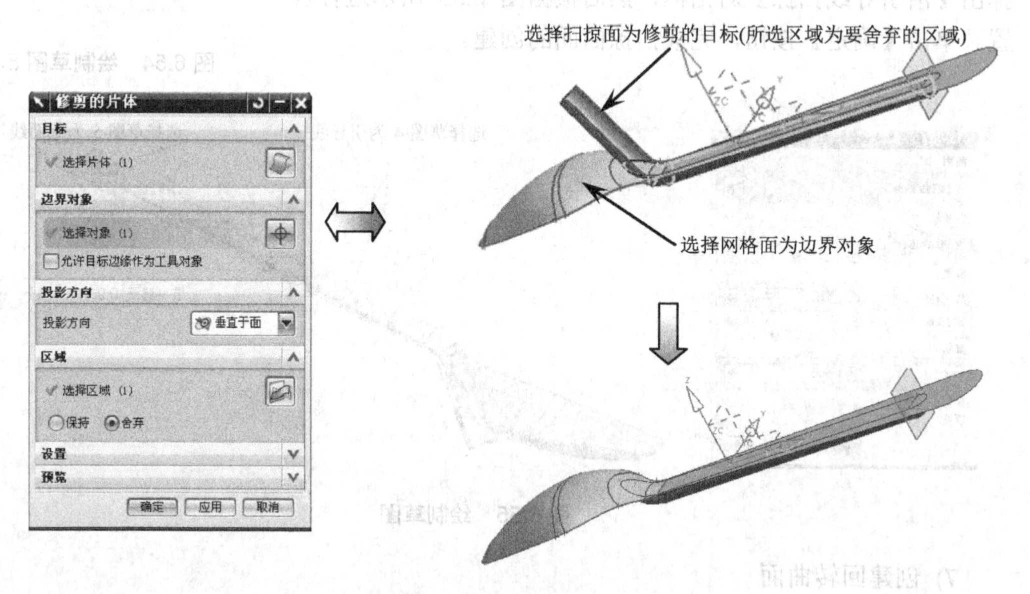


图 6.57　修剪扫掠面

(2) 在【修剪的片体】对话框中，继续根据图 6.58 所示进行设置。单击【确定】按钮，完成网格面、有界平面的修剪。

(3) 在【特征操作】工具条中单击【缝合】按钮，弹出【缝合】对话框，然后根据图 6.59 所示进行操作。单击【确定】按钮，完成缝合。

(4) 在【特征操作】工具条中单击【边倒圆】按钮，弹出【边倒圆】对话框，然后根据图 6.60 所示进行设置。单击【确定】按钮，完成边倒圆。

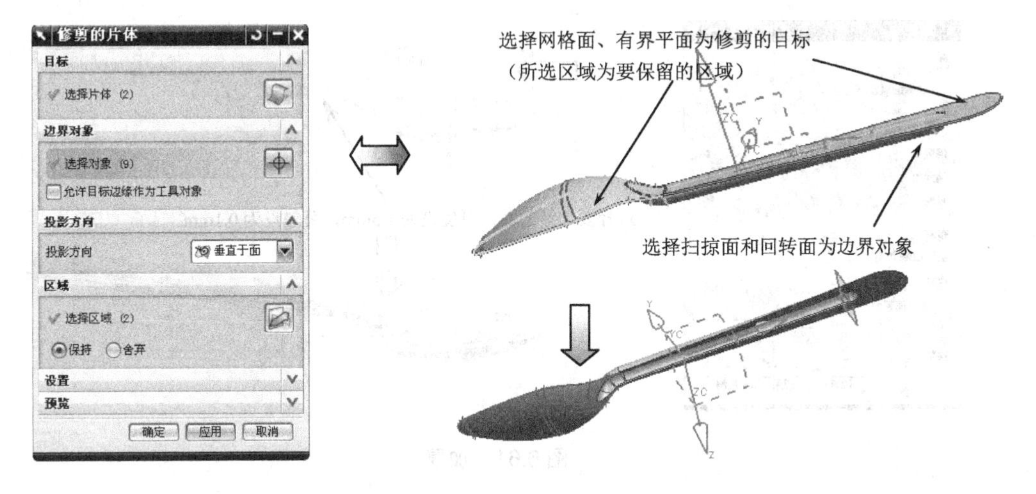


图 6.58　修剪网格面及有界平面

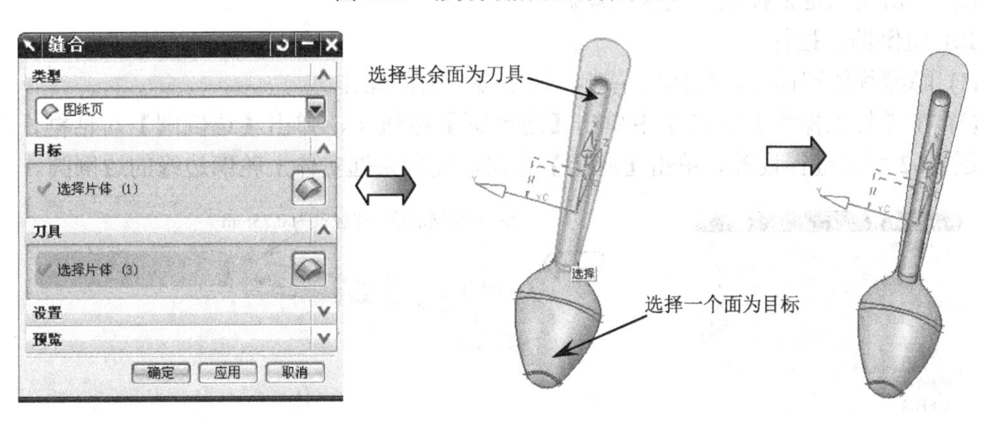


图 6.59　缝合

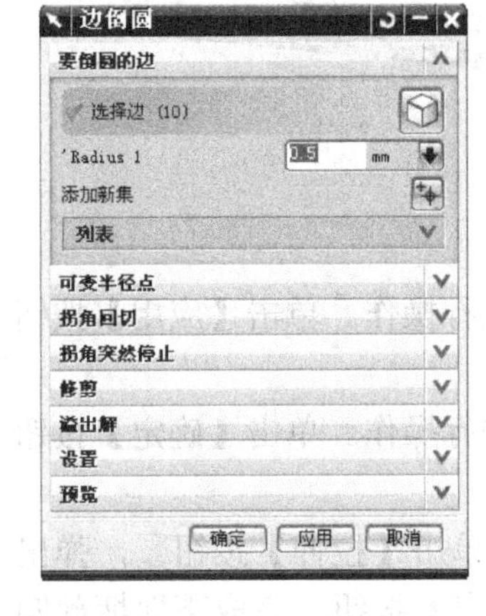


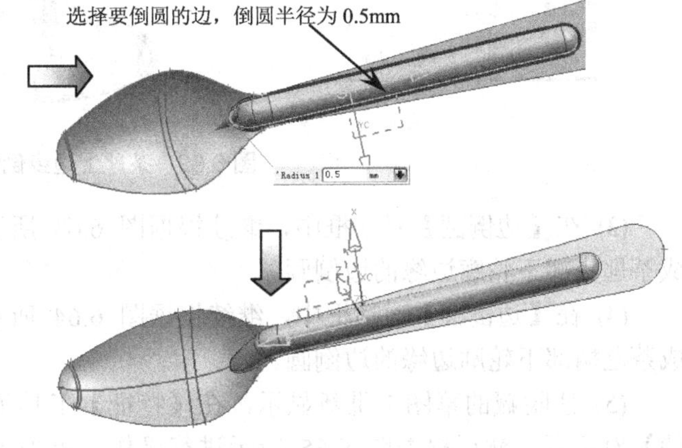


图 6.60　边倒圆

9) 加厚

(1) 在【特征】工具条中单击【加厚】按钮，弹出【加厚】对话框，然后根据图 6.61 所示进行设置。

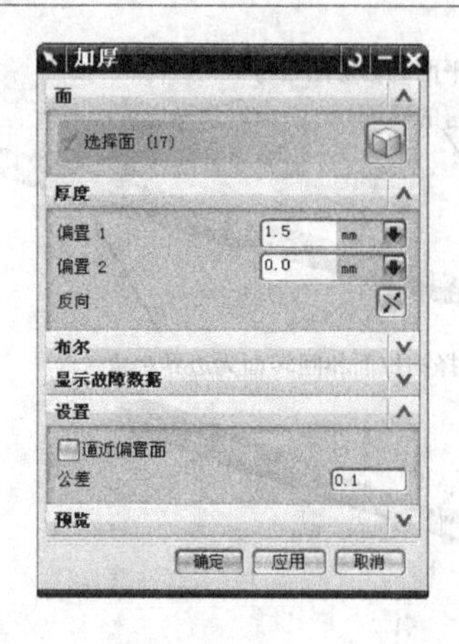

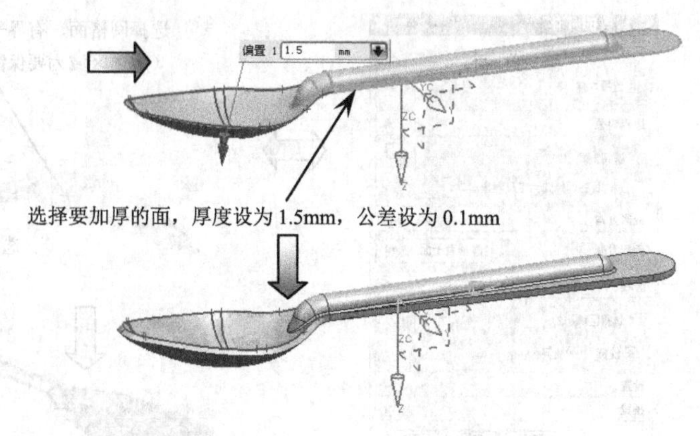


图 6.61　加厚

(2) 单击【确定】按钮，完成加厚。

10) 边倒圆、拉伸

(1) 隐藏片体和曲线，使图面清晰，便于接下来的操作。

(2) 在【特征操作】工具条中单击【边倒圆】按钮，弹出【边倒圆】对话框，然后根据图 6.62 所示进行设置。单击【应用】按钮，完成茶匙实体上轮廓边缘的边倒圆。

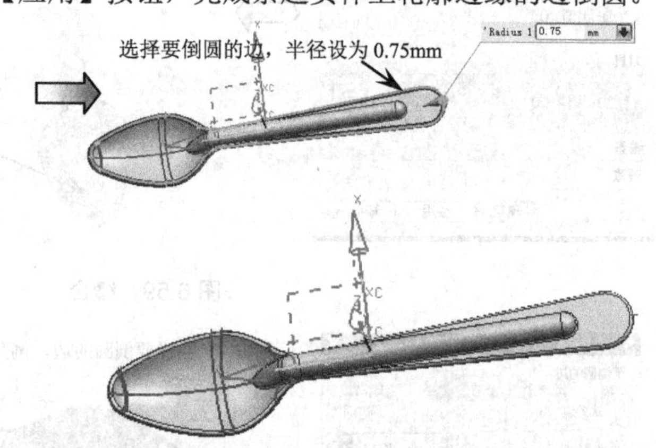


图 6.62　茶匙上边缘倒圆

(3) 在【边倒圆】对话框中，继续根据图 6.63 所示进行操作。单击【应用】按钮，完成茶匙头部下轮廓边缘的边倒圆。

(4) 在【边倒圆】对话框中，继续根据图 6.64 所示进行操作。单击【确定】按钮，完成茶匙柄部下轮廓边缘的边倒圆。

(5) 使隐藏的草图 1 重新显示，在【特征】工具条中单击【拉伸】按钮，弹出【拉伸】对话框，然后根据图 6.65 所示进行操作。单击【确定】按钮，完成茶匙柄部圆孔的拉伸。

(6) 把草图和曲线隐藏或移动至合适的图层，使图面清晰，如图 6.66 所示。

(7) 在【标准】工具条中单击【保存】按钮保存模型。

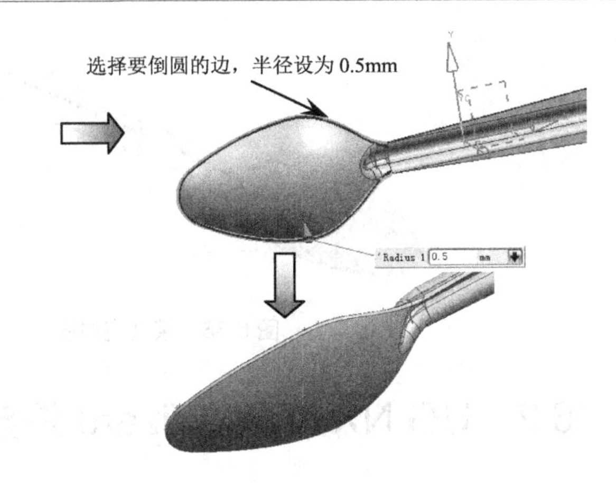


图 6.63　茶匙头部下边缘倒圆

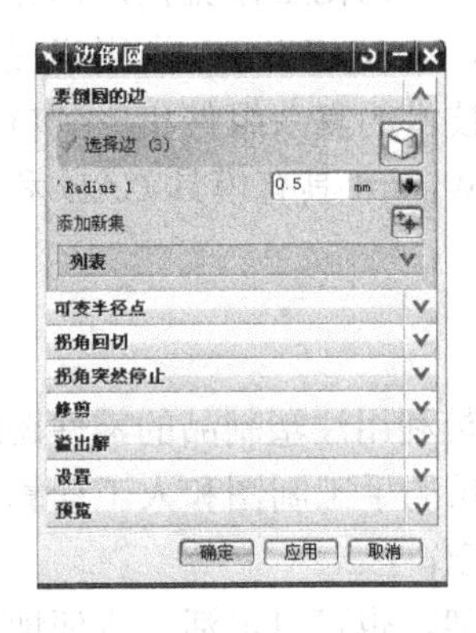


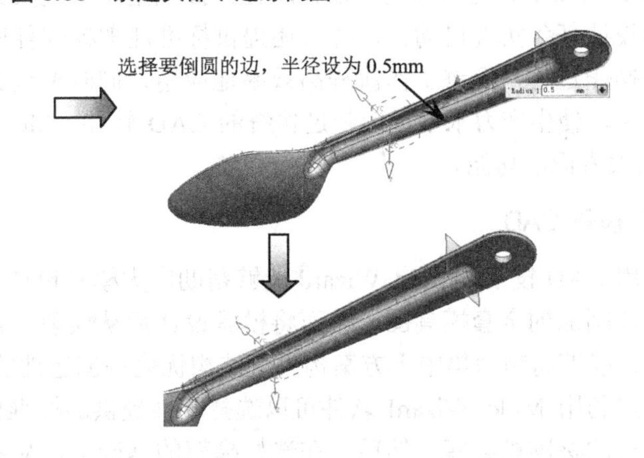


图 6.64　茶匙柄部下边缘倒圆

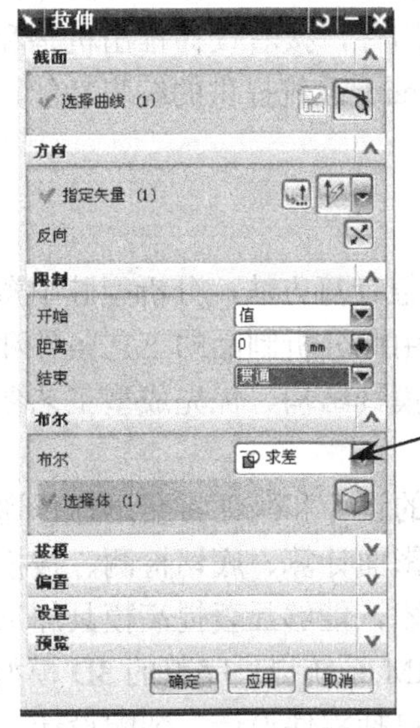


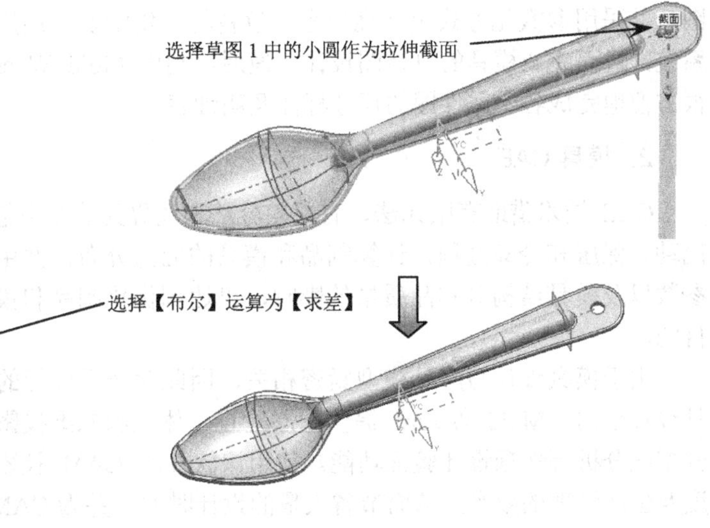


图 6.65　拉伸茶匙柄部圆孔

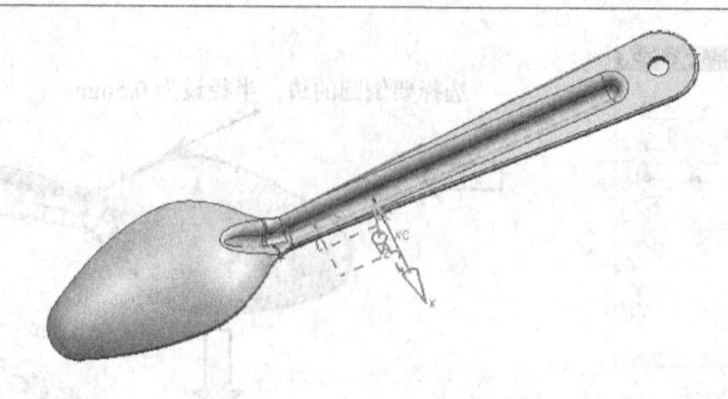

图 6.66　茶匙完成图

## 6.2　UG NX Mold Wizard 注塑模设计向导

Mold Wizard 优化注塑模设计过程，提供基于最佳实践的结构化工作流程，使注塑模专用的设计任务实现自动化，并且还提供标准注塑模部件库。Mold Wizard 为用户提供一个分步操作过程，促进工作流程高效率地应用，同时把设计技术的复杂组件集成到自动化的顺序中，使生产力水平远远超过传统的 CAD 软件。Mold Wizard 具有模具 CAD 和模具 CAE 两大方面的功能。

### 1．模具 CAD

运用 CAD 技术，Mold Wizard 能够帮助广大模具设计人员利用注塑制品的零件图迅速设计出该制品的全套模具图，从而将模具设计师从烦琐、冗长的手工制图和人工计算中解放出来，能够将精力集中于方案构思、结构优化等创造性的工作上。

用户利用 Mold Wizard 软件可以选择软件提供的标准模架，也可以灵活、方便地建立适合自己的标准模架库。然后，在选好模架的基础上，从系统提供的整体式、嵌入式、镶拼式等多种形式的动、定模结构中，依据自身需要灵活地选择并设计动、定模部件装配图，并采用参数化方式设计浇口套、拉料杆、斜滑块等通用件，接着设计推出机构和冷却系统，进而完成模具的总装图设计。最后，利用 Mold Wizard 系统提供的编辑功能，可以很方便地完成各个零件图的尺寸标注及明细表。

### 2．模具 CAE

CAE 技术借助有限元法、有限差分法和边界元法等数值计算方法，分析型腔中塑料的流动、保压和冷却过程，计算制品和模具的应力分布，并由此分析制品的工艺条件和材料参数以及模具结构对制品质量的影响，以达到优化制品和模具结构、优先成型工艺参数的目的。

由于模具设计与产品模型紧密相关，因此对产品进行的设计和验证将会迅速传递到模具设计部门。Mold Wizard 提供壁厚检查、体积和二维投影面计算、底切检测、拔模角和分型线分析等多项设计验证功能。使用该软件的 CAM 技术，能够显著提高模具加工的精度及生产管理的效率，从而节省大量的设计时间，并为 CAM 系统提供完整的 3D 模型。

此外，Mold Wizard 提供模具设计所需的所有工具，包括零件设计、装配设计、数据转换、设计验证、标准零件库和用户定义特征等。这种模块能够自动完成分型和型芯/型腔分离操作，即自动实现搜索分型线、补孔、创建分型面、分离型芯/型腔等操作。这样，即使经过较大改动之后，分开的几何图形也仍然与产品模型之间保持关联。

## 6.2.1　注塑模设计向导简介

### 1. 命令图标介绍

启动 UG NX 后，选择【应用模块】|【注塑模】命令，打开【注塑模向导】选项卡，此时若右键选择取消停靠选项卡，则显示为浮动的【注塑模向导】工具条，如图 6.67 所示。

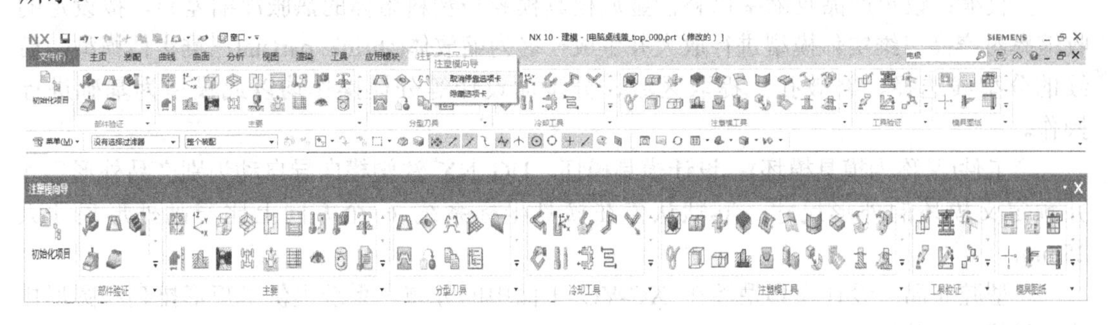


图 6.67　【注塑模向导】选项卡及工具条

选项卡或工具条中包括图 6.68 所示的【初始化项目】、【主要库】、【分型刀具库】、【冷却工具库】、【注塑模工具库】、【工具验证库】、【模具图纸库】等几个库，各功能简述如下。

(1) 初始化项目：装载所有用于模具设计的产品三维实体模型，建立模具零部件存放配套文件。若要在一副模具中放置多个产品，则需要多次单击该按钮。

(2) 部件验证库：包括模具设计验证、检查区域、检查壁厚等命令按钮，如图 6.69 所示。

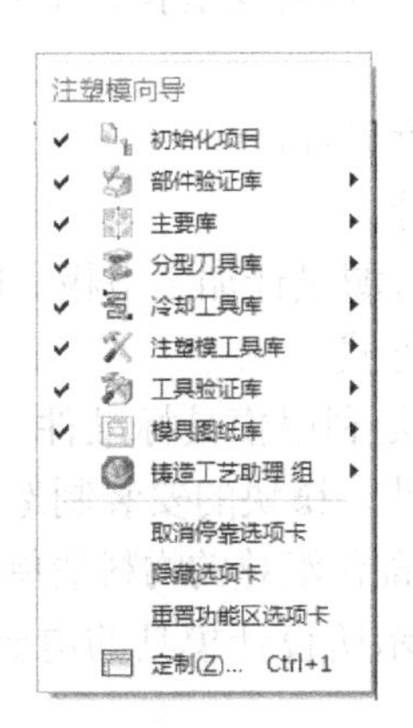


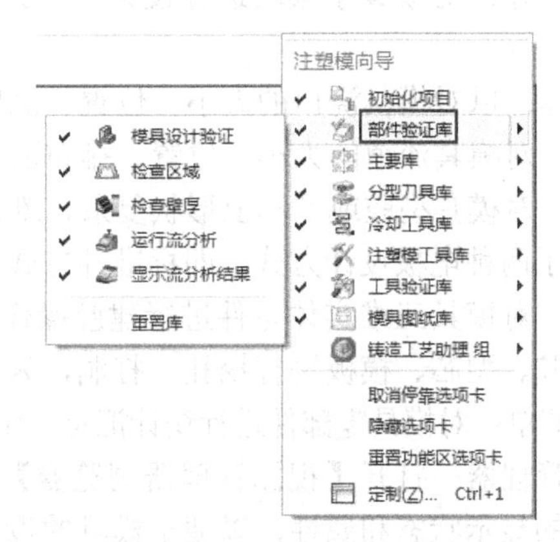


图 6.68　【注塑模向导】的几个库　　　图 6.69　【部件验证库】菜单命令

(3) 主要库：包括多腔模设计、模具坐标系、型腔布局、模架库、标准件库、浇口库、流道、腔体、物料清单等命令，如图 6.70 所示。

【主要库】各命令简单介绍如下。

多腔模设计：用该命令选择不同形状产品多腔模布局的模型，只有被选作当前产品才能对其进行模坯设计和分模等操作；需要删除已装载产品时，也可单击该按钮进入产品删除界面。

模具 CSYS(坐标系统)：设计模具坐标系统，确定产品模型在模具中的摆放位置。坐标系统的 XC-YC 平面定义在模具动模和定模的接触面上，模具坐标系统的 ZC 轴正方向指向塑料熔体注入模具主流道的方向上。模具坐标系统设计是模具设计中相当重要的一步，模具坐标系统与产品模型的相对位置决定了产品模型在模具中的放置位置和模具结构，是模具设计成败的关键。

收缩：设定产品收缩率以补偿金属模具模腔与塑料熔体的热胀冷缩差异，按设定的收缩率对产品三维实体模型进行放大并生成一名为缩放体(shrink part)的三维实体模型，后续的分型线选择、补破孔、提取区域、分型面设计等分模操作均以此模型为基础进行操作。

工件(又称为模具模坯)：设计模具模坯，UG NX 注塑模向导自动识别产品外形尺寸并预定义模坯的外形尺寸，其默认值在模具坐标系统 6 个方向上比产品外形尺寸大 25mm。

型腔布局：设计模具型腔在 XC-YC 平面中的分布。系统提供了矩形排列和圆形排列两种模具型腔排布方式。

模架库：调用 UG NX 注塑模向导提供的电子表格驱动标准模架库，也可在此定制非标准模架。

标准件库：调用 UG NX 注塑模向导提供的定位环、主流道衬套、导柱导套、顶杆、复位杆等模具标准件。

顶杆后处理：利用分型面和分模体提取区域对模具推杆进行修剪，使模具推杆的长度尺寸和头部形状均符合要求。

滑块和浮升销库：调用 UG NX 注塑模向导提供的滑块体、内抽芯三维实体模型。

子镶块库：对模具子镶块进行设计。子镶块的设计是对模具型腔、型芯的进一步细化设计。

浇口库：以对模具浇口的大小、位置、浇口形式进行设计。

流道：对模具流道的大小、位置、排布形式进行设计。

电极：对模具型腔或型芯上形状复杂、难以加工的区域设计加工电极。UG NX 注塑模向导提供了两种电极设计方式，即标准件方式和包裹体方式。

腔体：对模具三维实体零件进行建腔操作。建腔即是利用模具标准件、镶块外形对目标零件型腔、型芯、模板进行挖孔、打洞，为模具标准件、镶块的安装制造空间。

物料清单：对模具零部件进行统计汇总，生成模具零部件汇总的物料清单 BOM 表。

视图管理器：打开【视图管理器浏览器】窗口，显示所设计模具的电极、冷却系统和固定构件的显示状态和属性，以便于模具的设计。

未用部件管理：从项目目录的回收站目录删除或恢复部件文件。

(4) 分型刀具库：各命令如图 6.71 所示，可以完成提取区域、自动补孔、自动搜索分型线、创建分型面、自动生成模具型芯和型腔等操作，方便、快捷、准确地完成模具分模工作。

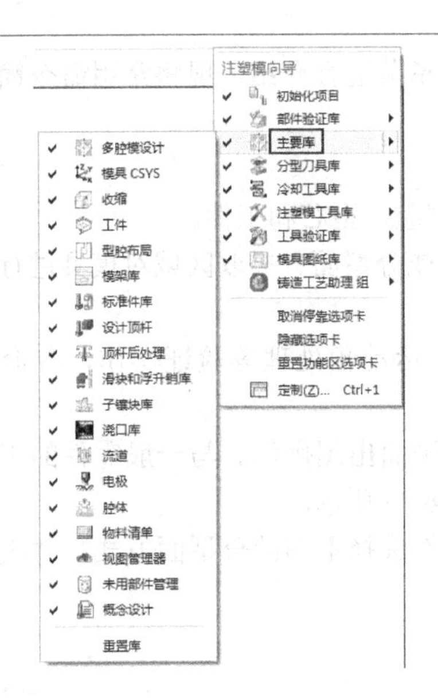


图 6.70 【主要库】子菜单中的命令

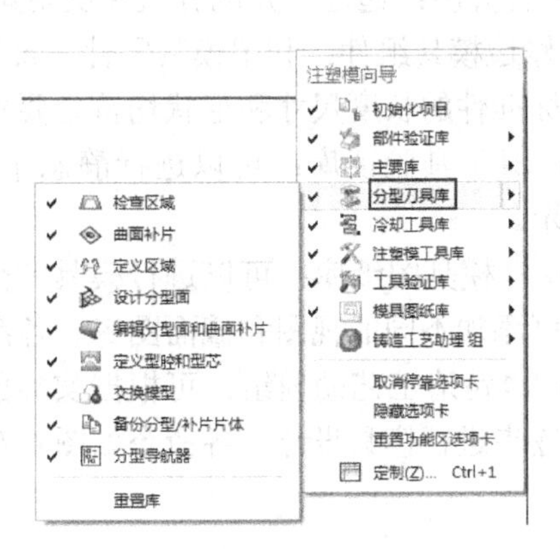


图 6.71 【分型刀具库】子菜单中的命令

(5) 冷却工具库：对模具冷却水道的大小、位置、排布形式进行设计，同时可按设计师的设计意图在此选用模具冷却水系统用密封圈、堵头等模具标准件，各命令如图 6.72 所示。

(6) 注塑模工具库：使用模具向导【注塑模工具】工具条，使用 UG NX 注塑模向导提供的实体工具和片体工具，可以快速、准确地对分模体进行实体修补、片体修补、实体分割等操作，各命令如图 6.73 所示。

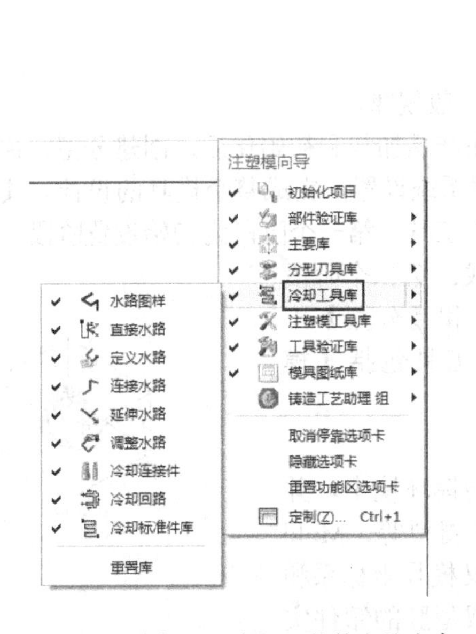


图 6.72 【冷却工具库】子菜单中的命令

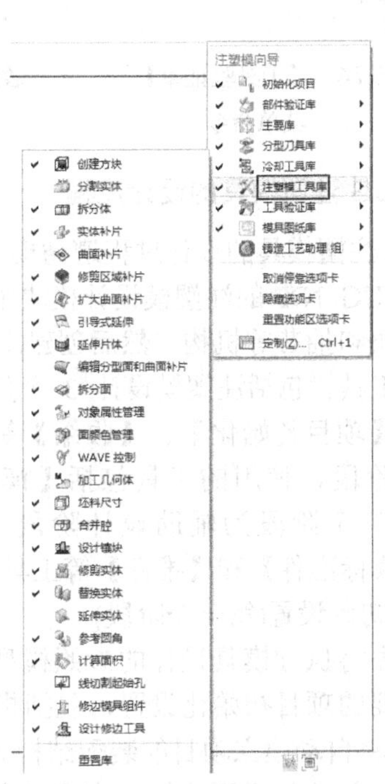


图 6.73 【注塑模工具库】子菜单中的命令

【注塑模工具库】更多的功能和用途将在后续章节进行介绍，现将常用命令简单介绍如下。

拆分面：将一个面拆分成两个或多个面。

合并腔：通过合并现有镶件块创建组合的型腔、型芯和工件。

修边模具组件：利用模具零件三维实体模型或分型面、提取区域对模具进行修剪，使模具标准件的长度尺寸和形状均符合要求。

(7) 工具验证库：可以进行静态干涉检查、运动预处理等验证操作，各命令如图 6.74 所示。

(8) 模具图纸库：可以进行模具零部件二维平面出图操作。与一般零件的工程图类似，也可添加不同的视图和截面图等。各命令如图 6.75 所示。

(9) 铸造工艺助理组：可根据实际的产品零件选择不同的分型面方式，并根据系统的提示逐步进行模具设计。各命令如图 6.76 所示。

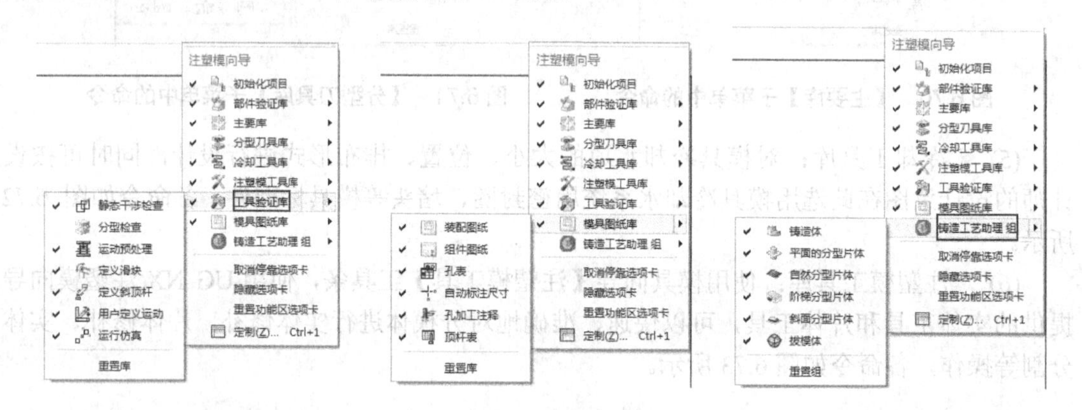


图 6.74 【工具验证库】菜单命令

图 6.75 【模具图纸库】菜单命令

图 6.76 【铸造工艺助理库】菜单命令

## 2. UG 注塑模具的设计流程

UG 注塑模具的设计过程遵循模具设计的一般规律。

在 UG NX 的注塑模设计模块中，通常在产品加载和初始化后，创建分型、模架、推杆、滑块和抽芯等机构，然后创建冷却和浇注系统设置，完成整个模具的设计。【注塑模向导】工具栏包括注塑模设计 3 个阶段的操作工具。第一个阶段为初始设置阶段，使用的工具由【项目初始化】、【收缩】等工具组成；第二个阶段为分型阶段，使用的工具包括【模具】工具和【分型】工具；第三个阶段为辅助设计阶段，使用的工具包括【模架】、【标准件】和【推杆】等工具。

1) 初始设置(第一个阶段)

首先将执行模具设计的参照模型调入注塑模环境中，并进行必要的项目初始化设置，包括指定路径和材料等，Mold Wizard 将自动建立项目的装配结构。然后定义模具坐标系和收缩率，并选择成型功能，应用于自动型芯或型腔的镶件实体，随后根据设计需要定义模具型腔的布局方式，如图 6.77

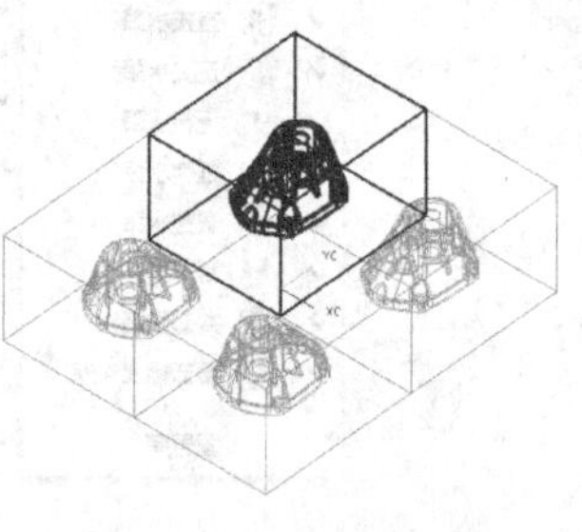

图 6.77 初始设置

所示。

具体步骤如下。

(1) 产品模型准备。在进行注塑模设计之前检查参照模型是否具有可注塑性，同时还需要检查参照模型的品质和结构特征。

(2) 产品加载和初始化。产品加载是使用 UG NX 注塑模向导模块进行模具设计的第一步，加载需要进行模具设计的产品模型，并设置有关的项目单位、文件路径以及成型材料及收缩率等。加载后注塑模向导模块将自动产生一个模具装配结构。

(3) 设置模具坐标系统。设置模具坐标系统是模具设计中重要的一步。模具坐标系与产品坐标系不一定一致。

(4) 计算产品收缩率。塑料熔体在模具内冷却成型为产品后，由于塑料的热胀冷缩大于金属模具的热胀冷缩，所以成型后的产品尺寸将略小于模具型腔的相应尺寸，因此模具设计时模腔的尺寸要求略大于产品的相应尺寸，以补偿金属模具型腔与塑料熔体的热胀冷缩差异。

(5) 设定模具型腔和型芯毛坯尺寸。Mold Wizard 中称为工件，就是分型之前的型芯与型腔部分。UG NX 注塑模向导将通过【分模】将工件分割成模具型腔和型芯。

(6) 模具型腔布局。模具型腔布局即是通常所说的“一模几腔”，是产品在模具型腔内的排布数量、方式。

2) 分型设计(第二个阶段)

通常情况下，在进行分型设计之前，首先对参照模型机构存在的破孔进行必要的修补，即使用【注塑模向导】工具栏中的模具工具进行分割或修补操作，方可创建分型线和分型段，从而创建模具分型片体。接着抽取模具型腔和型芯区域，即可获得型腔和型芯部件的效果，如图 6.78 所示。

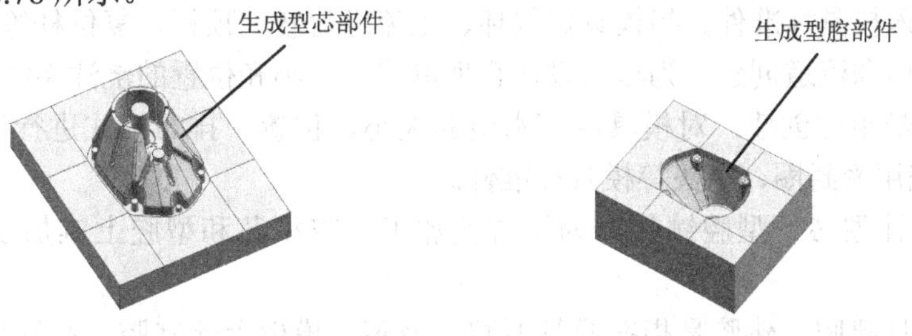


图 6.78　分型设计获得型腔和型芯部件

具体步骤如下。

(1) 修补分模实体模型破孔。塑料产品由于功能或结构需要，在产品上常有一些穿透产品孔，即“破孔”。为将模坯分割成完全分离的两部分——型腔和型芯，UG NX 注塑模向导模块需要用一组厚度为零的片体将分模实体模型上的这些孔“封闭”起来，这些厚度为零的片体和分型面、分模实体模型表面可将模坯分割成型腔和型芯。UG NX 注塑模向导模块提供自动补孔功能。

(2) 建立模具区域和分型线。UG NX 注塑模向导模块提供 MPV(Mould Part Validation，分模对象验证)功能，将分模实体模型表面分割成型腔区域和型芯区域两种面，两种面相交产生的一组封闭曲线就是分型线。

(3) 建立模具分型面。分型面是一组由分型线向模坯四周按一定方式扫描、延伸、扩展而形成的连续封闭曲面。UG NX 注塑模向导模块提供了自动生成分型面功能。

(4) 建立模具型腔和型芯。分模实体模型破孔修补和分型面创建后，即可用 UG NX 注塑模向导模块提供的建立模具型腔和型芯功能将模坯分割成型腔和型芯。

3) 辅助设计(第三个阶段)

在进行必要的分型设计之后，为保证模具设计的完整性，可根据设计要求创建模架部件，或者创建模具型腔和型芯的浇口和分流道，其先后顺序因人而异。

如果先创建模架，随后创建浇注系统中的定位环和浇口套的话，则需要首先设计必要的推杆、滑块和浮升销部件，然后设计浇注和冷却系统，最后进行镶件、腔体和电极等的辅助设计，即可获得整个模具的设计效果，如图 6.79 所示。

图 6.79　模具辅助设计

具体步骤如下。

(1) 使用模架。模具型腔、型芯建立后，需要提供模架以固定模具型腔和型芯。

(2) 加入模具标准件。指模具定位环、主流道衬套、顶杆、复位杆等模具配件。

(3) 浇口和流道创建。为模具设计合理形状、大小和位置的浇注系统。

(4) 冷却组件创建。对模具冷却水道的大小、位置、排布形式进行设计，并选用模具冷却水系统用密封圈、堵头等模具标准件。

(5) 设计型芯、型腔镶件。为了方便加工，将型芯和型腔上难加工的区域做成镶件形式。

(6) 模具建腔。建腔是指在模具型腔、型芯、模板上建立腔、孔等特征，以安装模具型腔、型芯、镶块、流道、冷却水道及各种模具标准件等。

(7) 电极设计。主要是创建电极和电极工程图，可以使用 Mold Wizard 提供的电极设计向导来快速完成电极的设计。

(8) 物料清单和工程图纸。生成模具零部件汇总的物料清单和模具零部件二维平面图。

【注塑模向导】工具栏中按钮排列顺序与模具设计的流程基本一致，通常在进行模具设计时这 3 个阶段的所有设计可按照图 6.80 所示的流程进行。

符号含义如下。

必选步骤：▭

可选步骤：◯

以上设计流程基本是依次选择【注塑模向导】工具条上的图标，每个图标都能完成一项设计任务。本书接下来也遵循该排列顺序进行讲解，读者可通过以下各个章节的详细操作介绍体会其在模具设计过程中所发挥的作用。

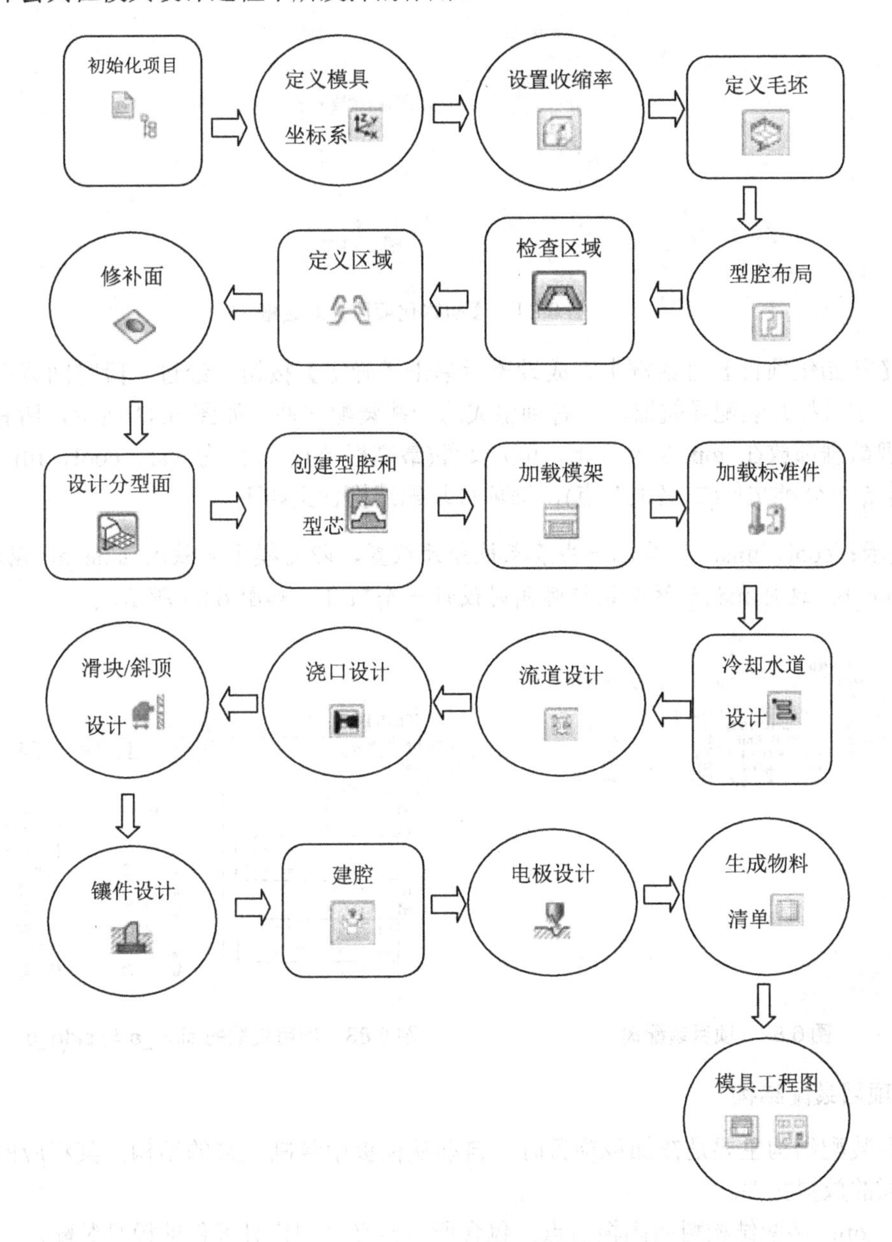


图 6.80　注塑模向导流程图

## 6.2.2　项目初始化

打开产品的三维实体模型后，单击【注塑模向导】选项卡中的【初始化项目】按钮，系统弹出如图 6.81 所示的【初始化项目】对话框。

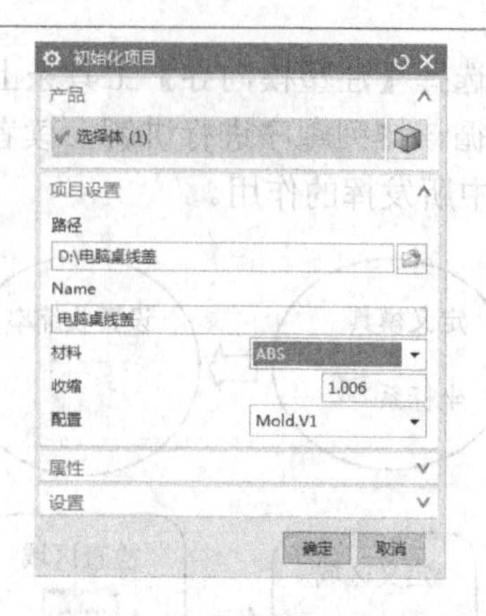


图 6.81 【初始化项目】对话框

在【初始化项目】对话框中完成设置后单击【确定】按钮，经过一段时间就可载入产品数据。这时打开装配导航器，可看到生成的一些装配文件，如图 6.82 所示，所有模具零件和处理数据都放在 top 总文件下，top 文件(最高根节点)又分为 var、cool、fill、misc、layout 等 5 个分类文件(二级根节点)，该项目装配结构含义如下。

**提示**：cool、misc 和其他一些节点被分开放置，即定模元素放入 side_a，动模元素放入 side_b。这样有利于两个设计师同时设计一个项目，如图 6.83 所示。

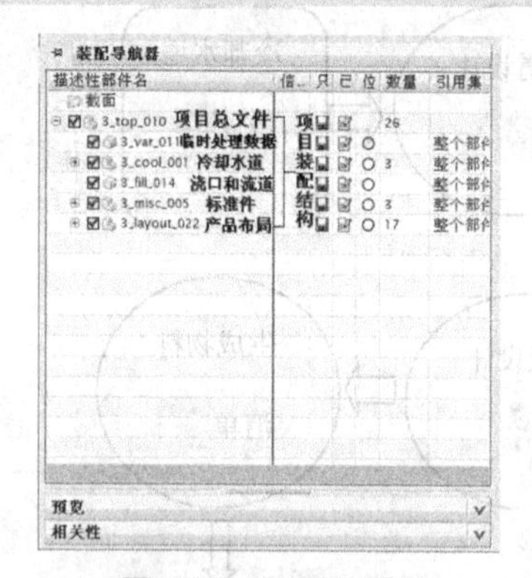


图 6.82 项目装配树

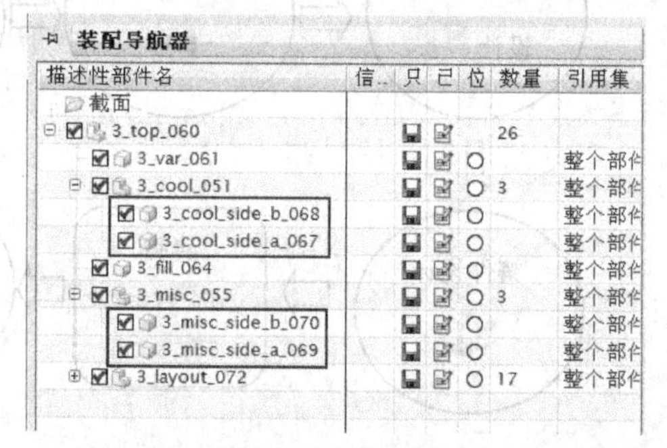


图 6.83 项目装配的 side_a 与 side_b

### 1. 项目装配结构

项目装配结构主要是在加载项目时，自动从模板中复制过来的结构，其相应的后缀代表着不同的放置文件。

- top：装配结构树最高根节点，包含所有定义注塑模具部件的模具装配。
- var：该二级根节点临时存放模具处理数据，包含模架和标准件所引用的标注设置信息。
- cool：该二级根节点专供放置模具中的冷却系统。
- fill：该二级根节点放置浇口、流道的文件。
- misc：该二级根节点放置通用标准件(不需要进行个别细化设计)，如定位圈、锁紧块和支撑柱等。

- layout：该二级根节点用于安排多个产品子装配节点 prod(三级根节点)的位置分布，包括成型镶件相对于模架的位置、多型腔或多件模分支都由 Layout 安排。

如果是多模腔模具，layout 节点下就有多个 prod 节点；如果是单模腔模具，layout 节点下只有一个 prod 节点。如图 6.84 所示，每个 prod 节点下，包含一个单个产品模型文件，即产品装配结构，可以用【复制】、【粘贴】等方式在 layout 节点下生成多个 prod 节点来制作多腔模具。

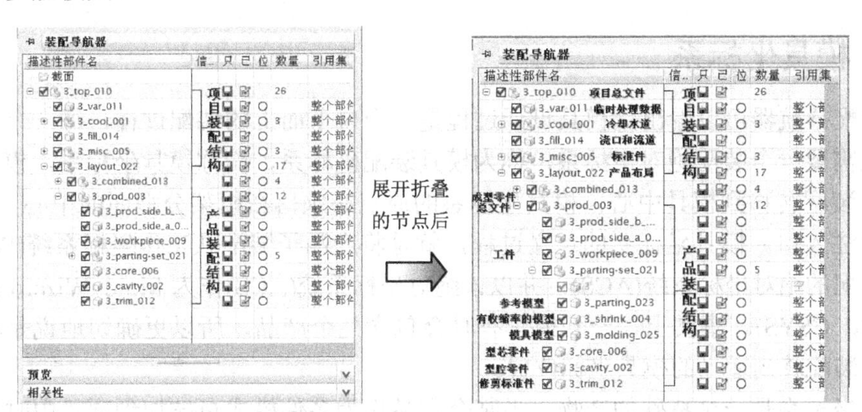


图 6.84　项目装配结构和产品装配结构

## 2. 产品装配结构

产品装配结构是在项目装配结构下的一个子结构，其上面的信息都是针对具体的一个产品的。

- prod：三级根节点，是一个独立的，包含与产品有关的文件，附属有 prod_side_b、prod_side_a、parting、cavity、core 和 trim 这 6 个分类文件(四级根节点)。该节点包含了某一具体部件注塑装配结构，一模多件中布局的作用就是对项目中的多个 prod 节点进行布局。
- prod_side_a、prod_side_b：分别是模具 a 侧和 b 侧组件的子装配结构，还有一些与产品形状有关的特殊标准件，如推杆、滑块、内抽芯和顶块，都会出现在 prod 子装配下的 side_a 或 side_b 节点中。这样允许两个设计师同时设计一个项目。
- workpiece：工件，或称为成型镶件，是用来生成模具的型芯和型腔的实体。
- product model：产品模型加到 prod 子装配并不改变其名称，只是其引用集的设置为空引用值(Empty Reference Set)，因而，当下一次打开装配时，产品原模型将不会自动打开，除非以后执行了有关打开原模型的操作。Mold Wizard 设置了必要的加载选项。
- parting：保存了分型片体、修补片体和提取的型芯片体、型腔片体，这些片体用于把隐藏着的成型镶件分割成型腔和型芯块。
- shrink：保存了原模型按比例放大的几何体链接。
- molding：保存了原始部件的一个复制模型，并被几何链接到原来的部件文件。其建模特征(如斜度、分割面和边倒圆等)被加在该部件中的产品链接体上，使产品模型有利于制模。这些建模特征并不受收缩率的影响。当替换了一个新的产品版本，甚至替代产品来自其他 CAD 系统时，还能保持全相关。

- core：存放型芯零件。
- cavity：存放型腔零件。
- trim：包含了用于修剪标准件用的几何体。例如，在一案例中一推杆的端面必须与一产品的复杂表面形状一致，这时就要用 Mold Trim(模具修剪)功能调用 trim 组件中的链接片体去修剪该推杆。

### 6.2.3 模具坐标系

从装配导航器可以看出，模具设计过程是一个自下而上的装配过程，每一个零部件的安装定位需要一个装配绝对坐标系，称为模具装配坐标系，简称模具坐标系。模具坐标就是将产品装配转移到模具中心，模具坐标系的原点必须落在模架分型面的中心，且+Z 轴指向模具注入口。模具坐标系的定义过程，就是将产品子装配从工作坐标系统(WCS)移植到模具装配的绝对坐标系统(ACS)，并以该绝对坐标系统(ACS)作为 Mold Wizard 的模具坐标系(Mold CSYS)。事实上，一套模具有时会包含几个产品，所以更确切地说是将被激活的产品子装配移到适当的模具坐标位置。

模具坐标系是一个特殊的产物，当某个产品作为多件模成员被加到项目中时，其方位是任意的，模具坐标系就会调整其方向，使之与模架相匹配。任何时候都可以选择模具坐标系图标来编辑模具坐标。编辑过程如下。

(1) 在设置模具坐标系之前，调整分模体坐标系统，使分模体坐标系统的轴平面定义在模具动模和定模的接触面上，分模体坐标系统的另一轴正方向指向塑料熔体注入模具的主流道方向。

**提示：**① 定义模具坐标系要求打开原产品模型，由于该模型在装配中是以空的引用集(Empty Reference Set)形式装配的，当再次打开装配时，并没有打开该模型。在这种情况下，在编辑模具坐标之前，必须手动打开产品原模型。② 当在一个多件模中设置模具系统时，其显示部件(Display Part)和工作部件(Work Part)都必须是 Layout。

例如，坐标系 Z 轴的正方向与产品模具开模方向不一致，因此需要对产品坐标系进行调整。单击【旋转 WCS】按钮，将 Z 轴旋转 90°，如图 6.85 所示。

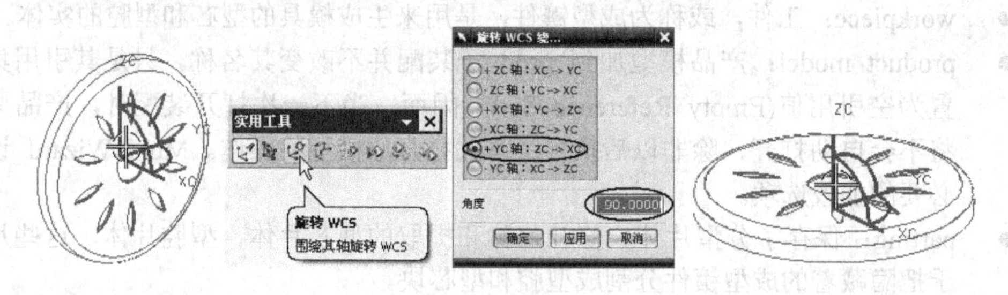


图 6.85 旋转坐标系

(2) 单击【模具 CSYS】按钮，弹出图 6.86 所示的【模具 CSYS】对话框。

选中【当前 WCS】单选按钮时，模具坐标系统 Z 轴正向锁定分模体的 Z 轴正向，X 轴和 Y 轴分别与分模体的 X 轴和 Y 轴重合。实际操作时可根据实际情况选择不同选项。选中

【产品体中心】单选按钮时，模具坐标系统原点将移至分模体重心处，X 轴和 Y 轴分别与分模体的 X 轴和 Y 轴方向一致。选中【选定面的中心】单选按钮时，模具坐标系统原点将移至所选面的中心位置处，X 轴和 Y 轴分别与分模体的 X 轴和 Y 轴方向一致。

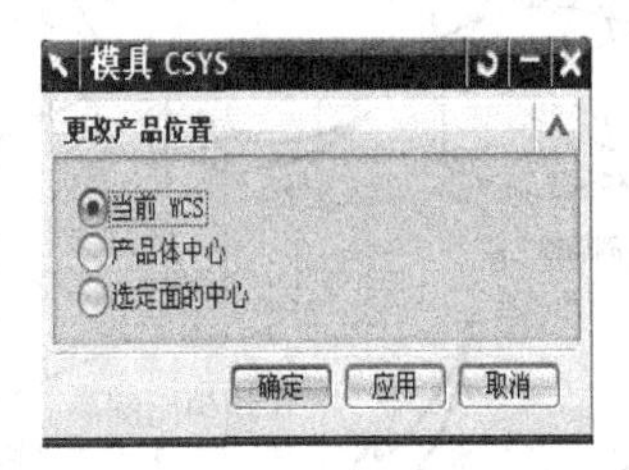


图 6.86　在【模具 CSYS】对话框中设定模具坐标系统

## 6.2.4　收缩率(Shrinkage)

塑料受热膨胀、遇冷收缩，因而采用热加工方法制得的制件，冷却定型后其尺寸一般小于相应部件的模具尺寸，所以在设计模具时必须把塑件的收缩量补偿到模具的相应尺寸中去，这样才可以得到符合尺寸要求的塑件。

如果在项目初始化期间，通过选择材料，已经应用了收缩率功能，之后也可以通过设置产品材料或选择收缩率图标随时编辑收缩率。

若最初没选择材料，或选择了一个近似收缩率，以后需使用收缩率图标设置收缩率的精确值。

单击【收缩率】按钮，以更改产品收缩率，弹出【缩放体】对话框，提供【均匀】、【轴对称】和【常规】3 种设定产品收缩方式的工具，如图 6.87 所示。

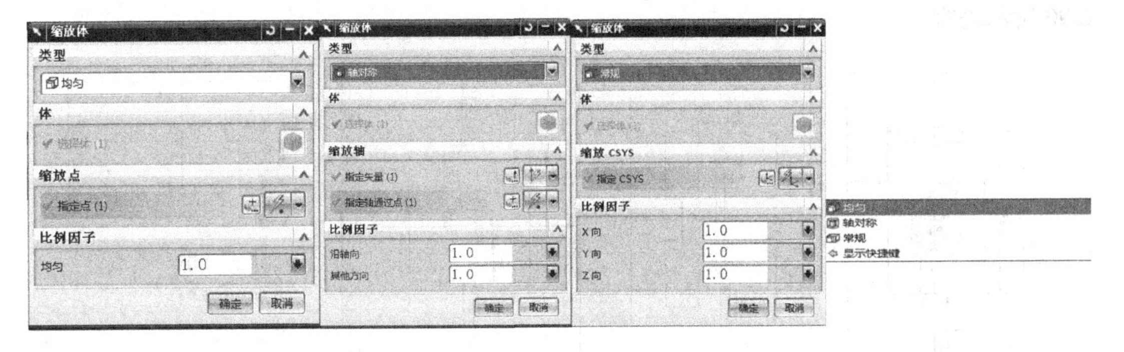


图 6.87　3 种设定产品收缩方式的对话框

- 【均匀】方式：该方式设定产品在坐标系的 3 个方向上的收缩率是相同的。
- 【轴对称】方式：该方式可设定产品在坐标系指定方向上的收缩率与产品其他方向上的收缩率是不同的。
- 【常规】方式：该方式可设定产品在坐标系 3 个方向上的收缩率均不相同。

不同缩放类型的效果如图 6.88 所示。

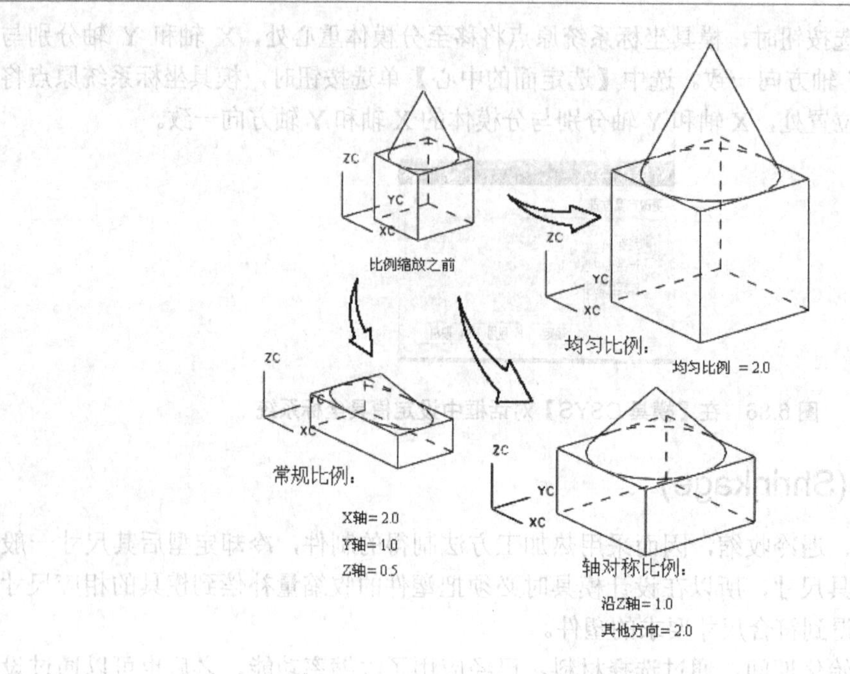


图 6.88　不同缩放类型的效果

## 6.2.5　工件(Work Piece)

注塑模向导中的工件是用来生成模具型腔和型芯的毛坯实体，所以毛坯的外形尺寸是在零件外形尺寸的基础上各方向都增加一部分尺寸。偏置的尺寸可以按照图 6.89、图 6.90 所示进行。

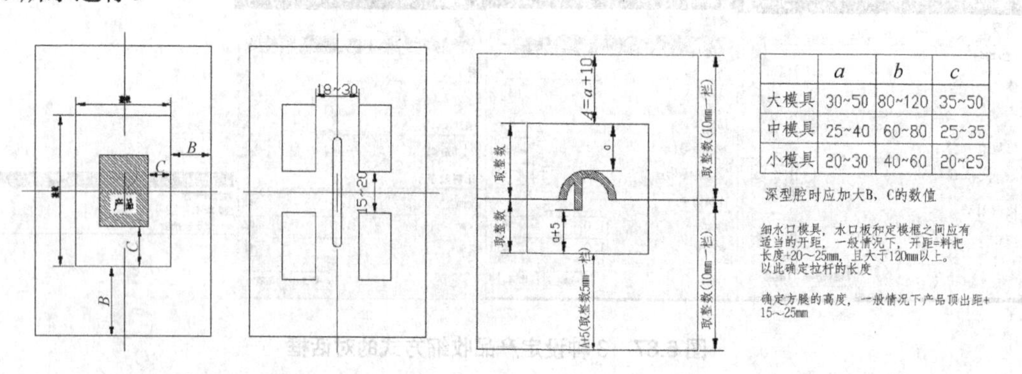


| | *a* | *b* | *c* |
|---|---|---|---|
| 大模具 | 30~50 | 80~120 | 35~50 |
| 中模具 | 25~40 | 60~80 | 25~35 |
| 小模具 | 20~30 | 40~60 | 20~25 |

图 6.89　X—Y 方向上偏置的尺寸　　图 6.90　Z 方向上偏置的尺寸

系统提供以下几种定义工件的类型。

### 1．产品工件

通过草绘或其他方式，分别为每一个产品创建一个单独的实体来定义型腔和型芯两个镶块。

单击【工件】按钮，打开工件设计，弹出如图 6.91 所示的【工件】对话框。在产品工件类型中，系统提供了 4 种模坯设计方式。

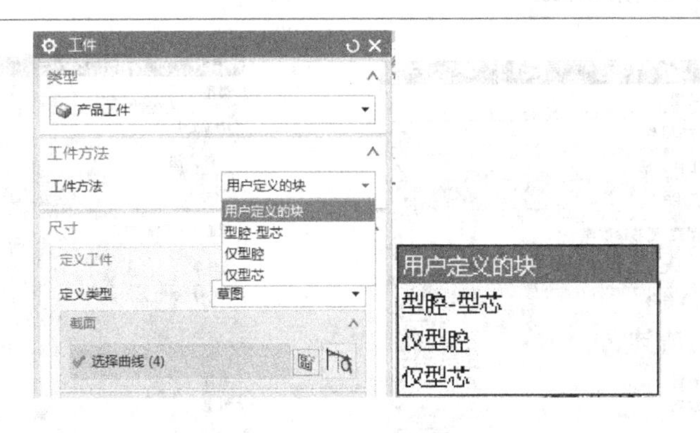


图 6.91　【工件】对话框

(1) 用户定义的块：选择【工件】对话框中的【用户定义的块】选项，如图 6.92 所示，输入模坯在坐标系 Z 方向上大于产品外形的尺寸，单击【确定】按钮，即设计出型腔、型芯外形尺寸一样大小的标准长方体模坯。

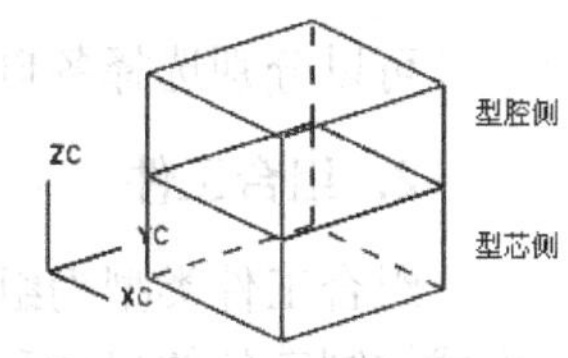


图 6.92　标准长方体模坯

(2) 型腔-型芯：选择【工件】对话框中的【型腔-型芯】选项，系统要求选择一个三维实体模型作为型腔和型芯的模坯，若系统中有适用的模型，可选取作为型腔和型芯的模坯；否则单击【工件库】按钮设计适合的型腔、型芯的模坯。设计完成后选取设计三维实体模型作为型腔、型芯模坯。Mold Wizard 将使用 WAVE(几何链接)的方法来链接建造实体，供以后分型片体自动修剪用，如图 6.93 所示。

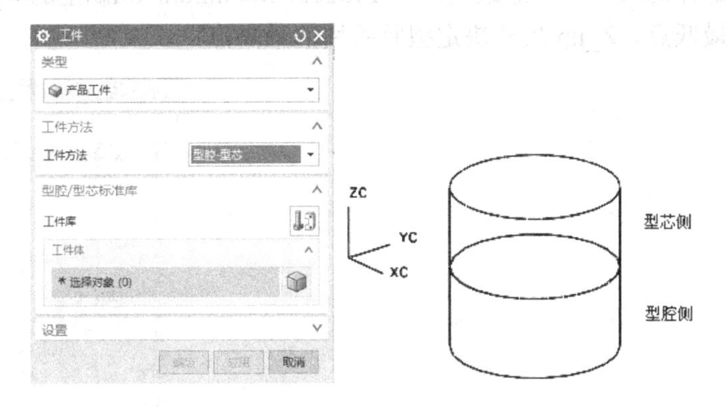


图 6.93　选择【型芯-型腔】

(3) 仅型腔：选择【工件】对话框中的【仅型腔】选项，如图 6.94 所示，系统要求选择一个三维实体模型作为型腔的模坯。若系统中有适用的模型，可选取作为型腔的模坯；否则单击【工件库】按钮设计适合的型腔的模坯。设计完成后选取设计三维实体模型作为型腔模坯。

(4) 仅型芯：选择【工件】对话框中的【仅型芯】选项，如图 6.95 所示，系统要求选择一个三维实体模型作为型芯的模坯。若系统中有适用的模型，可选取作为型芯的模坯；否则单击【工件库】按钮设计适合的型芯模坯。设计完成后选取设计三维实体模型作为型芯模坯。

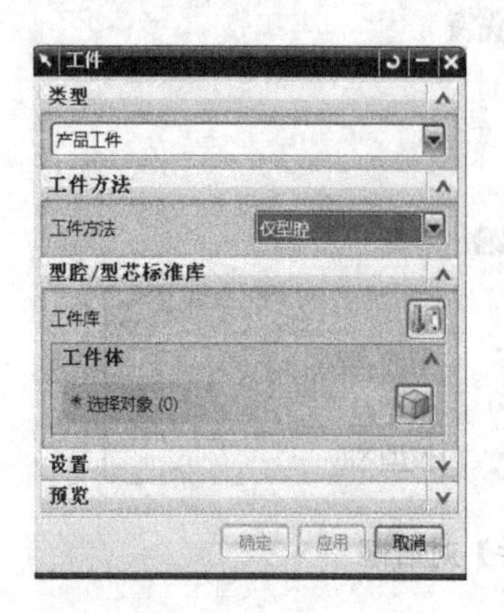


图 6.94 选择【仅型腔】

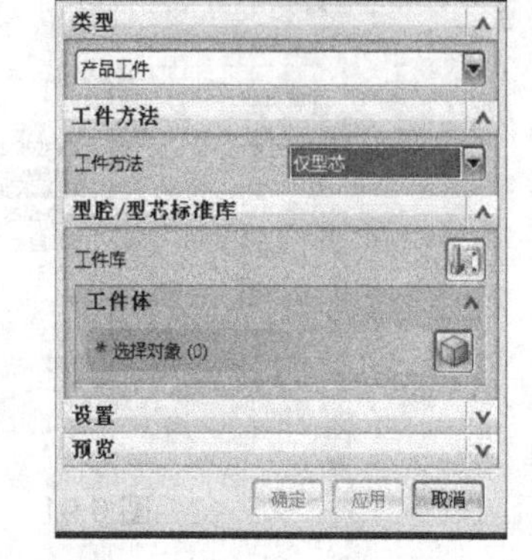


图 6.95 选择【仅型芯】

可以分别选择各自的形状作为成型镶件，如图 6.96 所示。

## 2. 组合工件

组合工件类型为组合在一起的产品共同创建一个单独的实体，如图 6.97 所示。有两种方式控制工件的尺寸和定位。

(1) 截面：通过草绘图形定义工件。

(2) 极限方式：通过产品最大外形线(极限)的偏置来确定工件。在使用这种方式的时候，确认产品最大尺寸。X 和 Y 值是产品模型的整个的长度尺寸。Z_down 和 Z_up 值是由坐标系开始测量部件的尺寸。产品最大尺寸(Product Maximum Size)里的 Z_down 尺寸是模具顶出侧部件的最低点。Z_up 尺寸决定型腔镶块的最高点。

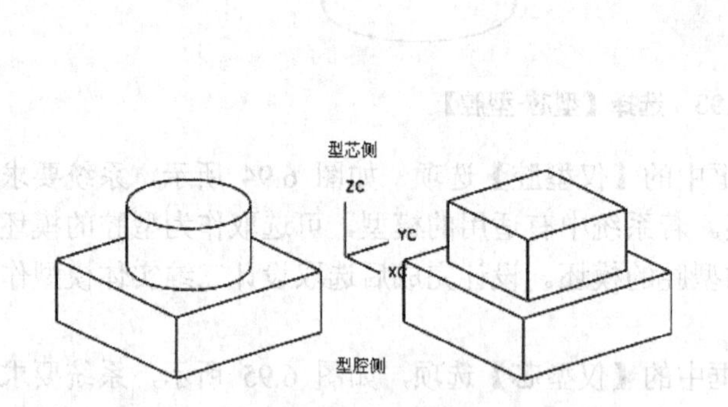


图 6.96 分别定义型腔镶件和型芯镶件

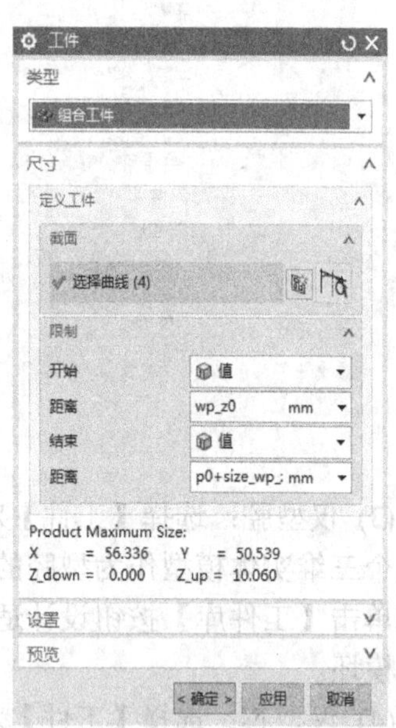


图 6.97 组合工件

## 6.2.6　型腔布局

使用型腔布局功能可以添加、移除或重定位模具装配结构里的分型组件。在本过程中，布局组件下有多个产品节点。每添加一个型腔，就会在布局节点下面添加一个产品子装配树整列的子节点。开始布局功能时，一个型腔会高亮显示，以作为初始化操作的型腔。可以用鼠标左键选定或按 Shift+鼠标左键取消选定要重定位的型腔。

单击【型腔布局】按钮，打开型腔布局设计，弹出如图 6.98 所示的【型腔布局】对话框。系统提供两种型腔布局方式，即矩形和圆形，在每种布局方式下又有平衡和线性两类型腔布局形式。

### 1. 布局类型

布局类型有以下几种。

(1) 矩形平衡布局方式的【型腔布局】对话框和其中的参数说明如图 6.98 所示。平衡布局选项用 X-Y 面上的转换和旋转来定位布局节点的多个阵列。平衡布局用于每个型腔、型芯都使用同样的浇道、浇口、冷却管道和拐角倒圆的情况。

(2) 矩形线性布局的【型腔布局】对话框和其中的参数说明如图 6.99 所示。线性布局选项用只在 X-Y 面上的转换(没有旋转)来定位布局节点的多个阵列。线性方式用于模具修剪需要平行定位(不旋转)的情况。

矩形平衡布局和矩形线性布局方式的区别如图 6.100(a)、(b)所示。

(3) 【型腔布局】对话框的圆形径向布局和其中的参数说明如图 6.101 所示。

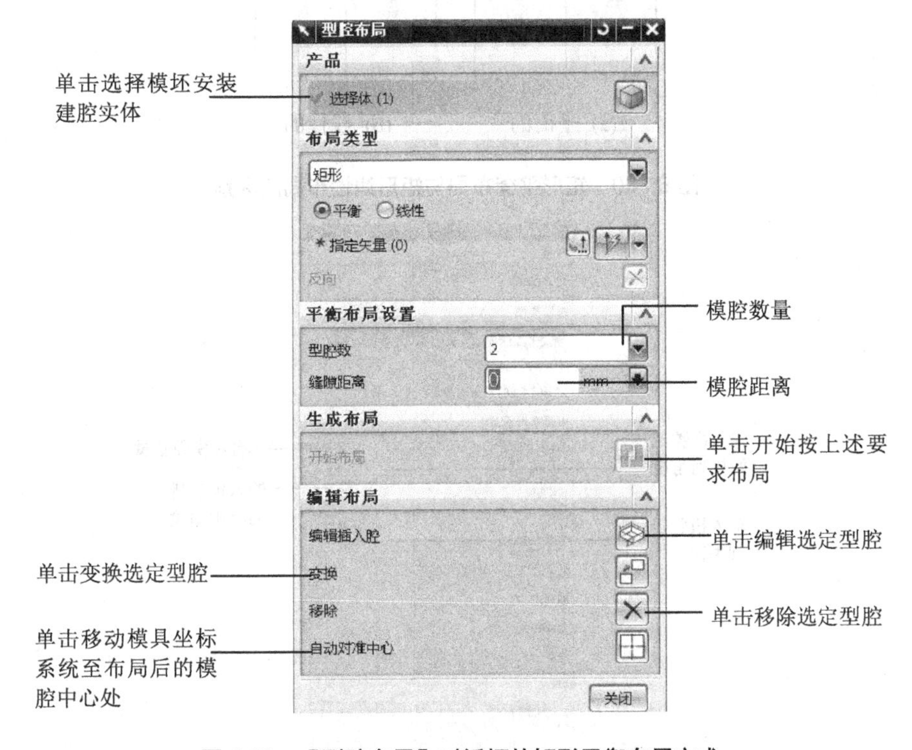


图 6.98　【型腔布局】对话框的矩形平衡布局方式

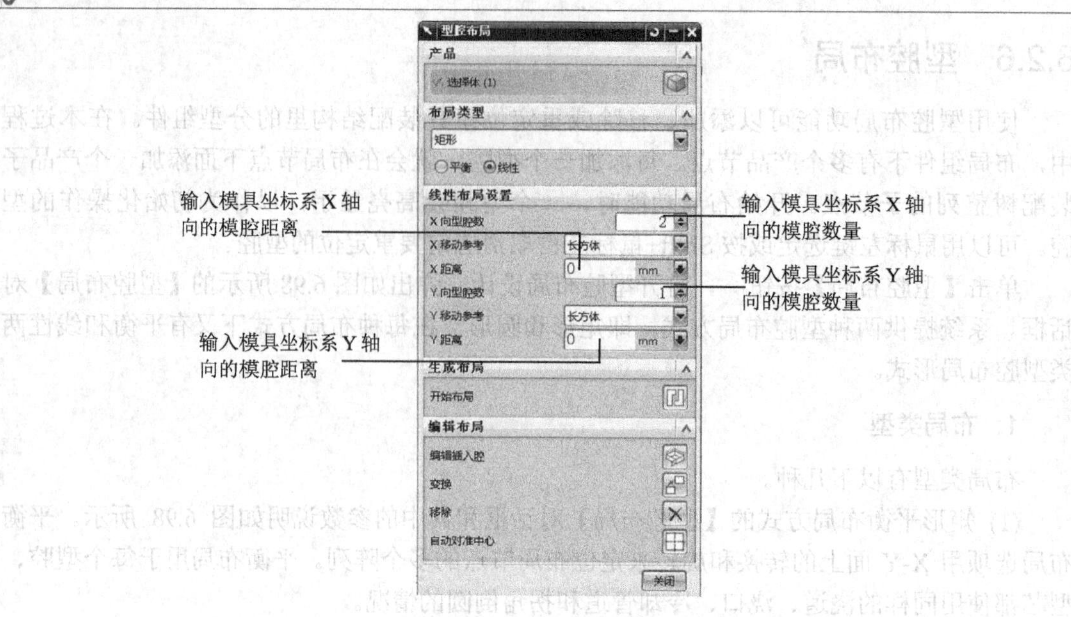


图 6.99 【型腔布局】对话框的矩形线性布局方式

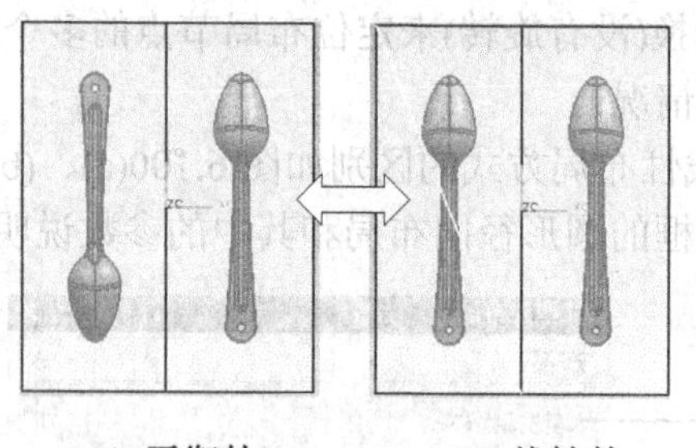

(a) 平衡的 (b) 线性的

图 6.100 矩形平衡布局与矩形线性布局的区别

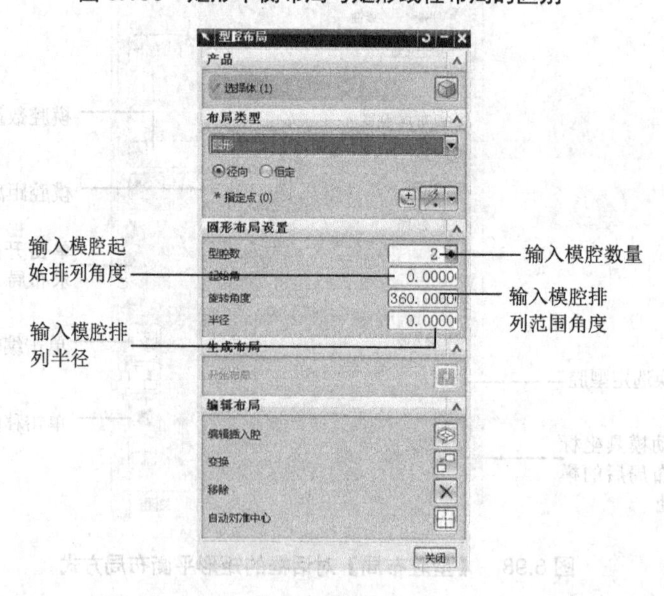


图 6.101 【型腔布局】对话框的圆形径向布局方式

(4) 【型腔布局】对话框的圆形恒定布局和其中的参数说明如图 6.102 所示。

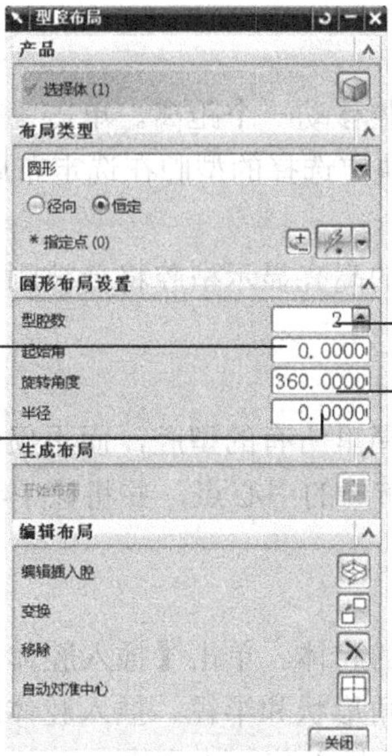

图 6.102　【型腔布局】对话框的圆形恒定布局方式

### 2. 布局设置

1) 型腔数

通过型腔数选项可以选择型腔的数量。型腔数目是高亮显示型腔的布局数目。例如，如果要创建一个 16 个型腔的平衡布局，可以先由一个单型腔创建一个四型腔的布局，然后选择全部 4 个型腔再用相同的方法做一个四型腔的布局。这样就创建了一个总共 16 个型腔的布局。

2) 距离

第一个距离：两个工件在第一个选择方向下的距离。

第二个距离：显示垂直于选择方向上的两个工件的距离。

### 3. 开始布局

在设置型腔数目和工件之间的距离之后，可以单击【开始布局】按钮来生成布局。

### 4. 编辑布局

可以使用旋转、变换以及自动中心功能来重定位高亮显示的型腔，还可以使用删除功能来移除某些型腔，如图 6.103 所示。

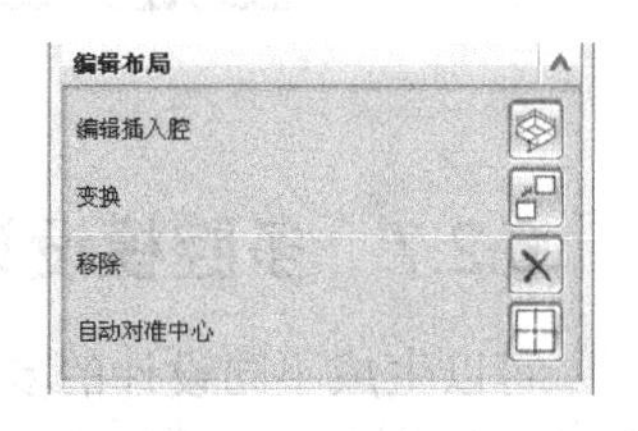


图 6.103　编辑布局

1) 旋转

旋转功能用于在 WCS 平面里旋转选择的高亮显示型腔。选择旋转功能时，需要指定一个旋转中心点，然后会显示【旋转型腔】对话框。其中【移动】和【复制】选项决定选择的型腔在选定布局后是移动还是复制。初始的旋转角度是 180°。可以在文本框中输入一个不同的值，或者拖动滑块来改变旋转角度。可以通过指定枢轴点来重定义旋转中心。

2) 变换

变换功能用于将选择的型腔移动一个距离。单击【变换】按钮，会出现【变换】对话框。【移动】或【复制】选项决定选择的型腔在选定布局后是移动还是复制。

3) 删除

单击【删除】选项，选择的高亮显示型腔将会被删除。但是，在模具装配中必须要至少存在一个型腔。

4) 自动对准中心

自动对准中心功能用于布局里所有的型腔，而不仅仅是高亮显示型腔。它会搜索全部型腔(包括多腔模)，得到一个布局的中心点，并将该中心点移动到绝对坐标系的原点，该原点是调入模架的中心。

5) 插入腔体

可以从库中选择一个镶块的腔体。单击【插入腔体】按钮，出现【标准件管理】对话框。可以自定义插入腔体的拐角形状和半径。插入腔体的尺寸与布局的尺寸是相关的，不过可以在标准件对话框中修改该插入腔体的尺寸。

**【实例 6.1】** 生成一模两腔矩形平衡布局。

按图 6.104 左图所示步骤操作，就可生成如图 6.104 右图所示的型腔布局。

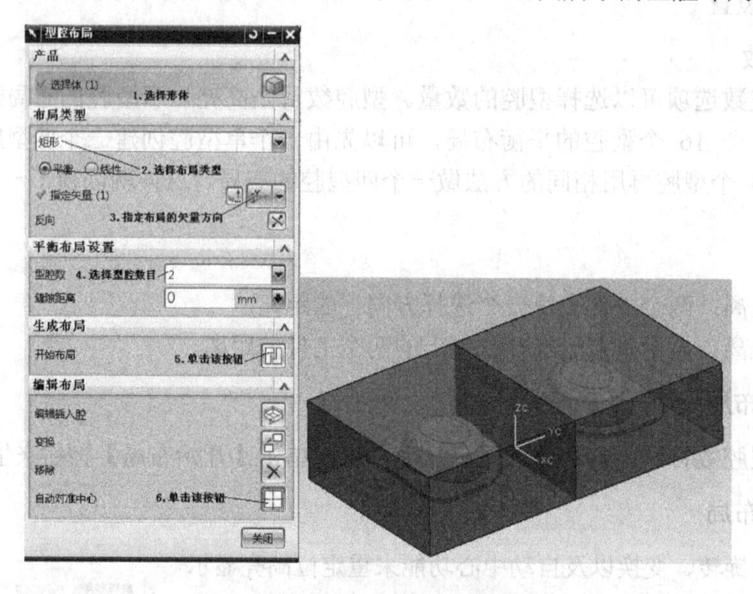


图 6.104　一模两腔矩形平衡布局

## 6.2.7　多腔模设计(Family Molds and Layout)

可以生成不同设计的多个产品的模具，称为多腔模。Mold Wizard 用前面介绍的型腔布局功能来实现多个相同产品的多腔模阵列布局，多个不同形状产品体的引入则需要先用【注塑模向导】工具条中的【初始化项目】按钮连续对几个制品模型进行初始化，再单击工具条中的【多腔模设计】按钮来选取当前产品模型，系统弹出图 6.105 所示的【多腔模设计】对话框，可逐个选择进行型腔设计。选择产品后，若单击【确定】按钮，所选产品成为当前产品，系统关闭对话框；若单击【移除族成员】按钮，所选产品将从系统中移除，系统关闭对话框。

如果系统中只有一个产品模型时，系统只显示“只有一个产品模型”的消息框，如图 6.106 所示。

当一副模具加载两个或两个以上的产品时，必须用【多腔模设计】命令来激活相应的产品，才能进行收缩率、分型等各项操作。

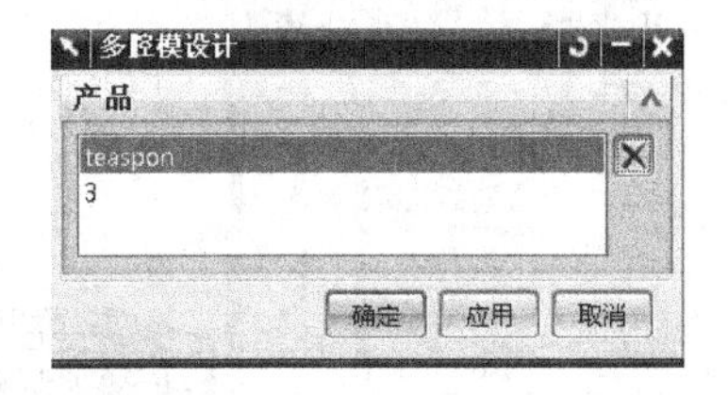


图 6.105　【多腔模设计】对话框

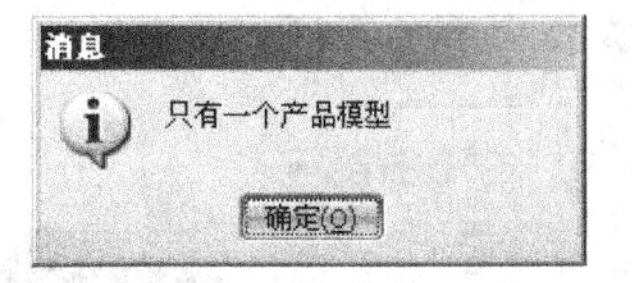


图 6.106　消息框

【实例 6.2】完成如图 6.107 所示的 4 个不同形状但尺寸接近的模型在同一套模具中的四腔模布局，如图 6.108 所示。

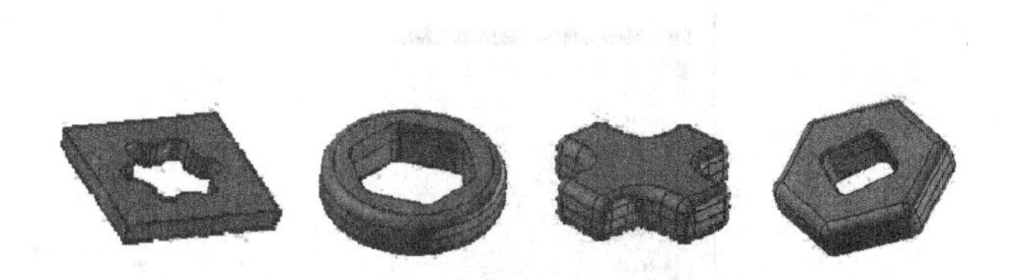

图 6.107　4 个不同形状但尺寸接近的模型

图 6.108　四腔模布局

具体操作步骤如表 6.3 所示。

当加载多个产品模型时，注塑模向导会自动排列多腔模工程到装配结构里，每个部件和它的相关文件放到不同的分支下。多腔模模块允许选择激活的部件(从已经载入多腔模的部件中)来执行需要的操作，如果在一模具装配已打开的情况下，选择【初始化项目】(Initialize Project)便加载一个附加产品到 Layout 子装配中，建一“多腔模”，该附加产品就作为 Layout 下的另一子装配。本例装配导航器如图 6.109 所示。

装配导航器

| 描述性部件名 | 信.. | 只 | 已 | 位 | 数量 | 引用集 |
|---|---|---|---|---|---|---|
| 截面 | | | | | | |
| toys_top_068 | | | | | 62 | |
| toys_var_069 | | | | | | 整个部件 |
| toys_cool_059 | | | | | 3 | 整个部件 |
| toys_fill_072 | | | | | | 整个部件 |
| toys_misc_063 | | | | | 3 | 整个部件 |
| toys_layout_080 | | | | | 53 | 整个部件 |
| toys_prod_085 | | | | | 12 | 整个部件 |
| toys_combined_071 | | | | | 4 | 整个部件 |
| toys_prod_061 | | | | | 12 | 整个部件 |
| toys_prod_096 | | | | | 12 | 整个部件 |
| toys_prod_107 | | | | | 12 | 整个部件 |

图 6.109　四腔模装配导航器

**表 6.3　多腔模设计步骤**

| ①单击【注塑模向导】中的【初始化项目】按钮，弹出【初始化项目】对话框。将 Name 改为 toys，【材料】设为 ABS，单击【确定】按钮，完成第一个产品的加载<br>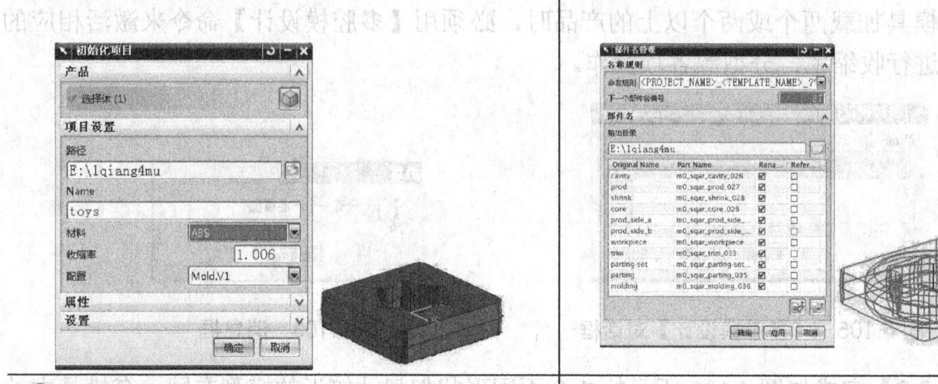 | ②继续单击【初始化项目】按钮，选择要加载的第二个产品，单击【确定】按钮后完成加载。这时已加载了两个产品<br>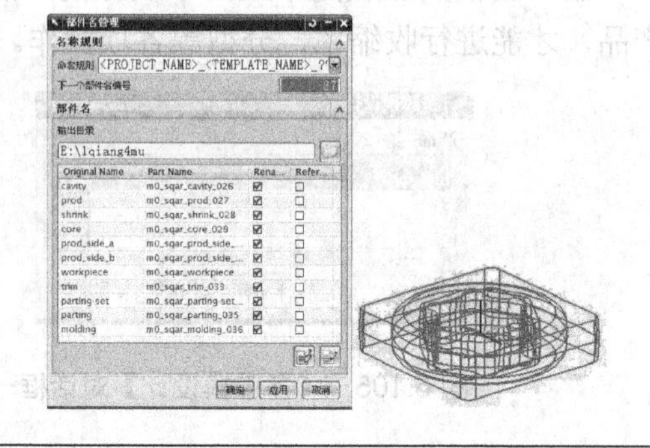 |
|---|---|
| ③单击【多腔模设计】按钮，弹出对话框。选择其中的一个产品设为当前产品，单击【确定】按钮<br>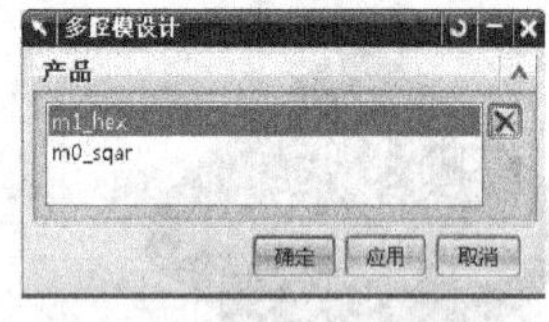 | ④单击【工件】按钮，在弹出的对话框中设置 X 向、Y 向、Z 向工件尺寸分别为 130、130、60，单击【确定】按钮。这时两件产品的模坯尺寸是不相同的<br>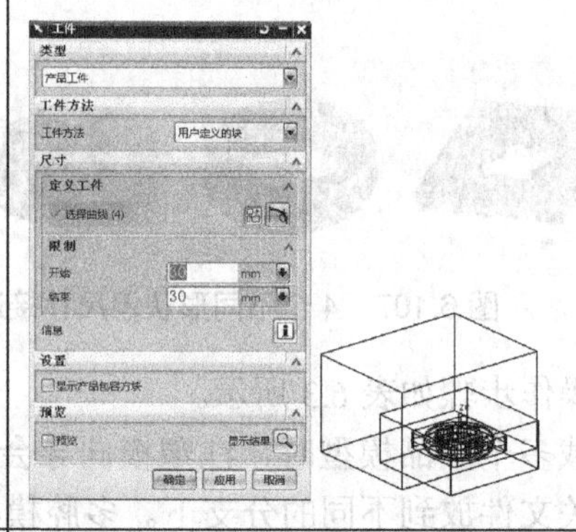 |
| ⑤再次单击【多腔模设计】按钮，选择其中的另一个产品作为当前产品，单击【确定】按钮<br>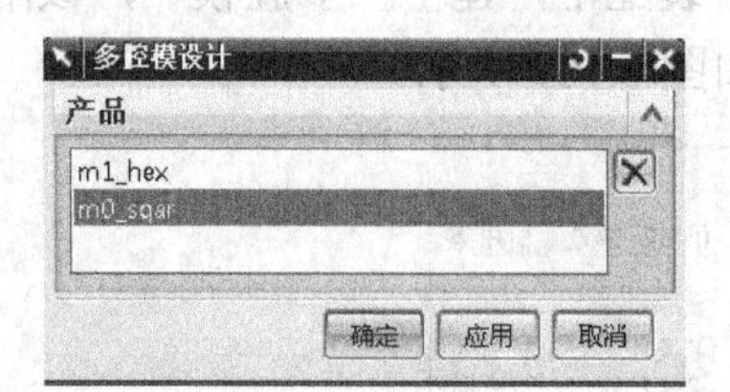 | ⑥单击【工件】按钮，在弹出的对话框中设置 X 向、Y 向、Z 向工件尺寸也分别为 130、130、60，单击【确定】按钮。这时两件产品的模坯尺寸已经完全相同<br>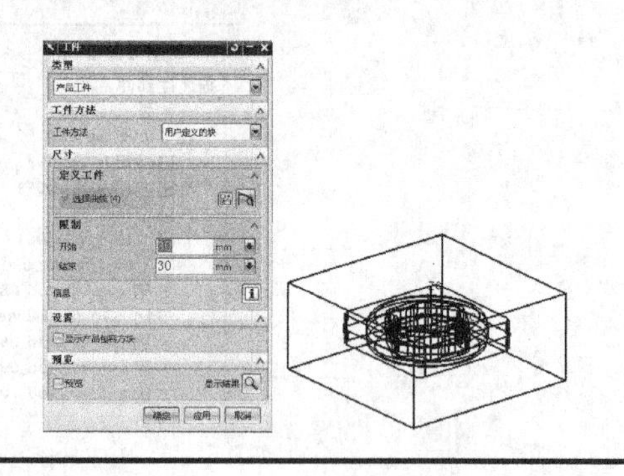 |

续表

<table>
<tr>
<td>⑦单击【型腔布局】按钮，在打开的对话框中单击【变换】按钮，打开【变换】对话框。选择变换类型为【点到点】，分别指定起始点和终止点，使在同一位置的两个工件分开<br>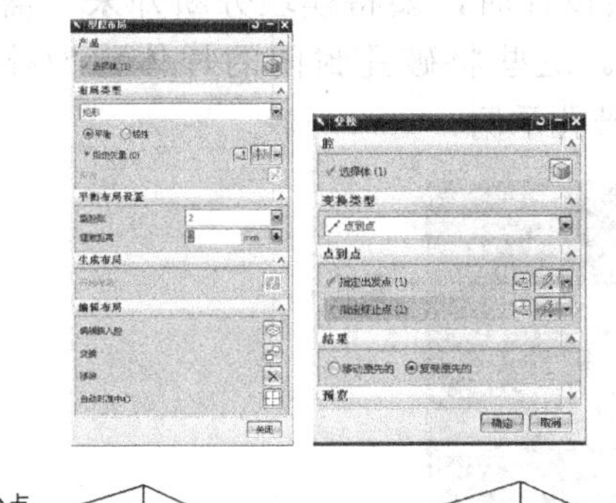<br>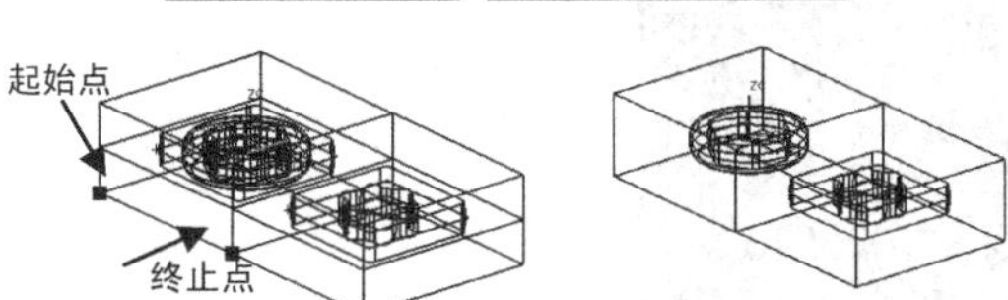<br></td>
<td>⑧单击【初始化项目】按钮，加载第三件产品，再单击【多腔模设计】按钮，在弹出的对话框中选择加载进来的第三件产品作为当前产品<br>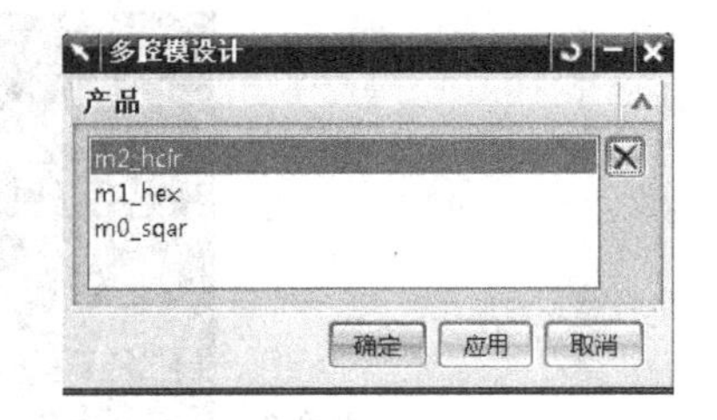<br></td>
</tr>
<tr>
<td>⑨重复⑥、⑦两步的操作，使第三件产品和第二件产品分开<br>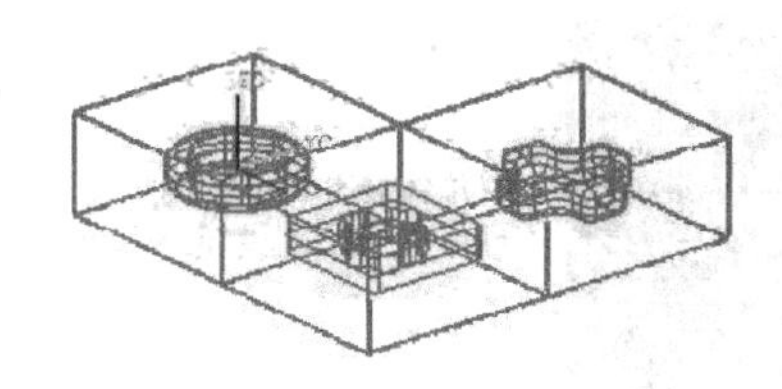</td>
<td>⑩单击【初始化项目】按钮，加载第四件产品，再单击【多腔模设计】按钮。在弹出的对话框中选择加载进来的第四件产品作为当前产品<br><br></td>
</tr>
<tr>
<td>⑪重复⑥、⑦两步的操作，使第四件产品和第三件产品分开<br>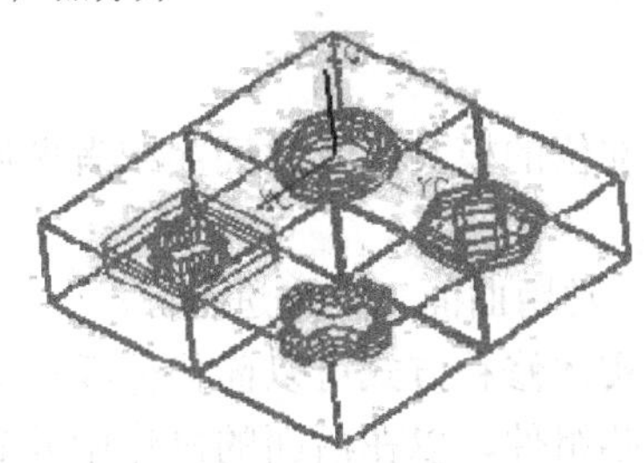</td>
<td>⑫在【型腔布局】对话框中单击【自动对准中心】按钮，使坐标系位于多腔模的中心<br>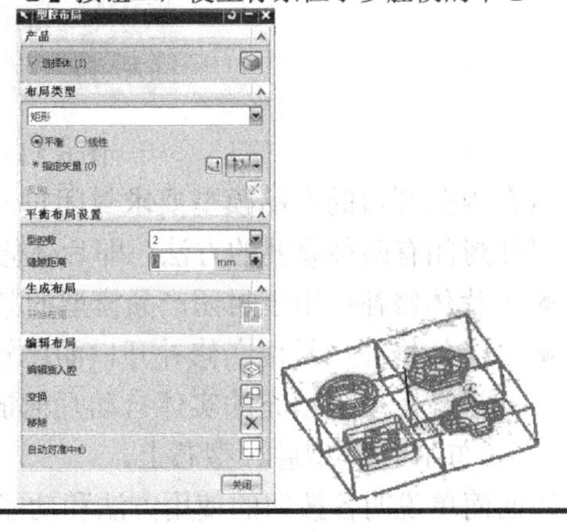</td>
</tr>
</table>

## 6.2.8 注塑模工具功能介绍

UG NX 模具向导为分型准备工作提供了一套完整的工具，即【注塑模向导】选项卡中的【注塑模工具】库。

注塑模工具命令会创建分型几何体，包括实体和面补丁、分割实体及创建扩大面等。在作外部分型面之前，可以使用这些功能来为产品模型创建内部分型面或者使用实体功能来简化产品几何体的结构。

产品内部或周边完全贯穿的孔叫破孔。模具设计时，要将模坯分断开来，需要用厚度为零的片体将这种孔封闭起来，即补破孔。这些将破孔封闭的片体称为补面片体。图 6.110 所示为破孔示例，图 6.111 所示为补破孔示例。

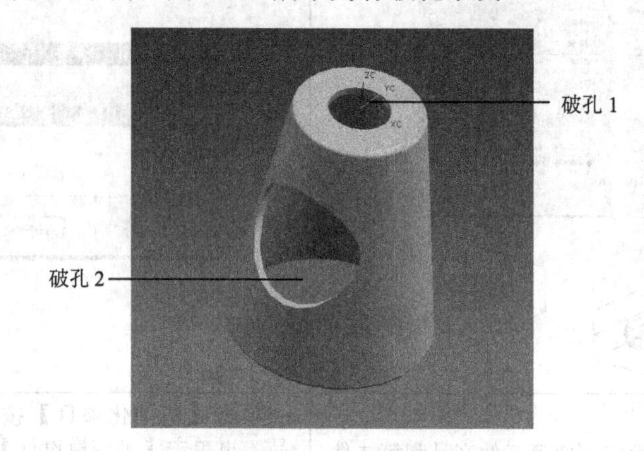


图 6.110　破孔示例

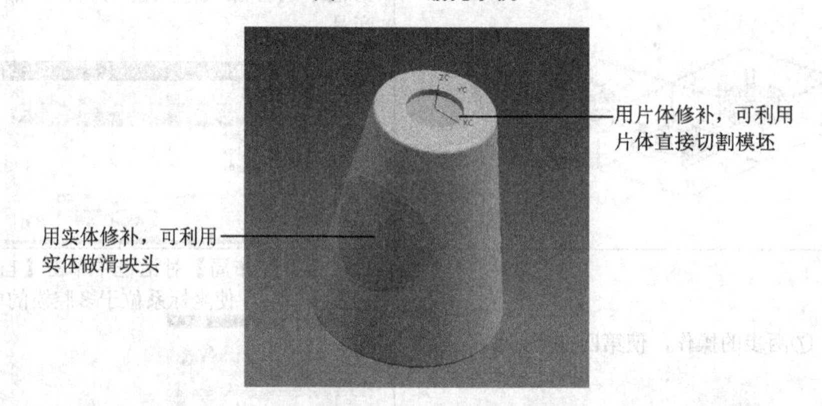


图 6.111　补破孔示例

具有内部开口的产品模型要求封闭每一个开口，这些部位的模具或者做插穿或者做碰穿。设计封闭有两种修补的方法，即片体修补和实体修补。

- 片体修补：用于封闭产品模型的某一个开口区域，常用曲面工具来进行。
- 实体修补：常用在修补开口面比较复杂的区域，实体修补方式可以简化分模产品模型。用于填充的实体自动几何链接到型腔和型芯组件，以在后面的操作中并到(布尔运算)型腔、型芯上。

下面简单说明各按钮的使用方法和功能。

**1．片体修补工具**

在曲面补片中，注塑模向导提取每个孔所在的面的复制面，然后用孔的边界来修剪。

型腔面的修补面复制到 28 层(名称为 CAVITY_SURFACE)，型芯面的修补面复制到 27 层(名称为 CORE_SURFACE)。在使用已有的曲面功能时，这些修补面会自动高亮显示(红色高亮)。

使用片体修补工具来为内部开口创建分型面的有以下几个。

(1) 曲面补片。

曲面补片功能是用法最简单的修补方法。它用于修补完全包含在一个单一面上的孔。

(2) 扩大曲面补片。

扩大曲面补片功能用于提取体上的面，并控制 $U$ 和 $V$ 方向上的尺寸来扩大这些面，通过控制 $U$ 向和 $V$ 向尺寸放大面，并修剪放大面至其边界。它允许用 $U$ 和 $V$ 方向的滑块来动态地修补孔。

(3) 修剪区域补片。

修剪区域补片功能建造封闭面来封闭产品模型的开口区域。在开始修剪区域补片过程之前，用户必须先创建一个能吻合开口区域的实体补片体。修补体必须能完全填充开口区域。

(4) 编辑分型面和曲面补片。

选择已有的曲面，系统会提示选择创建的曲面(或者其他希望使用的已有曲面)。这些曲面会复制到 28 层(名称为 CAVITY_SURFACE)和 27 层(名称为 CORE_SURFACE)。在创建型芯和型腔时，它们会自动高亮显示。

(5) 面拆分。

面拆分功能用于选定的面的分割。

**2. 实体补片工具**

实体补片的创建和生成的步骤如下。

① 使用【创建方块】按钮来创建一个包围开口区域的实体盒。

② 再使用【分割实体】命令修剪该实体盒以适合产品外形。

③ 最后用【实体补片】命令来完成实体块与产品的相加。

实体补片的命令如下。

(1) 创建方块。

创建箱体功能会创建一个实体盒(块)，在实体补片分型方式时，用它来形成修补实体。修补盒在创建滑块面和斜顶面时也是一种比较方便的方法。

单击【创建方块】按钮，系统弹出如图 6.112 所示的【创建方块】对话框，可以设置所创建实体超过所选面外形尺寸的值。

(2) 分割实体。

分割实体功能可以用一个曲线系列来分割一个实体。它用于创建型腔和型芯镶块的镶件。

单击【分割实体】按钮，系统弹出如图 6.113 所示的【分割实体】对话框，可以选择并对实体进行分割。

分割实体的步骤如下。

① 选择一个目标体(通常是型腔或型芯块)。

② 选择一个曲线或边界的环。

③ 定义拉伸的方向。创建一个拉伸的曲面。

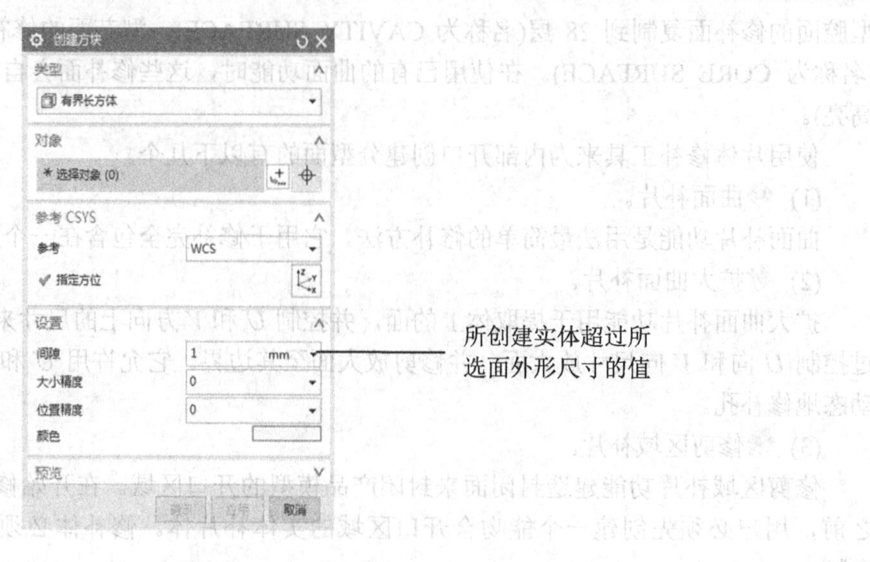


图 6.112 【创建方块】对话框

最后会创建一个目标体的链接复制实体，来被拉伸曲面修剪，曲线/边界环将目标体分割为两个两块。

(3) 实体补片。

实体补片功能是一种在产品部件上建造封闭特征模型来填补开口区域的方法，是一种利用建造模型来封闭开口区域的方法。实体补片比建造片体模型更好用，它可以更容易地形成一个实体来填充开口区域。使用实体补片代替曲面补片的例子就是大多数的斜顶头部的建立。使用实体补片的过程是在 Parting 部件上建造一个实体模型来适合开口的形状，实体的面也需要有正确的斜度。使用实体补片功能将这些封闭修补实体并到 Parting 部件模型上。

单击【实体补片】按钮，系统弹出图 6.114 所示的【实体补片】对话框并提示选择目标物体，选择后可以进行补片操作。

(4) 替换实体。

替换实体可以用几何体某个面来替代另外的一系列面，并重新生成相邻的倒圆角。可以使用该选项改变几何体的面，以使几何体更简单，或者替换成一个复杂的曲面，甚至可以将替换实体应用在非参数的模型上。替换实体也可以代替曲面分割来修剪或调整实体补片盒的面，以使之适合产品模型的开口区域。

(5) 修剪实体。

修剪实体功能允许从型腔或型芯分割出一个镶件或滑块。

## 3. 其他工具

(1) 修边模具组件。

可以修剪子镶块、电极、标准件(如推杆、滑块、中心销等)形成型腔或型芯的局部形状。单击按钮，打开【修边模具组件】对话框，如图 6.115 所示。

(2) 合并腔。

用于型腔或型芯的合并。

单击【合并腔】按钮，打开【合并腔】对话框，如图 6.116、图 6.117 所示，设置后可以合并两个型腔、两个型芯。

图 6.113 【分割实体】对话框

图 6.114 【实体补片】对话框

图 6.115 【修边模具组件】

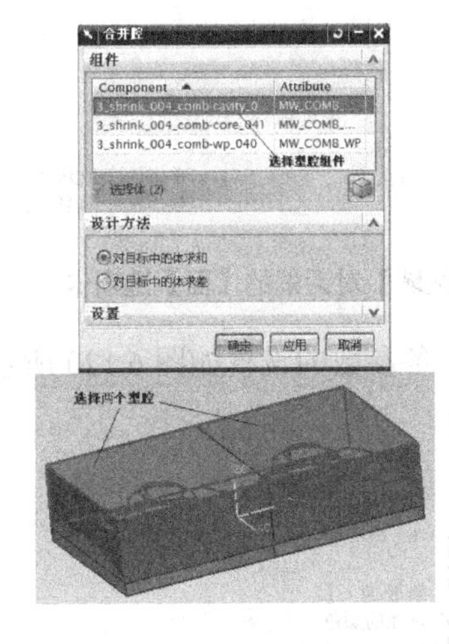

图 6.116 【合并腔】对话框及合并型腔

图 6.117 【合并腔】对话框及合并型芯

注塑模具与分型功能紧密结合，可以完成各种复杂模具的设计。

## 6.2.9 分型(Parting)

分型(也叫分模)：创建分模片体并将模坯分割成型腔和型芯的过程叫分模。把分模面、提取的分型体表面和补面片体缝合成的体称为分模片体，该片体厚度为零，横贯模坯，可将模坯工件完全分割成两个实体。

分型功能所提供的工具有助于快速实现分模及保持产品与型芯和型腔关联。

在做好分型准备之后，下面就来进行产品的分型工作。单击【注塑模向导】选项卡中的【分型刀具】库中的相应按钮，可以实现以下几种设计。

### 1. 检查区域(Design Regions)

单击【分型刀具】库中的【检查区域】按钮，进入【检查区域】对话框，需首先单击按钮，进行计算，如图 6.118 所示。

在【检查区域】对话框中选择【面】选项卡，其中各参数的设置如图 6.119 所示。

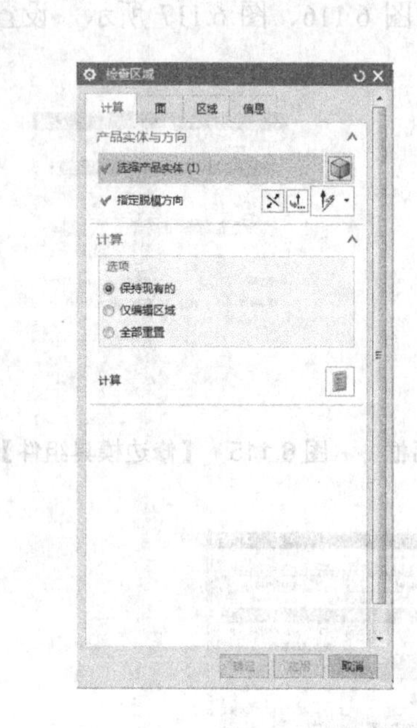


图 6.118　【检查区域】对话框

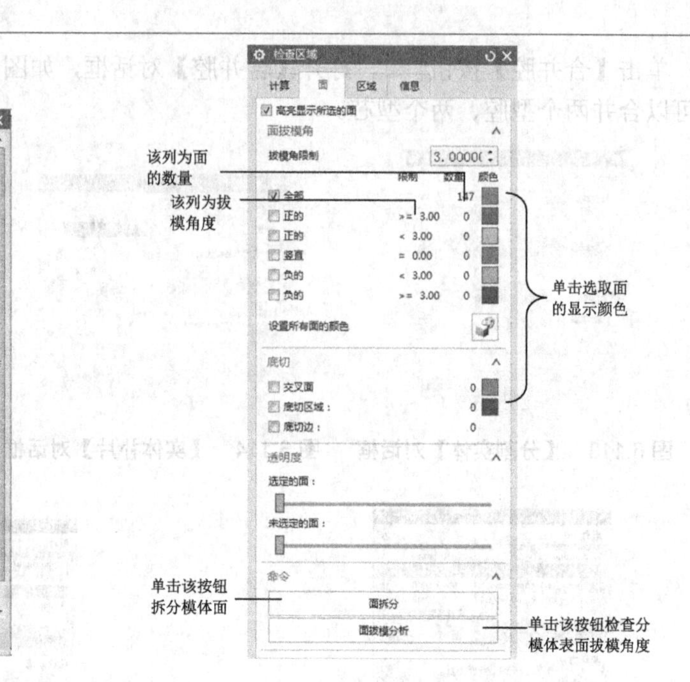


图 6.119　【检查区域】对话框的【面】选项卡

在【检查区域】对话框中选择【区域】选项卡，其中各参数的设置如图 6.120 所示。

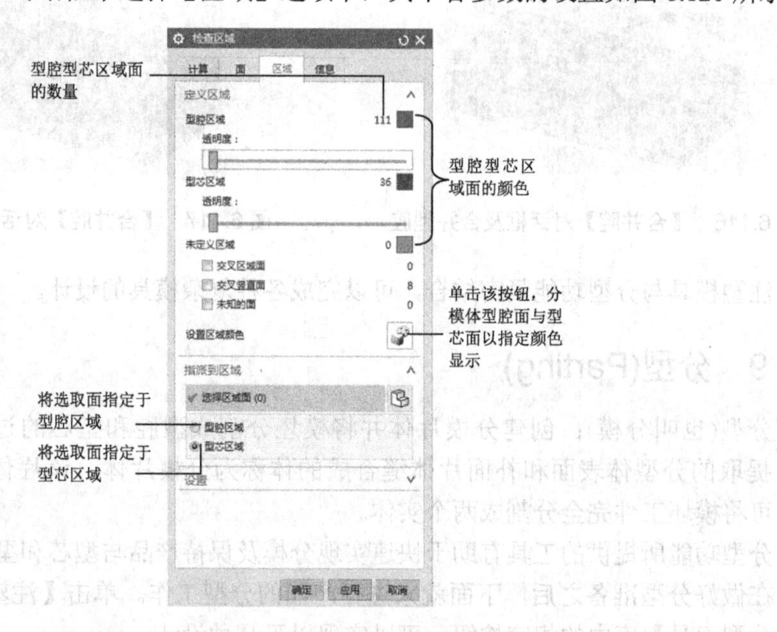


图 6.120　【检查区域】对话框的【区域】选项卡

如果在【区域】选项卡中单击【设置区域颜色】按钮，视图窗口如图 6.121 所示，显示未定义区域的面。选取未定义区域的面并在【区域】选项卡中选取用户定义区域的【型芯区域】，然后单击【应用】按钮，未定义面被指定在型芯区域，结果如图 6.122 所示。

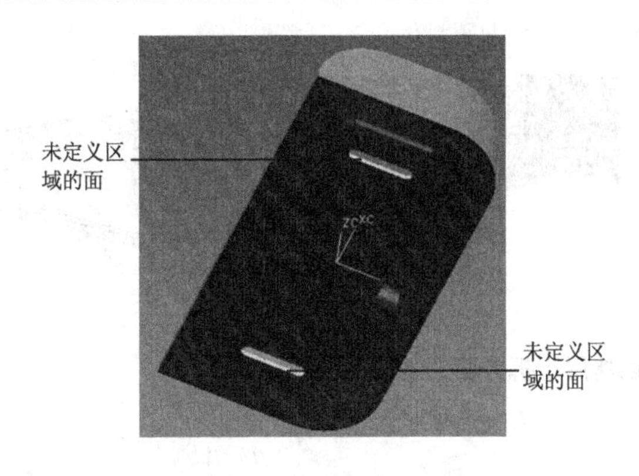


图 6.121 未定义区域的面

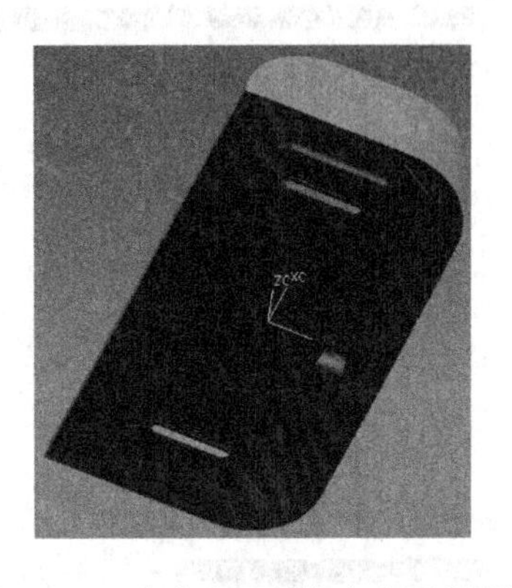

图 6.122 未定义面被指定在型芯区域

接下来是一个需要进行面拆分的例子。

拆分面的操作可以在【检查区域】对话框中单击【面】选项卡，在此进行面拆分，如图 6.123 所示。注意拆分面完成后还要进入【计算】选项卡进行计算。

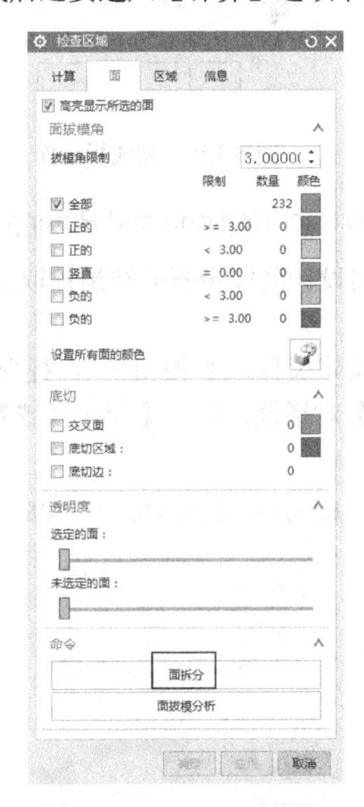


图 6.123 在【检查区域】对话框中进行面拆分

也可以通过单击【注塑模工具】库中【拆分面】按钮，弹出【拆分面】对话框，在【类型】下拉列表框中选择“平面/面”，在绘图区选择模型上需要拆分的面，在【分割对象】选项组中单击【添加基准平面】按钮，进入【基准平面】对话框，在【类型】下拉列表框中选择“自动判断”，在绘图区选择模型上两条不平行的直线确定一个基准平面，如图 6.124 所示，单击【确定】按钮返回【拆分面】对话框，再单击【确定】按钮，完成拆分面，如图 6.125 所示。

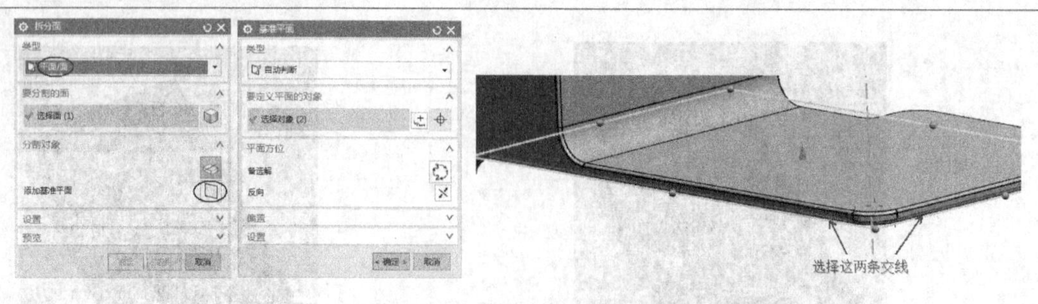


图 6.124　创建用于拆分面的基准平面

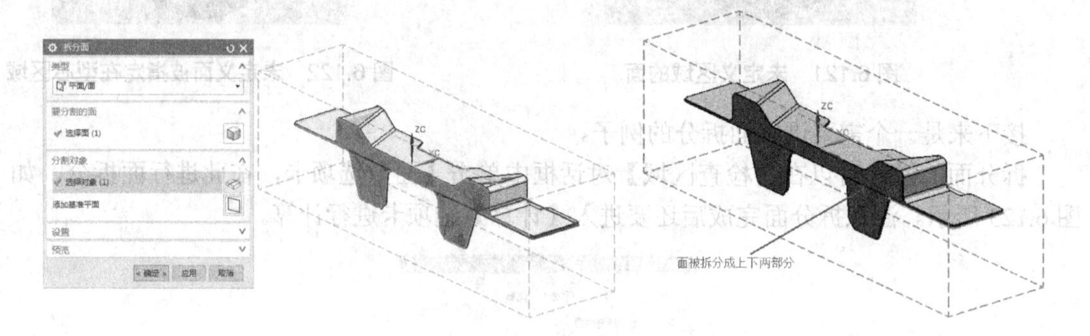


图 6.125　完成拆分面

2. 提取区域和分型线(Extract Regions and Parting Lines)

提取区域和分型线可以根据设计区域步骤的结果提取型芯和型腔区域，并自动生成分型线。

单击【分型刀具】库中的【定义区域】按钮，提取分模区域和分型线，系统弹出如图 6.126 所示的【定义区域】对话框，选中【创建区域】和【创建分型线】复选框，单击【确定】按钮。

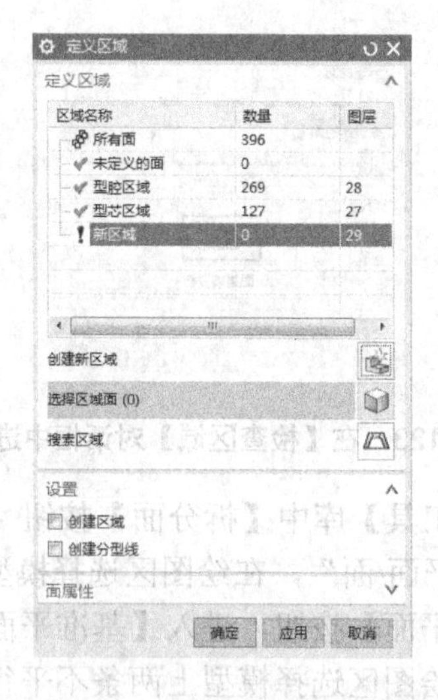


图 6.126　【定义区域】对话框

### 3. 补片(Patch Surface)

曲面补片可以根据设计区域步骤的结果自动创建修补曲面。可在这个步骤进行这些操作，也可以使用前面的分模工具来进行。

单击【分型刀具】库中的【曲面补片】(Create/Delete Patch Surface)按钮，可以创建或删除补面曲面，系统弹出图 6.127 所示的【边修补】对话框，在【类型】下拉列表框中选择“体”(还有“面”和“移刀”类型)，在绘图区选择实体，单击【确定】按钮或【应用】按钮后，系统自动修补检测到的破孔。补片后的结果如图 6.128 所示。

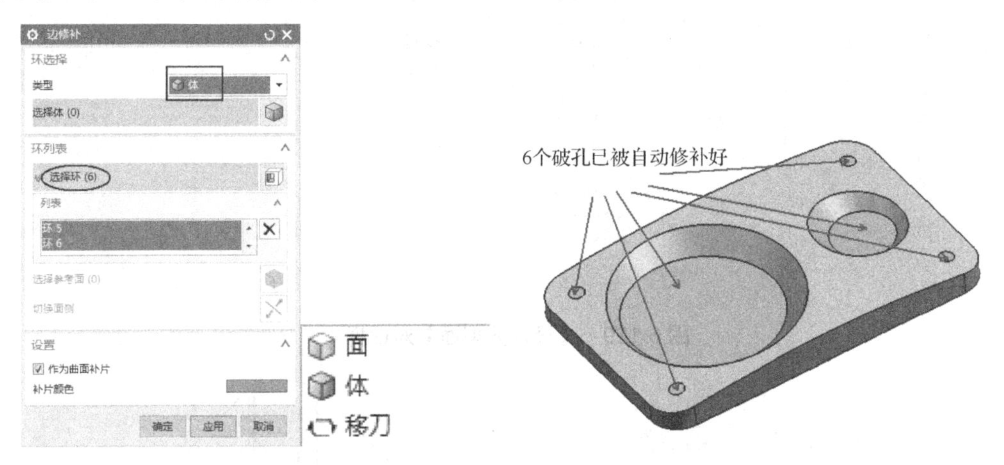


图 6.127　【边修补】对话框　　　图 6.128　自动修补孔的结果

### 4. 设计分型面(Design Parting Surface)

设计分型面自动将分型线环分成数段。这些段由转换对象和转换点来定义。创建分型面可以每次创建一个分型段的分型面。

单击【分型刀具】库中的【设计分型面】按钮，系统弹出图 6.129 所示的【设计分型面】对话框，其中可以编辑分型线及分型段，可以选择分型面的曲面类型(包括有界平面、拉伸、扫掠、条带曲面等)，单击【确定】按钮即可创建分型面。

**【实例 6.3】**为如图 6.130 所示的分型线先添加引导线(分型段)，再创建图 6.131 所示的分型面。

单击【设计分型面】按钮，打开【设计分型面】对话框，因为分型面要由扫掠平面和拉伸曲面组成，需要添加 8 条引导线来增加分段，单击【编辑引导线】按钮，打开【引导线】对话框，方向可选择“对齐到 WCS 轴”，在 4 个圆角处各添加两条引导线，如图 6.132 所示。

在【引导线】对话框中单击【确定】按钮，返回【设计分型面】对话框，先选择“分段 1”采用“拉伸”创建分型面，单击【应用】按钮，再选择“分段 2”采用“扫掠”创建分型面，单击【应用】按钮，如图 6.133 所示，重复操作完成 8 个分段的分型面创建。分型面由相间的拉伸面和扫掠八部分组成，如图 6.134 所示。

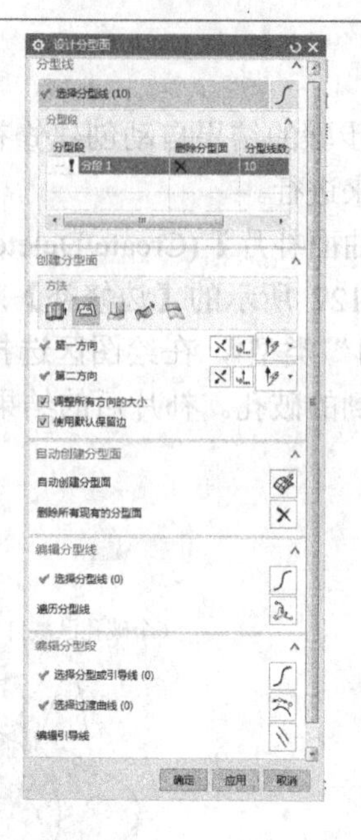


图 6.129 【设计分型面】对话框

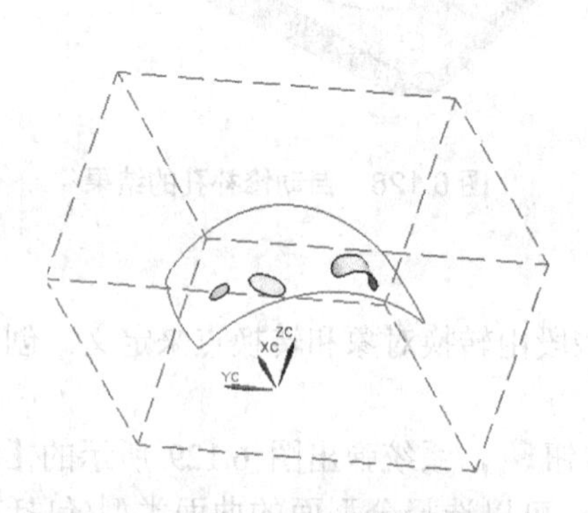


图 6.130 需添加引导线(分型段)的实例

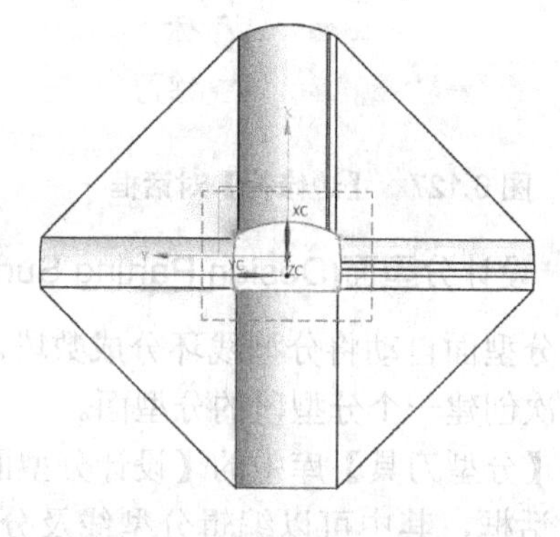


图 6.131 创建的分型面

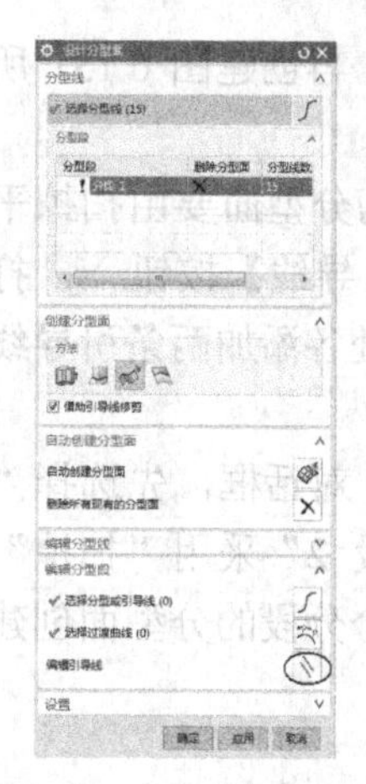

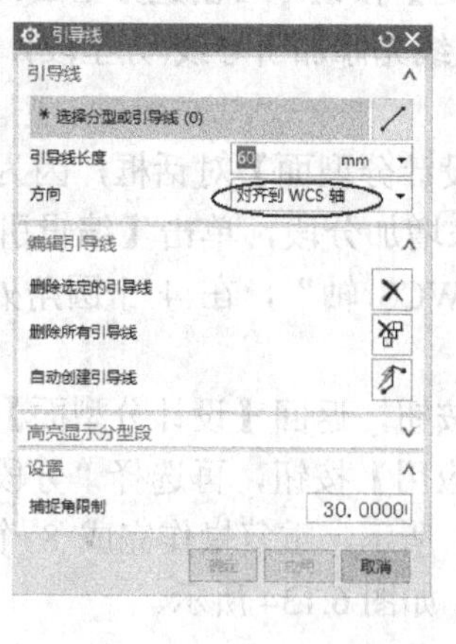


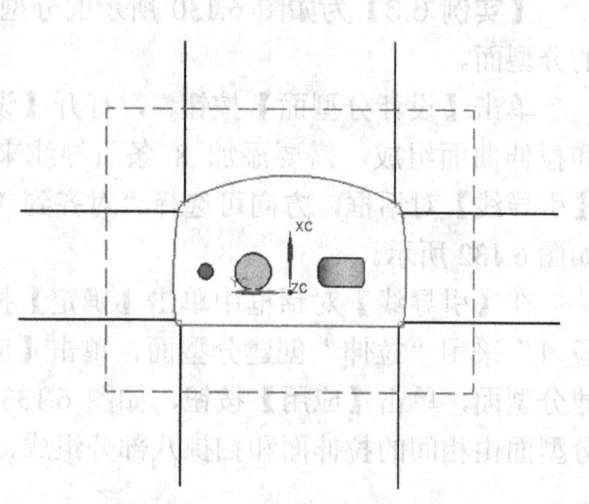


图 6.132 添加引导线

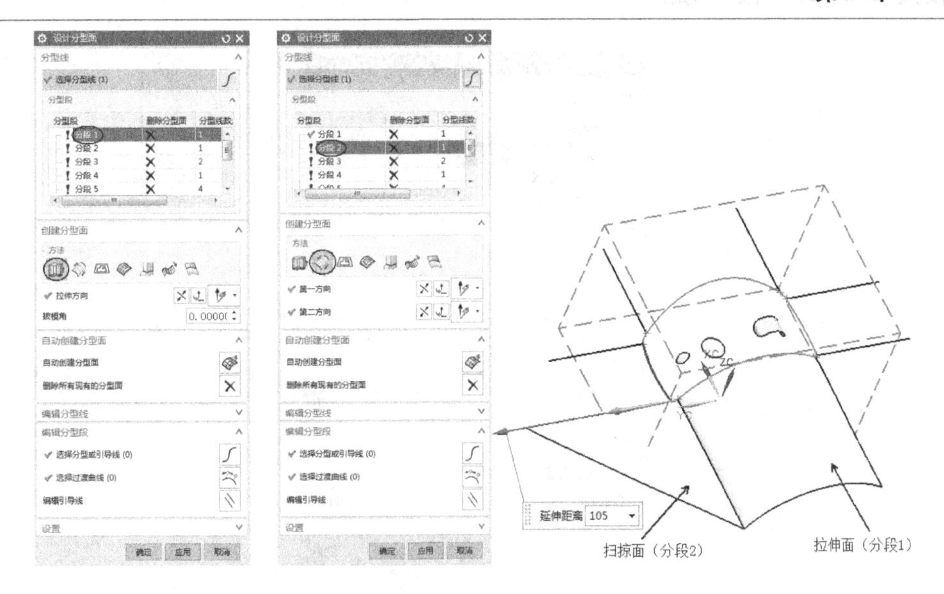


图 6.133　依次对分段 1、分段 2 创建拉伸面和扫掠面

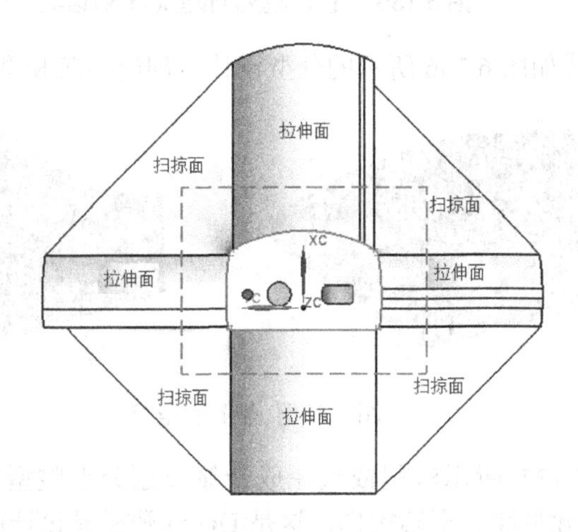


图 6.134　设计分型面(由 4 个扫掠平面和 4 个拉伸曲面组成)

## 5. 创建型腔和型芯(Create Cavity and Core)

型芯和型腔创建两个修剪的片体：一个属于型芯；另一个属于型腔。当单击创建型腔或创建型芯时，系统会预先选择分型面、型芯和型腔区域及全部修补面。当离开该对话框后，就可以接下来完成全部的分型。

单击【分型刀具】库中的【定义型腔和型芯】按钮，系统弹出图 6.135 所示的【定义型芯和型腔】对话框，选择区域，单击【确定】按钮，系统自动运行片刻后产品自动分型完成。若需要抑制分型，可单击对话框中的抑制分型按钮。

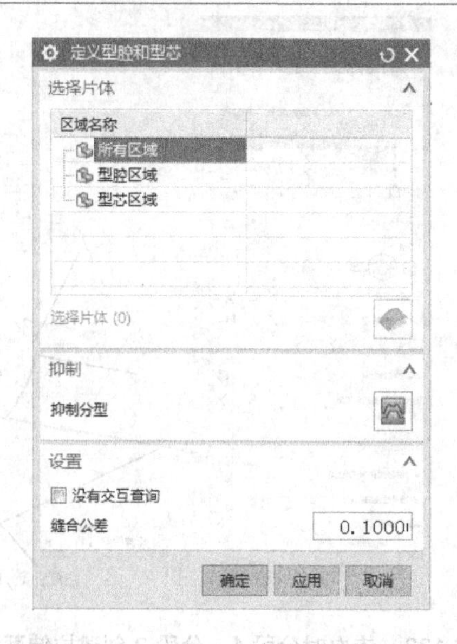


图 6.135 【定义型腔和型芯】对话框

【实例 6.4】完成如图 6.136 所示的分型设计，创建型芯和型腔。

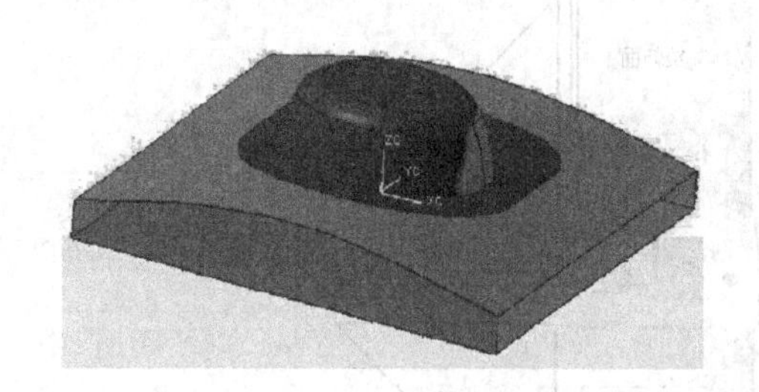
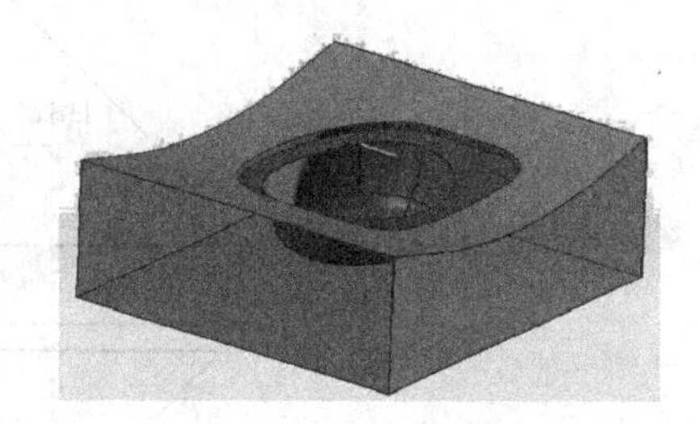

图 6.136 型芯和型腔

分析：按照图 6.137 所示流程依次完成计算及划分型腔型芯区域，抽取区域及分型线，设计分型面，创建型腔、型芯操作，这是 UG 注塑模具设计的第二个阶段，即分型。

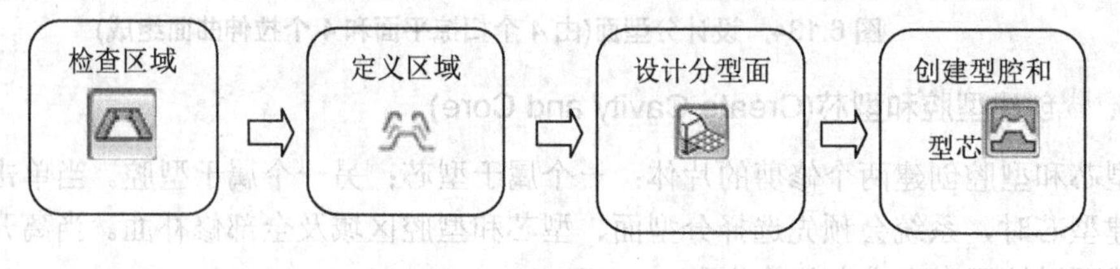


图 6.137 模具分型的流程

具体步骤如表 6.4 所示。

表 6.4　分型操作步骤

| 步骤 | 步骤 |
| --- | --- |
| ①单击【检查区域】按钮，弹出【检查区域】对话框，首先在【计算】选项卡内，指定脱模方向(若默认方向正确可不指定)单击【计算】按钮，单击【应用】按钮<br>②接着切换至【区域】选项卡，单击【设置区域颜色】按钮 | ③选中【交叉竖直面】复选框，单击【应用】按钮，把交叉竖直面归为型腔区域<br>④单击【确定】或【取消】按钮，关闭【检查区域】对话框 |
| ⑤单击【分型刀具】库中的【定义区域】按钮，弹出【定义区域】对话框<br>⑥选中【创建区域】和【创建分型线】复选框，单击【确定】按钮 | ⑦单击【设计分型面】按钮，打开【设计分型面】对话框，采用“扩大的曲面”作为外分型面的创建方式 |
| ⑧单击【分型刀具】库中【创建型腔和型芯】按钮，弹出【创建型腔和型芯】对话框<br>⑨选择 Cavity region，单击【应用】按钮，生成型腔 | ⑩选择 Core region，单击【确定】按钮，生成型芯 |

## 6. 交换模型

交换产品模型允许用一个新版本的模型来替代模具设计工程里的产品模型，并依然保持同现有的模具设计特征的相关性。

## 7. 备份分型对象

在分型中还可以将分型/补片片体备份下来，方法是单击【分型刀具】库中的【备份分型对象】按钮，打开【备份分型对象】对话框，如图 6.138 所示，进行设置即可。

8. 分型导航器

单击【分型刀具】库中的【分型导航器】按钮，打开【分型导航器】对话框，如图 6.139 所示，可进行适当的勾选显示或不显示分型对象。

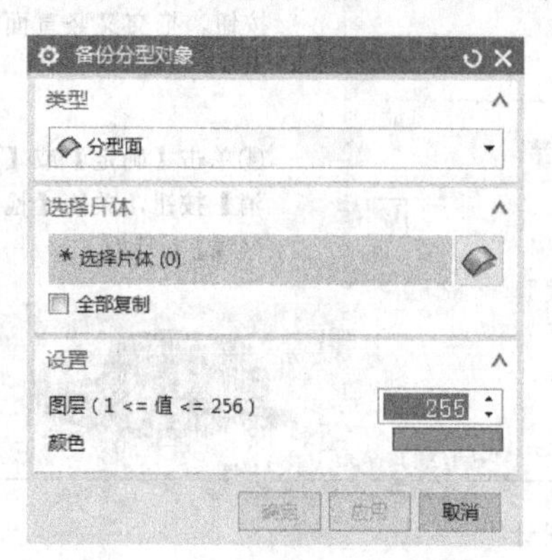


图 6.138 【备份分型对象】对话框

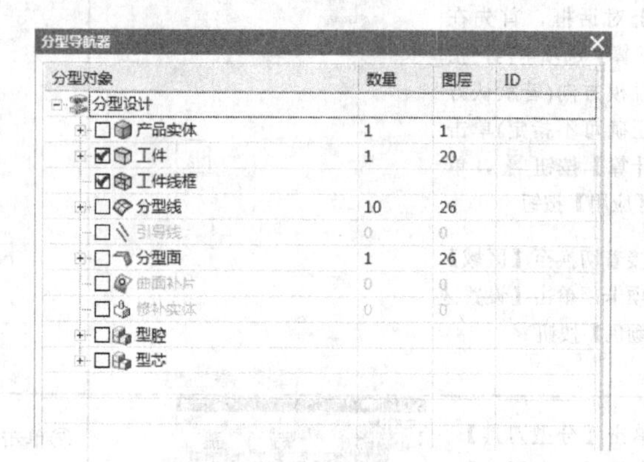


图 6.139 【分型导航器】对话框

总之，【分型刀具】库将各分型命令组织成逻辑的、连续的步骤，使得分型过程更快更容易操作。需要注意的是，单击分型管理器后系统就会自动跳到 parting 目录中进行工作，若想回到顶级装配目录 top 下，可以通过窗口切换或者右键单击查看顶级目录来实现。

## 6.2.10 模架和标准件(Mold Base and Standard Part)

### 1. 模架(Mold Base)

模架是实现型芯和型腔的装夹、顶出和分离的机构，其结构、形状和尺寸都已标准化和系列化，也可对模架库进行扩展以满足特殊需要。

1) 模架简述

根据模架尺寸和配置的要求，模架包括标准模架、可互换模架、通用模架和自定义模架。每一种模架都有不同的特性，以适应不同的情况。

(1) 标准模架。用于要求使用标准目录模架的情况。模具长度、宽度、模板的厚度和模具行程等模架参数可以通过后面介绍的【模架库】对话框来配置和编辑。如果模具设计要求使用非标准的配置，如增加板或重定位组件，选用可互换模架会更合适。

(2) 可互换模架。以标准结构的尺寸为基础，用于需要非标准的设计选项的情况。系统提供了 60 种可互换模架，并可详细配置各个组件和组件系列。如果可互换模架也无法满足需要，可以选择使用通用模架。

(3) 通用模架。用于自定义模架结构，可以配置不同模架板来组合数千种模架。如果配置和安装一个通用模架，需要设置每一种区域的模架板的叠加状况和每块模板的厚度。

(4) 自定义模架。如果有特殊要求，可以使用建模功能来设计自己的模架并添加到注塑模向导的模架管理系统。

2) 模架库

单击【模架库】按钮，在【名称】组选择一种模架制造商，如 FUTABA_DE，在【成员选择】组选择一种模架类型，如 DC，系统弹出【模架库】对话框和相应的【信息】对话框，如图 6.140 所示。

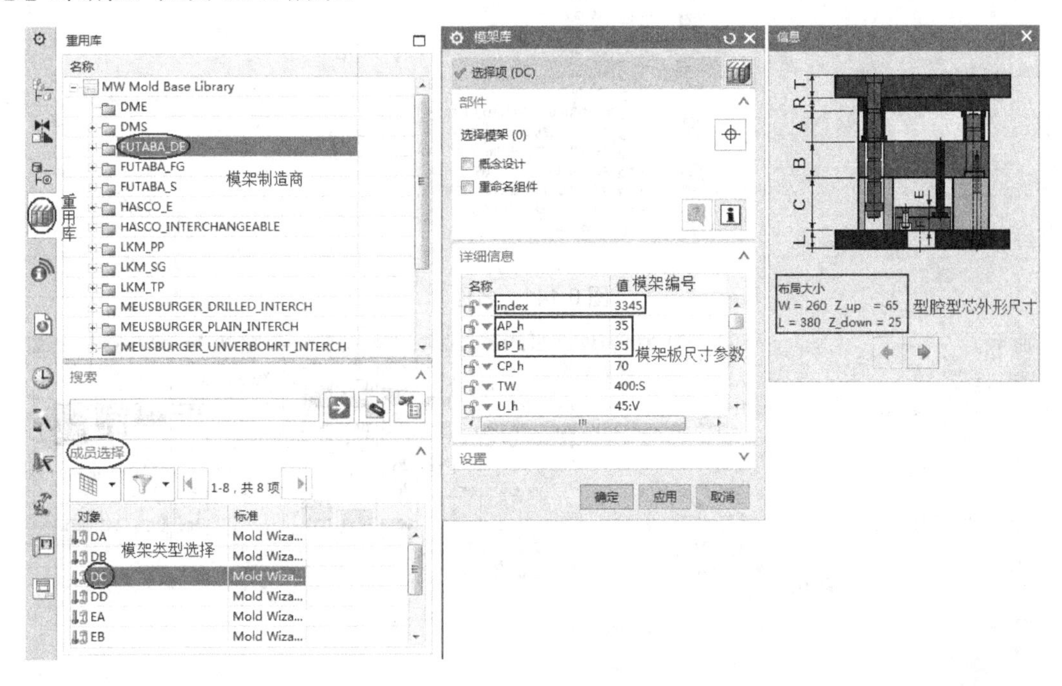


图 6.140 【模架库】和【信息】对话框

该对话框可以实现以下功能。

- 登记模架模型到注塑模向导的库中。
- 登记模架数据文件来控制模架的配置和尺寸。
- 复制模架模型到注塑模向导工程中。
- 编辑模架的配置和尺寸。
- 移除模架。

下面介绍常用模架库的使用方法。

(1) 名称。

在【名称】下拉列表框中可以选择标准模架制造商。共提供了 16 种模架，包括美国 DME 公司、日本 FUTABA 公司、德国 HASCO 公司、香港 LKM 公司四家世界著名公司生产制造的标准模架和标准件和通用模架 UNIVERSAL，如图 6.141 所示。

在【名称】下拉列表框中选取 UNIVERSAL 选项，就可以随意设置所需的、不同标准模架的模板配置，如图 6.142 所示。

(2) 模架类型选择。

在【成员选择】下拉列表框中可以选择多种标准模架类型。

如 DME 模架包括 2A(二板式 A 型)、2B(二板式 B 型)、3A(三板式 A 型)、3B(三板式 B 型)、3C(三板式 C 型)、3D(三板式 D 型)6 种类型，如图 6.143 所示。

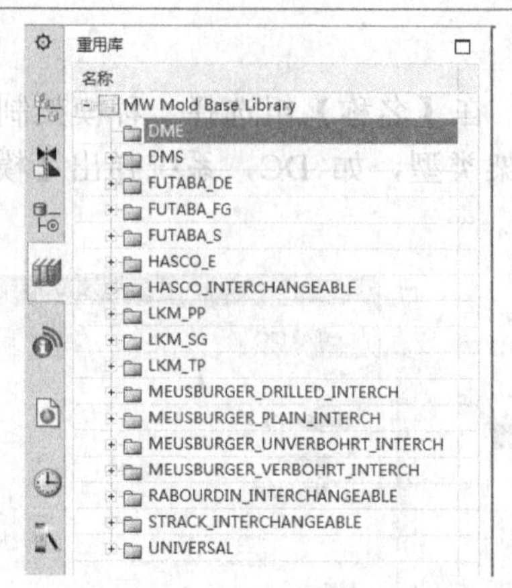


图 6.141　名称

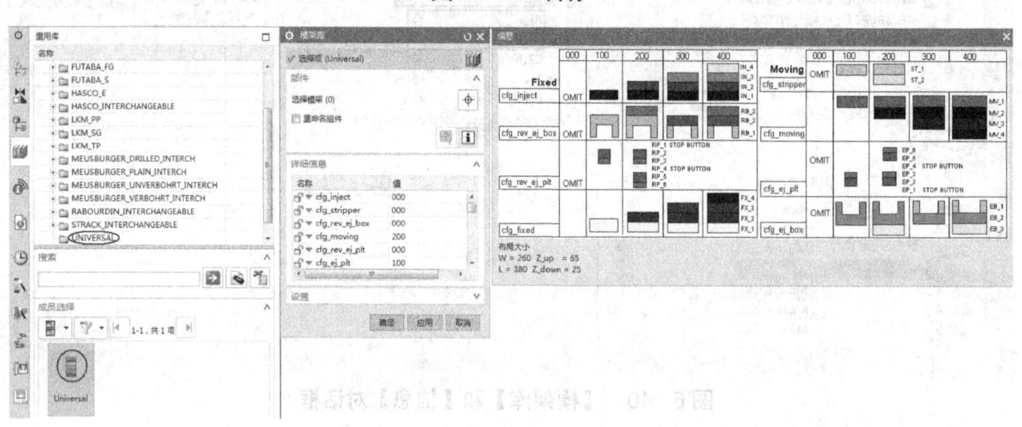


图 6.142　通用模架 UNIVERSAL

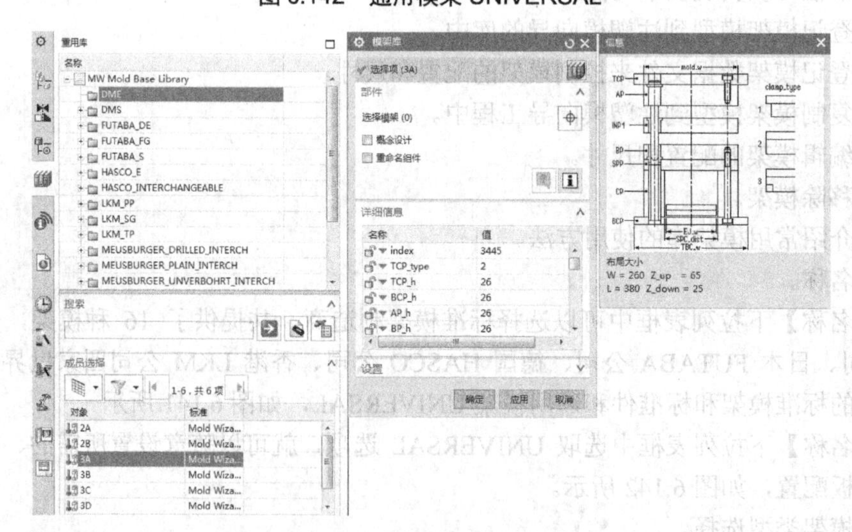


图 6.143　模架的 6 种类型

二板式模架是以分型面为界的两部分，一部分固定于注塑机的固定板上不动，另一部分固定在注塑机的动板上随动板运动，这是最简单的结构，一个分型面，一个开模方向，使用顶出杆和顶管可以形成不带侧向凹凸特征的所有塑件。

如图 6.144 所示的二板式 A 型是定模板为一块板，动模板也为一块板的类型。TCP 为定模座板，即固定连接定模部分和安装在注塑机上的板；AP 为定模固定板(定模板)，即镶嵌凹模或直接加工成型腔的板，一般是成型塑件的外表面；BP 为动模固定板(动模板)，即镶嵌凸模或直接加工成凸模的板；CP 为垫板，作用是使推板能完成推动而形成空间；BCP 为动模座板，即固定连接动模部分和安装在注塑机上的板。

如图 6.145 所示的二板式 B 型是定模板为两块板，动模板也为两块板的类型。字母组的含义和二板式 A 型一样，其中多了动模垫板 SPP，是为了防止镶嵌在动模固定板上的凸模或其他零件后退的板。

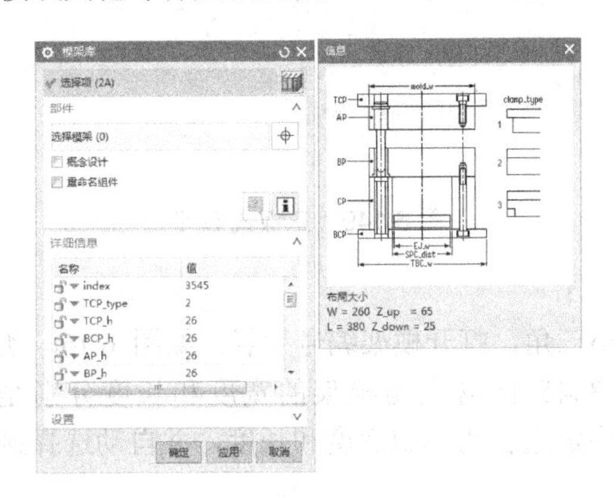


图 6.144 二板式 A 型

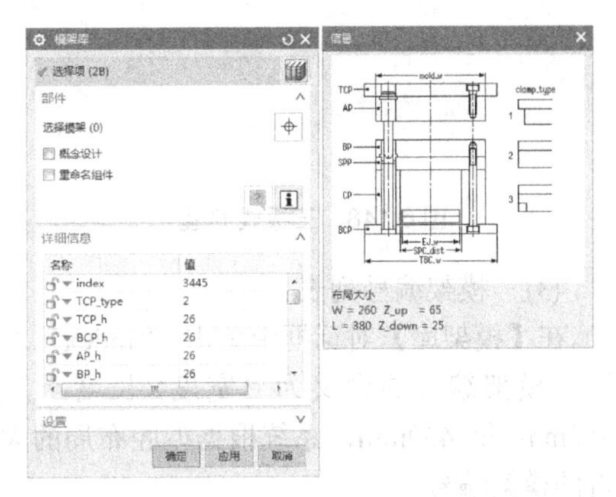


图 6.145 二板式 B 型

三板式模具具有 3 个主要部分，在模具打开时形成两个分型面。塑件由两相邻部分的分界中成型，浇注系统则由另外两相邻的部分之间取出。三板式组成包括定模板(也叫浇道、流道或锁模板)、中间板(也叫型腔板、浇口板或浮动板)、动模板。浇注系统常在定模板和中间板(浮动板)之间，而塑件则在中间板(浮动板)和动模固定板之间，型腔和浇口一般在中间板(浮动板)部分，有时流道和浇口以镶拼方式开在中间板(浮动板)部分。

DME 模架三板式 A 型是在二板式 B 型基础上增加一个浮动板，位于定模固定板和动模固定板之间，如图 6.146 所示。

三板式 B 型是在二板式 B 型基础上增加两个浮动板，如图 6.147 所示。

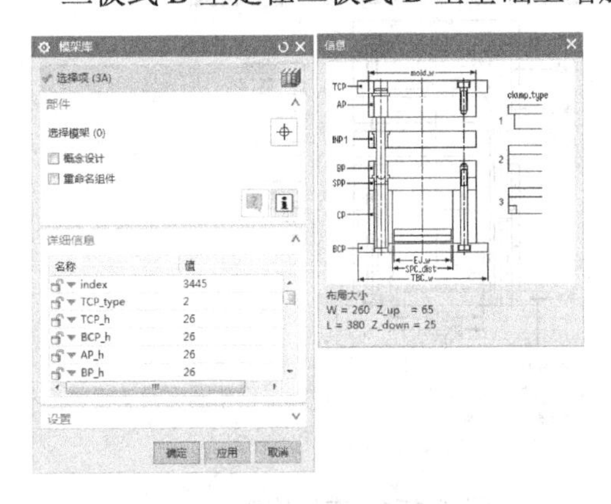


图 6.146 三板式 A 型

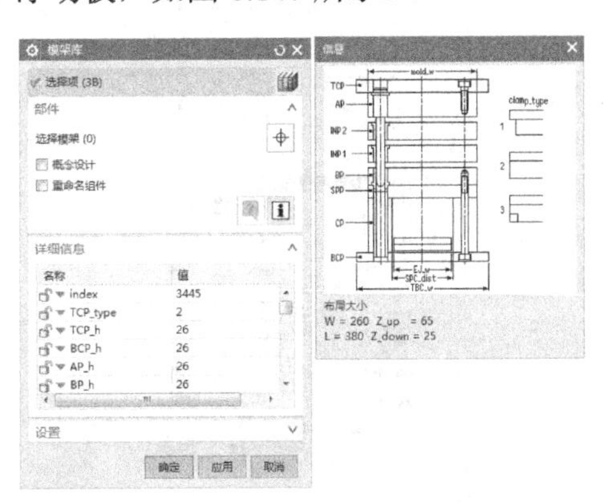


图 6.147 三板式 B 型

三板式 C 型是在二板式 A 型基础上增加一个浮动板，如图 6.148 所示。

三板式 D 型是在二板式 A 型基础上增加两个浮动板，如图 6.149 所示。

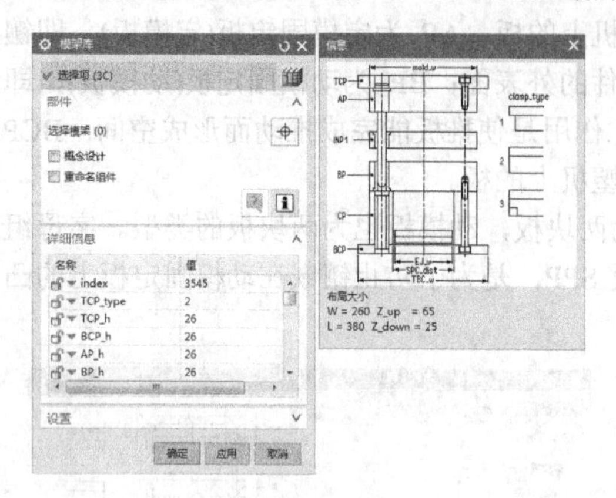


图 6.148 三板式 C 型

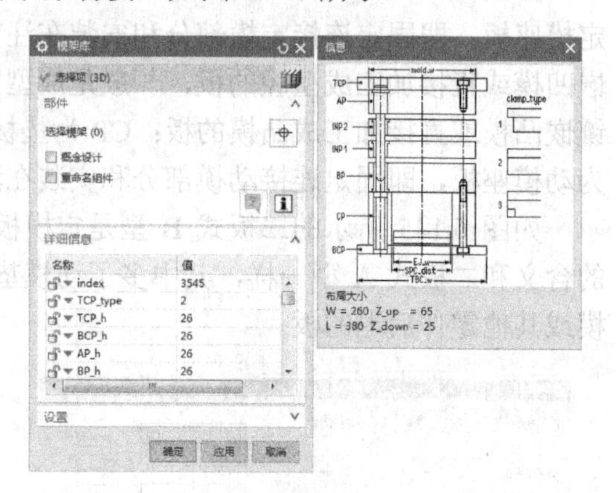


图 6.149 三板式 D 型

(3) 模架编号列表。

在【模架库】对话框中单击 “index”右边小三角，打开模架编号列表，如图 6.150 所示，模架编号的含义为“宽度×长度”，如 3545 的含义是模架的宽度和长度分别是 350mm 和 450mm，系统根据型腔布局的大小确定适合的模架宽度和长度，并自动选择接近的模架编号。

(4) 模架板尺寸参数表达式列表。

在【模架库】对话框中，当选中某个模架编号时，表达式列表会列出当前编号模架的所有相关尺寸和参数，选中某表达式可以修改参数。

(5) 布局信息。

在【信息】对话框中，“布局大小”列出当前布局型腔的尺寸，包括 W(型腔宽度)、L(型腔长度)、Z_up(上模高度)、Z_down(下模高度)。其中 W、L 分别是 X 向、Y 向的尺寸，Z_up 和 Z_down 是型腔和型芯模板的厚度参数，如图 6.151 所示，这些布局的信息只有在布局对话框中做过自动对准中心操作后才会显示；否则不显示。

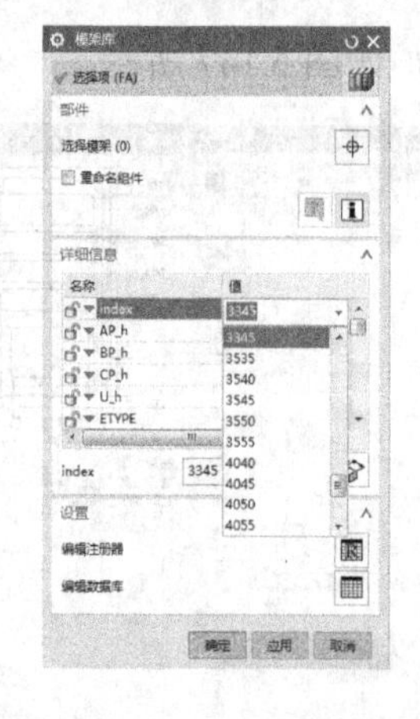

图 6.150 【模架库】对话框中的模架编号列表

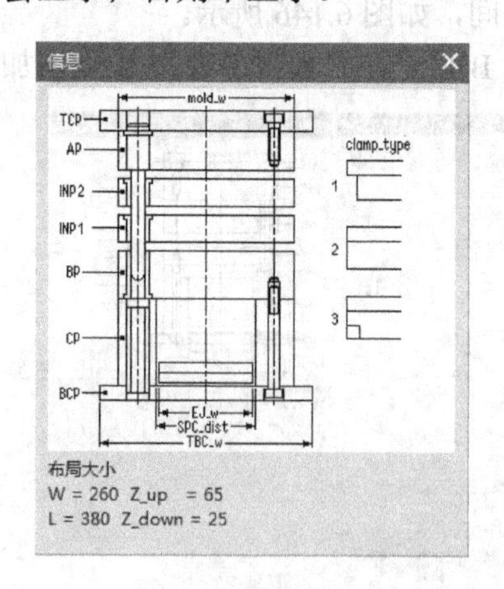


图 6.151 布局信息

(6) 编辑注册器。

在如图 6.150 所示的【模架库】对话框中，单击“编辑注册器”图标，可打开 Mold Wizard 记录模架的电子表格，编辑列出的模架【名称】、【成员选择】下拉列表框中选中的类型，还可编辑实现调用的图示文件、模型文件的路径等。

(7) 旋转模架。

如果加入模架的方向不好，如图 6.152 所示，可以单击对话框中的【旋转模架】按钮，使模架旋转 90°（型腔和型芯位置不变)。

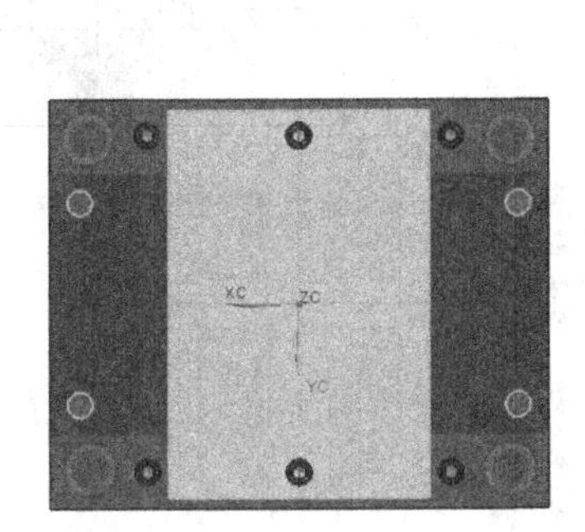


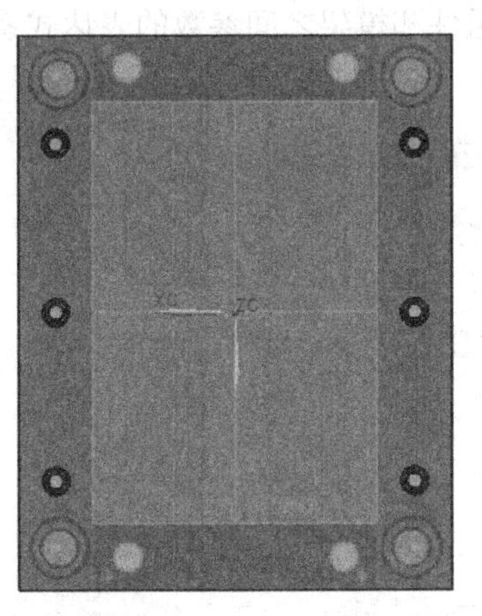


图 6.152 需旋转模架

完成相应的设置后单击对话框中的【应用】按钮，就可以在视图窗口中加入模架，如图 6.153 所示。

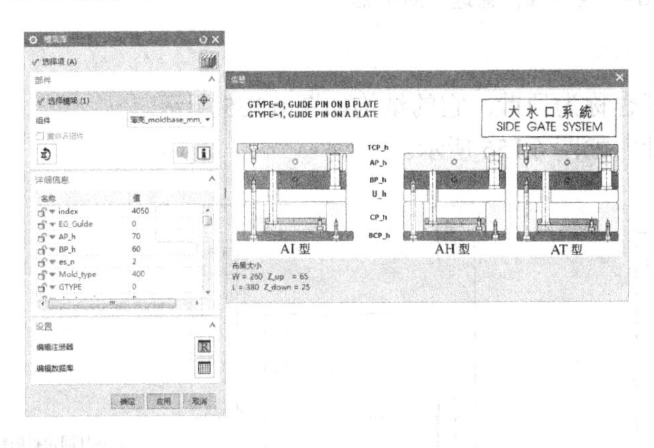


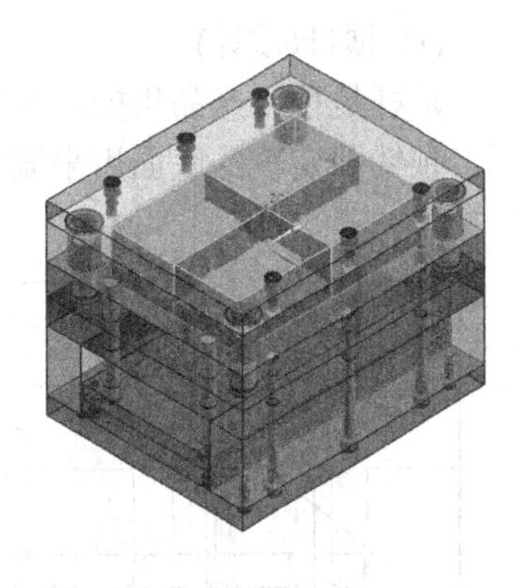

图 6.153 加入模架

## 2. 标准件(Standard Part)

注塑模向导模块将模具中经常使用的标准组件(如顶杆、弹簧、螺钉、定位环、浇口套等标准件)组成标准件库，用来进行标准件管理安装和配置。也可以自定义标准件库来匹配公司的标准件设计，并扩展到库中以包含所有的组件或装配。

单击【注塑模向导】选项卡中的【标准件】按钮添加模具标准件，系统弹出图 6.154

所示的【标准件管理】对话框。在该对话框中提供了以下功能。

- 组织及显示目录和组件的选择的库登记系统。
- 复制、重命名及添加组件到模具装配中的安装功能。
- 确定组件在模具装配的方向、位置或匹配标准件的功能。
- 允许选项驱动的参数选择的数据库驱动配置系统。
- 组件移除。
- 定义部件列表数据和组件识别的部件属性功能。
- 链接组件和模架之间参数的表达式系统。

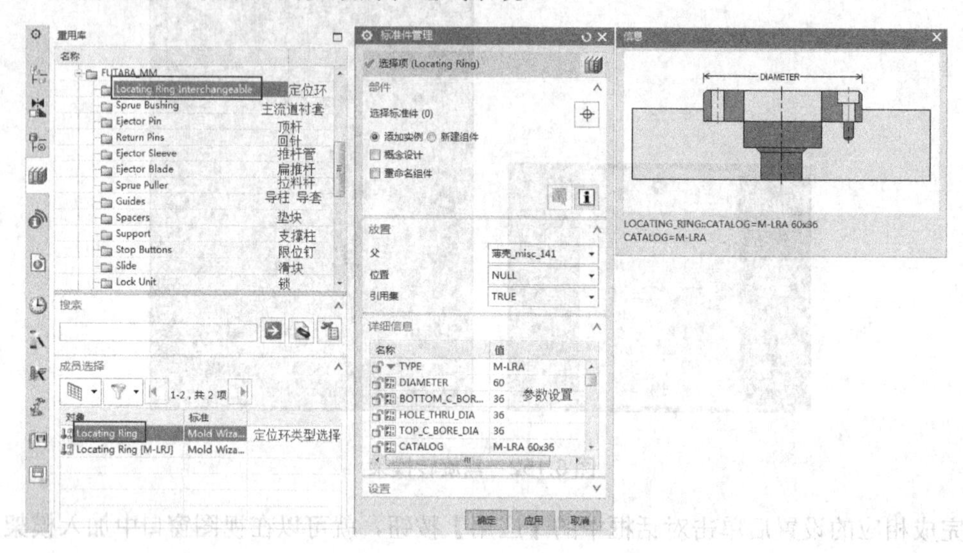


图 6.154　【标准件管理】对话框

(1) 顶杆(顶针)。

顶杆是顶出产品用的，小的顶杆也称为顶针。它的结构如图 6.155 所示。

顶针固定板的底面用来固定顶针，如图 6.156 所示。

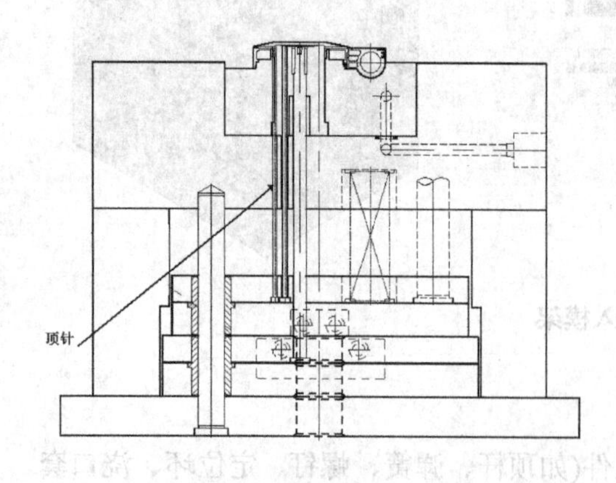


图 6.155　顶杆(顶针)示意图

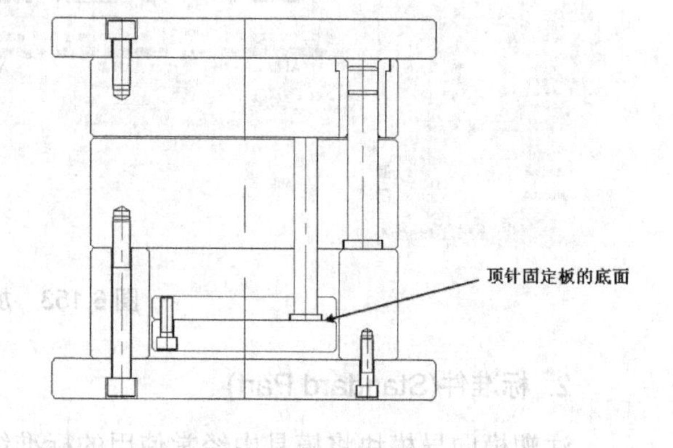


图 6.156　固定顶针的位置

可以改变用标准件功能创建的顶杆长度，并设定配合的距离(与顶杆孔有公差配合的长度)。由于顶杆功能要用到形成型腔、型芯的分型片体(或已完成型腔、型芯的提取区域)，因此在使用顶杆功能之前必须先创建型腔、型芯。

在用标准件创建顶杆时，必须选择一个比要求值长的顶杆，才可以通过后处理的方法将它调整到合适的长度。

如果在标准件形式中选取 Ejection(顶出)，再选取 Ejector Pin Straight (直顶杆)，此时就变成了如图 6.157 所示的【标准件管理】对话框，可以在其中设置顶杆的各项参数。

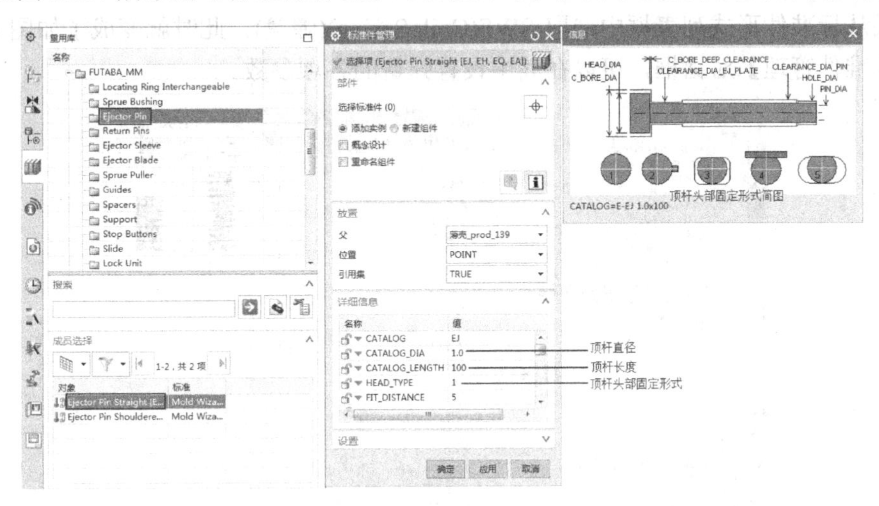


图 6.157　【标准件管理】对话框的顶杆设置

其中要注意以下参数。

- 配合距离(TIMING_PIN_DIA)。配合距离值控制模具上顶杆孔的最低点到顶杆偏置孔的最高点之间的距离。
- 顶杆长度(CATALOG_LENGTH)。顶杆的名义长度，确定顶杆的总体长度。

顶杆引用集包含 TRUE 和 FALSE 体。TRUE 体反映顶杆实体的大小，FALSE 体反映要被修剪下去形成顶杆孔的实体，有别于真正的顶杆实体。系统为每个顶杆创建并保持一个新部件文件。这是因为顶杆之间可能有所不同，有必要将它们分开。

顶针的修剪过程如下。

顶针后处理对话框使用两个步骤来执行修剪过程，即目标体(要修剪的顶杆)和工具片体。

在工具片体选择步骤中可以使用修剪部件和修剪曲面对话框选项。

- 修剪部件。使用修剪部件来定义包含顶杆修剪面的文件。默认值是修剪部件。可以使用修剪组件页面上的功能来添加另外的组件到修剪部件中。
- 修剪曲面。使用修剪曲面来定义上面选择的修剪部件的哪些面用来修剪顶杆。每个修剪部件有多个修剪片体。选择面可以直接选择任意面，再将它们链接到顶杆组件中来修剪顶杆。选择面方法允许一个选择面数的最小值以减小文件尺寸。
- 修剪组件。如果创建另外的文件来修剪，它们可以添加到列表这些列表中选择。

最后单击【应用】按钮完成修剪顶杆。

(2) 弹簧。

一般来说，簧的选择和顶杆的顶出距离有关系。基本上顶出距离加 5～10mm 的余量。这个就是弹簧的变形量，而弹簧一般形变都是取 1/3。所以弹簧变形量的 3 倍就是弹簧的长度。

例如，需要的顶出距离是 8mm，加上预留量 10mm，也就是说，簧至少形变 18mm 用。18mm×3mm=54mm，就选择 54mm 的标准弹簧长度。

弹簧大小和复位杆有关系。一般弹簧内径要比复位杆大 1.5mm 左右。

如果从标准件形式列表框中选取 SWF(Coil Spring)(弹簧)，此时就变成了如图 6.158 所示的【标准件管理】对话框，可以在其中设置弹簧的各项参数。

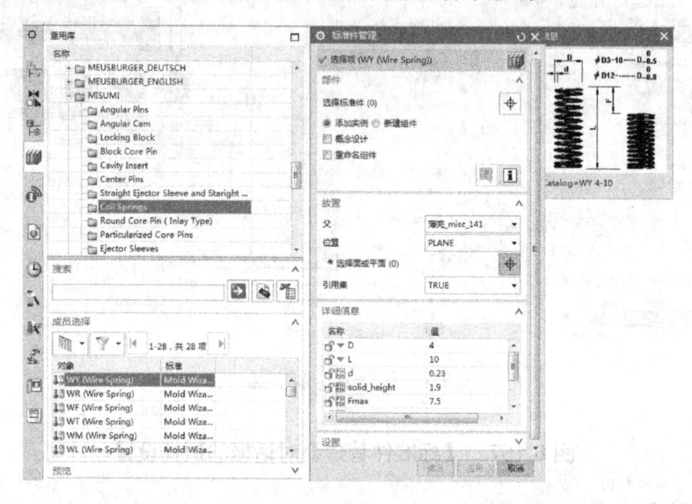

图 6.158 【标准件管理】对话框的弹簧设置

(3) 定位环。

定位环的作用是使注塑机的喷嘴更快、更好地和模具的浇口衬套相接触。

常用的定位环形式有。如图 6.159、图 6.160 所示的两种。应该尽量选用第二种定位环的形式，因为这样可以缩短流道长度。但是要保证浇口衬套的大端要与型芯保持 15～20mm 以上的距离。

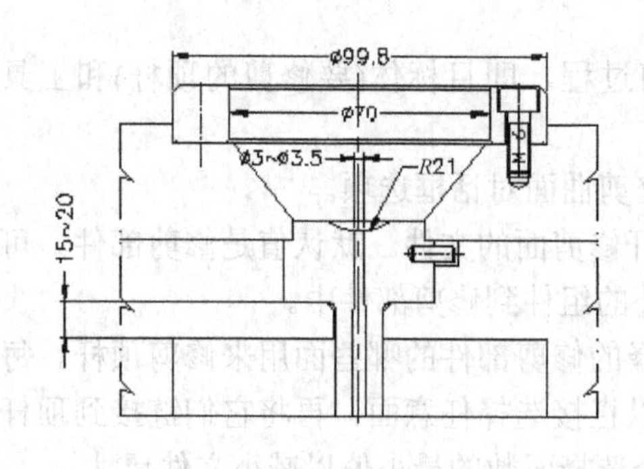


图 6.159 第一种形式

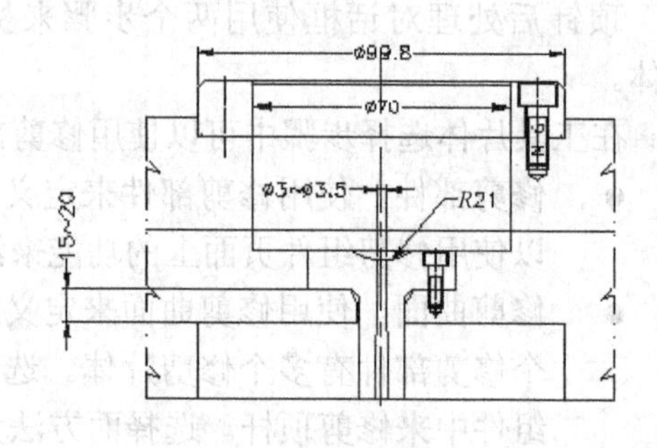


图 6.160 第二种形式

如果从标准件形式列表框中选取 Locating Ring(定位环)，此时就变成了如图 6.161 所示的【标准件管理】对话框，可以在其中设置定位环的各项参数。定位环在 UG 环境下的模具装配是自动搜取定模固定板的中心位置进行装配，一般情况下无须进行手工定位。

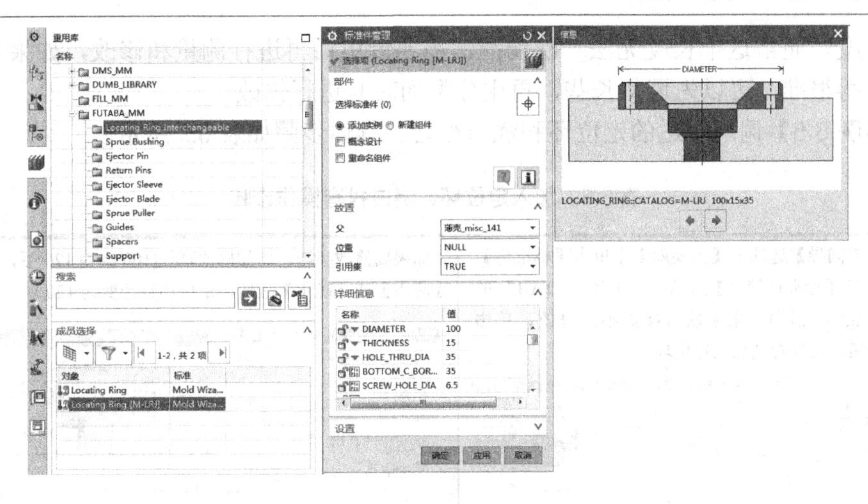


图 6.161 【标准件管理】对话框的定位环设置

仅有 FUTABA 和 HASCO 两个公司的标准件建立了定位环，如果想要调用符合自己公司的定位环还要手工定义。调用好定位环之后要注意定位环要与定模固定板进行减腔操作。

(4) 浇口衬套(主流道衬套)。

浇口衬套与注塑机喷嘴在同一水平轴线上并与其相连接，将熔融塑料注入模具中的理想位置，通常注入至分型面。浇口衬套通常作为独立零件固定在模具上，以使熔料更准确地注入模具型腔中。

如果从标准件形式列表框中选取 Sprue Bushing(浇口衬套)，此时就变成了如图 6.162 所示的【标准件管理】对话框，可以在其中设置浇口衬套的各项参数。

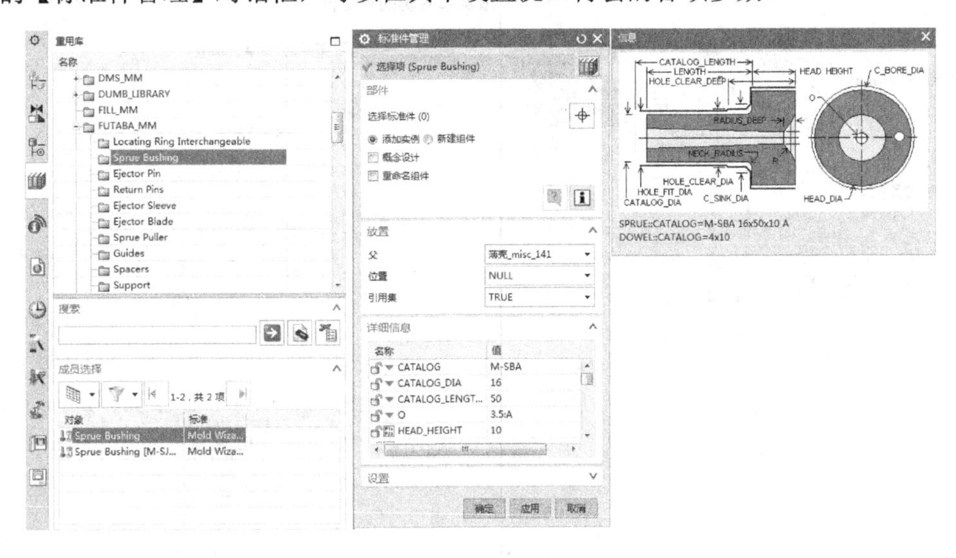


图 6.162 【标准件管理】对话框的浇口衬套设置

合理填写各项参数，就可以调出浇口衬套。这里需要注意几个参数。

- CATALOG_DIA：浇口衬套的名义直径，即为 UG 中浇口衬套实体的小端直径。
- CATALOG_LENGTH：浇口衬套的名义长度，即为 UG 中浇口衬套实体的小端长度，通常这个长度无法一次调准，需要调出后再进行测量和修改，如果长度无法得很准，可以先调得长些，再用分型面对其进行修改。

【实例 6.5】调用合适的定位环和浇口衬套。具体步骤如表 6.5 所示。

**表 6.5　加入定位环、浇口衬套操作步骤**

| | |
|---|---|
| ①在【注塑模向导】选项卡【主要库】中单击【标准件】按钮，打开【标准件管理】对话框，选择 FUTABA 的 Locating Ring(定位环)，采用默认参数不做修改，单击【应用】按钮，可以看到加入定位环<br>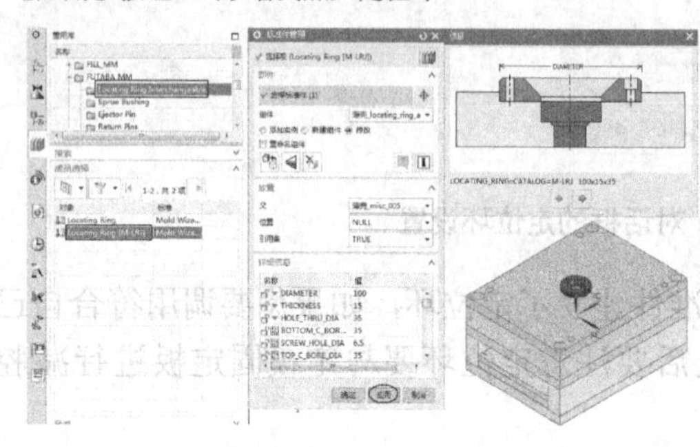 | ②如果要修改参数，比如修改直径(100 改为 120)后，需再次单击【应用】或【确定】按钮，定位环直径变为 120<br>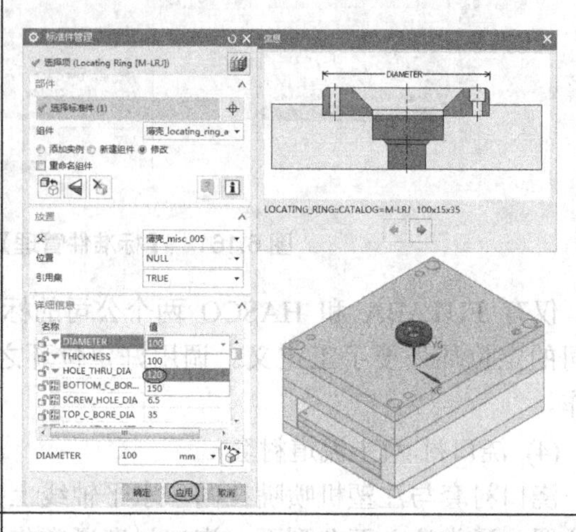 |
| ③在【注塑模向导】选项卡【主要库】中单击【标准件】按钮添加模具标准件，选择 FUTABA 的 Sprue Bushing(浇口衬套)，打开【标准件管理】对话框，采用默认参数不做修改，单击【应用】按钮，可以看到加入浇口衬套<br>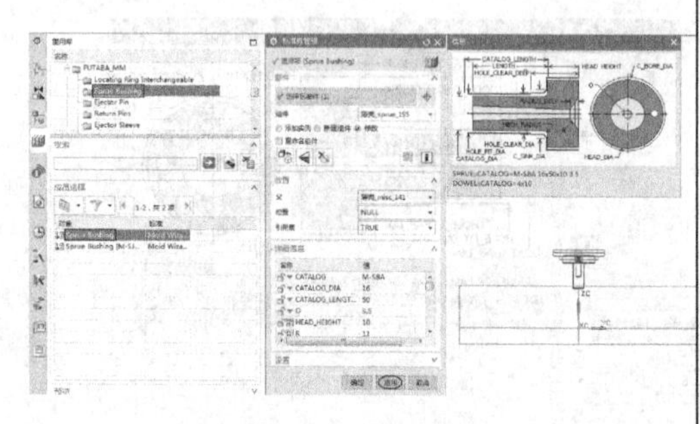 | ④浇口衬套与定位环有重叠部分，需要对浇口衬套进行重定位，单击【重定位】按钮，打开【移动组件】对话框，选择“点到点”变换方式，指定出发点和终止点分别为浇口衬套的最上表面圆的圆心和定位环的最下表面圆的圆心，单击【确定】按钮，完成浇口衬套的重定位<br>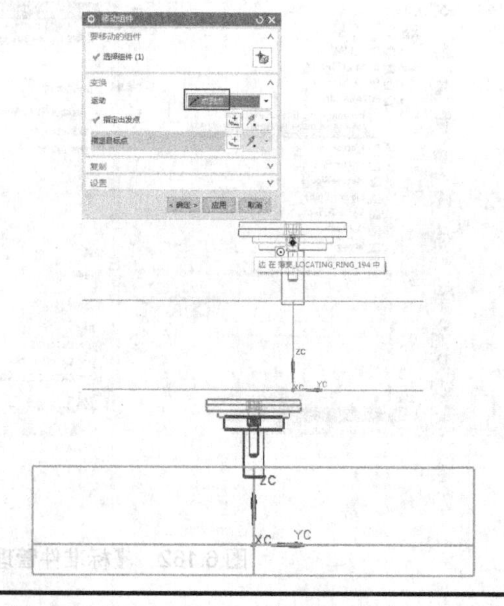 |

### 3．滑块/抽芯及镶块(Slider/Lifter and Insert)

塑料产品常存在侧向的凹凸或侧孔结构，靠上、下模的开模动作而不能脱模。因此，必须把侧向的凸凹特征做成活动的拼块，称为滑块。滑块先行脱模，然后上、下模完成开模动作。把完成滑块抽出和复位的机构称为抽芯机构。产品脱模前要进行侧抽芯，必须使用滑块或斜顶抽芯机构。

在设计型芯和型腔块的过程中，可以创建子镶块用于发生强烈磨损的型腔或型芯区域，或用于简化型腔、型芯的制造。所以有时采用镶块的设计是出于强度及加工工艺方面的考虑。

1) 滑块和斜顶抽芯机构

(1) 滑块抽芯的作用。

在设计一个塑胶产品的模具时，有时会出现有的区域无法在分模方向成型或者开模方向发生干涉，需要向外部(少数向内的也可以用滑块)拉出成型部分，这就需要用滑块来形成抽芯成型，如图 6.163 所示。

(2) 斜顶抽芯的作用。

在设计一个塑胶产品的模具时，有时会出现有的区域无法在分模方向成型或者开模方向发生干涉，需要向内部拉出成型部分并顶出产品，这就需要用斜顶来形成抽芯成型，如图 6.164 所示。

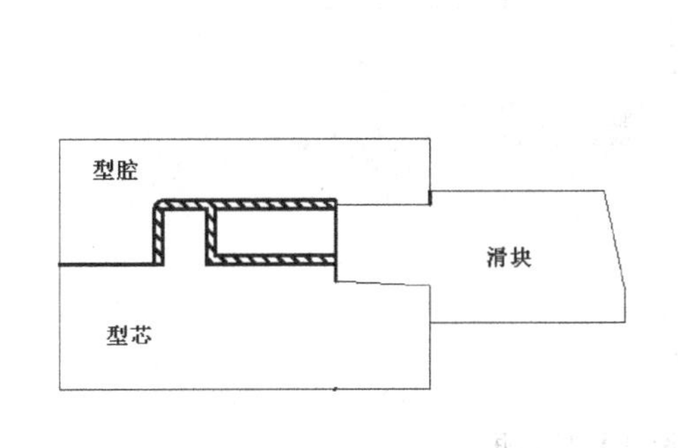


图 6.163　滑块抽芯示意图

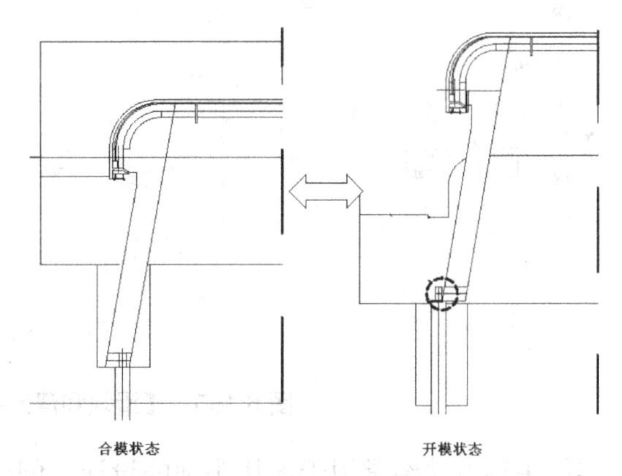


图 6.164　斜顶抽芯示意图

在【注塑模向导】选项卡中单击【滑块和浮升销库】按钮，系统弹出如图 6.165 所示的【滑块和浮升销设计】对话框。在此可以选择标准件类型、设置和编辑滑块和抽芯的组件尺寸。

在如图 6.165 所示的【成员选择】的【对象】组中可以知道滑块抽芯机构有 3 种选择方式，分别是 Push-Pull Slide、Single Cam-Pin Slide、Dual Cam-Pin Slide，斜顶抽芯机构有两种选择方式，分别是 Dowel Lifter 和 Sankyo Lifter。

(3) 滑块抽芯机构设计。

从结构上来看，滑块和抽芯的组成大概可以分为两部分，即头部(成型部分)和滑块体。

① 头部设计。产品的形状依赖于头部形成。可以用实体头部或修剪体的方法来创建滑块或斜顶的头部。若用实体头部方法来创建滑块或斜顶头部，单击【模具工具】中的【实体分割】图标。如果在型芯或型腔中创建好了实体头部，并添加了滑块或斜顶体，就可以将该头部链接到滑块或斜顶体中，并将它们并到一起。也可以创建一个新的组件，再将头部链接到新组件中。

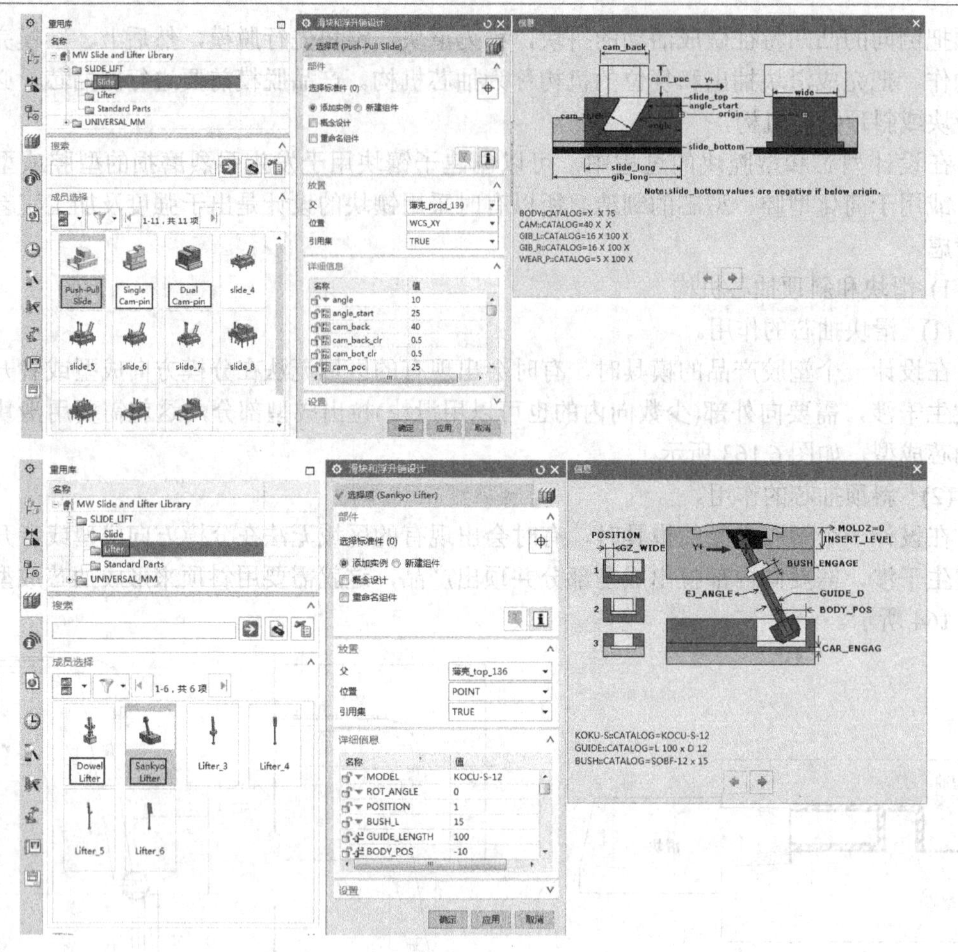

图 6.165 【滑块和浮升销设计】对话框

实体头部方法经常用于滑块头部的设计。创建一个修剪体的步骤如下。

- 添加滑块或斜顶到模架中。
- 设定滑块和抽芯的本体作为工作部件。
- 使用 NX 的【装配】中【Wave 几何链接器】将型芯或型腔分型面链接到当前的工作部件中。
- 用该分型面来修剪滑块或斜顶的本体。

② 滑块体的设计。滑块体则完成滑块的动作功能，在 UG Mold Wizard 中可自定义标准件组成。滑块和抽芯体一般由几个组件组成，如图 6.166 所示。滑块或斜顶的装配可以视为标准件。

UG Mold Wizard 的滑块和抽芯功能提供了较容易的方法来设计所需要的滑块抽芯机构，如图 6.167 所示。

③ 滑块装配树的结构。滑块调用好之后，就会在特征树中形成一个装配结构。滑块体组件 proj_sld 由 5 个部件组成，分别是 proj_bdy、proj_wp、proj_gb_l、proj_gb_r、proj_cm，如图 6.168 所示。

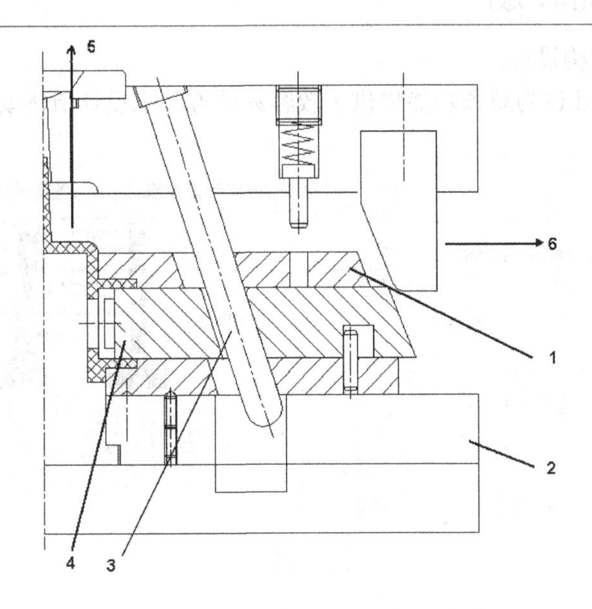


图 6.166　滑块结构

1—滑块体；2—底板；3—驱动体(斜导销)；4—模具头部部分；
5—模具开模方向；6—滑块运动的方向

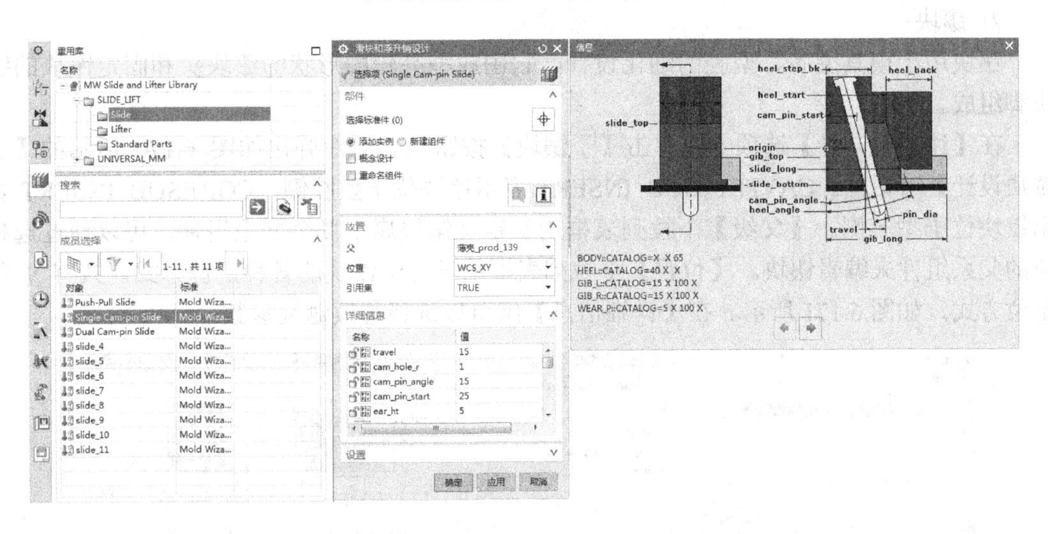

图 6.167　【滑块和浮升销设计】对话框中滑块抽芯机构设计

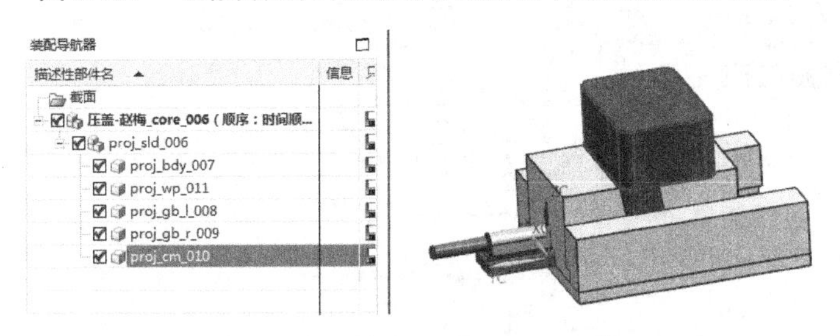

图 6.168　滑块装配结构

(4) 斜顶抽芯机构设计。

UG Mold Wizard 也为斜顶功能提供了较容易的方法来设计所需要的斜顶抽芯机构，如图 6.169 所示。

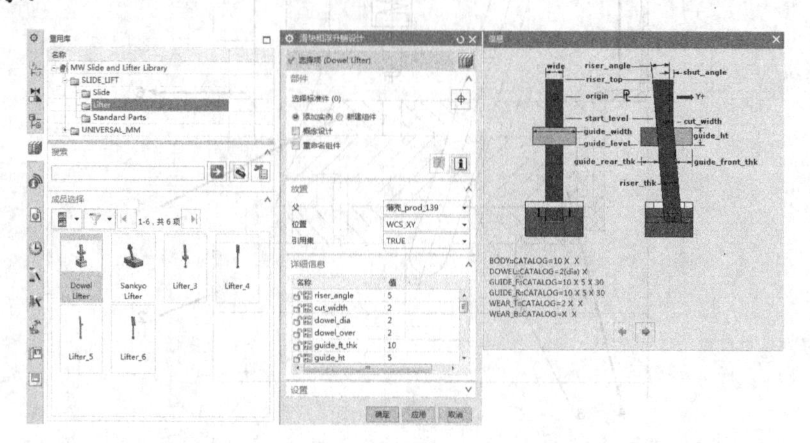


图 6.169 【滑块和浮升销设计】对话框中斜顶抽芯机构设计

注塑模向导提供了几种类型的滑块和抽芯结构。因为标准件功能是一个开放式结构的设计，所以可以向注塑模向导中添加自定义的滑块和抽芯结构。

2) 镶块

镶块用于模具型芯、型腔的细化设计，它由成型品轮廓形状的镶块头和固定镶块的镶块脚组成。

在【注塑模向导】选项卡中单击【子镶块】按钮，系统弹出如图 6.170 所示的【子镶块设计】对话框。CAVITY SUB INSERT 表示镶块位于型腔侧，CORESUB INSERT 表示镶块位于型芯侧。【父级】下拉列表框用于定义镶块属于哪个父系组件，可以通过选择新的父系组件来编辑镶块。【位置】下拉列表框用于定义镶块的各种定位方式，共有 9 种定位方式，如图 6.171 所示。在【详细信息】组可以选择修改镶块参数。

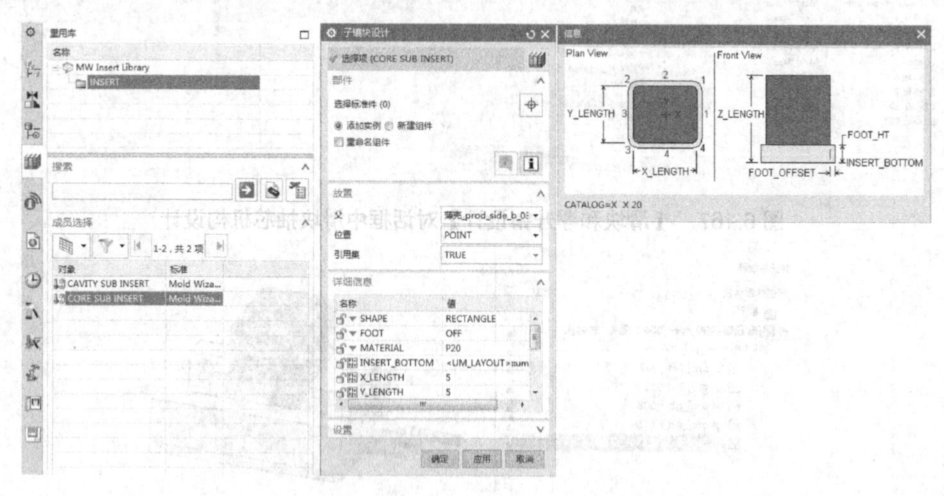


图 6.170 【子镶块设计】对话框

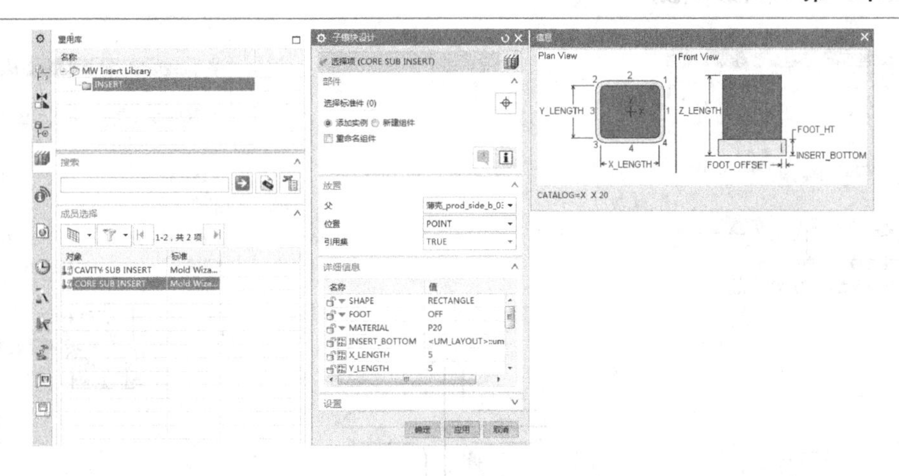


图 6.170 【子镶块设计】对话框(续)

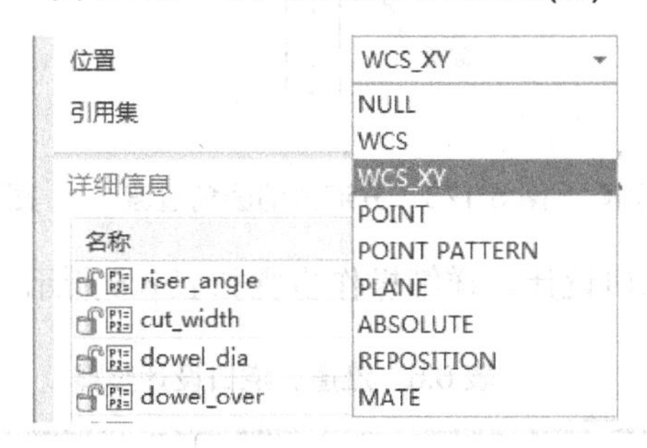


图 6.171 镶块的 9 种定位方式

## 6.2.11 浇口和流道系统(Gate and Runner System)

### 1. 浇口

浇口(Gate)是上模底部开的一个进料口，目的在于将熔融的塑料注入型腔，使其成型。

在【注塑模向导】工具条中单击【浇口】按钮，系统弹出如图 6.172 所示的【浇口设计】对话框。

### 2. 流道

流道(Runner)是熔融塑料通过注塑机进入浇口和型腔前的流动通道。分流道是指塑料经过主流道进入浇口之前的路径。分流道设计的主要工作是定义流动路径和流道截面形状，而分流道的生成过程就是某一流道截面沿着引导线扫描生成的扫描实体。

分流道的直径一般在 3～12mm 内，对于一些流动性好的材料，产品较小时流道最小可设计到 2mm 的尺寸。一般说来，流道越长直径越大。分流道各处注意设计圆角过渡，以减小压力的损失,如图 6.173 所示。

在【注塑模向导】工具条中单击【流道】按钮，系统弹出如图 6.174 所示的【流道】设计对话框。在其中设置完参数后，就完成了模具的最终设计。

绘制流道曲线，对于三板模具需要选择水口板的上表面，对于二板模选择分型面作为放置面。若分型面不是平面，则需要通过【投影曲线】命令先把曲线投影到分型面上，再进入【流道】对话框选择该投影曲线创建分流道。

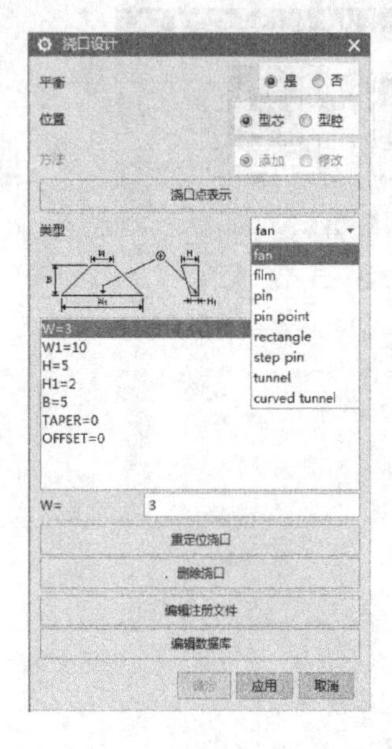


图 6.172 【浇口设计】对话框

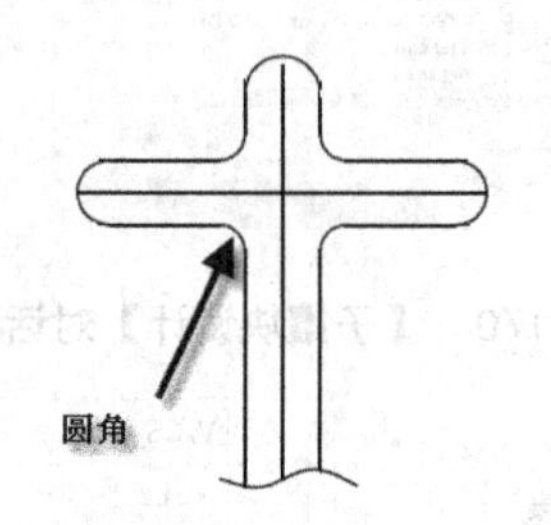


图 6.173 分流道的圆角过渡

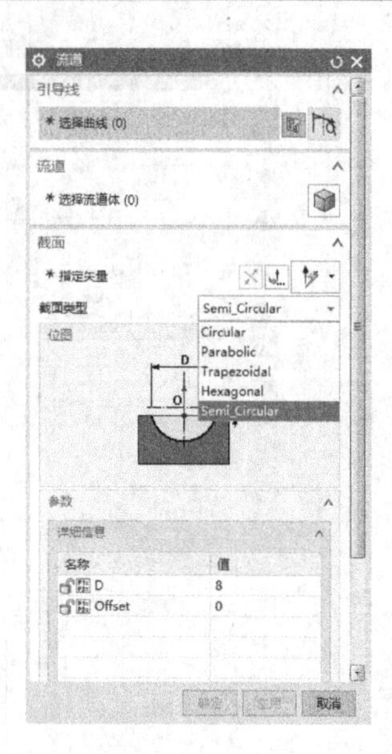


图 6.174 【流道】设计对话框

【实例 6.6】流道和浇口设计。详细操作步骤如表 6.6 所示。

表 6.6 流道、浇口设计步骤

| ①在【注塑模向导】选项卡【主要库】中单击【流道】按钮，进入【流道】对话框，单击【绘制截面】按钮，选择主分型面作为草图绘制平面，进入草图界面绘制草图作为分流道的中心线(引导线)，单击【完成草图】按钮回到【流道】对话框，在【截面】组选择截面类型为 Circular(圆形截面)，横截面直径尺寸为 8，单击【确定】按钮，完成分流道设计<br>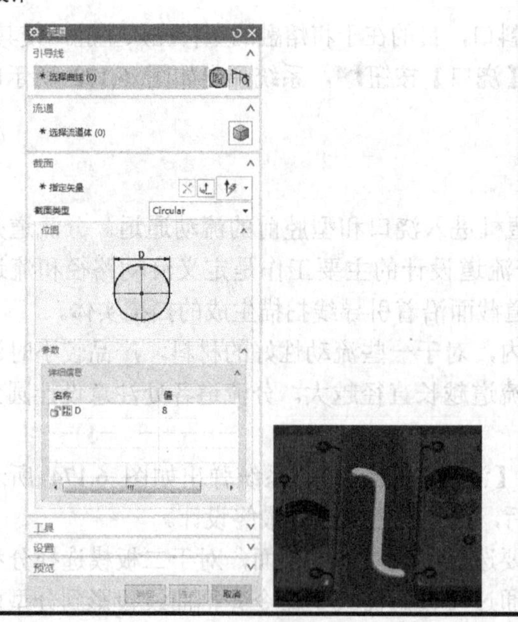 | ②单击【注塑模向导】工具条中的【浇口】按钮，弹出【浇口设计】对话框。选择合适的浇口位置、类型、尺寸，单击【应用】按钮，弹出【点】对话框<br>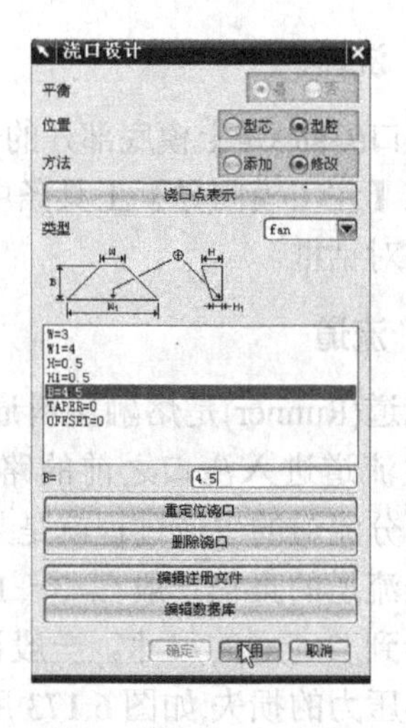 |
| --- | --- |

续表

| ③选择流道中合适位置点，在【点】对话框中单击【确定】按钮，弹出【矢量】对话框 | ④在【矢量】对话框中单击【反向】按钮，再单击【确定】按钮，生成两个扇形浇口 |
| --- | --- |
| 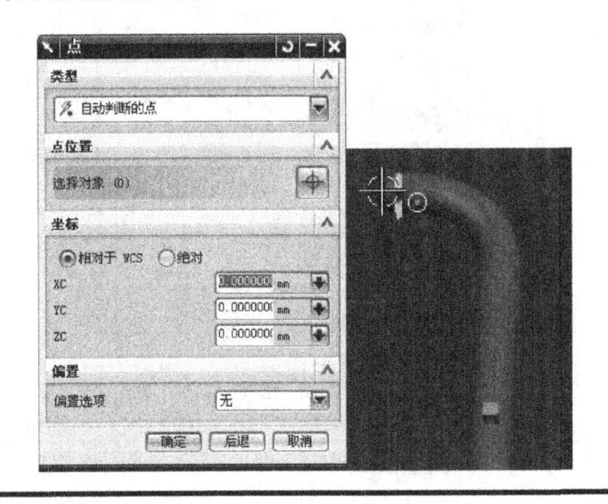 | 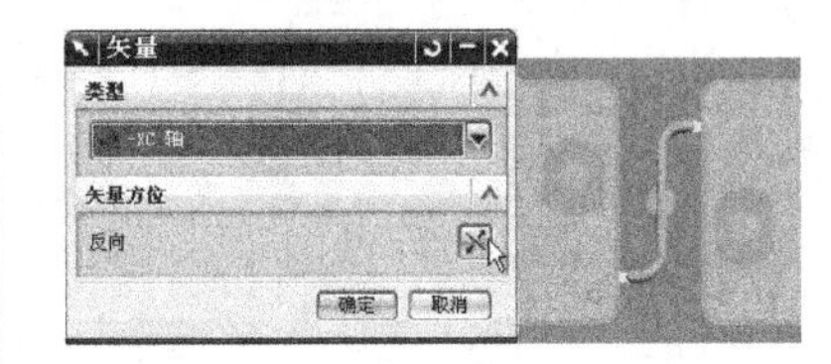 |

## 6.2.12　冷却组件设计(Cooling Component Design)

模具其实可以认为是一个热交换系统，由熔液产生的热量要通过冷却水道交换出去，从而使得产品迅速冷却硬化，进行产品的顶出。Mold Wizard 提供了冷却水道的设计向导，用户可通过该向导快速完成冷却水道的设计。在【注塑模向导】选项卡中的【冷却工具】库单击相应按钮，如图 6.175 所示，系统弹出相应的冷却水道设计对话框。

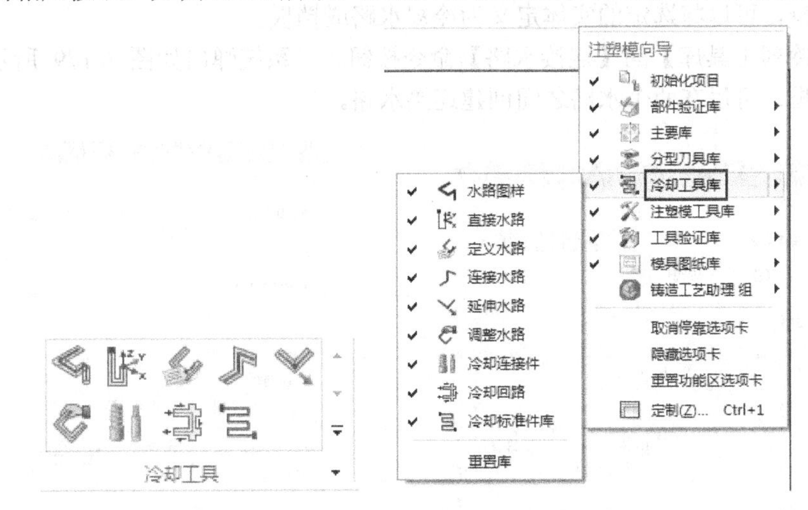


图 6.175　【冷却工具库】子菜单中的命令

单击【冷却工具库】的【水路图样】命令按钮，系统弹出如图 6.176 所示的【图样通道】对话框。在【通道路径】选项组可以指定曲线或绘制草图，在【设置】组可以输入通道直径数值，完成冷却水路设计。

单击【冷却工具库】的【直接水路】命令按钮，系统弹出如图 6.177 所示的【直接水路】对话框，可以在两点之间创建冷却水路。

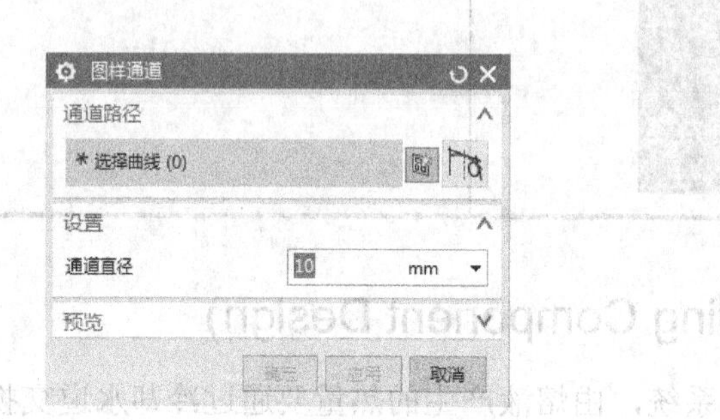


图 6.176 【图样通道】对话框

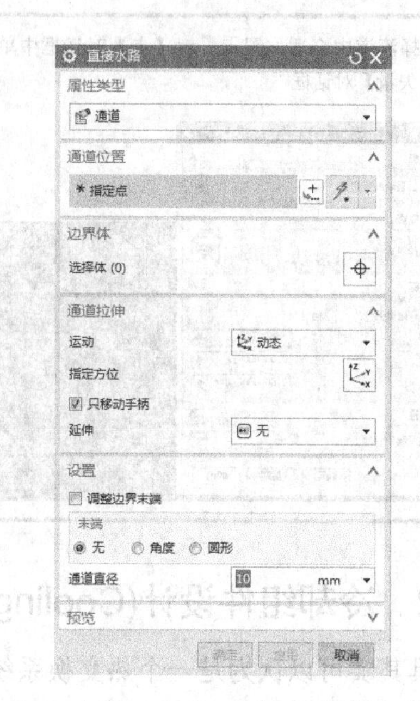


图 6.177 【直接水路】对话框

单击【冷却工具库】的【定义水路】命令按钮，系统弹出如图 6.178 所示的【定义水路】对话框，可以将选定的实体定义为冷却水路或挡板。

单击【冷却工具库】的【连接水路】命令按钮，系统弹出如图 6.179 所示的【连接水路】对话框，可以在两个水路之间创建连接水路。

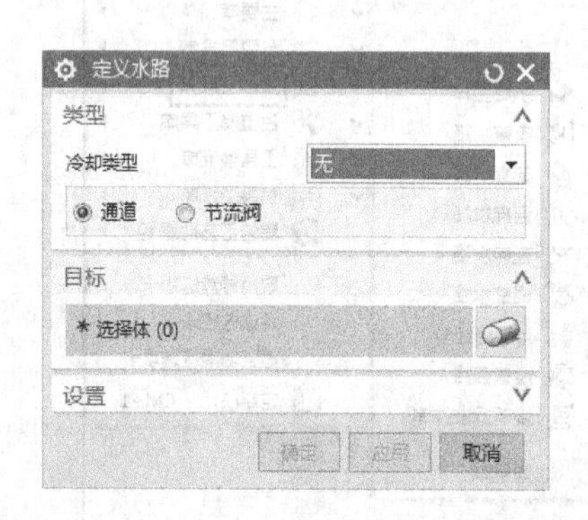


图 6.178 【定义水路】对话框

图 6.179 【连接水路】对话框

单击【冷却工具库】的【延伸水路】命令按钮，系统弹出如图 6.180 所示的【延伸水路】对话框，可以将一组冷却水路延伸一定距离或延伸至某一选择的边界实体。

单击【冷却工具库】的【调整水路】命令按钮，系统弹出如图 6.181 所示的【调整水路】对话框，可以移动冷却水路或调整挡板孔长度。

图 6.180　【延伸水路】对话框

图 6.181　【调整水路】对话框

单击【冷却工具库】的【冷却连接件】命令按钮，系统弹出如图 6.182 所示的【冷却连接件】对话框，可以创建用于冷却连接件的概念标准件。

单击【冷却工具库】的【冷却回路】命令按钮，系统弹出如图 6.183 所示的【冷却回路】对话框，可以将冷却水路组合为一个回路。

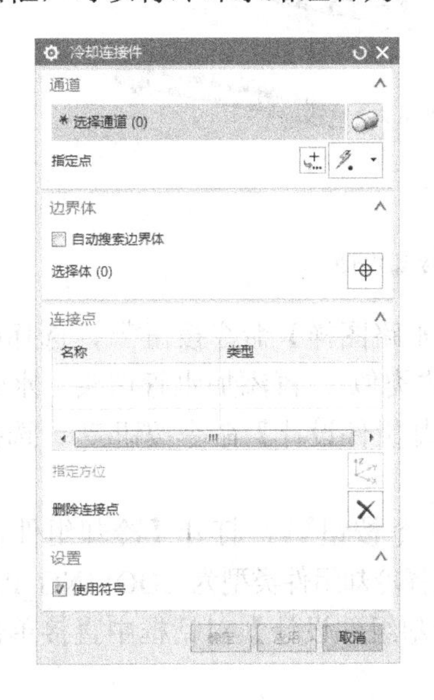


图 6.182　【冷却连接件】对话框

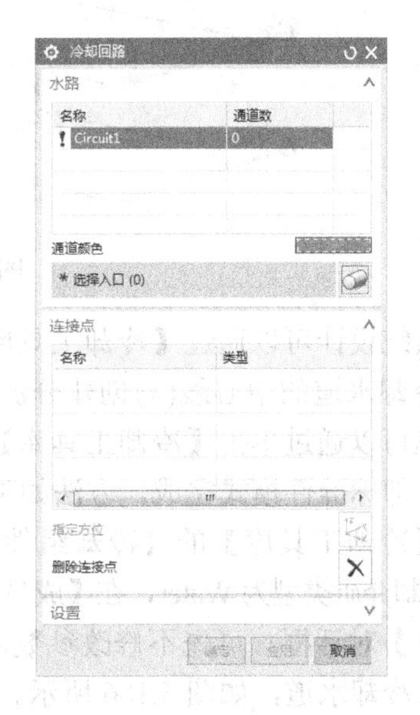


图 6.183　【冷却回路】对话框

单击【冷却工具库】的【冷却组件设计】按钮，系统弹出如图 6.184 左图所示的【冷却组件设计】对话框，标准件名称有 Water、Air、Oil 这 3 种冷却介质，在 Water 中选择 COOLING HOLE，弹出【信息】对话框，完成相应设置可以添加或编辑冷却标准件。

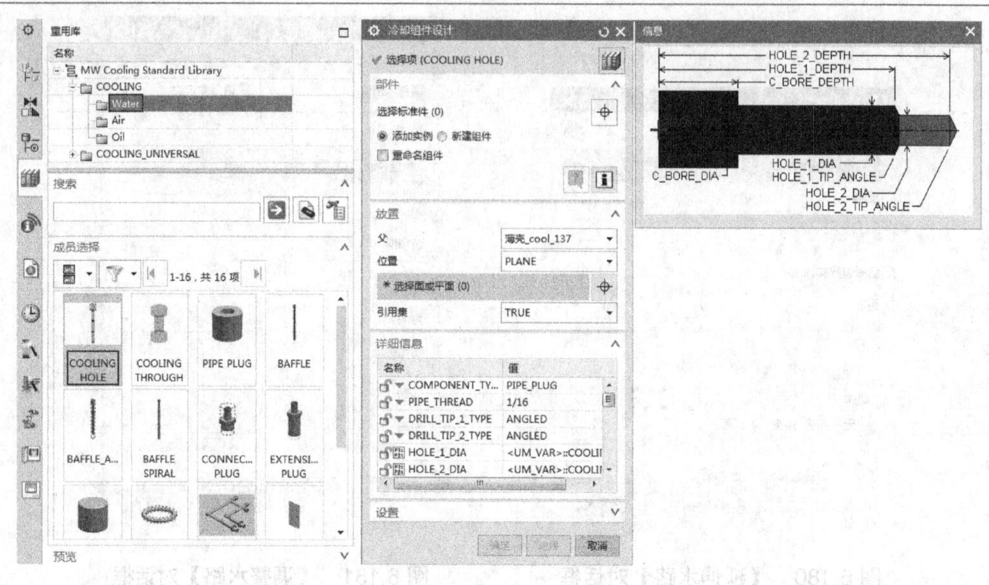


图 6.184 【冷却组件设计】对话框和【信息】对话框

【实例 6.7】创建如图 6.185 所示的冷却水道。

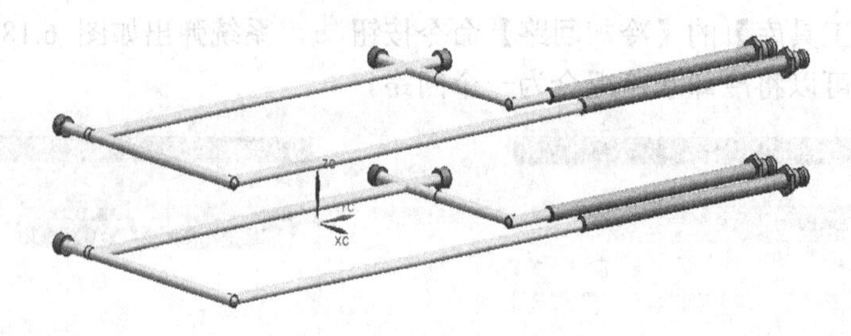

图 6.185 冷却水道

冷却系统设计可以通过【冷却工具库】的【水路图样】命令按钮，选择或绘制相应草图作为冷却水道的中心线(与创建分流道的方式类似)，再添加水管堵头、水管接头等冷却组件；也可以通过单击【冷却工具库】的【冷却组件设计】命令按钮，选择现成的冷却水道及冷却标准件模式完成，方法如下。

单击【冷却工具库】的【冷却组件设计】命令按钮，打开【冷却组件设计】对话框，选择冷却介质类型为 Water，在【成员选择】选择冷却组件类型为 COOLING_PATTERN，打开【信息】对话框，可先不修改参数，在【冷却组件设计】对话框中直接单击【应用】按钮，加入冷却水道，如图 6.186 所示。

在【冷却组件设计】对话框中修改相应参数数值后，按 Enter 键并单击【应用】按钮，inlet_position 由 1 改为 3，Extension_length 由 63 改为 170，z_core_level 由-30 改为-35，LEN(长度)由 150 改为 300，WID(宽度)由 200 改为 190，其他参数不变，获得如图 6.187 所示的型芯(core)侧冷却水道。另一侧型腔(cavity)侧冷却水道做法与此相同。

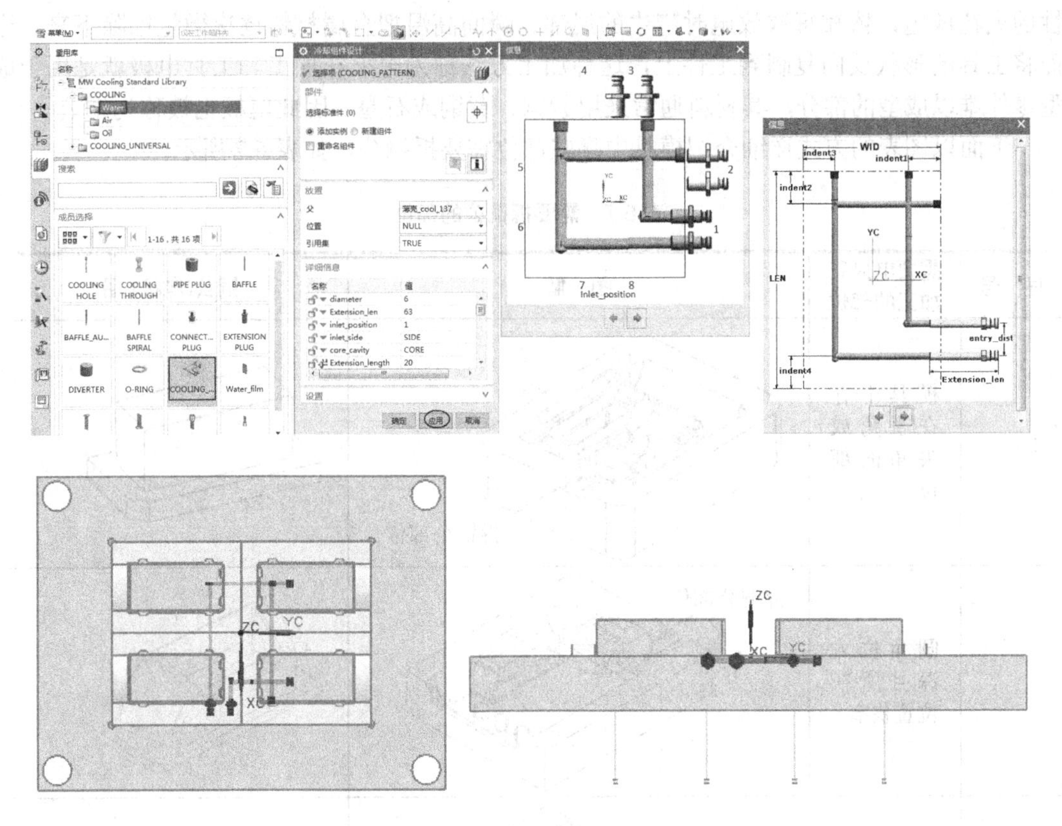

图 6.186　加入冷却组件

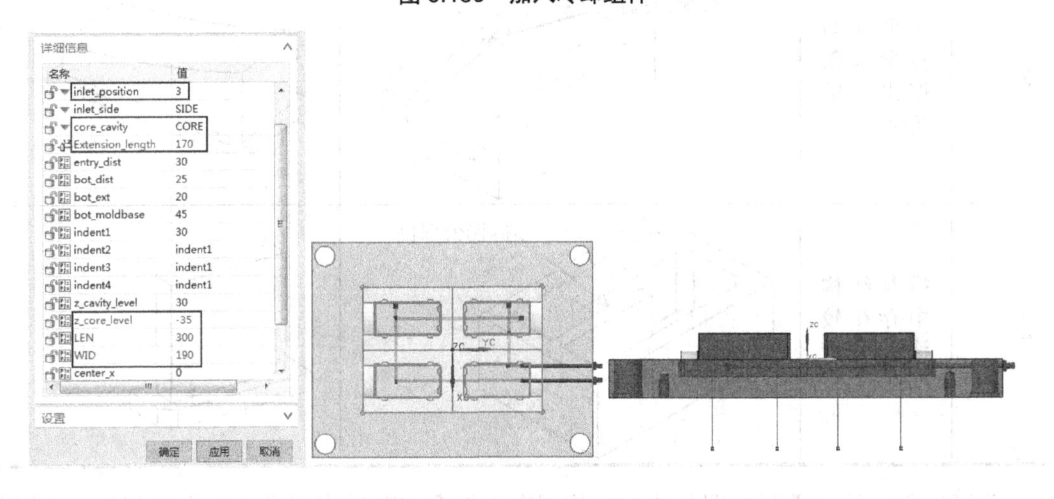

图 6.187　修改冷却组件参数

## 6.2.13　电极(Electrode)

### 1. 电极概述

有些型腔、型芯或者镶件有狭小的凸起或沟槽，或表面呈现比较复杂的曲面形状，需要用特种加工的方法解决，该加工方法使浸没在工作液中的工具和工件之间不断产生脉冲性的火花放电，依靠每次放电时产生的局部、瞬间高温把金属材料逐次微量蚀除下来，进而将工具的形状反向复制到工件上，这种加工方法称为电火花加工。工具电极就是用于成型零件难以成型的部分，其材料通常采用紫铜、黄铜或石墨，因此电极也被称为铜公。

下面以图表的方式详细介绍模具中哪些部位需要拆铜公，如表 6.7 所示。

表 6.7 需要拆铜公的部位

| 序 号 | 需要电火花加工的部位 | 图 解 | 铜公(电极) 图 |
|---|---|---|---|
| 1 | 模具中存在直角或尖角的部位 | 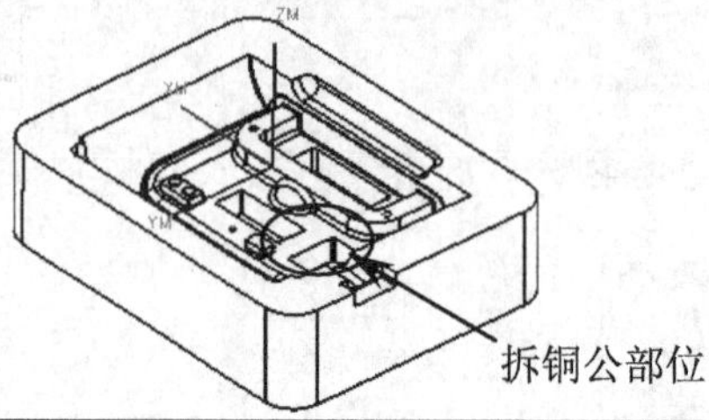 拆铜公部位 | 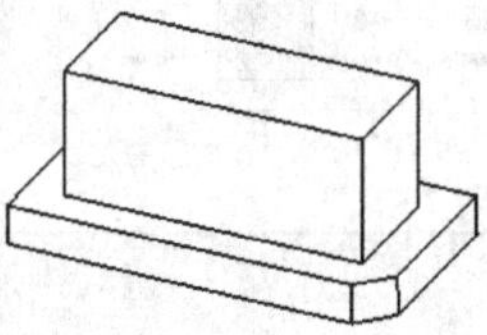 |
| 2 | 圆角位太深且所在位置狭窄 | 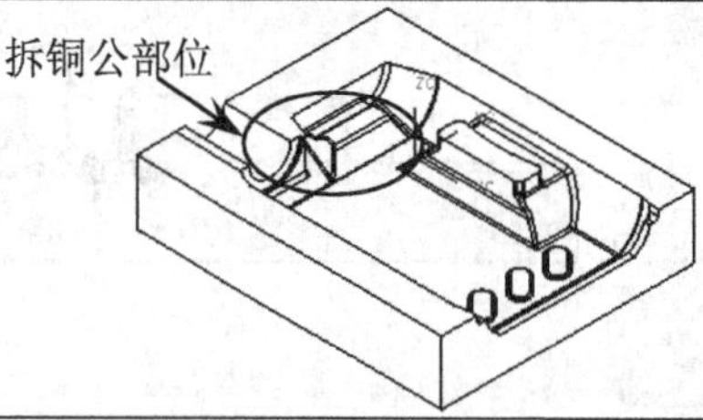 拆铜公部位 | 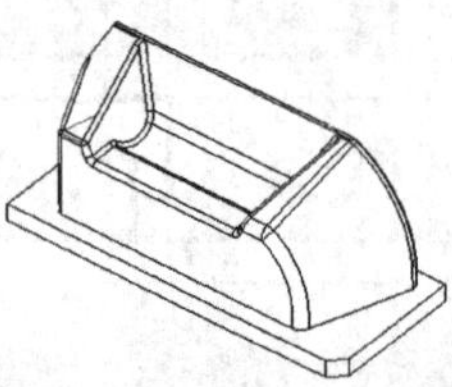 |
| 3 | 由曲面与直壁或斜壁组成的角位 | 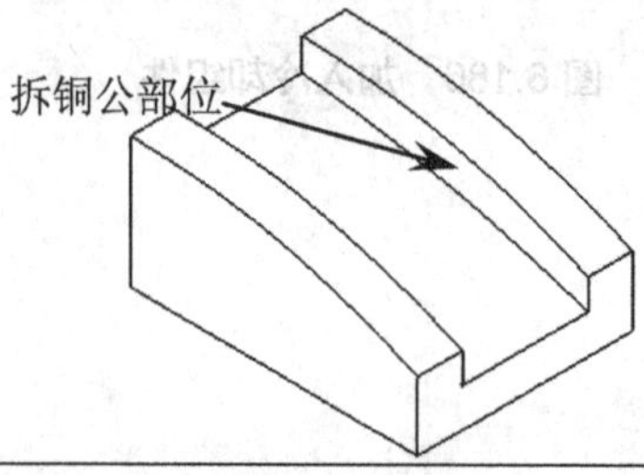 拆铜公部位 | 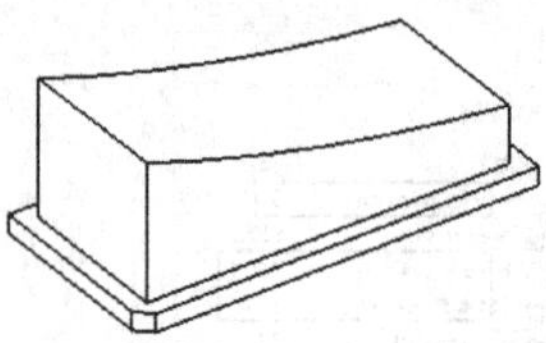 |
| 4 | 模具结构中存在较深且窄的部位 | 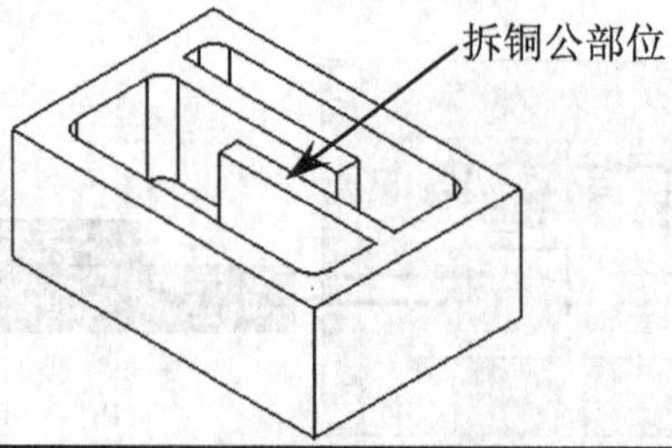 拆铜公部位 | 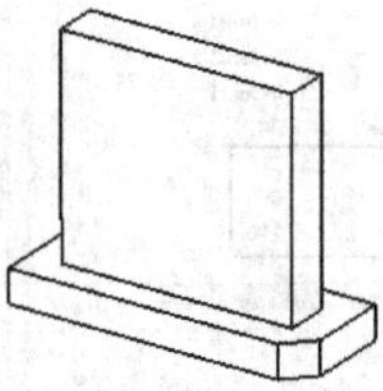 |

除了以上的情况需要拆铜公外，一些因表面精度和粗糙度要求特别高的部分，使用普通的数控加工难以达到要求时，应在客户的要求下使用电火花加工。

2. 电极设计

创建电极和出电极工程图，可以使用 Mold Wizard 提供的电极设计向导来快速完成电极的设计。在【注塑模向导】选项卡中单击【电极】按钮，系统弹出如图 6.188 所示的【电极设计】对话框，分别对【目录】和【尺寸】选项卡设置相应参数进行电极设计。

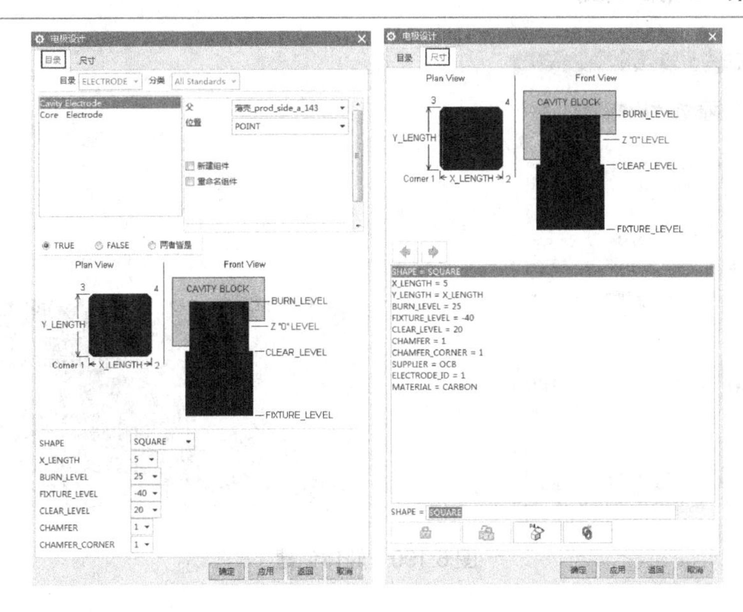


图 6.188　【电极设计】对话框

## 6.2.14　其他辅助功能

### 1. 修边模具组件

推杆、浇口衬套设定的标准长度比实际需要的长，要把长的部分剪裁掉，而且头部形状要与成型轮廓面形状一样。在【注塑模向导】选项卡【注塑模工具】库中单击【修边模具组件】按钮，系统弹出如图 6.189 所示的【修边模具组件】对话框。

图 6.189　【修边模具组件】对话框

### 2. 腔体创建

对模具部件建腔就是在模具部件上挖出空腔位，放置有关的模具部件。在【注塑模向导】选项卡【主要库】中单击【腔体】按钮，系统弹出【腔体】对话框。选择模架的相应部件作为目标体，选择创建的定位环、浇口套、冷却道、顶杆等作为刀具体，完成腔体创建，如图 6.190 所示。

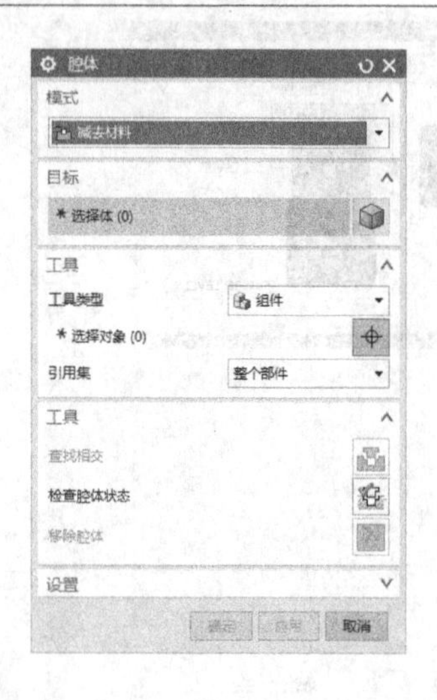


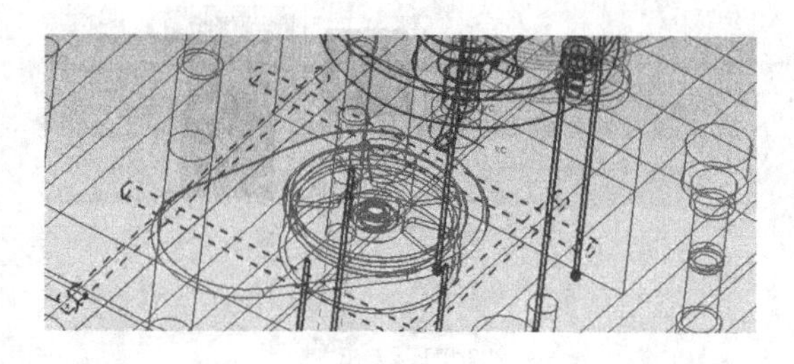

图 6.190　腔体创建

### 3. 物料清单

创建模具零件的材料列表清单，在【注塑模向导】选项卡【主要库】中单击【物料清单】按钮，系统弹出如图 6.191 所示的【物料清单】对话框。

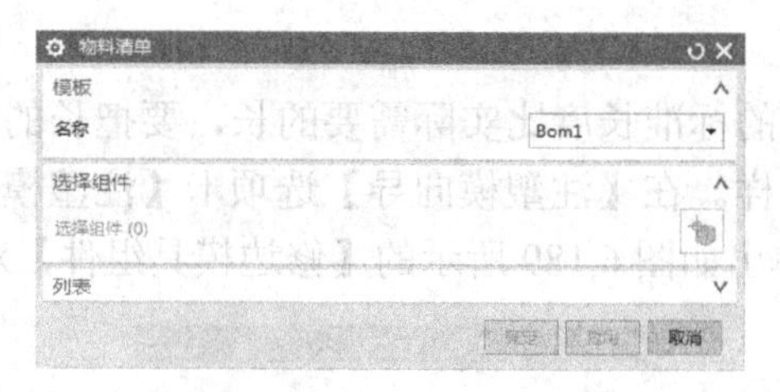


图 6.191　【物料清单】对话框

### 4. 模具图纸

模具图纸包括模具装配图纸及组件图纸(零件工程图，供零件加工时使用)。

1) 创建装配图纸

在【注塑模向导】选项卡【模具图纸库】中单击【装配图纸】按钮，系统弹出如图 6.192 所示的【装配图纸】对话框，需分别指定可见性、调入图纸及生成视图。

(1) 【可见性】选项用于指派固定侧、可动侧属性。

在【装配图纸】对话框【类型】下拉列表框中，选择【可见性】选项，按图 6.193 所示进行操作，指派固定侧(定模侧)为属性 A，指派可动侧(动模侧)为属性 B。

图 6.192　【装配图纸】对话框

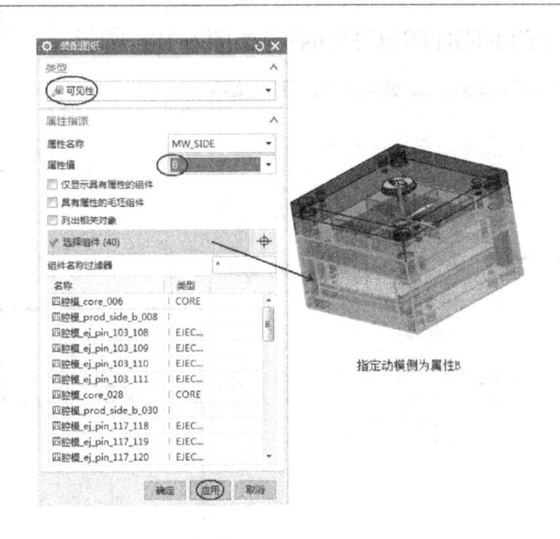


图 6.193　指派属性

(2) 【图纸】选项用于调入图纸。

在【装配图纸】对话框【类型】下拉列表框中，选择【图纸】选项，在【图纸类型】组中选择【主模型】单选按钮，单击【新建主模型文件】按钮，打开【新建部件文件】对话框，指定文件名及文件类型，单击【确定】按钮返回【装配图纸】对话框，在【模板】组中选择 A0 图纸，单击【应用】按钮完成 A0 空白图纸的调入，如图 6.194 所示。

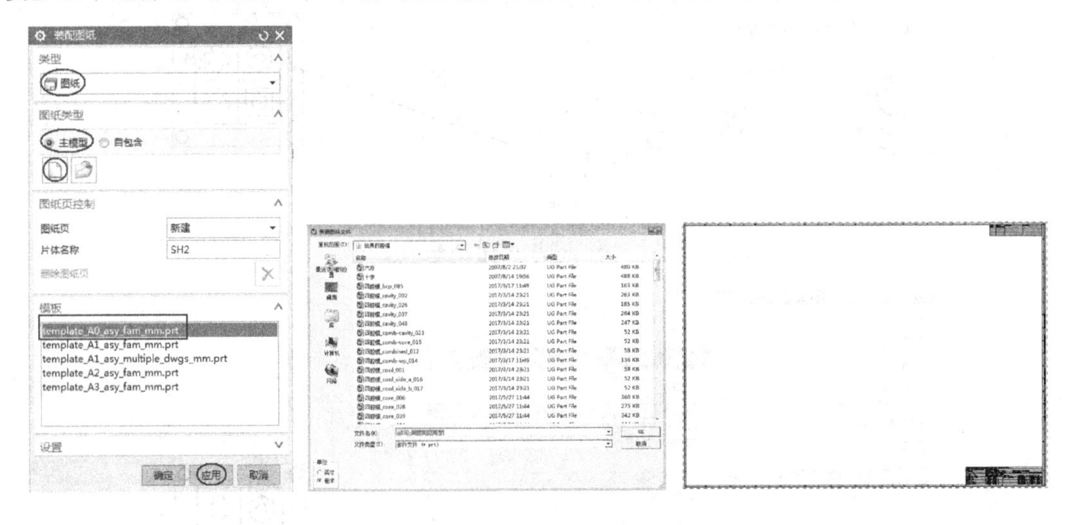


图 6.194　调入图纸

(3) 【视图】选项用于生成视图。

在【装配图纸】对话框【类型】下拉列表框中，选择【视图】选项，在【视图控制】选项组中依次选择型腔 CORE、CAVITY，分别单击【应用】按钮，生成两个视图(CORE、CAVITY)，如图 6.195 所示。

继续在【视图控制】选项组中依次选择主视图 FRONTSECTION、右视图 RIGHTSECTION，再分别单击【添加剖视图】按钮，打开【剖面线创建】对话框，指定铰链线方向和定义截面线，分别单击【确定】按钮，生成另外两个视图(主视图

FRONTSECTION、右视图 RIGHTSECTION)，如图 6.196 所示。

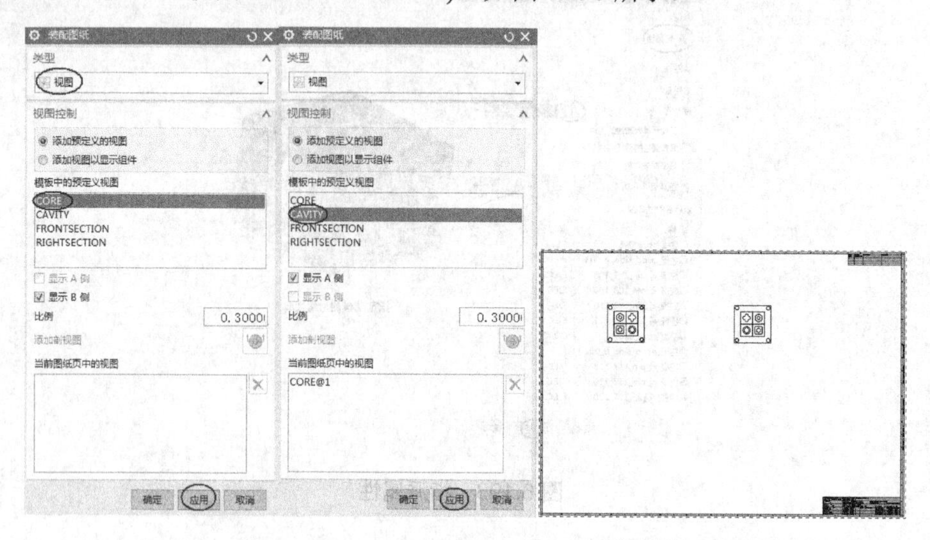


图 6.195　生成视图(CORE、CAVITY)

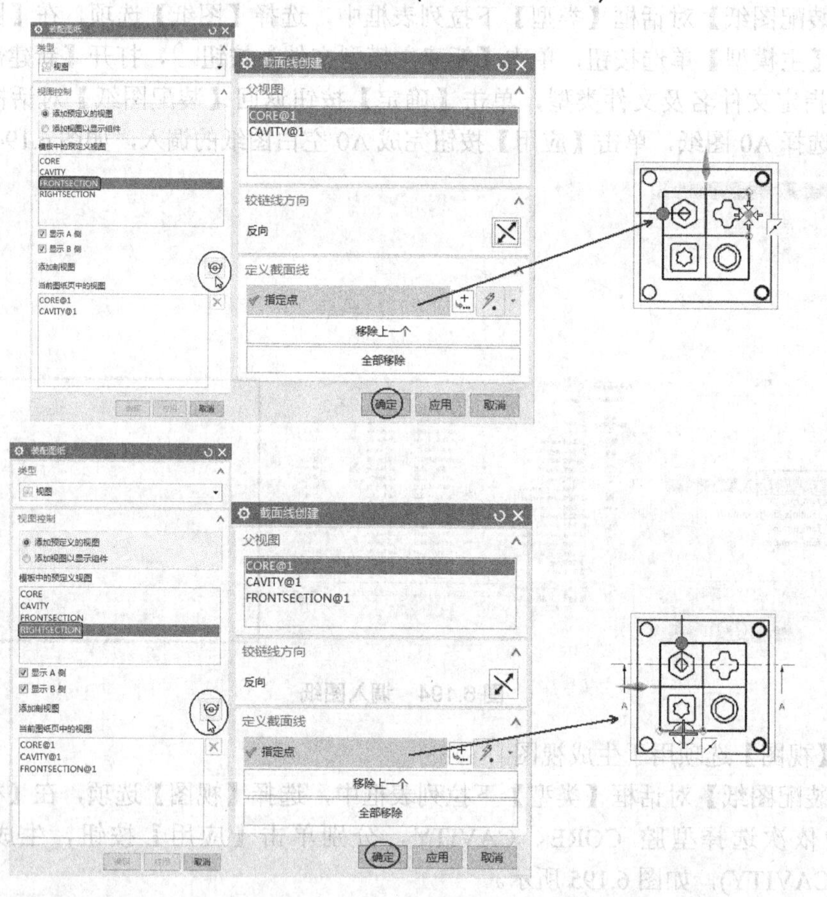


图 6.196　生成两个视图(主视图 FRONTSECTION、右视图 RIGHTSECTION)

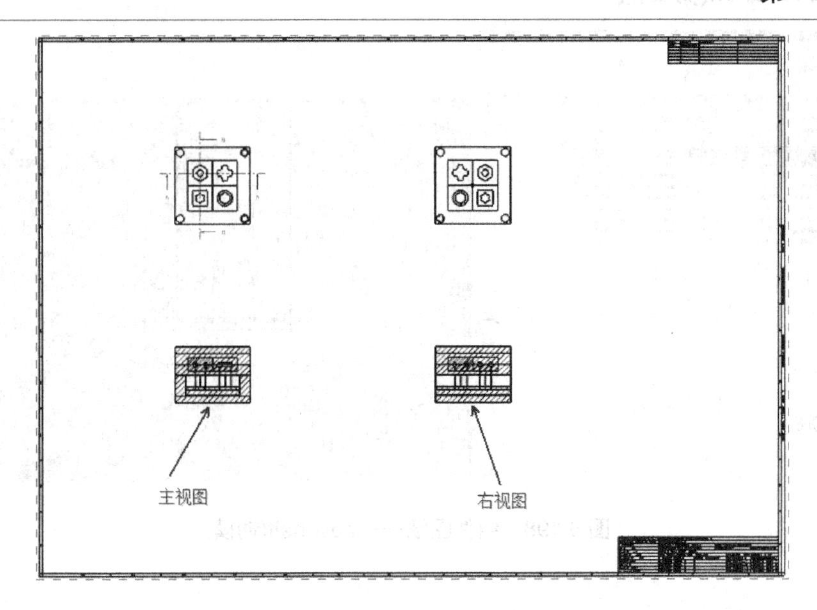


图 6.196　生成视图(主视图 FRONTSECTION、右视图 RIGHTSECTION)(续)

2) 创建组件图纸

在【注塑模向导】选项卡【模具图纸库】中单击【组件图纸】按钮，系统弹出如图 6.197 所示的【组件图纸】对话框，在【图纸】组中选中【创建图纸】单选按钮，【组件类型】有多种，如螺钉、SPRUE(浇口衬套)等，选择一种组件，单击【创建图纸】按钮，即可创建某一组件的图纸。

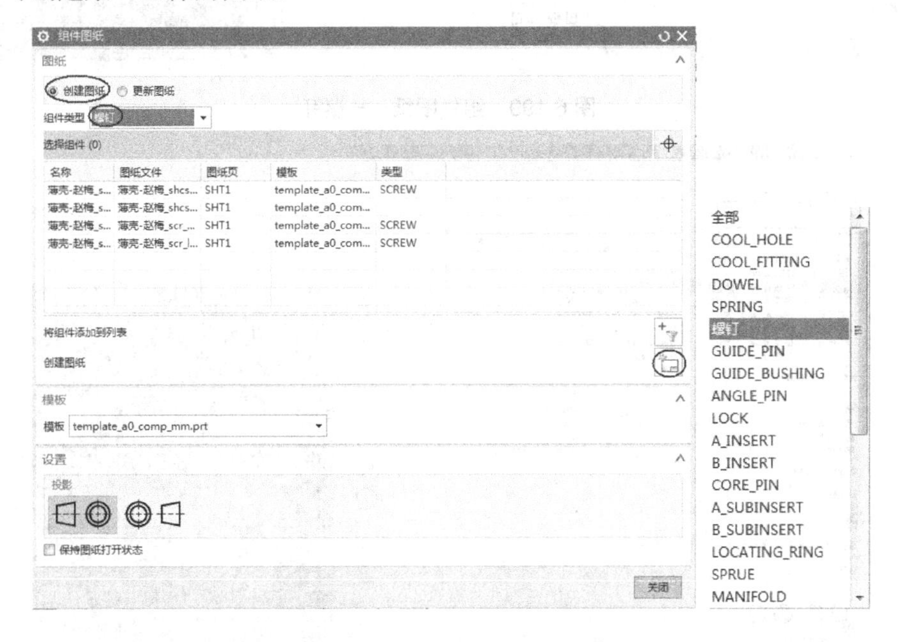


图 6.197　【组件图纸】对话框

图 6.198～图 6.200 分别为动模、螺钉、推杆的组件图纸。

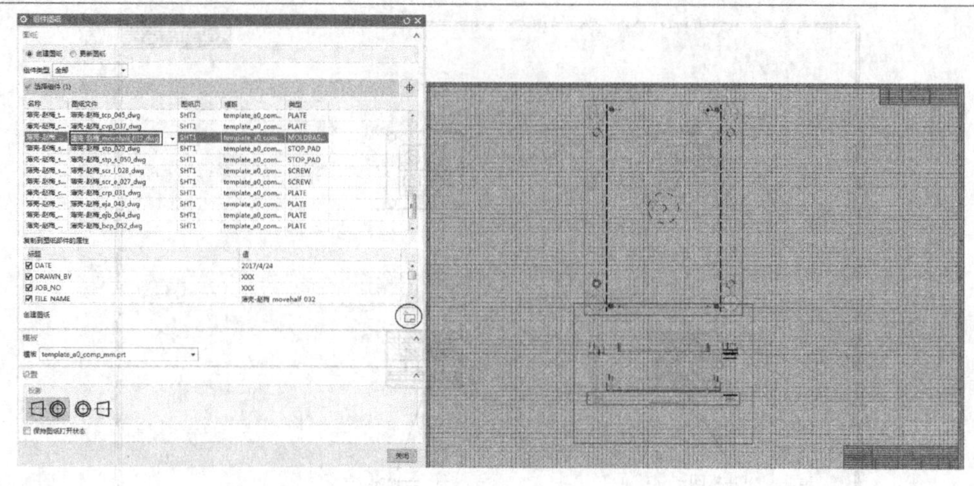

图 6.198　组件图纸——movehalf(动模)

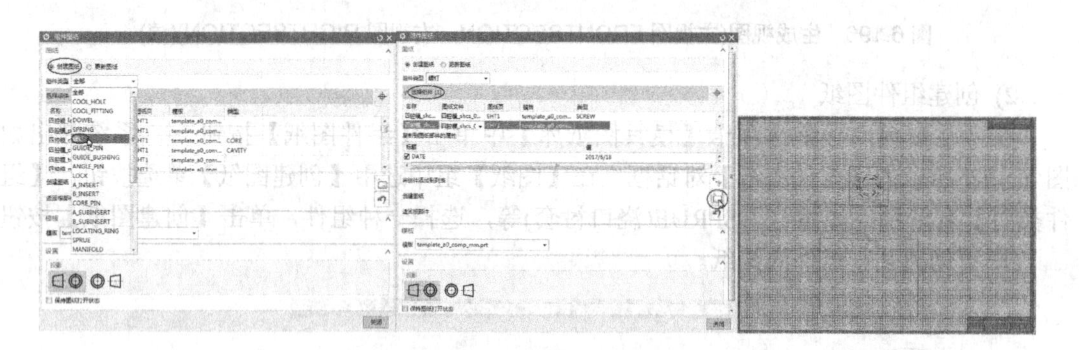

图 6.199　组件图纸——螺钉

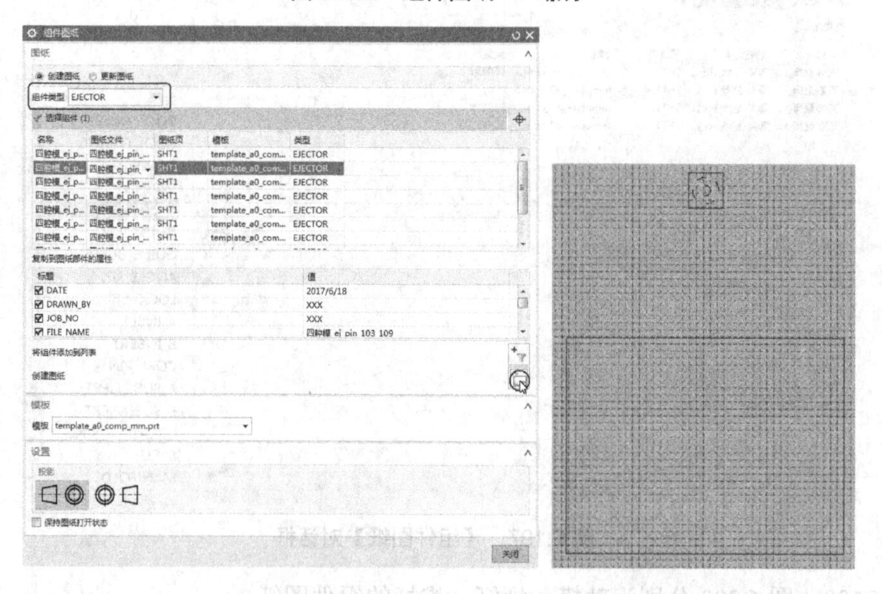

图 6.200　组件图纸——EJECTOR(推杆)

以上关于【注塑模向导】的介绍基本是遵循其工具条上的图标排列顺序依次进行讲解，每个图标都能完成一项设计任务。利用 Mold Wizard 模块可以缩短模具开发时间，再结合 UG 的 CAM 加工模块，可以有效地缩短模具的制造周期，以满足产业竞争的需要。接下来就是用 Mold Wizard 对 6.1.5 小节中完成的茶匙进行注塑模具设计，如图 6.201 所示。

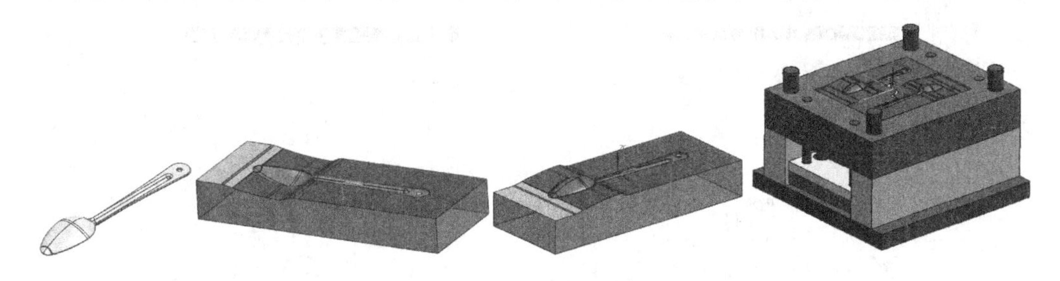

图 6.201　茶匙模具设计

## 6.2.15　UG 注塑模具设计实例——茶匙模具设计

### 1. 加载模型及项目初始化

(1) 打开前面 6.1.5 小节创建的模型文件“茶匙.prt”，如图 6.202 所示。

(2) 单击【初始化项目】按钮，打开如图 6.203 所示对话框，设置收缩率为 1.022，单击【确定】按钮。

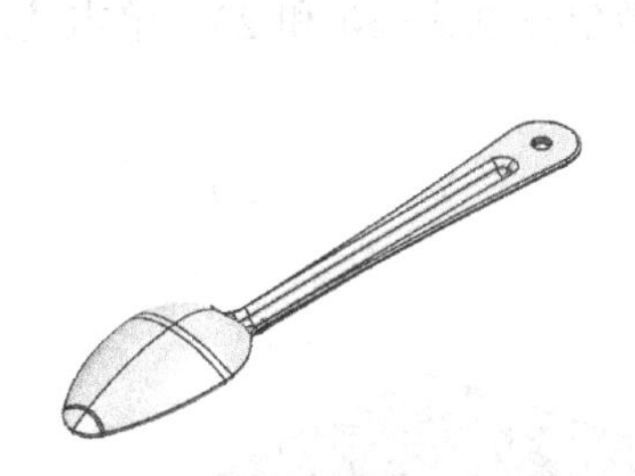

图 6.202　加载茶匙模型

图 6.203　初始化项目对话框

### 2. 确定坐标系

单击【模具 CSYS】按钮，需要将产品的坐标系与模具的坐标系重合在一起。比较保险的做法是在产品没有加载之前就调整好产品的坐标系到一个比较合理的位置，再加载进来，这里可以选择当前坐标系的方式，即坐标系方位不变，如图 6.204 所示。

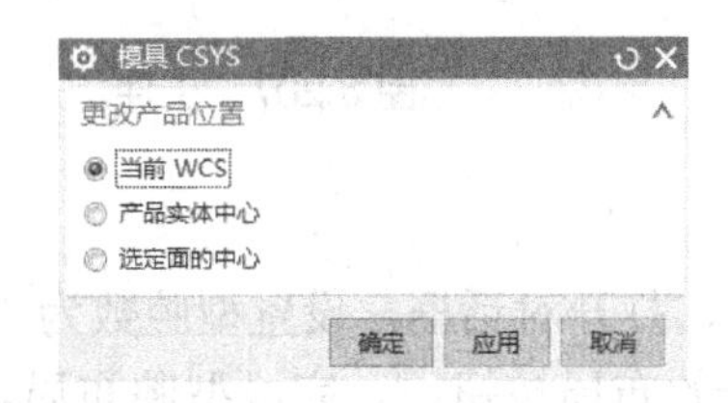


图 6.204　模具坐标系

3. 设置收缩率

如果在初始化项目对话框中没有设置收缩率，如图 6.205 所示，收缩率为 1.000，也可单击【收缩率】按钮，这时进行产品的缩放处理，如图 6.206 所示，如比例因子设为 1.008，需要特别小心收缩率的设置，最好要和客户进行沟通，从而确定产品的收缩率。

图 6.205　未设置收缩率(收缩率为 1)

图 6.206　【比例因子】设为 1.008

这里缩放的比例原点可以是坐标系原点，在很特殊的情况下(产品的筋板比较多的情况下)可以选择非均匀比例缩放。比例缩放完成之后仍然可以方便地进行修改，方法与添加的方法一致。

4. 定义工件

即为产品添加模坯。单击【工件】按钮，在这个命令中可以为产品自由添加所需要的坯料大小和形状。在打开的对话框中输入 Z 轴方向偏置数值分别为-30 和 25，单击【确定】按钮得到工件毛坯，如图 6.207 所示。

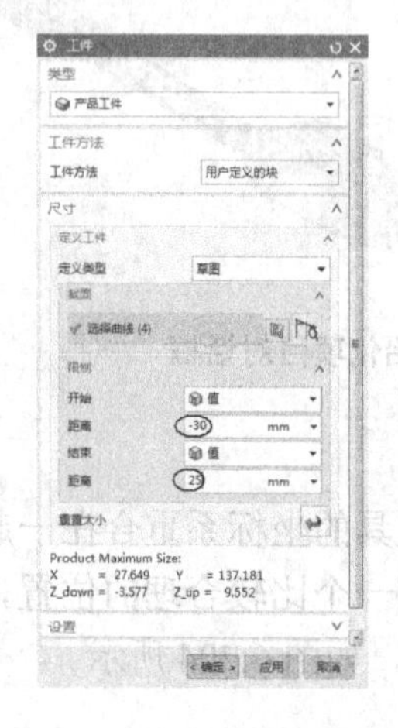

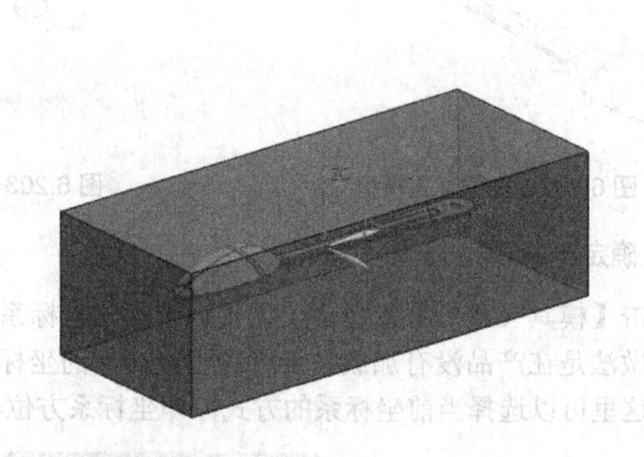

图 6.207　工件

5. 型腔布局

单击【型腔布局】按钮，打开对话框，设置型腔数为 2，Y 向缝隙距离为 0，沿 X 轴正向布局，单击对话框中开始布局按钮，完成型腔布局。再单击对话框中的【自动对准中心】按钮，关闭对话框，创建一模两腔结构，如图 6.208 所示。

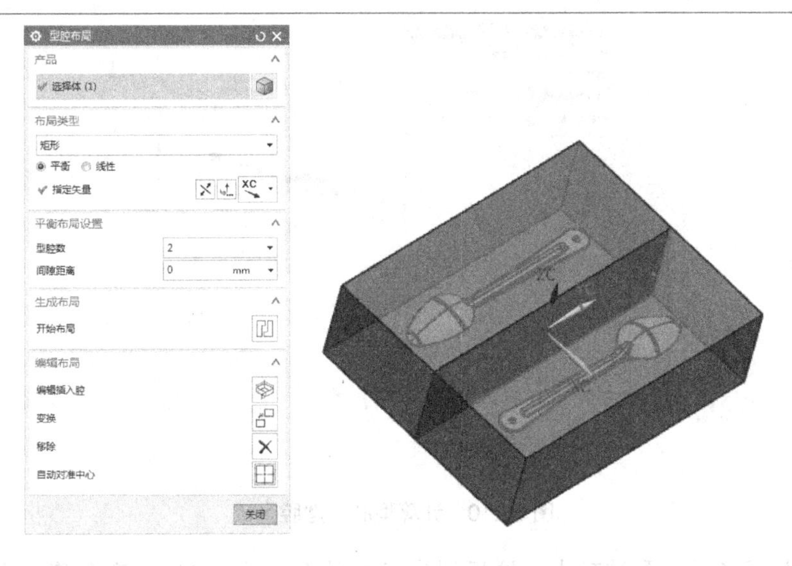


图 6.208　创建一模两腔结构

## 6. 分型

此步骤包括很多小步骤，需要一步步完成。最终的目的是做成中空(布尔减除产品)的、被分模面分开的型芯、型腔。

(1) 修补破孔。

单击【曲面补片】按钮，打开【边修补】对话框，在【类型】下拉列表框选择“体”(即自动修补)，并在绘图区选择茶匙实体，单击【确定】或【应用】按钮，工件上的破孔即被修补完成，如图 6.209 所示。

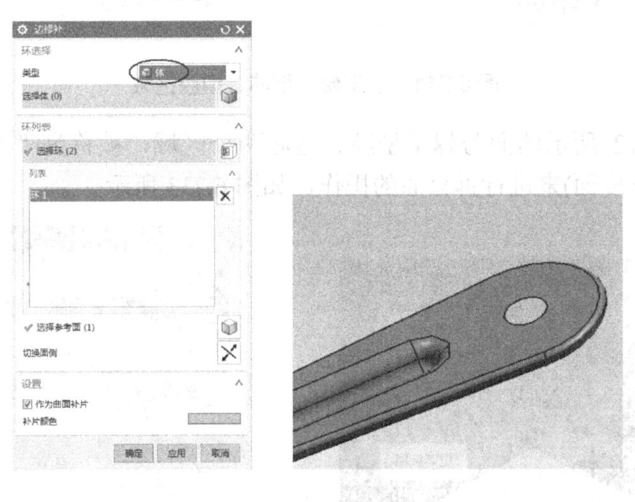


图 6.209　修补孔

(2) 确定型芯、型腔区域。

单击【检查区域】按钮，使用系统自带的自动辨析功能来区分产品的型芯、型腔区域，首先进行计算，如图 6.210 所示。

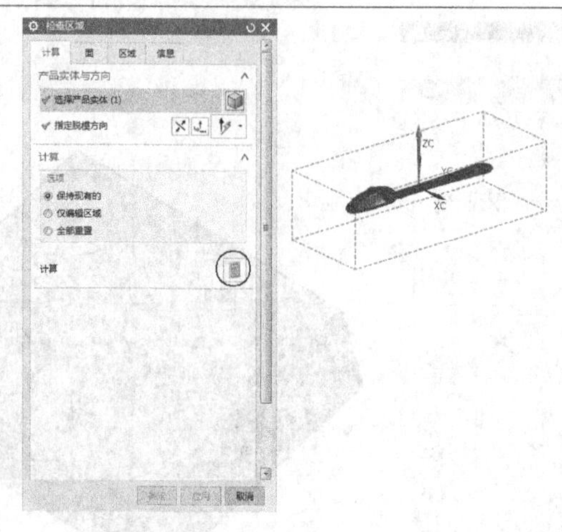


图 6.210　计算型芯、型腔区域

接着切换至【区域】选项卡，这里划分好的型芯、型腔区域不完全符合要求，需要手工来修改，修改的方法如图 6.211 所示。

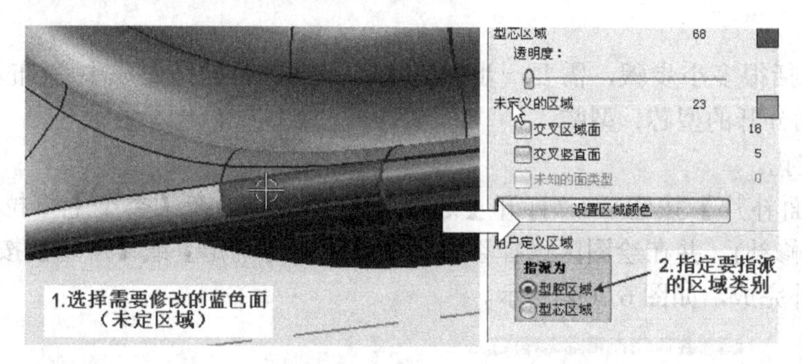


图 6.211　手工修改型芯、型腔区域

其中如图 6.212 所示的面跨越了型腔、型芯两个区域，被称为“跨越面”， 需要用“等斜度线”(即 0 度面)来进行拆分面的操作，如图 6.213 所示。

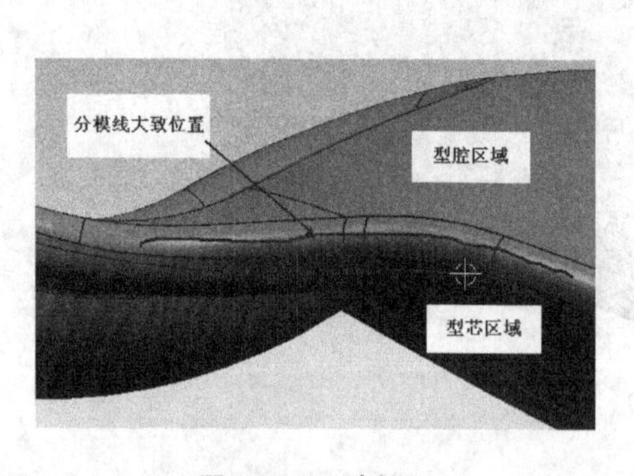


图 6.212　跨越面

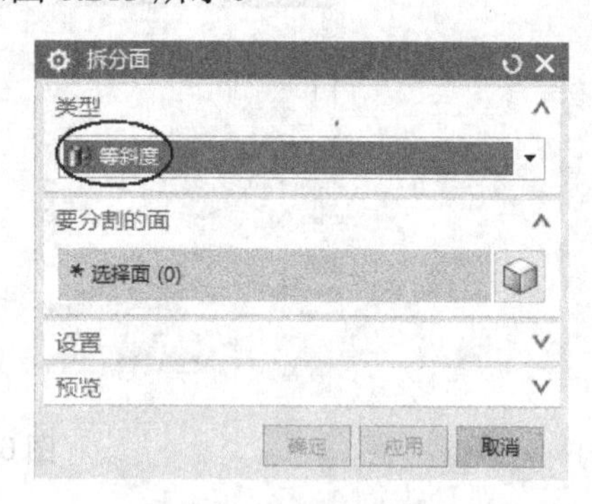


图 6.213　【拆分面】对话框

这样拆分的结果就是将横跨型芯、型腔的跨越面分开，从而将跨越面分割成符合型芯或型腔要求的单独的两个面，使分型面经过最大轮廓处，如图 6.214 所示。

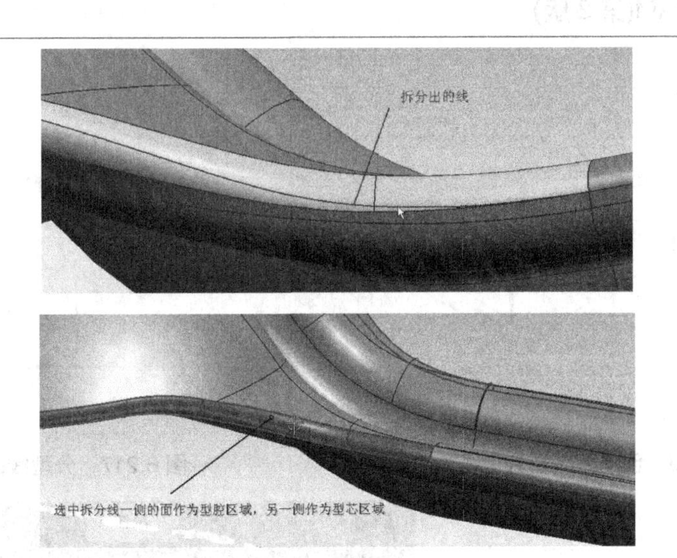


图6.214 拆分后重新划分型芯、型腔区域

最终调整到理想结果，符合两个标准，如图6.215所示。

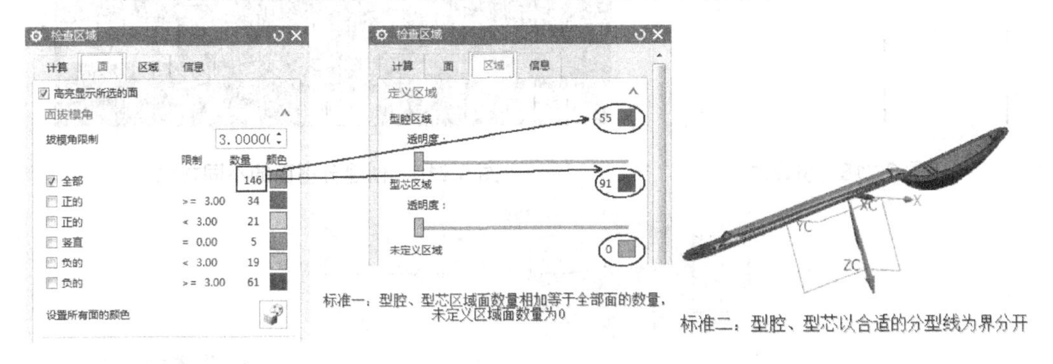


图6.215 两个标准

(3) 定义区域及分型线。

单击【定义区域】按钮，打开【定义区域】对话框，在【定义区域】组选择“所有面”，在【设置】组选中【创建区域】和【创建分型线】复选框，单击【确定】按钮，完成创建区域(即内分型面)和创建分型线的操作，如图6.216所示。

(4) 设计分型面。

这个步骤是分型的重要一环，不但要设计出外分型面，而且还要易于加工。

单击【设计分型面】按钮进行外分型面设计，首先分析图6.217所示分型线的形状，此分型线不在一个平面上且转角比较多。需要将其分成若干段单独处理，即引导线处理，在对话框中单击【编辑引导线】按钮，添加如图6.218所示的两条引导线。

分别对被引导线分成的这4段线段采取不同的创建分型面的方式，如图6.219所示。

此时分型面基本设计完成，从主视图方向观察方框中的分型面，以这样的分型面分型获得的型腔、型芯的外分型面会有较大面积的曲面，既难以加工又会影响产品质量，如图6.220所示。

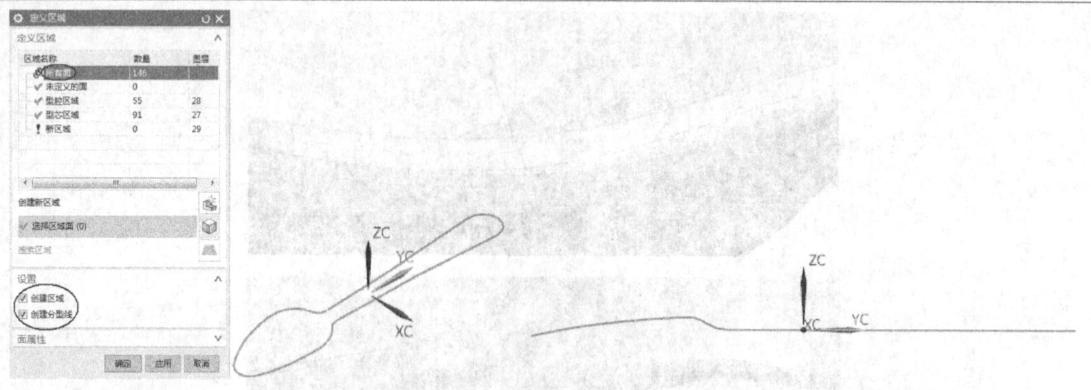


图 6.216　创建区域及分型线　　　　图 6.217　分型线的形状

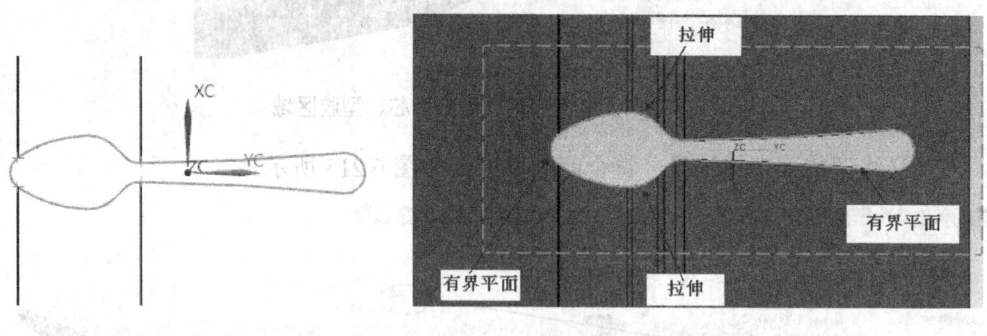


图 6.218　引导线　　　　图 6.219　创建分型面的不同方式

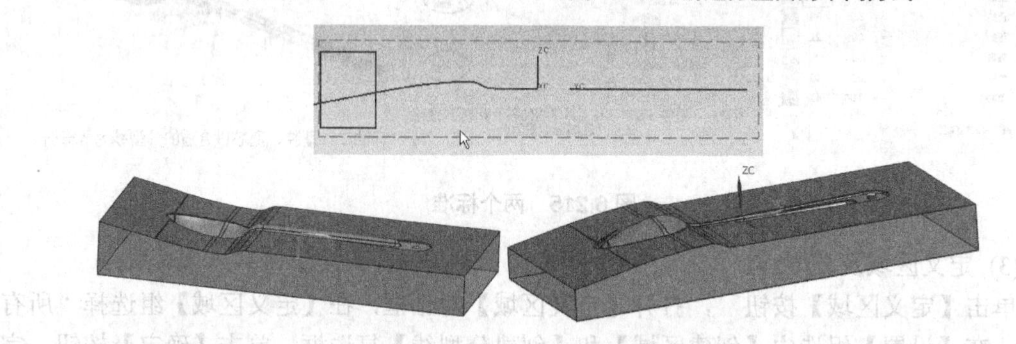


图 6.220　分型面难以加工的部分

可用一段水平面替换一部分曲面分型面，如图 6.221 所示。

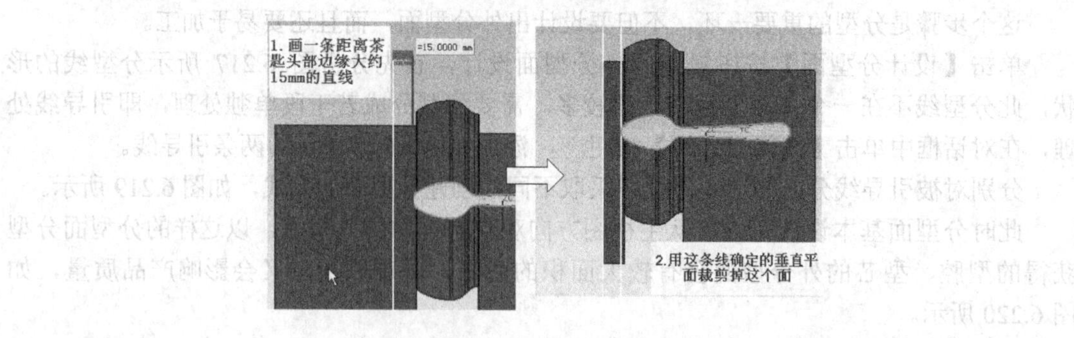


图 6.221　调整分型面

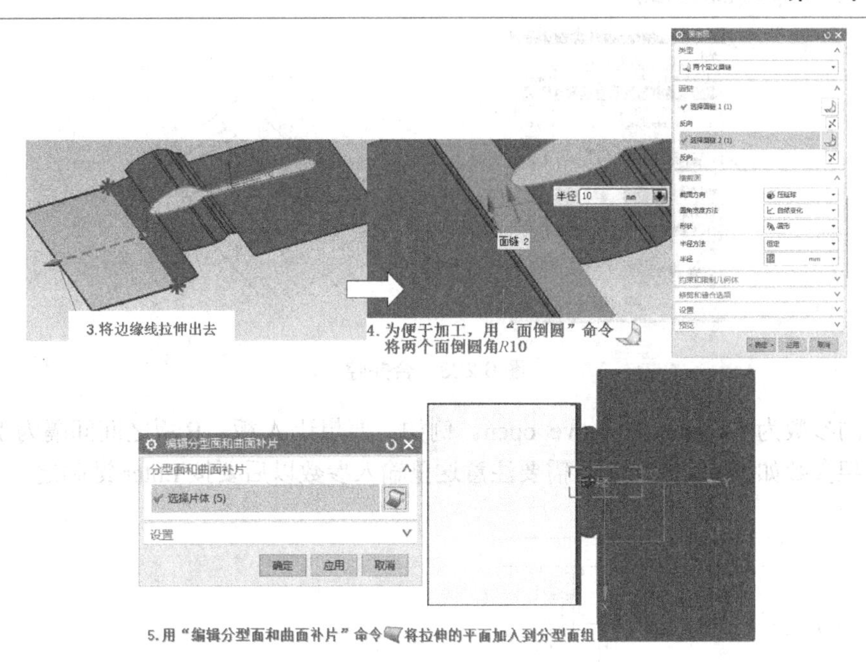


图 6.221　调整分型面(续)

**注意：**调整分型面时，若调整前已经完成分型获得型腔、型芯，需先抑制分型，再进行图 6.221 所示调整分型面的操作。

(5) 拆分型芯、型腔。

单击【定义型腔和型芯】按钮，打开【定义型腔和型芯】对话框，在【选择片体】组选择“所有区域”，单击【确定】按钮，分别弹出【查看分型结果】对话框，再分别单击【确定】按钮，得到型腔和型芯，采用曲面分型面和平面分型面获得的型腔、型芯分别如图 6.222 所示。

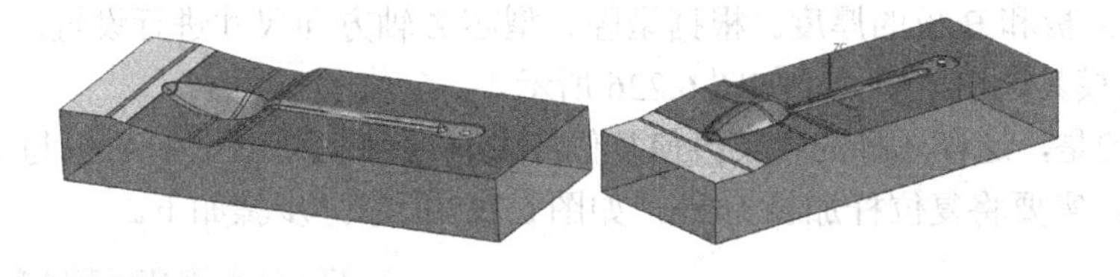

图 6.222　创建型腔、型芯

### 7. 合并腔

单击【注塑模工具】按钮，在工具条中单击【合并腔】按钮，打开【合并腔】对话框，并在绘图区选择目标体，分别对型腔、型芯及工件进行求和，如图 6.223 所示。

### 8. 模架

模架选用龙记的 CI2530 型。

(1) A、B 板之间的间隙。设置这个间隙是为使模具的型芯、型腔能更加紧密地贴合在一起，方便模具的装配，如图 6.224 所示。

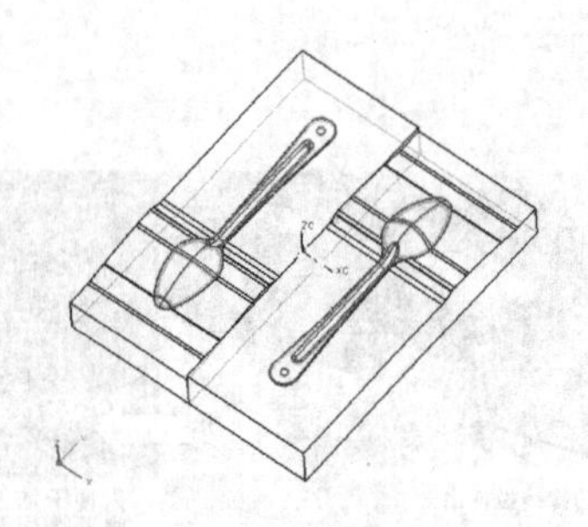

图 6.223　合并腔

修改的参数为 fix_open 和 move_open。例如，要想让 A 板、B 板之间间隔为 1mm，就得设置模架参数如图 6.225 所示，需要注意这里输入参数以后要按 Enter 键确定。

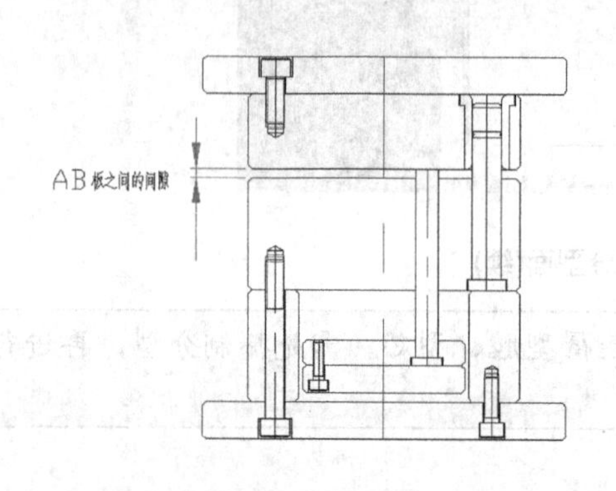


图 6.224　模架示意图

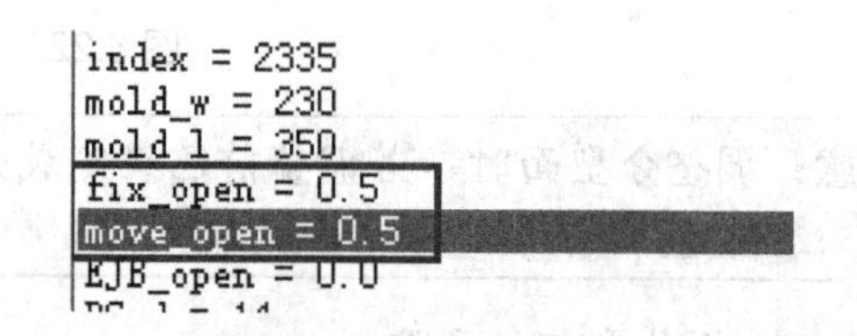


图 6.225　模架参数

(2) 顶针底板与动模固定板之间的间隙。修改参数 EJB_open=-5，可以使得顶针底板与动模固定板之间设置 5mm 的空间，将来在其中设置数颗限位钉用以排除注塑产品时产生的垃圾。

(3) 设置 A 板和 B 板的厚度。根据型腔、型芯 Z 轴方向尺寸进行设置。

这样就为模具选出了模架，如图 6.226 所示。

需要注意的是，这样选择的模架会使复位杆没有顶上 A 板(因为 A 板与 B 板之间加了 1mm 的间隙)，需要将复位杆加长 1mm，如图 6.227 所示，步骤如下。

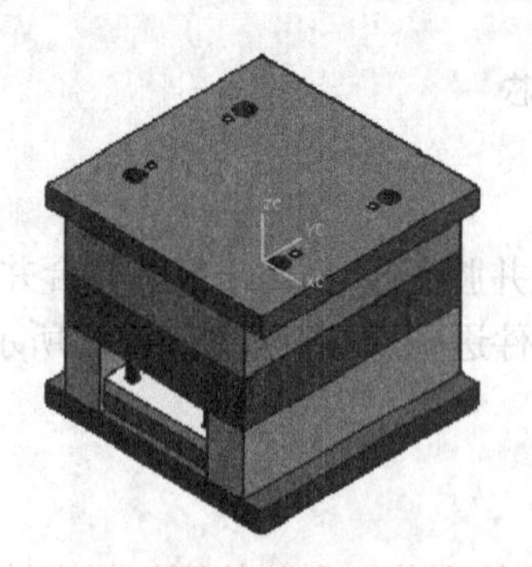

图 6.226　模架

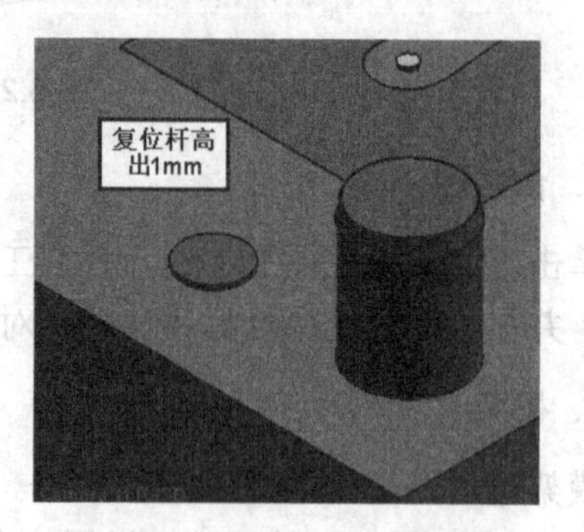


图 6.227　复位杆加长 1mm

① 单击复位杆为显示部件。

② 单击其上表面，使其向上偏置 1mm。

(4) 创建腔体。刚刚调用的模架与模具的型芯、型腔是重叠的，必须将模板和型芯、型腔进行减腔操作，这样才能使得它们不产生干涉。方法如下。

在【注塑模向导】选项卡中单击【腔体】按钮，选择 A 板、B 板作为目标，选择图 6.228 所示“合并腔”时产生的工件零件——TEASPON_COMB-WP_015 作为工具，因为它具有完整的立方体性质，便于减腔，创建腔体结果如图 6.229 所示。当然还可以为其添加倒角、基准角等操作，不过要在减腔之前完成。

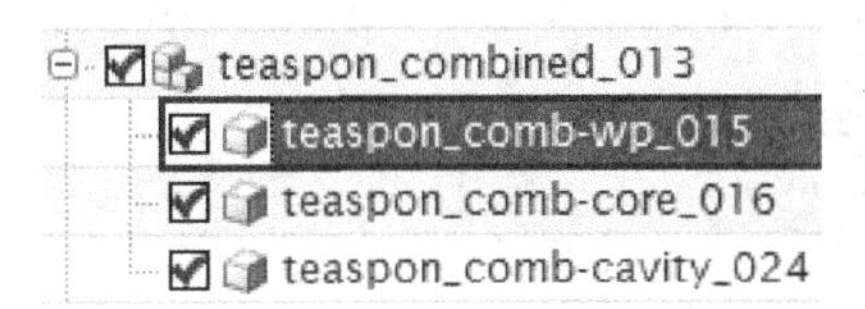


图 6.228　选择 TEASPON_COMB-WP_015 零件作为工具

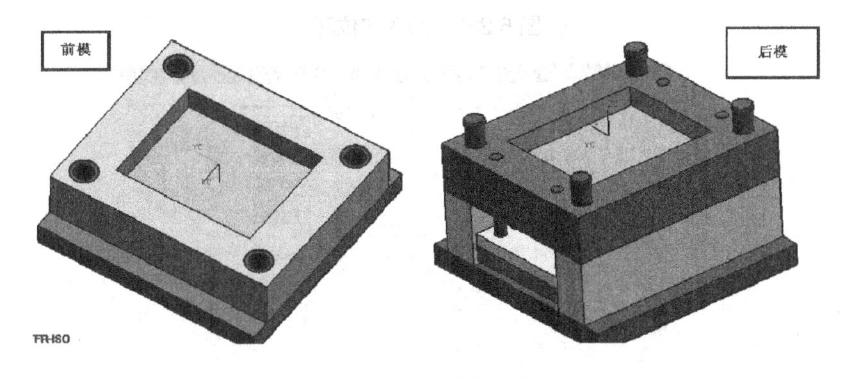


图 6.229　创建腔体

### 9. 浇注系统

注塑模具的浇注系统包括定位环、浇口衬套、分流道和浇口。

(1) 定位环。

在【注塑模向导】选项卡【主要库】中单击【标准件】按钮添加模具标准件，系统弹出如图 6.230 所示的【标准件管理】对话框，仅有 FUTABA 和 HASCO 两个公司的标准件建立了定位环，选择 FUTABA 的 Locating Ring(定位环)，采用默认参数或修改参数，单击【应用】按钮，加入定位环，定位环要与定模固定板进行减腔操作。

(2) 浇口衬套。

在【注塑模向导】选项卡【主要库】中单击【标准件】按钮添加模具标准件，选择 FUTABA 的 Sprue Bushing(浇口衬套)，打开如图 6.231 所示的【标准件管理】对话框，采用默认参数或修改参数，单击【应用】按钮，可以看到加入浇口衬套，浇口衬套与定位环有重叠部分，需要对浇口衬套进行重定位，单击【重定位】按钮，打开【移动组件】对话框，选择“点到点”变换方式，指定出发点和终止点分别为浇口衬套的最上表面圆的圆心和定位环的最下表面圆的圆心，单击【确定】按钮，完成浇口衬套的重定位，在浇口衬套和定位环调用好之后还要对超出分型面的浇口衬套进行修剪，使其与分型面吻合。

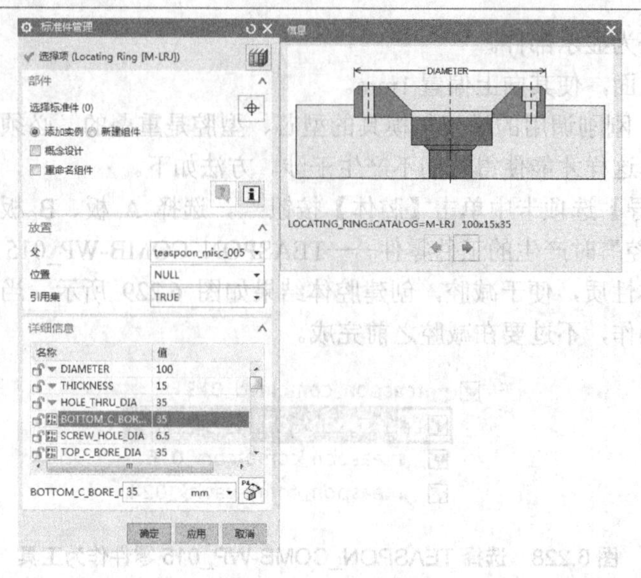


图 6.230　加入定位环

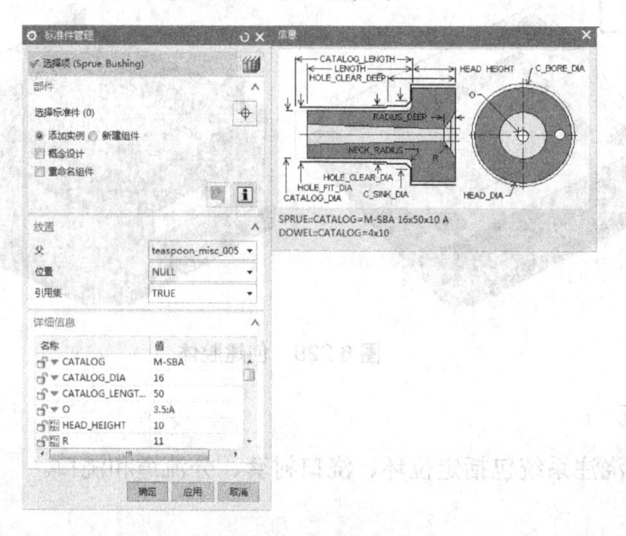


图 6.231　加入浇口衬套

加入浇口衬套后要进行 4 次减腔，分别是定位环对浇口衬套、定模固定板对浇口衬套、定模板对浇口衬套和型腔对浇口衬套。需要弄清楚这部分的模具结构才不会留下重叠的实体。

(3) 分流道。

首先进入草图，绘制分流道的中心线，如图 6.232 所示，接着单击【投影曲线】命令按钮 (该命令按钮位于【曲线】选项卡【派生曲线】组)，把绘制的分流道的中心线投影到放置分流道的曲面上，如图 6.233 所示。对于三板模具需要选择水口板的上表面；对于本例的二板模选择分型面作为放置面。注意这时要指定 fill(该二级根节点放置浇口、流道的文件)部件作为工作部件，曲线作在它的下面。

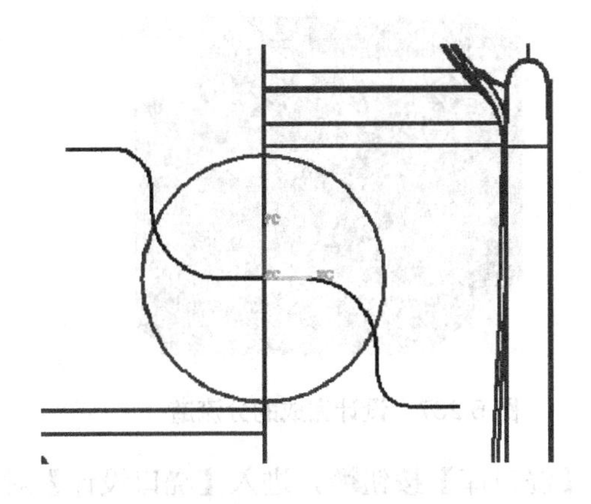

图 6.232 绘制分流道的中心线

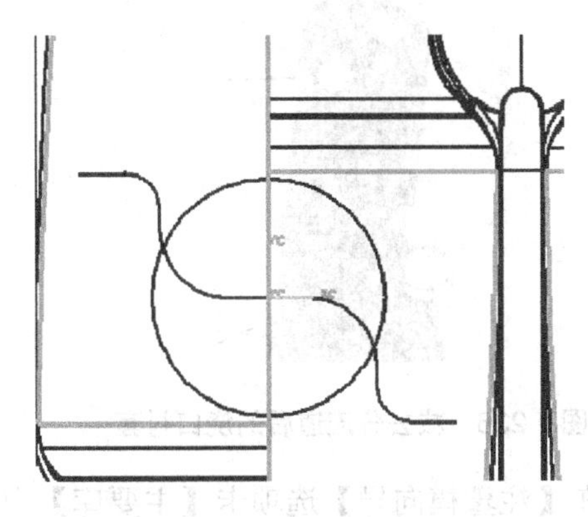

图 6.233 在分型面上投影流道中心线

在【注塑模向导】选项卡【主要库】中单击【流道】按钮，进入如图 6.234 所示的【流道】对话框，在【引导线】组选择投影曲线作为分流道的中心线(引导线)，在【截面】组选择【截面类型】为 Circular(圆形截面)，横截面直径尺寸为 4，单击【确定】按钮，完成分流道设计，图 6.235 所示为定位环、浇口衬套和分流道的模型。注意这里的流道并没有和其他部件进行修剪。

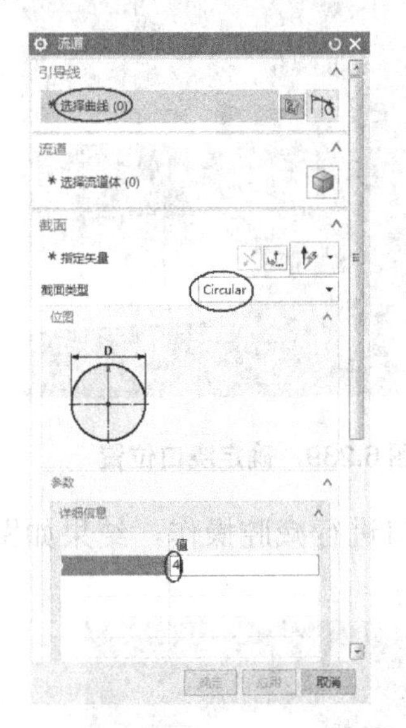


图 6.234 【流道】对话框

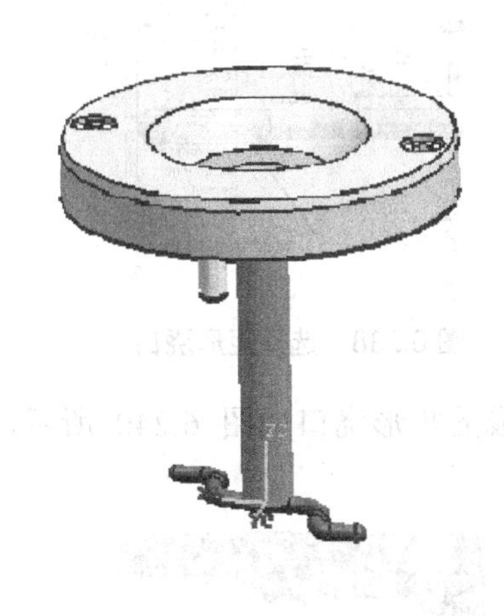

图 6.235 定位环、浇口衬套和分流道

需要和部件修剪的对象有型芯、型腔及浇口衬套。在【注塑模向导】工具条中单击【腔体】按钮，进行腔体创建。图 6.236 所示为浇口衬套减去分流道的结果。

这样就完成了分流道的创建，如图 6.237 所示。

(4) 浇口。

常用的浇口形式包括有大水口、点浇口、侧边浇口等形式，这里选择最简单的矩形侧浇口。

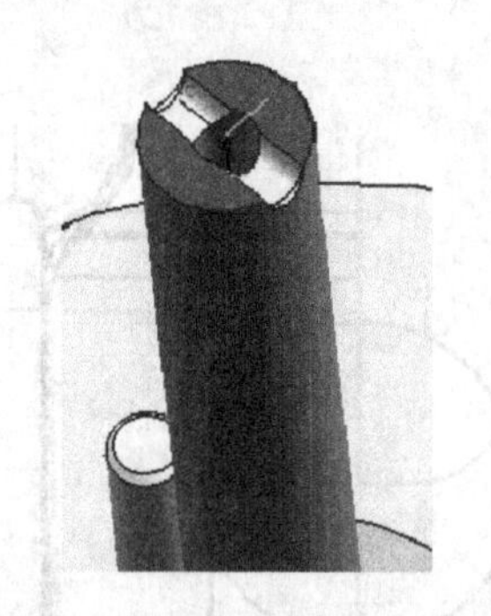

图 6.236　减去分流道后的浇口衬套

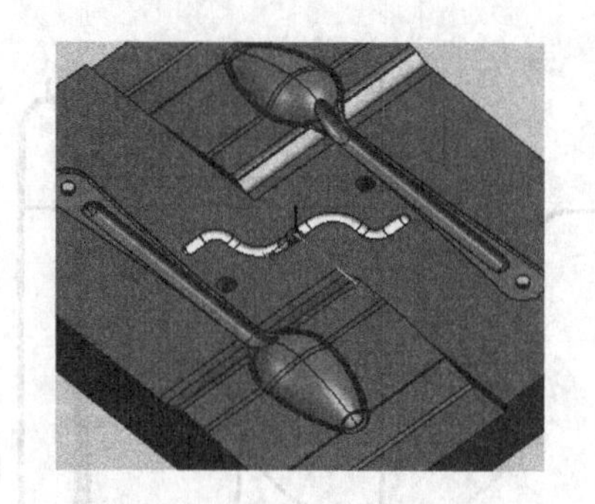

图 6.237　设计完成的分流道

在【注塑模向导】选项卡【主要库】中单击【浇口库】按钮，进入【浇口设计】对话框，选择矩形浇口，如图 6.238 所示，单击【应用】按钮，弹出【点】对话框，在【类型】组选择“自动判断的点”，选择前面定义流道时确定的流道中心线的端点，如图 6.239 所示。单击【确定】按钮，弹出【矢量】对话框，选择 X 轴正向，单击【确定】按钮，回到【浇口设计】对话框，若浇口尺寸或位置不合适，可进行尺寸参数修改及浇口重定位。

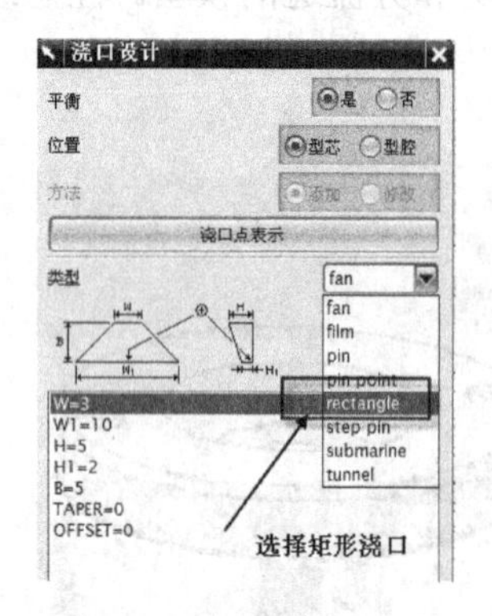


图 6.238　选择矩形浇口

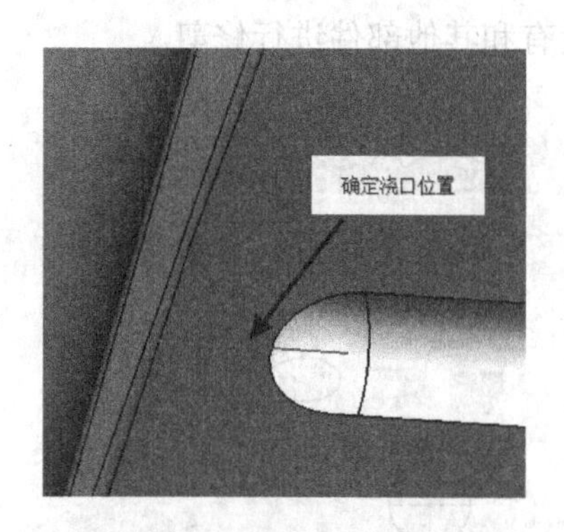


图 6.239　确定浇口位置

完成的矩形浇口如图 6.240 所示，同样需要对浇口进行减腔操作，结果如图 6.241 所示。

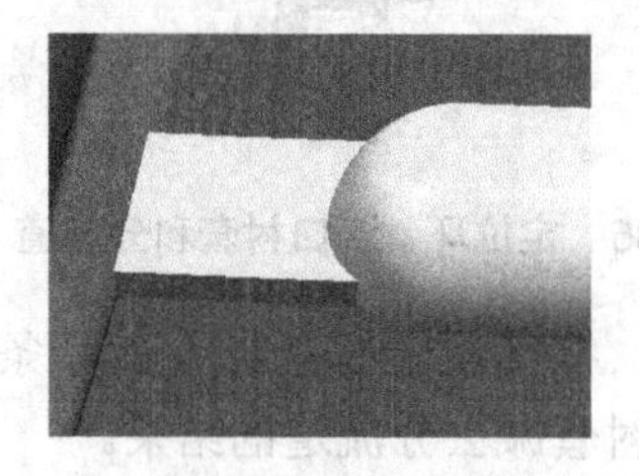

图 6.240　矩形浇口

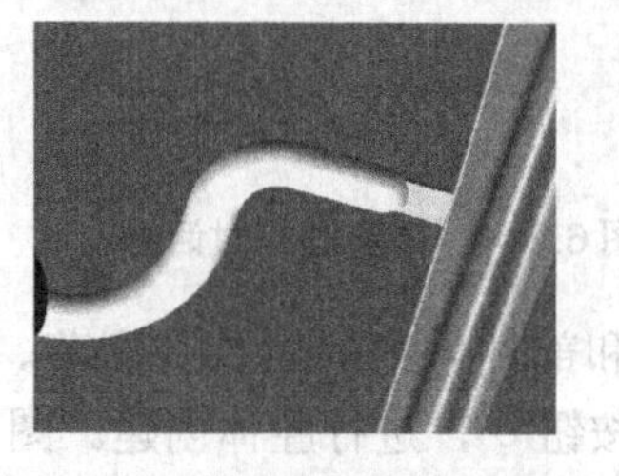

图 6.241　浇口的腔体创建

## 10. 顶针

使用 UG 的注塑模向导建立的顶针，各个顶针之间是独立的，这样有利于对顶针进行单独操作。调用顶针需要注意几个关键尺寸，如图 6.242 所示。

单击【注塑模向导】选项卡中的【标准件】按钮添加模具标准件，弹出【标准件管理】对话框。选择 FUTABA 的 Ejector Pin(顶杆)，从标准件形式列表框中选取 Ejector Pin Straight(直顶杆)，此时就打开【信息】对话框，可以根据【信息】对话框中的参数名称，在【标准件管理】对话框中设置顶杆的各项参数数值，如图 6.243 所示。

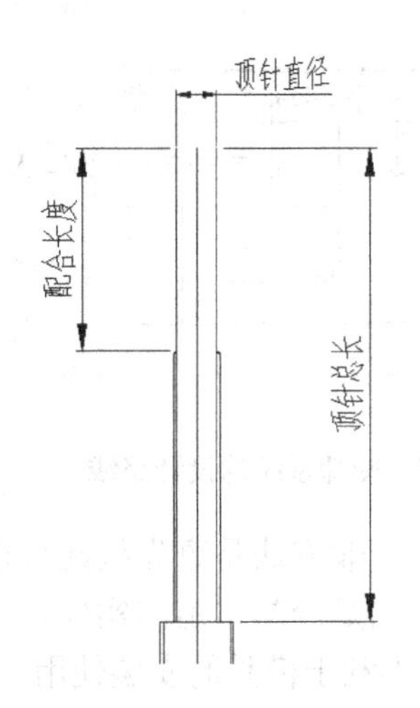


图 6.242　顶针的几个关键尺寸

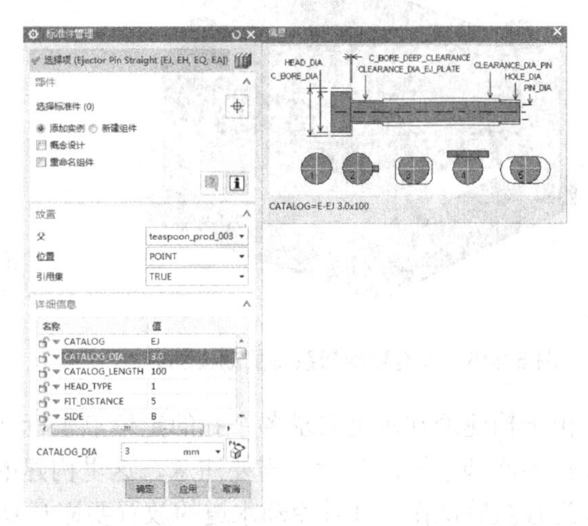


图 6.243　【标准件管理】及【信息】对话框

顶杆长度一般要超出分型面，再由分型面修剪为合适长度，并与分型面的形状吻合。注意不要把顶针的总长度超出分型面太多，一般超出 2～3mm 即可，如图 6.244 所示。

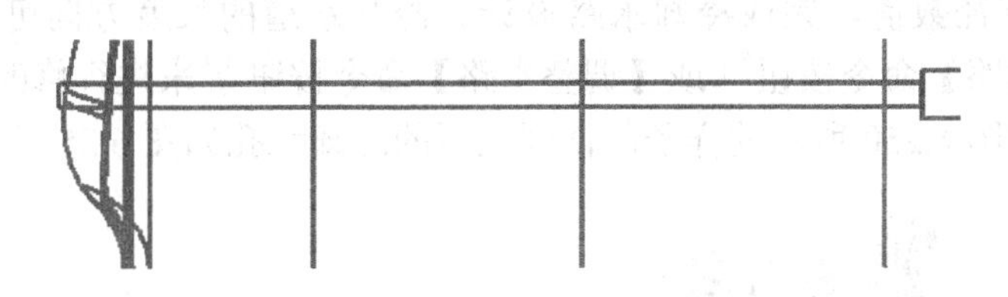

图 6.244　顶针长度比分型面高出 2~3mm

单击【应用】按钮，弹出【点】对话框，分别选择 4 个顶针位置，俯视图如图 6.245 所示。若确定的点是具有小数的点，通常将顶针的小数位去掉而圆整。完成后单击【返回】按钮，回到【标准件管理】对话框，若参数设置不合适可继续修改参数。

最后对顶针进行修剪，修剪的工具是分型面。

注意这里要在确定顶针之后进行顶针的减腔操作。减腔的对象有顶针对 B 板、顶针对型芯、顶针对顶针固定板。

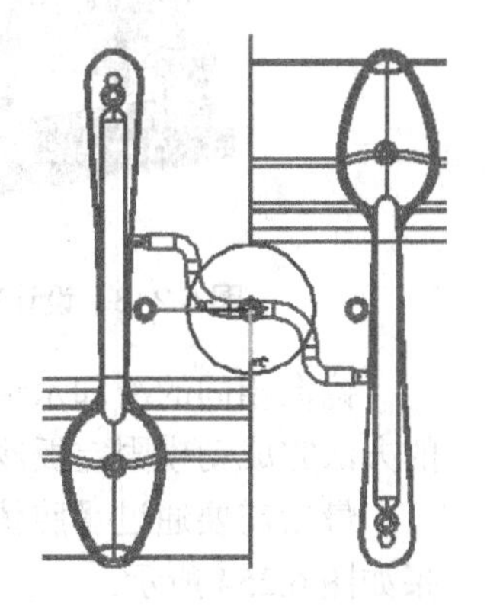

图 6.245　4 个顶针的位置

### 11. 冷却道

因为本套模具结构相对较为简单，冷却系统不用设计在侧抽芯等结构上，只需设计在动模部分和定模部分即可，这里以动模部分为例进行设计。首先通过在装配导航器设置各个部件的可视化，将模具的动模部分单独显示出来，还没有设置冷却系统的模具，如图 6.246 所示。

动模部分的冷却水道流经两个零件，即动模固定板和型芯，需要注意由于要添加密封圈，冷却系统要按照如图 6.247 所示的路线进行设计。

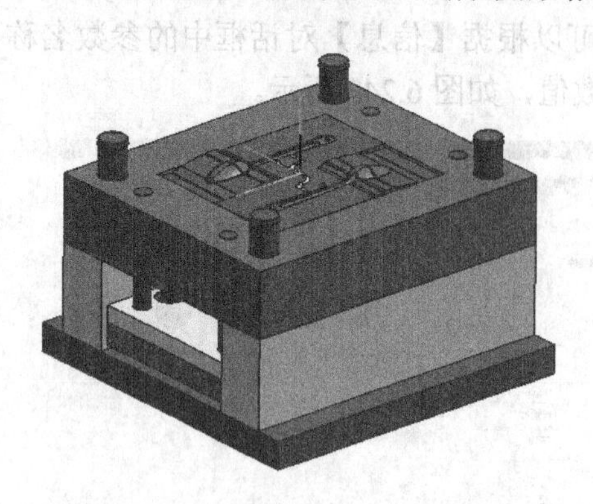

图 6.246　未设置冷却系统的动模部分

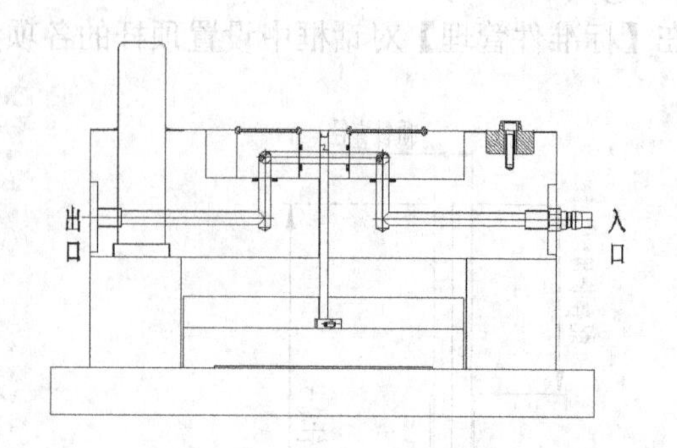


图 6.247　冷却系统的设计路线

由于构建冷却水道要求各个孔的定位点坐标是整数，所以一般方法是事先构建合适的曲线作为冷却水道的参考。需要注意，这里构建的冷却水道仍然是冷却水道的实体，需要后续进行减腔操作。并且冷却水道的放置要避开复位杆；否则不利于模具的安装使用。

绘制如图 6.248 所示的直线作为冷却水道的路线(这里只绘制一半，另一半做出冷却水道后镜像即可)，要避让开有孔的部分，同时注意冷却水道的坐标也需要圆整。

单击【注塑模向导】选项卡【冷却工具库】中的【水路图样】命令按钮，系统弹出如图 6.249 所示的【图样通道】对话框。在【通道路径】组可以指定曲线，在【设置】组可以输入通道直径数值，完成冷却水路设计。冷却水道的长度方向可以通过【冷却工具库】的【延伸水路】命令按钮或【调整水路】命令按钮来进行修改。最后把型芯中冷却水道设置成如图 6.250 所示的样子。钻削之后的冷却水孔如图 6.251 所示。

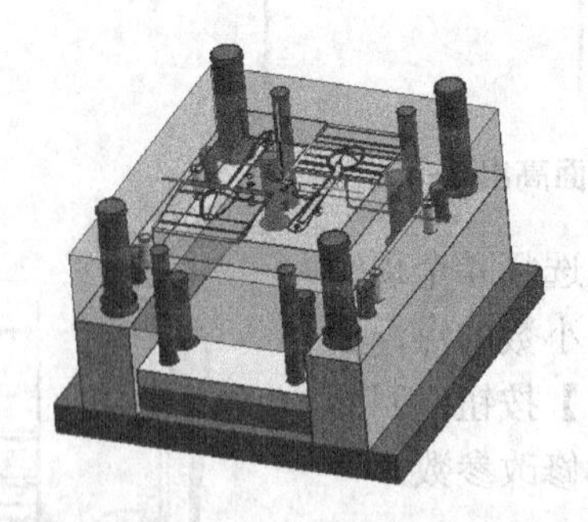

图 6.248　设计冷却水道中心线

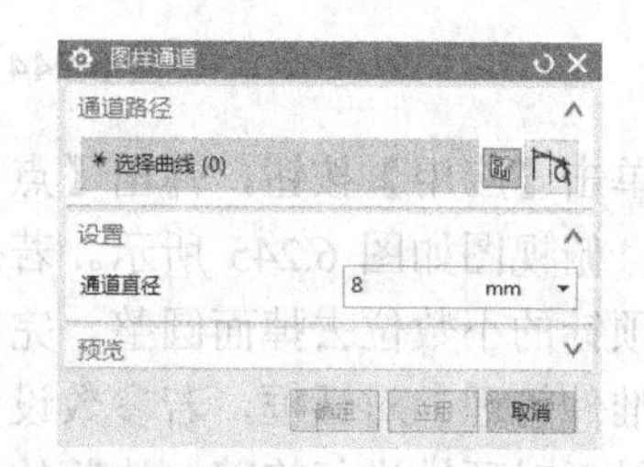


图 6.249　【图样通道】对话框

镜像相同的冷却水道实体，完成型芯部分的冷却水道设计，如图 6.252 所示。用同样的方法完成动模固定板冷却水道的设计，如图 6.253 所示。

最后需要通过【腔体】命令按钮在模板、型芯等进行冷却水道的减腔操作，最终结果如图 6.254 所示。

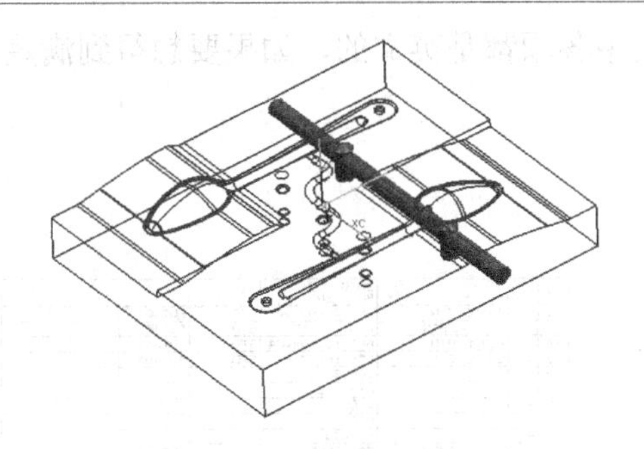

图 6.250　冷却水道

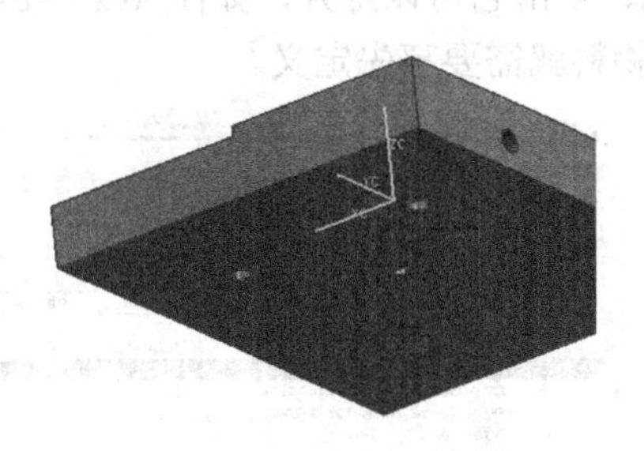

图 6.251　钻削冷却水孔

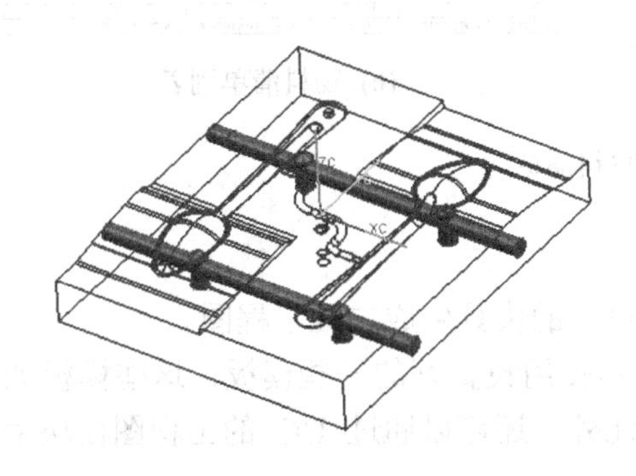

图 6.252　型芯部分的冷却水道

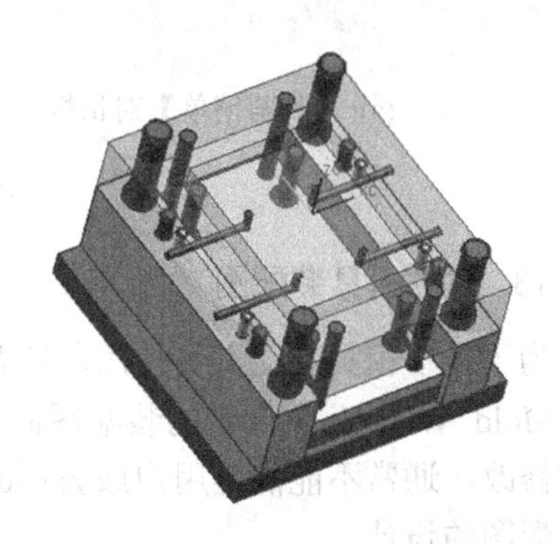

图 6.253　动模固定板部分的冷却水道

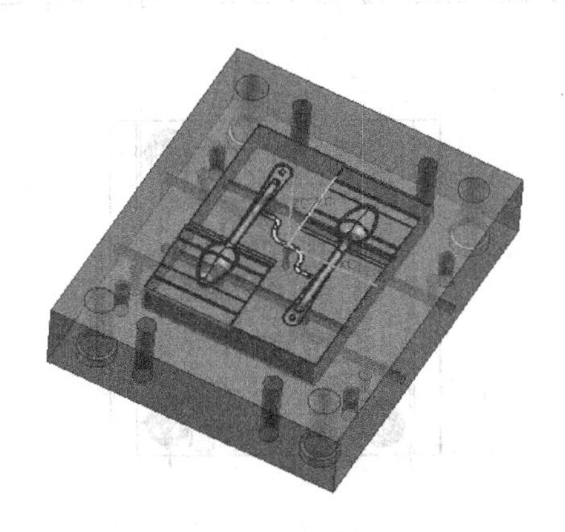

图 6.254　动模固定板部分的冷却水道完成效果

12. 创建物料清单(bom 表)

物料清单也叫 bom 表，就是通常所说的装配图的零件明细列表。要创建模具零件列表清单，在【注塑模向导】选项卡中单击【物料清单】按钮，系统弹出如图 6.255(a)所示的【物料清单】对话框。在这里可以修改各个零件的数量、名称、毛坯或规格大小、材料、供应商等信息。定义好这些以后就可以在出装配图纸时插入到图纸中了，而不需要额外输入了。

单击【部件导航器】按钮，可以看到其中已经建立了一个工程图(创建的物料清单)，双击它可以打开，如图 6.255(b)所示。其中各项都是英文的，如果要想得到满足要求的物料就需要事先定义。

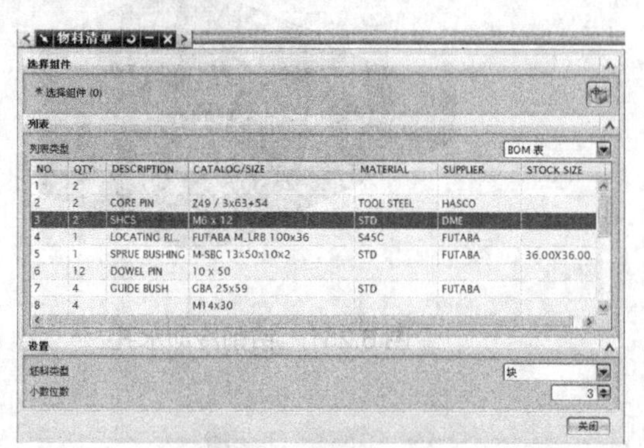


(a) 【物料清单】对话框

| NO. | QTY | DESCRIPTION | CATALOG/SIZE | MATERIAL | SUPPLIER | STOCK SIZE |
|---|---|---|---|---|---|---|
| 17 | 1 | | 2530 · CI · 60 · 60 | | | |
| 16 | 4 | GUIDE PIN | GPA 25×92×59 | STD | FUTABA | |
| 15 | 4 | RETURN PIN | RPN 15×115 | STD | FUTABA | |
| 14 | 4 | GUIDE PIN | GPA 16×102×24 | STD | FUTABA | |
| 13 | 4 | GUIDE BUSH | EBB 16×32 | STD | FUTABA | |
| 12 | 4 | | M8×25 | | | |
| 11 | 4 | | M14×115 | | | |
| 10 | 4 | | M10×30 | | | |
| 9 | 1 | | P20 | | | |
| 8 | 4 | | M14×30 | | | |
| 7 | 4 | GUIDE BUSH | GBA 25×59 | STD | FUTABA | |
| 6 | 12 | DOWEL PIN | 10 × 50 | | | |
| 5 | 1 | SPRUE BUSHING | M-SBC 13×50×10×2 | STD | FUTABA | 36.00X36.00X85.50 |
| 4 | 1 | LOCATING RING | FUTABA M_LRB 100×36 | S45C | FUTABA | |
| 3 | 2 | SHCS | M6 × 12 | STD | DME | |
| 2 | 2 | CORE PIN | Z49 / 3×63+54 | TOOL STEEL | HASCO | |
| 1 | 2 | | | | | |

(b) 物料清单列表

图 6.255　物料清单

## 13. 建立模具装配图

为了便于模具装配人员使用，还要将三维设计的模具生成二维工程图。

Mold Wizard 中自带的装配图命令，实际是使用设置好的一些模板，这些模板如果不经过修改，通常不能满足用户或公司的需要。此外，还可以通过 UG 的工程图模块手工进行装配图的设计。

通过【模具图纸库】的【装配图纸】命令按钮可生成茶匙模具的装配图，如图 6.256 所示。

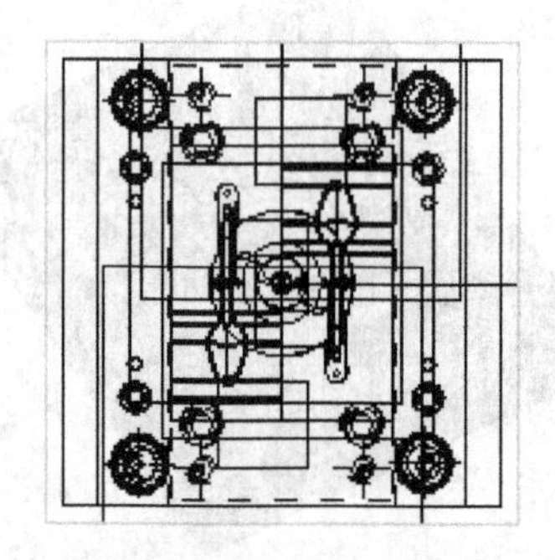

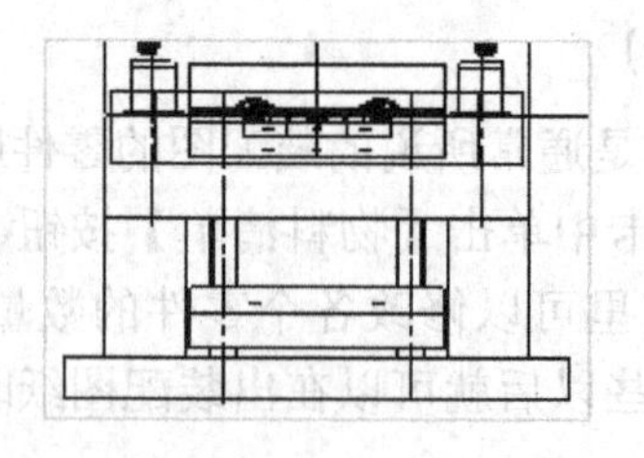

图 6.256　生成的茶匙模具装配图

# 6.3　UG NX CAM

## 6.3.1　UG NX 加工模块简介

UG 是当前世界最先进、面向先进制造行业、紧密集成的 CAD/CAE/CAM 软件系统之一，提供了产品设计、分析、仿真、数控程序生成等一整套解决方案。UG CAM 是整个 UG 系统的一部分，它以三维主模型为基础，具有强大、可靠的刀具轨迹生成方法，可以完成铣削(2.5～5 轴)、车削、线切割等的编程。UG CAM 是模具数控行业最具代表性的数控编程软件，其最大特点就是生成的刀具轨迹合理、切削负载均匀、适合高速加工。另外，在加工过程中的模型、加工工艺和刀具管理，均与主模型相关联，主模型更改设计后，编程只需重新计算即可，所以 UG 编程的效率非常高。

UG CAM 主要由 5 个模块组成，即交互工艺参数输入模块、刀具轨迹生成模块、刀具轨迹编辑模块、三维加工动态仿真模块和后置处理模块。下面对这 5 个模块做简单的介绍。

(1) 交互工艺参数输入模块。通过人机交互的方式，用对话框和过程向导的形式输入刀具、夹具、编程原点、毛坯和零件等工艺参数。

(2) 刀具轨迹生成模块。具有非常丰富的刀具轨迹生成方法，主要包括铣削(2.5～5 轴)、车削、线切割等加工方法。

(3) 刀具轨迹编辑模块。刀具轨迹编辑器可用于观察刀具的运动轨迹，并提供延伸、缩短和修改刀具轨迹的功能。同时，能够通过控制图形和文本的信息编辑刀轨。

(4) 三维加工动态仿真模块。这是一个无须利用机床、成本低、高效率的测试 NC 加工的方法。应用其可视化功能，可以在屏幕上显示刀具轨迹，模拟刀具的真实切削过程，并通过过切检查和残留材料检查，检测相关参数设置的正确性。检验刀具与零件和夹具是否发生碰撞、是否过切以及加工余量分布等情况，以便在编程过程中及时解决。

(5) 后置处理模块。包括一个通用的后置处理器(GPM)，可以方便地建立用户定制的后置处理。通过使用加工数据文件生成器(MDFG)，一系列交互选项提示用户选择定义特定机床和控制器特性的参数，包括控制器和机床规格与类型、插补方式、标准循环等。

UG NX 提供了强大的默认加工环境，也允许自定义加工环境。选择合适的加工环境，在创建加工操作的过程中，可继承加工环境中已定义的参数，不必在每次创建新的操作时重新定义，从而避免了重复劳动，提高操作效率。

UG NX 常用的加工模块有 CAM 基础、后置处理、车加工、型芯和型腔铣削、固定轴铣削、清根切削、可变轴铣削、顺序铣切削、制造资源管理系统、切削仿真、线切割、图形刀轨编辑器、机床仿真、Nurbs(B 样条)轨迹生成器等。其中，型芯和型腔铣削模块提供了粗加工单个或多个型腔的功能，可沿任意形状走刀，产生复杂的刀具路径。当检测到异常的切削区域时，它可修改刀具路径，或者在规定的公差范围内加工出型腔或型芯。固定轴铣削与可变轴铣削模块用于对表面轮廓进行精加工。它们提供了多种驱动方法和走刀方式，可根据零件表面轮廓选择切削路径和切削方法。在可变轴铣削中，可对刀轴与投射矢量进行灵活控制，从而满足复杂零件表面轮廓的加工要求，生成 3～5 轴数控机床的加工程序。此外，它们还可控制顺铣和逆铣切削方式，按用户指定的方向进行铣削加工，对于零件中的陡峭区域和前道工序没有切除的区域，系统能自动识别并清理这些区域。顺序铣切削模块可连续加工一系列相接表面，用于在切削过程中需要精确控制每段刀具路径的场合，可以保证各相接表面光顺过渡。其循环功能可在一个操作中连续完成零件底面与侧面的加工，可用于叶片等复杂零件的加工。

在加工基础模块中包含了以下加工类型。

(1) 点位加工。可产生点钻、扩、镗、铰和攻螺纹、点焊、铆接等操作的刀具路径。

(2) 平面铣。用于平面区域(直壁、水平底平面的零件)的粗/精加工，刀具平行于工件底面进行多层铣削。

(3) 型腔铣。用于材料的粗加工，少数场合可用于精铣加工。适用于加工侧面与底面不垂直或岛屿顶部和腔体底部为曲面的零件，特别是具有复杂型腔的模具或具有复杂曲面的零件。它根据型腔的形状，将要切除的部位在深度方向上分成多个切削层进行层切削，每个切削层可指定不同的切削深度。切削时刀轴与切削层平面垂直。

(4) 固定轴曲面轮廓铣削。它将空间的驱动几何投射到零件表面，驱动刀具以固定轴形式加工曲面轮廓。主要适合在三轴联动的加工中心上进行曲面的半精加工与精加工。

(5) 可变轴曲面轮廓铣。与固定轴铣相似，只是在加工过程中可变轴铣的刀轴可以摆动，可满足一些特殊部位的加工需要。

(6) 顺序铣。用于连续加工一系列相接表面，并对面与面之间的交线进行清根加工。

(7) 车削加工。车削加工模块提供了加工回转类零件所需的全部功能，包括粗车、精车、切槽、车螺纹和打中心孔。

(8) 线切割加工。线切割加工模块支持线框模型程序编制，提供了多种走刀方式，可进行 2～4 轴线切割加工。

后置处理模块包括图形后置处理器和 UG 通用后置处理器，可格式化刀具路径文件，生成指定机床可以识别的 NC 程序，支持 2～5 轴铣削加工、2～4 轴车削加工和 2～4 轴线切割加工。基中 UG 后置处理器可以直接提取内部刀具路径进行后置处理，并支持用户定义的后置处理命令。

UG 将智能模型(Master Model)的概念在 UG/CAM 的环境中发挥得淋漓尽致，不仅包含了 3D CAD 模型与 NC 路径的完整关联性，且更易于缩减文件大小以及刀具路径的管理。另外，以高速切削为发展基础的参数设定环境，更能确保刀具路径的稳定可靠与良好的加工品质。

## 6.3.2 CAM 加工模块的基本操作

### 1. 打开加工模块

在【应用模块】选项卡中选择【加工】命令即可进入加工模块，如图 6.257 所示。也可以按 Ctrl+Alt+M 组合键进入加工模块。进入加工模块后，工具栏会发生一些变化，将出现某些只在制造模块时才有的工具按钮，而另一些在造型模块中的工具按钮将不再显示。

提示：在加工模块中也可以进行简单的建模，如构建直线、圆弧等。

2. 加工环境设置

当一个零件首次进入加工模块时，系统会弹出【加工环境】对话框，如图 6.258 所示。CAM 进程设置用于选择加工所使用的机床类别，CAM 设置是在制造方式中指定加工设定的默认值文件，也就是要选择一个加工模板集。选择模板文件将决定加工环境初始化后可以选用的操作类型，也决定在生成程序、刀具、方法、几何时可选择的父节点类型。

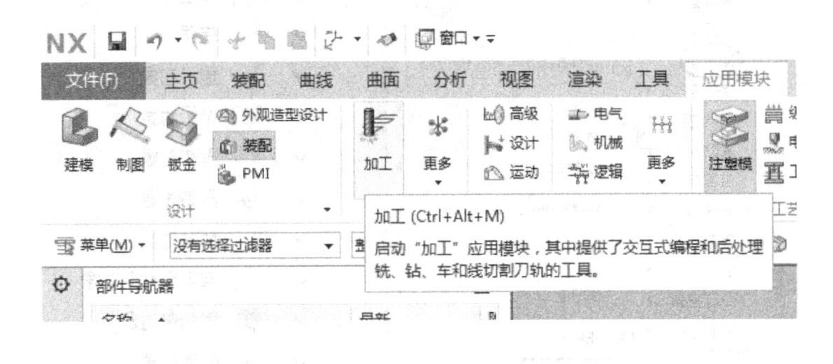


图 6.257　进入加工模块

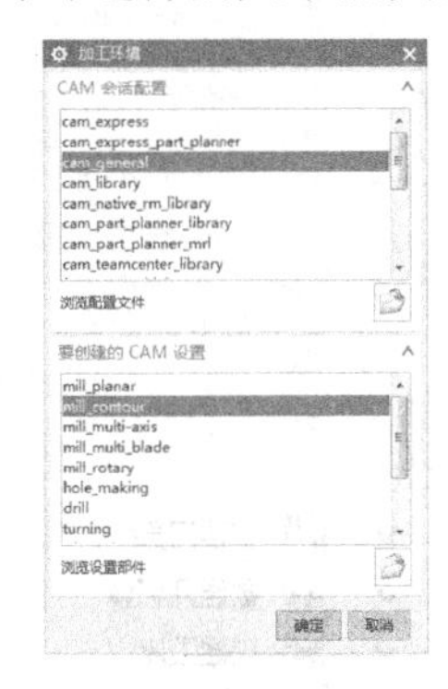


图 6.258　【加工环境】对话框

**提示：**【加工环境】对话框只有在首次进入加工模块时才出现。在以后的操作中，如果在加工主菜单选择【工具】|【操作导航】|【删除设置】命令删除当前设置时，也会出现【加工环境】对话框，重新进行【CAM 设置】的选择。

3. UG CAM 的工具条应用

在进入加工模块后，UG 除了显示常用的工具按钮外，在【主页】选项卡还将显示在加工模块中专用的插入、操作(属性)、工序等几个工具条组，如图 6.259 所示。

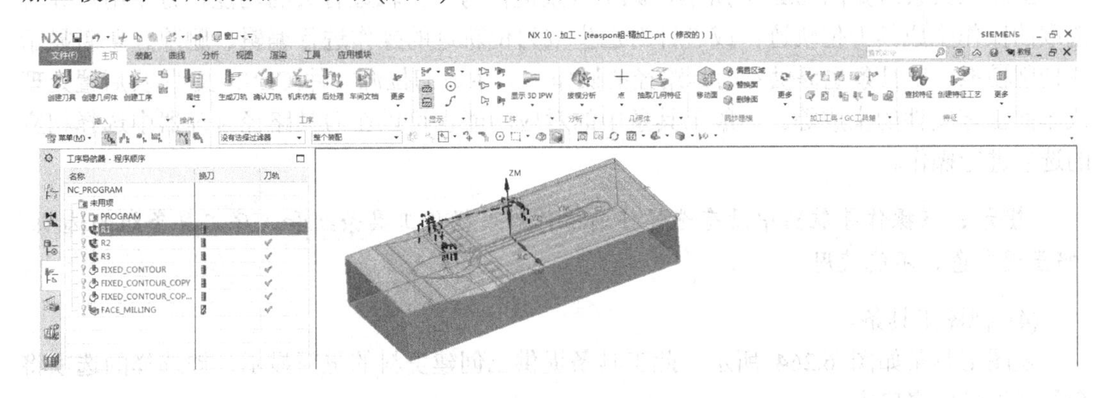


图 6.259　加工模块界面

(1) 插入工具条组。

插入工具条组如图 6.260 所示，它提供新建数据的模板，可以新建操作、程序组、刀具、几何体和方法。插入工具条组的功能对应【插入】子菜单中的相应命令，如图 6.261 所示。

(2) 操作(属性)工具条组。

该工具条组如图 6.262 所示，此工具条组提供操作导航窗口中所选择对象的编辑、剪贴、显示、更改名称及刀位轨迹的转换与复制功能。

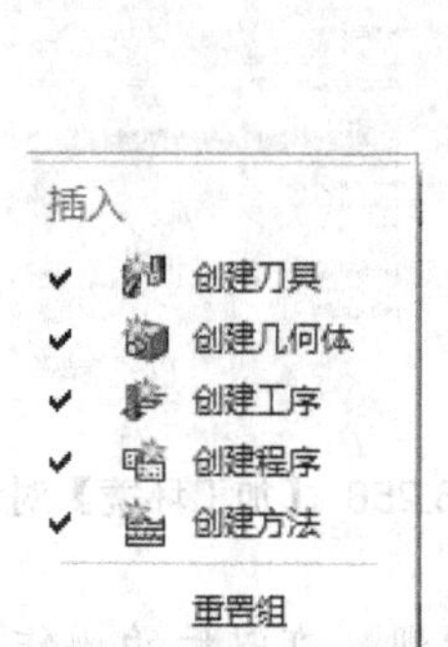


图 6.260 【插入】工具条组

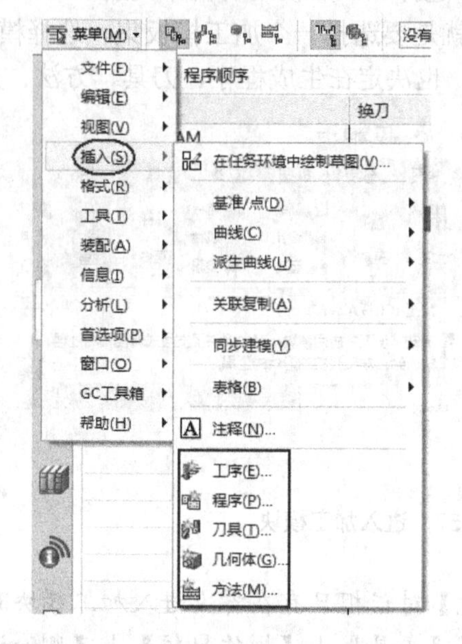


图 6.261 【插入】子菜单中的命令

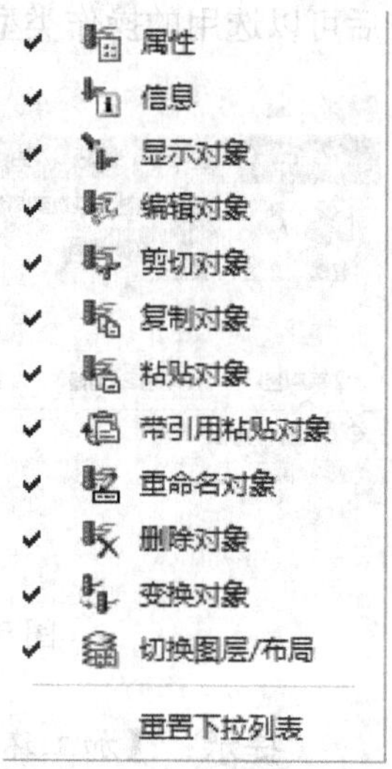

属性
信息
显示对象
编辑对象
剪切对象
复制对象
粘贴对象
带引用粘贴对象
重命名对象
删除对象
变换对象
切换图层/布局
重置下拉列表

图 6.262 属性工具条组

操作工具条组中的功能，也可以使用鼠标右键直接在导航窗口中选取使用。在操作导航器窗口中右击某一操作，在弹出的快捷菜单中选择相应命令即可。

(3) 工序工具条组。

工序工具条组如图 6.263 所示，此工具条提供与刀位轨迹有关的功能，方便用户针对选取的操作生成其刀位轨迹；或者针对已生成刀位轨迹的操作进行编辑、删除、重新显示或切削模拟。工具条也提供对刀具路径的操作，如生成刀位源文件(CLSF 文件)及后置处理或车间工艺文件的生成等。一般工具条中的对应功能也可以在刀具路径管理器中选择相应的选项进行操作。

**提示：**在操作导航器中没有选择任何操作时，操作工具条组和工序工具条组的选项将呈现灰色，不能使用。

(4) 视图工具条。

视图工具条如图 6.264 所示，此工具条提供已创建资料的重新显示，被选择的选项将会显示于导航窗口中。

图 6.263　工序工具条组

图 6.264　视图工具条

- 程序顺序视图：分别列出每个程序组下面的各个操作，此视图是系统默认视图，并且输出到后处理器或 CLFS 文件也是按此顺序排列。
- 机床视图：指按刀具进行排序显示，即按所使用的刀具组织视图排列。
- 几何视图：按几何体和加工坐标列出。
- 加工方法视图：对用相同的加工参数值的操作进行排序显示，即按粗加工、精加工和半精加工方法分组列出。

## 6.3.3　加工编程前模型分析

在编程之前必须对模型进行分析，如模型的大小、模型中各圆角半径的大小、模型的加工深度、模型中是否存在需要电火花加工或线切割的部位等。只有把模型分析透了，才有可能以最快的速度编出最合理的加工程序。

模型分析主要是分析模型的结构、大小和凹圆角的半径等。模型的大小决定了粗加工使用多大的刀具，模型的结构决定了是否需要拆铜公或线切割加工，圆角半径的大小决定了精加工时需要使用多大的刀清角。

**【实例 6.8】**分析如图 6.265 所示的模型。

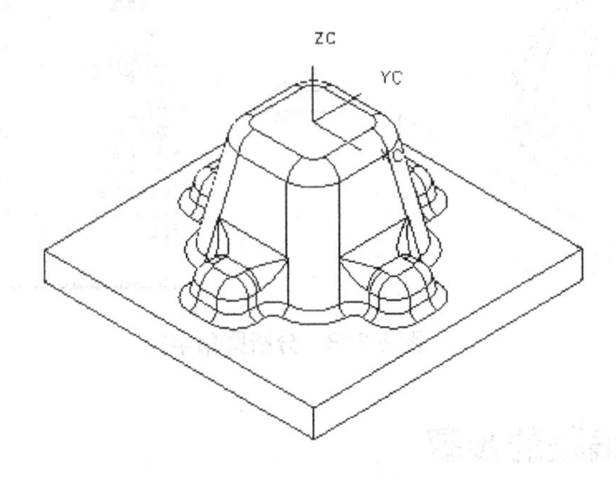


图 6.265　dengzao.prt 模型

(1) 分析模型大小及加工深度。使用【分析】|【测量距离】|【长度】命令测得模型的

大小为 100mm×100mm，如图 6.266 所示。使用【分析】|【测量距离】|【投影距离】命令测得模型的最大加工深度为 40mm，如图 6.267 所示。

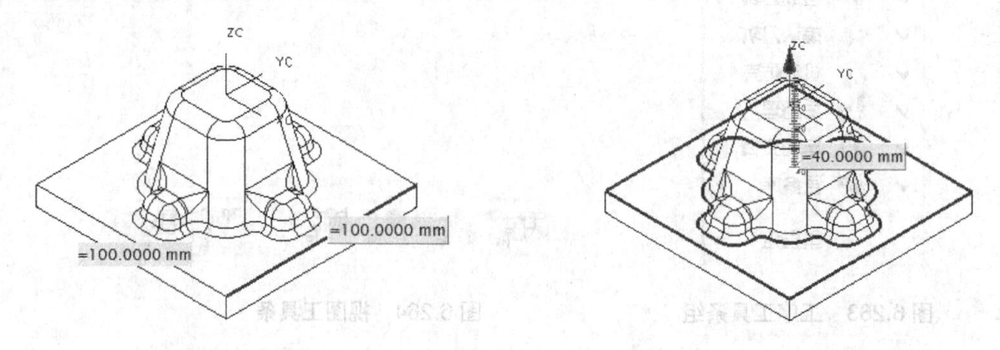


图 6.266　测量大小　　　　图 6.267　测量加工深度

(2) 分析模型圆角半径。使用【分析】|【几何属性】|【动态】命令分析模型中凹的圆角半径，如图 6.268 所示。

(3) 分析结论：模型中没有任何部位需要电火花加工；根据模型的大小使用 D30R5 的飞刀进行开粗；根据模型中的最小半径和加工深度使用 *R*2.5 的球刀进行清角。

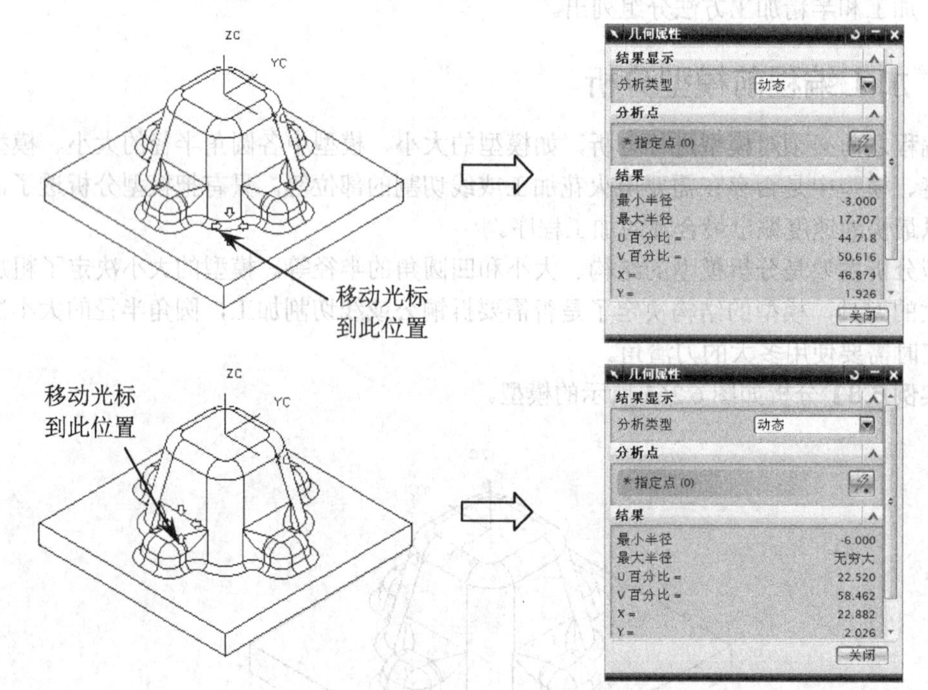


图 6.268　分析圆角半径

## 6.3.4　UG 加工编程的步骤

在 UG 加工编程中，功能创建是一个主要部分，包括创建几何体、创建加工坐标系、创建刀具、创建加工方法、创建程序组。培养良好的 UG 编程习惯非常重要，这样可以大大减少操作错误。由于 UG 编程需要设置很多参数，为了不漏设参数，应该按照一定的顺序步骤进行设置。

(1) 按 Ctrl+Alt+M 组合键，弹出【加工环境】对话框。选择 mill_contour 方式，然后单击【确定】按钮，打开编程主界面。在编程界面的左侧单击【操作导航器】按钮。

(2) 设置加工坐标和安全高度。在操作导航器中的空白处右击，接着在弹出的快捷菜单中选择【几何视图】命令，打开几何视图，然后双击 MCS_MILL 图标，弹出【MCS 铣削】对话框，在此设置加工坐标和安全高度，如图 6.269 所示。

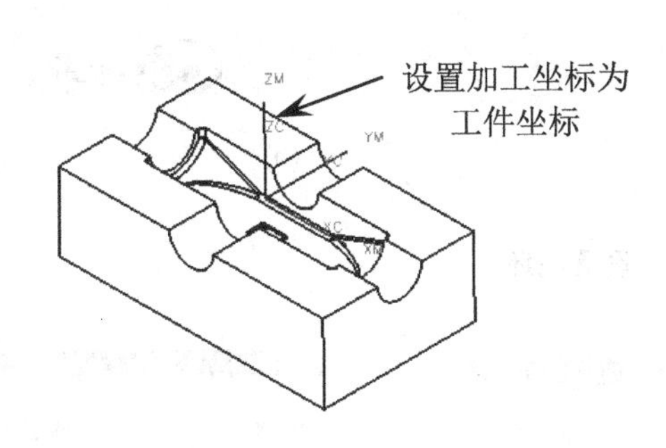

图 6.269　设置加工坐标和安全高度

(3) 设置部件。在操作导航器中双击 WORKPIECE 图标，弹出【工件】对话框，如图 6.270(a)所示。单击【指定部件】按钮，弹出【部件几何体】对话框，如图 6.270(b)所示，选择部件对象，然后单击【确定】按钮。

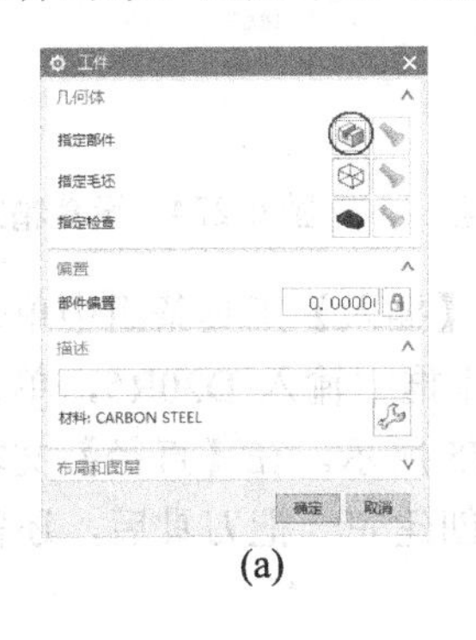


(a)

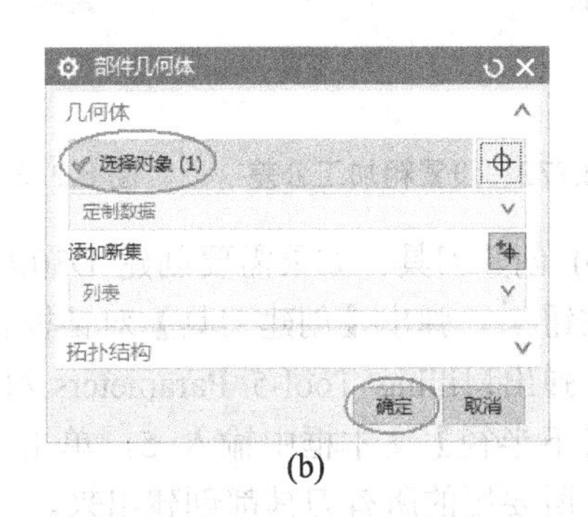


(b)

图 6.270　设置部件

(4) 设置毛坯。在【工件】对话框中单击【指定毛坯】按钮，弹出【毛坯几何体】对话框，如图 6.271(a)所示，选择毛坯对象，如图 6.271(b)所示，然后单击【确定】按钮。

(5) 设置粗加工、半精加工和精加工的公差。在操作导航器中的空白处右击，在弹出的快捷菜单中选择【加工方法视图】命令。双击 MILL_ROUGH 图标，弹出 Mill Method 对话框，如图 6.272 所示设置参数；双击 MILL_SEMI_FINISH 图标，弹出 Mill Method 对话框，如图 6.273 所示设置参数；双击 MILL_FINISH 图标，弹出 Mill Method 对话框，如图 6.274 所示设置参数。

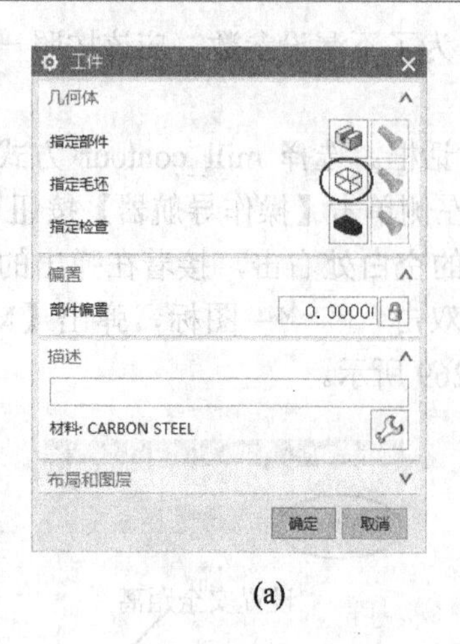


(a)

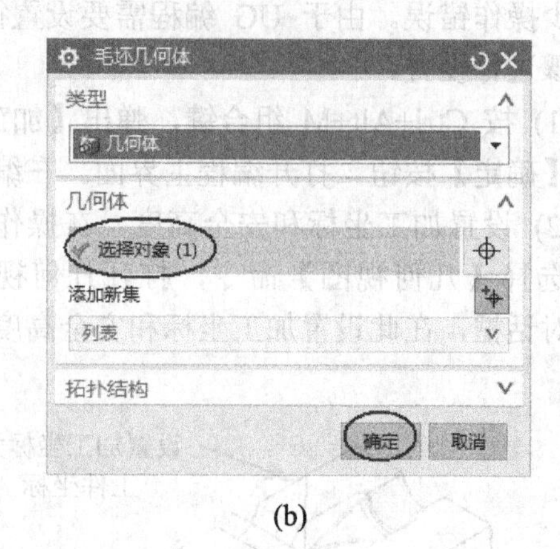


(b)

图 6.271　设置毛坯

图 6.272　设置粗加工公差

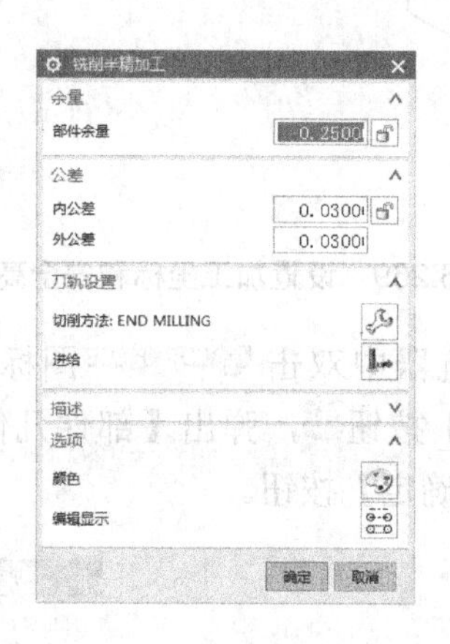


图 6.273　设置半精加工公差

图 6.274　设置精加工公差

(6) 创建刀具。如果需要创建 D30R5 的飞刀，则在【插入】工具条组中单击【创建刀具】按钮，弹出【创建刀具】对话框。在【名称】文本框中输入 D30R5，单击【确定】按钮，弹出Milling Tool-5 Parameters 对话框，如图 6.275 所示。在【直径】文本框中输入 30，【下半径】文本框中输入 5，单击【确定】按钮。创建完一把刀具后，还需继续把加工工件所要用的所有刀具都创建出来。

(7) 创建程序组。在操作导航器中的空白处右击，在弹出的快捷菜单中选择【程序顺序视图】命令。在【插入】工具条组中单击【创建程序】按钮，弹出【创建程序】对话框，如图 6.276 所示。在【名称】文本框中输入程序名称，如 R1 等，然后单击【确定】按钮。

**提示**：一般以粗加工、半精加工和精加工开头的第一个英语字母为程序组名称，如第一次粗加工的程序名称为 R1，第二次粗加工的程序名称为 R2；第一次半精加工的程序名称为 S1，第二次半精加工的程序名称为 S2；第一次精加工的程序名称为 F1，第二次精加工的程序名称为 F2。

(8) 创建工序。在【插入】工具条组中单击【创建工序】按钮，弹出【创建工序】对话框，如图 6.277 所示，可继续设置类型、操作子类型、程序、刀具、几何体和加工方法，比如可在工序子类型中单击【型腔铣】按钮，打开【型腔铣】对话框。

(9) 设置参数。设置参数时应该按照顺序从上往下进行，在图 6.278 所示的【型腔铣】对话框中，首先应该指定切削区域(选择加工面)和修剪边界，接着选择切削模式，设置步进的百分比、全局每刀深度，然后设置切削参数、非切削移动参数、进给和速度等。

(10) 生成刀路。

(11) 检查刀路。这一步至关重要，检查刀路发现问题时需要立即修改刀路，保证刀路美观且效率高。

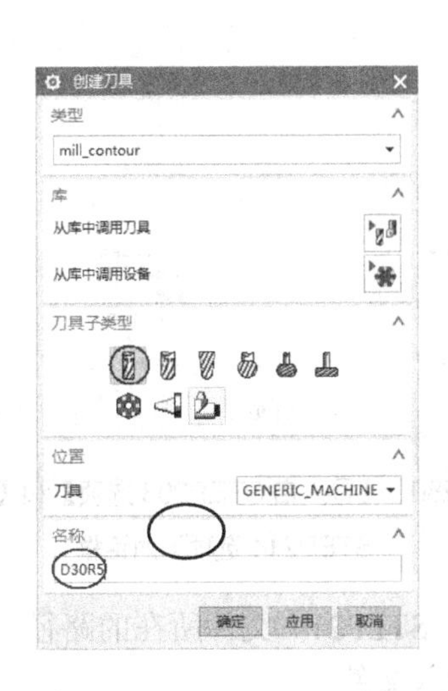


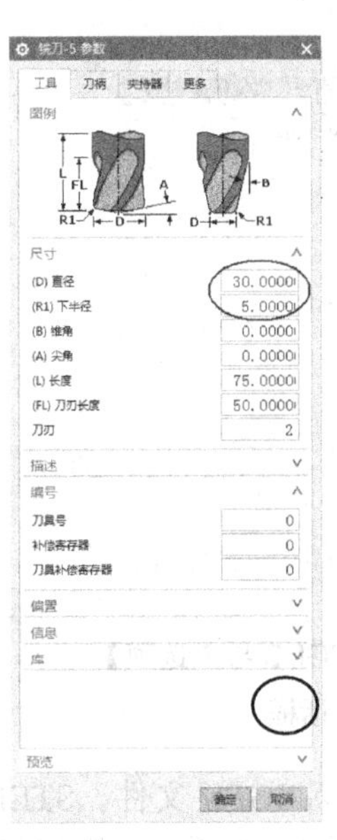


图 6.275　创建刀具

图 6.276　创建程序

图 6.277　创建工序

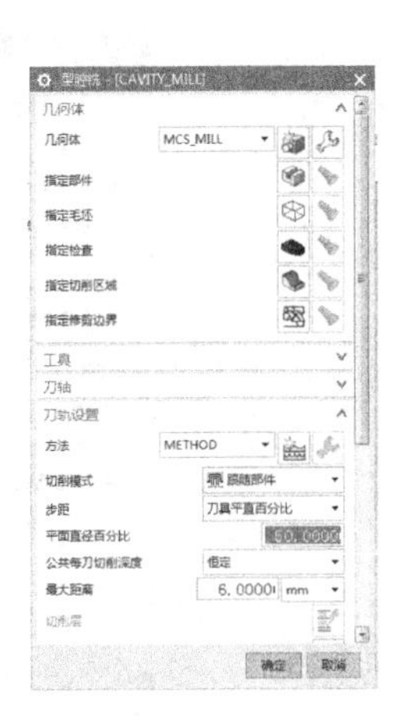


图 6.278　【型腔铣】对话框

## 6.3.5 图形转换

在数控编程加工中，很多时候已经设计好的模具并不是 UG 文档，如 Pro/E、CATIA 文档等，故需要进行图形转换。

(1) 将非 UG 文档的文件转换成 igs 或 stp 等格式。

(2) 打开 UG 软件并新建一个文件。

(3) 选择【文件】|【导入】| IGES 菜单命令，弹出【IGES 导入选项】对话框，如图 6.279 所示。导入 stp 文件的操作与导入 igs 文件相同，其【导入自 STEP214 选项】对话框、【导入自 STEP203 选项】对话框如图 6.280 所示。

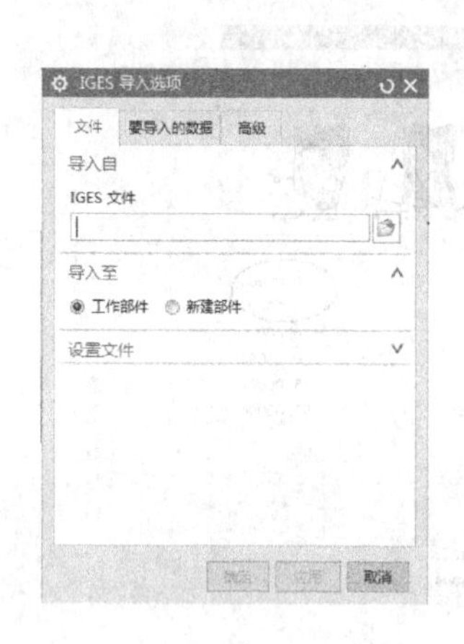


图 6.279 【IGES 导入选项】对话框

图 6.280 【导入自 STEP203 选项】和【导入自 STEP214 选项】对话框

(4) 选择导入 IGES 文件、STEP203 文件或 STEP214 文件所在的路径，然后单击【确定】按钮，如图 6.281 所示，系统开始计算并导入文件。

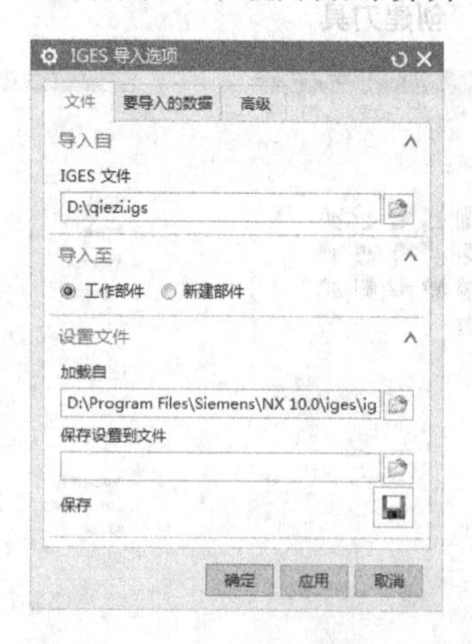


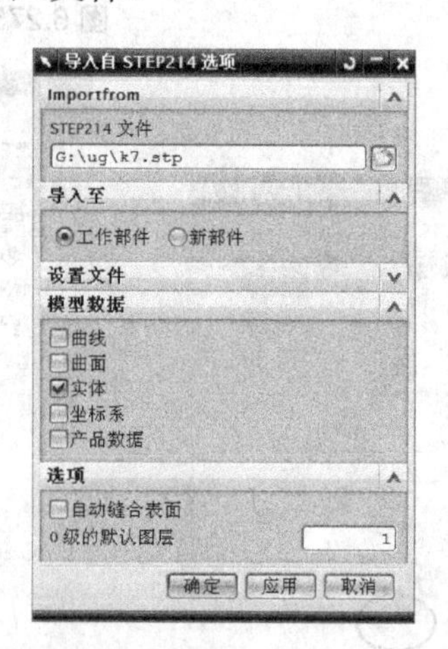


图 6.281 选择导入的 IGES 文件和 STEP214 文件

## 6.3.6　模具零件加工实例——茶匙型腔、型芯加工

下面介绍分模实例中茶匙型腔的 CAM 编程过程。

(1) 导出型腔。先将前面 6.2.15 小节创建的模具型腔文件复制一份到其他文件夹。

(2) 创建毛坯。打开文件，在【注塑模向导】选项卡【注塑模工具】组单击【创建方块】命令按钮，弹出【创建方块】对话框，在【类型】组选择“有界长方体”，框选全部 269 个特征，设置间隙为 0，创建包容体方块作为加工的毛坯，如图 6.282 所示。

图 6.282　创建毛坯

**提示：间隙默认为 1，需修改间隙为 0；否则会影响后续的加工范围。**

(3) 定义坐标系。将当前坐标系定义在产品的最高点的中心处，如图 6.283 所示。这就是编程原点，也就是将来在数控机床上加工时的工件坐标系，二者要严格重合；否则就会造成加工错误。这样就可以进入 CAM 模块进行加工了。

这个工件因为有流道、浇口衬套的孔，这些都不需要在这个步骤中加工，所以处理的方法是把原始的工件放到一个图层中，再复制出一个图层工件，在新的图层中将这些不加工的部位进行简化或者删除，如图 6.284 所示。

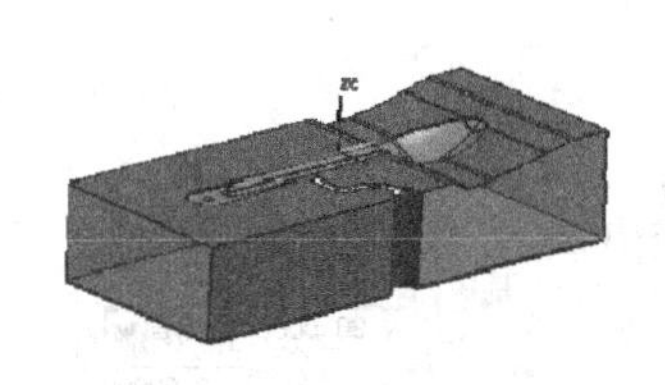

图 6.283　确定工件最高点为当前坐标系原点

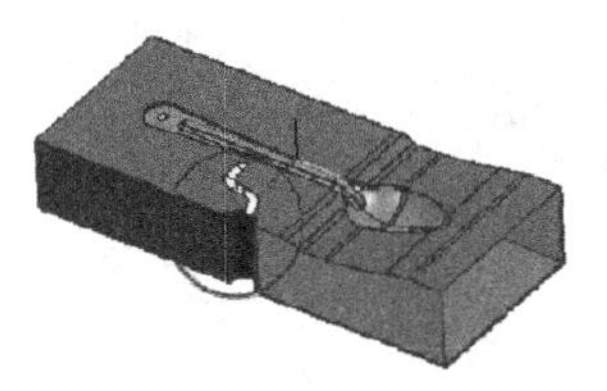

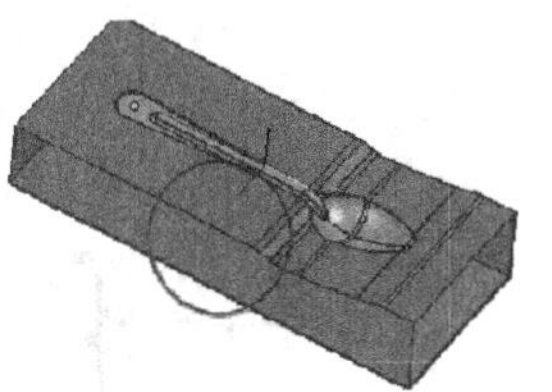

图 6.284　使用简化命令处理不需要加工的部位

(4) 粗加工。粗加工的作用是快速去除毛坯上的多余材料，尽量使用大的开粗刀具。开粗刀具多数是环形刀具，这样的刀具其刀尖为圆形，可以有效地避免加工时应力集中而

导致刀具崩坏，如图 6.285 所示。

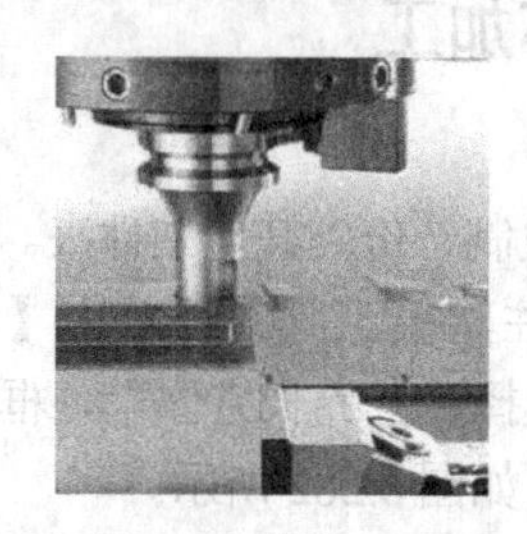

图 6.285　粗加工刀具

单击【创建工序】按钮，选择其中的 CAVITY_MILL 命令，如图 6.286 所示。

打开【型腔铣】对话框，把前面(2)创建的方块指定为毛坯，把型腔实体指定为部件，如图 6.287 所示。

图 6.286　【创建工序】对话框

图 6.287　选择加工几何体

(5) 设定加工参数。加工参数是产生刀具路径的细节调整。这里选择 D20R0.5 的圆鼻刀(飞刀、平底圆角刀)来做粗加工，如图 6.288 所示。

需要注意以下几个参数的设置。

- 切削层。选择 0.5mm 作为一层的厚度。
- 入刀方式。选择螺旋入刀，又因为成型部分的曲面太小，大的开粗刀具进不去，所以定义大一点最小螺旋半径用以将那些切削滤掉，如图 6.289 所示。

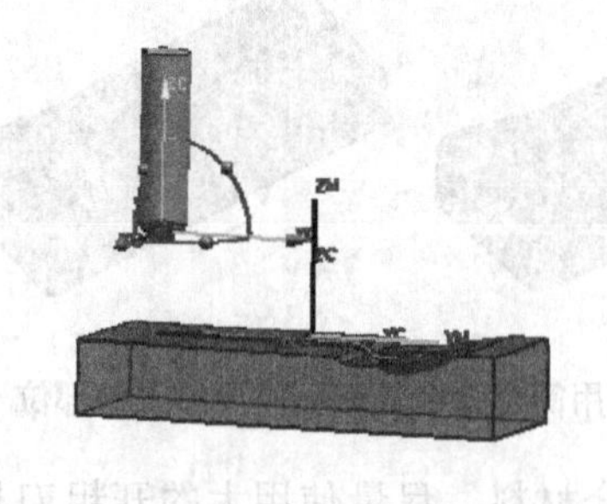

图 6.288　选择粗加工刀具

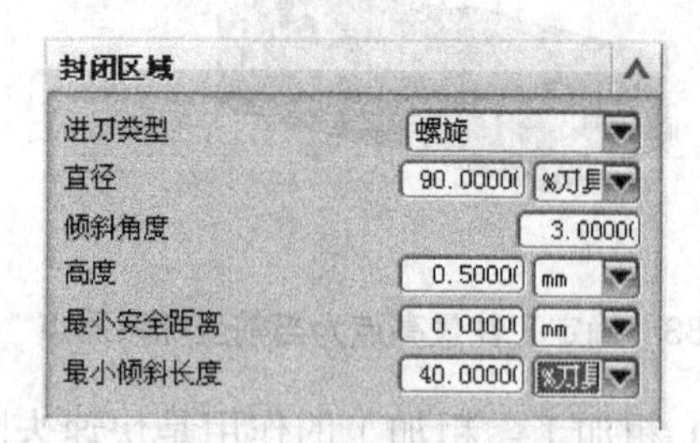


图 6.289　确定入刀方式

- 切削用量及切削余量。设置合适的切削用量(这里不给出)和切削余量(粗加工留 0.35mm)。
- 切削方式。选择跟随周边，这样产生的刀路比较整齐，如图 6.290 所示。

如果这样的刀路有一些空刀跳刀，可以单击【修剪边界】按钮将外部的刀具路径修剪掉，如图 6.291 所示。但是这样就要加大水平入刀的距离以防止刀具与工件发生碰撞。在【刀路操作】工具条上单击【确认刀轨】按钮，用二维的方式仿真，这样比较快速。仿真结果如图 6.292 所示。

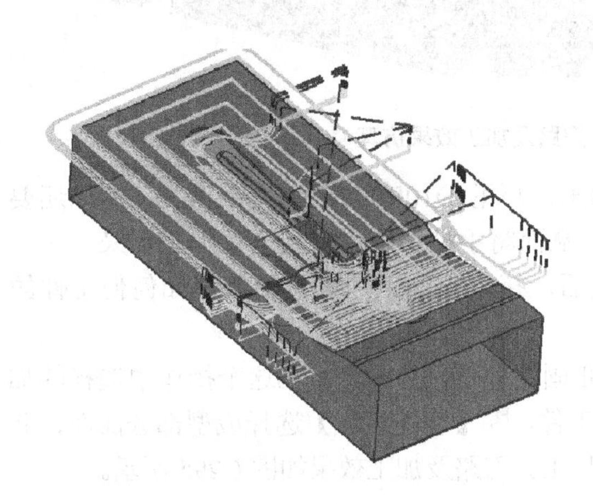

图 6.290　跟随周边切削方式

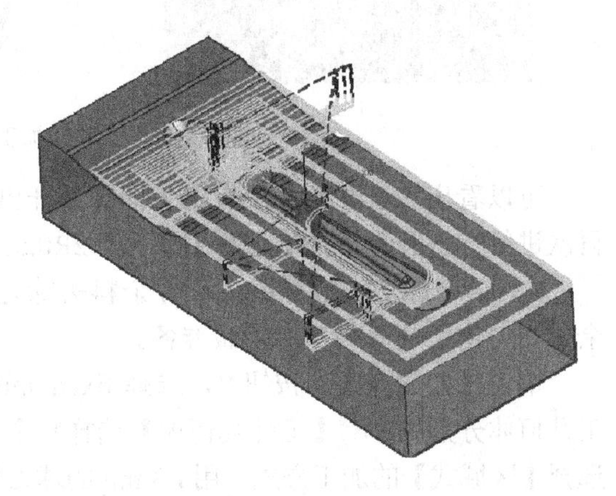

图 6.291　对刀路进行裁剪后的效果

由于在各个加工表面都留有余量，接下来的操作就是用一把小一点的刀具(D10R0.8)进行二次开粗。

(6) 二次粗加工。完全可以将刚刚进行的操作(粗加工)进行复制、粘贴，这样就可以继承上一步的操作参数。

需要注意这一步操作与上一个加工操作仅存在以下两处区别。

- 重新选择刀具(D10R0.8)：比上次刀具的直径差不多小了一半，这样才可以去除剩余的材料。
- 选择参考刀具选项：这里重点注意要选择参考刀具这个选项，如图 6.293 所示。

图 6.292　粗加工后的仿真效果

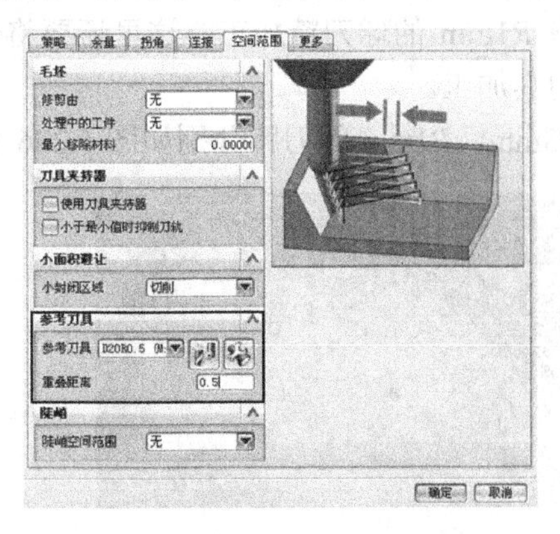


图 6.293　【参考刀具】选项设置

这里面参考刚刚用过的那把刀具，即将刚刚那把刀具切削的材料去除掉，然后再计算本次所选刀具。二次粗加工刀路及加工效果如图 6.294 所示。

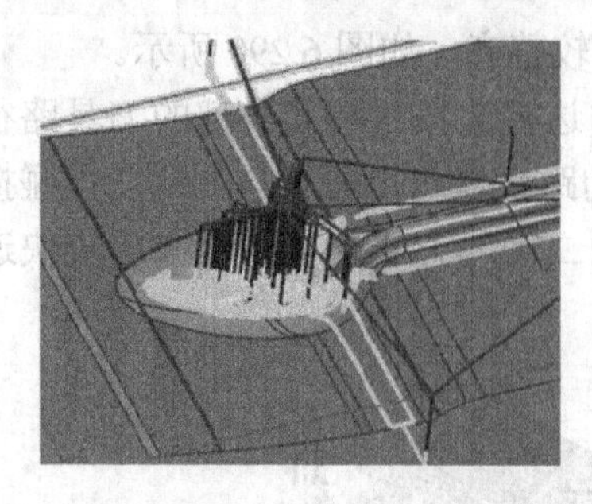

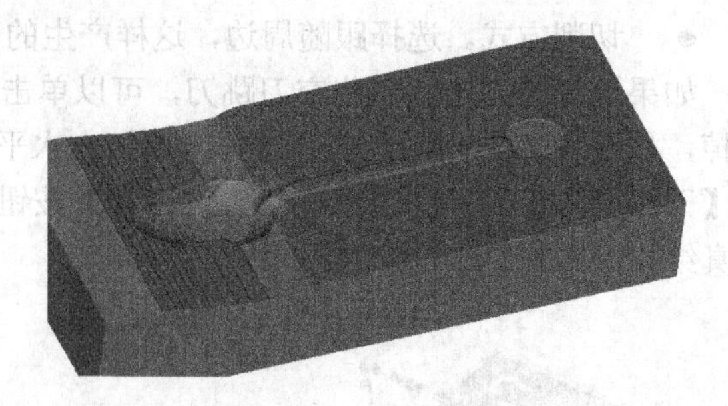

图 6.294　二次粗加工刀路及加工效果仿真

可以看出二次开粗并没有将手柄部分开出来，那里 D10R0.8 的刀具下不去，所以还要再次进行二次开粗，这次选择刀具为 D2R0.5，从而将手柄那个位置完全粗加工出来。

(7) 半精加工。当把绝大部分余料去除之后，接下来的工作重点要放在如何使工件的余量均匀化，从而为精加工做准备。

单击【创建操作】按钮，选择 fixed_mill 固定轴铣削方式，在这个操作中选择的加工几何体分别为：【工件几何体】选择整个工件，【切削区域】选择成型部分曲面，并选择【区域式】的加工方式，用 R3mm 的球刀加工。刀路及加工效果如图 6.295 所示。

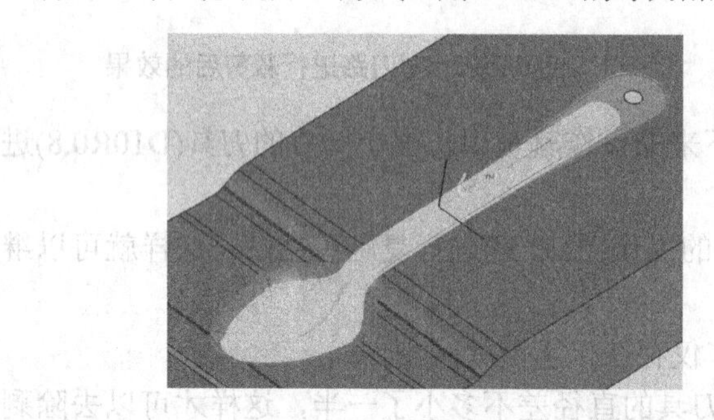

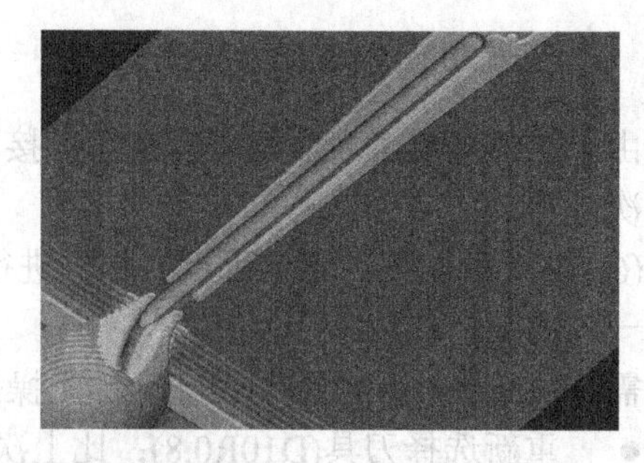

图 6.295　半精加工刀路及加工效果仿真

(8) 精加工。需要将成型部分和分型面都精加工出来，头部选择 *R*3mm 加工，手柄部位选择 *R*1mm 的球刀精加工。这里还要将勺子手柄和头部分开加工，因为头部不需要选择小的刀具加工。

*R*3mm、*R*1mm 的刀路分别如图 6.296 和图 6.297 所示。

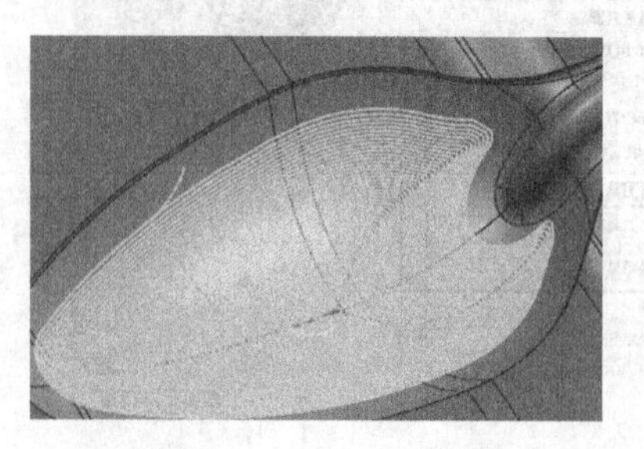

图 6.296　*R*3mm 的刀路

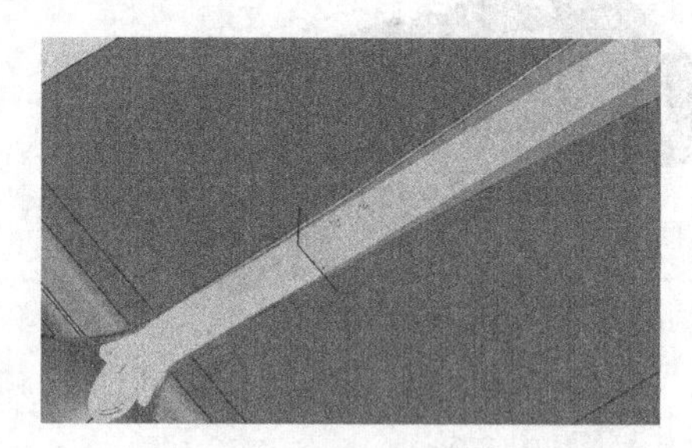

图 6.297　*R*1mm 的刀路

(9) 设计电极。首先确定哪些位置没有加工到，可以通过仿真来观察哪些地方加工不到。对于这个工件只是这两个位置没有加工到，如图 6.298 所示。

这两个区域太小了，D2(*R*1)的刀具无法加工。制作电极步骤如下。

① 在未加工区域上方绘制矩形，如图 6.299 所示。

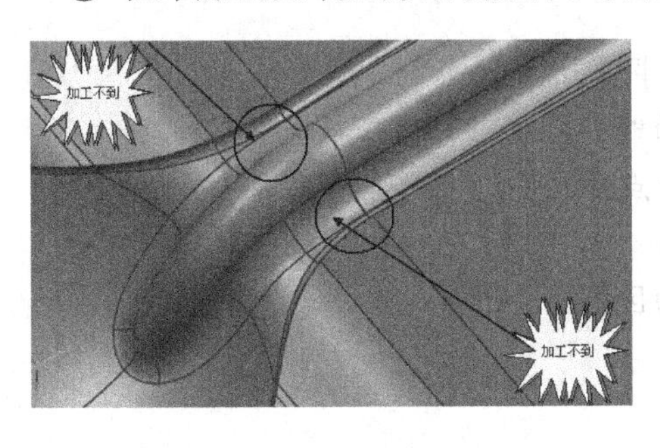


图 6.298　放电区域分析

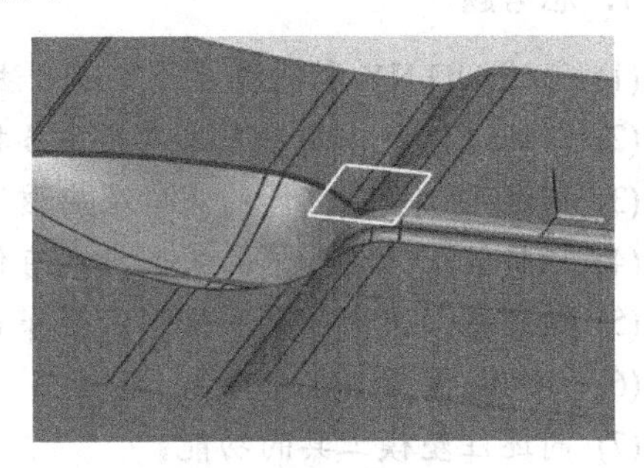

图 6.299　绘制矩形区域

② 拉伸矩形并与工件进行布尔差运算，如图 6.300 所示。这里并不是所有的面都是放电面，而且中间的凹陷要进行避空。

③ 对电极进行修剪。通过反复的修剪和偏置面操作，可得到如图 6.301 所示的电极图。图中指示的区域为放电面，它在模具中的位置如图 6.302 所示。

这样就可以把这个型腔工件加工出来了，由于机床加工时有些部位无法达到规定的表面粗糙度，所以后面还要手工进行抛光以达到型腔的表面粗糙度。

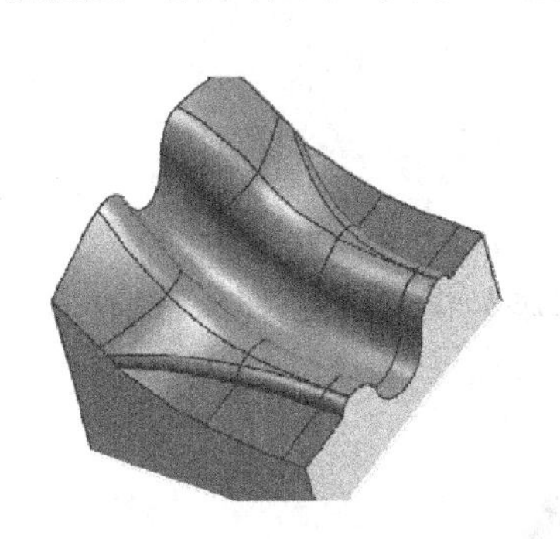

图 6.300　布尔运算求出放电区域曲面

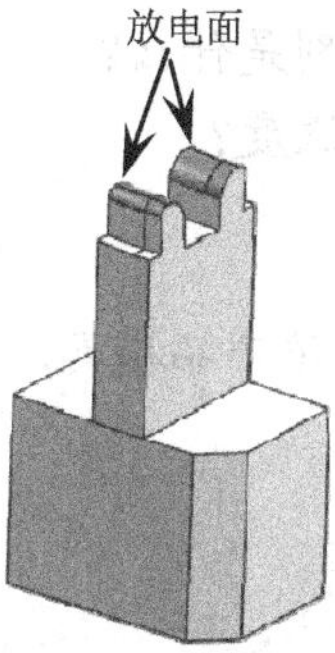

放电面

图 6.301　电极图

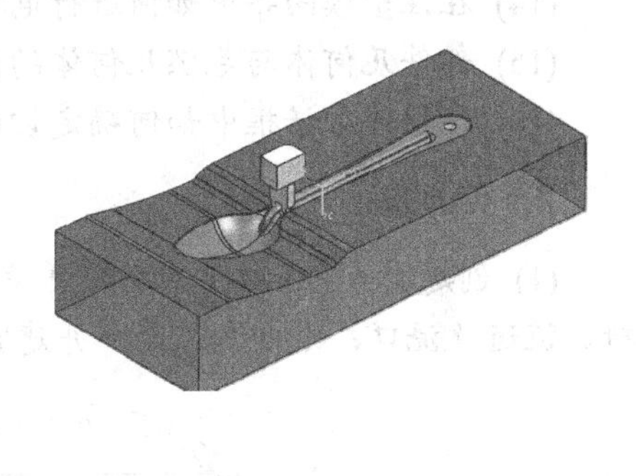

图 6.302　电极在模具中的位置

# 本 章 小 结

本章主要介绍了 UG NX 软件的常用模块、基本界面与操作、模具设计模块、模具加工模块。为了使读者更快地了解与巩固零件设计和模具设计加工知识，本章还以一个完整的茶匙原型设计、注塑模设计、加工自动编程的步骤和方法作为所学知识的综合运用。

本章的学习重点注塑模向导是 UG NX 软件中设计注塑模具的专业模块，它以模具三维实体零件参数全相关技术，提供了设计模具型芯、型腔、滑块、推杆、镶块、侧抽芯零件等模具三维实体模型的高级建模工具。

## 思考与练习

### 1. 思考题

(1) 简述 UG NX 零件设计的基本方法及注意事项。

(2) 简述【注塑模向导】工具条中各按钮的功能。

(3) 描述 UG 模具设计的流程及应该注意的要点。

(4) 项目装配结构和产品装配结构有何区别?

(5) 简述矩形平衡布局和矩形线性布局方式的区别。

(6) 如何设置模具坐标系?

(7) 简述注塑模工具的功能。

(8) 如何进行多腔模设计?

(9) 在注塑模向导中如何实现分型功能?

(10) 【模架库】命令操作可以实现哪些功能?

(11) 模具中经常使用的标准组件(如顶杆、弹簧、螺钉、定位环、浇口套等标准件),在注塑模向导模块中如何进行标准件管理安装和配置?

(12) 简述滑块和斜顶抽芯机构的作用及设计方法。

(13) 在注塑模向导中如何进行流道和浇口设计?

(14) 在注塑模向导中如何进行电极设计?

(15) 部件几何体与毛坯几何体的区别是什么?

(16) 在操作对话框中如何确定切削深度?

### 2. 实训题

(1) 创建图 6.303 所示模型,并设计该产品模具,要求添加模架、定位环、浇口套、顶杆、流道及浇口、冷却水道等,并建腔。

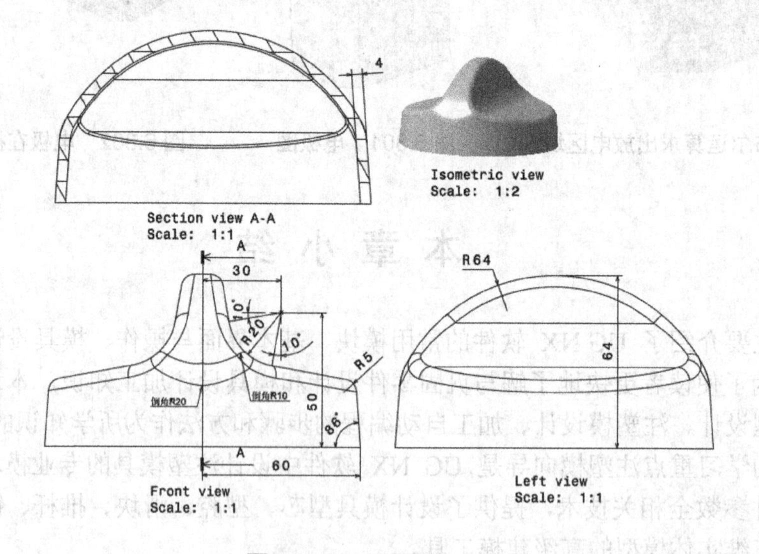


图 6.303 习题图(1)

(2) 对如图 6.304 所示的皂盒(尺寸自定义)进行产品设计及模具设计，并对模具型腔、型芯进行加工编程。

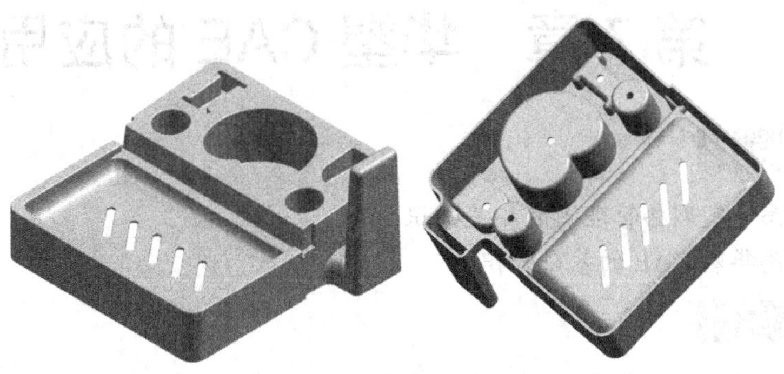

图 6.304　习题图(2)

# 第7章　华塑 CAE 的应用

## 学习要点

- 熟悉华塑网格管理器的相关知识。
- 熟悉华塑 CAE 的基础知识。

## 技能目标

- 能完成从 UG 中导出 STL 格式文件的操作。
- 会在华塑网格管理器中生成网格并进行评价。
- 能在华塑 CAE 中完成充模设计。
- 能在华塑 CAE 中完成冷却设计。
- 会设置相应的充模及冷却工艺条件。
- 能在华塑 CAE 中进行充模、冷却等分析。

## 项目案例导入

用华塑网格管理器(HsMeshMgr)对眉笔夹具模型进行网格划分，用华塑 CAE 软件对其进行模流分析，包括充模分析、冷却分析等，如图 7.1 所示。

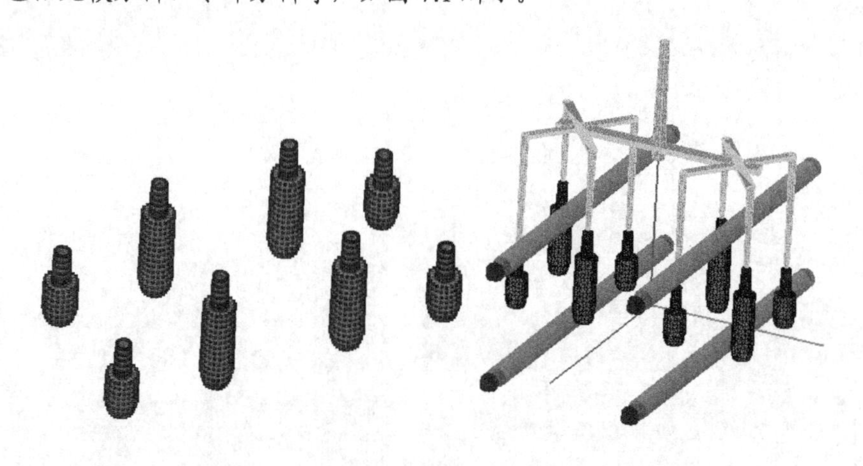

图 7.1　网格划分及模流分析

分析：华塑 CAE 系统需要导入 CAD 系统产生的 CAD 模型文件(主要是 STL)，而 STL 等 CAD 模型文件往往存在缺陷。华塑网格管理器(HsMeshMgr)主要功能是查看、检查、修复、修订需要导入华塑 CAE 系统 CAD 模型文件的主要模型 STL 文件，以及查看、修复和修订 2DM 网格。

在模具设计过程中采用华塑 CAE 模流分析软件可以优化浇注系统设计和工艺条件、优化冷却系统和工艺参数、缩短设计周期、减少试模次数、提高和改善制品质量，从而达到降低生产成本的目的。

本项目提供了 3 种不同的充模方案，通过分析可以比对 3 种不同方案的优劣，图 7.2 所示为在相同工艺条件下 3 种不同方案的翘曲分析，中间的方案最大翘曲变形量最小。

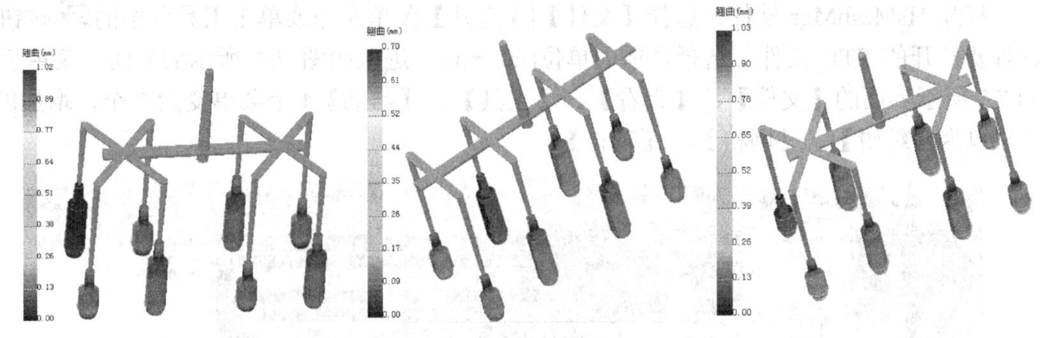

图 7.2 3 种不同的充模方案

# 7.1 华塑网格管理器

## 7.1.1 华塑网格管理器(HsMeshMgr)简介

华塑网格管理器(HsMeshMgr)是由华中科技大学模具技术国家重点实验室华塑软件研究中心研制开发的用于查看、检查、修复、优化、转换制品图形和网格的工具软件。图 7.3 所示为 HsMeshMgr 3.0 软件的启动界面。

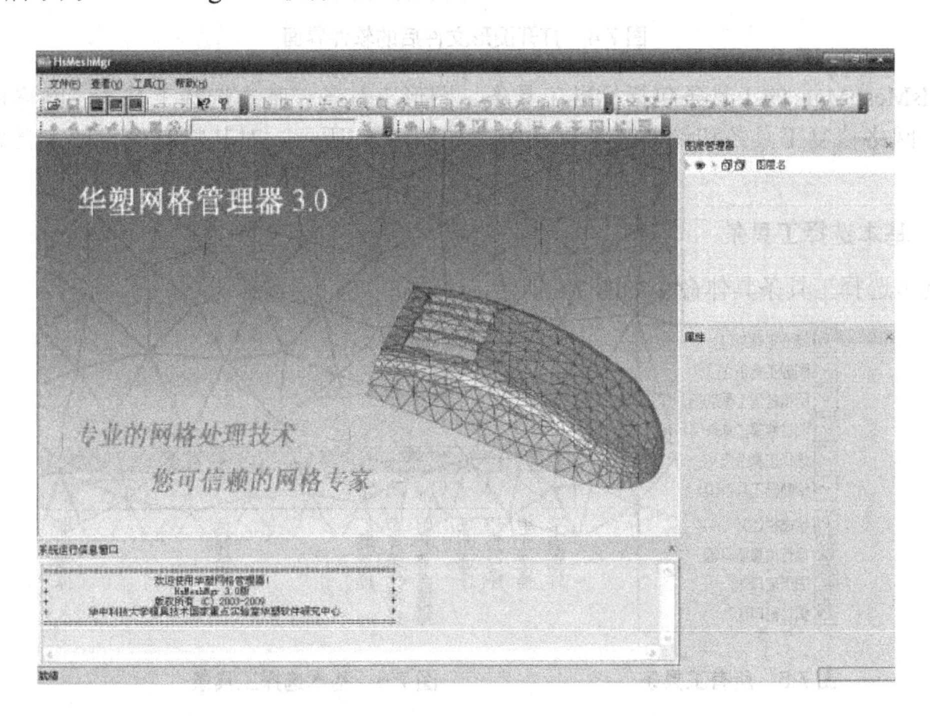


图 7.3 HsMeshMgr 3.0 软件的启动界面

## 7.1.2 主要菜单及工具条介绍

打开 HsMeshMgr 软件，选择【文件】|【打开】菜单命令或单击工具条中的按钮，选择要打开的 STL 文件，选择合适的单位(如 mm)，进入如图 7.4 所示的界面，菜单栏由图 7.3 所示界面的【文件】、【查看】、【工具】、【帮助】4 个菜单变为 7 个，增加的 3 个菜单为【编辑】、【网格】、【窗口】。

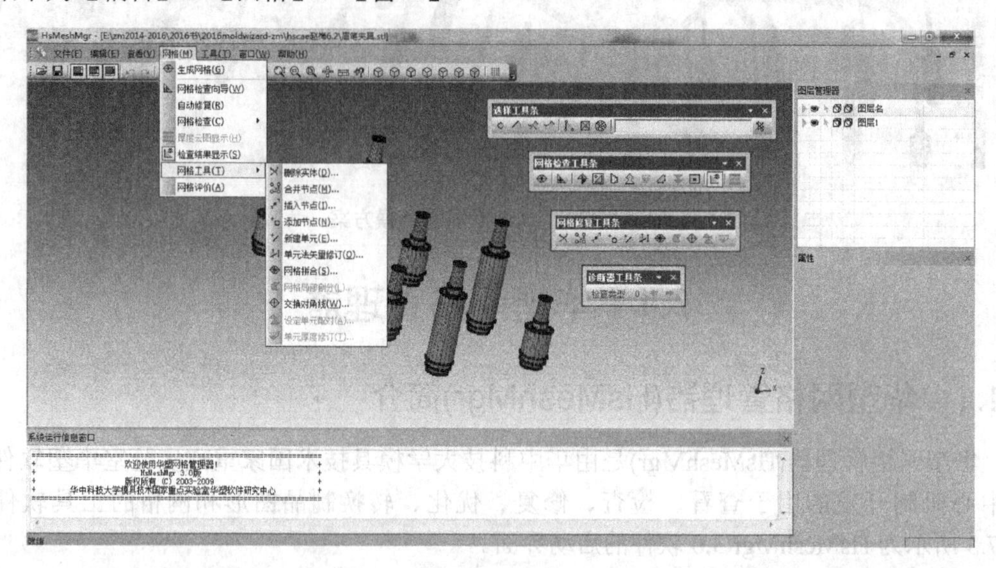

图 7.4 打开图形文件后的软件界面

HsMeshMgr 的工具条包括标准工具条、图形工具条、基本选择工具条、网格检查工具条、网格修复工具条和诊断器工具条等，如图 7.5 所示。对其特有的主要工具条介绍如下。

### 1. 基本选择工具条

基本选择工具条具体命令如图 7.6 所示。

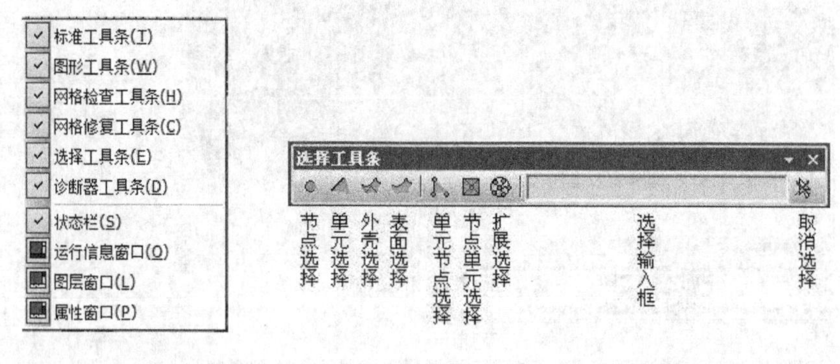


图 7.5 所有工具条　　图 7.6 基本选择工具条

### 2. 网格检查工具条

网格检查工具条具体命令如图 7.7 所示。

**3. 网格修复工具条**

网格修复工具条具体命令如图 7.8 所示。

**4. 诊断器工具条**

诊断器工具条如图 7.9 所示。

图 7.7　网格检查工具条

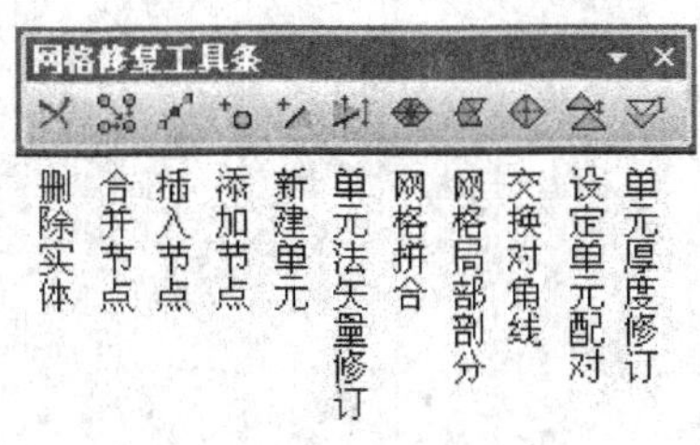


图 7.8　网格修复工具条

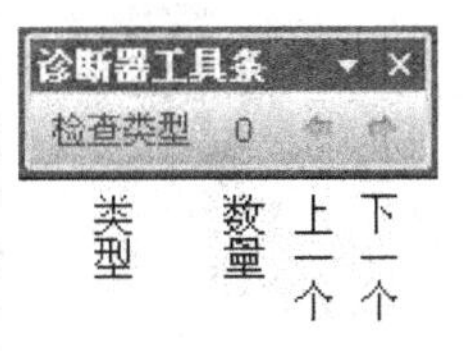


图 7.9　诊断器工具条

# 7.2　华塑 CAE3D

## 7.2.1　系统功能概述

华塑塑料注塑成型过程仿真集成系统(HsCAE3D)是华中科技大学模具技术国家重点实验室华塑软件研究中心推出的注塑成形 CAE 系列软件的最新版本，用来模拟、分析、优化和验证塑料零件和模具设计。它采用了国际上流行的 OpenGL 图形核心和高效精确的数值模拟技术，支持如 STL、UNV、INP、MFD、DAT、ANS、NAS、COS、FNF、PAT 等 10 种通用的数据交换格式，支持 IGES 格式的流道和冷却管道的数据交换。目前国内外流行的造型软件(如 Pro/E、UG、Solid Edge、I-DEAS、ANSYS、Solid Works、InteSolid、金银花 MDA 等)所生成的制品模型通过其中任一格式均可以输入并转换到 HsCAE3D 系统中，进行方案设计、分析及显示。HsCAE3D 包含了丰富的材料数据参数和上千种型号的注塑机参数，保证了分析结果的准确可靠。HsCAE3D 还可以为用户提供塑料的流变参数测定，并将数据添加到 HsCAE3D 的材料数据库中，使分析结果更符合实际的生产情况。

HsCAE3D 能预测充模过程中的流前位置、熔合纹和气穴位置、温度场、压力场、剪切力场、剪切速率场、表面定向、收缩指数、密度场以及锁模力等物理量；冷却过程模拟支持常见的多种冷却结构，为用户提供型腔表面温度分布数据；应力分析可以预测制品在出模时的应力分布情况，为最终的翘曲和收缩分析提供依据；翘曲分析可以预测制品出模后的变形情况，预测最终的制品形状；气辅分析用于模拟气体辅助注塑成型过程，可以模拟具有中空零件的成型和预测气体的穿透厚度、穿透时间以及气体体积占制品总体积的百分比等结果。利用这些分析数据和动态模拟，可以极大限度地优化浇注系统设计和工艺条件，指导用户进行优化布置冷却系统和工艺参数，缩短设计周期、减少试模次数、提高和改善制品质量，从而达到降低生产成本的目的。

## 7.2.2 华塑 CAE3D 的各种功能窗口

双击桌面快捷方式启动华塑 CAE3D，华塑 CAE3D7.5 的主界面如图 7.10 所示。

图 7.10 系统启动界面

华塑 CAE3D 软件主要分为制品图形窗口、充模设计窗口、冷却设计窗口、翘曲设计窗口、气辅设计窗口、开始分析窗口、分析结果窗口和动作仿真窗口。当用户当前的窗口不同时，窗口菜单及工具栏也会随之变化。

### 1. 制品图形窗口

制品图形窗口如图 7.11 所示。

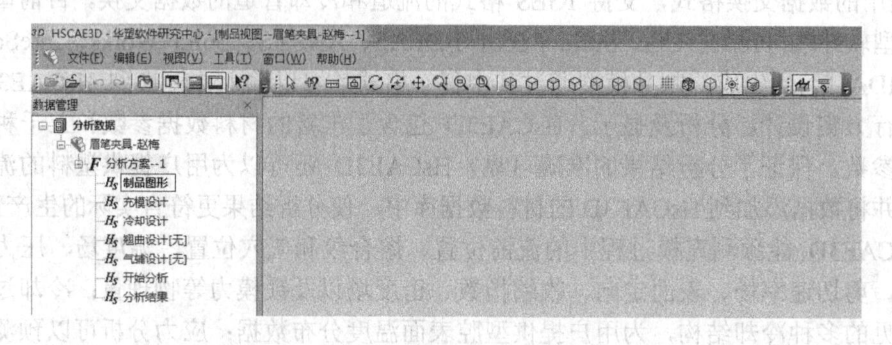


图 7.11 制品图形窗口(制品视图)

### 2. 充模设计窗口

进行充模设计时，双击【数据管理】中的【充模设计】，进入充模设计窗口(充模视图)，如图 7.12 所示，在此主要进行脱模方向设计、多型腔设计、流道系统设计、工艺条件选择等，这时的【设计】菜单如图 7.13 所示，【充模设计工具栏】与【设计】菜单可实现的操作基本相同，如图 7.14 所示。

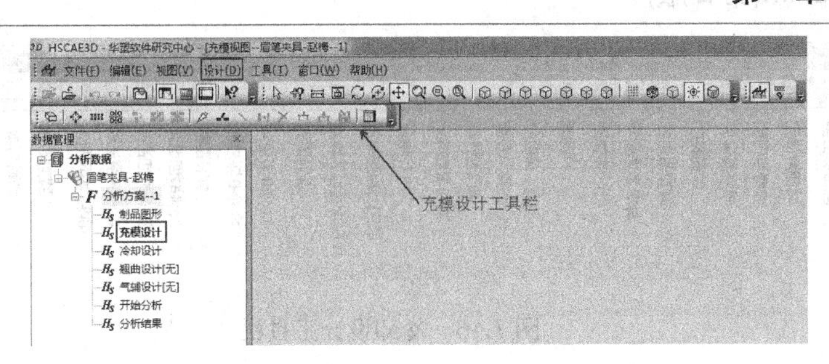


图 7.12　充模设计窗口(充模视图)

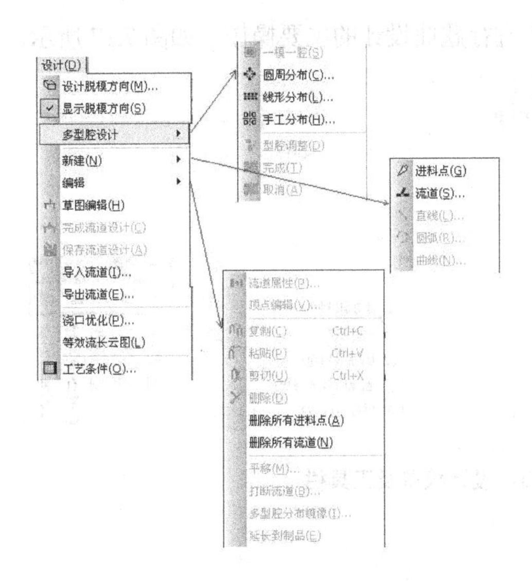


图 7.13　设计菜单及其几个子菜单

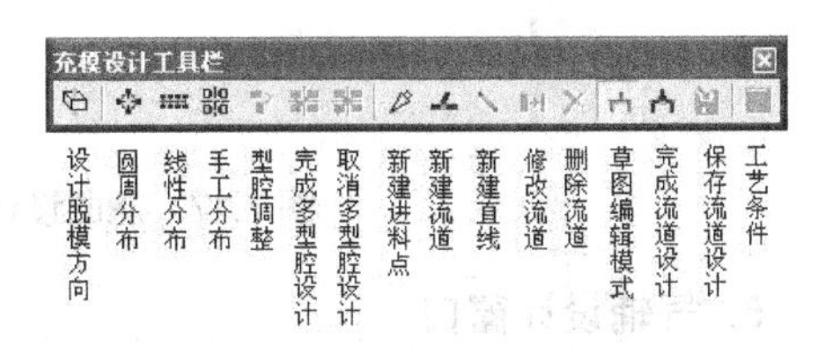


图 7.14　充模设计工具栏

### 3. 冷却设计窗口

进行冷却设计时，双击【数据管理】中的【冷却设计】，进入冷却设计窗口(冷却视图)，在此进行冷却系统设计，这时的【设计】菜单如图 7.15 所示，【冷却设计工具栏】与【设计】菜单可实现的操作基本相同，如图 7.16 所示。

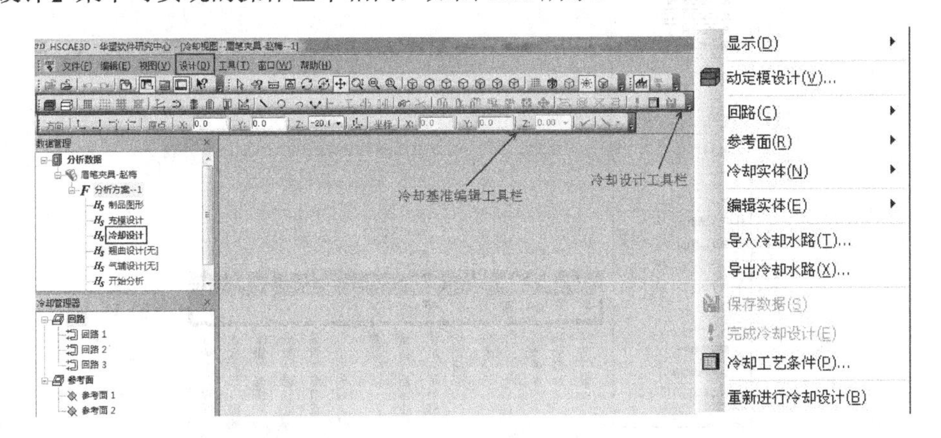


图 7.15　冷却设计窗口(冷却视图)与冷却设计菜单

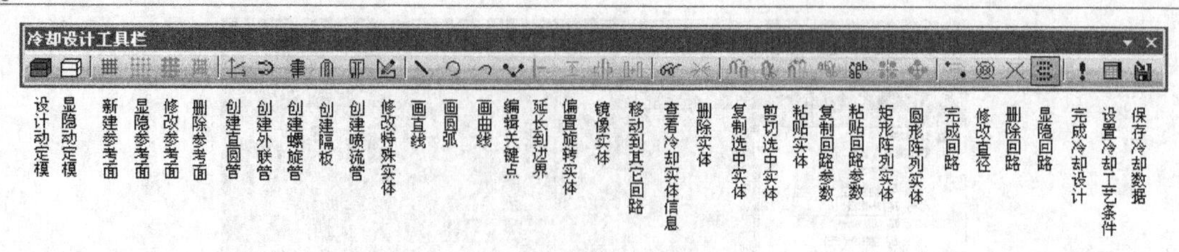


图 7.16　冷却设计工具栏

## 4. 翘曲设计窗口

在翘曲设计窗口，设计菜单(或工具栏)用于进行翘曲设计的主要操作，如图 7.17 所示。

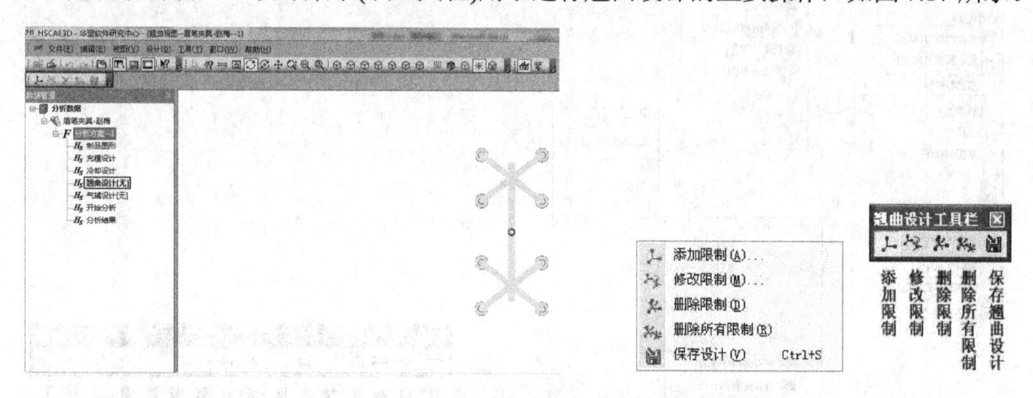


图 7.17　翘曲设计窗口、设计菜单及工具栏

## 5. 气辅设计窗口

在气辅设计窗口，设计菜单(或工具栏)用于进行气辅设计的主要操作，如图 7.18 所示。

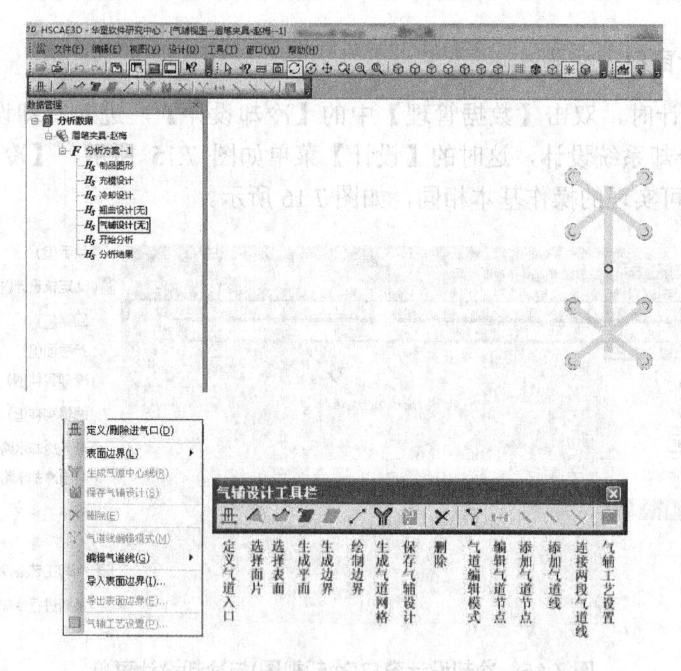


图 7.18　气辅设计窗口、设计菜单及工具栏

### 6. 开始分析窗口

在开始分析窗口(消息视图)，分析菜单(或工具栏)用于开始分析的操作，如图 7.19 所示。

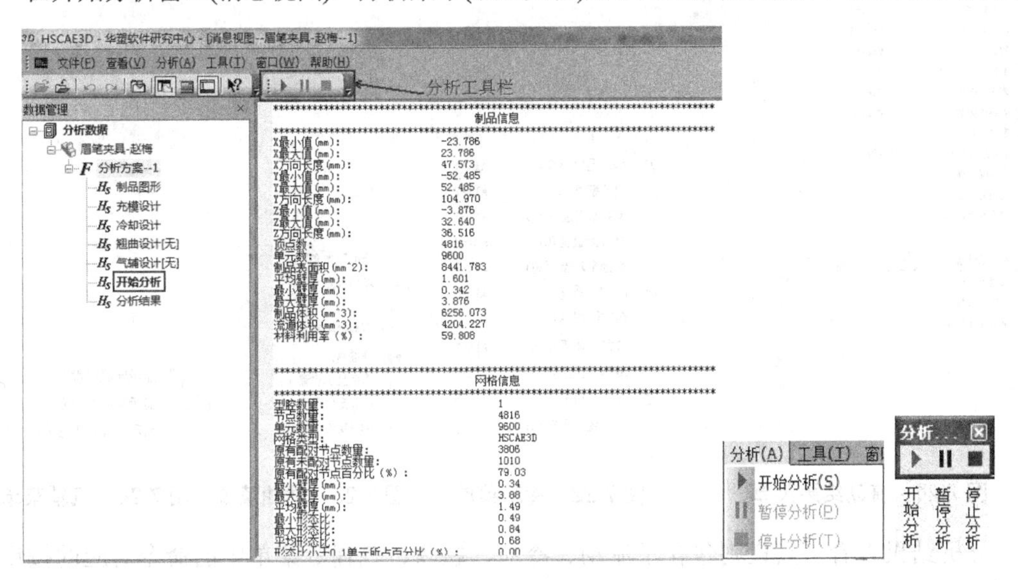


图 7.19　开始分析窗口、分析菜单及工具栏

### 7. 分析结果窗口

在分析结果窗口(结果视图)，菜单栏中的【流动】、【冷却】、【翘曲】、【气辅】菜单或相应的(工具栏)用于分析结果的操作，如图 7.20 所示。

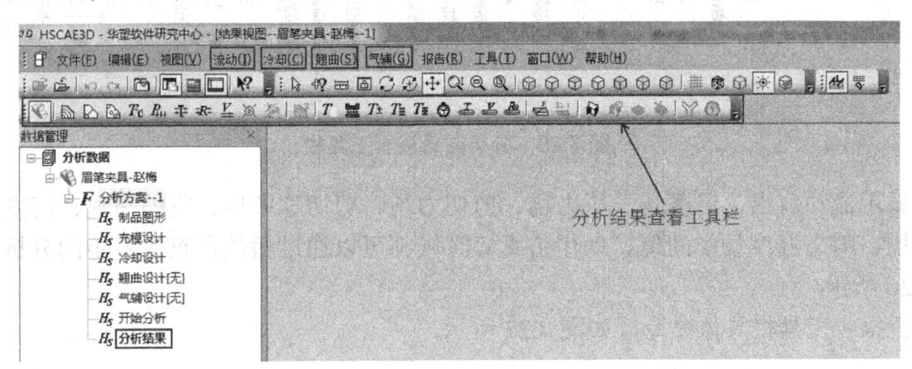


图 7.20　分析工具栏

流动结果主要是指双面流和实体流的流动结果。双面流是一种数值模拟和图形显示技术，双面流结果的【流动】菜单包括制品图形、流动前沿、熔合纹、气穴、温度场、压力场、剪切力场、剪切速率场、表面定向、收缩指数、密度场、制品厚度、节点曲线和锁模力，如图 7.21 所示。实体流结果是指对分析结果进行三维的真实显示。

【冷却】菜单用于查看冷却分析结果，如图 7.22 所示。

【翘曲】菜单用于查看翘曲分析结果，如图 7.23 所示。

【气辅】菜单如图 7.24 所示。

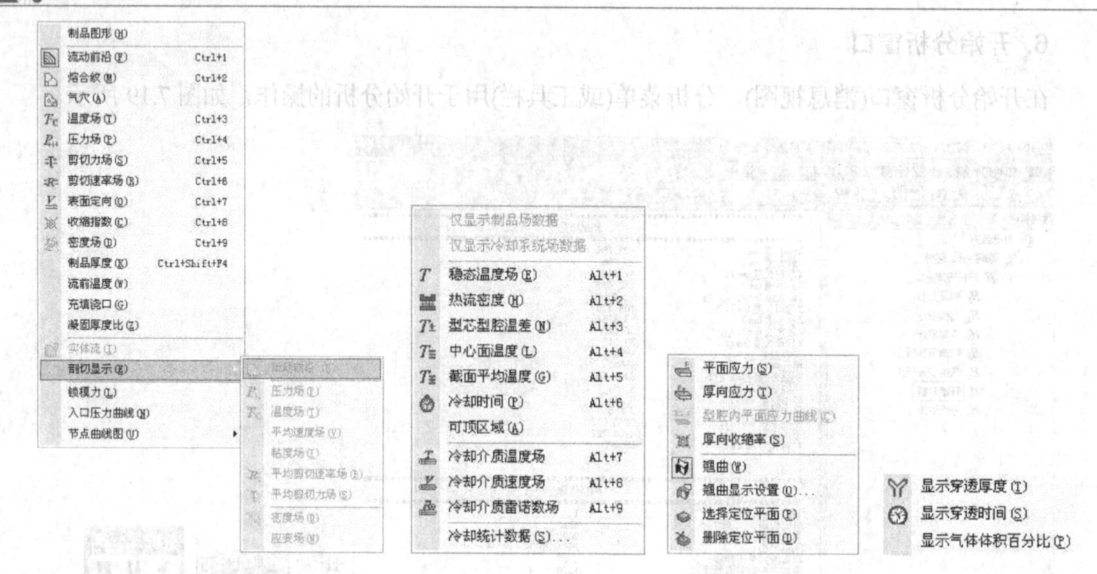

图 7.21　流动结果菜单　　图 7.22　冷却菜单　　图 7.23　翘曲菜单　图 7.24　气辅菜单

分析结果查看工具栏则包含了流动、冷却、翘曲、气辅等菜单中的命令对应的按钮，如图 7.25 所示。

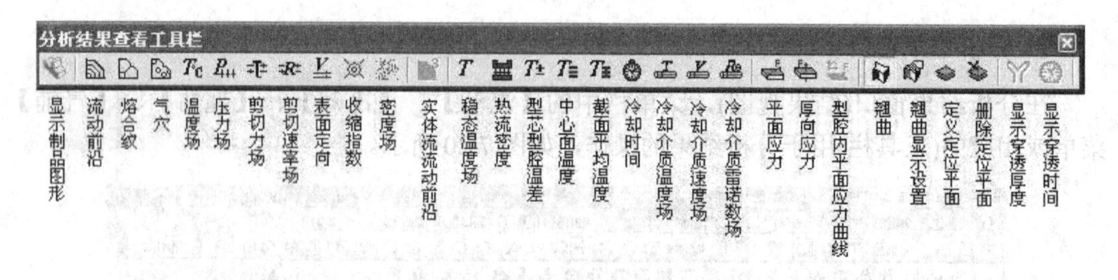


图 7.25　分析结果查看工具栏

在显示流动前沿、温度场、压力场、剪切力场、剪切速率场、收缩指数、密度场、瞬态温度场、瞬态温度场中间值、动作仿真等时候都可以通过播放器查看各步的分析结果，如图 7.26 所示。

分析报告工具栏具体命令，如图 7.27 所示。

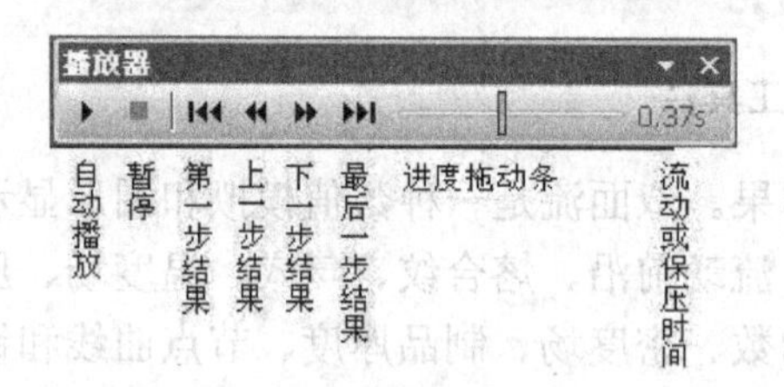


图 7.26　【播放器】工具栏

图 7.27　分析报告工具栏

# 7.3　眉笔夹具模具 CAE 分析实例

## 7.3.1　网格划分

华塑网格管理器 HsMeshMgr 不能直接打开 UG 的.prt 格式的文件，所以要在 UG 中导出眉笔夹具的.STL 文件，就可在华塑网格管理器中打开，接着在华塑网格管理器中生成.2dm 格式的网格文件，并要通过网格评价，之后可用于 CAE 模流分析。

### 1. 在 UG 中导出 STL 文件

(1) 打开 UG NX 10 软件，在软件中打开“眉笔夹具.prt”文件后，通过【文件】|【导出】| STL 菜单命令，打开【快速成型】对话框，如图 7.28 所示，进行相应设置，单击【确定】按钮，打开【导出快速成型文件】对话框，指定导出文件的存放路径及名称，单击 OK 按钮，如图 7.29 所示。

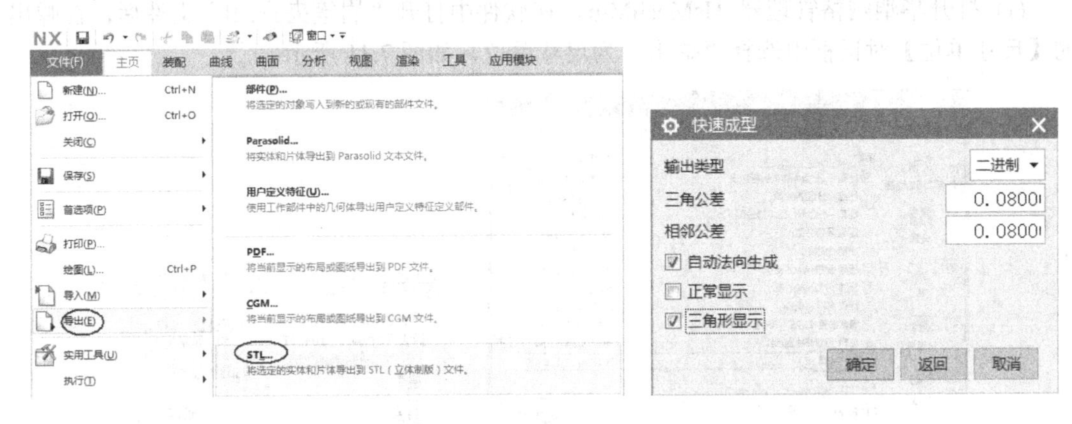


图 7.28　打开【快速成型】对话框

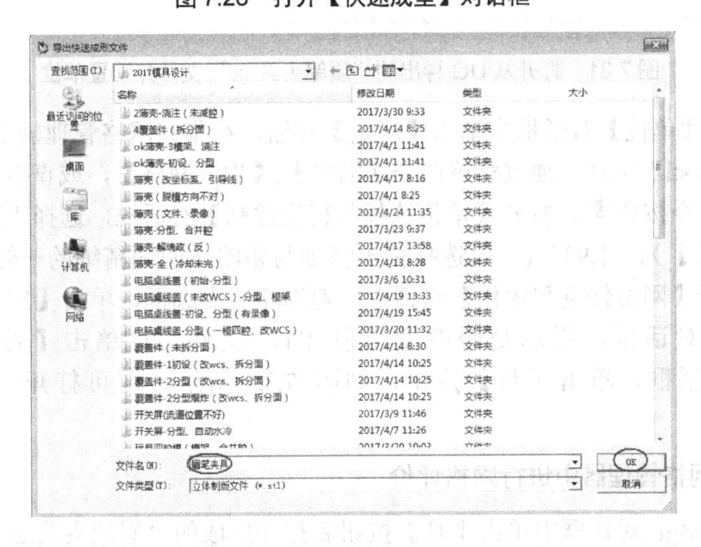


图 7.29　【导出快速成型文件】对话框

(2) 在【导出快速成型文件】对话框中单击 OK 按钮后，再次进入 UG NX 软件，选择要导出的 8 个对象，如图 7.30 所示，完成导出“眉笔夹具.stl”文件的操作，用同样的方法导出另一布局的眉笔夹具文件。

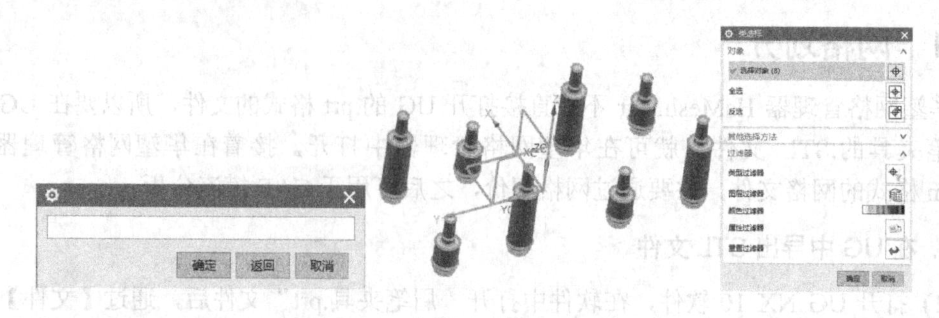


图 7.30　选择 8 个要导出的对象

### 2. 在华塑网格管理器中生成.2dm 网格文件

(1) 打开华塑网格管理器 HsMeshMgr，在软件中打开“眉笔夹具.stl”文件后，在弹出的【尺寸单位】对话框中选择“毫米”为尺寸单位，如图 7.31 所示。

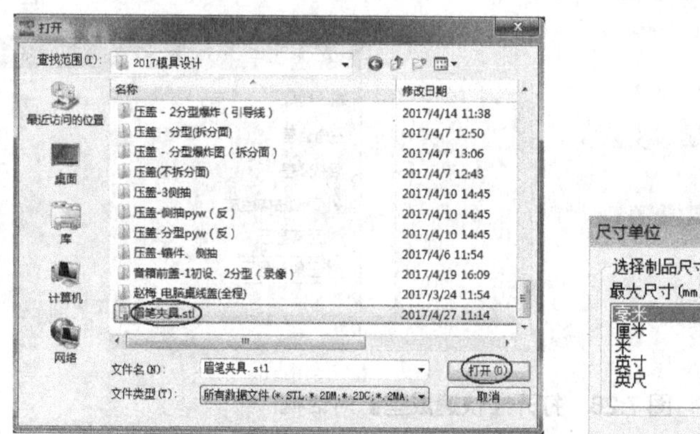


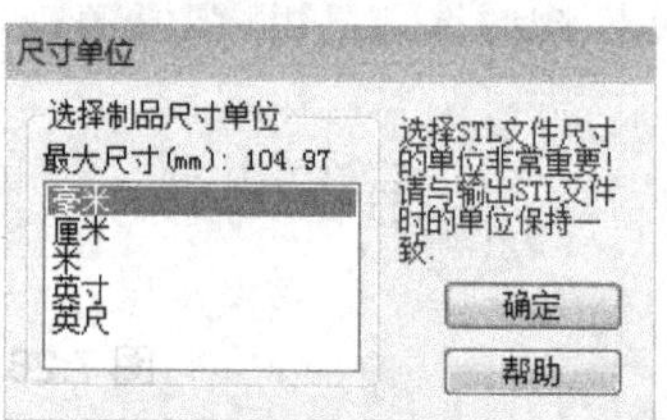


图 7.31　打开从 UG 导出的“眉笔夹具.stl”文件并设置单位

(2) 在【尺寸单位】对话框中单击【确定】按钮，在华塑网格管理器中打开从 UG 导出的“眉笔夹具.stl”文件，通过菜单命令【网格】|【生成网格】，或直接单击工具中的条【生成网格】命令按钮，打开【单位选择与精度控制】对话框，选择“毫米”为尺寸单位，【网格边长】为“1.93”(一般选择位于精细与粗略之间偏精细的一侧)，单击【下一步】按钮，打开【网格修复和优化】对话框，勾选相应点选框，单击【应用】按钮，弹出【划分网格】对话框，提示是否改变当前 STL 文件，可单击【否】按钮，弹出 HsMeshMgr 对话框，单击【是】按钮，如图 7.32 所示，即可打开生成的“眉笔夹具.2dm”文件。

### 3. 在华塑网格管理器中进行网格评价

在 HsMeshMgr 对话框中单击【是】按钮后打开生成的“眉笔夹具.2dm”文件，通过菜单命令【网格】|【网格评价】，打开【网格评价】对话框，勾选相应的评价选项，单击

【应用】按钮，显示选项全部通过，如图 7.33 所示，生成的网格合乎要求。

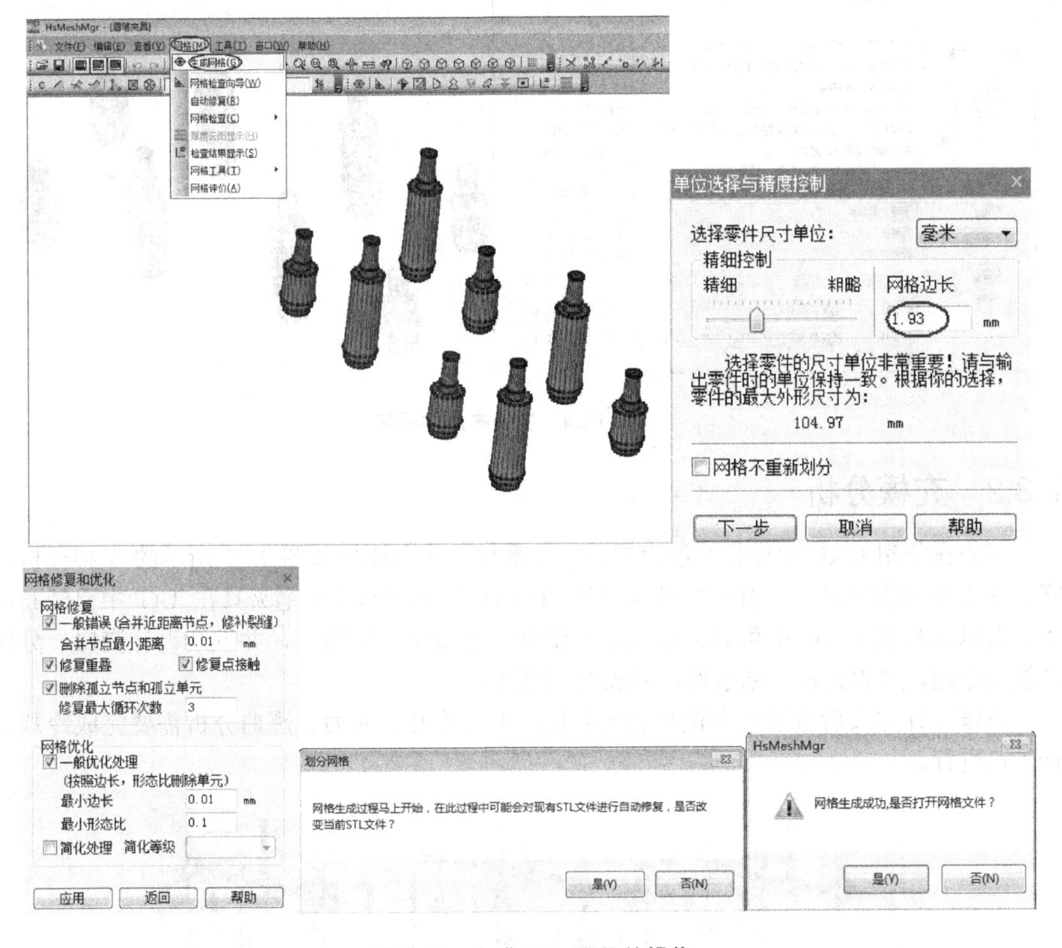


图 7.32　生成.2dm 网格的操作

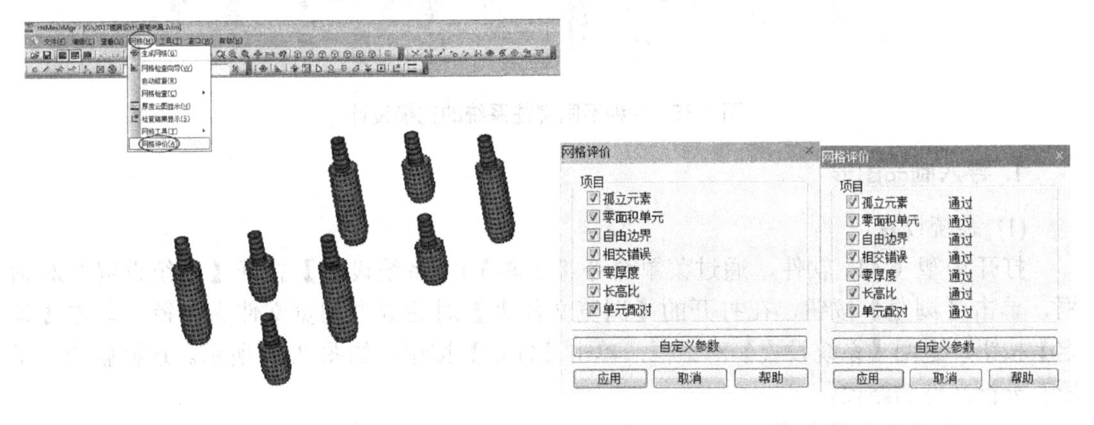


图 7.33　网格评价

用同样的方法打开另一布局的眉笔夹具文件，并生成网格及评价，如图 7.34 所示。

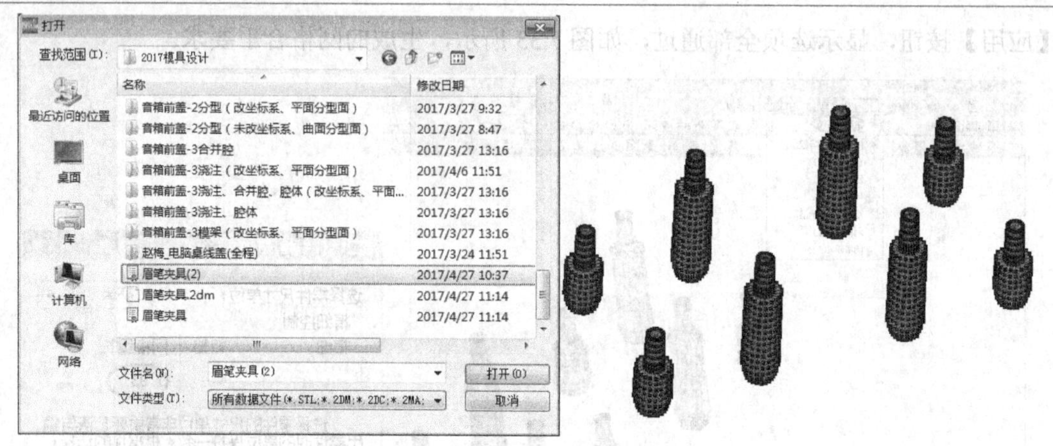


图 7.34　另一布局的网格

## 7.3.2　充模分析

首先在华塑 CAE 中进行系统设置并新建零件，接着添加如图 7.35 所示的 3 种分析方案，并为不同的方案导入相应的制品图形，因两种不同形状的眉笔夹具在 UG 中已经布局了，所以在华塑 CAE 中可省去布局这一步骤，直接定义进料点，并继续设计浇口、分流道及主流道，设置充模工艺条件，完成充模设计。

充模设计完成后可进行充模与保压分析，但是冷却、应力、翘曲分析需要完成冷却设计方可进行。

图 7.35　3 种不同浇注系统的充模设计

### 1. 导入制品图形

(1) 系统设置。

打开华塑 CAE 软件，通过菜单命令【工具】|【系统设置】打开【系统设置】对话框，单击【浏览】按钮，在打开的【浏览文件夹】对话框中浏览文件夹路径，单击【确定】按钮，返回【系统设置】对话框，单击【确定】按钮，如图 7.36 所示。这样就指定了所有分析文件的路径。

(2) 新建零件及添加分析方案。

通过菜单命令【文件】|【新建零件】，打开【新建零件】对话框，输入零件名称，单击【确定】按钮，可以看到在数据管理器的分析数据下有了“眉笔夹具”的新建零件，在此右击添加分析方案，打开【新建分析方案】对话框，输入方案名称“1”，单击【确

定】按钮，在“眉笔夹具”下就有了“分析方案-1”，同理，添加分析方案 2 和 3，如图 7.37 所示。

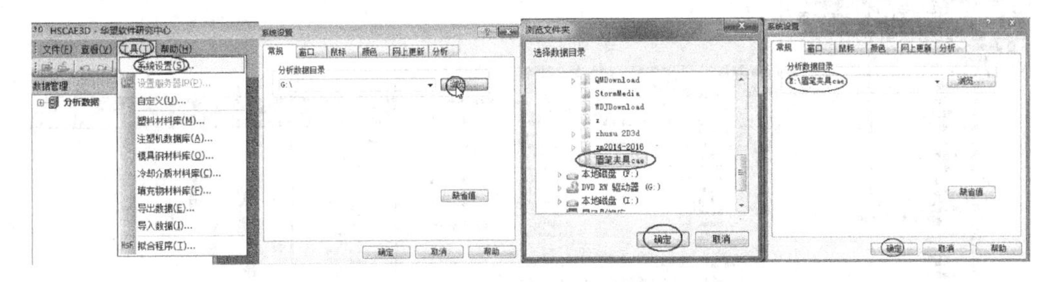

图 7.36　系统设置

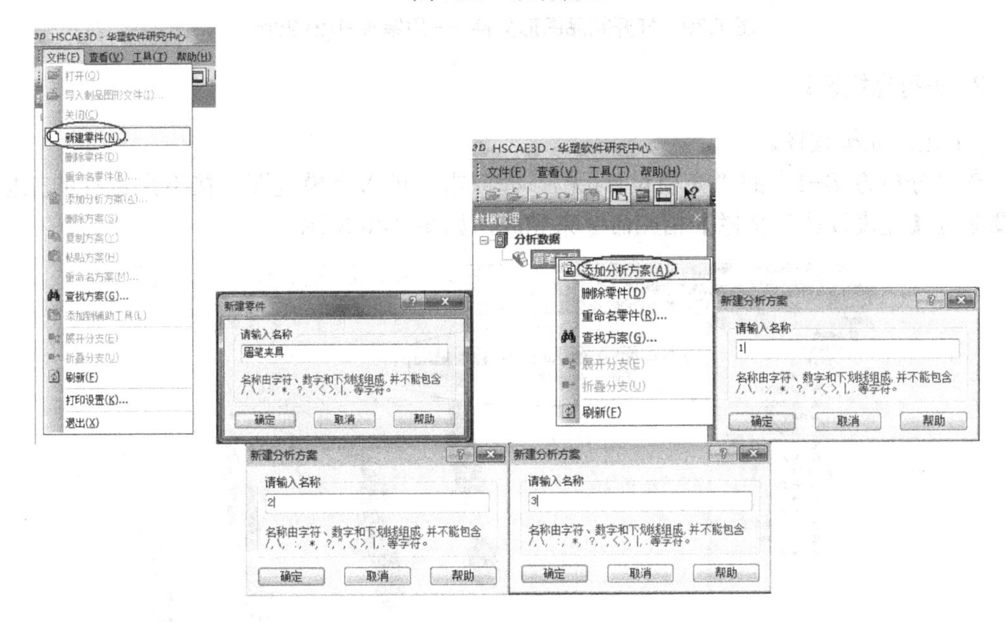

图 7.37　新建零件及添加分析方案

(3) 导入制品图形。

打开“分析方案-1”的折叠(使“+”号变为“-”号)，在“制品图形(无)”处单击右键，选择快捷菜单中的【导入制品图形文件】命令，打开【导入制品图形文件】对话框，浏览找到要导入的文件(眉笔夹具.2dm)，单击【打开】按钮，在绘图区打开制品图形文件，同时可以看到在数据管理器中制品图形旁的“无”字已经去掉，如图 7.38 所示。

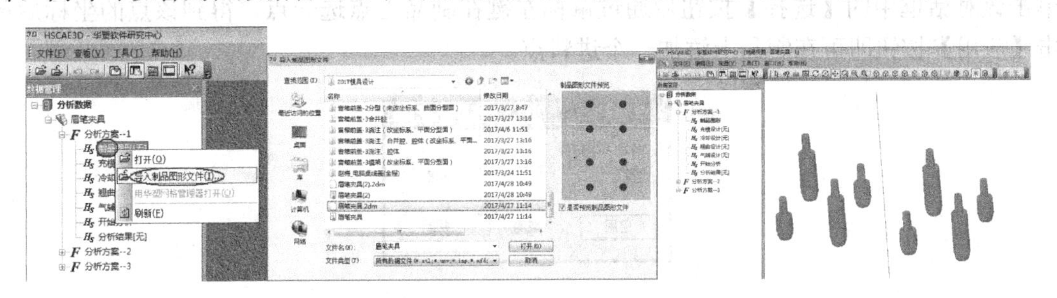

图 7.38　打开制品图形文件——眉笔夹具.2dm

同理，为分析方案 2 导入制品图形文件——眉笔夹具(2).2dm，如图 7.39 所示。

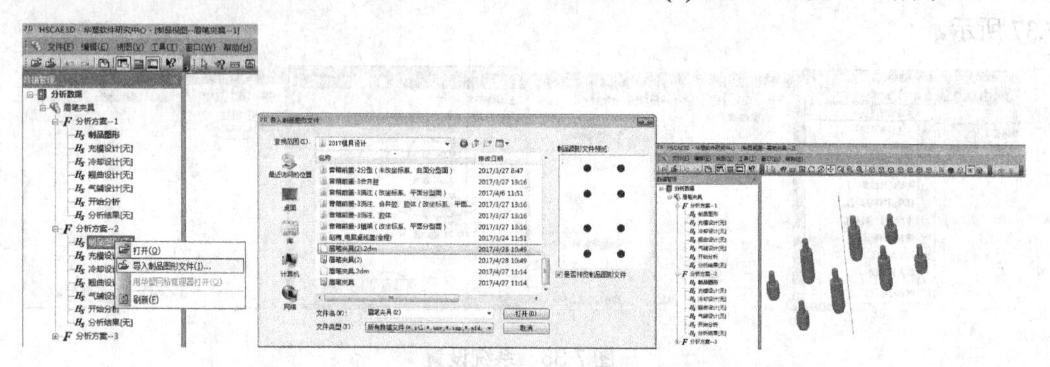

图 7.39　打开制品图形文件——眉笔夹具(2).2dm

## 2. 进行充模设计

(1) 进入充模视图。

在“分析方案-1”的“充模设计(无)”处双击，进入充模视图，接下来进行的充模设计要通过【充模设计工具栏】相应命令来完成，如图 7.40 所示。

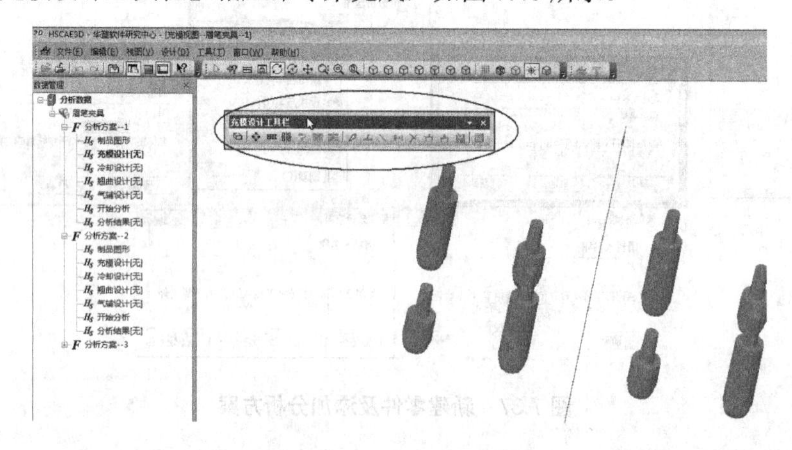

图 7.40　进入充模视图

(2) 定义进料点。

从菜单栏选择【设计】|【新建】|【进料点】命令或单击工具栏中的命令按钮，打开如图 7.41 所示的【定义进料点】对话框，可以在该对话框中直接输入进料点的坐标，或单击该对话框中的【选择】按钮后通过鼠标左键在制品上点选一点，得到该点的坐标后单击【应用】按钮即可在制品上添加一个进料点。

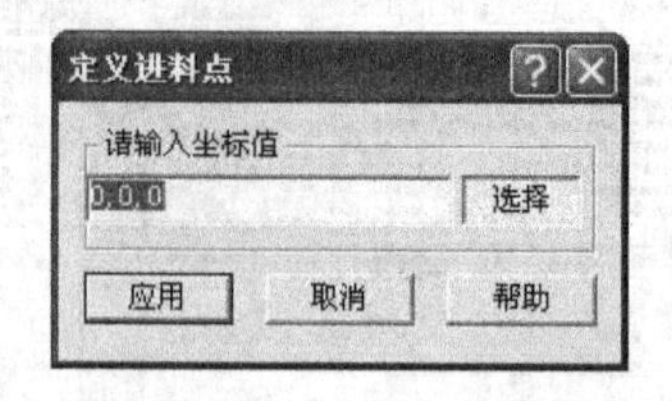


图 7.41　【定义进料点】对话框

为了准确定义进料点的位置(眉笔夹具上表面的圆心处)，可以通过 UG 软件中菜单命令【信息】|【点】获取 8 个圆心的坐标值作为进料点的坐标复制输入，如图 7.42 所示。

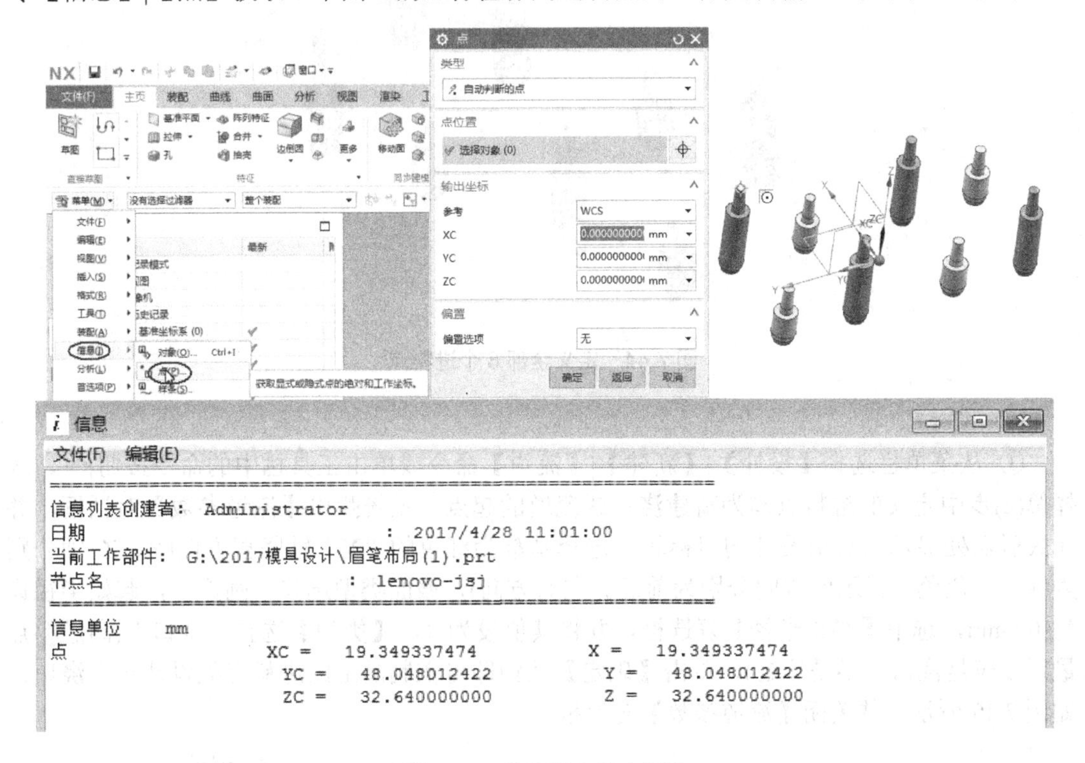


图 7.42　获取圆心的坐标值

作为进料点坐标的 8 个圆心的坐标值分别为(19.349337474,48.048012422,32.64)、(19.349337474,-48.048012422,18.87)、(-19.349337474, -48.048012422,32.64)、(-19.349337474, 48.048012422,18.87)、(-19.349337474,19.349337474,32.64)、(19.349337474,-19.349337474, 32.64)、(19.349337474,19.349337474,18.87)、(-19.349337474, -19.349337474,18.87)。

在【定义进料点】对话框中输入进料点的 X、Y、Z 的坐标值就可以定义一个进料点，如图 7.43 所示。

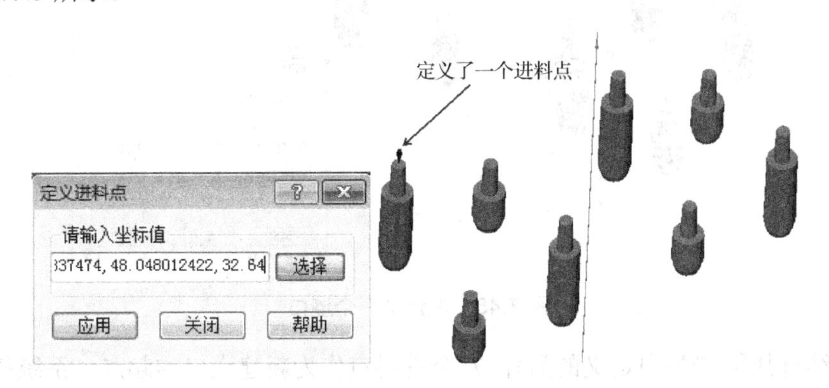


图 7.43　定义一个进料点

同理，定义另外 7 个进料点，完成全部 8 个进料点的定义，如图 7.44 所示。

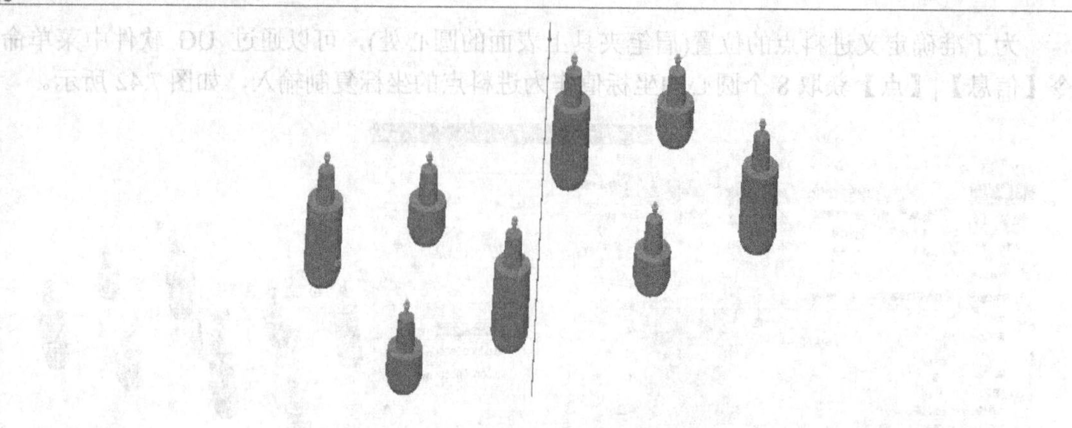

图 7.44　定义全部 8 个进料点

(3) 设计浇口。

① 从菜单栏选择【设计】|【新建】|【流道】命令或单击工具栏中的命令按钮，选择第(2)步中定义的进料点作为新建浇口或流道的起点，系统弹出【流道参数】对话框，并在关联点处显示出流道设计的坐标轴，选择基准为红色的“X”轴竖直方向(Y、Z 轴分别为绿色、蓝色，指示的方向分别为前后、左右方向)，截面类型选择“圆形”，起始半径设为 0.5mm，选中【终止半径】复选框，并将其值设为 1，【类型】选择“浇口”(离进料点最近处应是浇口，不是流道)，单击【确定】按钮即可在制品上的进料点处设计一个浇口，如图 7.45 所示，并关闭【流道参数】对话框。

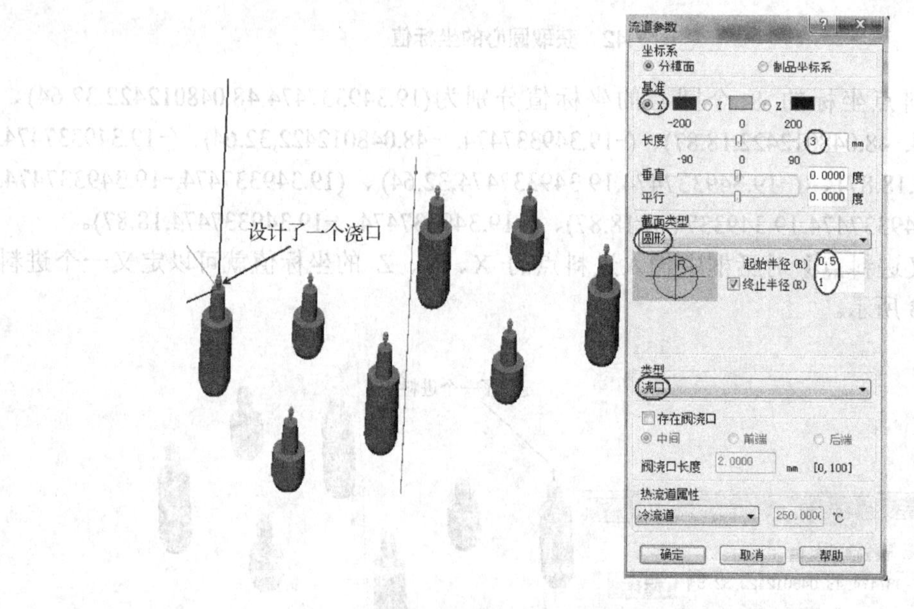


图 7.45　设计了一个浇口

② 继续选择第(2)步中定义的另外 7 个进料点作为新建浇口的起点，系统每次都会弹出【流道参数】对话框，保持设计第一个浇口时的参数不变，单击【确定】按钮即可在制品上的进料点处设计出另外 7 个浇口，如图 7.46 所示。

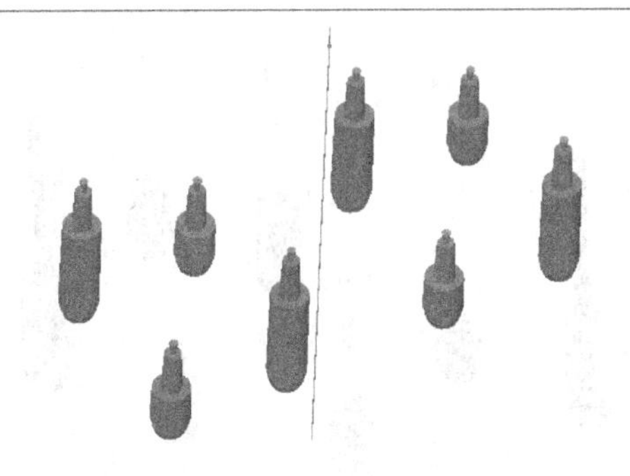

图 7.46 设计了另外 7 个浇口

(4) 设计分流道。

① 从菜单栏选择【设计】|【新建】|【流道】命令或单击工具栏中的命令按钮(不关闭这个命令即可)，选择第(3)步中定义的浇口上表面作为新建分流道的起点，系统弹出【流道参数】对话框，并在关联点处显示出流道设计的坐标轴，选择基准为红色的“X”轴竖直方向(Y、Z 轴分别为绿色、蓝色，指示的方向分别为前后、左右方向)，长度设为 30mm(4 个高度值大的眉笔夹具的分流道长度设为 30，4 个高度值小的眉笔夹具的分流道长度就应设为 43.77mm，因大小不同的两种眉笔夹具的高度分别为 32.64mm 和 18.87mm，相差 13.77mm，这样分流道最上表面才能平齐)，截面类型选择“圆形”，起始半径设为 1mm，勾选【终止半径】复选框，并设为 1.5mm，【类型】选择“流道”(不是浇口)，单击【确定】按钮即可在制品上的浇口处设计一个分流道，如图 7.47 所示，并关闭【流道参数】对话框。

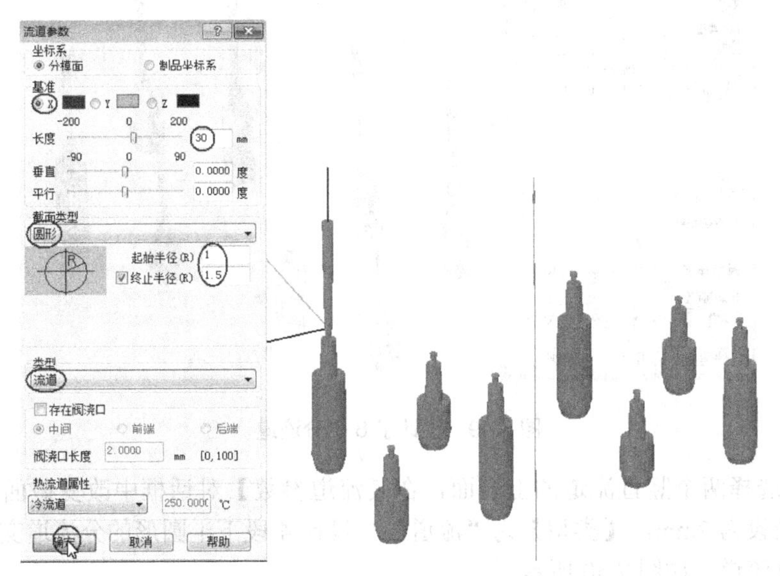


图 7.47 设计了一个分流道

② 继续选择第(3)步中设计的另外 3 个浇口上表面(高度值大的眉笔夹具)作为新建分流道的起点，系统每次都会弹出【流道参数】对话框，保持设计第一个分流道时的参数不变，单击【确定】按钮即可在制品上的进料点处设计出另外 3 个分流道，如图 7.48 所示。

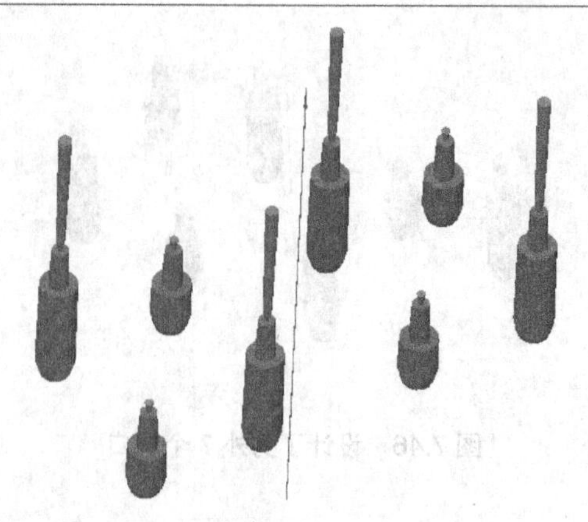

图 7.48　设计了 4 个分流道

③ 继续选择第(3)步中设计的另外 4 个浇口(高度值小的眉笔夹具)作为新建分流道的起点，系统每次都会弹出【流道参数】对话框，改变长度为 43.77mm，其他保持设计第一个分流道时的参数不变，单击【确定】按钮即可在制品上的进料点处设计出另外 4 个分流道，完成总共 8 个竖直分流道的设计，如图 7.49 所示。

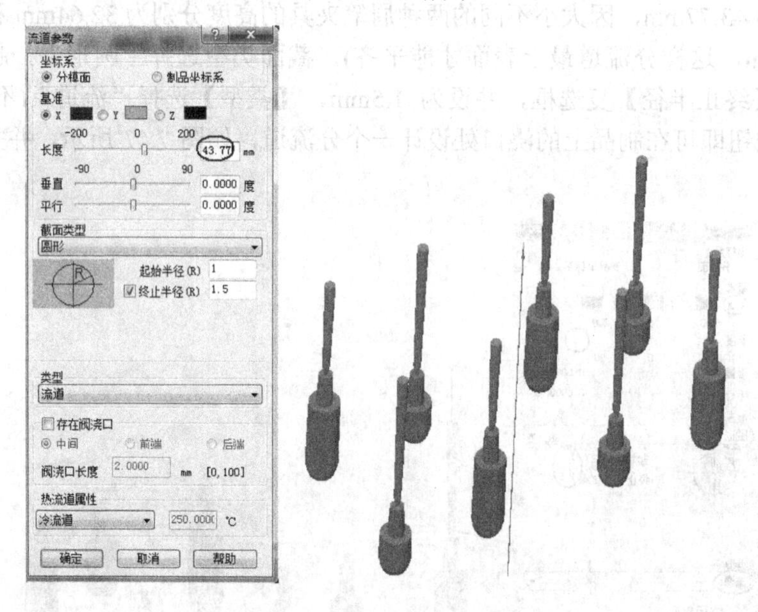


图 7.49　设计了 8 个分流道

④ 分别选择两个竖直流道的上表面，在【流道参数】对话框中改变截面类型为“下半圆”，半径设为 2mm，【类型】为“流道”，设计 4 段下半圆形的分流道交叉连接刚刚完成的 8 个分流道，如图 7.50 所示。

⑤ 选择两个交叉分流道的上表面交叉点，在【流道参数】对话框中选择截面类型仍为“下半圆”，半径设为 3mm，【类型】也仍为“流道”，设计一段下半圆形的分流道连接两个交叉点，如图 7.51 所示。

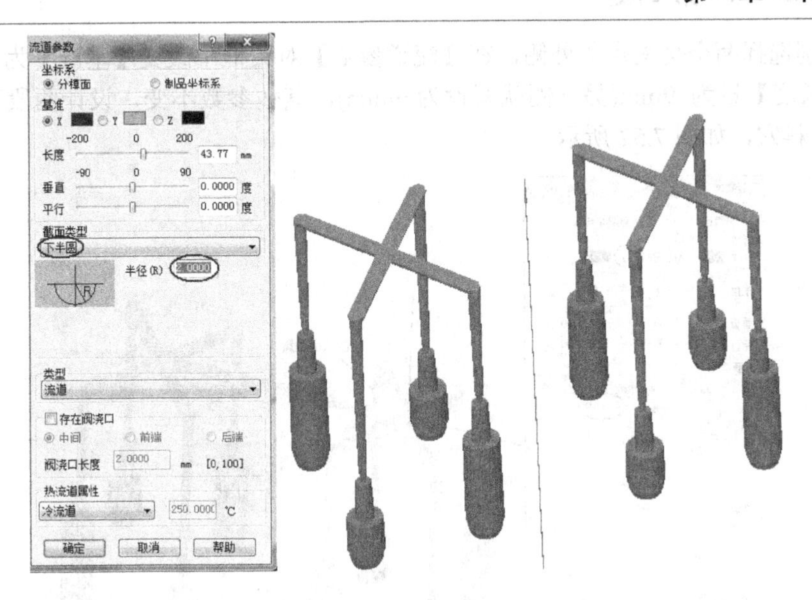


图 7.50　交叉连接 8 个分流道

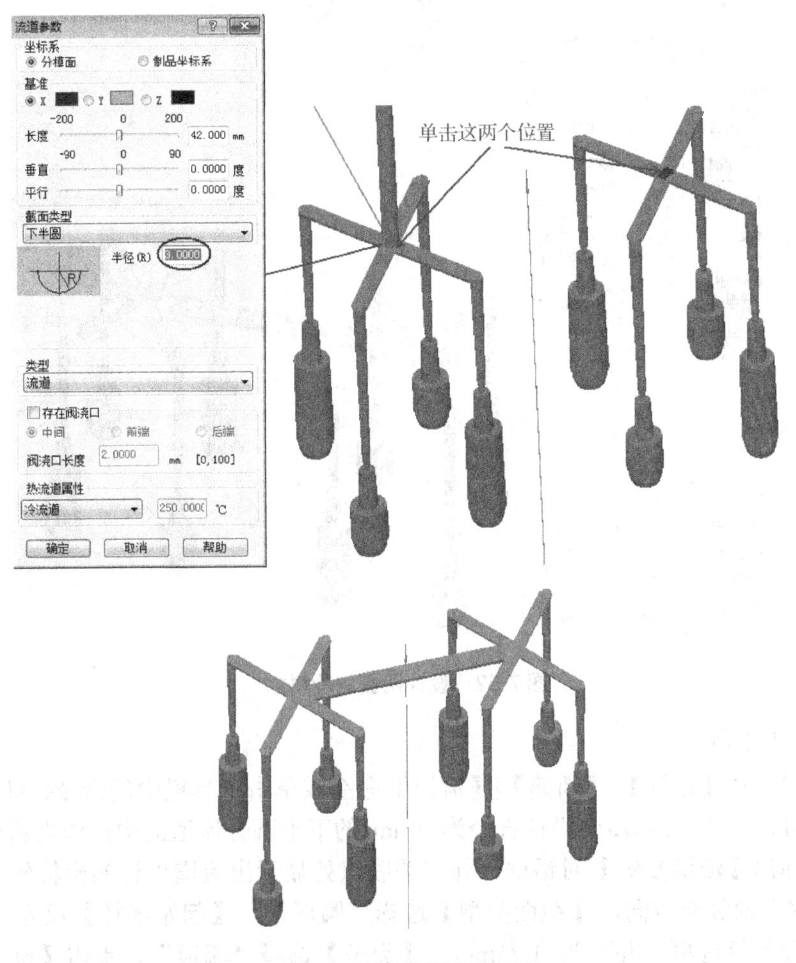


图 7.51　连接两个交叉点

⑥ 分别选择两个交叉点的外侧，在【流道参数】对话框中改变【基准】为 Z 轴(左右方向)，【长度】设为 9mm(另一侧就要设为-9mm)，其他参数不变，设计两段下半圆形的流道作为冷料穴，如图 7.52 所示。

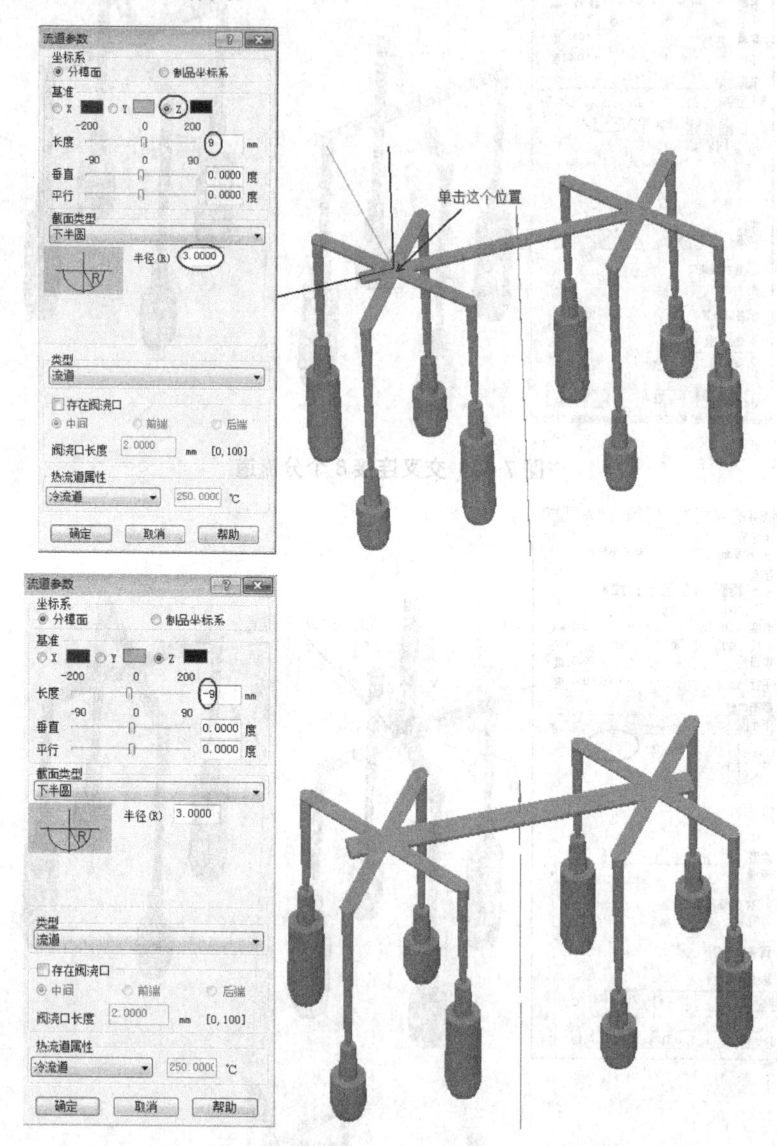


图 7.52 设计两侧的冷料穴

(5) 设计主流道。

从菜单栏选择【设计】|【新建】|【流道】命令或单击工具栏中的命令按钮(不关闭这个命令即可)，选择第(4)步中设计直径为 3mm 的下半圆分流道的中点作为新建主流道的起点，系统弹出【流道参数】对话框，并在关联点处显示出流道设计的坐标轴，选择基准为红色的“X”轴竖直方向，【截面类型】选择“圆形”，【起始半径】设为 2.5mm，勾选【终止半径】复选框，并设为 1.75mm，【类型】选择“流道”，单击【确定】按钮即可在制品上的进料点处设计一个主流道，如图 7.53 所示，并关闭【流道参数】对话框。

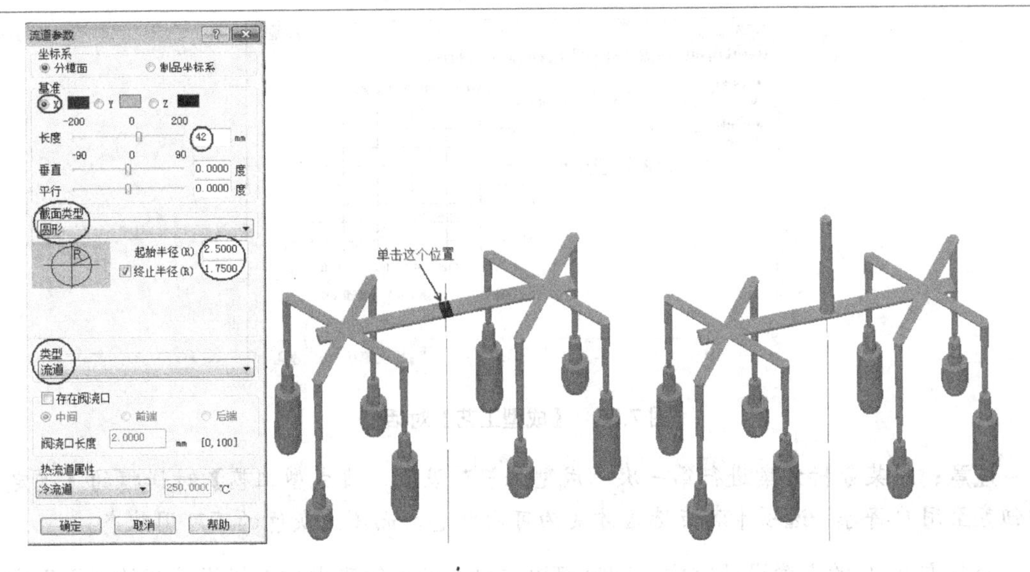


图 7.53　设计主流道

(6) 完成流道设计。

通过选择菜单中的【设计】|【完成流道设计】命令或单击工具栏中的命令按钮，可以进入流道系统完成状态，系统会自动生成冷料井，进行流道网格的划分并自动保存流道设计。完成状态的流道系统如图 7.54 所示。

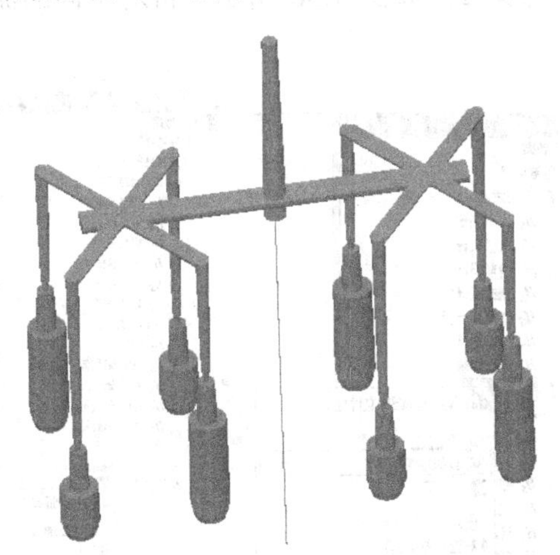

图 7.54　完成流道设计生成冷料井

### 3. 设置成型工艺条件

在充模设计工具条中单击【工艺条件】命令按钮，打开【成型工艺】对话框，如图 7.55 所示。分别对该对话框中的 6 个选项卡对应的【制品材料】、【注射机】、【成型条件】，【注射参数】、【保压参数】以及【阀浇口(流量控制)】6 个部分进行设置。设置完毕后，单击【成型工艺】对话框中的【确定】按钮，保存当前所设置的制品材料、注塑机、成型工艺以及注塑参数等信息。

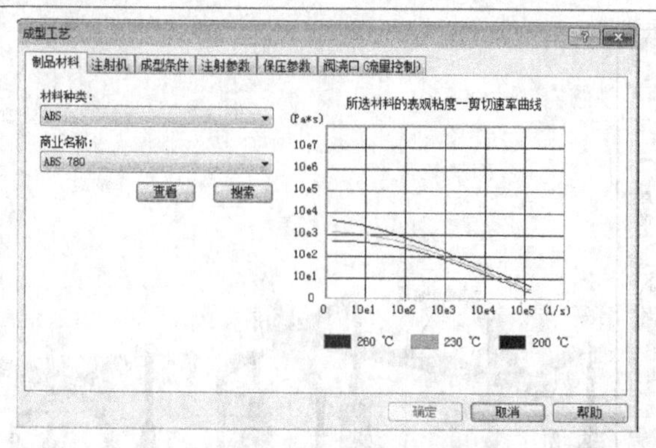


图 7.55 【成型工艺】对话框

**注意**：对某分析方案进行第一次“成型工艺”设置，【成型工艺】对话框的【确定】按钮直至用户将每一选项卡都点选过才变为可用状态，而不是灰色的不可用状态。

至此方案 1 的充模设计完成，同时可以看到在数据管理器中充模设计旁的“无”字已经去掉。

方案 2 与方案 1 的充模设计操作类似，但制品图形不同，需导入眉笔夹具(2).2dm 进行定义进料点、设计浇口流道等的操作。

方案 3 与方案 2 的制品图形相同，因此二者的进料点完全相同，浇口和竖直分流道也完全相同，可复制、粘贴方案 2，如图 7.56 所示，再对不同的流道部分做相应修改，这样可减少工作量。

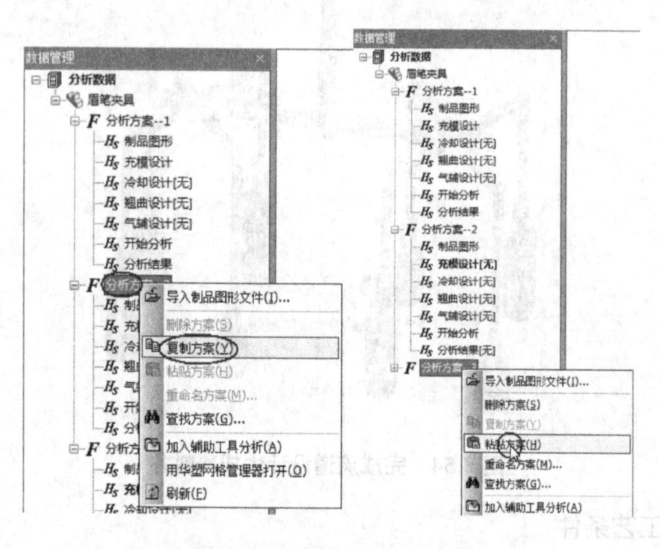


图 7.56 复制、粘贴方案 2

### 4. 启动分析

在数据管理器中，双击“开始分析”进入消息视图，单击命令按钮 ▶，打开【启动分析】对话框，如图 7.57 所示。

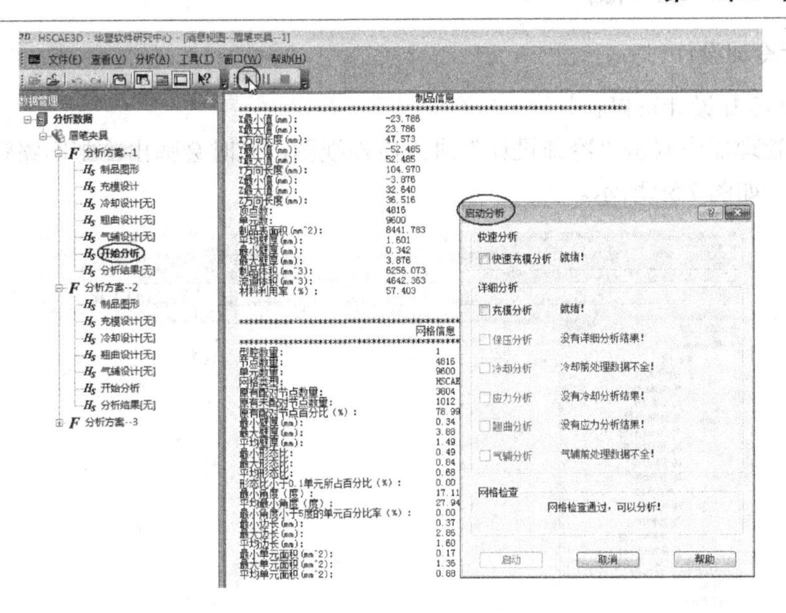


图 7.57　打开【启动分析】对话框

这时只能进行充模分析和保压分析，选中这两个复选框，单击【启动】按钮，系统经过一段时间分析显示“成功完成”，如图 7.58 所示。同时可以看到在数据管理器中分析结果旁的“无”字已经去掉，表示已经有可以查看的分析结果了。

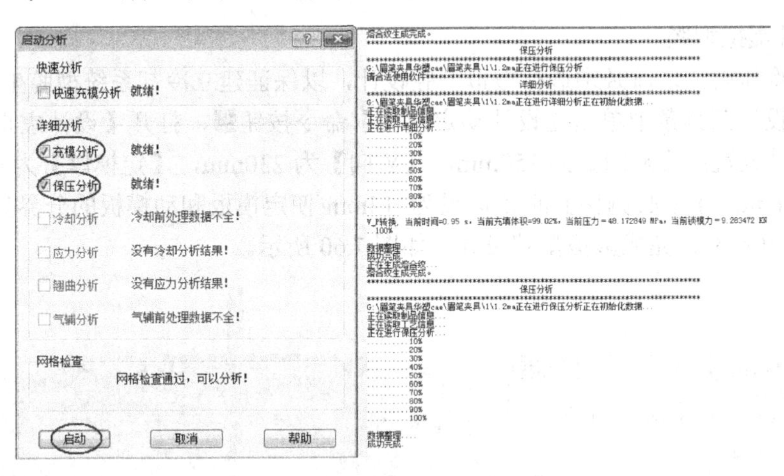


图 7.58　分析完成

## 7.3.3　冷却分析

该模具由于受空间限制，冷却系统设计简单，分别在型腔和型芯侧设计两根直圆管。

首先在华塑 CAE 中进行虚拟型腔和参考面创建，并在参考面上绘制直圆管，接着分割冷却回路及完成回路，最后设置冷却工艺条件，就可完成冷却设计。

充模设计与冷却设计都完成后，可进行充模、保压、冷却、应力、翘曲分析，并生成分析报告。

1. 进行冷却设计

(1) 进入冷却设计窗口。

在数据管理器中双击“冷却设计”进入冷却视图，此时会弹出冷却回路管理器和冷却设计工具条，如图 7.59 所示。

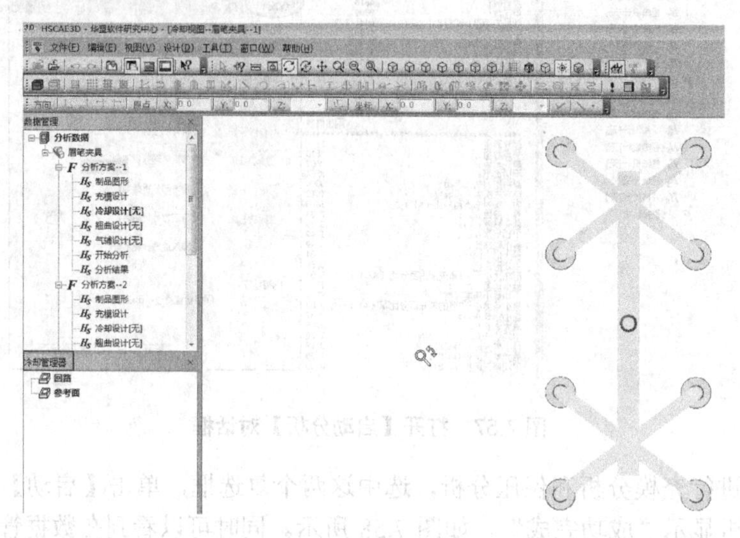


图 7.59　冷却视图

(2) 设计虚拟型腔。

在进行冷却设计之前必须进行虚拟型腔设计，以保证建立冷却系统型腔坐标系。

在冷却设计工具条中单击【设计动定模板】命令按钮，打开【设计虚拟型腔】对话框，模板尺寸设置：【X 向】为 150mm，【Y 向】为 230mm，【定模厚】为 65mm，【动模厚】为 50mm，【中心偏移】的 Z 向设为-14mm(使定模板和动模板的分界处位于分型面处)，单击【确定】，完成虚拟型腔设计，如图 7.60 所示。

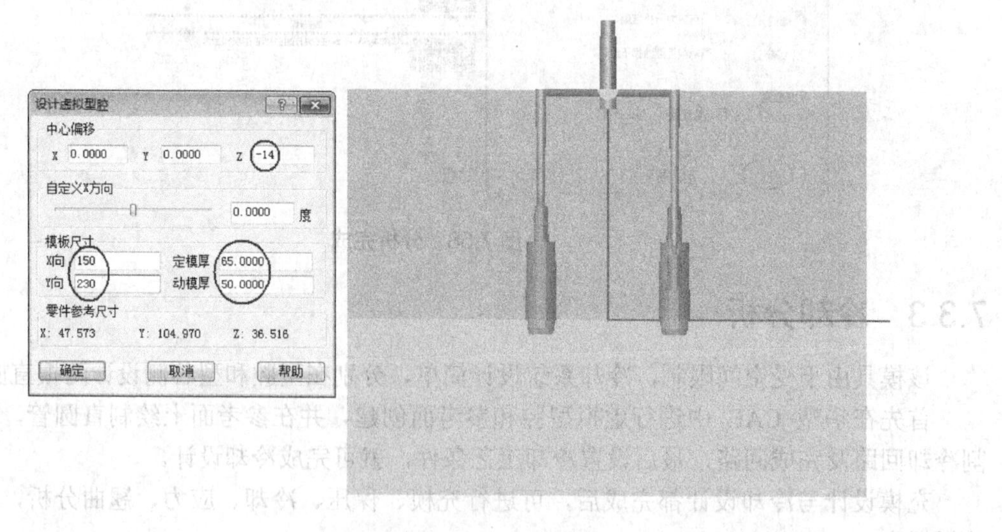


图 7.60　设计虚拟型腔

(3) 新建参考面。

虚拟型腔设计完成后，要新建参考面作为冷却设计的基准。

在冷却设计工具条中单击【新建参考面】命令按钮，打开【设计参考面】对话框，【偏移量设】为 35mm，单击【确定】按钮，完成参考面创建，如图 7.61 所示。

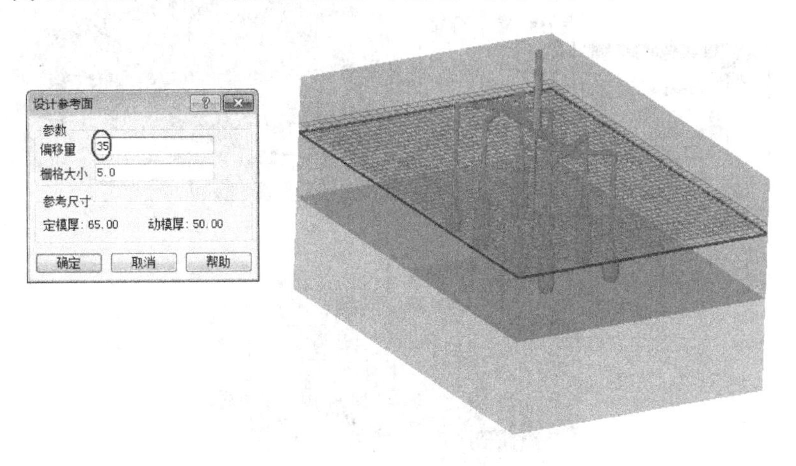


图 7.61　新建参考面

(4) 创建直圆管。

在冷却设计工具条中单击【创建直圆管】命令按钮，在参考面上单击确定一段水管的起点，移动鼠标指针到另一点，单击确定水管终点。反复操作即可生成一系列连接的线段，如果想开始编辑一条新的水管，可以选择右键菜单里的【继续画线】命令。不再需要编辑水管时，选择退出编辑菜单项结束水管编辑状态，绘制如图 7.62 所示的位于型腔侧的两段直圆管。

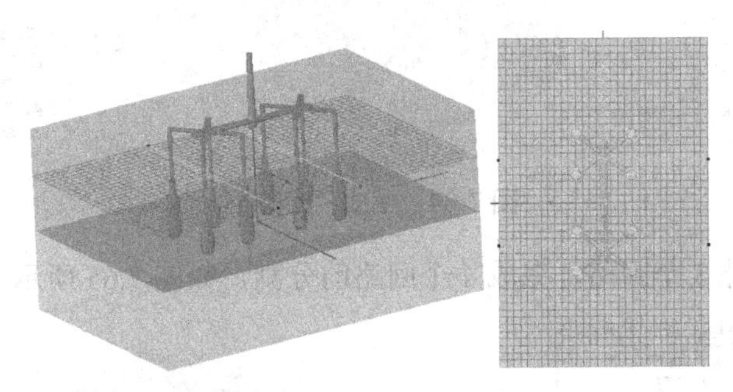

图 7.62　创建直圆管(型腔侧)

同理，创建型芯侧的两段直圆管，设计参考面时可在回路管理器中右击参考面节点添加参考面，参考面的偏移量设为-10mm，并在新建的参考面绘制位于型芯侧的两段直圆管，完成型腔、型芯两侧的 4 根直圆管的创建，如图 7.63 所示。

(5) 分割回路。

冷却实体编辑完毕后，按照冷却回路有效性的要求，需要对实体进行分割回路的操作。

首先单击【选择】命令按钮，选择一段直圆管，在冷却设计工具条中单击【移动到别的回路】命令按钮，弹出【移动到别的回路】对话框，单击【新回路】按钮，弹出

【指定回路直径】对话框，输入【直径】为 8mm，单击【确定】按钮，完成移动至回路操作，在冷却管理器中出现“回路 1”的节点，如图 7.64 所示。

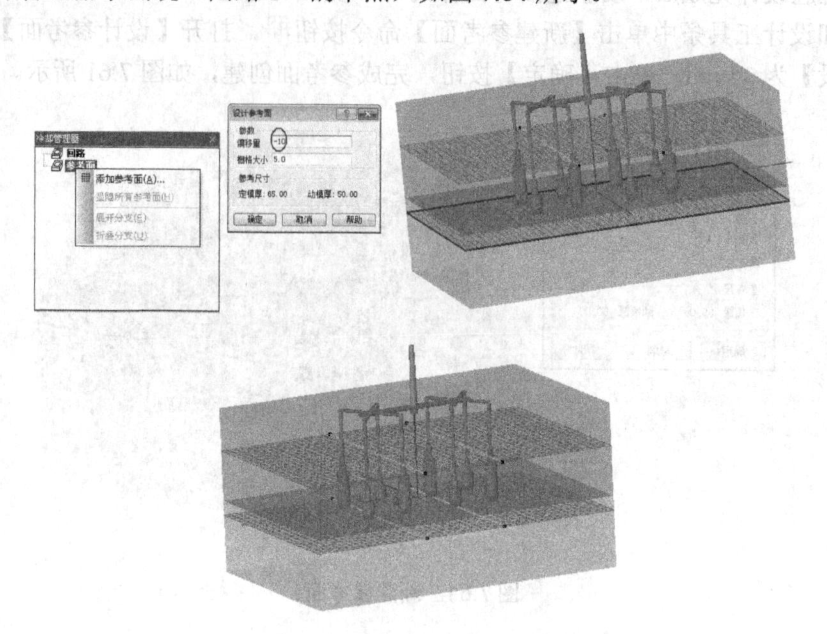

图 7.63　完成创建直圆管(共 4 根)

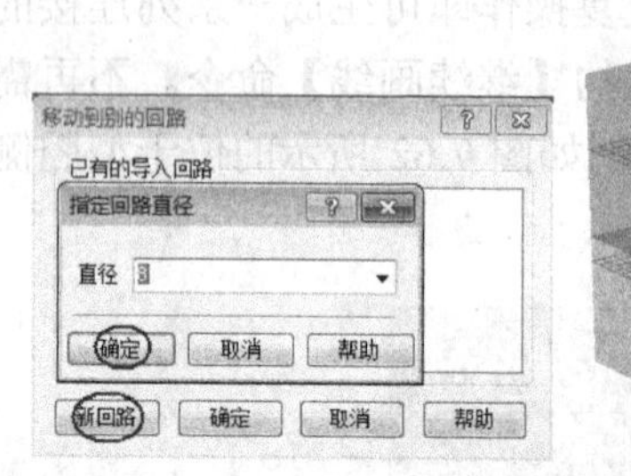


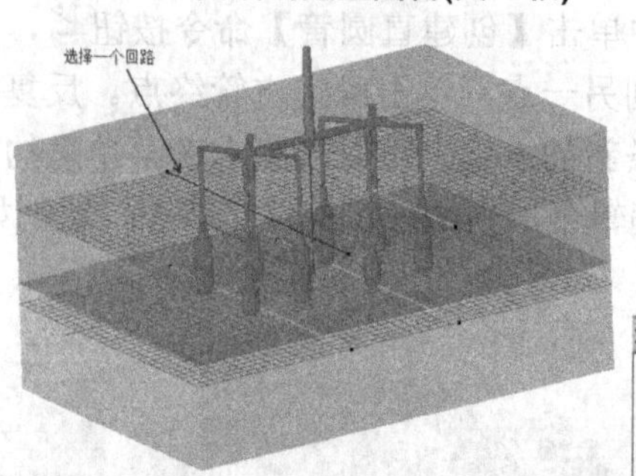


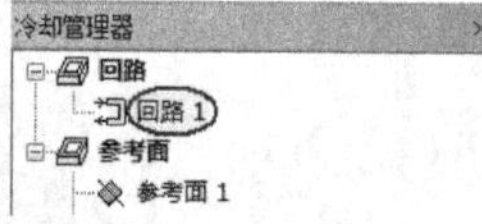


图 7.64　生成“回路 1”

同理，生成另外 3 个回路，完成 4 个回路的分割，如图 7.65 所示。

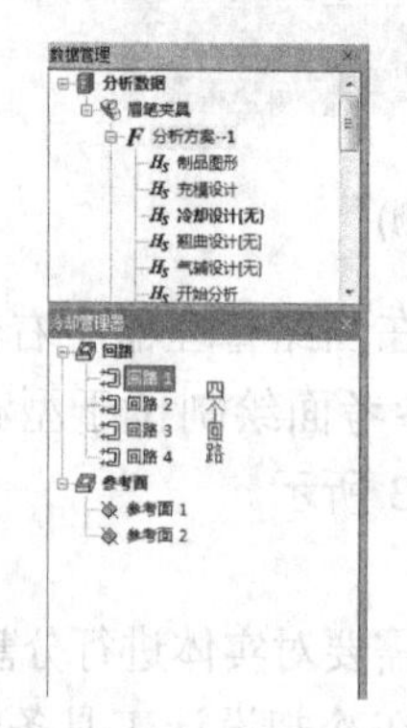


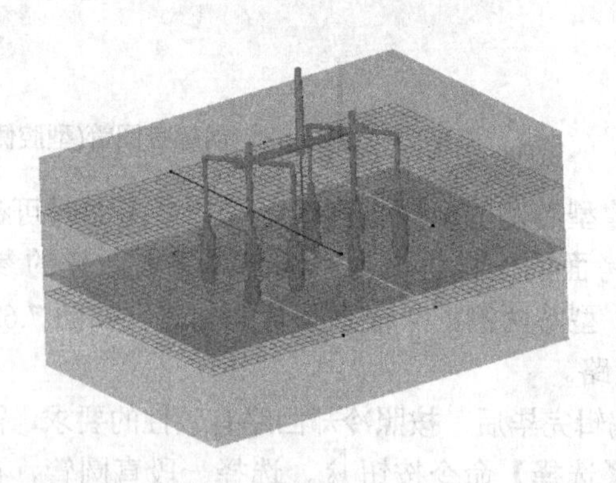

图 7.65　分割 4 个回路

(6) 完成回路。

回路分割完毕后就可以完成各个回路了。在回路管理器中选择一个回路并右击，在弹出的快捷菜单中选择“完成回路”命令，或单击按钮，进入完成回路操作。分别指定回路的入点和出点，输入冷却介质的参数，单击【确定】按钮即可完成一个回路，如图 7.66 所示，继续完成另外 3 个回路，如图 7.67 所示。

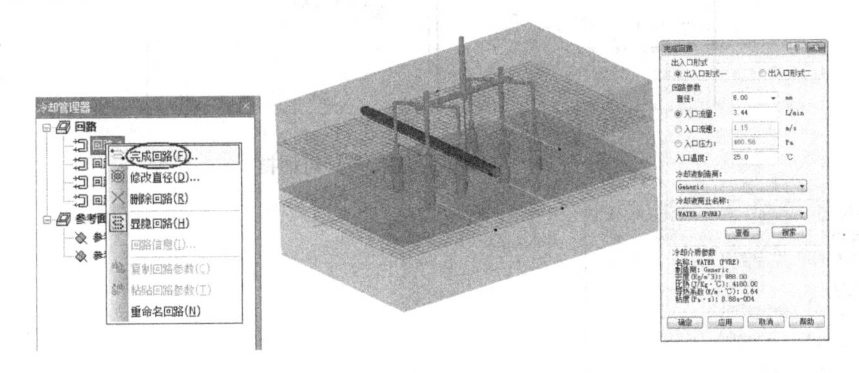


图 7.66 完成一个回路

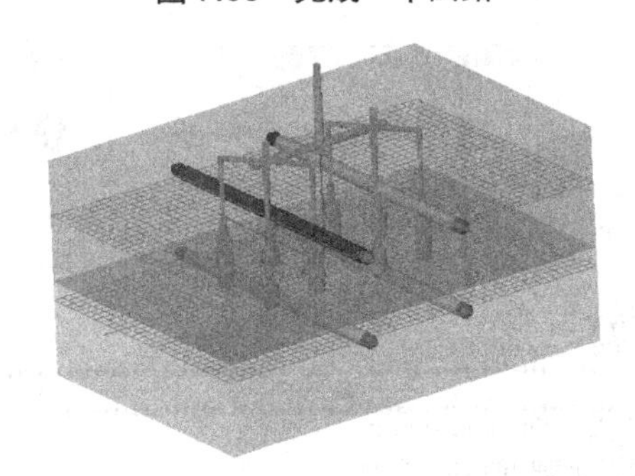

图 7.67 完成 4 个回路

(7) 完成冷却设计。

完成所有的回路后，就可以在冷却设计工具条中单击【完成冷却设计】命令按钮，即可完成冷却设计了。

### 2. 设置冷却工艺条件

在冷却设计工具条中单击【工艺条件】命令按钮，打开【冷却工艺条件】对话框，如图 7.68 所示，设置相应的工艺条件后，单击【确定】按钮，完成冷却设计，同时可以看到在数据管理器中冷却设计旁的“无”字已经去掉。

### 3. 启动分析

在数据管理器中，双击“开始分析”进入消息视图，单击命令按钮，打开【启动分析】对话框，这时可以进行充模、保压、冷却、应力、翘曲分析，勾选这几项，单击【启动】按钮，因之前进行过充模分析、保压分析，会弹出是否需要重新分析对话框，单击【是】按钮，系统经过一段时间分析显示“成功完成”，如图 7.69 所示。同时可以看到在数据管理器中分析结果旁的“无”字已经去掉，表示已经有可以查看的分析结果了。

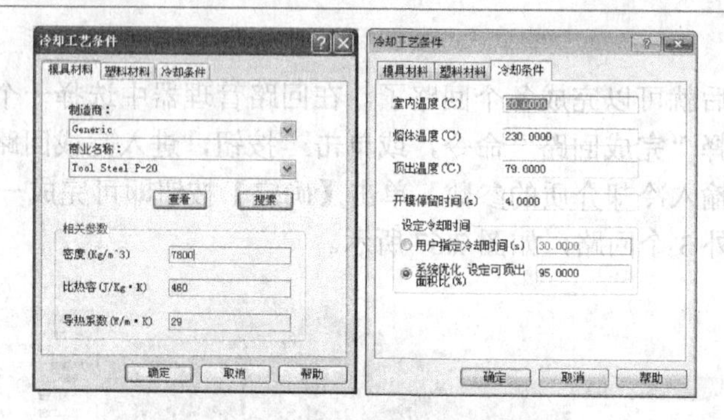


图 7.68 【冷却工艺条件】对话框

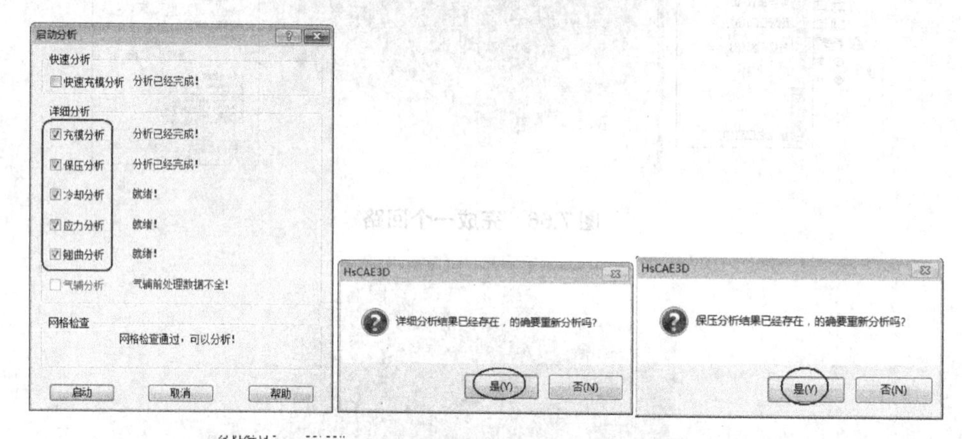


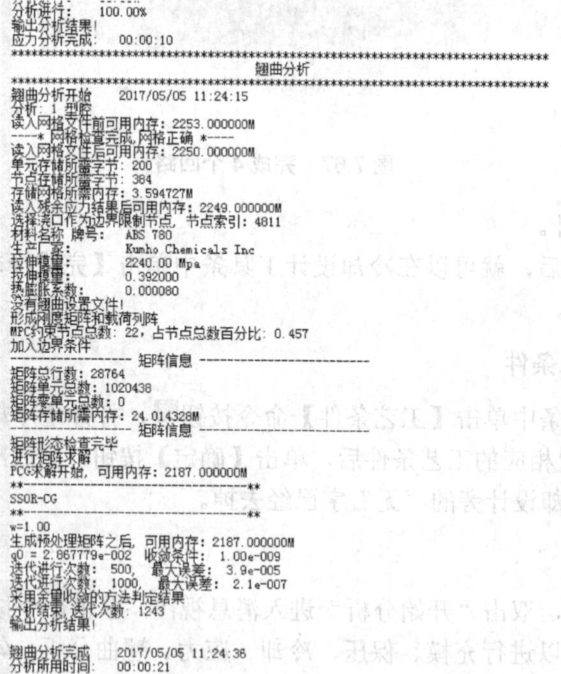


图 7.69 启动分析及分析完成

## 4. 查看分析结果

在数据管理器中，双击“分析结果”进入结果视图，在此可以查看流动、冷却和翘曲分析结果，如图 7.70 所示。

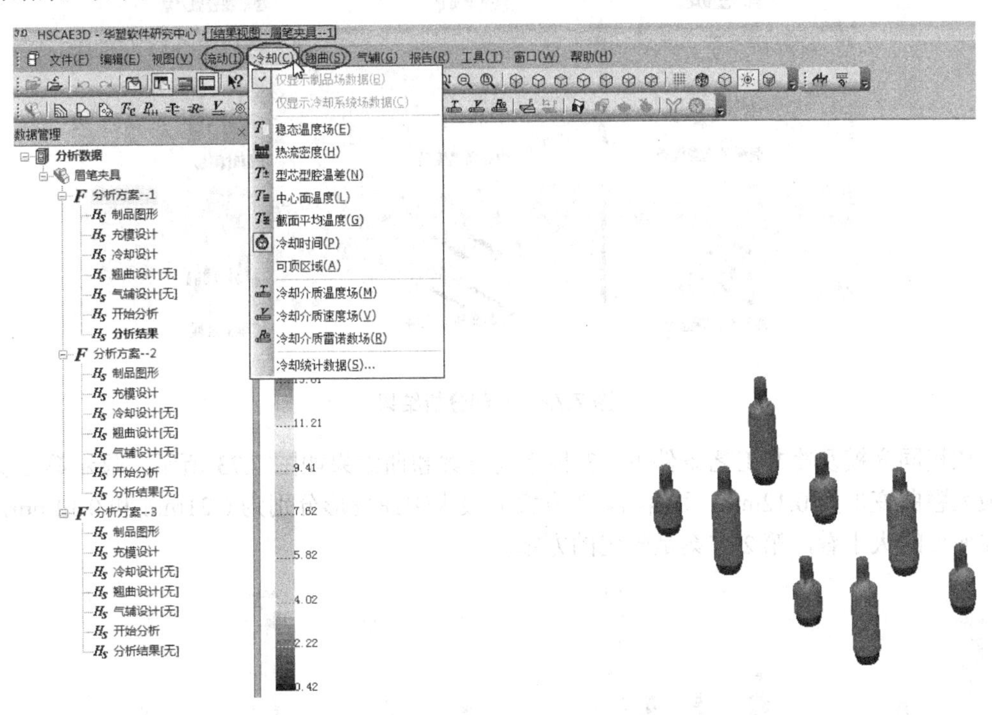


图 7.70　进入结果视图

方案 1 的充模分析结果如图 7.71 所示，冷却分析结果如图 7.72 所示。

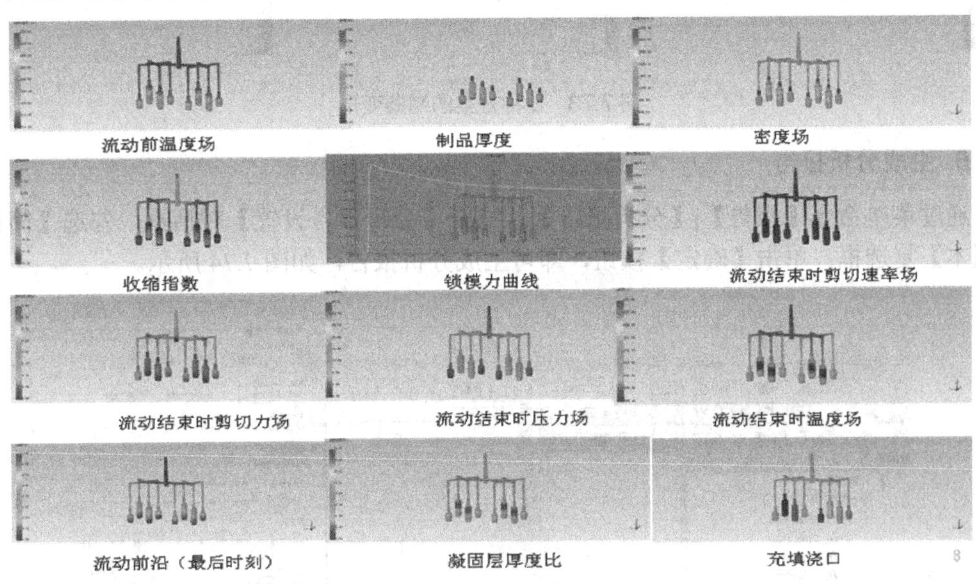


图 7.71　充模分析结果

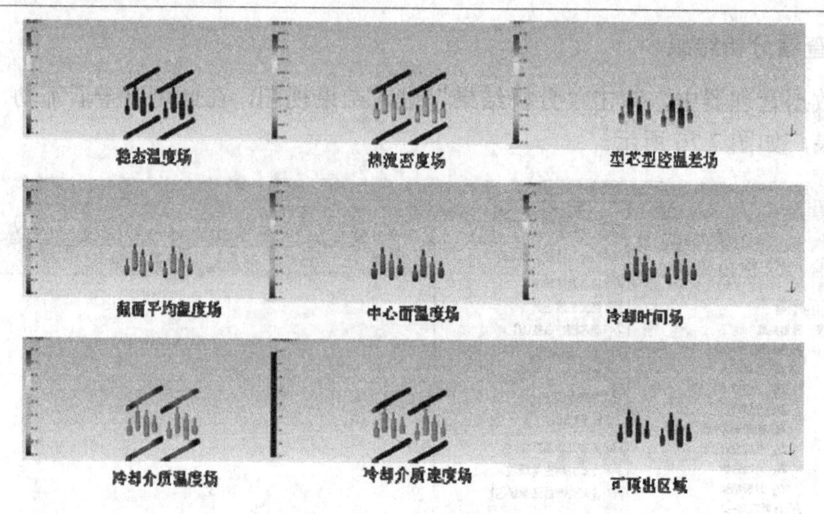


图 7.72　冷却分析结果

在相同充模及冷却工艺条件下，3 种不同方案翘曲结果如图 7.73 所示，显示第 2 方案的最大翘曲变形为 0.12mm，而第 1、3 方案的最大翘曲变形分别为 0.21mm 和 0.14mm，从翘曲变形的大小看，第 2 方案是较优的方案。

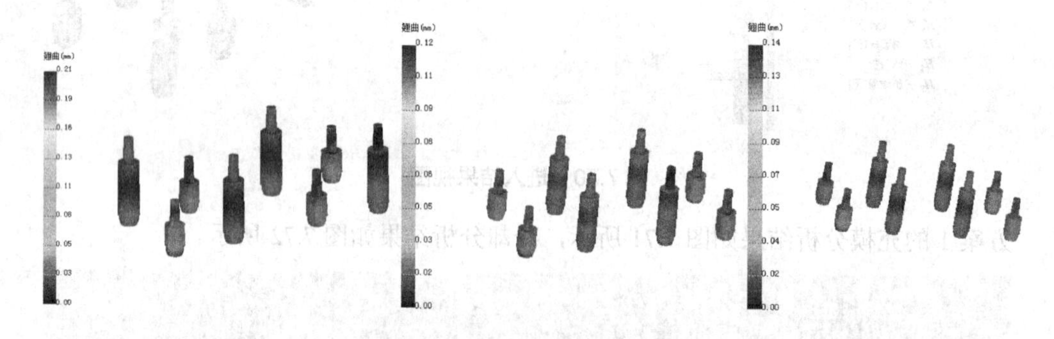

图 7.73　3 种方案的翘曲变形

## 5. 生成分析报告

通过菜单命令【报告】|【分析报告】，打开【分析报告设置】对话框，勾选【简体中文版本】复选框，单击【确定】按钮，即可生成分析报告，如图 7.74 所示。

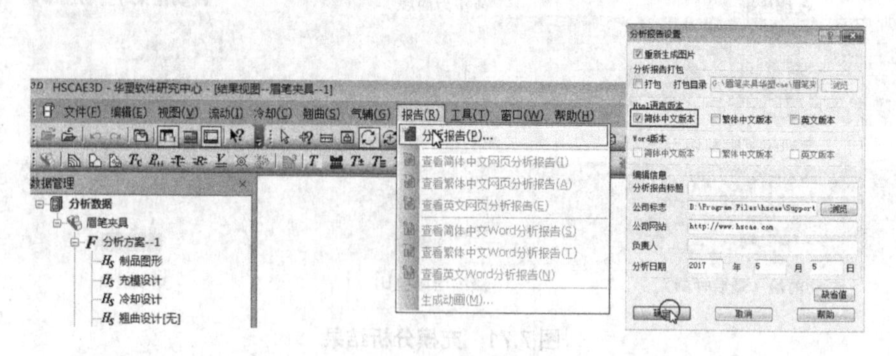


图 7.74　生成分析报告

# 本 章 小 结

本章介绍了华塑网格管理器和华塑 CAE 的基础知识，并通过对眉笔夹具进行网格划分、充模分析、冷却分析，熟悉对这两种软件的基本操作。

在网格划分的操作中，学习了从 UG 中导出 STL 格式文件，在华塑网格管理器中生成.2dm 格式的网格文件，并要通过网格评价，之后可用于 CAE 模流分析。

在充模分析操作中，学习了在华塑 CAE 中进行系统设置、新建零件及添加分析方案、定义进料点、设计浇口和分流道及主流道、设置充模工艺条件，这样即可完成充模设计。

在冷却分析操作中，学习了在华塑 CAE 中进行虚拟型腔和参考面创建、在参考面上绘制直圆管、分割冷却回路及完成回路、设置冷却工艺条件，就可完成冷却设计。

充模设计与冷却设计都完成后，可进行充模、保压、冷却、应力、翘曲分析，并生成分析报告。

# 思考与练习

## 1. 思考题

(1) 华塑网格管理器主要有哪些工具条？可实现哪些功能？

(2) 华塑 CAE 有哪些功能窗口？

(3) 华塑 CAE 中有哪些工具条？

(4) 叙述充模设计的基本流程。

(5) 叙述冷却设计的基本流程。

## 2. 实训题

选择第 6 章的塑料模具进行模流分析。

# 附录A 模具设计常用名词

## 1. 模具标准件常用名词

模具标准件常用名词如表A.1所示。

表A.1 模具标准件常用名词

| 序 号 | 中文名 | 英文名 | 序 号 | 中文名 | 英文名 |
|---|---|---|---|---|---|
| 1 | 顶针 | E.P. ( Ejector Pin) | 10 | 中托导套 | EjectorLeadBushing |
| 2 | 有托顶针 | Stepped E.P. | 11 | 回针 | Return Pin |
| 3 | 扁顶针 | Rectangular E.P. | 12 | 拉杆 | Support Pin |
| 4 | 司筒 | E.P.Sleeve | 13 | 喉塞 | Taper Screw Plug |
| 5 | 中托导柱 | Ejector Leader Pin | 14 | 定位环 | Locating Ring |
| 6 | 轴承 | Bearing | 15 | 浇口套 | Sprue Bushing |
| 7 | 油缸 | Oil Cylinder | 16 | 齿轮 | Gear |
| 8 | 限位块 | Distance Spacer | 17 | 弹簧 | Spring |
| 9 | 支承柱 | Support Pillar | 18 | 螺钉 | Screw |

## 2. 模具成型零件与模具特征常用名词

模具成型零件与模具特征常用名词如表A.2所示。

表A.2 模具成型零件与模具特征常用名词

| 序 号 | 中文名 | 英文名 | 序 号 | 中文名 | 英文名 |
|---|---|---|---|---|---|
| 1 | 滑块 | Slide | 9 | 浇口 | Gate |
| 2 | 大水口 | Edge Gate | 10 | 流道 | Runner |
| 3 | 倒扣 | Underrut | 11 | 拔模 | Graft |
| 4 | 分型面 | Parting Surface | 12 | 镶针(入子) | Pin |
| 5 | 锁定块 | Jaw | 13 | 热流道 | Hot Runner |
| 6 | 斜导柱 | Cam Pin | 14 | 细水口 | Pin-pointGate |
| 7 | 斜销 | Angle Lifter | 15 | 冷却水道 | Water Line |
| 8 | 镶件(入子) | Insert | 16 | 耐磨板 | WearPlate |

## 3. 模具加工常用名词

模具加工常用名词如表A.3所示。

表A.3 模具加工常用名词

| 序 号 | 中文名 | 英文名 | 序 号 | 中文名 | 英文名 |
|---|---|---|---|---|---|
| 1 | 电火花 | EDM | 6 | 数控铣床 | CNC |
| 2 | 线切割 | Wire Cut | 7 | 电镀 | Plate |
| 3 | 车削 | Lathe,Turning | 8 | 铣削 | Mill |
| 4 | 淬火 | Qucnching | 9 | 回火 | Tcmpcring |
| 5 | 退火 | Anncaling | 10 | 碳化 | Carbonization |

# 附录 B 注塑模向导模架调用参数

注塑模向导模架调用参数参见表 B.1。

表 B.1 模架调用参数表

| 参数名称 | 表达式参考 |
|---|---|
| AP_h | A 板厚度 |
| AP_off=fix_open | A 板偏离=定模离空 |
| BCP_h | 动模底板厚度 |
| BP_off=S_off+supp_s*S_h | B 板偏离=推板偏离+有无推板×推板厚度 |
| CP_h | C 板高度 |
| CP_off=U_off+supp_u*U_h | C 板偏离=托板偏离+有无托板×托板厚度 |
| CS_d | C 板螺钉直径 |
| C_w | C 板宽度 |
| Cl_off_x=-(mold_w/2)+C_w/2 | 左边 C 板 X 向偏离=-半模板宽+半 C 板宽度 |
| Cr_off_x=mold_w/2-C_w/2 | 右边 C 板 X 向偏离=半模板宽-半 C 板宽度 |
| EF_w | 顶出板宽度 |
| EJA_h | 面针板厚度 |
| EJB_h | 底针板厚度 |
| EJB_off=BCP_off-EJB_h-EJB_open | 底针板偏离=底板偏离-底针板厚度-底针板离空(垫钉高) |
| EJB_open=0 | 底针板离空(垫钉高) |
| ES_d | 面、底针板固定螺钉直径 |
| ETYPE=0 | 顶针固定形式：=0 沉孔固定；=1 面、底针板离空固定 |
| GP_d | 导柱直径 |
| GTYPE=1 | 导柱位置：=1 在 A 板；=0 在 B 板 |
| H | 直身模顶板宽度 |
| I | 工边模顶板宽度 |
| Mold_type=I | 模架类型=工边模架 |
| PS_d | 定模、动模螺钉直径=M1 |
| RP_d | 回针(复位杆)直径 |
| R_h | 水口板(弹料板)厚度 |
| R_height=supp_r*R_h | 弹料板高度=有无弹料板×弹料板厚度 |
| R_off=AP_off+AP_h | 弹料板偏离=A 板偏离+A 板厚度 |
| SG=0 | 模架形式：SG=0 为大水口；SG=1 为小水口模架 |
| SPN_L=floor | 拉杆长度 |
| SPN_TYPE=0 | 拉杆位置形式：=0 拉杆位置在外；=1 拉杆位置在内 |
| SPN_d | 拉杆直径=20 |
| S_h | 推板厚度 |
| S_off=move_open | 推板偏离=动模离空 |
| TCP_h | 定模底板厚度 |

续表

| 参数名称 | 表达式参考 |
|---|---|
| TCP_off=R_off+supp_r*R_h | 顶板偏离=弹料板偏离+有无弹料板×弹料板厚度 |
| TCP_off_z=TCP_off | 顶板偏离 Z 值=顶板偏离 |
| TCP_top=TCP_off+TCP_h | 顶板顶面=顶板偏离+顶板厚度 |
| TW=Mold_type | 顶板宽度=模身类型 |
| T_height=supp_t_plate*TCP_h | 顶板高=有无顶板×顶板厚度 |
| U_h | 托板厚度 |
| U_height=supp_u*U_h | 托板高度=有无托板×托板厚度 |
| U_off=BP_off+BP_h | 托板偏离=B 板偏离+B 板厚度 |
| cs_bd | C 板螺钉通过孔(在底板上)直径 |
| cs_h=2*CS_d | C 板螺钉旋入长度=2 倍螺钉直径 |
| cs_hd | 螺钉沉头孔直径 |
| cs_hh | 螺钉沉头孔深度 |
| cs_l=BCP_h+CS_d*1.5−cs_hh | C 板螺钉长度=底板厚+1.5 倍螺钉直径−沉头孔深度 |
| cs_tap_d | C 板螺纹底孔直径 |
| cs_x | C 板螺钉 X 向距离 |
| cs_y | C 板螺钉 Y 向距离 |
| es_bd | 顶出板螺钉通过孔(在底针板上)直径 |
| es_hd | 顶出板螺钉沉头孔(在底针板上)直径 |
| es_hh | 顶出板螺钉沉头孔深度 |
| es_l=EJB_h+EJA_h−es_hh | 顶出板螺钉长度=底针板厚+面针板厚−顶出板螺钉沉头孔深度 |
| es_n | 顶出板螺钉数量(单边) |
| es_tap_d | 面针板螺纹底孔直径 |
| es_x | 顶出板螺钉 X 向距离 |
| es_y | 顶出板螺钉 Y 向距离 |
| fix_open=0 | 定模离空 |
| gba2_l=BP_h | B 板导套长度(简化型小水口模架)=B 板厚度 |
| gba_bd | 导套安装孔直径 |
| gba_hd=35+1.4 | 导套头部沉孔直径 |
| gba_hh | 导套头部沉孔深度 |
| gba_l=AP_h | A 板导套长度=A 板厚度 |
| gbb_l=S_h−1 | 推板导套长度=推板厚度−1 |
| gp1_l=AP_h+AP_off+BP_h+BP_off | 导柱长度=A 板厚度+A 板偏离+B 板厚度+B 板偏离 |
| gp_l=U_off+R_off−(3+move_open+fix_open) | 导柱长度=托板偏离+弹料板偏离−(3+动模离空+定模离空) |
| gp_spn_y0 | 拉杆 Y 向距离 $y_0$ |
| gp_spn_y1 | 拉杆 Y 向距离 $y_1$ |
| gp_x | 导柱或拉杆 X 向距离 |
| gpa_bd=GP_d | 导柱孔直径=导柱直径 |
| gpa_hd=25+1.4 | 导柱沉头孔直径 |
| gpa_hh=6+0.2 | 导柱沉头孔深度 |

续表

| 参数名称 | 表达式参考 |
|---|---|
| mold_chamfer=1 | 模板倒角 |
| mold_l | 模板长度 |
| mold_w | 模板宽度 |
| move_open=0 | 动模离空 |
| ps_bd=13.4 | 上、下模螺钉通过孔直径 |
| ps_hd=19. | 上、下模螺钉沉头孔直径 |
| ps_hh=13.4 | 上、下模螺钉沉头孔深度 |
| ps_l=BCP_off+BCP_h-U_off-ps_hh+PS_d*1.5 | 螺钉长度=底板偏离+底板厚度-螺钉沉头孔深度+1.5 倍螺钉直径 |
| ps_n | 单边螺钉数量 |
| ps_tap_d | (上、下模螺钉)螺纹底孔直径 |
| ps_x | 上、下模螺钉 X 向距离 |
| ps_y | 上、下模螺钉 Y 向距离 |
| ps_y1 | 上、下模螺钉 Y 向距离 |
| ps_y2 | 上、下模螺钉 Y 向距离 |
| rp_bd=RP_d+0.2 | 回针(复位杆)孔直径=回针直径+0.2 |
| rp_hd=20+1.4 | 回针沉头孔直径 |
| rp_hh=4+0.2 | 回针沉头孔深度 |
| rp_l=EJB_off-BP_off | 回针长度=底针板偏离-B 板偏离 |
| rp_x | 回针 X 向距离 |
| rp_y | 回针 Y 向距离 |
| shift_ej_screw | 面、底针板固定螺钉 Y 向距离缩减量 |
| shorten_ej | 面、底针板长度缩减量 |
| spn_bd=SPN_d+2 | 拉杆避空孔直径=拉杆直径+2 |
| spn_bush_bd | 拉杆导套(安装空)直径 |
| spn_bush_hd=35+1.4 | 拉杆导套沉头孔直径 |
| spn_bush_hh=8+0.2 | 拉杆导套沉头孔深度 |
| spn_hd=25+1.4 | 拉杆沉头孔直径 |
| spn_hh=10+0.2 | 拉杆沉头孔深度 |
| spn_l=CP_off+CP_h/2+TCP_off+TCP_h | 拉杆长度=C 板偏离+半 C 板高度+顶板偏离+顶板厚度 |
| supp_gbb=1 | 有无推板导套：=1 有导套；=0 无导套 |
| supp_gbb_r=1 | 有无水口板导套：=1 有导套；=0 无导套 |
| supp_gpa=1 | 有无导柱：=1 有导柱；=0 无导柱 |
| supp_pock=1 | 模架各模板是否生成各种穿透件(螺钉、导柱、拉杆、导套等)的通孔：=1 生成；=0 无孔 |
| supp_r=1 | 有无水口板：=1 有水口板；=0 无水口板 |
| supp_s=1 | 有无推板：=1 有推板；=0 无推板 |
| supp_spn=1 | 有无拉杆：=1 有拉杆；=0 无拉杆 |
| supp_t_plate=if(Mold_type==H&&SG==1)(0) else(1) | 有无顶板=如(直身模&&大水口)(无顶板)其余(有顶板)(=1 有顶板；=0 无顶板) |
| supp_u=1 | 有无托板：=1 有托板；=0 无托板 |

# 参考文献


[1] 王秋成. 机械 CAD/CAM[M]. 北京：高等教育出版社，2010.
[2] 宁汝新，赵汝嘉. CAD/CAM 技术[M]. 北京：机械工业出版社，2005.
[3] 任秉银. 模具 CAD/CAE/CAM[M]. 哈尔滨：哈尔滨工业大学出版社，2006.
[4] 王信友. 冲压工艺与模具设计[M]. 北京：清华大学出版社， 2010.
[5] 杨占尧. 冲压模具典型结构图例[M]. 北京：化学工业出版社，2008.
[6] 郑家贤. 冲压模具设计入门[M]. 北京：机械工业出版社，2009.
[7] 王树勋. 注塑模具设计[M]. 广州：华南理工大学出版社，2007.
[8] 李硕本，李春峰，郭斌，等. 冲压工艺理论与新技术[M]. 北京：机械工业出版社，2002.
[9] 肖祥芷，王孝培. 中国模具设计大典(第 3 卷)冲压模具设计[M]. 南昌：江西科学技术出版社，2003.
[10] 李慧敏. 冷冲压模具设计[M]. 北京：化学工业出版社，2010.
[11] 盛晓敏，邓朝晖. 先进制造技术[M]. 北京：机械工业出版社，2000.
[12] 李腾讯，卢杰. 计算机辅助设计——AutoCAD 2009 教程[M]. 北京：清华大学出版社，2009.
[13] 李名望. 冲压模具设计与制造技术指南[M]. 北京：化学工业出版社，2010.
[14] 浦学西. 模具结构图解[M]. 北京：中国劳动社会保障出版社，2009.
[15] 麓山文化. UG NX 7 从入门到精通[M]. 北京：机械工业出版社，2010.
[16] 黄晓燕. 塑料模典型结构 100 例[M]. 上海：上海科学技术出版社，2008.
[17] 刘占军，高铁军. 注塑模具设计 33 例精解[M]. 北京：化学工业出版社，2010.
[18] 赵华. 模具设计与制造[M]. 北京：清华大学出版社，2009.
[19] 何敏红. AutoCAD 2008 中文版模具制图[M]. 北京：清华大学出版社，2010.
[20] 杨占尧，杨安民. 冲压模典型结构 100 例[M]. 上海：上海科学技术出版社，2008.
[21] 姜奎华. 冲压工艺与模具设计[M]. 北京：机械工业出版社，2011.
[22] 钟翔山. 冲压模具设计技巧、经验及实例[M]. 北京：化学工业出版社，2011.
[23] 葛友华. 机械 CAD/CAM[M]. 2 版. 北京：西安电子科技大学出版社，2012.
[24] 王正才. 注塑模具 CAD/CAE/CAM 综合实训[M]. 大连：大连理工大学出版社，2014.
[25] 魏峥，吴延霞，沈晓斌. 机械 CAD/CAM(UG)[M]. 北京：高等教育出版社，2015.
[26] 宋晓英，池寅生，冯晋. 机械 CAD/CAM 基础及应用[M]. 2 版. 北京：高等教育出版社，2015.